高等教育高职高专系列教材

眼镜 CAD 工程图绘制

易际磐 沈银焱 等 著

中国轻工业出版社

图书在版编目（CIP）数据

眼镜CAD工程图绘制/易际磐等著. —北京：中国轻工业出版社，2024.1

ISBN 978-7-5184-4645-2

Ⅰ.①眼… Ⅱ.①易… Ⅲ.①眼镜—计算机制图—AutoCAD软件—教材 Ⅳ.①TS959.6

中国国家版本馆CIP数据核字（2023）第221078号

责任编辑：杜宇芳　　责任终审：劳国强
文字编辑：王　若　　责任校对：朱燕春　　封面设计：锋尚设计
策划编辑：杜宇芳　　版式设计：霸　州　　责任监印：张京华

出版发行：中国轻工业出版社（北京鲁谷东街5号，邮编：100040）

印　　刷：北京君升印刷有限公司

经　　销：各地新华书店

版　　次：2024年1月第1版第1次印刷

开　　本：787×1092　1/16　印张：25

字　　数：589千字

书　　号：ISBN 978-7-5184-4645-2　定价：88.00元

邮购电话：010-85119873

发行电话：010-85119832　010-85119912

网　　址：http://www.chlip.com.cn

Email：club@chlip.com.cn

版权所有　侵权必究

如发现图书残缺请与我社邮购联系调换

221000J2X101ZBW

高等教育高职高专系列教材

眼镜 CAD 工程图绘制

易际磐 沈银焱 张 森 魏恒杰 陈超超 著
梁启兴 王 玲 周 磊 陈歆羡

中国轻工业出版社

序

眼健康是国民健康的重要组成部分，涉及全年龄段人群全生命周期。2020年，我国儿童青少年总体近视率为52.7%。眼镜是矫正屈光不正的首要手段，其质量直接影响视力矫正效果和佩戴舒适度。中国不仅是眼镜消费大国，同时也是眼镜制造大国。国家相关部门对眼镜生产企业也非常重视，2023年人力资源和社会保障部启动了国家新职业工种——"眼镜架制作工"职业技能标准开发工作，对眼镜行业人才培养起到巨大的推动作用。随着生活水平的日益提高和眼睛护理需求的提升，人们对眼镜装饰和保护眼睛的需求不断提高，对产品质量也提出了更高的要求。全世界近80%的眼镜架产自我国，但我国眼镜制造业的人才培养没有自成体系，导致产品创新能力等明显落后。随着我国制造强国战略的提出，在地方政府的政策引导下，眼镜行业人才培养逐步规范化，大批的民营眼镜企业也加快了技术革新、产业升级的步伐。

浙江工贸职业技术学院眼镜产业学院教师团队克服困难，连续出版了《金属眼镜架加工工艺》《塑胶眼镜架加工工艺》《眼镜生产与品质管理》《眼镜结构分析》等教材，填补了国内眼镜架生产技术人员培养教材的空白，加上这次出版的《眼镜CAD工程图绘制》，系列教材为眼镜从业人员的人才培养提供了较全面的支撑。本书内容多次作为专业教学教材在校内使用，并提供给企业作为技术培训教材，得到企业的高度认可。

本书既可以作为职业教育教材，也可以作为眼镜技术人员的培训资料。全书共有21个项目，前7个项目为初级篇，适用于零基础人员的培训或中等职业学校教学；后面13个项目适用于眼镜制造企业专业工程技术人员培训或高职院校教学使用；最后1个项目为行业龙头企业的工程图实例，有非常高的参考价值。

本书内容由浅入深，语言通俗易懂，从最简单的片形绘制开始入手，到各种基本结构眼镜架工程图绘制步骤和方法，再到结构更为复杂的混合材料眼镜架工程图绘制，从镜架结构、材料、工艺、品质等的分析到镜架各参数设计原理讲解，再到从设计理论、力学、美学、人机工程学等方面详细阐述设计要点。本书采用项目式的编排方式，以典型结构的实际产品为例，分步讲解了工程图的绘图步骤、绘图方法和绘图注意事项，是眼镜制造工程技术人员不可或缺的学习和培训教程。

本书编写团队为浙江工贸职业技术学院眼镜产业学院教师和眼镜生产领域专家，书中案例很多来自眼镜制造企业生产一线，因此有很大的参考价值。

中国轻工业联合会副会长
中国眼镜协会理事长

目　录

初　级　篇

项目一　眼镜片形绘制 ·· 002
　　模块一　眼镜片形图绘制 ·· 002
　　模块二　眼镜片形图修改 ·· 009
　　模块三　眼镜片模绘制 ··· 017

项目二　全框金属眼镜架工程图绘制 ··· 023
　　模块一　眼镜工程图内容与绘图要求 ··· 023
　　模块二　全框金属眼镜架结构图绘制 ··· 025
　　模块三　全框金属眼镜架零件图绘制 ··· 062

项目三　半框钢片贴圈光学眼镜架工程图 ·· 072
　　模块一　常见钢片眼镜架结构与材料 ··· 072
　　模块二　半框钢片贴圈光学眼镜架结构图绘制 ·· 075
　　模块三　半框钢片贴圈光学眼镜架零件图绘制 ·· 095

项目四　普通无框光学眼镜架工程图 ··· 102
　　模块一　常见无框眼镜架的结构 ·· 102
　　模块二　普通无框光学眼镜架结构图绘制 ·· 103
　　模块三　普通无框光学眼镜架零件图绘制 ·· 119

项目五　板材光学眼镜架工程图 ··· 122
　　模块一　板材眼镜架的结构及材料分析 ··· 122
　　模块二　板材光学眼镜架结构图绘制 ·· 124
　　模块三　板材光学眼镜架零件图绘制 ·· 137

项目六　普通金属太阳眼镜架工程图 ··· 143
　　模块一　太阳架结构特点及其架形参数设计原理 ··· 143
　　模块二　普通金属全框太阳眼镜架结构图绘制 ·· 146
　　模块三　普通金属全框太阳眼镜架零件图绘制 ·· 157

项目七　板材+金属混合眼镜架工程图 ··· 163
　　模块一　混合眼镜架结构分析 ··· 163
　　模块二　板材+金属混合全框光学眼镜架结构图绘制 ·· 165
　　模块三　板材+金属混合全框光学眼镜架零件图绘制 ·· 172

高 级 篇

项目八 镜架前框 3D 建模绘图方法 ·········· 176
    模块一 前框 3D 建模的思路 ·········· 176
    模块二 镜片三视图运用的三维建模绘图方法 ·········· 177
    模块三 全框镜圈（装片）三视图的三维建模绘图方法 ·········· 187
    模块四 半框镜圈（+镜片）三视图的三维绘图方法 ·········· 193
    模块五 板材镜框三视图的 3D 建模绘图方法 ·········· 196

项目九 圆脸大框金属光学眼镜架工程图绘制 ·········· 201
    模块一 圆脸大框金属光学眼镜架工程分析 ·········· 201
    模块二 圆脸大框金属光学眼镜架结构图绘制 ·········· 203
    模块三 圆脸大框金属光学眼镜架零件图绘制 ·········· 210

项目十 半框长脚套金属叉子角花光学眼镜架工程图绘制 ·········· 213
    模块一 半框长脚套金属叉子角花光学眼镜架工程分析 ·········· 213
    模块二 半框长脚套金属叉子角花光学眼镜架结构图绘制 ·········· 215
    模块三 半框长脚套金属叉子角花光学眼镜架零件图绘制 ·········· 220

项目十一 全框钢片框面铣槽光学眼镜架工程图绘制 ·········· 222
    模块一 全框钢片框面铣槽光学眼镜架工程分析 ·········· 222
    模块二 全框钢片框面铣槽光学眼镜架结构图绘制 ·········· 223
    模块三 全框钢片框面铣槽光学镜架零件图绘制 ·········· 227

项目十二 钢片眉毛凸筋卡片半框光学眼镜架工程图绘制 ·········· 231
    模块一 钢片眉毛凸筋卡片半框光学眼镜架工程分析 ·········· 231
    模块二 钢片眉毛凸筋卡片半框光学眼镜架结构图绘制 ·········· 233
    模块三 钢片眉毛凸筋卡片半框光学眼镜架零件图绘制 ·········· 238

项目十三 无框镜片切边镶钻女款光学眼镜架工程图绘制 ·········· 241
    模块一 无框镜片切边镶钻女款光学眼镜架工程分析 ·········· 241
    模块二 无框镜片切边镶钻女款光学眼镜架结构图绘制 ·········· 242
    模块三 无框镜片切边镶钻女款光学眼镜架零件图绘制 ·········· 247

项目十四 钢片贴片无框一体式镜片太阳眼镜架工程图绘制 ·········· 249
    模块一 钢片贴片无框一体式镜片太阳眼镜架工程分析 ·········· 249
    模块二 钢片贴片无框一体式镜片太阳眼镜架结构图绘制 ·········· 251
    模块三 钢片贴片无框一体式镜片太阳眼镜架零件图绘制 ·········· 254

项目十五 全框钢片卡胶圈光学眼镜架工程图绘制 ·········· 255
    模块一 全框钢片卡胶圈光学眼镜架工程分析 ·········· 255
    模块二 全框钢片卡胶圈光学眼镜架结构图绘制 ·········· 257

模块三　全框钢片卡胶圈光学眼镜架零件图绘制 ………………………………… 261
项目十六　板材镜框+金属中梁混合眼镜架工程图绘制 …………………………… 264
　　模块一　板材镜框+金属中梁混合眼镜架结构分析 ……………………………… 264
　　模块二　板材镜框+金属中梁混合眼镜架结构图绘制 …………………………… 265
　　模块三　板材镜框+金属中梁混合眼镜架零件图绘制 …………………………… 268
项目十七　金属镜框+板材眉毛混合眼镜架工程图 …………………………………… 270
　　模块一　金属镜框+板材眉毛混合眼镜架结构分析 ……………………………… 270
　　模块二　金属镜框+板材眉毛混合眼镜架结构图绘制 …………………………… 271
　　模块三　金属镜框+板材眉毛混合眼镜架零件图绘制 …………………………… 275
项目十八　金属叉子角花+注塑镜框混合太阳眼镜架工程图绘制 ………………… 277
　　模块一　金属叉子角花+注塑镜框混合太阳眼镜架工程分析 …………………… 277
　　模块二　金属叉子角花+注塑镜框混合太阳眼镜架结构图绘制 ………………… 279
　　模块三　金属叉子角花+注塑镜框混合太阳眼镜架零件图绘制 ………………… 285
项目十九　儿童光学眼镜架工程图绘制 ………………………………………………… 287
　　模块一　儿童光学眼镜架结构分析 ………………………………………………… 287
　　模块二　儿童眼镜架结构图绘制 …………………………………………………… 288
　　模块三　儿童眼镜架零件图绘制 …………………………………………………… 291
项目二十　竹木全框太阳眼镜架工程图绘制 …………………………………………… 293
　　模块一　竹木全框太阳眼镜架结构分析 …………………………………………… 293
　　模块二　竹木全框太阳眼镜架结构图绘制 ………………………………………… 294
　　模块三　竹木全框太阳眼镜架零件图绘制 ………………………………………… 298
项目二十一　眼镜企业工程图实例 ……………………………………………………… 300
　　实例一　全框金属儿童眼镜架工程图 ……………………………………………… 300
　　实例二　全框金属光学眼镜架工程图 ……………………………………………… 304
　　实例三　半框钢片贴圈男款光学眼镜架工程图 …………………………………… 308
　　实例四　板材儿童太阳眼镜架工程图 ……………………………………………… 312
　　实例五　金属无框光学眼镜架工程图 ……………………………………………… 315
　　实例六　全框钢片眉毛+板材脚丝光学眼镜架工程图 …………………………… 320
　　实例七　大框板材眼镜架工程图（A3排版） ……………………………………… 324
　　实例八　板材镜框+金属脚丝光学眼镜架工程图（A3排版） …………………… 325
附页 ……………………………………………………………………………………………… 326

初级篇

项目一

眼镜片形绘制

学习内容

1. 外部参考图像导入 AutoCAD 绘图界面的方法、命令和要求。
2. 眼镜片形图绘制的方法、步骤和要求。
3. 眼镜片形图修改的方法及步骤。
4. 眼镜片模的绘制。

学习目标

1. 能够根据镜片扫描图片描绘出眼镜片形图。
2. 能够根据客户要求修改片形图。
3. 能够绘制出眼镜片模加工图。

模块一 眼镜片形图绘制

眼镜片形就像人的脸部形状一样,最能反映镜架特征,因此片形的绘制尽管简单,但要求却很高。绘制眼镜片形主要有两个要求:

1. 片形形状要准确

在形状方面,眼镜片形轮廓线全部由圆弧组成,且任意相邻的两条圆弧为相切关系,即组成片形的所有轮廓线均为顺滑连接;描绘片形时取点要准确,否则会走形。

2. 片形尺寸的要求

在片形尺寸方面,描绘的片形形状图与实物片形的误差不能超过 0.10mm。镜片水平尺寸与设计值之间的误差不超过 0.05mm。

一、眼镜片形参考图片的导入方法、步骤和要求

1. 打开绘图软件

打开 AutoCAD 绘图软件,在界面右下角,将工作空间设置为"AutoCAD 经典"绘图模式,背景颜色可以设置为黑色或白色,图 1-1 所示为背景颜色为白色的 AutoCAD 经典绘图模式界面。

图 1-1　背景颜色为白色的 AutoCAD 经典绘图模式界面

2. 参考图片导入

绘制眼镜片形的参考图片主要有：实物镜片扫描图、眼镜设计效果图、实物眼镜架正视图片等。在绘制片形图时先将参考图片导入到绘图软件的绘图界面。参考图片的导入应利用 AutoCAD 插入命令进行，不建议直接将参考图片拖入绘图工作空间。操作如下：

（1）输入插入命令。单击"插入"菜单，下拉子菜单如图 1-2 所示，单击选项"光栅图像参照"。

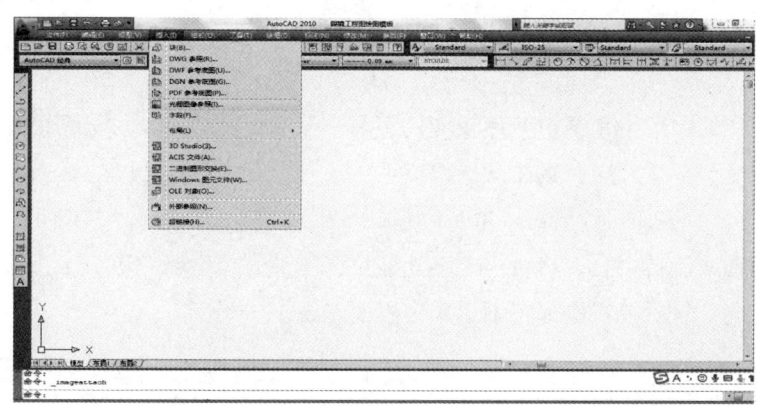

图 1-2　参考图片导入 AutoCAD 绘图窗口的操作界面图

（2）文件选择。在弹出的"选择参照文件"对话框中找到并单击所要插入的图片文件，然后单击"打开"按钮，如图 1-3 所示。

（3）选填附着图像选项。打开选择的文件后，会弹出"附着图像"对话框，各选项按图 1-4 所示选择，选择完成后单击"确定"按钮。

（4）图片插入。附着图像各选项确定后，出现带方框的光标，移动光标，使图中方框停在合适的绘图工作区域，然后单击鼠标左键完成图片插入，操作界面如图 1-5 所示。

3. 图片方向调整

图片插入后先调整图片的角度方向。眼镜行业设计及绘图人员几乎都习惯先绘制左半架，再镜像操作得到全架，因为眼镜架的左右是从佩戴者的角度确定的，因此左半架即为右半图，

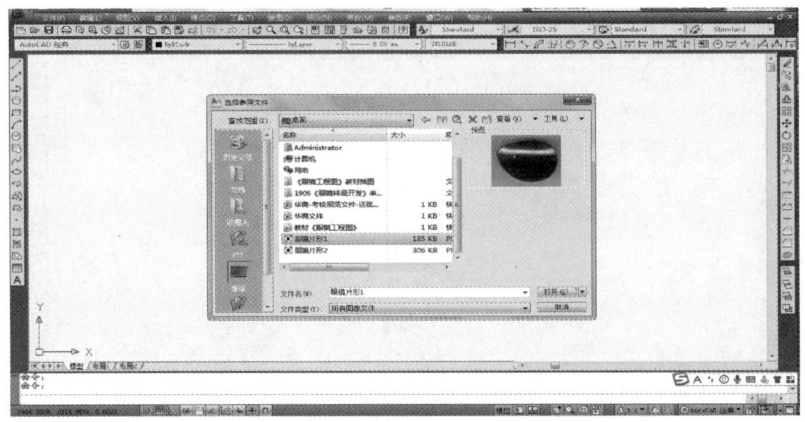

图 1-3　"选择参照文件"对话框操作界面图

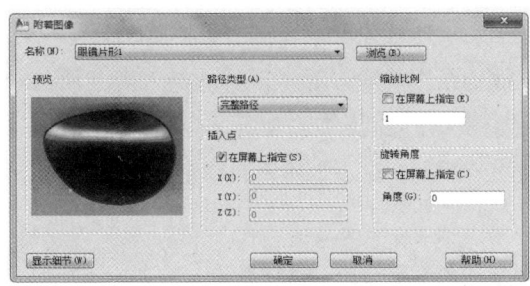

图 1-4　"附着图像"对话框操作界面图

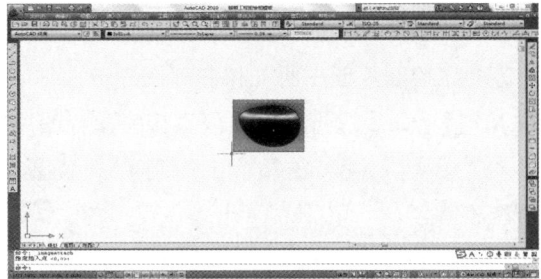

图 1-5　插入图片后的操作界面图

所以要将参考图片的中梁位（图中镜片较尖处）调整至图纸左边，然后根据镜片的飞挂状况，旋转调整图片角度至合适方向。具体操作如下：

（1）图片旋转。操作：输入命令 RO（旋转），回车（以↵表示，后同），在图片中心区域单击鼠标左键选取旋转中心，然后将十字光标拉至图片右边适当位置，上下移动鼠标，使图片旋转至正确方向，然后单击鼠标左键。操作界面如图 1-6 所示。

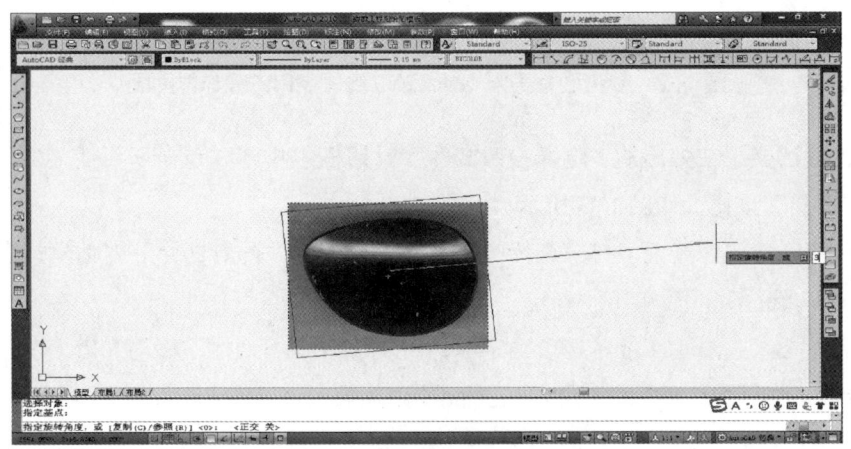

图 1-6　图片方向调整操作界面图

（2）图片方向确认。为了更准确地判定图片方向是否符合要求，初学者可以将图片向左镜像，得到图 1-7 所示界面。

操作：选取图片，输入命令 MI（镜像）↵，在图片左边适当位置单击鼠标左键选取镜像中心，按下正交开关键 F8，上下移动光标，然后单击鼠标左键↵，完成镜像操作。重复上述操作，直至确认片形的方向正确。图片镜像操作后的界面如图 1-7 所示。

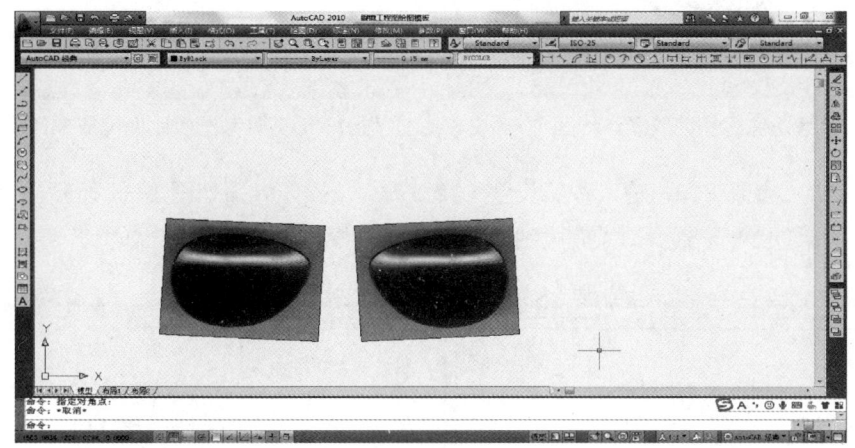

图 1-7　图片镜像操作后的界面图

4. 图片大小缩放

图片方向调整好后，删除左边图片，然后应用线性长度测量（即线性尺寸标注）命令测量图中镜片水平最大尺寸，并对图片大小进行缩放，使之与实物大小为 1∶1。具体操作如下：

（1）片形图片大小的测量。操作：输入命令 DLI（线性度量）↵，鼠标单击图片中镜片边缘最左及最右两点，标注出镜片最大水平尺寸（72.5），如图 1-8 所示。

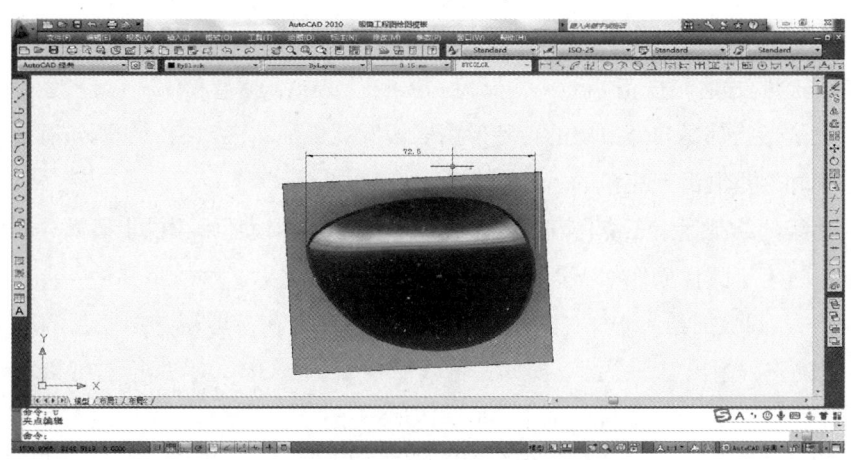

图 1-8　参考图像实际大小测量操作界面

（2）图片缩放。将图片中的片形大小缩放至 1∶1，操作步骤如下：

① 输入命令 SC（缩放）↵，鼠标单击图片中心区域某点为缩放基点，操作界面如图 1-9 所示。注意：缩放基点应选择在图片中心区域，否则缩放后的图片可能会偏离绘图区域。

② 再单击或框选图片（包含尺寸标注）以选择缩放对象，操作界面如图 1-10 所示。

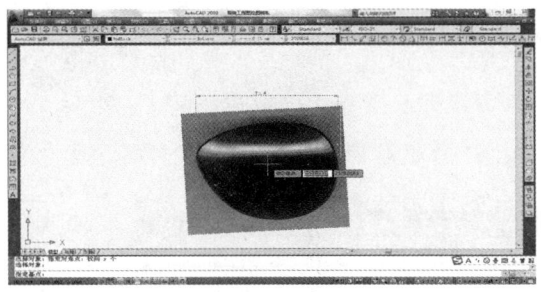
图 1-9　参考图像比例缩放操作界面（一）

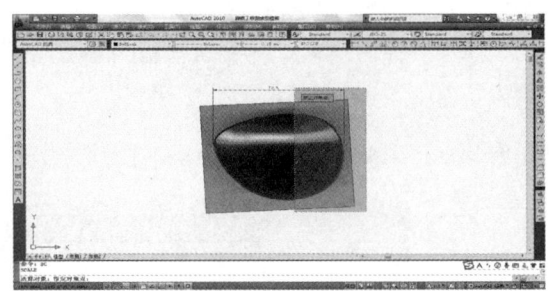
图 1-10　参考图像比例缩放操作界面（二）

③ 输入 R（参照）↵，输入参照长度（72.5）↵，操作界面如图 1-11 所示。

④ 输入指定长度（57）↵，完成图片缩放操作，操作界面如图 1-12 所示。

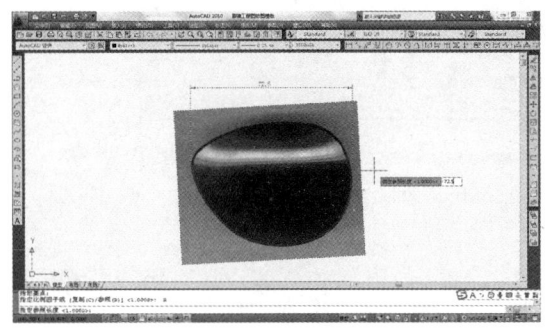
图 1-11　参考图像比例缩放操作界面（三）

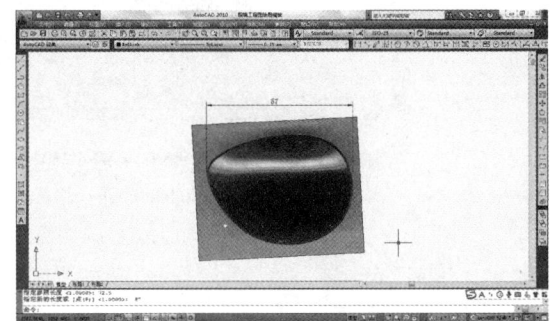
图 1-12　参考图像比例缩放操作界面（四）

二、片形描绘

1. 片形描绘的方法和步骤

有框镜片的形状都是向外鼓出的，片形由多段圆弧组成，任意相邻的两条圆弧都相切，这样的片形轮廓才会是顺滑无死角的。

片形轮廓线的绘制运用三点作圆的方法，绘制时一般从镜片中梁位上眉部分开始，顺时针方向逐步逐段进行。具体操作如下：

（1）第一条圆弧描绘。方法：采用三点作圆的方法，在参考图片中镜片的边缘分别拾取 3 个不同位置的点，画出第一个圆。操作：输入命令 C↵，3P↵，鼠标左键拾取参考图片中镜片边缘 3 个不同位置的点作圆。注意：拾取点时，绘图窗口要尽可能地放大些，这样取的点会更准确，同时绘图颜色与图片颜色要有明显反差，以便区分。操作界面如图 1-13 所示。

（2）第二条圆弧描绘。第二条圆弧的描绘方法基本与第一条圆弧相同，同样采用三点作圆的方法，但第二条圆弧必须与第一条圆弧相切。因此在拾取的 3 个点中，第一个点是不定的，但它与第二个、第三个点的拾取位置有关，于是需要采用对象捕捉的方法拾取第一个点。

操作：输入命令 C↵，3P↵，TAN↵，单击第一条圆弧，再在镜片边缘拾取第一条圆弧外的两个相应点作出第二个圆。作第二个圆所需的 3 个点的拾取如图 1-14 所示。

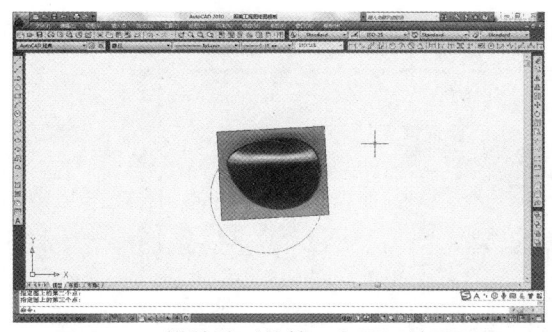
图 1-13　描绘片形的第一条圆弧绘图界面

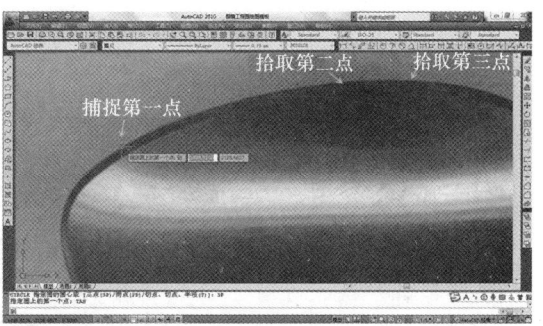
图 1-14　作第二个圆所需的 3 个点的拾取方法与位置示意图

（3）继续描绘片形。重复步骤（2），继续按顺时针方向描绘片形，直至与第一个圆接近。如果绘制出的轮廓线与片形不吻合，则删除（或返回上一步）重新取点。

（4）最后一个圆弧的绘制。最后一个圆同样使用三点作圆的方法，但拾取的第一个点和第三个点分别在倒数第二条圆弧和第一条圆弧上捕捉切点，第二个点用鼠标在图片中镜片的边缘拾取。绘图方法如图 1-15 所示。

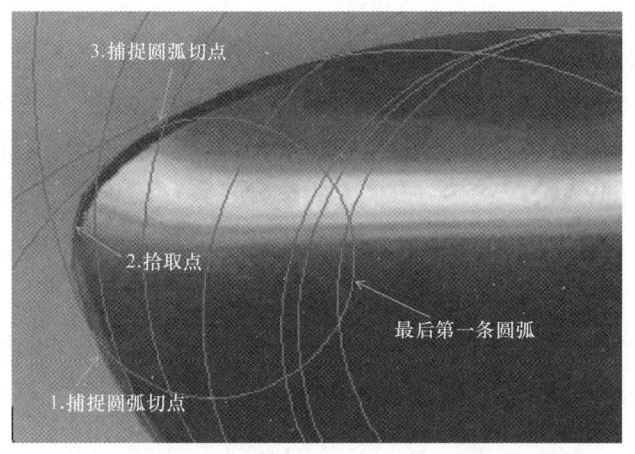
图 1-15　最后一个圆弧的三个作圆点拾取操作示意图

操作：输入命令 C↵，3P↵，TAN↵，单击倒数第二条圆弧（捕捉第一个作圆点）；鼠标左键单击参考图中镜片边缘相应的某处（拾取第二个作圆点）；TAN↵，单击第一条圆弧（捕捉第三个作圆点）完成全部片形图描绘。全部片形描绘完成后的界面如图 1-16 所示。

在上述操作过程中应注意以下几点：

① 三点作圆拾取点时，片形较平缓处，因圆弧半径较大，所以取点间距要适当大些，反之，片形较尖处，取点间距要小。

② 捕捉前面已知圆的切点时，要单击圆弧的较远处，捕捉远切点从而得到内切圆。

③ 在拾取参考图上的作圆点时，在片形弧形较平缓位置取作圆的第二个点时应稍向内，使该处片形较参考图更平些，反之在尖角位置取点应稍向外些。这就是参考镜片描绘片形时"尖处更尖，平处更平"的原则。

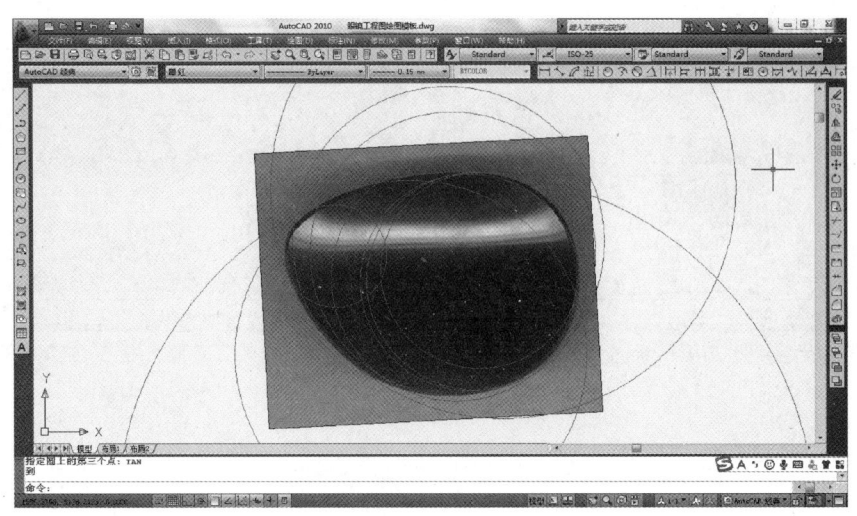

图 1-16　全部片形描绘完成后的界面

（5）剪切及删除多余弧线。根据片形轮廓按顺序（行业内习惯按顺时针方向）剪切多余线条，并删除余下线段。操作：输入命令 TR（剪切）↵，↵，鼠标左键单击要剪切的线段；保留与片形吻合的弧线，其余线段删除。操作：输入命令 E（删除）↵，选取要删除的对象↵。删除完多余线条后就完成了片形轮廓图描绘。

（6）片形轮廓线合并。将片形图所有轮廓线条合并。操作：输入命令 PE（合并/闭合）↵，选择对象（一条弧线或全部弧线）↵，输入（或在弹出菜单选择）J（合并）↵，输入 ALL（全部对象）或选择全部线条↵，↵，完成片形轮廓线的合并。

合并后的片形轮廓线为一条连续封闭的多段线，单击该线条的任意一点，均会出现图 1-17 所示状态。

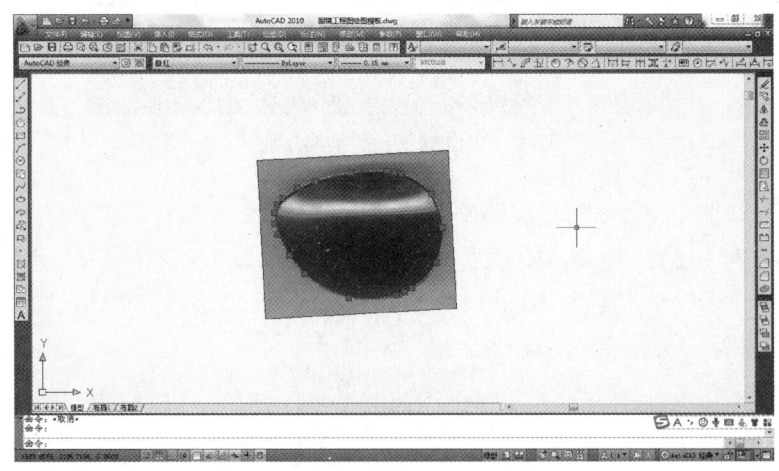

图 1-17　合并后的片形轮廓线

2. 片形准确性检查

（1）片形形状检查。片形描绘好后，按一定顺序，逐段放大检查描绘的线条与参考片形的吻合状况。

操作：首先，将鼠标光标移至片形中梁处，往前推动鼠标滚轮，放大图片至完全充满显示窗口，然后查看所描绘的轮廓线是否与参考片形边缘吻合；其次，按住鼠标滚轮，移动鼠标，拖动图片至下一段查看吻合状况，直至全部查看完毕。

（2）片形尺寸检查。标注描绘的片形水平最大尺寸，精度取高些，一般取 3~4 位小数，看看是否与设计尺寸相同，如果有误差，则再次将其缩放至设计尺寸。

操作：输入命令 DLI（线性度量）↵，QUA（捕捉象限点）↵，鼠标左键单击片形左边显示的菱形，QUA↵，鼠标单击片形右边的菱形，标注出当前描绘的片形轮廓图的水平最大尺寸；如果该尺寸与设计值有误差，则对片形图进行缩放操作，如前面所学。

模块二　眼镜片形图修改

一、修尖

片形尖位如果需要修改至更尖，有以下几种情况。

1. 待修改的尖位只有一条弧线

修改方法：将尖位的弧线用更小半径的弧线替代。操作步骤如下：

（1）测量尖位圆弧半径。操作：输入命令 DRA（半径度量）↵，单击要修改的圆弧，测量出该弧半径为 R，如图 1-18 所示（图中尖位圆弧半径 $R=8$）。

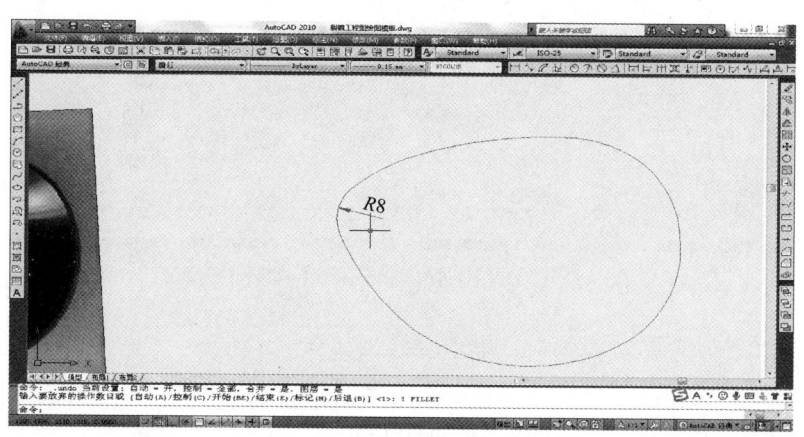

图 1-18　测量尖位圆弧半径界面图

（2）用更小的圆弧替代要修改的圆弧。操作：输入命令 F（倒角）↵，R（圆角）↵，输入修改后的半径值 r（$r<8$）。单击尖位两侧圆弧。得到修改后有更尖圆弧的片形图，如图 1-19 所示（图中 $R8$ 所示弧线为原弧，$R5$ 所示弧线为修尖后的轮廓弧线）。

（3）删除原弧线。删除上图中原弧线及标注尺寸，得到修改后的片形。

操作：输入命令 E（删除）↵，单击要删除的对象↵。

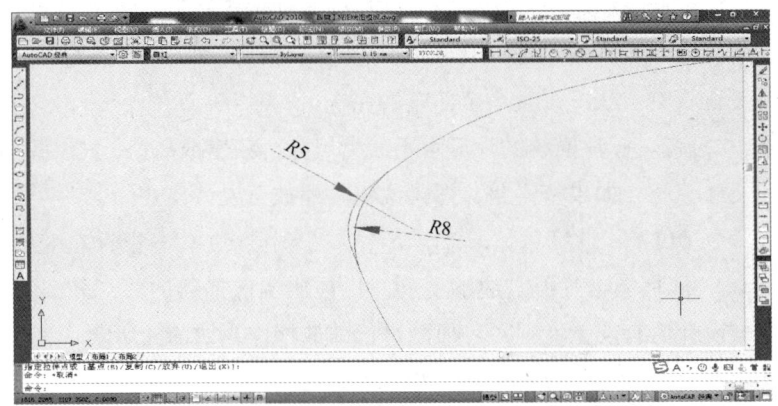

图 1-19　修改前后的尖位圆弧及形状显示界面

2. 修改的尖位有两条弧线

修改方法：向外偏移要修改的圆弧，然后用"相切、相切、相切"的作圆命令作出与修改弧相邻的两弧及偏移后的其中一条弧线相切的圆弧，该圆弧就是修改后的尖位弧。

（1）偏移尖位弧线。将尖位圆弧线向外偏移。

操作：输入命令 O（偏移）↵，输入偏移量↵，单击尖位圆弧，单击偏移方向（外边），得到图 1-20 所示绘图界面。

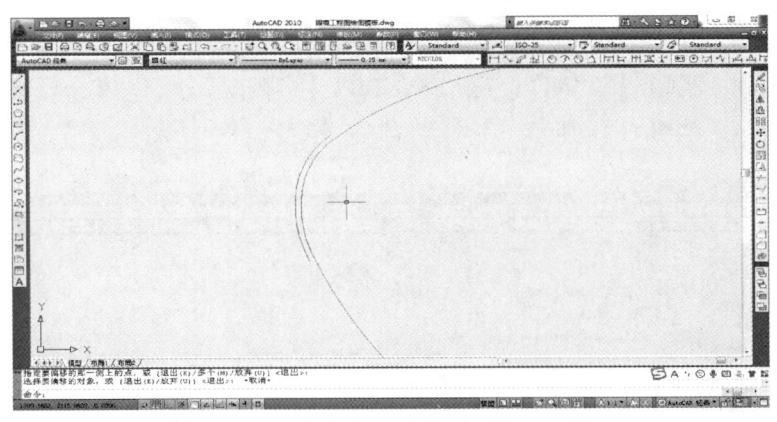

图 1-20　尖位圆弧向外偏移后的绘图界面

（2）作修改后的尖位处圆操作：单击"绘图（D）"菜单→"圆（C）"→"相切、相切、相切（A）"，分别单击与尖位原圆弧连接的两弧和尖位偏移后的其中一条弧，得到一个与三弧均相切的圆。操作界面及绘图结果分别如图 1-21 和图 1-22 所示。

（3）编辑尖位片形。尖位处修改圆作出后，有多余的弧线，且这个圆与圆尖位相邻的弧是相切在延长线上的，需要进行如下编辑：

① 删除尖位原弧及其偏移得到的弧。操作：输入命令 E（删除）↵，鼠标左键单击删除对象↵。

② 延伸尖位与原弧连接的两弧至与新作的圆相交。操作：输入命令 EX（延伸）↵，↵，单击要延伸的线条。

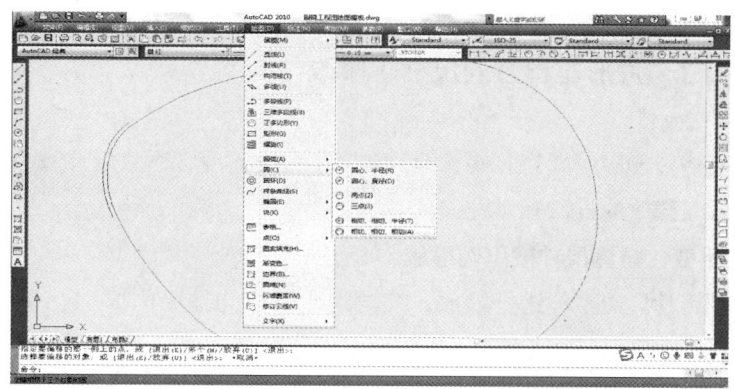

图 1-21　尖位修改作圆操作命令显示界面

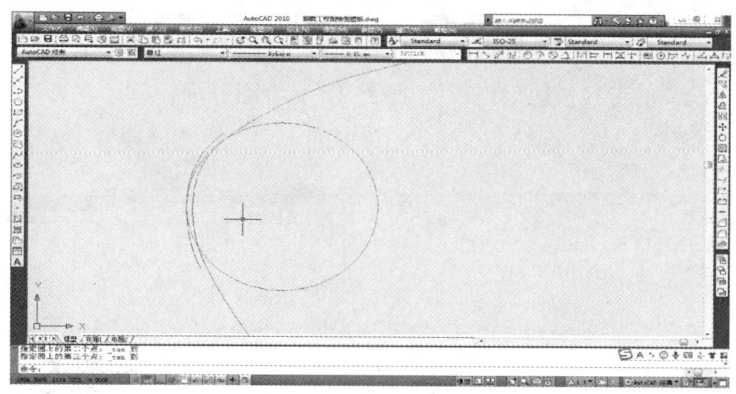

图 1-22　尖位修改作圆操作结果界面图

③ 剪切新作圆多余弧线。操作：输入命令 TR（剪切）↵，↵，单击要剪切的线段。编辑好后的片形绘图界面如图 1-23 所示。

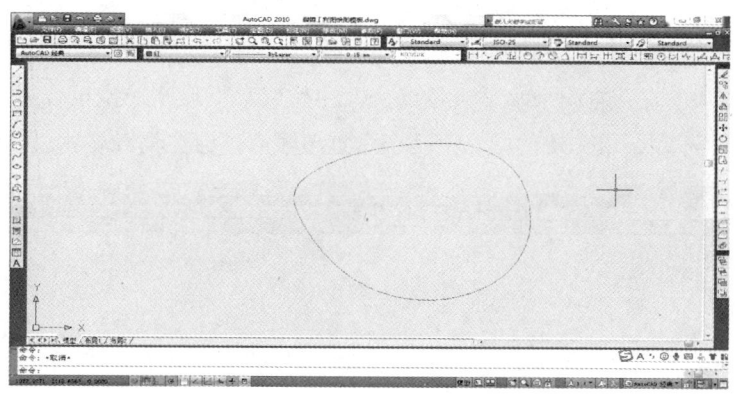

图 1-23　修改好的片形绘图界面

二、修平（圆）

片形尖位修平（圆）的方法与修尖的方法相仿，只是修改后的弧半径比原弧半径更大。（注意：修平时要向内偏移。）

三、B 位尺寸（片形垂直方向尺寸）修改

有时我们需要将片形修瘦或修胖些，即片形水平尺寸不变，垂直尺寸减小或加大，且保持片形风格基本一致。修改的方法有两种：

1. 水平尺寸不变，垂直尺寸按比例缩放

这种方法就是将片形图整体进行缩放，缩放时水平方向按比例 1∶1，垂直方向按修改量比例进行。具体操作如下：

（1）建块。将整个片形图建为一个图块。操作：输入命令 B（创建块）↵，弹出"块定义"对话框，如图 1-24 所示。

填写块名称（如 AA），基点选项和对象选项均选中"在屏幕上指定"，方式选项选中"允许分解"，单击"确定"按钮后出现图 1-25 所示绘图界面，移动光标至片形中心区域，单击左键确定插入基点，然后选择对象（全选片形图）↵，块就创建好了。

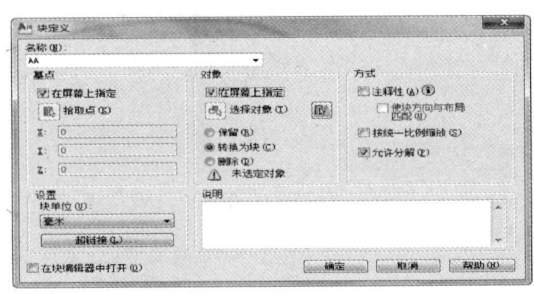
图 1-24 "块定义"对话框

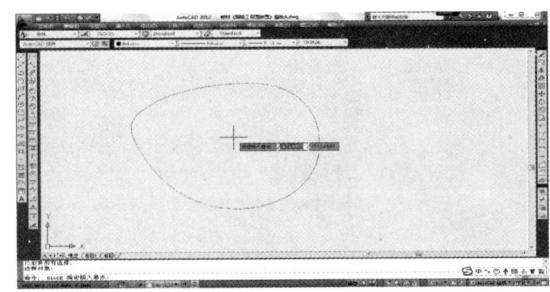
图 1-25 确定块的插入基点操作界面

创建成为块的图形，当鼠标移动到图形上时，图形会闪亮。

（2）插入块。首先标注块的尺寸。操作：输入 DLI ↵（或单击"快捷工具-线性标注"），左键单击块的左、右两个水平象限点，标注片形水平尺寸，拉至合适位置，单击左键或按回车键确认。再↵，单击块的上、下两个垂直象限点，标注垂直尺寸，如图 1-26 所示。

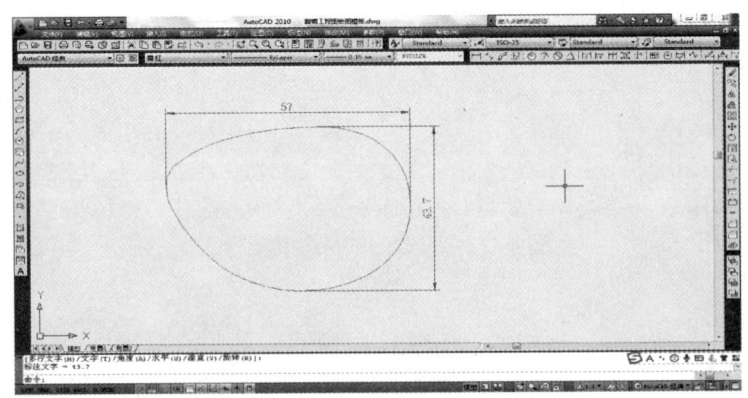
图 1-26 块的尺寸标注操作界面

假设要将片形 B 位尺寸由 43.7 改小至 42.7，则操作为：输入命令 I（插入）↵，弹出对

话框后,选择要插入的块的名称,选填各选项如图 1-27 所示。单击"确定"按钮后出现图 1-28 所示操作界面。

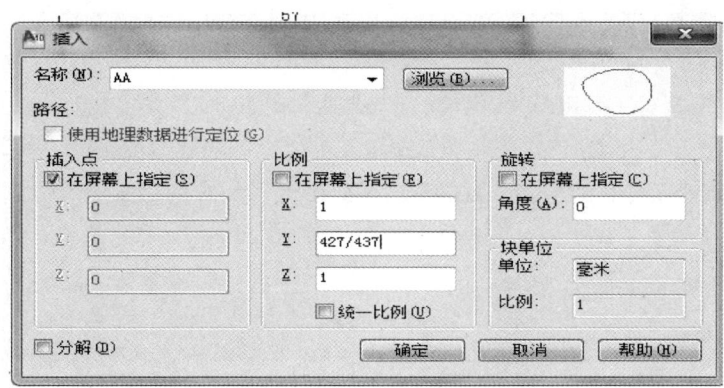

图 1-27 "插入"对话框选填内容

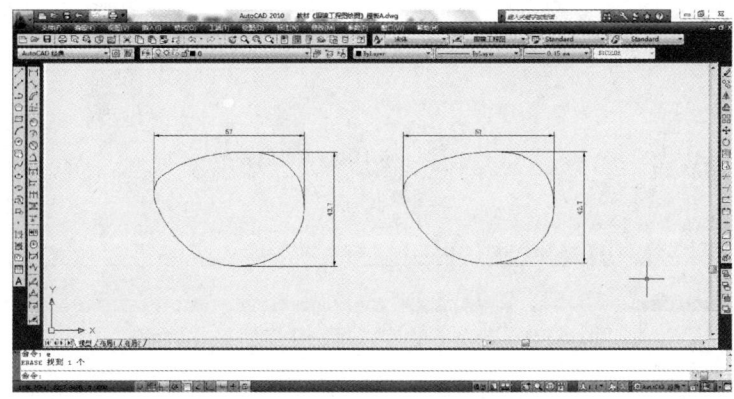

图 1-28 插入块操作界面图

移动光标确定插入点后单击鼠标左键。这样得到的图形就是修改后的片形图。图 1-29 所示为修改前后的片形比较图示。

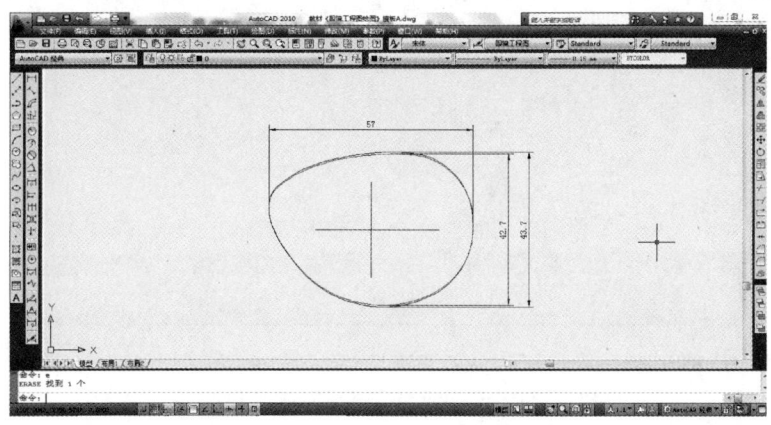

图 1-29 修改前后的片形比较

这种方法修改的片形图,其轮廓线为椭圆线。非圆弧线在以后的绘图过程中难以编辑,所以这种修改方法不常用。

2. 水平象限点以上形状不变，底部平行上下移动

这种方法就是将片形水平象限点以下的部分轮廓线作垂直上下移动，然后再将其与未移动的片形顺滑连接以达到修改 B 位尺寸的目的。具体操作如下：

（1）下部垂直移动。分解片形图，选择片形下部线条向上（或下）移动一个修改量（如 2mm）。

操作：输入命令 X（分解）↵，单击片形图轮廓线（如片形图未合并，则跳过此操作）；输入命令 M（移动）↵，框选移动对象，按下正交开关键 F8，向上（或向下）移动光标，输入参数 2↵。操作界面如图 1-30 所示。

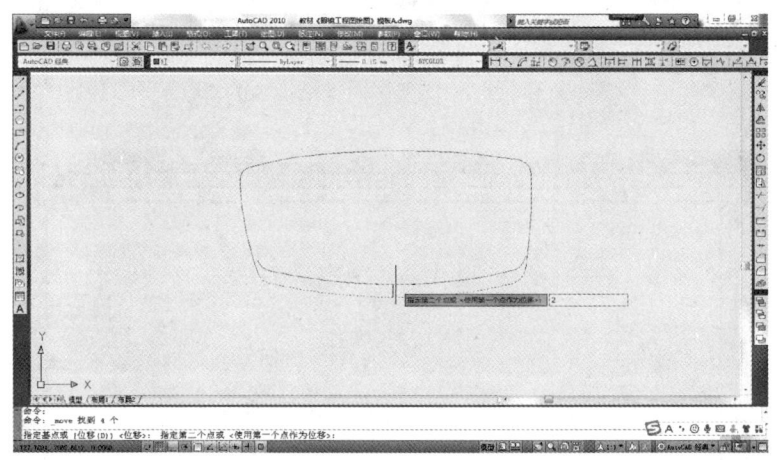

图 1-30　向上移动底部片形轮廓线操作界面

（2）度量连接弧半径。测量出左右连接弧半径分别为 $R2.7$ 和 $R3.2$。操作：输入命令 DRA（半径度量）↵，单击左下连接弧，↵；↵（重复上次命令），单击右下连接弧，↵。绘图界面如图 1-31 所示。

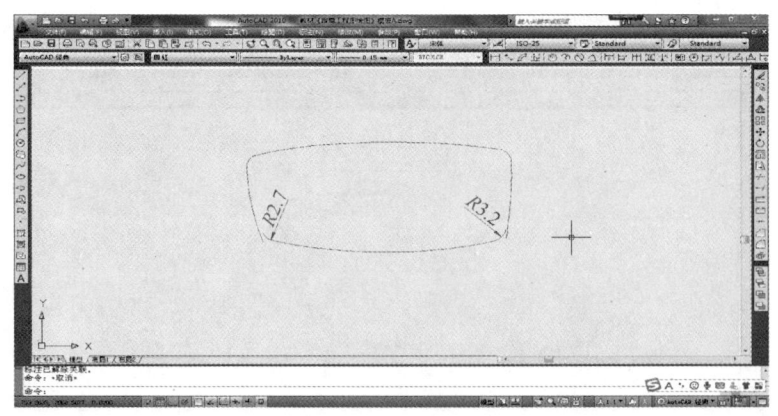

图 1-31　连接弧半径度量操作绘图界面

（3）顺滑连接移动部位。将下部已移动的片形轮廓线用与原连接弧相同的半径圆弧顺滑连接起来。操作：输入命令 F（倒角）↵，R（圆角）↵，2.7↵，单击需连接的对象。操作

界面如图 1-32 所示。重复操作右下部位。

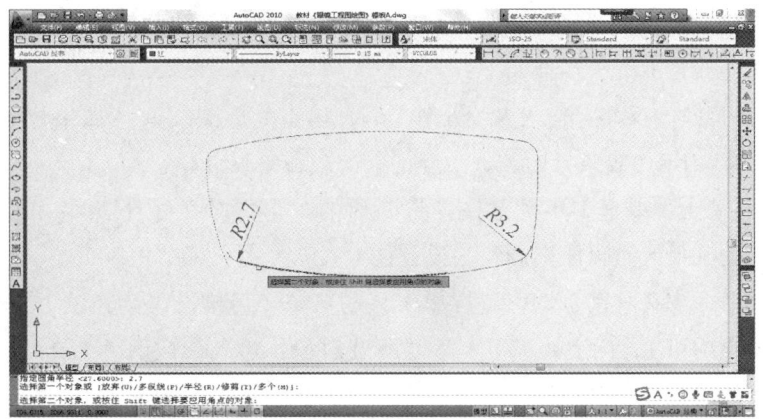

图 1-32　顺滑连接移动部位操作界面

（4）删除多余线条。操作：输入命令 E（删除）↵，单击删除对象↵，得到修改好的片形图，如图 1-33 所示。

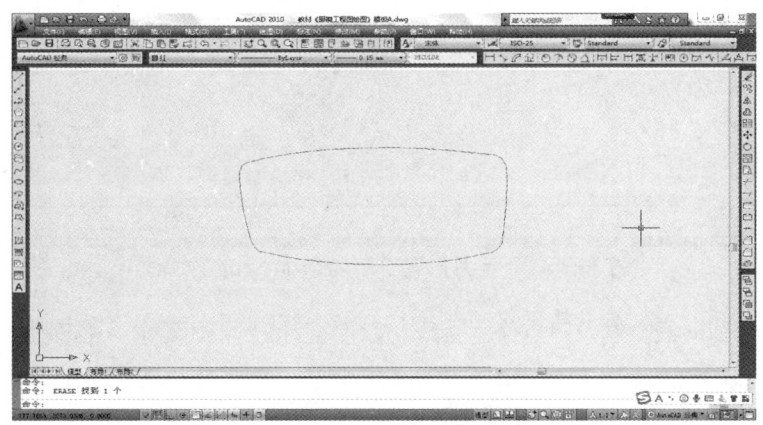

图 1-33　修改好后的片形图

比较修改前后的片形可以看出，片形的上半部分完全重叠，只是垂直位尺寸变小了。图 1-34 所示为修改前后片形比较界面。

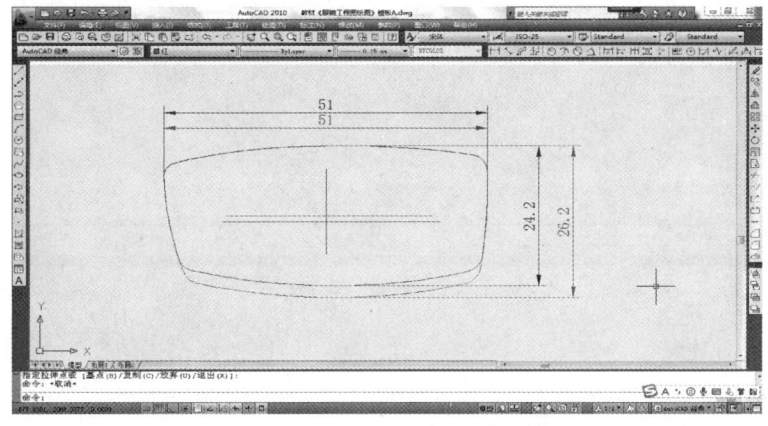

图 1-34　修改前后片形比较界面

3. 象限点打断移动

将片形图左右象限点打断，上下两部分图形作垂直方向移动，使 B 位尺寸调整为设计尺寸，然后再顺滑连接打断处。操作如下：

（1）象限点打断。操作：输入 X（分解）↵，单击片形图线↵（如果片形图未合并，则跳过此操作）；输入 BR（线条打断）↵，分别单击左右象限点↵。

（2）垂直移动上（或下）半片形图。打断后的片形图分为上下两半，垂直移动上（或下）半片形图，使其最大垂直距离调整为设计的 B 位尺寸。

操作：输入命令 M（移动）↵，鼠标单击移动对象（可框选）↵，按下正交开关键 F8，确定基点（任意点均可），向上（或下）移动所选对象，输入参数值（如 2.0）↵，完成半个片形移动。绘图界面如图 1-35 所示。

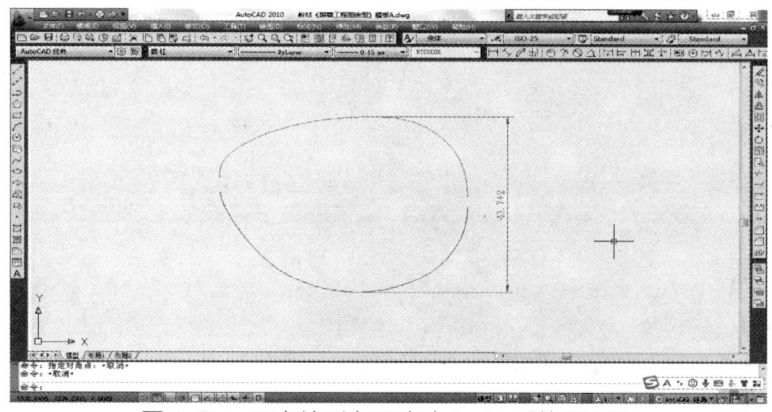

图 1-35　下半片形向下移动 2mm 后的界面图

（3）作绘图辅助线。过象限点作垂直线，以保证片形 A 位尺寸（片形水平方向尺寸）不变。操作：输入命令 L（直线绘制）↵，单击左象限点，向上（或下）移动鼠标再单击左键，画出经过左象限点的垂直线；同样方法作出经过右象限点的垂直线，如图 1-36 所示。

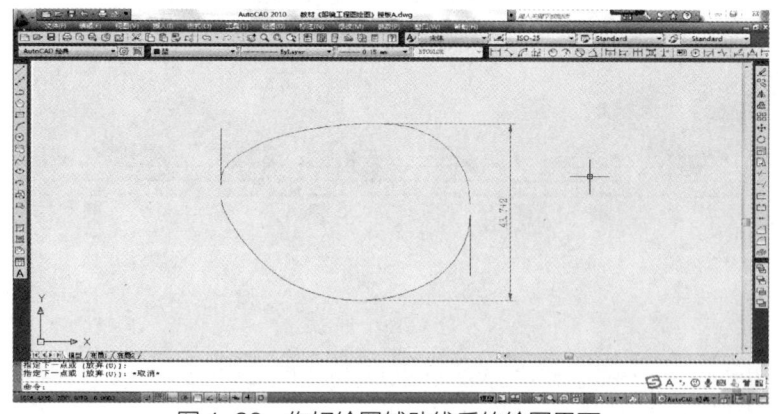

图 1-36　作好绘图辅助线后的绘图界面

（4）作打断处连接弧。删除被打断的弧线，用"相切、相切、相切"的作圆命令，分别与断点处相邻的两条弧线和经过象限点的垂直线相切，将上下两半片形图顺滑连接起来。

操作：单击"绘图"菜单→"圆（C）"→"相切、相切、相切（A）"，分别单击上述两弧线及一垂直线，得到图 1-37 所示图形。同样方法作出右边打断处连接弧。

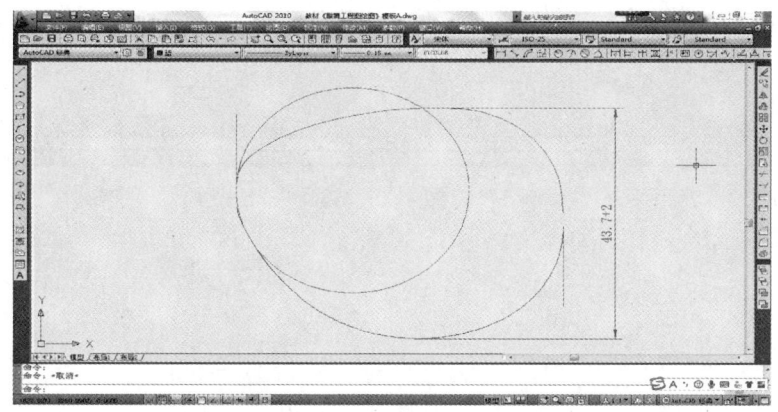

图 1-37 打断处连接弧绘制界面

（5）剪切、删除多余线条。操作：输入命令 TR（剪切）↵，↵，单击多余线段↵，完成剪切操作。

输入命令 E（删除）↵，单击无法剪切的多余线段↵，完成片形修改。

（6）合并片形图。操作：输入命令 PE（合并/闭合）↵，选择对象（一条弧线或全部弧线）↵，输入（或在弹出菜单选择）J（合并）↵，输入 ALL（全部对象）或选择全部线条↵，↵，完成片形轮廓线的合并。

把修改前后的片形叠加在一起就可以看出修改的部位，如图 1-38 所示。

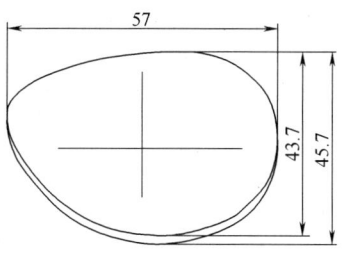

图 1-38 修改前后片形比较图

模块三　眼镜片模绘制

一、片模及片模形状

片模是眼镜制造中不可或缺的定位工装及圈形检验工具，如焊接定位模、CNC 加工夹具、割片靠模，圈形（片形）检验等都需要片模。片模制造材料多为尼龙，也有批量较大的订单使用金属片模的。片模形状要求与镜架内圈吻合。对于无框镜架，片模需与镜片外形一致。

二、片模图形绘制

1. 片模形状绘制

片模形状与镜片形状相同。因此可以直接拷贝片形图作为片模外形图。

操作：输入命令 CO（复制）↵，鼠标单击（或框选）全部片形图↵，鼠标左键单击片形图中心区（基点确定），拖动图形至新的绘图工作区后单击鼠标左键↵，图形复制完成。操作界面如图 1-39 所示。

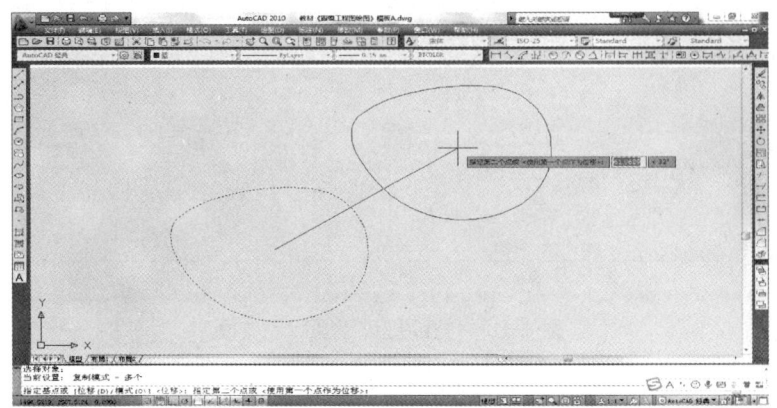

图 1-39　片形复制绘图界面

2. 片模安装孔绘制

眼镜片模上的三个孔均处于片模的水平中心轴上，其中片模几何中心的大孔，直径为 8mm，其余两小孔直径为 5mm，对称分布在大孔两边。两小孔中心距为 26mm。片模安装孔绘制步骤如下：

（1）标注片模图形尺寸。操作：输入命令 DLI ↵，分别用鼠标左键单击片模图形左、右象限点，移动鼠标上拉至合适位置，单击鼠标左键，标注出片模水平方向尺寸；同样操作方法标注出片模垂直方向尺寸，如图 1-40 所示。

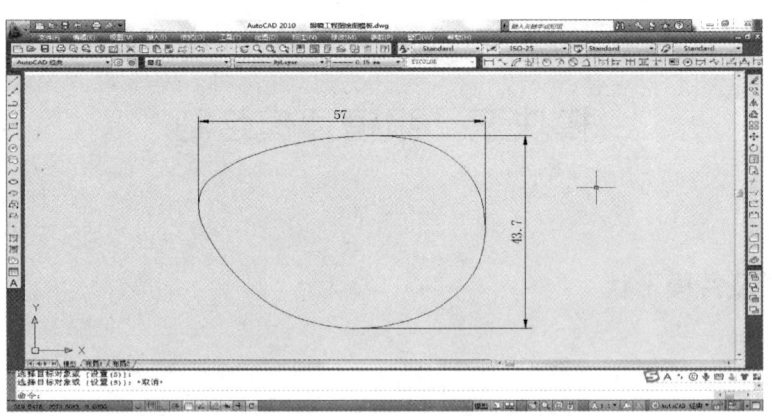

图 1-40　片模尺寸标注绘图界面

（2）片模图中心线绘制。操作：输入命令 L（直线绘制）↵，按下正交开关键 F8，鼠标左键单击水平尺寸标注线直线，移动鼠标下拉至适当位置后单击左键，完成片模图垂直中心线绘制；同样方法绘制出片模图水平中心线。绘图界面如图 1-41 所示。

（3）片模安装孔中心点确定。操作：输入命令 O（偏移）↵，输入参数 13（偏移距离）↵，鼠标左键单击片模图垂直中心线（选择偏移对象），移动鼠标使光标至中心线左边（选择偏移

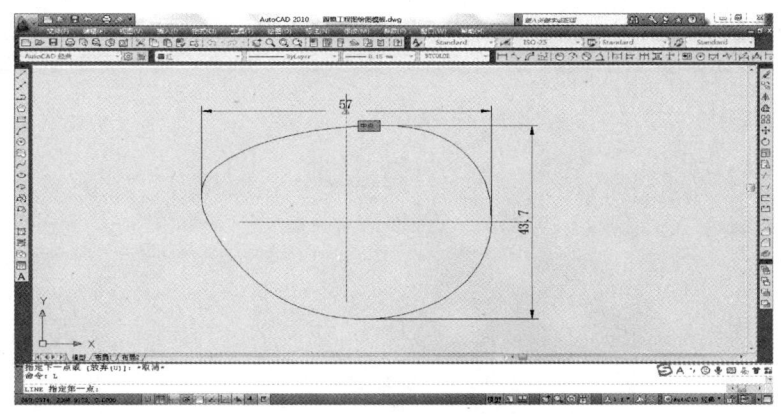

图 1-41 片模中心线绘图界面

方向），然后单击鼠标左键，绘制出左孔垂直中心线；再单击片模图中心线，移动光标至右边后，单击鼠标左键，绘制出右孔垂直中心线。这样 3 条垂直线与 1 条水平线的 3 个交点就是片模 3 个安装孔的中心点。绘图界面如图 1-42 所示。

（4）片模安装孔绘制。操作：输入命令 C（画圆）↵，鼠标左键单击片模中心，输入参数 4（半径值）↵，绘制出直径为 8mm 的中心圆；↵，单击左圆中心，输入参数 2.5（半径值）↵，绘制出左边安装孔；↵（重复上次命令），单击右圆中心，↵（默认上次参数），绘制出右边安装孔。3 个安装孔绘制好后的绘图界面如图 1-43 所示。

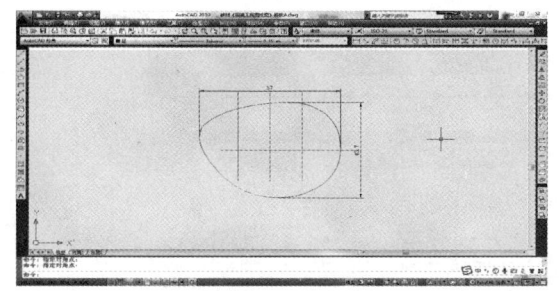

图 1-42 片模安装孔中心点确定好后的界面

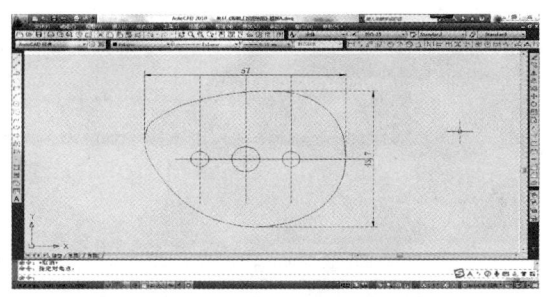

图 1-43 3 个安装孔绘制好后的界面

（5）片模图编辑。片模基本轮廓线绘制好后，须进行适当编辑处理。

首先，将中心线拉短，不可超出片模外形轮廓。操作：按下 F8 键，鼠标左键单击要拉短的直线，再单击要拉短（或拉长）的直线的端点，移动光标至拉短（或拉长）处，单击鼠标左键确认完成拉短（或拉长）操作。其他中心线进行同样操作。操作界面如图 1-44 所示。

其次，将三个圆孔内的中心线剪切掉。操作：输入命令 TR（剪切）↵，↵，鼠标左键单击要剪切的线段。完成编辑后的片模图如图 1-45 所示。

（6）片模编号。眼镜制造厂家生产、制造的眼镜款式有很多，所以每一款眼镜架都会有编号，片模编号同镜架。眼镜片模上的编号大多用激光打标、CNC 加工或移印的方法加工出来，不管使用什么工艺，原始数据均来自工程图源文件。

片模编号一般位于片模的上半部位，应用创建文字的命令绘制。操作：输入命令 T（插入文字）↵，移动光标至编号文字位置，如图 1-46 所示，单击鼠标左键，向右下拉动方框至合

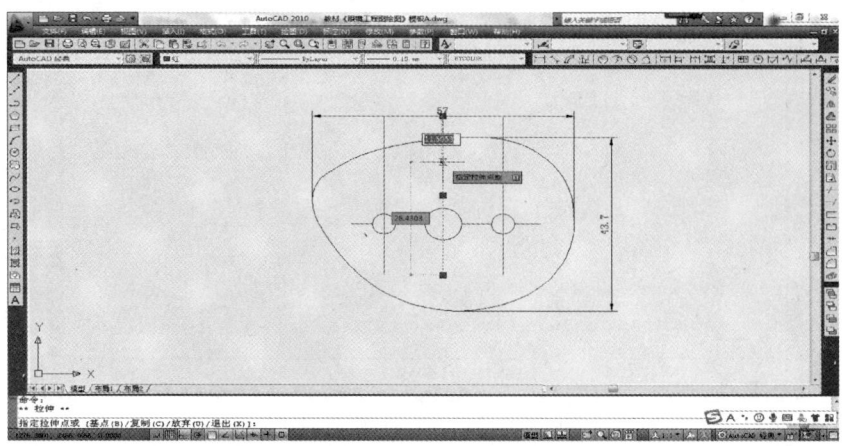

图 1-44　直线拉伸操作界面

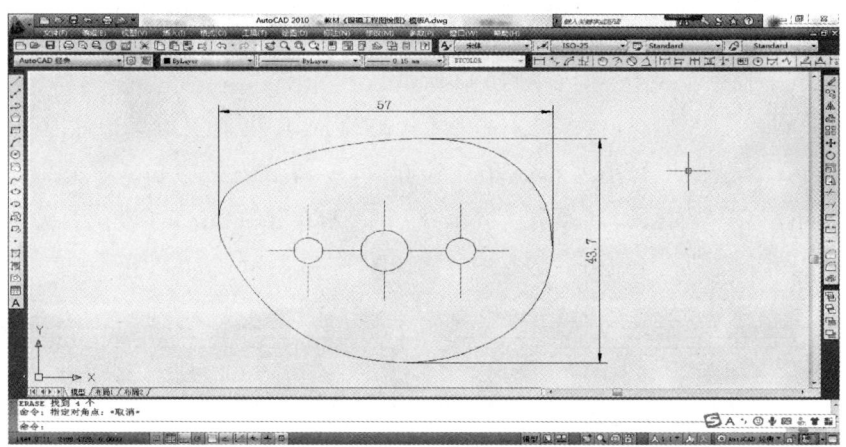

图 1-45　完成编辑后的片模图绘图界面

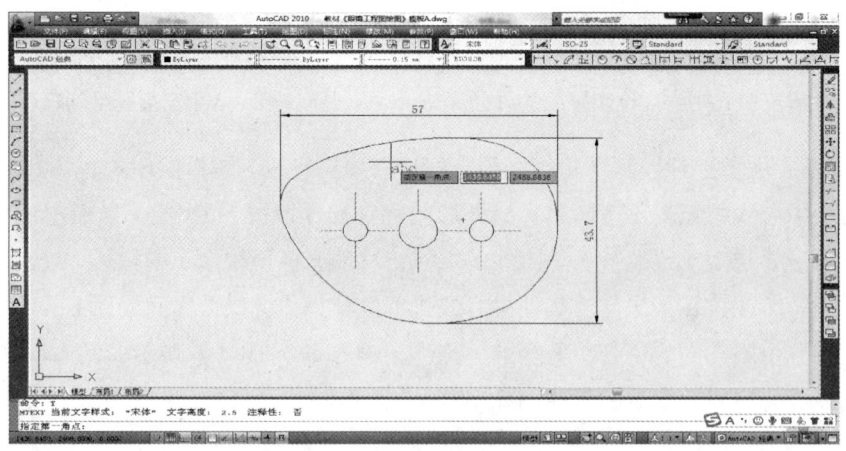

图 1-46　插入文字操作界面

适大小，再单击左键，弹出"文字格式"对话框，工作界面如图 1-47 所示。

"文字格式"对话框内容包括文字字体选择、文字高度选择（或设置）、文字颜色选择，以及文字加粗与否、斜体与否、下画杠与否等选项，如图 1-48 所示。

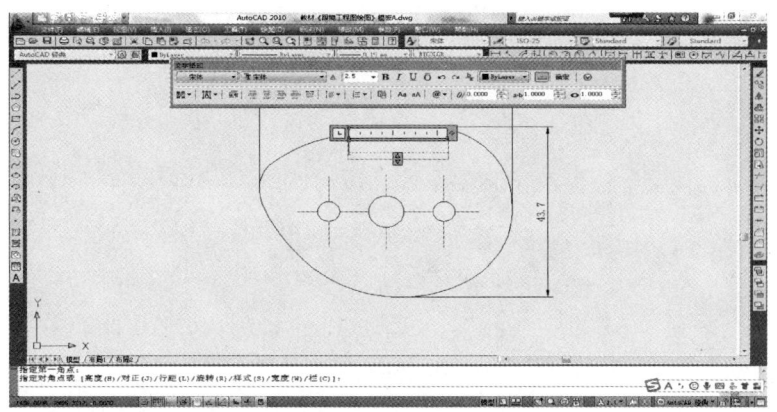

图 1-47 "文字格式"对话框界面

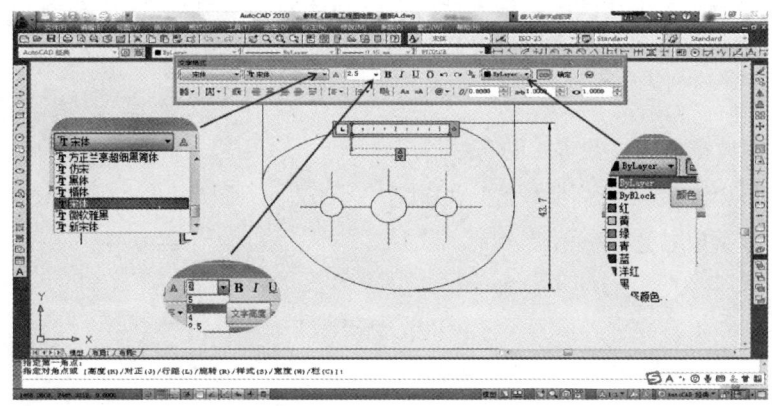

图 1-48 "文字格式"对话框内容示意图

各选项确定后将光标放回到文字输入区,单击左键就可以输入文字,操作界面如图 1-49 所示。文字输入完毕,在文字输入区外任一位置单击鼠标左键完成插入文字的操作。

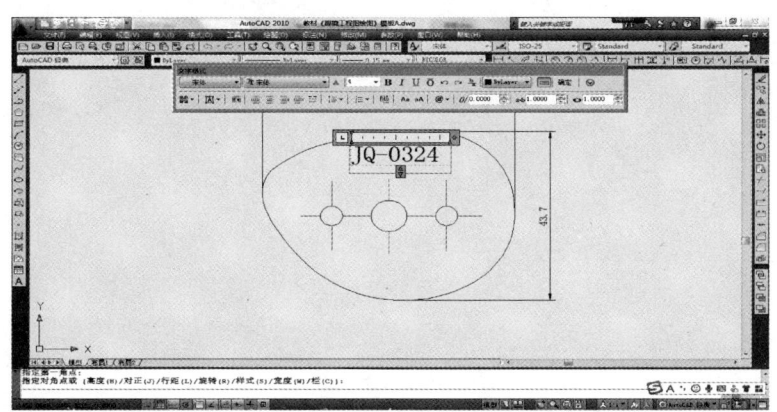

图 1-49 文字输入操作界面

片模除编号外还应标识片形左右,标识方法就是在片形图近鼻梁处标注文字 N,绘图方法同上。完整的片模图如图 1-50 所示。

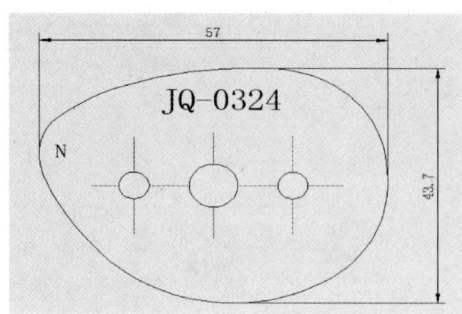

图 1-50　完整的片模图

课后练习

参考图 1-51 所示太阳眼镜描绘眼镜片形、绘制片模图并标注片模尺寸。

提示：

（1）注意镜片左、右，要求绘制左片片形。

（2）尖处最小连接弧半径不小于 1.0mm。

（3）镜片水平尺寸为 57mm。

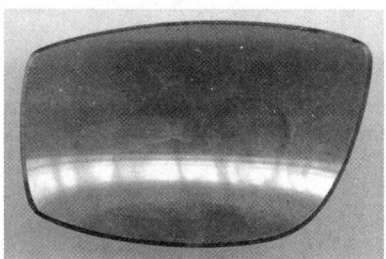

图 1-51　太阳眼镜镜片扫描图片

项目二

全框金属眼镜架工程图绘制

学习内容

1. 眼镜工程图内容与要求。
2. 眼镜工程图中视图的对应关系。
3. 普通光学眼镜架结构图绘制方法和步骤。
4. 普通眼镜架桩头零件图绘制方法和步骤。

学习目标

1. 初步掌握三视图的投影关系及视图表达。
2. 初步掌握普通结构金属眼镜架各部位的尺寸参数概念。
3. 初步掌握普通结构的金属眼镜架工程图的绘图方法和作图步骤。
4. 基本掌握眼镜工程图的尺寸标注方法和要求。
5. 基本掌握眼镜桩头零件图的绘图方法和作图步骤。
6. 能够根据效果图绘制出普通结构的全框金属眼镜架工程图。

模块一 眼镜工程图内容与绘图要求

一、眼镜工程图内容

眼镜工程图内容包括眼镜结构图和眼镜零件图。不管是结构图还是零件图绘制均包含以下几个方面内容。

1. 视图

眼镜结构图由眼镜架的主视图、俯视图和右视图 3 个主要视图,以及断面图、局部放大图、其他方向视图等辅助视图组成。眼镜零件图一般由零件主视图、俯视图,以及断面图、局部视图等组成。

视图要能清晰、简洁、完整地表达眼镜成品或零部件的结构,在不影响理解的前提下,视图形状及线条要越简洁越好。

2. 尺寸标注及技术要求

视图表达的是工件的结构，可以有不同的比例，但要尽可能地按同一比例绘制。如果某一视图比例与基本图纸比例不同，必须标注出来。工件的大小由标注的尺寸决定，尺寸标注还包含技术要求，有时尺寸标注还可以协助理解视图的真实形状，比如直线段尺寸和直径尺寸，视图可能一样，但其标注是不同的。尺寸标注还必须考虑加工工艺及测量方法。

尺寸标注要求完整、不遗漏、不重复，布局要清晰，标注的尺寸与尺寸之间、尺寸线与轮廓线之间要尽量避免相交，绝不允许出现重叠。

技术要求中的尺寸精度可以在图纸上以尺寸标注公差的形式来表达，相同的技术要求，可以在图纸上的空白处以文字形式来表达。

3. 图框与标题栏

图框就是图纸的边界。没有图框的图纸就是一张不完全的图纸，图纸的所有内容均要显示在图框内。图框的大小应根据打印纸张的大小而设置，一般图框距图纸边缘 5~8mm。对于 A4 图纸而言，图框一般为（195~198mm）×（280~285mm）的矩形框。

标题栏就是工程图纸的"身份证"。眼镜工程图的标题栏内容包括：图纸名称、图纸编号、图纸比例、尺寸单位、镜架尺码、绘图人姓名、审核人姓名、绘图日期、修改版本及出图公司单位名称等。

4. 零部件明细表

眼镜产品涉及的材料和零部件很多，这些零部件有通用的标准件，也有非标件。将所有零部件列表于结构图上，这就是零部件明细表。

零部件明细表的内容主要有：零部件名称、规格（非标件为零件编号）、材料和备注。零件图不需要明细表。

5. 图纸排版及文件保存

目前多数企业的眼镜工程图还是按 A4 纸排版打印，结构图与零件图各自独立呈现，但少部分企业按 A3 纸排版，结构图与所有零件图均排版在一张 A3 图纸内打印。

在以 A4 纸排版的结构图中，三个主要示图分上、中、下排布，分别是俯视图、主视图（正视图）和右视图。在以 A4 纸排版的结构图中，又有标题栏及明细表直排和标题栏及明细表横排两种排版形式。

在以 A3 纸排版的眼镜工程图中，三个主要视图呈"L"形分布，即眼镜架的右视图排布于主视图右侧。

二、眼镜工程图绘图要求

1. 视图投影关系及其对应要求

我国是眼镜制造大国，内地眼镜制造业在发展初期深受港台地区的影响，因此眼镜工程图并不完全执行《机械制图》标准。表现最为突出的就是各视图的排版，在眼镜工程图中，正视图处于中心位置，俯视图在其上，右视图在其右。

眼镜工程图各视图的对应关系符合"长对正、高平齐、宽相等"的投影规律。

2. 线型要求

在眼镜工程图中，应用的线型有 6 种，各种线型及要求见表 2-1。

表 2-1　　　　　　　　　　　眼镜工程图线型要求

序号	线型名称	线型形状	线型描述	视图表达关系	线条宽度要求	线条颜色
1	粗实线	———	连续较宽的线条	可见轮廓线的表达	0.13~0.15mm	不限
2	细实线	———	连续较细的线条	填充线、尺寸线等非轮廓线的表达	0.09mm	不限
3	虚线	- - - -	间断线条	不可见轮廓线的表达	0.09mm	不限
4	点画线	—·—·—	由一点与短线段组成的间断线条	对称中心线、几何中心线的表达	0.09mm	不限
5	双点画线	—··—··—	由两点与短线段组成的间断线条	假想轮廓线的表达	0.09mm	不限
6	波浪线	～～	波浪形曲线	断裂边界线的表达	0.09mm	不限

3. 文字要求

工程图中的尺寸标注、技术要求及标题栏等均会出现文字。眼镜工程图中的文字可以归纳为中文、字母和数字 3 种。

文字字体一般为宋体或仿宋体，对于文字高度，最佳的选择是：中文为 2.5~3.0mm；字母为 2.0~2.5mm；数字为 1.5~2.0mm。重要或需特别提示的品质、工艺及技术方面的要求，可以使用黑体或加粗字体，字高可适当加大；公司名称可以使用更大的字号，也可以使用公司对外信笺所用的字体。

4. 其他要求

眼镜工程图的其他方面应尽可能地遵循国标，同一公司的所有图纸应按内部标准，使用统一的绘图模板以便于读图。在工程图的电子文件中，不同属性的线条可以设置为不同颜色，但最好不要使用彩色图纸打印，即使使用彩色打印机，打印出来的图纸也难以胜过黑白图纸的清晰度。

模块二　全框金属眼镜架结构图绘制

在眼镜制造企业，眼镜产品的开发首先是产品外形设计，然后再进行产品结构设计及绘制工程图。眼镜工程图是眼镜架制造过程中必不可少的技术文件，特别是在现代智能制造工艺中，运用 AutoCAD 绘制的工程图原文件，往往被直接导入数控设备用于加工。下面我们就开始学习图 2-1 所示（见附页 1）的全框眼镜架的结构图绘制。

一、参考图片导入

1. 打开绘图软件

打开绘图软件，将工作空间设置为经典模式，背景颜色可以是黑色或白色，不建议使用其他颜色。

在进行参考图片导入操作前，先确认参考图片保存的位置和名称，也可以先将图片复制到桌面以便查找。

2. 图片导入

参考图片的导入应利用 AutoCAD 插入命令进行，不建议直接将参考图片拖入绘图工作空间。操作如下：

（1）参考图片选择。单击主菜单"插入"，在下拉的菜单中单击"光栅图像参照"，弹出"选择参照文件"对话框，如图 2-2 所示，单击选择的参考图片后再单击"打开"按钮，弹出"附着图像"对话框。

（2）填写"附着图像"对话框。"附着图像"对话框如图 2-3 所示，除选中插入点外，其余选项不需选中。单击"确认"按钮后，绘图界面如图 2-4 所示。

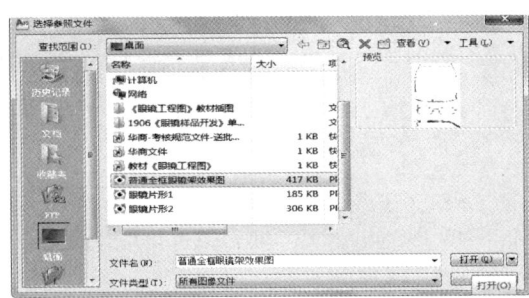

图 2-2　"选择参照文件"对话框

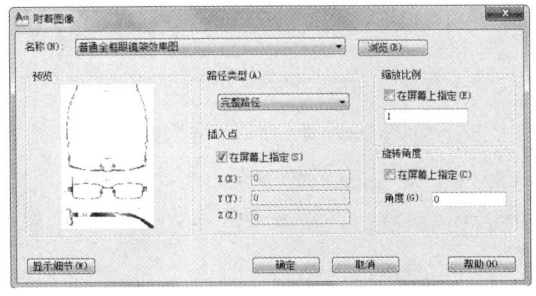

图 2-3　"附着图像"对话框

（3）参考图片插入。移动光标，使操作界面中的方框位于合适的工作空间，单击鼠标左键确定插入点，完成参考图片的插入。方框位置即图片插入后的位置。此时绘图界面如图 2-5 所示。

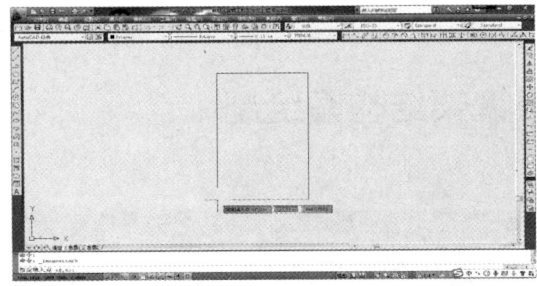

图 2-4　参考图片插入点选择操作界面图

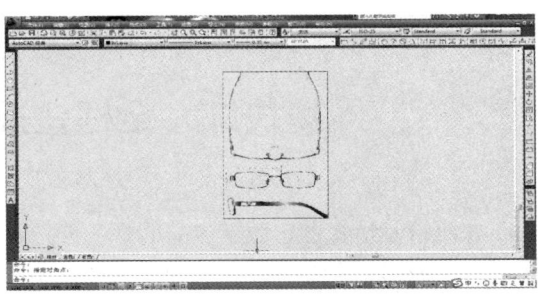

图 2-5　导入参考图片后的界面图

3. 图片方向及大小调整

参考图片导入后，须对其方向和大小进行确认。只有方向正确、比例为 1∶1 的图片才会有最大的参考价值。操作如下：

（1）度量参考图片中的图形尺寸。度量（标注）参考的眼镜效果图中标注的一个最大尺寸，如图 2-6 所示。相关命令： DLI（线性度量）。注意：标注尺寸取点时，一定要将绘图界面放大（将光标移至要放大的位置，滚动鼠标滚轮），使图片足够大，以便于取点更精准。

（2）图片方向判断及调整。查看标注的尺寸线是否与原图尺寸线平行（或重叠），若平行则可判定图片方向正确，如不平行，则旋转图片，直至二者平行。相关命令： RO（旋转）。

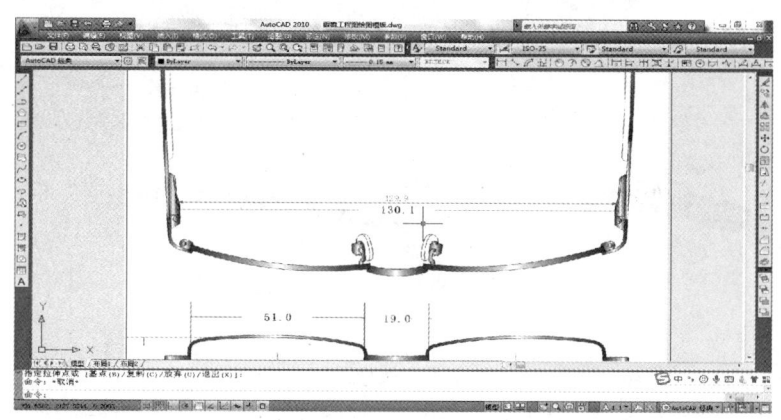

图 2-6　标注效果图中铰链螺钉中心尺寸后的界面图

（3）图形尺寸及比例调整。查看标注的尺寸值是否与原图标注的尺寸相同，如相同，则可判定图形与实际大小为 1∶1；如不同则对图片进行缩放处理，使标注尺寸与原图相同，如图 2-7 所示。相关命令： SC（缩放）。

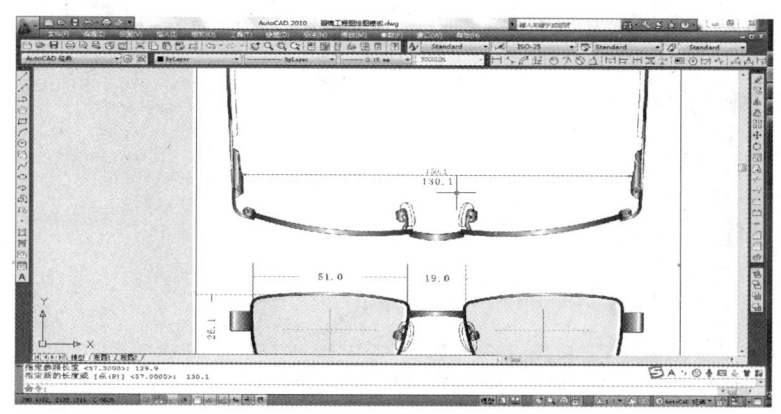

图 2-7　图片缩放处理后的界面图

二、全框金属眼镜架主视图绘制

1. 镜圈主视轮廓图绘制

（1）内圈形状描绘。作图方法同片形绘制方法一样，要求亦相同，那就是三点作圆。基本绘图命令： C（3P）（三点作圆）， TAN（切点捕捉）。具体操作如下：

① 描绘第一个圆弧。从镜圈中梁位开始，运用三点作圆命令，拾取内圈轮廓上的 3 个点，画出第一个圆，如图 2-8 所示。操作：输入命令 C ↵，3P ↵，拾取参考图片上的 3 个点。

② 第二个圆绘制。按顺序（顺时针）再使用三点作圆命令作出与前圆相切的第二个圆。注意：第一个点为前面所作圆的切点，具体位置与后两点有关，所以先运用捕捉命令（TAN）待定。

操作：输入命令 C ↵， 3P ↵， TAN ↵，捕捉第一个圆的远切点，再拾取内圈轮廓上的两个点作出与第一个圆相切的第二个圆，如图 2-9 所示。

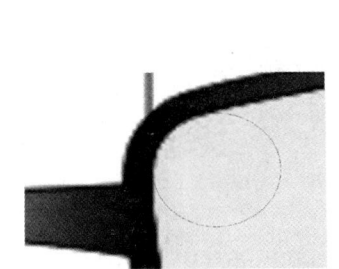
图 2-8　内圈形状描绘作图方法示意图

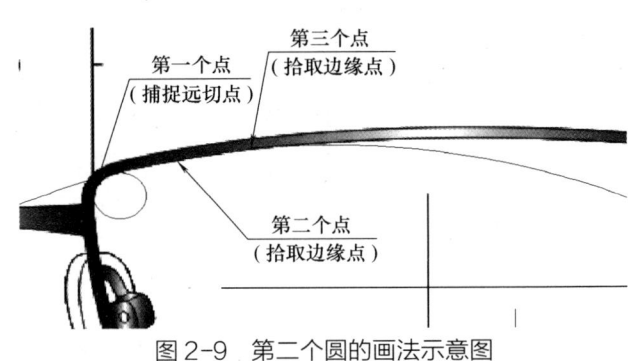
图 2-9　第二个圆的画法示意图

③ 重复绘制内圈轮廓弧。按顺时针方向，不断重复上一步操作，直至描绘完整个内圈，此时绘图界面如图 2-10 所示。

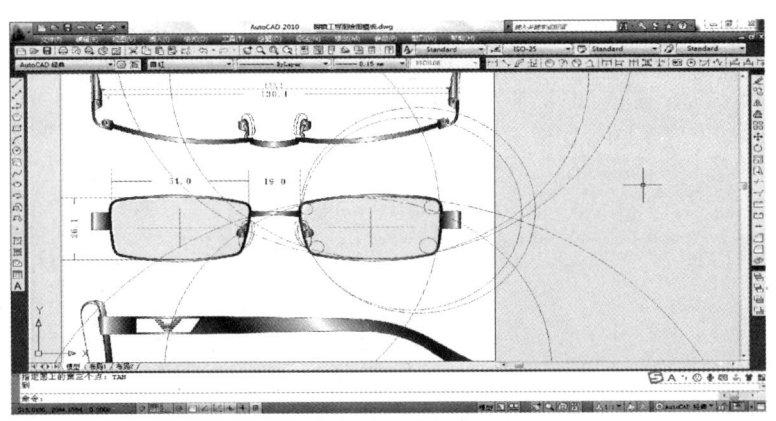
图 2-10　完成内圈描圆后的绘图界面

注意：最后一个圆的作图方法同样是三点作圆，但有两点是需要捕捉的，如图 2-11 所示。

操作：输入命令 C ↵，3P ↵，TAN ↵，单击上一个圆（捕捉远切点作为圆的第一个点），拾取内圈边缘点（作为圆的第二个点），TAN ↵，单击第一个圆（捕捉远切点作为圆的第三个点）。

④ 内圈轮廓编辑。根据参考图片，按方向顺序剪切与图片内圈形状不吻合的线段及删除多余线段。

相关命令：TR（剪切），E（删除）。剪切后的绘图界面如图2-12所示。

⑤ 内圈轮廓线合并。将编辑好的内圈图形合并。相关命令：PE，J（合并）。合并后的图形轮廓线为多段线，单击此线任意处，显示的界面如图2-13所示。

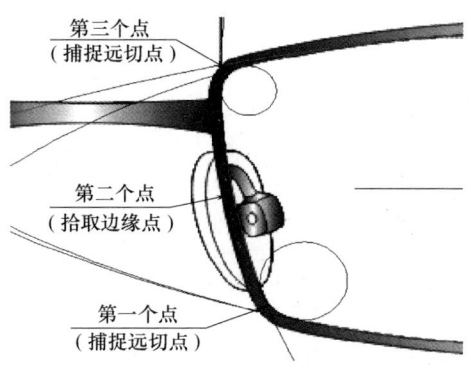

图2-11 最后一个圆的作图方法示意图

⑥ 内圈尺寸度量及调整。标注内圈水平尺寸，查看是否为设计值，如果有误差则对图片

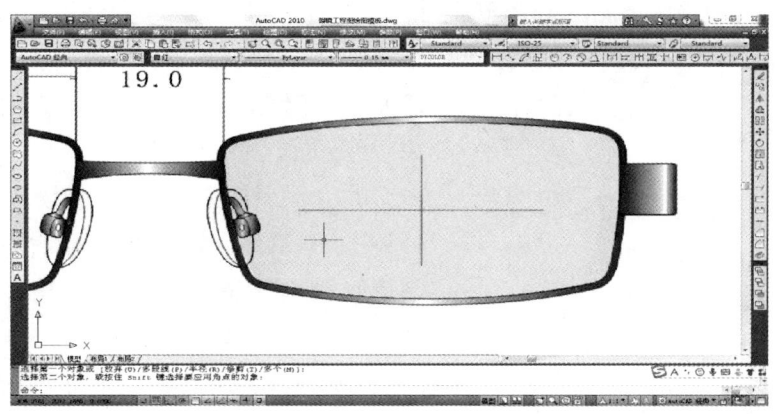

图2-12 剪切后的绘图界面

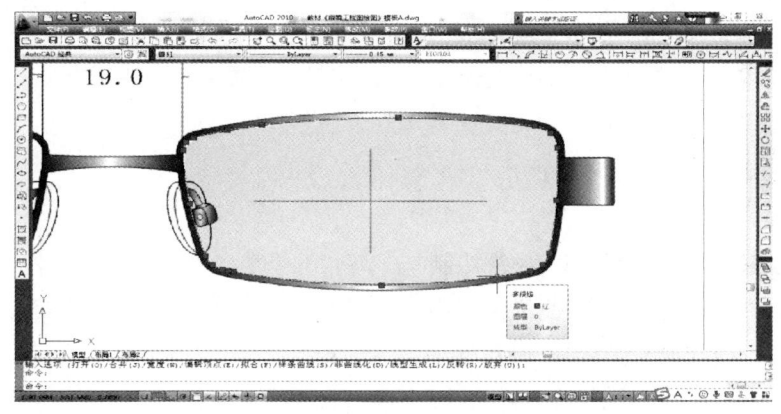

图2-13 合并后的内圈图形轮廓线界面

及所绘内圈轮廓图进行缩放，使内圈轮廓图尺寸为设计值，如图2-14所示。相关命令：DLI（线性度量），QUA（捕捉象限点），SC（缩放）。

（2）镜框外圈轮廓绘制。将合并后的内圈轮廓线向外偏移一个圈丝的厚度（光学眼镜架全框圈丝厚度为0.8~1.0mm）得到外圈轮廓图，从而完成镜圈主视图绘制，如图2-15所示。相关命令：O（偏移）。

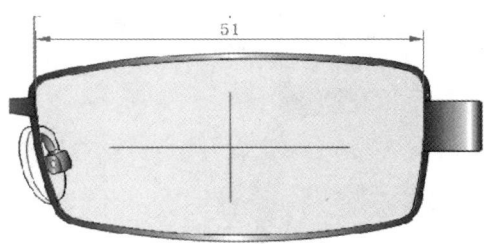
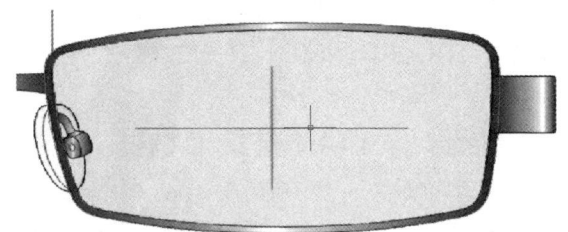

图 2-14　内圈尺寸最终确认后的界面　　　　图 2-15　内外圈轮廓线绘制完成后的界面图

2. 全框金属眼镜架桩头主视轮廓图绘制

普通金属眼镜架桩头贴在镜圈表面，正视桩头，其几何中心线处于水平方向。参考图中的镜架桩头为等宽平桩头，所以正视图中桩头的上下两侧面轮廓线均为水平线。此外，桩头打弯处表面轮廓线为铅垂线。正视桩头轮廓线绘制步骤如下：

（1）正视桩头轮廓线绘制。如图 2-16 所示，绘制出两条平行线（桩头上下两侧面轮廓线）和一条铅垂线（桩头打弯处表面轮廓线）。相关命令：L（直线绘制），F8。

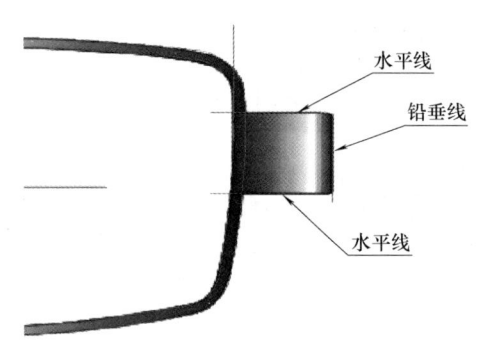

图 2-16　正视桩头轮廓线绘制示意图

（2）编辑桩头轮廓。剪切镜圈内的线条，将桩头侧面轮廓线与桩头打弯处表面轮廓线的交线倒圆角（金属配件棱角倒圆半径为 0.3mm）。相关命令：TR（剪切），F（倒角），R（圆角）。

（3）正视图桩头部位不可见外圈轮廓线的处理。普通金属眼镜架桩头贴盖镜圈表面焊接，正视桩头端面与内圈平齐，其轮廓线与内圈轮廓线重叠，不需绘制。此处外圈及夹口被桩头遮盖，其轮廓线为不可见。在制图中不可见轮廓应用虚线绘制，但如果其表达的结构在其他视图中已经有清晰的表达，则此处虚线可以省略。因此，桩头背面的不可见外圈轮廓线可以直接剪切。正视桩头绘制完成后的界面如图 2-17 所示。相关命令：TR（剪切）。

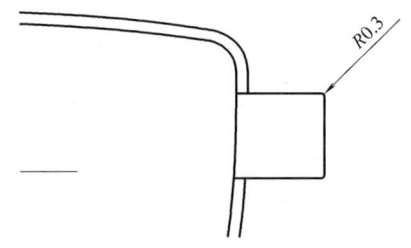

图 2-17　正视桩头绘制完成后的界面

3. 全框金属眼镜架中梁主视轮廓图绘制

主视图中梁绘制方法就是按图描绘。中梁外形是以镜架中心为对称点的形状，为保证对称性，中梁描绘只需描绘一半，另一半为镜像所得。所以在描绘前先作出镜架对称中心线。绘图步骤如下：

（1）作镜架对称中心线。首选从内圈近中梁位的象限点向上作垂直线，再将此垂线往中间偏移内圈间距的一半（9.5mm），得到的垂直线就是镜架对称中心线，如图 2-18 所示。

相关命令：L（直线绘制），QUA（捕捉象限点），O（偏移）。

（2）描绘中梁轮廓。按参考图中梁形状使用三点作圆命令，描绘其轮廓线。注意：作圆时取点尽可能间隔大些。

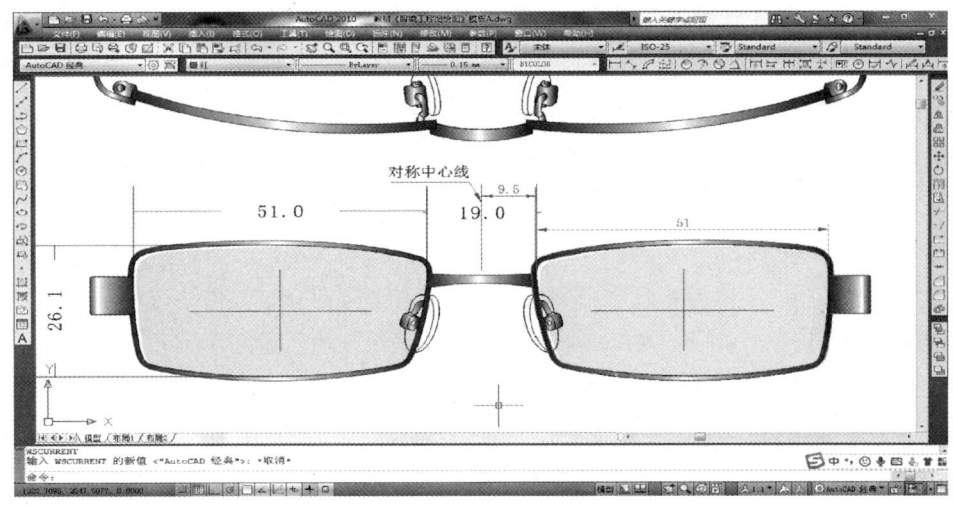

图2-18　绘制镜架对称中心线示意图

相关命令：C，3P。绘图界面如图2-19所示。

（3）中梁轮廓线编辑。以镜架中心线及内圈轮廓线为边界，剪切所描绘的中梁轮廓所在的两圆（注意：要先延伸对称中心线）。另外，中梁为搭接在圈面焊接，中梁处的外圈轮廓为不可见，且此结构可以在俯视图中表达清楚，所以中梁处的不可见外圈轮廓线可以直接剪切掉。

相关命令：EX（延伸），TR（剪切）。编辑好后的中梁部位主视图如图2-20所示。

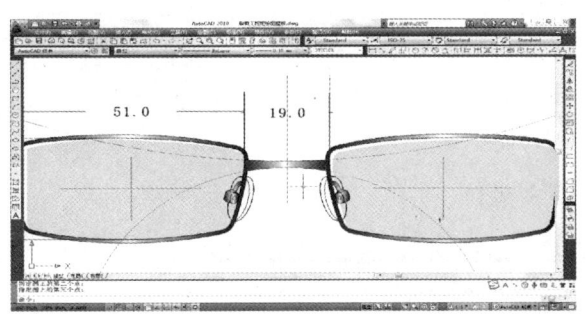 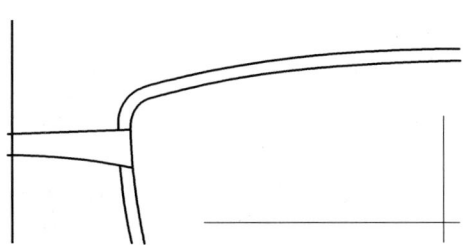

图2-19　正视中梁轮廓线描绘作图界面　　　图2-20　编辑好后的中梁部位主视图

4. 全框金属眼镜架烟斗/托叶与夹口主视图绘制

普通金属眼镜架的烟斗/托叶及夹口都属于通用配件。对于通用配件，各制造企业均会建立一个零件图库以提高绘图作业的效率。在零件图库里保存有各种型号及不同尺寸的常用配件三视图，因此这些零部件的视图可以直接从图库中拷贝过来。另外，金属眼镜架的通用配件一般由外协专业的眼镜配件厂家制造，其加工制造时并非依据此图，因此在眼镜结构图中，通用配件只要结构相同、外形相似、主要尺寸参数相近就可以。

（1）烟斗/托叶主视图绘制。在眼镜工程图绘制中，往往将烟斗和托叶打包处理。

根据托叶的装配形式，烟斗和托叶分为两大类，一类是锁式（锁螺钉），另一类是夹式。参考图片中的烟斗和托叶即为锁式。烟斗脚的形状也有多种，其中最常见的就是普通型和

"S"型，欧洲市场的眼镜架常用普通型，亚洲市场多为"S"型。参考图片中的烟斗脚为普通型。

托叶的外形也有多种，选择托叶时除了考虑装配结构和外形，还有一个参数是必须考虑的，那就是托叶的大小。一般托叶的大小以托叶长度为衡量依据，行业内一般将托叶分为4个尺寸型号，即大号（16~17mm）、中号（14~15mm）、小号（12~13mm）和小圆叶子（8~9mm 圆形或椭圆形）。

在光学眼镜架中，一般男款多选用中号托叶，当片形尺码较小时也会选用小号托叶；女款光学眼镜架一般选用小号托叶，尺码较小的女款光学眼镜架也可选用小圆叶子；大号托叶多用于尺码较大的太阳眼镜架。不论镜片外形和尺码，光学眼镜架的烟斗所处高度均位于镜片水平中心线以下约 2mm。

烟斗、托叶的主视图无须按效果图描绘，只要在零件图库中找出与之结构相同、外形最相似的同一尺码的零件图拷贝过来便可。绘图步骤如下：

① 准备工作。作镜圈水平中心线并向下偏移 2mm，确定烟斗高度；测量参考图片中托叶长度。操作界面如图 2-21 所示。相关命令：L（画直线）、O（偏移）、DAL（斜线度量）。

② 烟斗/托叶绘制。打开零件图库文件，找到对应的（或最接近的）烟斗/托叶组合视图，运用组合键 Ctrl+Shift+C（或下拉编辑菜单，单击"带基点复制"），选择烟斗孔中心为基点，复制烟斗/托叶主视图，返回结构图绘图窗口，运用组合键 Ctrl+Shift+V（或单击鼠标右键选择"粘贴"），指定插入点在水平中心线以下 2mm 处的合适位置。绘图界面如图 2-22 所示。

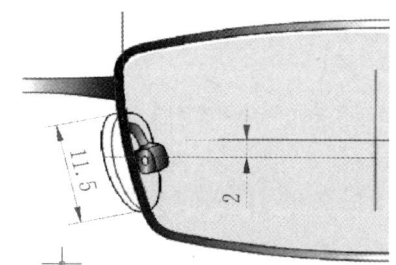

图 2-21 主视图烟斗位置及托叶尺寸度量操作示意图

相关命令：Ctrl+Shift+C（带基点复制），Ctrl+Shift+V（粘贴），Ctrl+Tab（绘图窗口切换）。

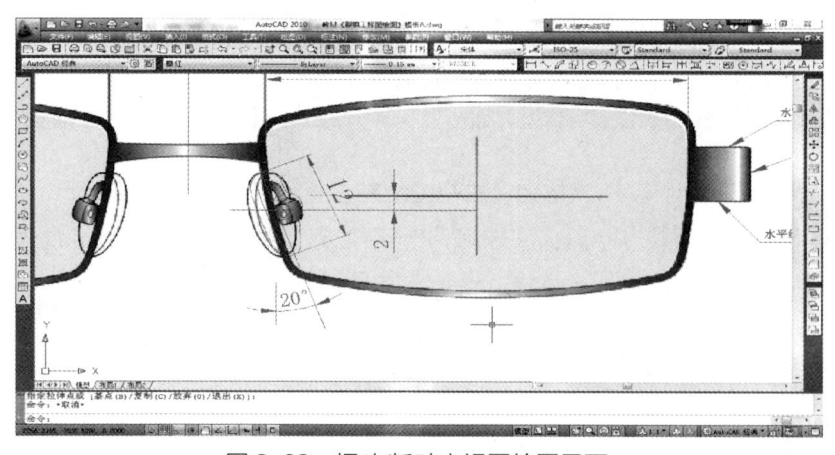

图 2-22 烟斗/托叶主视图绘图界面

③ 托叶摆角调整。摆角是指左右托叶叶面夹角，眼镜架的托叶有正视和俯视两个摆角。一般托叶正视摆角约为 30°~40°。欧美市场的镜架正视托叶角度取下限，亚洲市场镜架取上

限。从图 2-22 中可以看到拷贝过来的托叶摆角为 40°，不适合欧洲市场，需作旋转及平移调整，旋转操作时基点为烟斗孔中心。调整后托叶的绘图界面如图 2-23 所示。相关命令：RO（旋转），M（移动）。

④ 烟斗/托叶编辑。删除作图辅助线等多余线条，延伸或剪切相关线条，编辑烟斗/托叶轮廓，如图 2-24 所示。

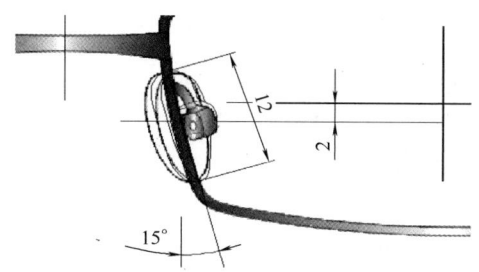 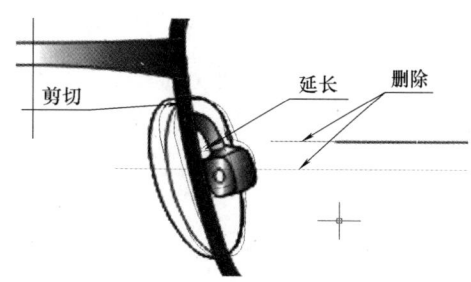

图 2-23　烟斗位置/托叶方向调整示意图　　　图 2-24　托叶编辑方法示意图

（2）夹口主视图绘制。普通全框光学架的夹口一般使用普通平夹口，夹口一般位于桩头背后，当桩头宽度大于夹口宽度时，正视时夹口会完全被桩头遮盖。常用夹口的宽度为 3.0～3.5mm，如果桩头宽度较大（≥4mm），夹口垂直位置一般设计在桩头下侧面轮廓线以上 1.5～2.0mm 处。普通平夹口或常用的立式夹口，其装配结构的表达以俯视图为主，主视图中只需标识出镜圈合口（夹口切口）位置就可以。表达方法：用一段水平点画线表示，如图 2-25 所示。

5. 全框金属眼镜架主视图绘制

将绘制好的右半视图通过镜像（保留原对象）的方法就可以得到完整的镜架主视图，如图 2-26 所示。

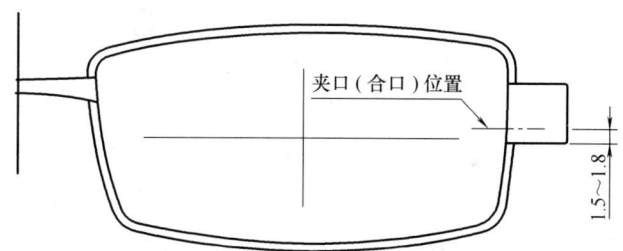

图 2-25　夹口主视图表达示意图

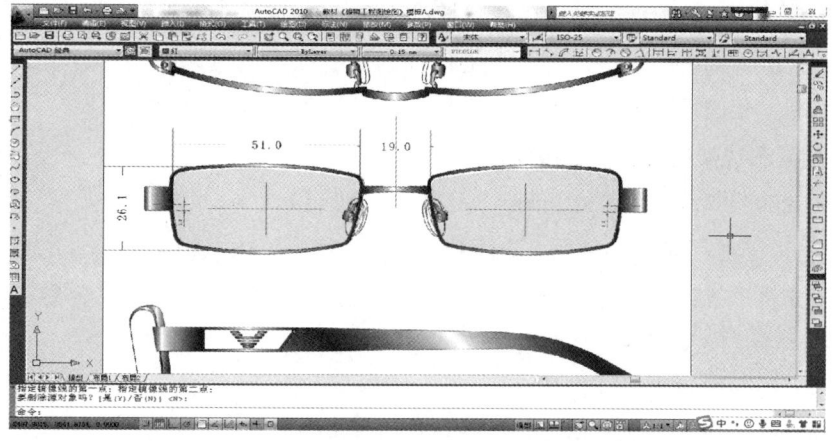

图 2-26　镜像后得到主视图的绘图界面

镜像后的中梁轮廓线中间部位不一定是顺滑连接，所以需对其做修正。修正的方法就是以中梁上（下）侧面轮廓线的中点及其与左右内圈的交点重新作圆弧线替代原轮廓线，如图 2-27 所示。

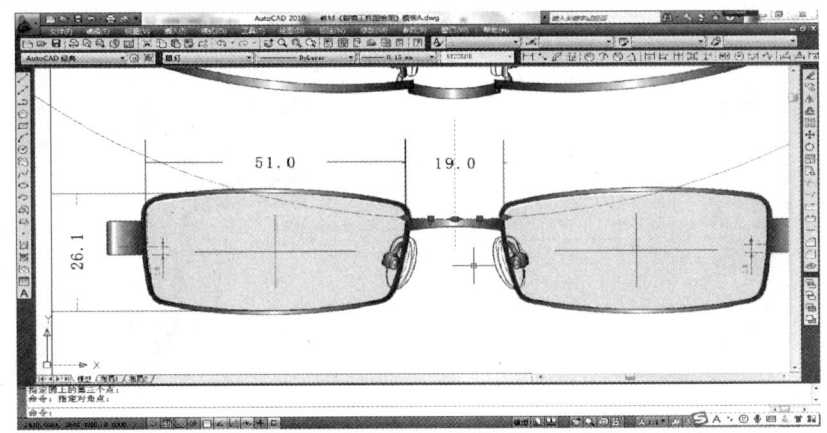

图 2-27　镜像后的中梁修形处理绘图界面

同样的方法将中梁下侧面轮廓线重新修形后剪切多余线段，删除原弧线，得到全框眼镜架主视图，如图 2-28 所示。

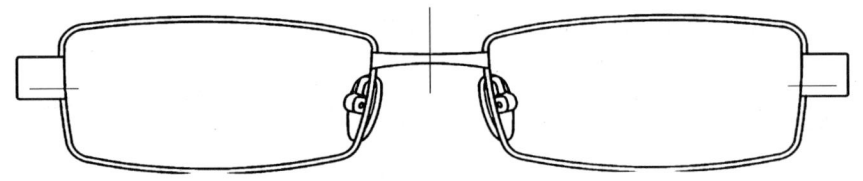

图 2-28　普通金属全框眼镜架主视图

三、全框金属眼镜架俯视图绘制

根据投影规律，主、俯视图之间存在"长对正"的关系，也就是说在水平方向，同一部件（零件）在主、俯视图中的水平方向尺寸是相等的。所以我们可以把结构分解，然后逐个绘制。全框金属眼镜架俯视图的绘制可以分解为以下几个部分：

1. 全框金属眼镜架俯视镜圈轮廓绘制

镜架俯视图的绘制首先从镜圈开始。

（1）辅助线绘制。首先，根据"长对正"的投影规律，由主视图中外圈的左、右两个象限点分别向上作铅垂线，俯视镜圈就处于这两条线之间。从图 2-1 中可以看出参考的眼镜架效果图，其主、俯视图长度并没有完全对应，这可能是效果图的绘图误差。在近似画法的眼镜工程图里，主、俯视图应完全对齐。

其次，光学眼镜架的架弯为 6°~7°（镜片尺码在 51 码及以下为 6°，51 码以上为 7°），所以俯视图中的镜圈桩头位会向上翘起 7°，因此，在主视图上方合适位置作一条 7°的直线与两条铅垂线相交，这两个交点就是俯视镜圈外表面的两个象限点，作图界面如图 2-29 所示。

相关命令：L（直线绘制），XL（创建构造线）↵，A（角度）↵，7（7°）↵，QUA（捕捉象限点）。

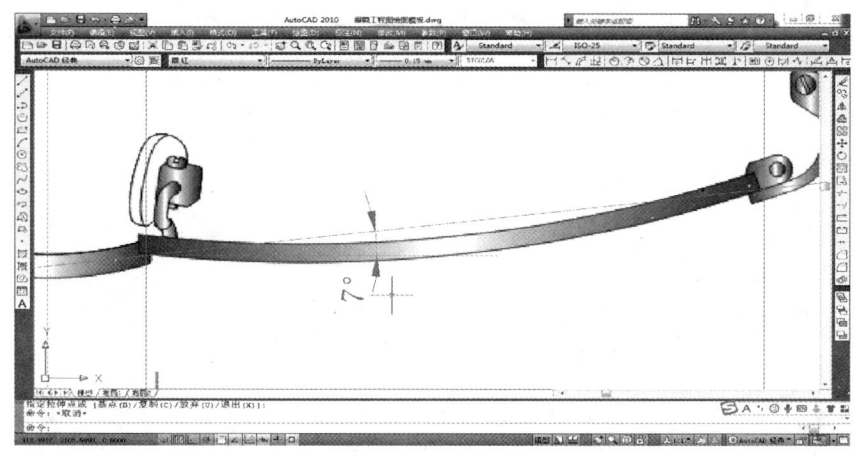

图 2-29　镜圈俯视图绘图辅助线作图界面

（2）俯视镜圈表面轮廓线绘制。普通光学眼镜架镜圈弯度一般为 450 弯，即其所配镜片球面半径约为 116mm（光学常数为 523/4.5），在近似画法中，俯视图中的镜圈轮廓圆弧半径就是镜片半径。因此以图 2-29 中的两个交点为起始点，作一条下凸的半径为 116 的圆弧，这条弧线就是俯视镜圈表面轮廓线。

操作：单击主菜单"绘图"→"圆弧（A）"→"起点、端点、半径（R）"，如图 2-30 所示。

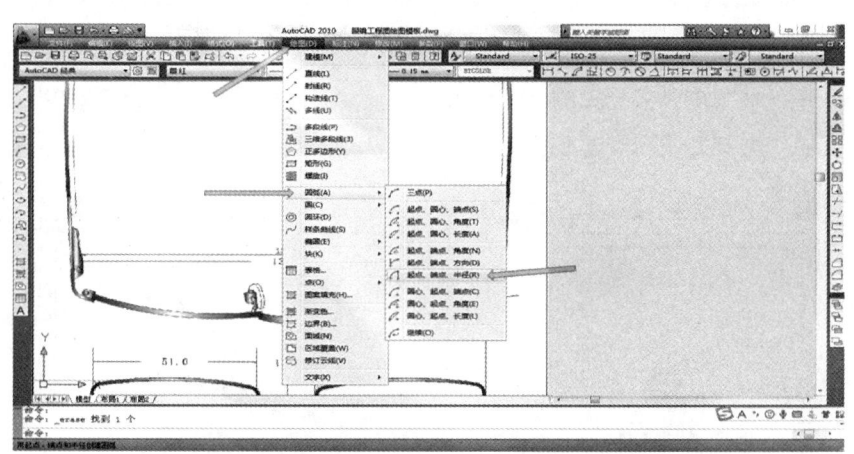

图 2-30　俯视镜圈表面轮廓线绘图操作示意图

分别单击两个交点，再移动光标至右上，输入参数 116，↵，操作界面如图 2-31 所示。操作完成后界面如图 2-32 所示。

（3）俯视镜圈底面及侧面轮廓线绘制。全框金属眼镜架的镜圈俯视宽度一般为 1.8～2.0mm，测量参考图镜圈宽度为 2mm，所以向内偏移镜圈表面轮廓线 2mm，就得到镜圈底面轮廓线；连接表、底面端点的直线就是镜圈侧面轮廓线。镜圈内侧面在俯视图上为不可见轮

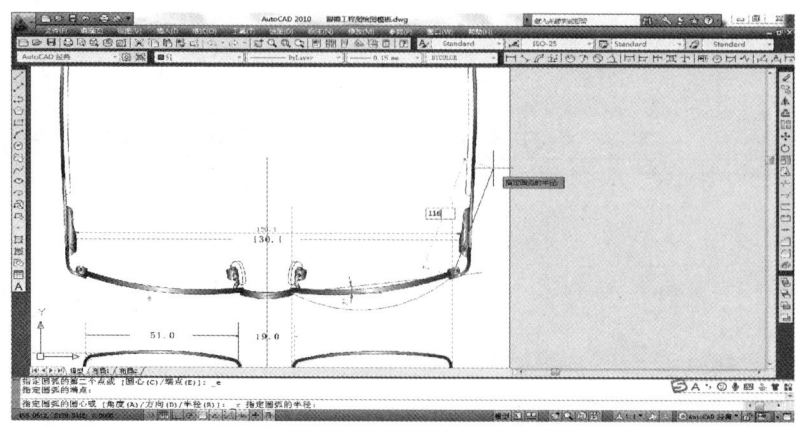

图 2-31　俯视镜圈表面轮廓线绘图界面

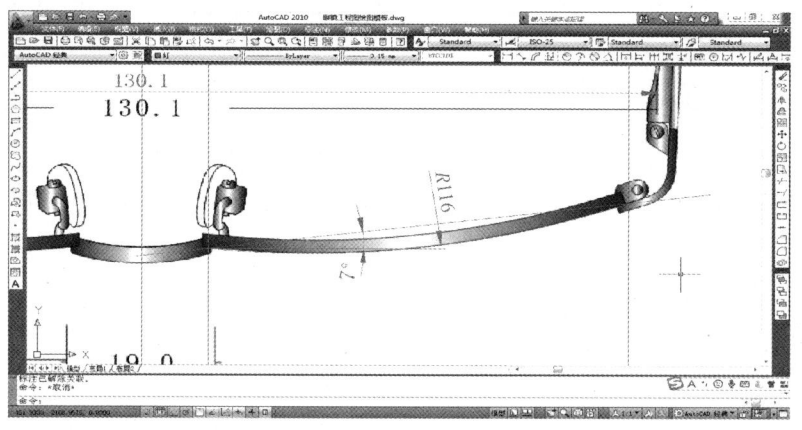

图 2-32　俯视镜圈表面轮廓线绘图完成后的界面

廓，因镜圈为型材加工而成，其内侧面不会再作加工，所以此处内圈轮廓线可以不绘制。

全框金属眼镜架镜圈俯视图绘制完成后的绘图界面如图 2-33 所示。

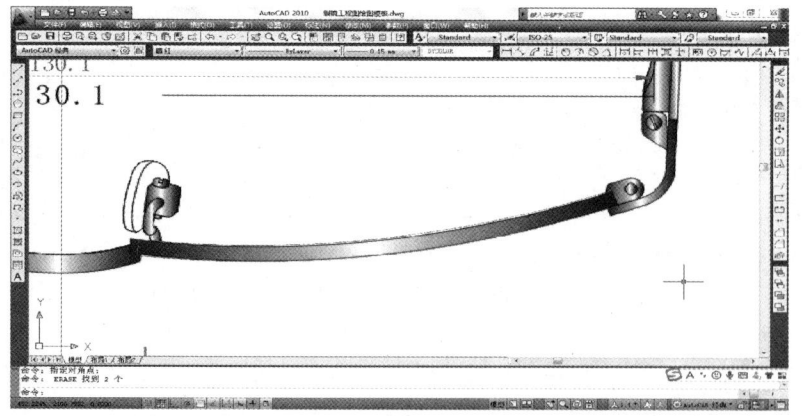

图 2-33　全框金属眼镜架镜圈俯视图绘制完成后的绘图界面

2. 全框金属眼镜架俯视中梁轮廓绘制

（1）中梁相关参数测量。从参考图中可以看出，本款眼镜架中梁结构极为简单，其俯视图中表、底两面轮廓为同心弧，中梁为搭镜圈表面焊接。所以在绘制中梁俯视图前，先要确定的几个参数为：中梁表面轮廓弧的半径，中梁厚度及中梁搭在镜圈表面部分端面厚度。

操作：三点作弧的方法绘制中梁表面弧，测量其半径；测量中梁厚度；测量中梁搭圈部位端面厚度。操作界面如图 2-34 所示。

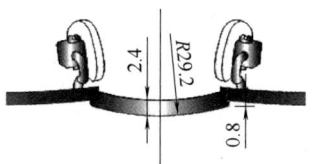

图 2-34 中梁相关参数测量示意图

（2）作图辅助线绘制。绘制中梁俯视图，首先要确定中梁长度，所以须由主视图的中梁象限点向上作铅垂线；其次要确定中梁的垂直位置，故将镜圈表面轮廓线向外偏移 0.8mm。绘制中梁作图辅助线的界面如图 2-35 所示。

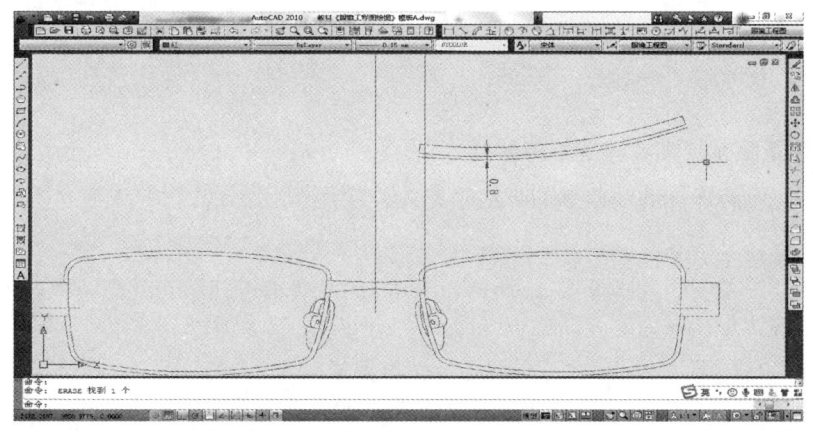

图 2-35 绘制中梁作图辅助线的界面

（3）中梁表、底面轮廓线绘制。从之前步骤可知本款镜架中梁俯视轮廓为同心圆，圆间距（即中梁厚度）为 2.4mm，所以以镜架中心线上的任意一点为圆心，作半径为 29.2mm 的圆，此圆弧线即为俯视中梁表面轮廓所在弧，且与由正视中梁象限点所作铅垂线相交于 A 点；再往内偏移此圆 2.4mm，得到该圆的同心圆，此圆弧即为俯视中梁底面轮廓所在弧。另向外偏移俯视镜圈表面轮廓线与正视中梁象限点所作铅垂线相交于 B 点。绘图界面如图 2-36 所示。

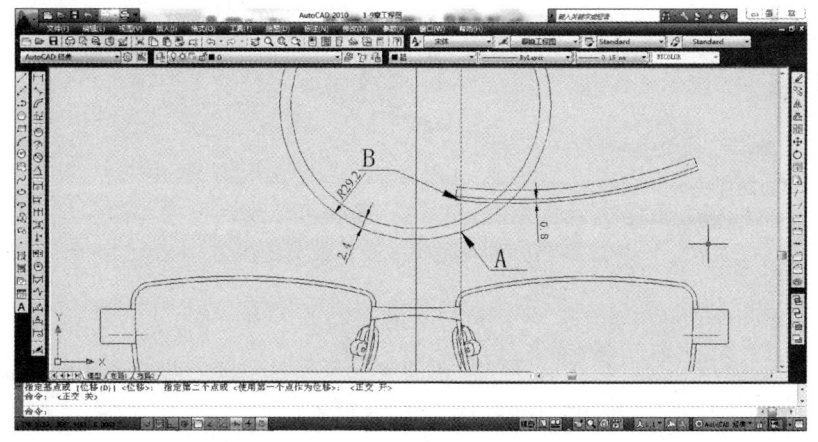

图 2-36 俯视中梁绘图界面（一）

(4)移动同心圆。以 A 点为基点,向上(下)移动两个同心圆,使 A 点移动至 B 点。注意:移动时须正交锁定。操作界面如图 2-37 所示。相关命令:M(移动)、F8。

(5)俯视中梁轮廓编辑。剪切及删除多余线段,得到中梁俯视轮廓图,如图 2-38 所示。相关命令:TR(剪切)、E(删除)。

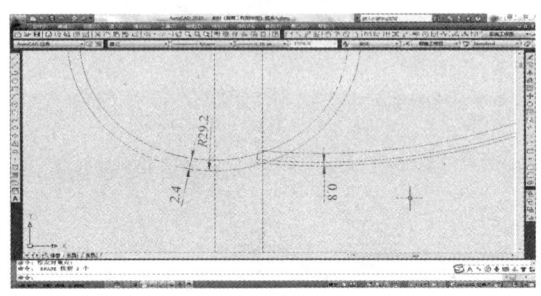
图 2-37 俯视中梁绘图界面(二)

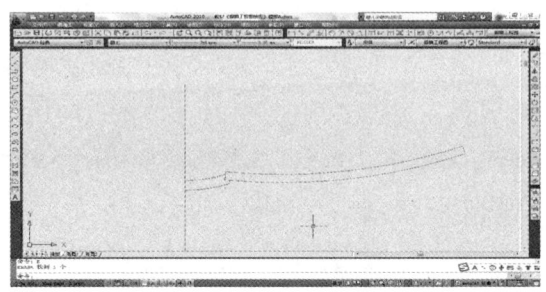
图 2-38 编辑后的中梁俯视图

3. 全框金属眼镜架脚丝俯视轮廓绘制

由参考图可以看出本款眼镜架的脚丝结构为:金属短脾头+注塑(或板材)脚丝。金属脾头与注塑(或板材)脚丝表面平齐。

光学眼镜架俯视图中的脚丝形体差异较小,绘图方法相近,下面就介绍本款光学眼镜架脚丝的俯视图绘制步骤和绘图方法。

(1)相关参数测量。在绘制脚丝俯视图前,我们先测量一下相关结构参数:脚丝表面合口至镜圈表面距离(10.5mm)、金属脾头长度(26.1mm)、金属脾头厚度(1.1mm)、注塑脚丝厚度(2.8mm)、注塑脚丝端面至脚丝合口长度(19.5mm)、桩头打弯内弧半径(3.5mm)。各参数测量界面如图 2-39 所示。

相关命令: DLI(线性度量)、 DAL(斜线度量)、 DRA(半径度量)。

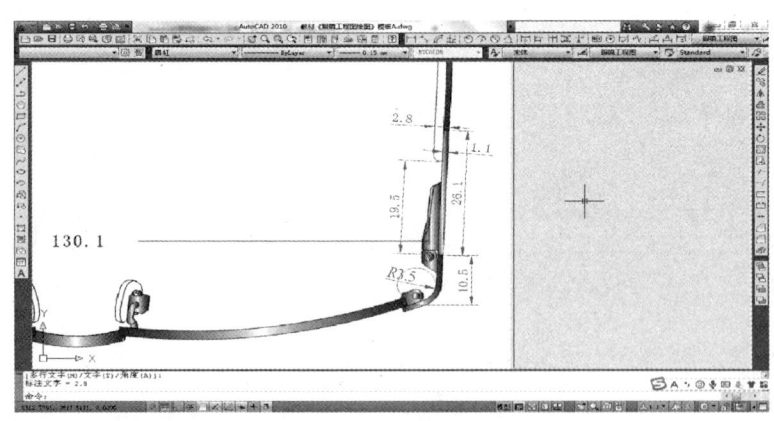
图 2-39 脚丝及桩头各参数测量界面

(2)俯视脚丝合口位置确定。在外圈表面最高点以上 10.5mm 处作一水平线与由桩头象限点向上作出的铅垂线相交,这个交点就是俯视脚丝表面合口位,如图 2-40 所示。

(3)俯视脾身部位形体绘制。脾身是指脚丝合口至脚套口部分,这一段脚丝的长度与脚丝尺码有关。普通眼镜架的脚套长度为 65mm,因此脾身长度=脚丝总长-脚套长度。按最常见

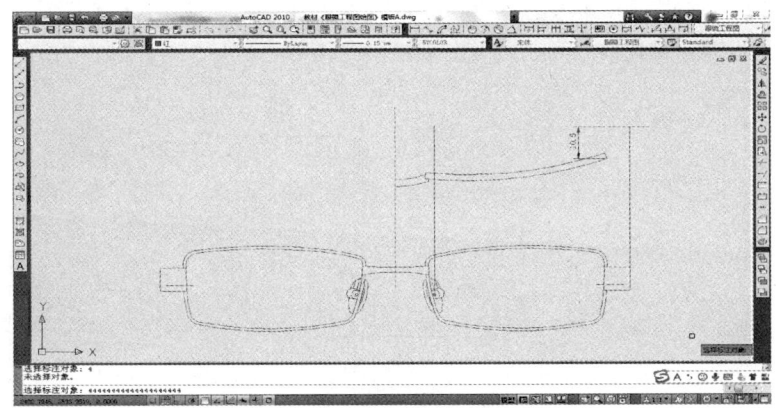

图 2-40　确定脚丝合口位的作图界面

的脚丝长度 135mm 计算，脾身长度为 70mm。

俯视脾身并不是笔直的，它是一个向外的拱弧形，脾身这种拱弧形在行话里就叫抛脾。光学眼镜架抛脾的高度一般在 1.5mm 左右。所以俯视脾身形体绘制方法及步骤如下：

① 作绘图辅助线。由脚丝合口往上作一长度为 70mm 的铅垂线，再将此线往外偏移 1.5mm。绘图界面如图 2-41 所示。

相关命令：F8、L、O（偏移）。

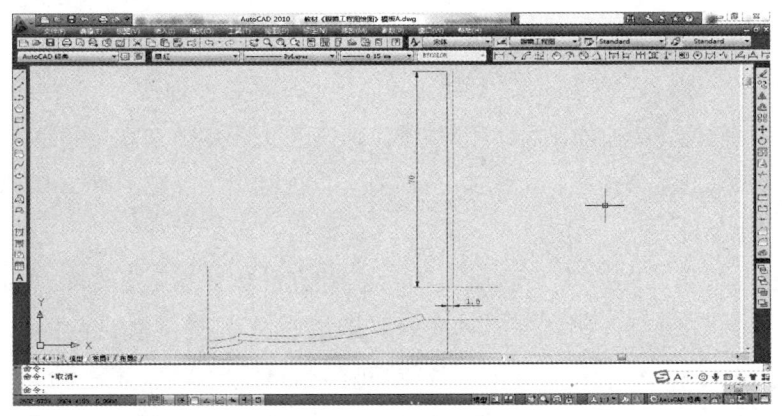

图 2-41　辅助线绘图界面

② 脚丝脾身部位表、底面俯视轮廓线绘制。运用三点作弧的命令在两条平行的辅助线之间作一圆弧，这条圆弧线就是俯视脾身表面轮廓线。将脾身表面轮廓线向内偏移 1.1mm（脾头厚度），就得到脾头底面俯视轮廓所在的弧线。

操作：单击绘图主菜单"绘图（D）"→"圆弧（A）"→"起点、端点、半径（R）"，分别拾取内侧辅助线的一个端点、外侧辅助线的中点、内侧辅助线的另一端点；O（偏移）。

绘图方法如图 2-42 所示。

③ 俯视脾身部位金属脾头底面轮廓线绘制。分别将脚丝表面轮廓线向内偏移 1.1mm 和 2.8mm，得到金属脾头底面和注塑脚丝底面轮廓线，如图 2-43 所示。

④ 金属脾头及注塑脚丝端面位置确定及绘制端面轮廓线。分别在距离脾头 19.5mm 及

26.1mm 处作出脚丝表面的垂直线，这两条垂直线分别是注塑脚丝前端端面和金属脾头尾端端面轮廓线，编辑后得到脚丝脾身部分轮廓图如图 2-44 所示。

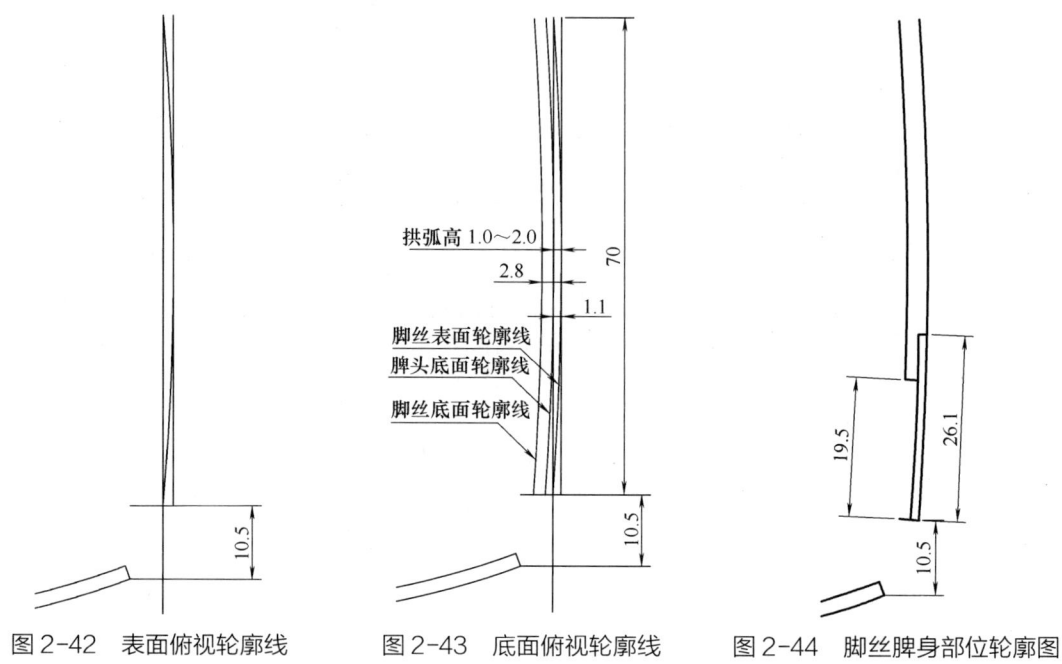

图 2-42　表面俯视轮廓线　　图 2-43　底面俯视轮廓线　　图 2-44　脚丝脾身部位轮廓图

4. 俯视脾尾（脚套）形体轮廓绘制

脚丝尾部 65mm 这段，我们称之为脾尾（金属脚丝这部分为脚套）。光学眼镜架在距尾端约 40mm 处，脾尾除向下弯曲外，同时还向内收紧。一般光学眼镜架脾尾间距为 90～100mm。此外，为提高佩戴过程的舒适感，尾端 3～5mm 还会向外翻出，以免刮擦头皮。俯视脾尾形体绘制步骤和方法如下：

（1）确定弯尾和翻尾位置及脾尾端面。分别偏移脾身端面轮廓线 25mm、61mm 和 65mm，得到弯尾中心线、翻尾中心线和脾尾端面轮廓线，分别连接它们的中点，得到图 2-45 所示的三段直线 AB、BC 和 CD。这些直线段就是俯视脾尾的中心线。相关命令：O、L。

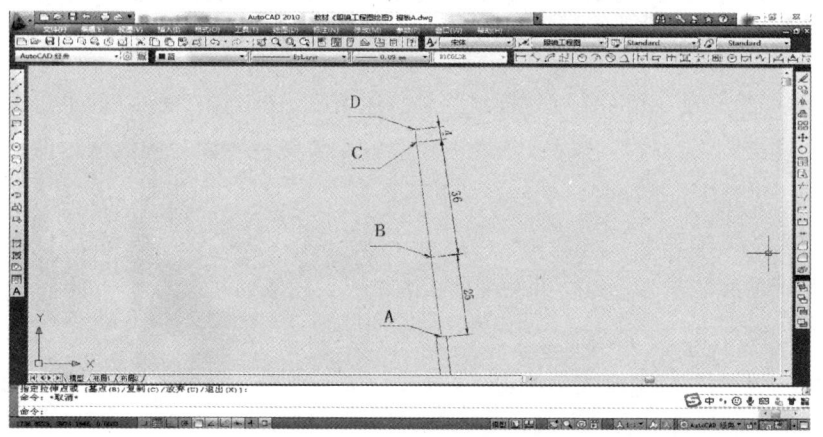

图 2-45　俯视脾尾（脚套）形体轮廓绘制方法示意图

（2）向内弯尾。首先将镜架中心线向外偏移 49mm（脾尾间距的一半），得到一条铅垂线，这条铅垂线就是脾尾内弯的极限位置线；其次以图 2-45 中的 B 点为中心，将脾尾向内旋转，使脾尾中心 D 点与极限位置线重合，如图 2-46 所示。相关命令：O、RO。

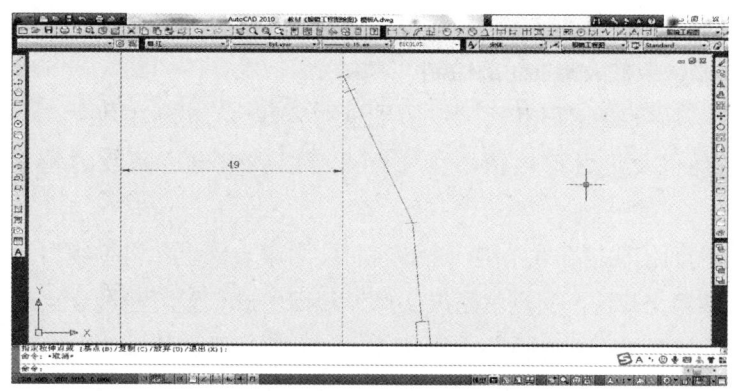

图 2-46　确定脾尾内收角度作图界面

（3）翻尾角度确定。将脾尾 CD 段以点 C 为基点，顺时针旋转至铅垂位置，如图 2-47 所示。相关命令：RO。

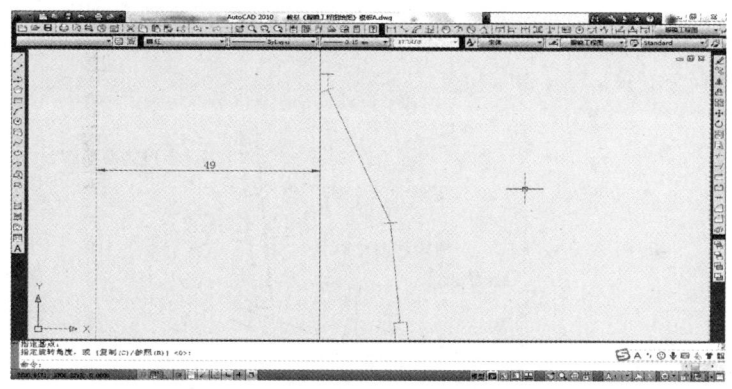

图 2-47　确定翻尾角度作图界面

（4）脾尾初步轮廓绘制。将脾尾中心线分别往两边偏移 1.4mm（脾尾厚度的一半），绘制出脾尾形体初步轮廓，如图 2-48 所示。相关命令：O。

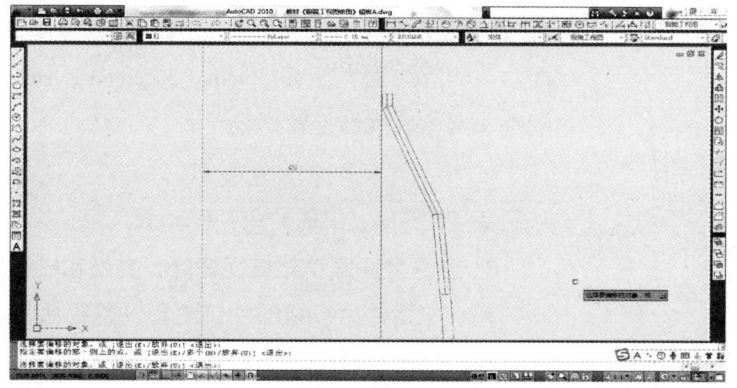

图 2-48　脾尾形体初步轮廓绘制界面

（5）脾尾轮廓线绘制。分别对图2-48中的脾尾形体初步轮廓进行倒圆角处理，得到图2-49所示脾尾俯视图。

图中各参数为：$H = 2.6 \sim 3.0mm$；$Ra = 60 \sim 80mm$；$Rb = Ra + H$；$Rc = 6 \sim 10mm$；$Rd = Rc - H$；$1.0mm < Re < 2/3H$；$0.5mm \leq Rd < 1/3H$。相关命令：F，R。

5. 全框金属眼镜架桩头俯视轮廓绘制

（1）桩头前、后段直线部位轮廓绘制。桩头打弯时只有桩头中段生产弯曲变形，桩头前段及近合口段依然为平面，所以先作出这两段的轮廓线。

① 桩头前段端面俯视轮廓线绘制。由正视桩头象限点向上作铅垂线与俯视镜框表面轮廓相交，这个交点就是桩头俯视端面轮廓位置。经过该点垂直于镜框的直线就是桩头端面轮廓线。

② 桩头前段表面轮廓线绘制。向外偏移镜圈侧面轮廓线5~10mm，然后连接两线端点，此直线即为桩头前段底面轮廓线。再将此轮廓线向外偏移1.1mm（桩头厚度），就得到桩头前段表面轮廓线。

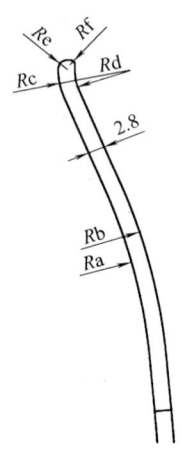

图2-49 脾尾轮廓各部位绘图参数示意图

③ 桩头后段表面轮廓线绘制。同样方法作脚丝表面轮廓弧的切线，即将桩头后段表面轮廓向内偏移就得到桩头后段底面轮廓线。绘图操作如图2-50所示。相关命令：O、L。

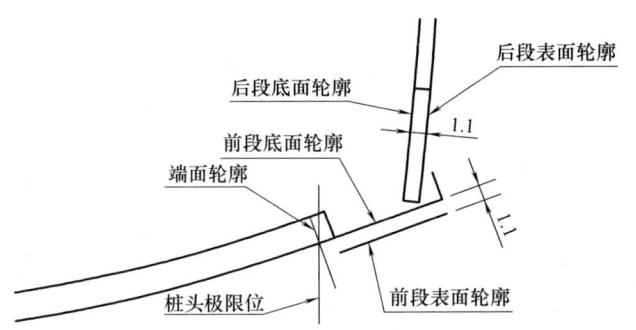

图2-50 桩头前、后平面段俯视轮廓线绘制方法示意图

（2）桩头弯位轮廓线绘制。普通光学眼镜架桩头打弯底面弧半径一般为3.0~4.0mm，所以将桩头两端的底面轮廓线倒3.5mm的圆角就得到桩头弯位底面俯视轮廓线，同样将桩头表面两端轮廓线倒半径$R4.6mm$（3.5mm+1.1mm）的圆角，就得到桩头弯位表面俯视轮廓线。

桩头端面与表面倒圆角$R0.3mm$，完成桩头俯视轮廓图，如图2-51所示。相关命令：F↵R。

6. 全框金属眼镜架俯视托叶、夹口和铰链轮廓绘制

托叶与烟斗为一组部件，常用的部件视图在零部件图库中均有，可以拷贝过来。夹口和铰链也是常用件，同样可以复制其视图。

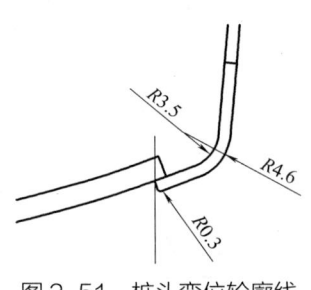

图2-51 桩头弯位轮廓线绘制方法示意图

俯视图中的托叶要与主视图对齐，其基准为烟斗孔中心。金属眼镜架烟斗一般焊接在镜圈底面，故俯视图中，烟斗脚贴紧镜圈底面。

绘制俯视图烟斗（托叶）需要先从主视图烟斗孔中心向上作一铅垂线，从零部件图库中拷贝烟斗（托叶）时应选择基点为烟斗孔中心，先复制至与主视图烟斗孔对齐（孔中心在辅助线上）的位置上，然后移动烟斗至烟斗脚贴紧镜圈底面。操作界面如图 2-52 所示。相关命令：L、CEN（捕捉圆心）、Ctrl+Shift+C（带基点复制）、Ctrl+Shift+V（粘贴）、M。

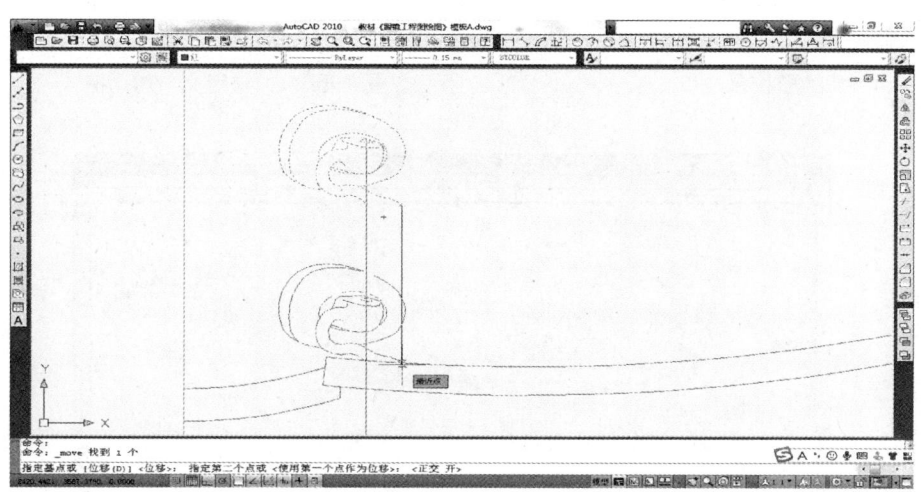

图 2-52　俯视烟斗（托叶）绘图操作界面

同样从零件图库中拷贝夹口和铰链。注意：夹口要紧贴镜圈且与镜面相切，铰链螺钉孔中心要与合口在同一直线上且紧贴脚丝底面，因此拷贝过来的图形可能需要调整方向。绘制好的夹口、铰链俯视轮廓如图 2-53 所示。

7. 全框金属眼镜架俯视图绘制

镜像所绘的半图，就得到完整的眼镜架俯视图。

四、全框金属眼镜架侧视图绘制

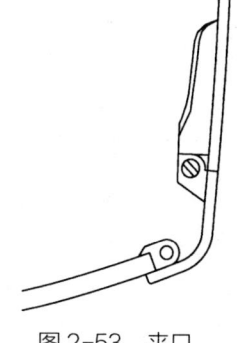

图 2-53　夹口、铰链俯视轮廓图

1. 全框金属眼镜架镜圈侧视图绘制

在眼镜工程图的近似画法中，镜圈侧视图运用插入块的方法绘制，具体作图步骤和方法如下：

（1）块的创建。

① 块的形状图绘制。复制主视图中的半个镜圈（连同桩头），也就是块的形状，如图 2-54 所示。

② 创建块。输入命令 B（创建块），弹出"块定义"对话框，填写块名称，"基点"和"对象"均选中"在屏幕上指定"，方式选中"允许分解"，如图 2-55 所示。

单击"确定"按钮出现图 2-56 所示绘图界面。

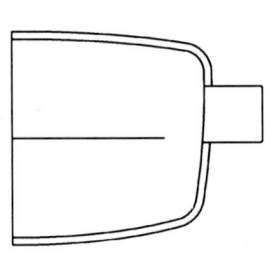

图 2-54 块的形状图

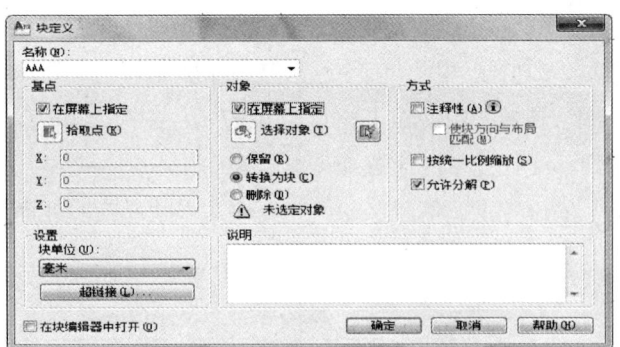

图 2-55 "块定义"对话框

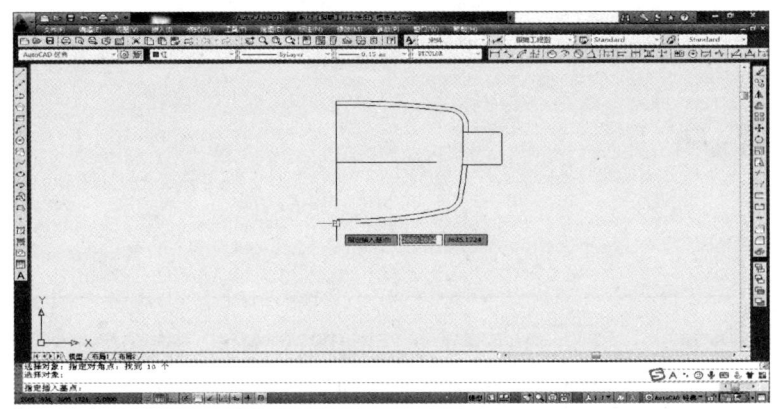

图 2-56 确定块插入基点操作界面

③ 块的基点选择。块的基点为插入时的定位点,原则上可选择块图形下方附近的任意一点作为基点,实际绘制眼镜工程图时,一般选择左下角或左上角某点。基点确定后,选择要创建的块的图形,↵。这样块就创建好了。

(2) 块的插入。

① 插入块的比例确定。测量俯视镜圈表面高度和正视镜圈半个外圈水平尺寸,这两个参数就是块的插入比例参数,即 7.2/26.5(或 72/265)。比例参数值度量如图 2-57 所示。

② 插入块。输入命令 I(插入),↵,弹出插入对话框,选择要插入的块,插入点选中"在屏幕上指定";X 轴比例为"72/265",Y 轴及 Z 轴比例不变;角度就是眼镜架的前倾角度,普通光学架为 7°。各项填写情况如图 2-58 所示。

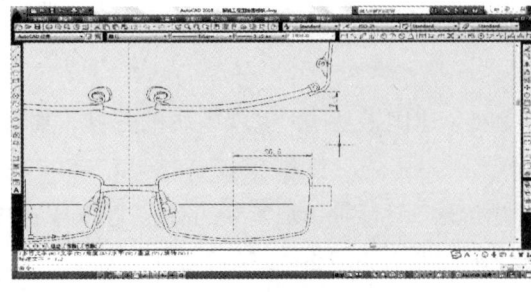

图 2-57 插入块比例参数测量界面

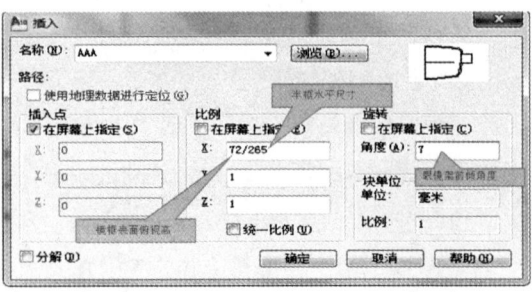

图 2-58 块的"插入"对话框填写示意图

③ 插入点确定。"插入"对话框填写好后单击"确定"按钮，出现图 2-59 所示操作界面，移动十字光标，使插入的块处于主视图左下方合适位置，单击鼠标左键（或↵）确定，完成块的插入操作。

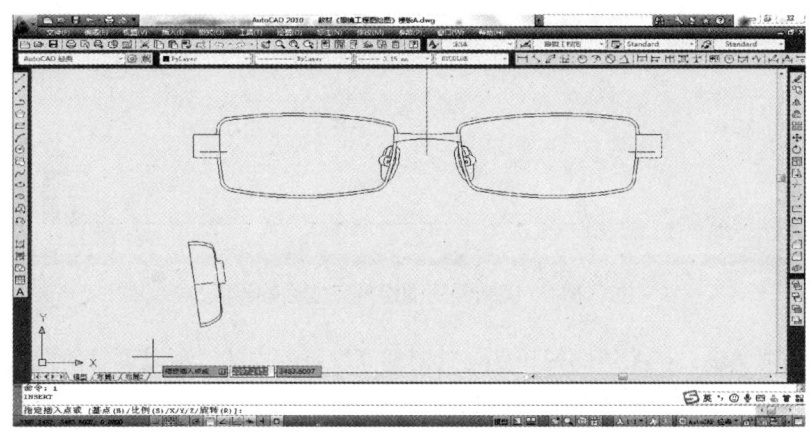

图 2-59　块的插入点确定操作界面

（3）编辑镜圈侧视图。镜圈侧视图可由插入的块编辑得到，具体步骤和方法如下：

① 分解块。块插入后，首先对其进行分解。操作：输入命令 X（分解），↵，选择对象块，↵。

② 侧视图镜圈外圈轮廓线绘制。块的形状是镜圈表面轮廓，所以再绘制出镜圈底面轮廓和侧面轮廓，就可以完成镜圈侧视图。

操作方法：将块分解，复制镜圈外圈部分轮廓至水平向右 2mm（圈丝侧视宽度）处，就得到镜圈外圈底面轮廓线，如图 2-60 所示。

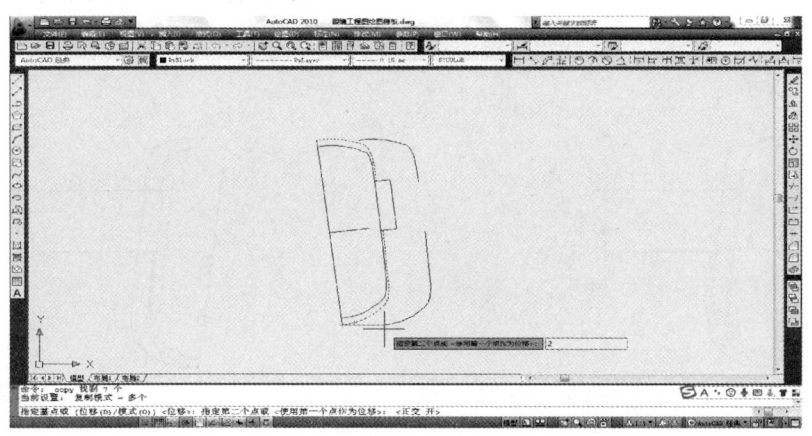

图 2-60　侧视图镜圈外圈底面轮廓线绘图界面

（4）镜圈侧视图绘制。连接外圈表、底最高点和最低点的直线就是镜圈侧面轮廓线。剪切多余线段，则完成镜圈侧视图绘制，如图 2-61 所示。

2. 全框金属眼镜架桩头侧视图绘制

（1）桩头侧视宽度及长度测量。桩头的侧视宽度与其正视高度是相同的，因此测量正视

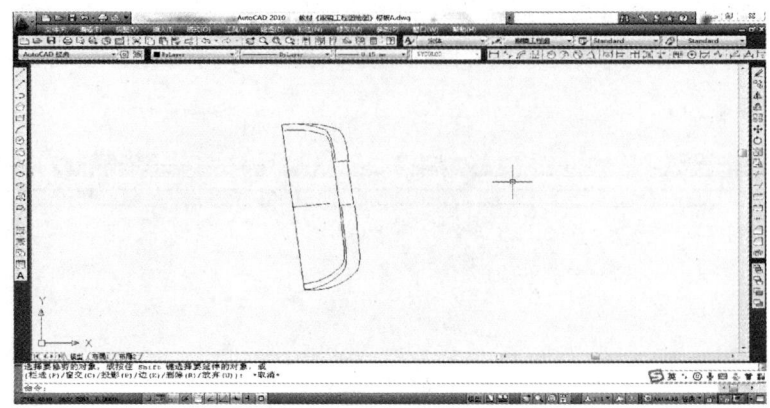

图 2-61　镜圈侧视图绘制完成后的界面

高度得知桩头侧视宽度；桩头的侧视长度与其俯视高度是相同的，所以测量俯视图中桩头高度就可以得知侧视桩头长度，如图 2-62 所示。

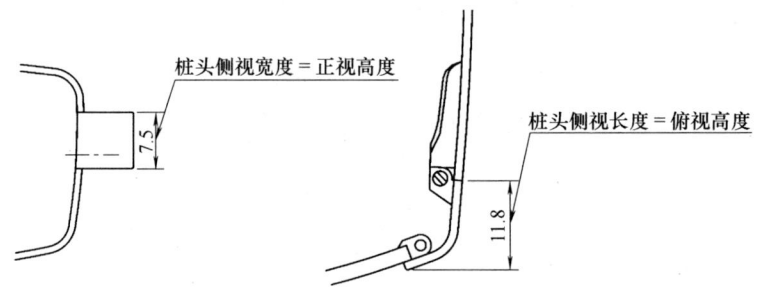

图 2-62　桩头正视宽度与俯视高度测量

（2）桩头上、下侧面侧视轮廓线绘制。以外圈表面轮廓线与桩头的交点为起点作水平线得到桩头上侧面轮廓线；向下 7.5mm（桩头宽度）偏移上侧面轮廓线就得到桩头下侧面轮廓线，如图 2-63 所示。

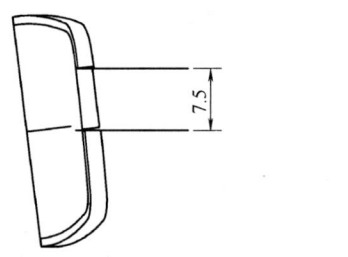
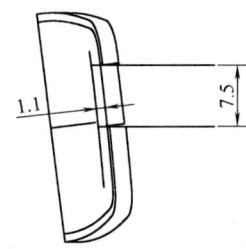

图 2-63　桩头侧面侧视轮廓线绘制示意图　　　图 2-64　桩头端面侧视轮廓线绘制示意图

（3）桩头端面轮廓线绘制。普通金属眼镜架桩头为贴圈面焊接，侧视桩头高出圈面一个桩头厚度，因此将桩头位置的内圈轮廓线往左复制至水平 1.1mm（桩头厚度）处，此轮廓线即为桩头端面轮廓线，再延伸桩头侧面轮廓线与其相交，如图 2-64 所示。

（4）桩头前段轮廓线编辑。删除复制的内圈轮廓线，直线连接两个侧面轮廓线端点，然后倒半径为 0.3mm 的圆角。这样侧视桩头前段轮廓线就绘制好了，如图 2-65 所示。

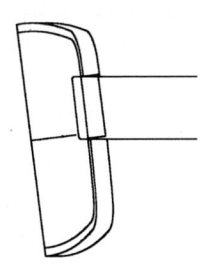
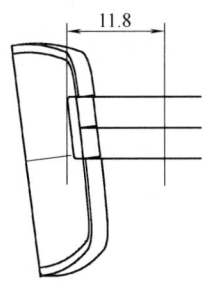

图 2-65　侧视桩头前端轮廓线绘制示意图　　图 2-66　桩头合口位轮廓线绘制示意图

（5）侧视桩头合口位轮廓线绘制。侧视桩头长度与俯视桩头高度是同一尺寸，因此侧视桩头合口位至桩头前端距离为 11.8mm。所以我们可以从桩头前端象限点作一条铅垂线，然后偏移（或水平移动）11.8mm 就得到桩头合口位轮廓线，如图 2-66 所示。

（6）桩头侧视图绘制。以桩头侧面轮廓为界，延伸或剪切镜圈轮廓线及桩头侧面轮廓线，得到桩头侧视图，如图 2-67 所示。

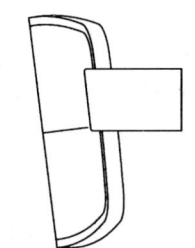

图 2-67　桩头侧视图

3. 金属全框眼镜架镜片侧视图绘制

（1）侧视镜圈前端轮廓线绘制。剪切圈内直线，并将内、外圈棱角倒 0.3mm 圆角，得到镜圈前端轮廓，如图 2-68 所示。

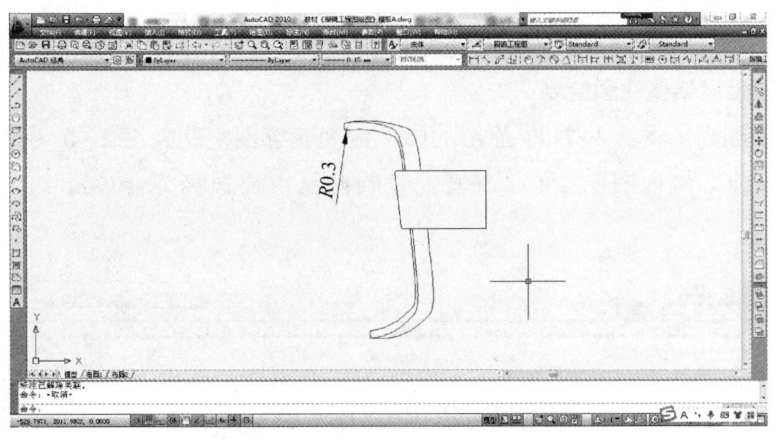

图 2-68　镜片侧视图绘制界面图（一）

（2）侧视镜片轮廓绘制。以上、下内圈轮廓线端点为起始点作半径为 116mm［普通光学眼镜架镜弯为 450 弯（4.5C），523/4.5≈116］的圆弧。具体操作如下：

单击主菜单"绘图（D）"→"圆弧（A）"→"起点、端点、半径（R）"，如图 2-69 所示。

分别单击内圈上、下圆弧端点，输入参数 116，↵，得到镜片侧视轮廓线。至此，全框眼镜架镜圈、桩头及镜片侧视轮廓图绘制完成，如图 2-70 所示。

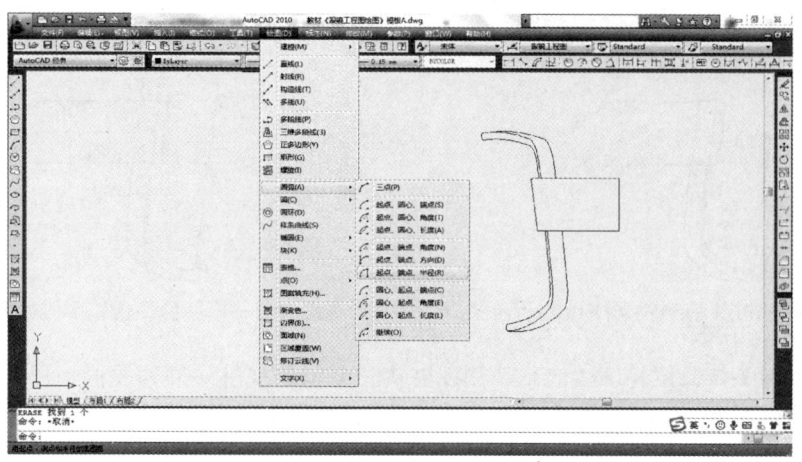

图 2-69　镜片侧视图绘图界面（二）

4. 全框金属眼镜架脚丝侧视图绘制

脚丝侧视图的绘制就是运用直线或圆弧对脚丝外形及花纹轮廓进行描绘，描绘时要注意以下几点：

（1）侧视图中脚丝（形体中心线）处于水平位置。

（2）同一面内的相邻轮廓线必须顺滑连接。

（3）圆弧半径不得超过 999mm，否则用直线替代。

（4）脚丝合口宽度要与桩头一致，且合口处脚丝外形轮廓与桩头外形轮廓衔接自然、顺畅。

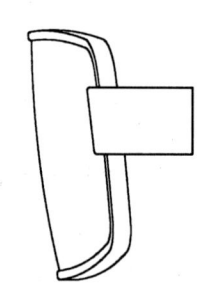

图 2-70　全框眼镜架镜圈、桩头及镜片侧视轮廓图

描绘出的脚丝侧视轮廓如图 2-71 所示。

5. 全框金属眼镜架侧视图绘制

（1）侧视图编辑。将图 2-71 中描绘的脚丝侧视轮廓图复制到图 2-70 中的桩头侧视图上，就完成了眼镜架侧视图的绘制。注意：复制时基点要选择为合口线中点，如图 2-72 所示。

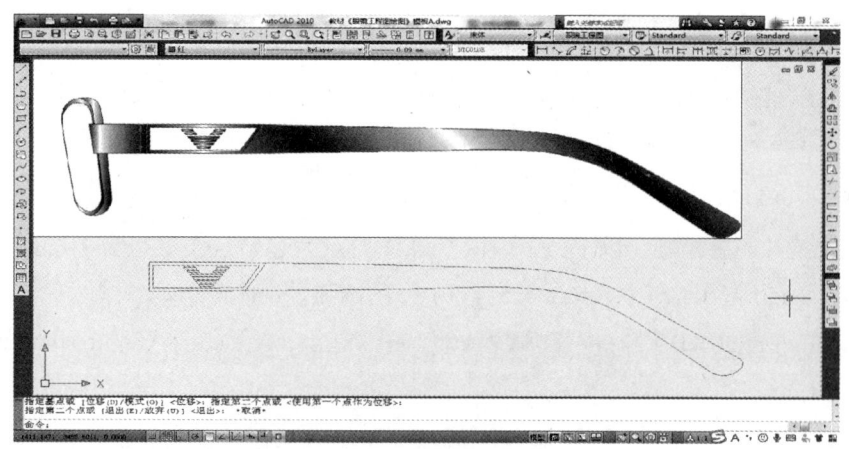

图 2-71　脚丝侧视轮廓描绘界面

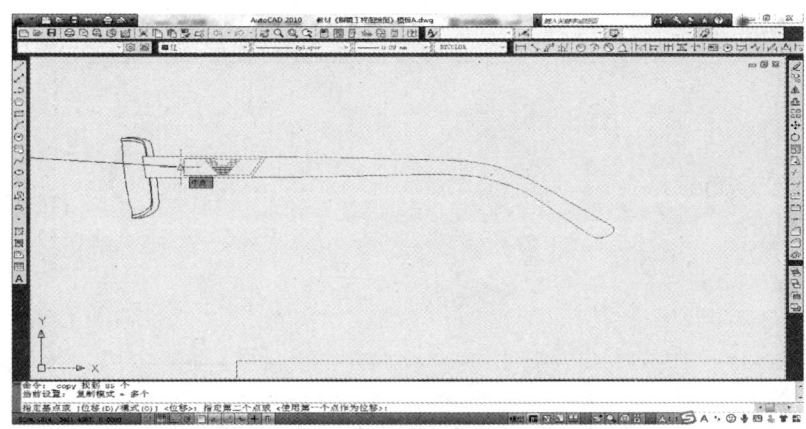

图 2-72　普通金属眼镜架侧视图绘图操作界面

（2）侧视图修正。修正桩头与脚丝合口处轮廓，使脚丝轮廓与桩头轮廓吻合，即合口处宽度一致，形体（花纹）轮廓顺畅。至此，全框金属眼镜架三视图就基本绘制完成。

五、全框金属眼镜架眼核片模图绘制

眼核片模是眼镜架加工过程中的一个重要的模具，它不仅是绕圈和割（磨）片的仿形靠模，还是批量生产中很多工序的加工定位工装模具的重要组件；在镜圈的外形质量检查中，眼核片模又充当检测工具。眼核片模图绘制步骤如下：

1. 眼核片模外形绘制

全框眼镜架的眼核片模与镜圈内圈吻合，因此其片模外形可以直接复制主视图内圈轮廓。注意复制时要将镜圈几何中心线及圈丝切口（合口）指示线（夹口位置）一同复制。

2. 眼核片模安装孔绘制

在眼核片模水平中心线上有三个安装孔，其中左、右两个小孔为定位孔，居中的一个大孔为锁紧孔，这三个孔的尺寸和位置是固定的，可以从零件图库中复制过来。注意：复制基点要选择为大孔圆心（图 2-73），这样就可以将安装孔复制图直接定位至几何中心（图 2-74）。

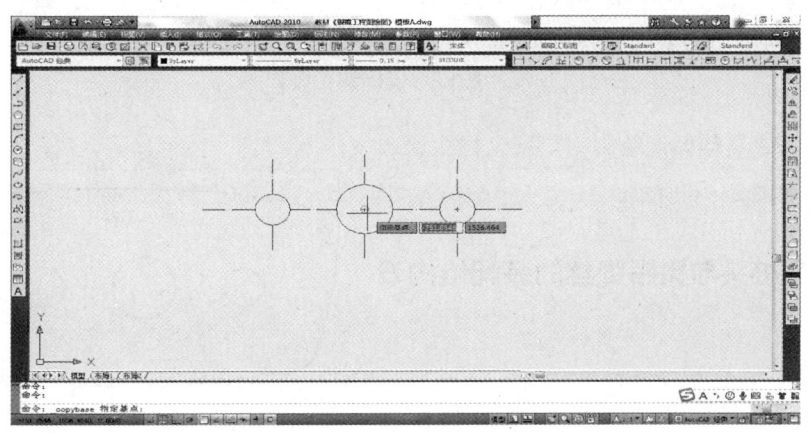

图 2-73　拷贝眼核片模安装孔操作界面

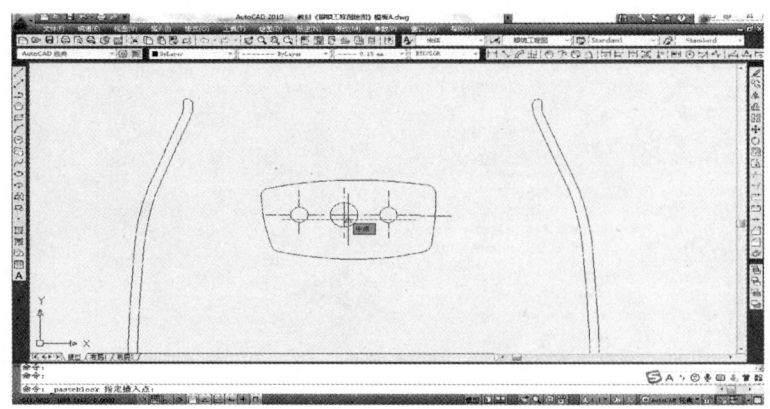

图 2-74　眼核片模安装孔绘制操作界面

3. 眼核片模图绘制

删除原内圈中心线，剪切镜圈合口线（片模以外部分），就完成眼核片模形状绘制。

4. 眼核片模标识绘制

眼核片模的正面有三个标识：N—鼻子方向指示、C—镜圈切口位指示和片形编号。片形编号一般为眼镜架编号，位于片模中上。

眼核片模上的标识用创建文字的方法绘制。操作：输入命令 T（创建多行文字），↵，单击文字框左上角，往右下移动光标，单击文字框右下角，弹出图 2-75 所示"文字格式"对话框，选填文字格式后输入文字，然后在文字框外单击鼠标左键。

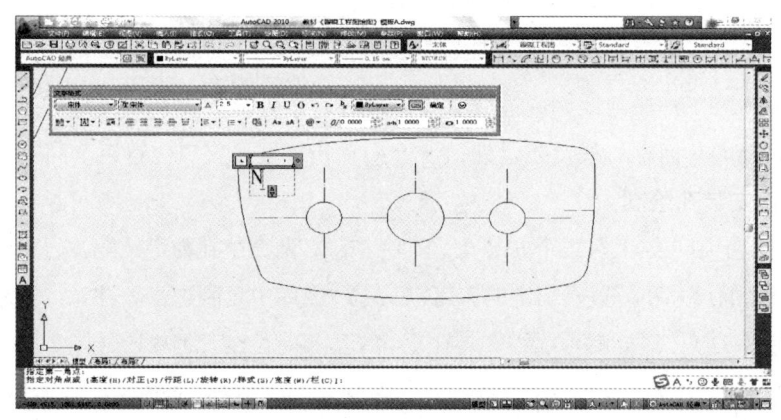

图 2-75　眼核片模标识绘制界面

重复操作完成其他标识绘制，得到全框金属眼镜架片模图，如图 2-76 所示。

六、金属桩头与树脂脚丝的装配结构设计与绘图

1. 脚丝装配结构分析

眼镜架的装配结构一般有 4 种：焊接、螺纹连

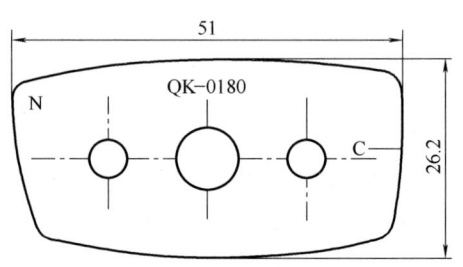

图 2-76　全框金属眼镜架片模图

接、铆接和镶嵌。金属配件与金属配件之间多为焊接装配，金属配件与非金属配件之间最常见的装配结构是螺纹连接。本款全框金属眼镜架的脚丝为长金属桩头+注塑脚丝，它们之间的装配形式就是螺纹连接。

在眼镜产品中最常见的螺纹连接装配形式有两种：螺栓+螺母、丝筒+大头螺钉。本款镜架的脚丝装配结构就是后者。在"丝筒+大头螺钉"的装配结构中，丝筒焊接在金属配件底面（或表面），大头螺钉穿过非金属配件锁入丝筒，当金属配件为卡入非金属凹槽装配时，可以只要一颗丝筒，否则就必须使用两颗或两颗以上丝筒，显然本款结构必须使用两颗丝筒。

在这种结构中，因工艺和品质原因，有如下要求：

（1）两丝筒间距不小于2mm。

（2）丝筒离金属零件边缘不小于1mm，特殊时可小至0.5mm。

（3）非金属配件中的孔离零件边缘不小于2mm，特殊时可小至1.5mm。

（4）非金属配件的安装孔孔径应稍大于丝筒外径（大0.1～0.2mm）。

（5）丝筒高度小于孔深度0.5mm以上，特殊时可小至0.3mm。

各结构件尺寸参数：丝筒外径为1.8～2.0mm，内螺纹为M1.4mm；大头螺钉外螺纹为M1.4mm，螺钉头为球头一字槽，外径为2.5～2.8mm。

2. 脚丝装配结构图绘制

（1）侧视丝筒及脚丝装配结构图绘制。非特殊情况下，丝筒焊接在金属桩头底面尾部纵向中心线上，且我们可以确定脾头尾端丝筒距桩头尾端面不小于1.0mm，这样我们就可以通过作图的方法来确定尾部丝筒中心的极限位置。

① 尾部丝筒位置及轮廓线绘制。向内偏移桩头尾端面轮廓线1.9（1.0+1.8/2）mm，它与桩头中心线的交点就是金属桩头尾部丝筒的极限（距桩头尾部端面最近）位置中心点。以此为圆心作半径0.9mm的圆，这个圆就是桩头尾部丝筒侧视轮廓线。

② 前丝筒位置及轮廓绘制。将上一步所绘制的圆复制到水平往前3.8mm处，就是前丝筒轮廓线。因丝筒焊接在脾头底面，故在侧视图上，丝筒为不可见，所以此两圆均为虚线，如图2-77所示。

③ 注塑脚丝前端面侧视轮廓线绘制。金属配件上的丝筒装配时插入注塑

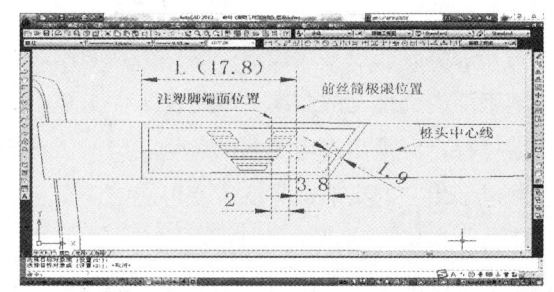

图2-77 侧视丝筒及脚丝前端端面轮廓线绘制示意图

脚丝孔内，因此脚丝前端端面距离前丝筒至少2.0mm，这样就可以确定侧视图上注塑脚丝前端端面位置，如图2-77所示。

（2）俯视丝筒与脚丝装配结构图绘制。俯视丝筒及脚丝前端轮廓线绘制分为3步：

① 俯视图丝筒中心与脚丝前端端面位置绘制。根据三视图的投影规律，侧视图中的水平长度就是俯视图中的高度，因此我们可以以桩头合口位为基准，根据侧视图中的各尺寸分别作出丝筒中心和注塑脚丝前端端面位置，如图2-78所示。

② 俯视丝筒与脚丝装配结构改善设计。由图 2-78 可知，俯视效果图中的注塑脚丝与金属桩头的搭接长度过短，不符合装配要求，所以我们必须加以改善，加长脚丝搭接面长度设计。解决这个问题有两个方案：一是加长金属脚丝长度；二是加长注塑脚丝长度。比较之下，第二个方案较佳，但按第二个方案设计，注塑脚丝会顶到弹弓铰链，所以还必须选用弹弓箱较短的铰链。脚丝端面距离弹弓铰链箱体不能小于 1.0mm，以便于装配作业。改进后的桩头与脚丝的俯视装配结构如图 2-79 所示。

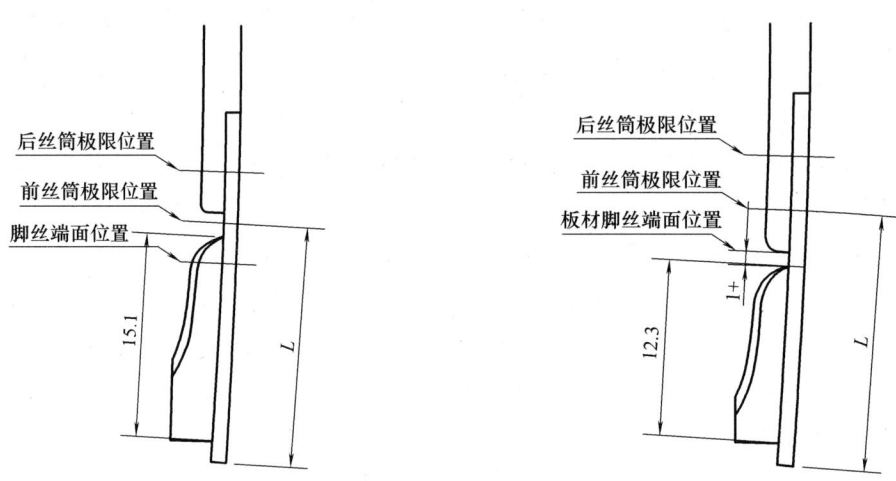

图 2-78　按参考图设计的俯视脚丝与桩头装配关系　　图 2-79　改善设计后的脚丝装配结构相对位置图

③ "丝筒+大头螺钉"装配结构剖视图绘制。"丝筒+大头螺钉"装配结构从镜架表面是不可见的，当工件的内部形状比较复杂时，视图中就会出现许多虚线，视图中的各种图线纵横交错在一起容易导致层次不清，影响视图清晰度，且不便于绘图、标注尺寸和读图。在工程制图中，这种较为复杂的不可见结构往往用剖视的方式来表达。

剖视就是假想用一剖切面（平面或曲面）剖开工件，将处在观察者和剖切面之间的部分移去，而将其余部分向投影面投射，这样得到的图形称为剖视图（简称剖视）。绘制剖视图时，为了分清工件内部结构的层次，规定在工件上被剖切到的实体部分画出剖面符号。根据制造工件所用的材料，应采用规定的剖面符号。剖切位置选择要得当，首先应选择内部结构的轴线或对称平面以剖出它的实形；其次应在可能的情况下使剖切面通过尽量多的内部结构。要尽可能地采用平行于投影面的平面剖切。

按剖切范围的大小，剖视图可分为全剖视图、半剖视图和局部剖视图 3 种。为了说明剖视图与有关视图之间的对应关系，剖视图一般要加以标注，注明剖切位置、投影方向和剖面名称。

剖切位置用剖切符号表示。即在剖切平面的起止处各画一短粗实线，此线不要与形体轮廓线相交。

投影方向用细实线箭头表示，箭头画在剖切位置线的两端。

剖面名称用相同的大写字母依次注写在剖切位置线的附近，而在相应的剖视图的下方（或上方）注出相同的两个字母，中间加一横线，如 A—A、B—B 等。符合下列条件时，可简化或省略标注：

a. 当剖视图按投影关系配置，中间又无其他图形隔开时，可省略方向指示箭头。

b. 当单一剖切平面通过物体的对称平面或基本对称的平面，且剖视图按投影关系配置，中间又无其他图形隔开时，可省略标注。

④ "丝筒+大头螺钉"的装配结构剖视图绘制操作步骤和方法。

a. 图形复制。从零件图库中拷贝"丝筒+大头螺钉"装配结构图，选择基点为大头螺钉底面圆心，粘贴位置选择丝筒中心位置线与注塑脚丝底面轮廓线的交点，如图 2-80 所示。

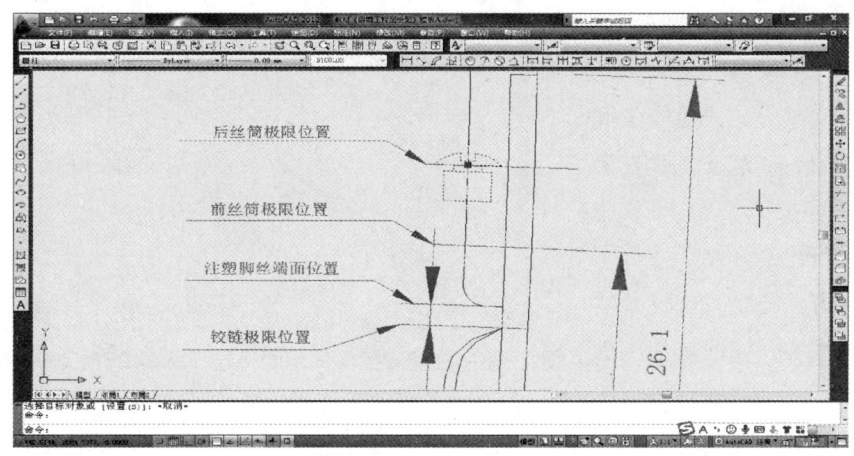

图 2-80 选择复制"丝筒+大头螺钉"装配结构图位置操作界面

b. "丝筒+大头螺钉"装配结构图绘制。以大头螺钉底面圆心为基点，旋转复制的"丝筒+大头螺钉"装配结构图，使其中心线与丝筒位置线重合，编辑丝筒高度，删除丝筒底面轮廓线，延长或剪切丝筒柱面轮廓线，完成第一个"丝筒+大头螺钉"装配结构绘制。复制第一个丝筒的装配结构图至第二个丝筒位置，完成脚丝装配结构绘制，如图 2-81 所示。

c. 装配结构局部剖视图绘制。用细实线圆（或椭圆）标识出剖视区域，如图 2-82 所示。将图 2-82 中的一个金属桩头实体区域和三个注塑脚丝实体区域填充剖面符号。在眼镜工程图的剖视图中，剖切位实体面的填充图案一般只分为金属与非金属两种，在 AutoCAD 中，金属实体填充图案选用平行斜线（ANSI31），而非金属实体填充图案选用斜网格线（ANSI37）。

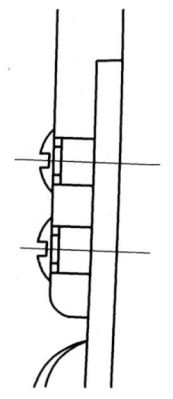 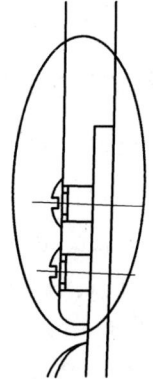

图 2-81 "丝筒+大头螺钉"装配结构图　　图 2-82 局部剖视区域标识方法图示

操作：输入命令 H，↵，弹出"图案填充和渐变色"对话框，如图 2-83 所示。

对话框中各项选择为：图案选择 ANSI37，角度选择 0，比例选择 0.25～0.5，单击"边界"下面的"添加：拾取点"图标，然后单击填充区域，↵，单击"确定"按钮，完成注塑脚丝实体剖面填充，如图 2-84 所示。

注意：比例值越大，填充图案的线条间隔越大，一般线条间隔在 0.6～1.0mm 为佳。填充后如发现线条间隔不合理，可双击填充图案进行比例修改。

用同样方法绘制脚丝桩头实体剖面填充图案，完成全部剖面填充。

图 2-83　注塑脚丝实体剖面符号"图案填充和渐变色"对话框

注意：金属剖面填充图案为 ANSI31；为更容易地区分不同零件，相邻填充区域的图案角度或比例要有所差异，如图 2-85 所示。

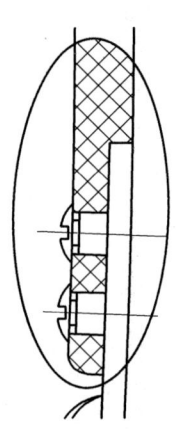
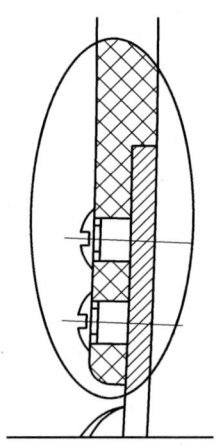

图 2-84　注塑脚丝实体剖面填充后的图形　　　图 2-85　全部剖面实体填充后的图形

d. 剖面区域局部放大表达。眼镜架上所用丝筒及螺钉的尺寸很小，其装配结构较为复杂，在原图上，这部分结构很难看清楚，这种情况就要使用局部放大图。局部放大图应尽量配置在被放大部分的附近，用细实线圈出被放大部位。当工件上被放大的部位只有一处时，在放大图上方（或下方）只需要注明放大图比例。当有多处部位被放大时，须用罗马数字注明被放大部位序号，并在放大图上方（或下方）标注出放大图序号和采用的比例。

本款眼镜架的"丝筒+大头螺钉"的装配结构除局部剖视外还需要局部放大才可以更清晰地表达出来。

局部放大图绘图操作：复制图 2-85 中椭圆部分图形至附近空白处，然后放大该部位图形至合适大小（放大倍数只能是：2、2.5、4、5、8、10 等），在放大图下方标注比例，如图 2-86 所示。

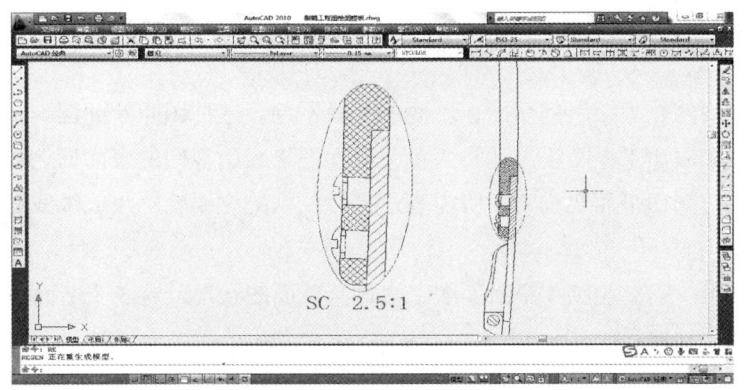

图 2-86　局部放大图表达方法（一）

如果有多个部位需要放大表达，或被放大部位附近未有合适空白位，则其表达方法如图 2-87 所示，此图中的放大图可以放置在图纸的任何空白处。一般局部被放大区域编序采用罗马数字。

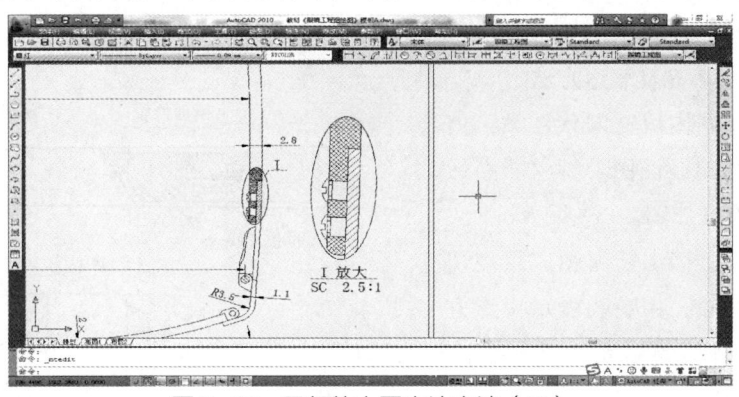

图 2-87　局部放大图表达方法（二）

七、桩头表面花纹效果表达

金属桩头后段表面是有花纹的，侧视图只表达花纹形状，无法表达花纹的立体效果，而其他方向视图想要准确表达也较难。这时如果采用"图形+文字"的方法来表达，则显得较为简洁易懂。表达方式就是填充图形中的低位区域，然后用"引线标注+文字"的方法说明。

操作：填充花纹图案的低位区域，然后点开主菜单"标注"→"多重引线 E"→"T（文字输入）"，绘图界面如图 2-88 所示。

注意，填充部位只能是低位区域，高位区域可以在俯视图中表达出来，镂空部位不填充，只需

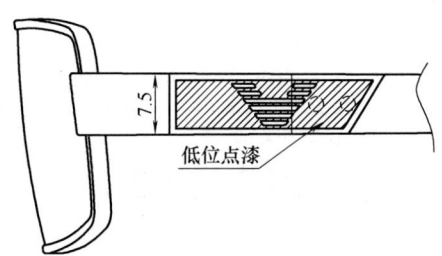

图 2-88　桩头表面花纹效果表达方式

"引线指示+文字"。在金属眼镜配件加工中,一个级位高度尺寸默认值为 0.3mm,否则就必须注明。

八、脚丝断面图绘制

只将被剖切到的轮廓绘出剖切面,后面的部分不绘,这种图叫断面图。与剖视图相比,断面图更为简洁。在眼镜工程图中,通常用多个断面图来表达零件的表面形状及其变化。为了正确表达断面实形,剖切平面要垂直于所需表达机件结构的主要轮廓线或轴线。断面图的表达方式与剖视图基本相同。

对于脚丝,至少需要绘制 3 个断面图来表达其截面的状况,这 3 个断面位置分别在脚丝前段、脚丝弯位和脚丝尾段。

1. 脚丝前段断面图形绘制

脚丝前段断面图绘图方法:在脚丝前段某位置作脚丝中心线的垂线,并从其与脚丝轮廓线交点处打断,脚丝上、下侧面的两条短线就表示断面位置。注意:短线不能与脚丝轮廓线相交。

以断面处脚丝宽度和厚度为矩形的高和长绘制一个矩形,并将矩形四角倒半径为 0.5mm(默认值)的圆角,就得到该处脚丝断面形状。

2. 断面图案填充及表达方法

在断面形状图内填充网状图案,这就是注塑脚丝移出断面图。脚丝断面形状及断面表达方式如图 2-89 所示。

一般情况下,移出断面图应用剖切符号表示剖切位置,用箭头表示投影方向(本书未标箭头的断面图默认为左向),并注上字母,在断面图的上方(或下方)用同样的字母标出其名称"×—×"。但配置在剖切符号延长线上

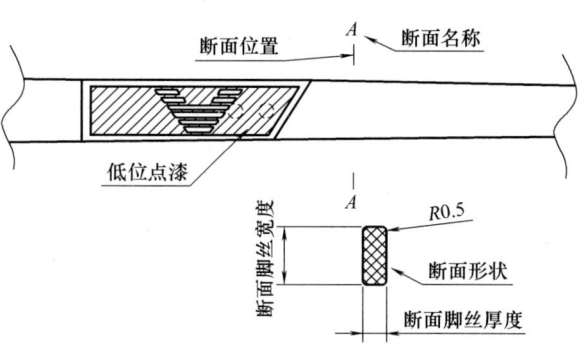

图 2-89 脚丝断面形状及断面表达方式

的对称形状的移出断面图,只需画出断面位置,其他可不作任何标注。

3. 脚丝其他位置断面绘制

脚丝弯位及尾段断面图与前段断面图的作图方法基本相同,但要注意:移出断面图可以不配置在断面延长线上,且可以作旋转处理,但这样就必须标注断面位置及名称。有些断面尺寸较小,需要放大才可表达清晰,此时断面图必须标识放大倍数。注意放大倍数同局部放大图一样,一定是 2、4、5、8、10 等倍数,不可放大为 3、6、7、9 等倍数,如图 2-90 所示。

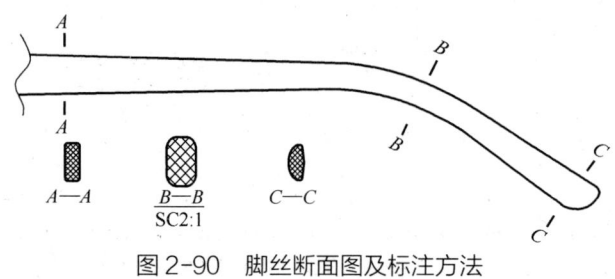

图 2-90 脚丝断面图及标注方法

九、全框金属眼镜架尺寸标注与技术要求

1. 标注样式

AutoCAD 中，标注对象具有特殊的格式，由于不同产品对标注的要求不同，所以在进行标注之前，必须选择一个适应本产品绘图标准的标注格式。用来控制标注的外观，如箭头样式、线条类型、文字位置、尺寸公差等这些标注设置形式的命名集合就是标注样式。AutoCAD 自带的标注样式并不完全适合眼镜工程图，所以在标注眼镜工程图尺寸前，必须修改或新建一个标注样式。

（1）创建新标注样式。单击主菜单"标注"→"标注样式"，弹出"标注样式管理器"对话框，单击"新建（N）"，弹出"创建新标注样式"对话框，选项内容如图2-91所示。

填写新建标注样式名称（如眼镜工程图），选择一个原有标注样式为基础样式（如ISO-25），单击"继续"按钮，弹出"新建标注样式：眼镜工程图"各相关标注要素设置对话框，依次单击各选项卡并选填相关内容如下：

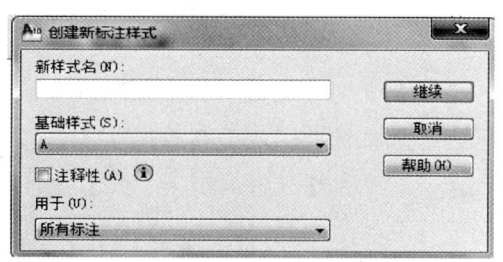

图2-91 "创建新标注样式"对话框

① 线。尺寸线可以选择任何颜色，但考虑到打印效果建议选用较深颜色；线型选择实线，线宽选择0.09mm（细线），其他与ISO-25相同即可，各要素选项填写如图2-92所示。

② 符号和箭头。有关线的要素设置好后，单击"符号和箭头"弹出图2-93所示选项卡，箭头选择"实心闭合"；箭头大小选填1.5~2.0；其他不变。

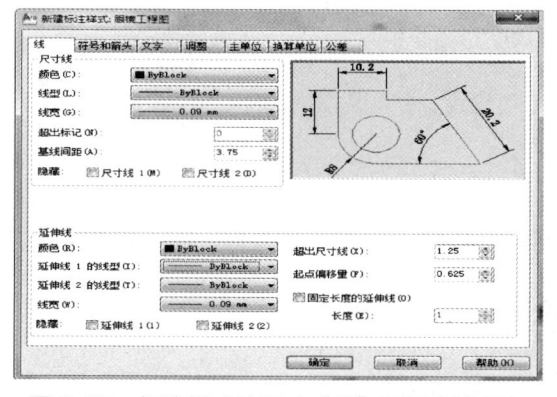

图2-92 标注样式的尺寸"线"各要素选项卡

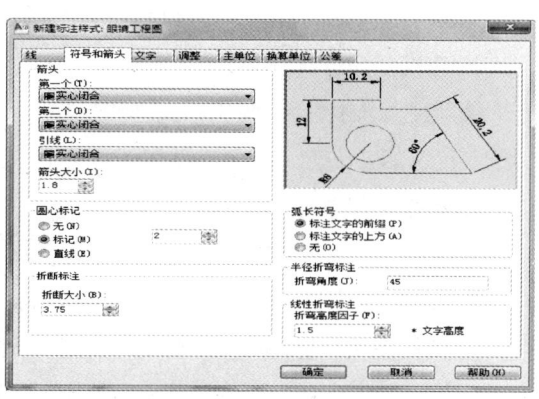

图2-93 标注样式的"符号和箭头"选项卡

③ 文字。单击"文字"，各相关要素照图2-94所示填写。注意：文字颜色选择与尺寸线相同的颜色，文字高度选填1.5~2.0。

④ 调整。单击"调整"，各相关要素照图2-95所示填写。

⑤ 主单位。在"主单位"选项卡中，单位格式选择"小数"，精度选择"0.0"，小数分

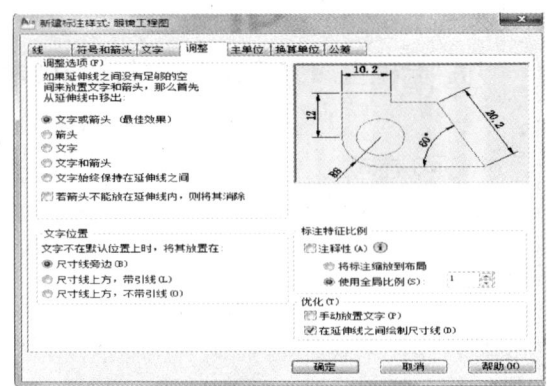

图2-94 标注样式的"文字"选项卡　　图2-95 标注样式的"调整"选项卡

隔符选择".",比例因子为"1",如图2-96所示。

⑥换算单位。"换算单位"选项卡不用改变。

⑦公差。对于眼镜产品,无论是国际标准还是国家标准,几乎都未涉及各零部件尺寸及装配结构尺寸,至于各尺寸的加工公差要求都是由眼镜企业与其客户协商达成的,各企业根据客户要求及产品档次,制定本企业标准,在企业标准中有各尺寸的检验标准,这些检验标准就是公差要求,所以在眼镜工程图上可以不标注公差(特殊要求除外)。

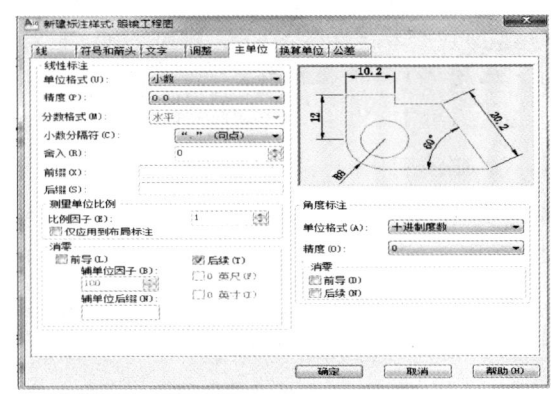

图2-96 标注样式的"主单位"选项卡

(2)标注样式应用。在标注图形尺寸前要先选择适合的标注样式。

2. 正视图尺寸标注

圈形尺寸(A/B位)、中梁最小宽度尺寸、桩头宽度、镜架总宽、夹口高度、桩头高度、中梁高度、烟斗高度、其他特殊要求尺寸。

3. 俯视图尺寸标注

铰链孔中心距离、脾中间距、脾尾间距、镜圈俯视宽度、中梁最小厚度、桩头厚度、桩头打弯半径、镜架弯度、桩头打弯尺寸、其他装配尺寸。

4. 侧视图尺寸标注

镜架倾角、合口位桩头宽度、脚丝最大(小)宽度、脚丝长度、脚套长度、脚套宽度(最大、最小)、弯脚角度、花纹位置、花纹大小、其他装配尺寸(如饰片位置尺寸)等。

5. 尺寸标注原则

眼镜工程图标注尺寸时要遵循下列原则:

(1)图中尺寸默认单位为mm。

(2)产品尺寸的实际大小以标注尺寸为依据,它与图形大小及绘图的准确性无关。

（3）尺寸标注既要完整又要尽可能简洁；同一尺寸只标注一次，一般标注在反映该结构最清晰的视图上。

（4）尺寸标注操作时要运用节点捕捉，以保证取点准确。

（5）尺寸标注要符合工艺及测量要求，要具有实际加工指导意义。

（6）尺寸标注要排布合理、清晰，便于阅读。标注的尺寸线、尺寸界线与工件轮廓线之间要尽可能避免相交，不可以重叠。

6. 技术要求

技术要求是工程制图中对产品加工提出的工艺、品质等的要求。根据机械制图标准，不能在图形中表达清楚的其他制造要求，应在技术要求中用文字形式来完整描述。技术要求一般有以下3种表达方式：

（1）用标注尺寸公差的形式表达。对产品尺寸方面的要求可以用标注尺寸公差的形式来表达，表达方式如图2-97所示。

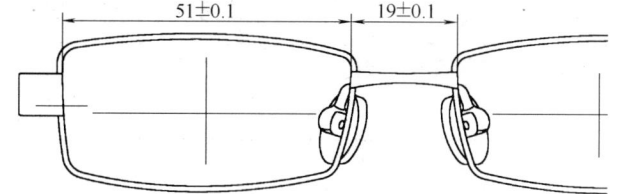

图2-97 技术要求的公差表达方法图示

（2）用"指示箭头+文字说明"的形式表达。对于产品某处结构或外观效果等，很难用图形或尺寸标注的形式反映出来，这时一般就用文字的形式来表达，如图2-98所示。

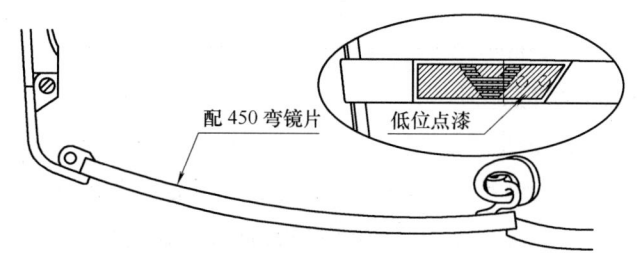

图2-98 技术要求的"指示箭头+文字说明"表达方法图示

（3）用纯文字表达。技术要求也可以用纯文字的形式在图纸的左下方或其他空白处来表达，如图2-99所示。

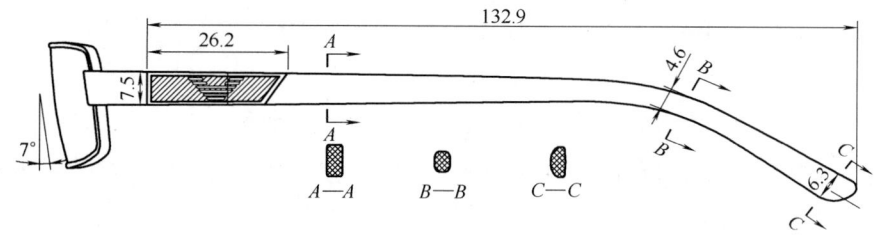

技术要求：1. 桩头打弯不能退火。
2. 所有镜架尺寸公差要求按本厂检验标准（ZJGM-1387）执行。

图2-99 技术要求的纯文字表达方法图示

7. 全框金属眼镜架结构图标题栏及明细表

工程制图中,为方便读图及查询相关信息,图纸中一般会配置标题栏,可以说标题栏就是图纸的身份证。标题栏一般包含下列几项内容:

(1)文件出处(出图单位名称、绘图人员姓名、审核人员姓名、日期等)。

(2)图纸尺寸单位、比例。

(3)图纸名称编号。

(4)文件备注。

在眼镜工程图中,标题栏有两种排版方式,最常见是将标题栏横排在图纸的最下方,少数厂家采用直排在图纸右边的排版方式。表2-2为常见的眼镜结构图标题栏内容。

表2-2　　　　　　　　　常见的眼镜结构图标题栏内容

订单编号	产品编号	尺码	比例	单位	镜弯	浙江×××光学有限公司	制图	审核	日期	版次

在结构图中将所有零部件制表列出,就是零件明细表。零件明细表一般与标题栏紧连,也有些企业的眼镜工程图将零件明细表列于图纸左(右)边。常见的金属眼镜架零件明细表见表2-3。

表2-3　　　　　　　　　常见的金属眼镜架零件明细表

零件名称	圈丝	中梁	桩头	脚丝	铰链	夹口	烟斗	托叶	丝筒	螺钉	其他
规格(编号)											

8. 全框金属眼镜架结构图排版

(1)图纸边框。目前在眼镜企业,眼镜工程图还是以A4图纸为主,A4纸的尺寸为210mm×297mm,图纸打印边距为5~8mm,所以眼镜工程图的边框一般为(195~198)mm×(282~285)mm的矩形。图纸采用实线绘制的双边框,内外框间距为1.0~1.2mm,外框为加粗实线,线宽为0.25~0.30mm,内框线宽0.15mm。没有边框的图纸是不能确定其完整性的。

(2)标题栏及零件明细表排版。标题栏和零件明细表一般紧靠一起,或横排在图纸下面(图2-100中版面A);或直排在图纸左(右)侧边(图2-100中版面B);也有部分企业将标题栏与零件明细表分开排布,标题栏横排在下方,零件明细表直排在侧边(图2-100中版面C)。

(3)三视图布局。在A4版面的排版中,眼镜结构图中的3个主要视图呈直排形式:主视图居中,俯视图排上面,而侧视图排布在主视图下面,主、俯视图对称中心在同一铅垂线上。

(4)其他视图布局。

① 眼核片模图排布在俯视图中两脚丝之间的空位处。

② 局部放大图优先排布在被放大处附近的空白处(中间无隔挡),如果被放大处附近无合适空位,则排布到俯视图两脚丝之间的空白处。

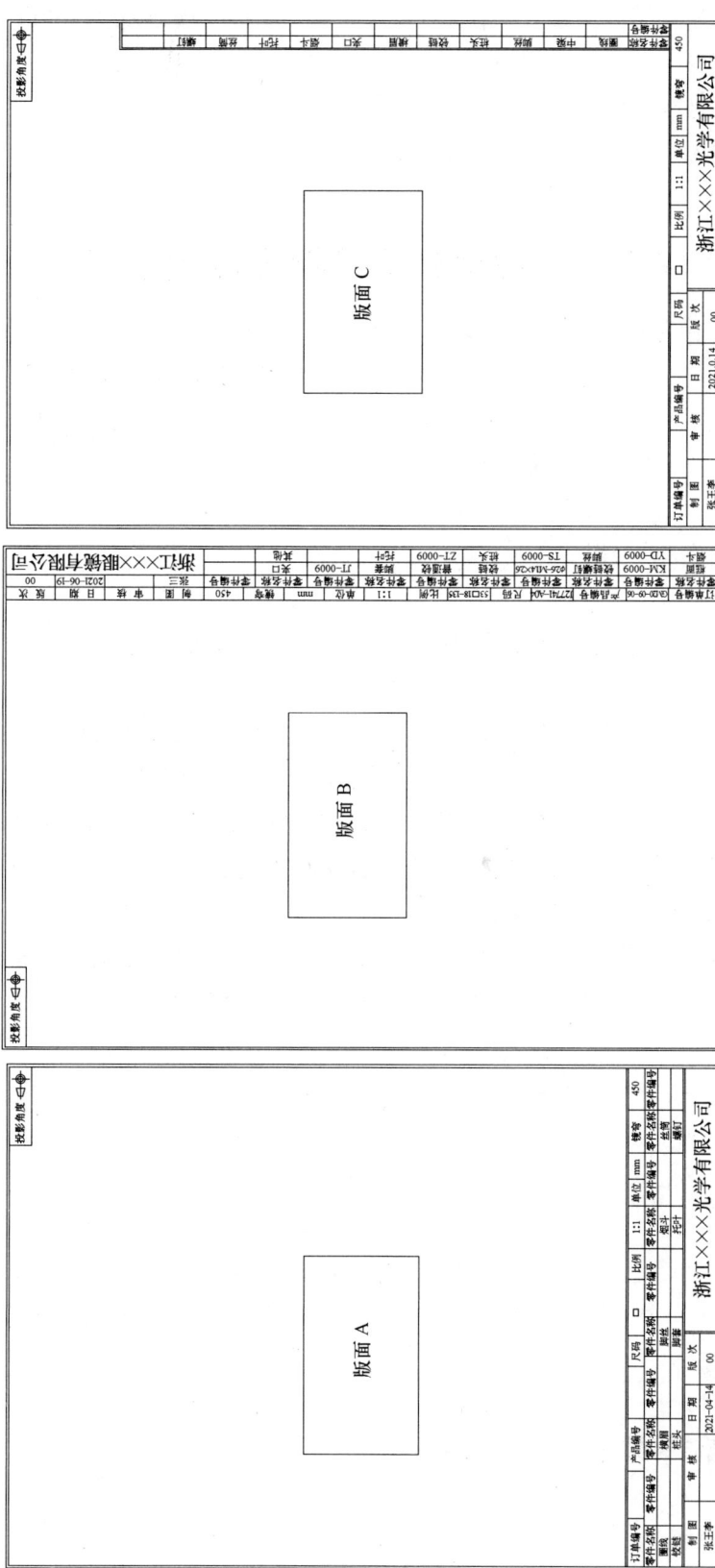

图 2-100 标题栏与零件明细表的三种排版方式图示

③ 断面图优先排布在断面延长线上，其次排布在断面附近空白处，最后考虑排布在其他空白处。

9. 全框金属眼镜架结构图

全框金属眼镜架结构图如图 2-101 所示（见附页 2）。

模块三　全框金属眼镜架零件图绘制

眼镜零部件分两类，一类为通用配件，类似于标准件，这类零部件不需要绘图。另一类为非通用配件，需要按图特制，这类零件必须绘制零件加工图。下面我们就本款眼镜架的金属零件来学习一下眼镜零件图的绘制方法和作图步骤。

一、零件图内容与要求

眼镜零件图内容同样包括：视图、尺寸标注、技术要求、图框与标题栏。

1. 视图

金属眼镜零件的制造一般分为粗坯制造和零件加工，粗坯制造多为专业的眼镜配件工厂生产，其制造的技术依据就是粗坯图；而零件加工则是由眼镜架生产厂家完成的，其加工图是眼镜架半成品加工的技术依据。所以金属眼镜零件图的视图也分为粗坯图和加工图两部分。因为零件尺寸不大，一般粗坯图和加工图均排布在同一张 A4 图纸内。有些尺寸较小的零件，会采用放大图表达，放大比例根据零件实际尺寸而定。

眼镜零件图的视图一般由一个（或两个）主要视图+若干辅助视图组成，主要视图反映零件主要形状特征，辅助视图一般为断面图、方向视图、局部放大图等。

2. 尺寸标注

零件图的尺寸标注要求：完整、合理（符合加工工艺）、具有实质性的指导作用。

3. 技术要求

零件图技术要求的表达形式有：标注公差、文字表达等。

4. 图框与标题栏

零件图的图框与结构图相同。零件图的标题栏内容包括：零件名称、编号、材质、数量、镜架编号、订单编号、图纸比例、单位、绘图人姓名、审核人姓名、日期、版次及出图单位等。

二、全框金属眼镜架中梁零件图绘制

1. 中梁粗坯图绘制

（1）中梁主、俯视图基本轮廓复制。中梁的形状在结构图的主、俯视图中已有基本的表达,因此,绘制中梁粗坯图以此为基础。方法:复制结构图的中梁零件轮廓图形(注意中梁主俯视图的对应关系不要改变),得到成品中梁零件主俯视图,如图 2-102 所示。

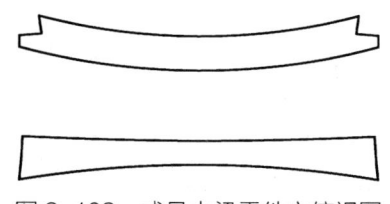

图 2-102　成品中梁零件主俯视图

(2)加工余量绘制。同一款中梁有可能会在好几款不同圈形及中梁尺寸的镜架中使用,所以一般开模制造的粗坯都会留有加工余量。对于中梁,主要的后续加工就是根据镜架尺码、圈丝规格、圈形形状、镜架面弯等要求锣切两端面,因此将中梁两端适量加长就可以。

油压中梁一般留有 0.5~1.0mm 的加工余量,这部分的形体要与主体中梁吻合。加工余量的补全方法是:首先将主视图中梁端面往外偏移 0.5~1.0mm,然后将偏移得到的轮廓线与中梁两侧面倒 0.3mm 的圆角,就得到中梁粗坯的外形轮廓图;其次从主视图中梁左右象限点向上作垂线与俯视图中中梁表面及底面轮廓线的延长线相交,两交点内线段就是中梁俯视端面轮廓线,如图 2-103 所示。

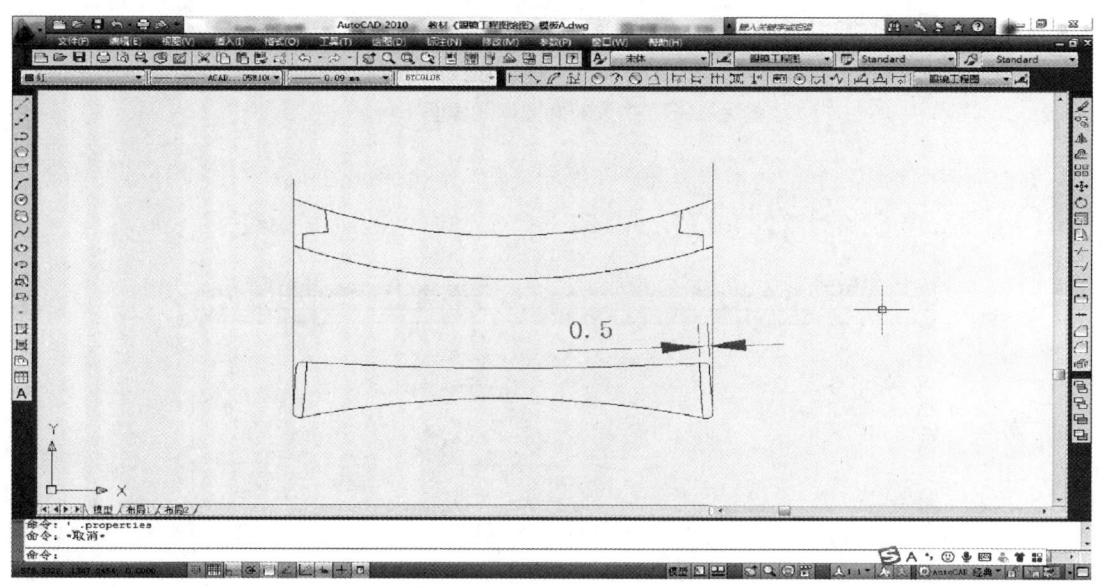

图 2-103　中梁粗坯绘图界面

分别将俯视中梁表面、底面轮廓线与端面轮廓线倒 0.3mm 圆角,得到中梁俯视轮廓图。删除多余线条就得到中梁粗坯主、俯视图,如图 2-104 所示。

(3)中梁断面图绘制。本款中梁为普通油压中梁,油压件的主要加工工艺为:油压、飞边、滚筒、磨光。油压配件的底面一般为平面(或柱面),两侧面为底面的垂直面,其表面为"扑面"。所谓"扑面"就是近似半椭圆的偏圆柱面,其断面如图 2-105 所示。

要较为全面地表达中梁表面形状及其变化,最少需要两个断面图:中间位置断面图和近端

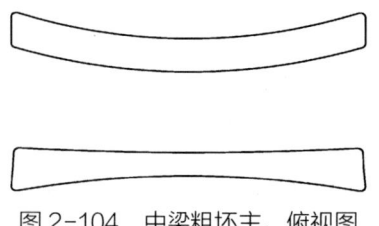

图 2-104　中梁粗坯主、俯视图

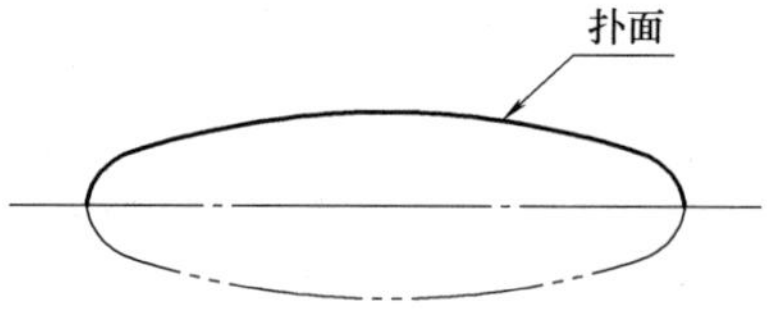

图 2-105　油压件断面示意图

面处断面图。中梁断面图作图步骤和方法如下：

① 断面初步轮廓绘制。在中梁中间部位作断面位置线，然后在断面位置延长线上作一个 1.7mm×2.4mm 的矩形，如图 2-106 所示。

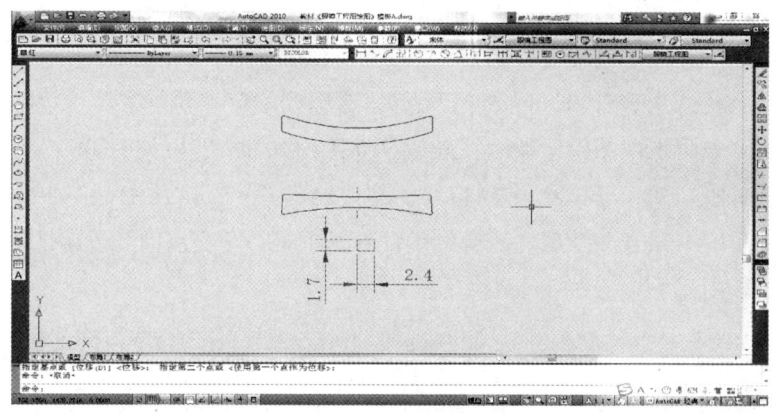

图 2-106　中梁断面图作图界面（一）

② 断面表面轮廓绘制。将中梁表面所在的矩形边向内偏移 0.3mm（一般油压件扑面高度为 0.1~0.5mm），然后如图 2-107 所示作圆弧，此弧就是中梁表面轮廓线。

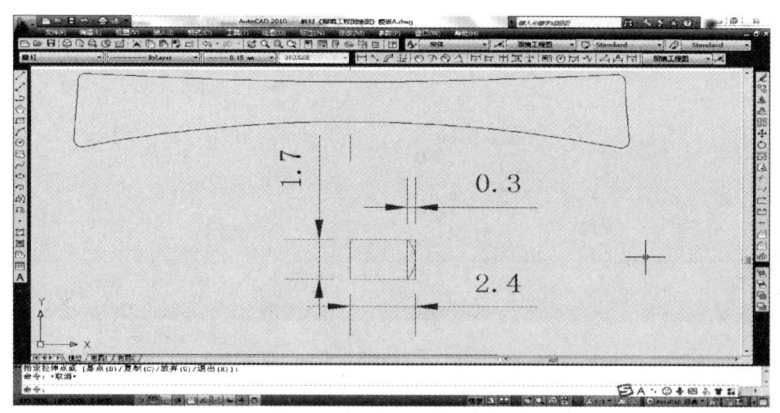

图 2-107　中梁断面图作图界面（二）

③ 断面图绘制。将死角倒半径 0.3mm 圆角就得到中梁断面轮廓图，将此图形区域内填充剖面符号（平行细斜线）就得到此处中梁断面图，如图 2-108 所示。移出断面在断面位置线的延长线上，故不需作任何标注。

同样方法绘制中梁近端面断面图。如图 2-109 所示。

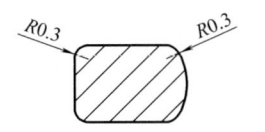
图2-108 中梁断面图绘制示意图

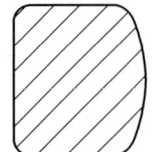
图2-109 中梁近端面处断面图

2. 中梁零件加工图绘制

结构图上的中梁就是加工完成后的中梁,其端面也就是加工面,因此我们将加工图上的中梁端面轮廓复制到粗坯图上就可以得到中梁零件加工图。加工图上要锣切掉的部分轮廓(假想轮廓)须用双点画线绘制,锣切部分实体填充剖面符号(平行细斜线),不可见轮廓用虚线表达,如图2-110所示。

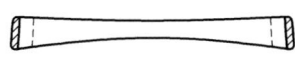

图2-110 中梁零件加工图

3. 中梁零件图尺寸标注及技术要求

(1)中梁零件粗坯图尺寸标注。中梁零件图尺寸标注一般要标注出公差要求,中梁零件粗坯图尺寸标注如图2-111所示。注意放大视图的尺寸标注比例为放大倍数的倒数,如放大比例为4∶1,则标注比例为1/4=0.25。

(2)中梁零件加工图尺寸标注。中梁零件加工图上的尺寸可以只标注出加工后的尺寸,原粗坯上未加工的尺寸可以不标注。同粗坯图尺寸标注一样,也需标注公差要求,如图2-112所示。

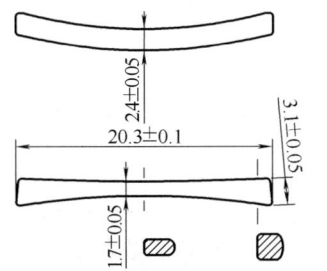
图2-111 中梁零件粗坯图尺寸标注图示

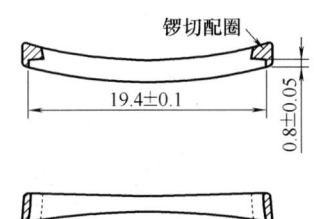
图2-112 中梁零件加工图尺寸标注图示

(3)技术要求。零件图的技术要求除用标注公差的形式表示外,还可将相关外观品质、加工质量等要求用文字形式标注在图纸左下方空白处。

4. 零件图标题栏绘制

零件图标题栏见表2-4。注意:标题栏中的内容要与加工图中相关零件信息相对应。

表2-4   零件图标题栏

零件名称		零件编号		比例		备注	
材质		数量		单位			
镜架编号		订单编号		版次			
制图		审核		浙江×××光学有限公司			
日期		日期					

5. 中梁零件图排版

中梁零件尺寸较小，为了更清晰地表达零件结构和尺寸，通常会用放大比例绘制。一般中梁图纸比例为 2∶1~4∶1，本款中梁采用的绘图比例为 2∶1。

中梁零件粗坯图和零件加工图分别布局在图纸的上半部分和下半部分，用双实线隔开。非 1∶1 的图纸，一般都在粗坯图右下角的矩形框内绘制一个 1∶1 的视图。

6. 全框金属眼镜架中梁零件图

全框金属眼镜架中梁零件加工图如图 2-113 所示（见附页 3）。

三、桩头零件图绘制

金属桩头按结构分为三类：普通桩头、角花和长桩头。本款眼镜架桩头为长桩头。长桩头配件粗坯为桩头与脾头一体制造，焊接铰链后再切断。

桩头零件图与中梁零件图一样，也分为两部分：零件粗坯图和零件加工图。

1. 桩头零件粗坯图绘制

在绘制镜架侧视图的桩头时，我们已经知道：桩头粗坯的底面是一个平面，桩头打弯时桩头前段及后段均未产生变形，弯曲只发生在桩头中间某一段区间。

桩头前段贴在镜圈及夹口表面焊接，其形状在主视图上基本真实地反映出来了，同样桩头后段形状也在侧视图上有所反映，唯一不能确定的就是弯位的形状，因此桩头外形轮廓图的绘制也就是弯位部分的轮廓绘制。桩头零件粗坯图绘图步骤及方法如下：

（1）桩头外形轮廓图绘制。

① 桩头轮廓图形复制。复制结构图中三个视图的桩头图形，如图 2-114 所示。

正视桩头图形　　侧视桩头图形　　俯视桩头图形

图 2-114　结构图中三个视图的桩头图形

② 桩头长度计算。向内偏移桩头表面轮廓线 0.55mm（桩头厚度的一半），且合拼成一条多段线，如图 2-115 所示，单击此多段线，输入命令 LI ↵，就会弹出文本显示框，即桩头长度计算操作界面，如图 2-116 所示，可知桩头长度为 41.4702mm，保留一位小数即为 41.5mm。

③ 桩头外形轮廓编辑。将复制的桩头主视轮廓图形与侧视轮廓图形以纵向中心为基准拼接在 41.5mm 的区间内，如图 2-117 所示。

（2）桩头倾角设计与外形轮廓绘制。眼镜架是有倾角的，所谓倾角就是侧视时镜圈与脚丝（桩头）的倾斜角度。一般光学眼镜架的倾角为 7°~9°，这个倾角的大小由两个因素决定：一是桩头焊接在镜圈上的高度位置，桩头焊接位置越高，产生的倾角就越大。普通光学架桩头焊接高度约在镜圈的三分之二处，此时生产的倾角为 2°~3°，我们称之为自然倾角。二是桩头打弯时扭曲变形产生的倾角，我们称之为桩头打弯倾角。眼镜架的倾角就是这两个倾角之和。

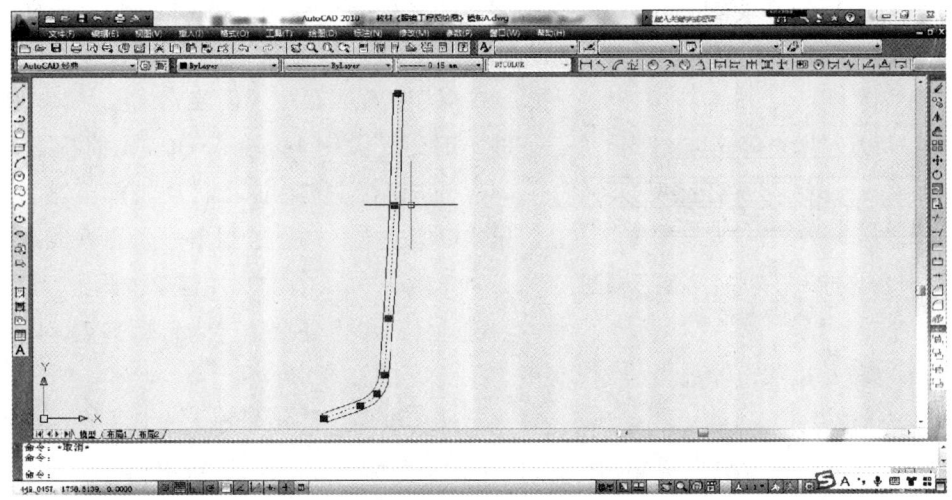

图 2-115　桩头长度计算界面图

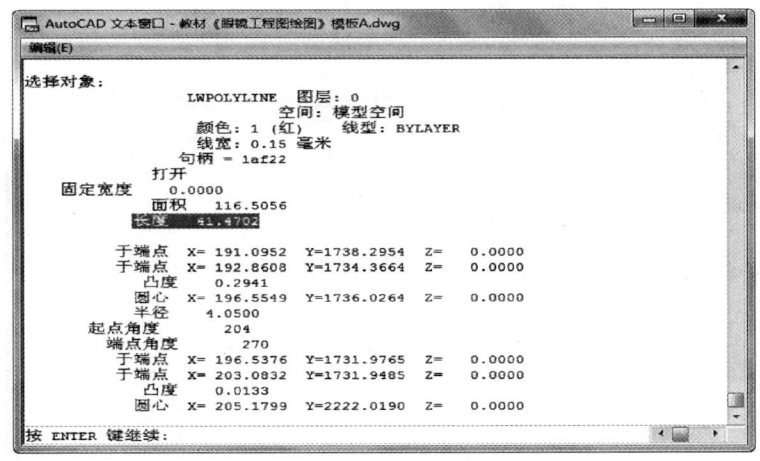

图 2-116　桩头长度计算操作界面图

如果采用打弯后再扭出倾角的方法,桩头宽度越大,则桩头上、下侧边缘部位的变形量就越大,这样可能使上侧边缘部位因拉伸过长而出现裂纹,甚至断裂,而桩头下侧边缘部位因挤压可能生产皱褶。解决这个问题的方法就是将桩头打

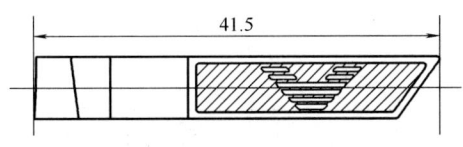

图 2-117　桩头外形轮廓拼接图示

弯部位设计成扇形,这样打弯后不需要扭曲就可以出现倾角。这个扇形的设计我们就叫倾角设计。桩头倾角设计的步骤和方法如下:

① 桩头打弯中心距前端面长度计算。将图 2-117 中的桩头长度中位线在弯位弧中心处打断(打断于一点),计算弯位中心至桩头端面长度。

操作:输入命令 BR(线条打断)↙,单击要打断的对象,再单击要打断的位置;单击前段多段线,输入命令 LI,↙,弹出文本显示框,显示被计算的线条长度参数为 6.6mm,这就是说桩头打弯中心距桩头端面 6.6mm。

② 桩头打弯中心位置确定。在距桩头端面象限点 6.6mm 处作一铅垂线，这条铅垂线所处位置就是桩头打弯中心位置线，如图 2-118 所示。

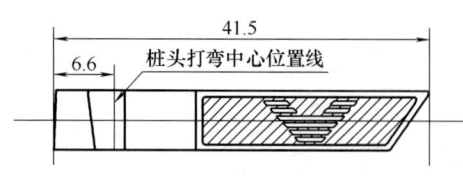

图 2-118　桩头打弯中心位置示意图

操作：输入命令（创建直线段）↵，按下 F8 键（正交开关键），输入 QUA（捕捉象限点）↵，单击鼠标左键，向上移动光标至适当距离，单击鼠标左键，↵，绘制出一条铅垂线；输入命令 M（移动），↵，鼠标左键单击此铅垂线，单击右键确认，单击任意位置为移动基点，向右移动光标，输入参数 6.6，↵，得到桩头打弯中心线。

③ 桩头倾角设计。以桩头打弯中心位置线与桩头纵向中心线的交点为基点，旋转桩头主视图中的轮廓图 4°~6°（操作界面如图 2-119 所示），删除多余轮廓线就得到桩头倾斜后的形状图，如图 2-120 所示。

操作：输入命令 RO（旋转）↵，选择旋转对象（桩头主视图中的轮廓图），单击旋转基点，输入参数值（5）↵。

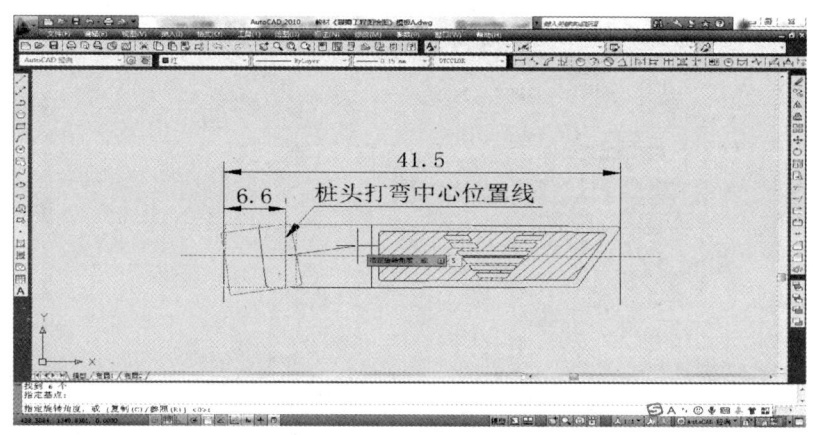

图 2-119　桩头倾角设计操作界面

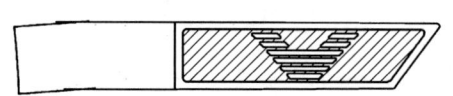

图 2-120　桩头倾斜后的形状图

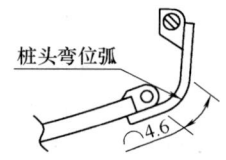

图 2-121　桩头上侧面弯位长度计算示意图

④ 桩头上侧面弯位长度计算。度量俯视图中桩头表面弧长度，得到桩头弯位上侧面长度为 4.6mm，如图 2-121 所示。

操作：输入命令 DAR（弧长度量）↵，单击要度量的弧线（俯视桩头弯位表面圆弧）。

⑤ 桩头上侧面轮廓线绘制。用圆弧顺滑连接桩头前、后段侧面轮廓，使连接弧长度约为 4.6mm（误差不超过 0.2mm），此时的连接弧即为桩头弯位上侧面轮廓线，如图 2-122 所示。

操作：输入命令 F（倒角）↵，　R（圆角）↵，输入参数值（桩头打弯内弧半径为 3.5mm

时,参数值为 50~56);输入命令 DAR(弧长度量)↵,单击连接弧查看弧长。重复上述操作直至弧长约为 4.6mm。

⑥ 桩头下侧面轮廓线绘制。因桩头弯位为等宽形状,所以上侧面与下侧面为同心弧。上侧面轮廓弧半径减去桩头宽度即为下侧面连接弧半径,用此半径值将桩头弯位前后侧面轮廓线倒圆角,即可绘制出桩头下侧面轮廓线,如图 2-123 所示。

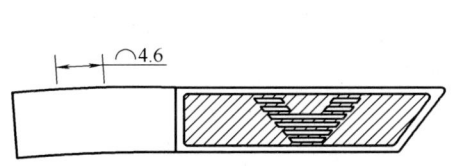

图 2-122 桩头上侧面轮廓线绘制示意图

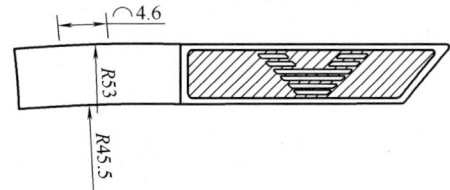

图 2-123 桩头下侧面轮廓线绘制示意图

操作:输入命令 DRA(半径度量)↵,单击桩头上侧面弯位连接弧(得到连接弧半径为 53mm);输入命令 F(倒角)↵,R(圆角)↵,输入参数 45.5(53-7.5)↵,单击桩头下侧面前段、后段轮廓线,完成桩头弯位轮廓线绘制。

(3)加工余量设计与轮廓绘制。一款桩头可能要配几个不同的圈形,因此桩头粗坯前段要适当加长,这个预留的加长部分就叫加工余量。对于普通白铜油压桩头,桩头前加工余量一般为 1.0~2.0mm。

加工余量的设计方法和绘图步骤如下:

① 桩头加工余量形状绘制。将桩头前端面轮廓线往前偏移 1.0~2.0mm,然后将偏移的弧线分别与侧面轮廓线作半径为 0.3mm 的圆角,这个加长的部分就是加工余量。

操作:输入命令 O(偏移)↵,输入参数值(1.0~2.0)↵;输入命令 F(倒角)↵,R(圆角)↵,输入参数值(0.3)↵,单击要倒圆角的两条轮廓线。

② 桩头加工余量的表达方式。修改成品桩头前端面轮廓线及合口位轮廓线为双点画线并适量延伸至桩头侧面轮廓线外(2~3mm),将加工余量部分区域填充细平行斜线,多重引线标注填充区域及成品桩头前端面轮廓线,如图 2-124 所示。

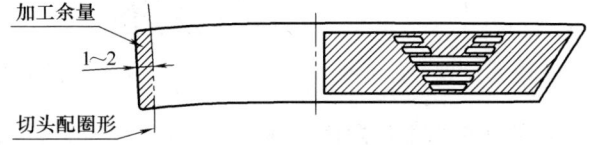

图 2-124 加工余量设计及表达方式示意图

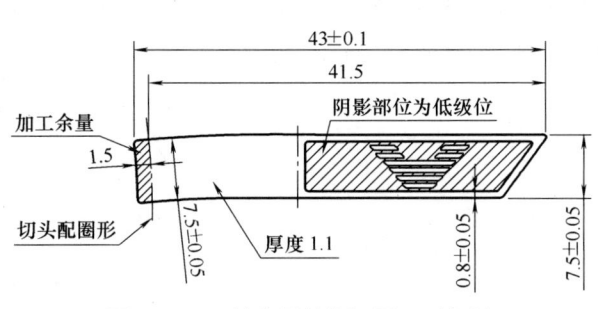

图 2-125 桩头零件粗坯图尺寸标注

(4)桩头零件粗坯图尺寸标注。桩头零件粗坯图尺寸标注如图 2-125 所示。因桩头粗坯厚度一致,所以不需要绘制侧视图,用标注的方式就可以表达。

2. 桩头零件加工图绘制

成品眼镜架上的桩头是粗坯经过切头、焊铰、切铰、打弯、焊丝筒等加工工序后再装配的,这些加工工序都是由眼镜半成品生产车间完成的,对桩头零件进行加工的依据就是零件加工图。桩头零件加工图绘制步骤和方法如下:

(1)桩头主、俯视图绘制。桩头加工后的形状就是其在成品眼镜架中的形状,所以将桩头结构图的侧视图及俯视图中的桩头轮廓复制下来,并以侧视图中桩头投影为桩头零件主视图,如图2-126所示。

(2)桩头尾部局部后视图绘制。桩头尾部丝筒的位置在桩头底面,此处桩头表面有填充符号,图形及尺寸标注难以表达清晰,所以需要一个局部的后视图,如图2-127所示。

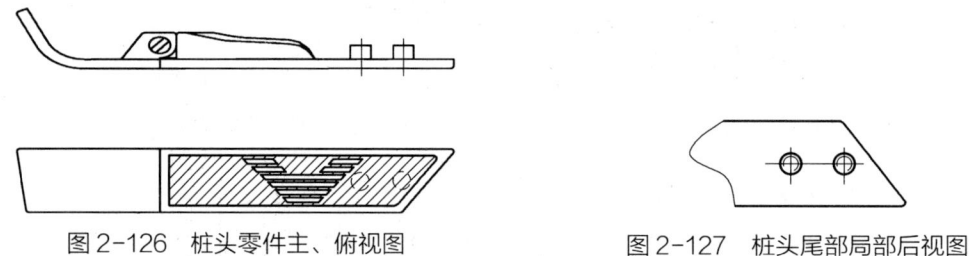

图2-126 桩头零件主、俯视图　　　　图2-127 桩头尾部局部后视图

(3)桩头零件加工图尺寸标注。零件加工图尺寸标注只需标注加工后的尺寸,在零件粗坯图上已标注且未做加工的尺寸,在零件加工图上可以不再标注。桩头零件加工图尺寸标注如图2-128所示。

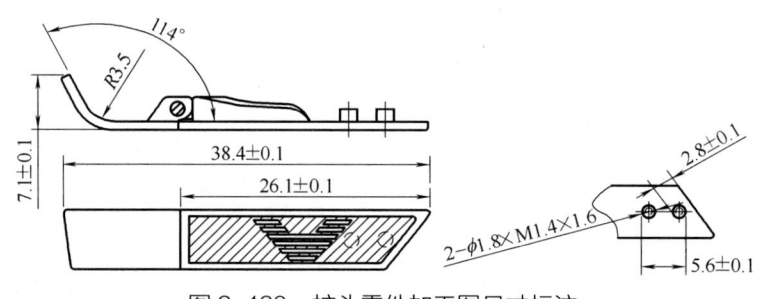

图2-128 桩头零件加工图尺寸标注

3. 桩头零件图标题栏及排版

桩头零件图标题栏及排版与中梁零件图使用同一模板,标题栏填写的内容要与结构图相符。

4. 桩头零件图的技术要求

桩头打弯前弯位是否退火及桩头打弯的倾角要求,在视图及尺寸标注中均未能反映,所以需要用文字形式来表达,这就是桩头零件图的技术要求。技术要求放置在图纸右下方空白位置。

5. 桩头零件图

桩头零件图如图2-129所示(见附页4)。

四、脚丝零件图

本款镜架脚丝为注塑脚丝,在此我们先略过,留到后面项目中再学习。

课后练习

练习并绘制出金属全框光学眼镜架全套工程图,参考图片如图 2-130 所示。

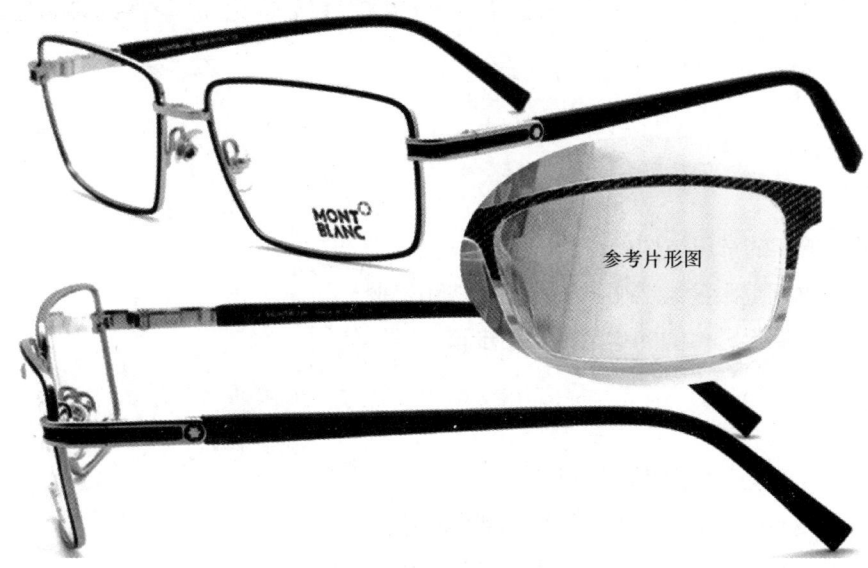

图 2-130　金属全框光学眼镜架实物图片

提示:

(1) 镜片片形改为图中板材镜框片形。

(2) 金属脚丝表面花纹只要凹位不要 LOGO。

(3) 脚丝材料:高镍白铜。

(4) 其他参数:桩头厚度为 1.3~1.4mm;镜片弯度为 450 弯;脚套长度为 115mm;镜架尺码为 54□18-135。

项目三
半框钢片贴圈光学眼镜架工程图

学习内容

1. 钢片眼镜架的常见结构。
2. 半框贴圈钢片眼镜架结构图的绘图方法和步骤。
3. 半框钢片眉毛零件图的绘图方法和步骤。

学习目标

1. 了解钢片眼镜架结构和常见材料。
2. 能够绘制出钢片眉毛半框光学眼镜架结构图。
3. 能够设计并绘制出钢片眉毛及钢片脚丝零件图。

模块一 常见钢片眼镜架结构与材料

一、常见钢片眼镜架结构

所谓钢片架就是以金属板料为原材料制作主要配件的眼镜架,这类眼镜架的结构特点是通过钢片眉毛将左右镜圈装配在一起。大多数钢片架都是眉毛连桩头一体。

钢片架有多种镜片装配结构,比较常见的有:

1. 钢片眉毛贴圈结构

这类结构的镜片通过镜圈装配,镜圈贴眉毛底面焊接。镜圈有两种:全框镜圈和半框镜圈。半框钢片贴圈光学眼镜架如图 3-1 所示。

2. 钢片眉毛贴片无框结构

这类结构的镜片直接紧贴眉毛,通过螺纹连接的形式装配,镜片有贴眉毛表面和贴眉毛底面两种装配结构。因为镜片装配结构较为复杂,所以一般用于太阳眼镜架。钢片眉毛贴片无框结构镜架如图 3-2 所示。

钢片眉毛贴片无框镜架中常见镜片装配结构有三种形式:

(1)大头螺钉+丝筒结构。大头螺钉+丝筒的装配结构一般多见于钢片眉毛内贴镜片的无框太阳眼镜架的镜片装配。在这种结构中,丝筒焊接在眉毛底面,大头螺钉由镜片内表面穿过

图 3-1 半框钢片贴圈光学眼镜架

图 3-2 钢片眉毛贴片无框结构镜架

镜片而锁进丝筒。该装配结构简洁，外形美观，但因为丝筒的最低高度尺寸为 1.5mm，所以只适合于镜片厚度尺寸大于 1.6mm 的镜架。具体装配结构如图 3-3 所示。

（2）大头螺钉+螺母结构。大头螺钉+螺母的装配结构类似于普通工业产品中常见的螺栓+螺母装配，具体装配结构如图 3-4 所示。

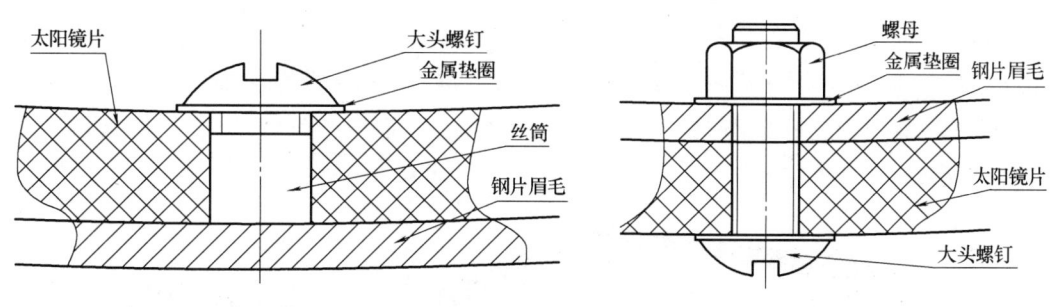

图 3-3 大头螺钉+丝筒装配结构图　　　　图 3-4 大头螺钉+螺母装配结构图

（3）大头螺钉锁钢片丝孔结构。大头螺钉锁钢片丝孔结构就是在钢片上直接加工出螺孔，大头螺钉穿过镜片直接锁进钢片眉毛，其结构如图 3-5 所示。

3. 钢片眉毛全框铣槽结构

这类结构的钢片眼镜架没有镜圈。其镜片装配的结构为：钢片眉毛为框面形状，在内框侧

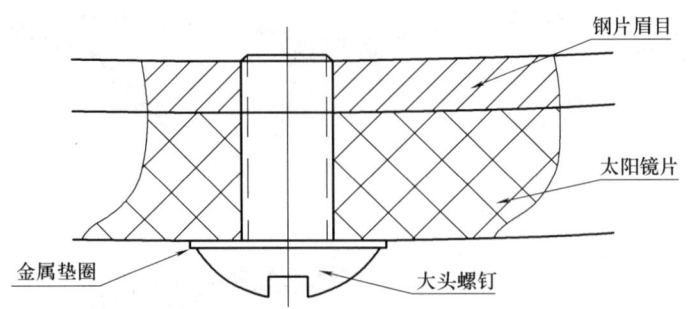

图 3-5　大头螺钉锁钢片丝孔结构图

面铣凹槽卡片。这类结构要求钢片眉毛厚度尺寸较大，所以多用于纯钛眼镜架。

对于光学镜架，内槽形状为"V"形，内槽角度一般为 110°，槽深约为 0.5mm；对于太阳眼镜架，内槽形状多为"U"形，槽深约为 0.4mm，槽宽为 1.2mm。钢片眉毛全框铣槽结构镜架如图 3-6 所示。

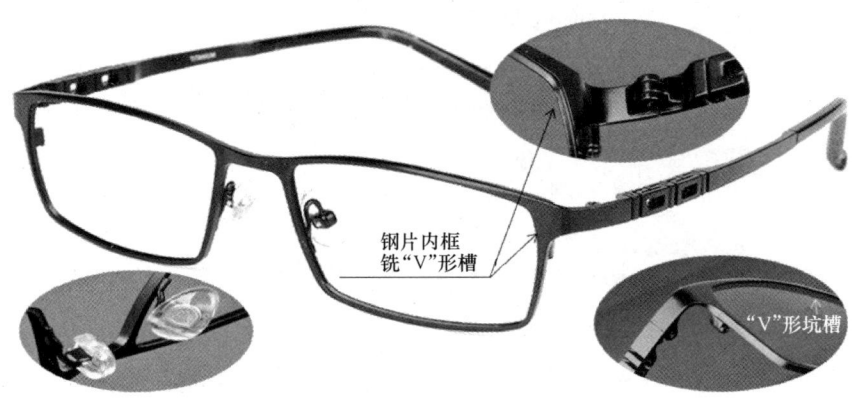

图 3-6　钢片眉毛全框铣槽结构镜架

4. 半框钢片眉毛铣凸筋结构

半框钢片眉毛铣凸筋结构眼镜架的镜片装配是利用钢片眉毛内框上的凸筋卡片，再利用渔丝固定镜片。这种结构要求眉毛厚度较大，且眉毛材料的机加工性能较好，所以一般适合于纯钛架。因为高镍白铜及不锈钢材料密度较大，镜架会过于沉重。半框钢片眉毛铣凸筋结构镜架如图 3-7 所示。

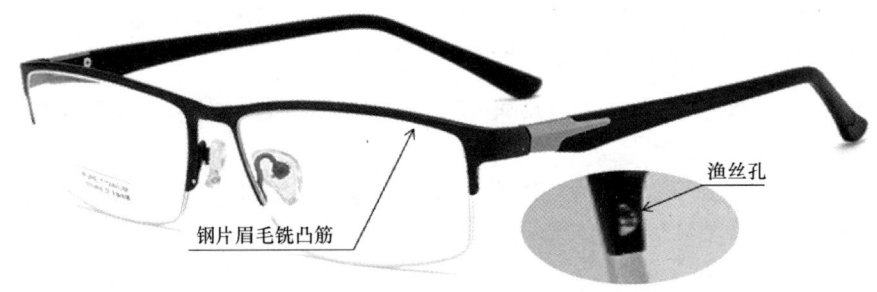

图 3-7　半框钢片眉毛铣凸筋结构镜架示意图

5. 钢片卡片结构

钢片卡片结构就是利用薄钢片内框卡入镜片侧面凹槽，从而达到装配镜片的目的。这类镜架有全框及半框两种结构。半框钢片卡片结构镜架如图 3-8 所示。

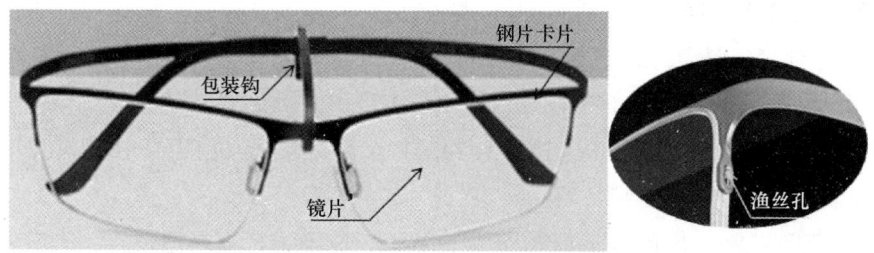

图 3-8　半框钢片卡片结构镜架

二、常用钢片材料及其特性

1. 不锈钢

用于制作眼镜配件的不锈钢原材料牌号多为 304 或 302，厚度为 0.8~1.0mm，材料硬度为全硬或 3/4 硬的板料。不锈钢材料具有强度高、硬度高、弹性好等特点，而且相对于白铜，不锈钢密度较小、价格便宜，所以应用广泛。

2. 高镍白铜

高镍白铜具有良好的塑性、机加工性能及焊接性能，硬度和强度与不锈钢相比较差，因此用于制作钢片架的高镍白铜板料一般厚度为 1.1~1.3mm。由于高镍白铜成形性能较好，多用于制作表面有花纹的眉毛；又因为高镍白铜密度较大，所以不适合制作厚度大的眉毛，否则镜架会过重。

3. 纯钛

纯钛具有较好的强度、塑性和韧性，密度约为白铜的一半。所以，纯钛多用于制作厚度较大的眉毛镜架，如钢片铣槽结构和钢片铣凸筋结构的镜架。钛是贵重金属，因此钛架价格较为昂贵。

4. 钛合金（β 钛）

钛合金（β 钛）具有非常好的强度、硬度和弹性，所以 β 钛多用于制作钢片卡片结构的眼镜架，板料厚度为 0.4~0.6mm。

模块二　半框钢片贴圈光学眼镜架结构图绘制

在各种结构的钢片架中，最常见的就是钢片眉毛贴圈半框眼镜架。下面我们就以图 3-1 所示半框钢片贴圈光学眼镜架为例，学习钢片架的工程图绘图方法和步骤。

一、半框钢片贴圈光学眼镜架正视图绘制

1. 片形（内圈）绘制

（1）图片导入与调整。

① 图片导入。打开 AutoCAD 绘图软件，单击主菜单"插入"→"光栅图像参照（I）"，弹出"选择参考文件"对话框，单击要导入的图片文件，单击"打开"按钮，弹出"附着图像"对话框，如图 3-9 所示选填各项。

单击"确定"按钮，出现图 3-10 所示绘图界面，移动光标至合适位置，单击鼠标左键确定插入点，完成参考图片的导入。

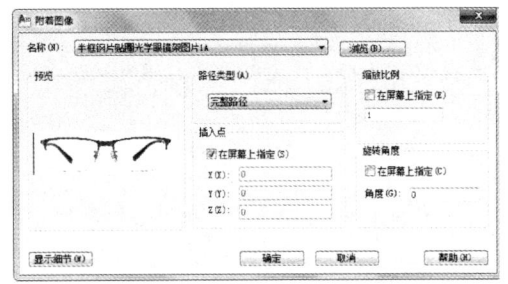
图 3-9 "附着图像"对话框

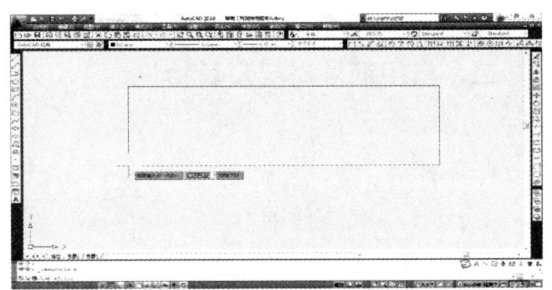
图 3-10 图片插入操作界面

② 图片调整。图片导入后，要先对其方向和比例进行调整确认。判定图片方向是否正确的方法就是在参考图片中的眼镜架左右对应点作一直线与水平线比较，如果与水平线重合或平行就可以判定图片方向正确，否则旋转图片至正确方向，如图 3-11 所示。

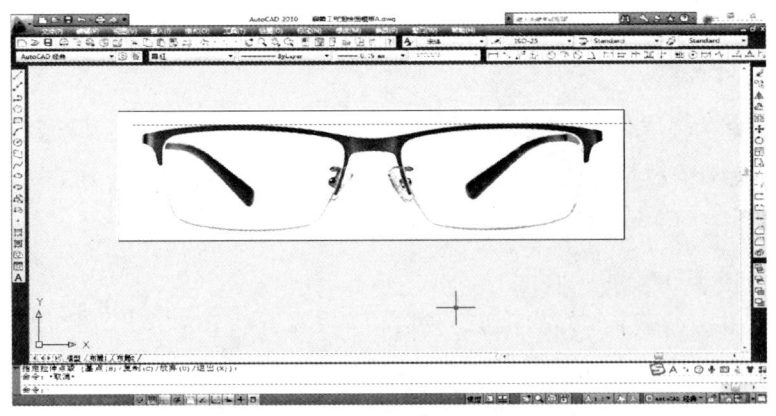
图 3-11 图片方向调整与判定界面

图片方向确认后再对图片大小进行确认。方法就是度量镜片水平最大尺寸，并对图片进行缩放使之呈现为要求的尺寸（成人光学架镜片尺码大多为 53~55mm），这样参考图片与实物就是 1∶1 呈现了，如图 3-12 所示。

（2）片形描绘。眼镜片形图全部由圆弧组成，任意相邻两弧均为顺滑连接，即两弧相

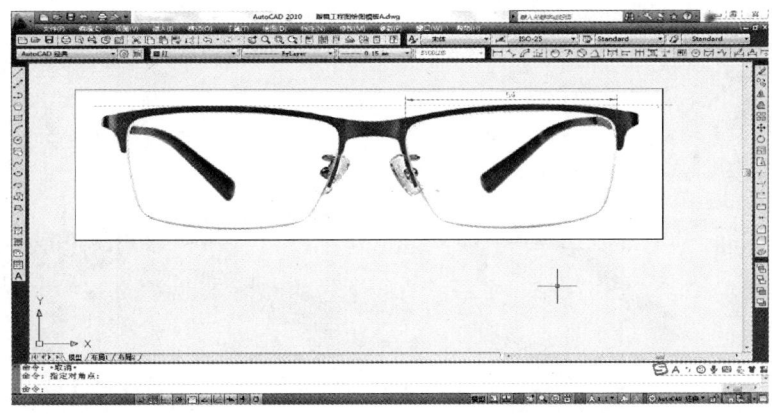

图 3-12　参考图片大小调整操作界面

切。操作步骤如下：

① 片形描绘。片形描绘方法同前面所学习的全框眼镜架工程图内圈描绘方法一样，运用三点作圆的方法描绘。片形描绘操作界面如图 3-13 所示。

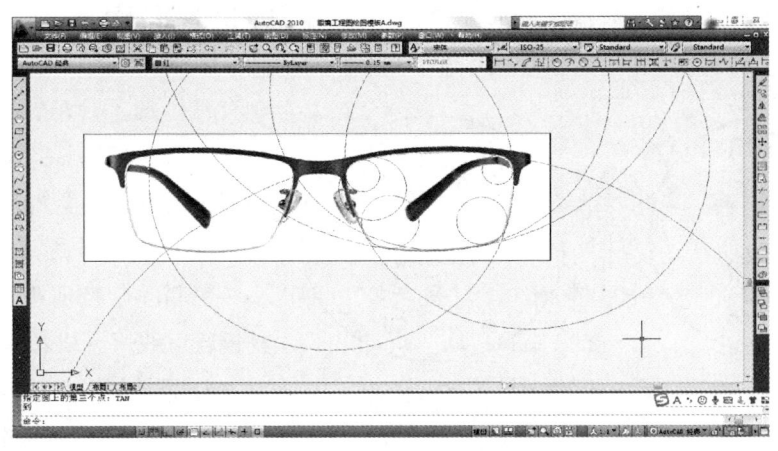

图 3-13　片形描绘操作界面

② 片形尺寸调整。片形描绘完成后，剪切及删除多余线段，完成片形轮廓图绘制后再进行合并，然后测量片形水平尺寸是否为设计值，否则将参考图片及所绘片形一同缩放至设计值。剪切、调整后的片形轮廓图如图 3-14 所示。

2. 钢片眉毛外框轮廓绘制

（1）镜架对称中心线绘制。度量参考图片中两内圈最小间距，取整数值得到镜架中梁尺寸为 17mm。从镜圈中梁位象限点作铅垂线，然后往镜架中心偏移中梁尺寸的一半（8.5mm）就得到镜架对称中心线，如图 3-15 所示。

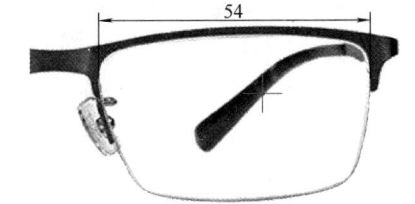

图 3-14　剪切、调整后的片形轮廓图

（2）钢片眉毛轮廓绘制。钢片眉毛轮廓参照图片描绘就可以，描绘时注意以下几点：

① 眉毛内框轮廓与片形轮廓重合，无须再绘制。

② 从中梁处绘制至对称中心线，另一半采用镜像获得。

③ 桩头处表面轮廓为铅垂线，不管图片中该轮廓是否有斜度（特殊设计除外），如图 3-16 所示。

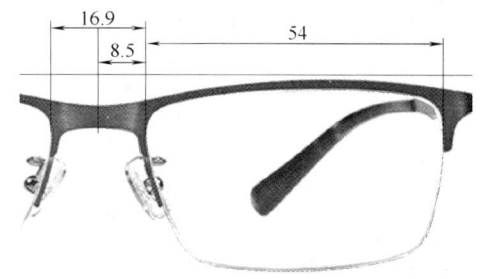

图 3-15 镜架对称中心线绘制方法示意图

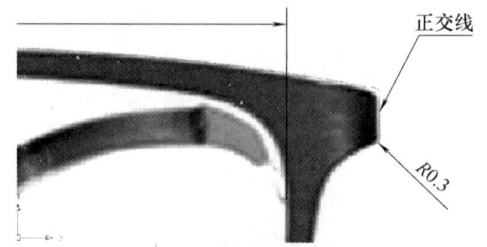

图 3-16 桩头表面轮廓线绘制示意图

④ 所有轮廓线均为直线或圆弧，且均为顺滑连接，死角处须倒 0.3mm 圆角。

3. 镜圈轮廓绘制

贴焊在钢片眉毛底面的镜圈是型材绕制的，其规格为（1×2）mm。镜圈内圈轮廓与片形吻合，无须再绘制；内圈往外偏移 1mm 就是外圈轮廓。绘制外圈轮廓时要注意：镜圈端面要垂直于内（外）圈表面，且不要设计成与钢片眉毛端面重叠，因为那样的话镜圈与眉毛焊接后稍有错位便不合格，所以一般镜圈端面要么缩进 0.5~1.0mm，要么露出眉毛端面一段距离（1.0mm 以上），如图 3-17 所示。

镜圈部分被眉毛盖住，此部分外圈轮廓线用虚线表示。

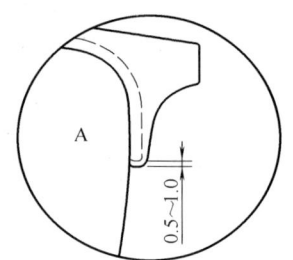 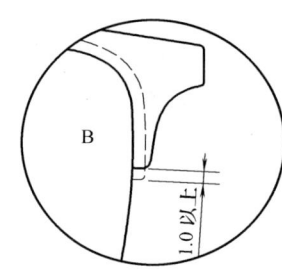

图 3-17 镜圈端面位置设计示意图

4. 正视烟斗与托叶绘制

从参考图片可以看出，本款眼镜架使用的烟斗为"S"形锁式烟斗，托叶型号为普通中号。托叶与烟斗的形状图可以从图库中复制过来，注意复制时要以烟斗孔中心为基点，光学眼镜架的烟斗高度在镜片水平中心线以下 2mm 处，如图 3-18 所示。

5. 正视图绘制

将绘制好的镜架形状以对称中心为镜像线得到完整镜架正视图，但镜像图形与原图形的中梁其外形轮廓线不一定是顺滑连接，因此需要做修正处理。绘图操作方法和步骤如下：

（1）修正前准备工作。在修正中梁轮廓线前，先过中梁轮廓线与镜像线的交点作一水平直线，然后删除镜像线附近的左右两弧线，如图 3-19 所示。

（2）修正弧绘制。用"相切、相切、相切"的三点作圆方法重新绘制中梁中段轮廓线。

操作：单击主菜单"绘图（D）"→"圆（C）"→"相切、相切、相切（A）"，分别单击中梁附近的外框轮廓线和作图辅助水平线作圆，形成的顺滑弧线就是修正后的中梁轮廓线，如图 3-20 所示。同样方法，修正中梁下侧面轮廓。

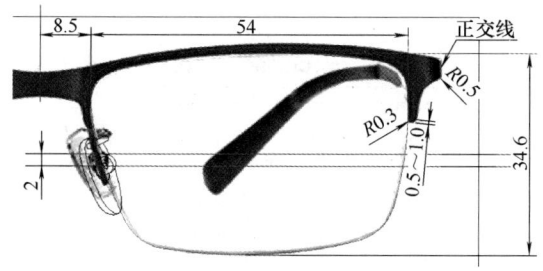

图 3-18 烟斗与托叶位置示图

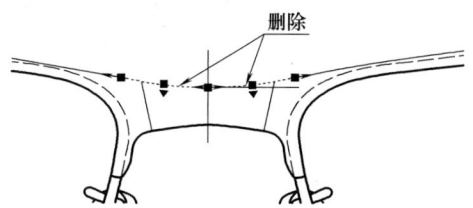

图 3-19 中梁轮廓线修正前准备工作示意图

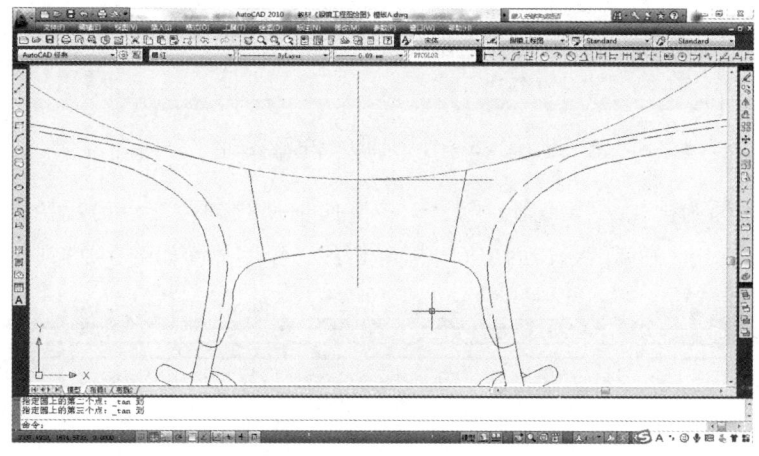

图 3-20 中梁修正弧绘制界面

（3）修正轮廓线编辑。延伸并剪切多余线条，删除辅助线，完成中梁轮廓修正和主视图绘制。半框钢片贴圈光学眼镜架主视图如图 3-21 所示。

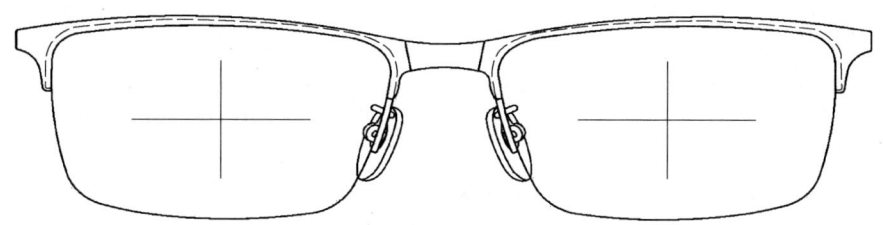

图 3-21 半框钢片贴圈光学眼镜架主视图

二、半框钢片贴圈光学眼镜架俯视图绘制

1. 俯视镜圈绘制

在俯视图上我们只能看到外圈表面，而内圈不可见，可以不绘制。俯视镜圈作图步骤如下：

（1）作图辅助线绘制。分别通过主视图的左右镜圈象限点向上作铅垂线，再在主视图上方适当位置作一条 7° 的构造线与两铅垂线相交，绘图界面如图 3-22 所示。相关命令： XL

（创建构造线）↵，A（角度）↵。

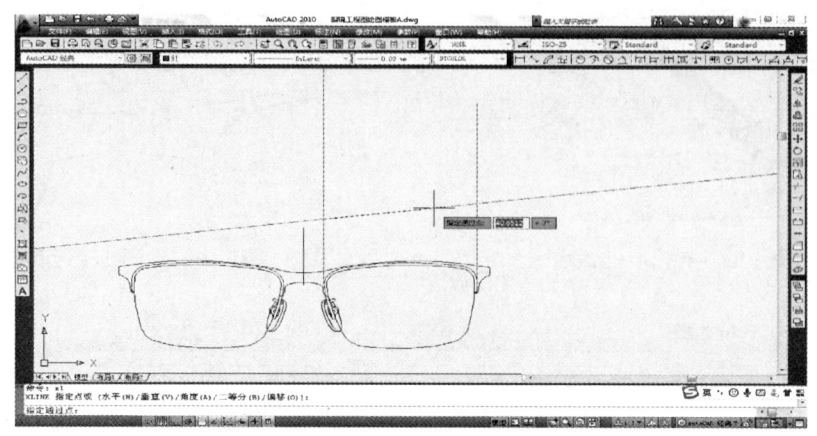

图 3-22　作图辅助线绘制界面

（2）镜圈表面俯视轮廓线绘制。以上一步所作辅助线的两交点为起始点，作一半径为 116mm 的下凸圆弧，此圆弧就是镜圈表面俯视轮廓线，绘图界面如图 3-23 所示。

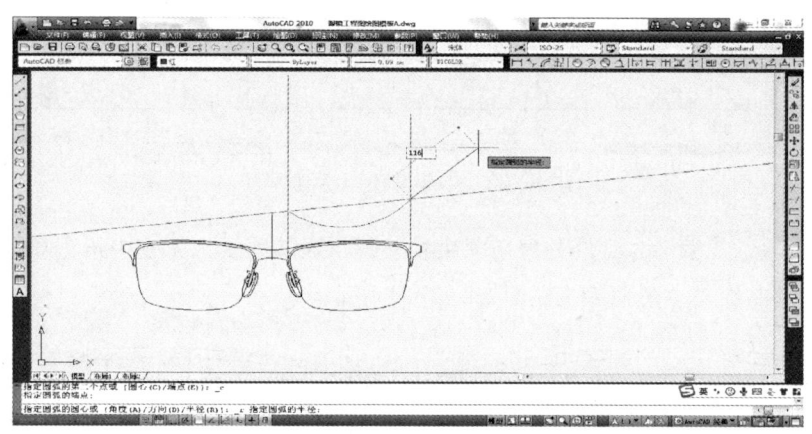

图 3-23　俯视镜圈表面轮廓线绘制界面

（3）镜圈底面及侧面轮廓线绘制。向内偏移镜圈表面轮廓线 2.0mm，得到镜圈底面俯视轮廓线，直线连接镜圈表面、底面轮廓线端点得到镜圈侧面轮廓线，删除作图辅助线，就完成了镜圈俯视轮廓图绘制，如图 3-24 所示。

2. 俯视镜圈部位钢片眉毛绘制

钢片眉毛贴圈结构的眼镜架，其镜圈表面紧贴眉毛底面，故眉毛底面轮廓线与镜圈表面轮廓线重合，不需再绘制。将眉毛底面轮廓线往外偏移一个钢片厚度就得到钢片眉毛表面轮廓线，如图 3-25 所示。

3. 俯视钢片眉毛中梁部位绘制

钢片眉毛架的中梁与眉毛及桩头都是一体的，中梁部位只需要打弯不需要做其他加工。不锈钢材料弹性很好，打弯难度较大，需要用专用打弯模具。一般打弯后中梁的表面圆弧半径为 10～20mm，打弯部位在两圈之间。俯视钢片眉毛中梁部位绘图步骤和方法如下：

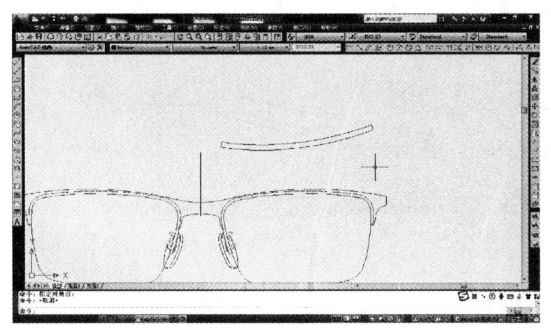

图 3-24　镜圈俯视轮廓图

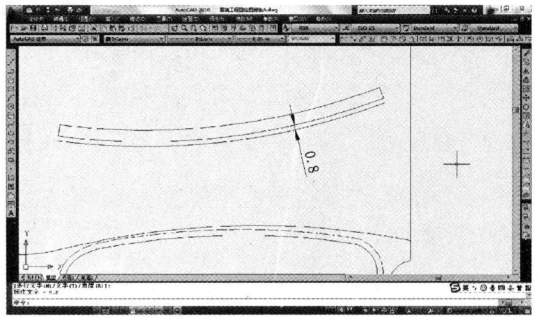

图 3-25　镜圈部位钢片眉毛表面轮廓线绘图界面

（1）钢片眉毛中梁部位表面轮廓线绘制。首先以镜架镜像中心线上的任意一点为圆心作一半径为 10～20mm 的圆，再将此圆向上或向下移动至图 3-26 所示位置，这个圆就是中梁表面轮廓所在圆。

（2）钢片眉毛中梁部位俯视轮廓线绘制。以镜像线及镜圈轮廓线为边界剪切圆弧，这就是中梁部位眉毛表面轮廓的基本图形。向内偏移一个钢片厚度（0.8mm），然后与镜圈部位眉毛表面倒半径为 R（1～2mm）的圆角，底面所倒圆角半径比表面加大一个钢片厚度（R+0.8mm），这样俯视中梁部位轮廓就绘制好了，如图 3-27 所示。

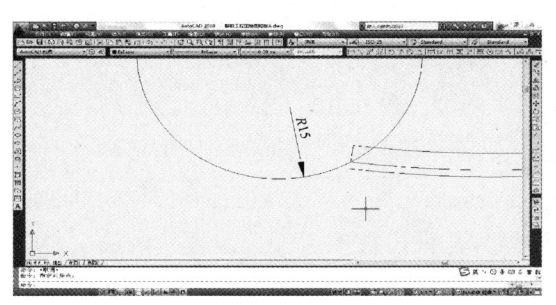

图 3-26　中梁表面轮廓线界面绘制

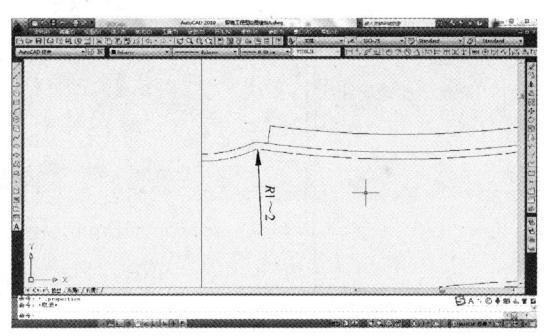

图 3-27　俯视中梁部位轮廓图

（3）补画主视图中梁表面折弯中心轮廓线。钢片眉毛中梁表面折弯位置及斜度的不同，会影响镜架中梁部位的表面效果，所以在主视图上要绘出弧底轮廓线。作图方法：从俯视图表面折弯弧中心作一铅垂线与主视图的眉毛外框轮廓线相交，再从此交点作一斜度为 0°～15° 的直线，这条直线就是主视图中梁表面折弯中心轮廓线，如图 3-28 所示。

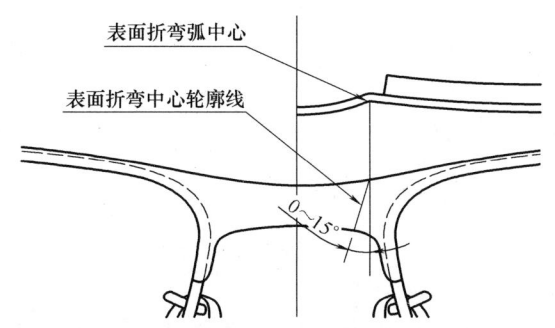

图 3-28　主视图中梁表面折弯中心轮廓线画法示意图

4. 俯视脚丝脾身部位轮廓线绘制

（1）脚丝合口位置确定。一般光学

眼镜架的俯视图中脚丝合口的位置距镜圈表面为 9～12mm，绝大多数为 10～11mm，因此由镜圈表面象限点作一水平线，将此线向上平移 9～12mm，就是脚丝合口位置，再由正视图桩头象限点向上作铅垂线与之相交，这个交点就是脚丝表面合口位，如图 3-29 所示。

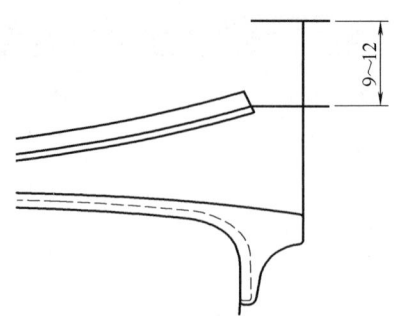

图 3-29　俯视脚丝表面合口位确定方法示意图

（2）俯视脚丝牌身部位轮廓线绘制。由合口位置向上作一条 70mm 的铅垂线（脚丝尺码 135mm－脚套长度 65mm＝70mm），向外偏移此直线 1～2mm，再在这两条平行的铅垂线之间作一圆弧，这条弧就是脚丝表面轮廓线，如图 3-30 所示；向内偏移此圆弧 0.8mm（脚丝厚度）得到脚丝底面轮廓线。

相关命令：A（画圆弧）↵，3P（三点作圆）↵；O（偏移）↵。

5. 俯视桩头轮廓绘制

眉毛眼镜架桩头打弯与普通光学眼镜架一样，桩头近圈段为与圈面相切的平面，合口段为与脚丝相切的平面，桩头弯位为一顺滑连接的圆弧，一般桩头打弯内表面圆弧半径约为 3.5mm。因此俯视桩头轮廓的绘制方法和步骤如下：

（1）桩头两端平面部位表面轮廓线绘制。连接脚丝合口位表面、底面端点，这就是脚丝合口端面。向下偏移脚丝端面 5～10mm，再分别连接表面、底面，就是桩头合口段表面、底面俯视轮廓线；同样方法做出桩头近圈段俯视轮廓线，如图 3-31 所示。

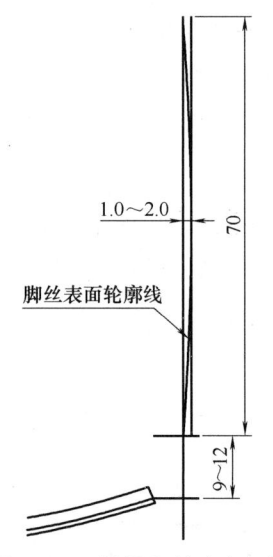

图 3-30　俯视脚丝牌身部位轮廓线绘制方法示意图

（2）桩头弯位轮廓线绘制。分别将桩头近圈段和合口段的表面、底面轮廓线倒半径 4.3mm 和 3.5mm 的圆角，就得到俯视桩头弯位轮廓线，如图 3-32 所示。删除辅助作图线，完成桩头俯视图绘制。

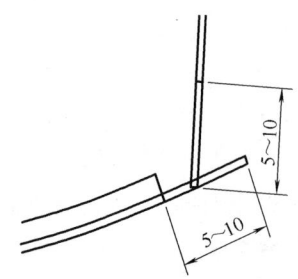

图 3-31　俯视桩头两端平面轮廓线绘制示意图

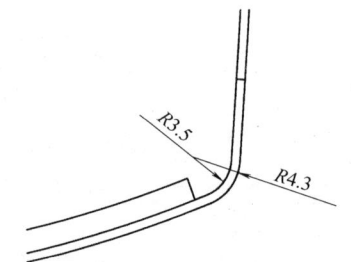

图 3-32　桩头弯位轮廓线绘制示意图

6. 俯视脚套轮廓绘制

（1）脚套打弯位置确定。脚套有两个弯位，一个是弯脚弯位，一个是翻尾弯位。弯脚中心距脚套尾端长度为 40mm，翻尾在尾部 3~5mm 处。绘制脚套前要先将这两个位置中心确定，作图方法如下：

直线连接脚丝尾端表面和底面轮廓线端点，将这连接线分别向上偏移 25mm、61mm 和 65mm，然后依次直线连接它们的中点，如图 3-33 所示。

（2）脚套形体走向。眼镜架的脚套弯脚除在侧视方向往下弯曲外，在俯视方向还会向内收尾，绘图步骤和方法如下：

① 脾尾间距确定。一般光学眼镜架脾尾间距为 90~100mm，男款较女款要大一些，假设本款镜架脾尾间距设计值为 98mm。绘图方法就是将镜架中心线向外偏移（49+1.4）mm 得到脾尾极限位置线，其中 49mm 为脾尾间距的一半，1.4mm 为脚套厚度的一半。

② 翻尾。以脚套弯位中心为基点，向内旋转脚套后段，使翻尾中心至脾尾间距设计位置，然后再将脚套翻尾部分旋转至垂直方向，如图 3-34 所示。

图 3-33　脚套打弯位置图示　　　　图 3-34　俯视脚套形体走向图示

（3）脚套主体轮廓线绘制。分别将脚套弯位和翻尾处倒半径为 50~80mm 及 6~10mm 的圆角，然后分别往内、往外偏移 1.4mm（脚套厚度的一半），得到的就是脚套主体轮廓线，如图 3-35 所示。

（4）俯视脚套完整轮廓线绘制。脚套内角倒圆半径为 1~1.8mm，外角倒圆半径为 0.5~0.8mm，然后将脚套口倒圆角，半径为 0.5mm，删除绘图辅助线，完成俯视脚套图绘制。俯视脚套轮廓圆角如图 3-36 所示。

7. 俯视烟斗及托叶及铰链绘制

本款镜架的烟斗、托叶及铰链都是常用的通用配，可以从零件图库中复制。一般烟斗和托叶为一组图，复制时要与主视图对正，基点就是烟斗孔中心，作图方法如图 3-37 所示；复制铰链时要以铰链螺钉中心为基点，要求铰链螺钉中心在铰链合口线的延长线上，如图 3-38 所示。

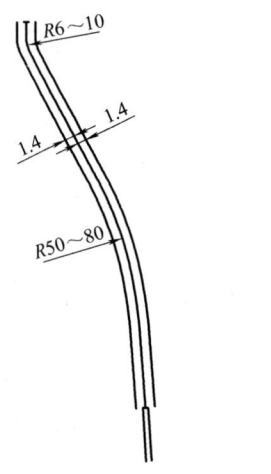

图 3-35　脚套主体轮廓线画法示意图

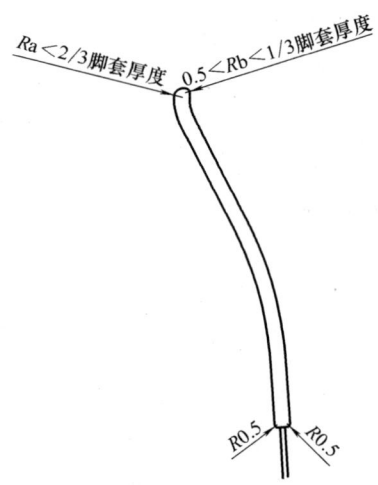

图 3-36　俯视脚套轮廓圆角示意图

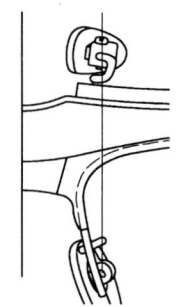

图 3-37　烟斗/托叶位置示意图

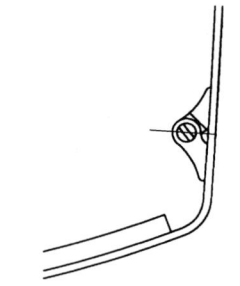

图 3-38　铰链位置示意图

8. 绘制完整俯视图

将上述绘制的半个镜架俯视图镜像后就得到完整的半框钢片贴圈光学眼镜架俯视图，如图 3-39 所示。

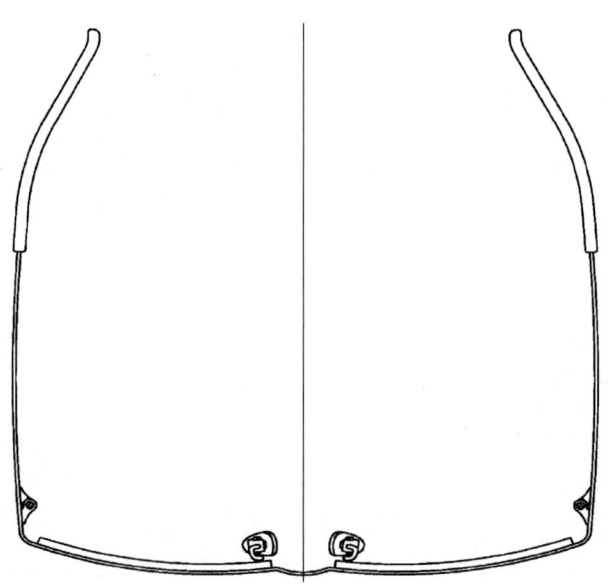

图 3-39　半框钢片贴圈光学眼镜架俯视图

三、半框钢片贴圈光学眼镜架侧视图绘制

1. 建立块

以镜片垂直中心线为界，将主视图中的镜架左圈近桩头位的半圈（包括钢片眉毛）另行复制后创建为块。作图步骤和方法如下：

（1）块的图形绘制。在侧视图上我们基本只能看见半个镜圈，所以就以这半个圈建块。复制主视图的左半图至空位处，以镜片垂直中心线为边界剪切编辑出块图形，如图3-40所示。相关命令：CO（复制），TR（剪切）。

（2）创建块。将上一步编辑好的图形建成一个块。操作：输入命令B（创建块）↵，弹出"块定义"对话框，选填内容如图3-41所示，选填好后单击"确定"按钮，返回绘图空间，移动光标至块的图形内，单击左键确定插入点，选择要建块的图形，↵，完成块的创建。

图3-40 建块图形

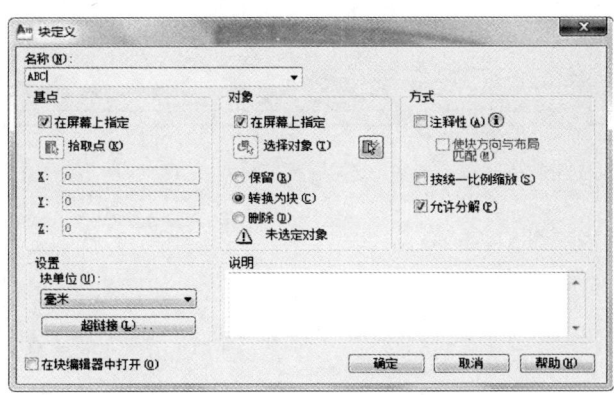

图3-41 "块定义"对话框选填内容示意图

选填时注意：块的名称只要不重名，可以任意填写；一定要选中"允许分解"，否则后续将无法编辑图形。

2. 插入块

（1）块的插入比例确定。在插入块之前，首先要插入比例。

根据三视图的投影规律，俯视图中的高度尺寸与侧视图中的长度尺寸是对应的，因此镜圈表面在侧视图上的长度就是其在俯视图上的高度，也就是说在侧视图上，插入后的块，其镜圈表面水平尺寸＝俯视图上镜圈表面高度尺寸。如图3-42所示，俯视图上镜圈表面高度尺寸测量值为7.5mm，所以在 X 轴方向块的插入比例为7.5/28（块中外圈表面水平尺寸）；侧视镜圈高度与主视镜圈高度一样（忽略镜架倾角的影响），所以在 Y 轴方向比例不变；二维图与 Z 轴无关，所以 Z 轴方向比例也不变。

图3-42 俯视图上镜圈表面高度尺寸示意图

（2）插入块。输入命令 I（插入）↵，弹出"插入"对话框，各项选填内容如图 3-43 所示。

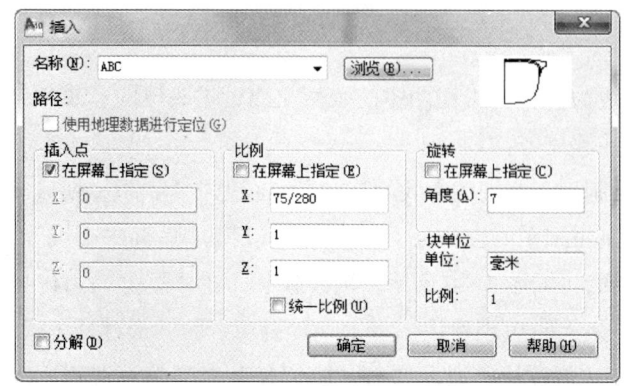

图 3-43　块的"插入"对话框选填内容示意图

单击"确定"按钮，出现图 3-44 所示绘图界面，移动光标使插入的图形处于合适位置后单击鼠标左键确定。

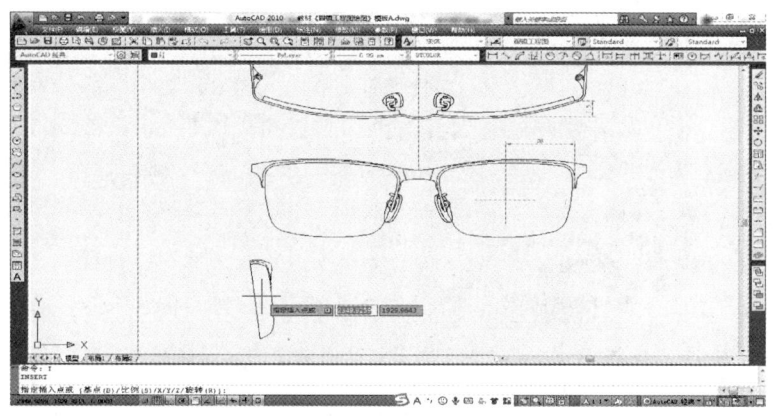

图 3-44　块的插入绘图界面

3. 镜圈侧面图绘制

侧视镜圈，看到的是部分外圈侧面，外圈侧面轮廓绘制方法和步骤如下：

（1）外圈底面轮廓线绘制。首先输入命令 X（分解）↵，选择插入的块，↵，将块分解。块分解后，复制块中镜圈外圈轮廓线（图 3-45 中虚线部分）水平向右移动至 2mm（镜圈俯视宽度）处，连接外圈表、底轮廓线端点，就绘制出了镜圈侧视轮廓，如图 3-46 所示。

（2）镜圈侧视图。剪切多余线段并删除不可见轮廓线，将可见的外圈底面轮廓线

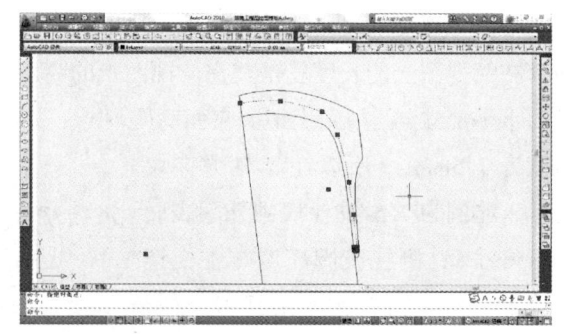

图 3-45　复制外圈表面轮廓线操作界面

修改为粗实线，完成镜圈侧视图绘制。

4. 钢片眉毛表面轮廓线绘制

我们在插入块中看到的钢片眉毛轮廓是钢片眉毛底面轮廓，将钢片眉毛底面轮廓复制至向左水平0.8mm（钢片厚度）处，就得到钢片眉毛表面轮廓图，如图3-47所示。直线连接钢片眉毛表、底轮廓线端点，剪切多余线段，删除不可见轮廓线，左上眉毛内外框倒半径0.3mm圆角，就得到眉毛框面部分侧视图，如图3-48所示。

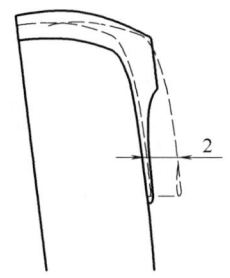 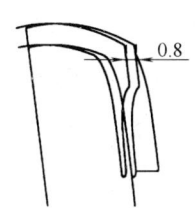 

图3-46 镜圈侧视轮廓线绘制方法示意图　　图3-47 钢片眉毛表面轮廓绘制方法示意图　　图3-48 眉毛框面部分侧视图绘制示意图

5. 侧视图镜片绘制

（1）侧视图镜片侧面轮廓线绘制。我们知道半框眼镜架镜片厚度一般为2.0mm，在镜片侧面中间位置开有一条宽0.6mm、深约0.4mm的凹槽用以卡入渔丝，所以将镜片表面轮廓线分别平行向右复制至0.7mm、1.3mm和2.0mm处，就得到镜片侧面凹槽（或渔丝）及镜片底面轮廓线，延伸此4条轮廓线的上端至镜圈轮廓并用直线连接4个下端点，就得到半框镜架镜片侧视轮廓线，如图3-49所示。

（2）侧视图镜片表面轮廓线绘制。前面我们学过，光学眼镜架的定型片基本都是单球面镜片，镜片球面的半径与镜片弯度有关，其计算公式为：$R = 523/4.5 \approx 116$。其中523为常数，4.5为镜片弯度。如图3-50所示，将图中直线用半径为116mm的弧线替代即可。

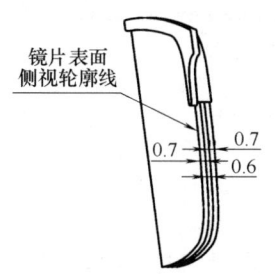 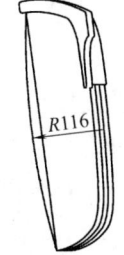

图3-49 侧视图镜片侧面轮廓线绘制示意图　　图3-50 侧视镜片表面轮廓线绘制示意图

6. 侧视图半框镜圈渔丝孔绘制

（1）穿丝孔位置确定。半框镜圈在圈丝切口两端各有2个外丝穿丝孔，穿丝孔处于圈丝侧面的正中位置，近端面的孔中心距端面为1.5~2.0mm，两孔中心距离为2.0~2.5mm。根据上述参数我们就可以确定穿丝孔的中心位置，如图3-51所示。

（2）穿丝孔轮廓线绘制。半框镜架所用的外渔丝，直径一般为0.6mm，穿丝孔直径为

0.7~0.8mm，因此作图时可先在两孔中心位置作半径分别是 0.3mm 和 0.4mm 的同心圆，然后将两内圆分别用直线连接并使该直线与内圆相切，剪切不可见轮廓线，得到图 3-52 所示图形即可。

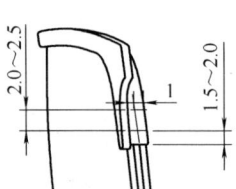 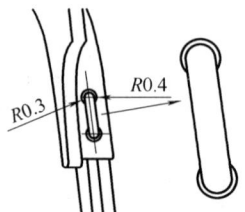

图 3-51　侧视镜圈穿丝孔位置确定示意图　　　图 3-52　侧视镜圈穿丝孔轮廓线绘制示意图

7. 脚丝及桩头侧视图绘制

（1）参考图片导入。参考图片导入后，先将脚丝中心线（脚丝与桩头合口处中心点和脚丝与脚套处中心点的连线）旋转至水平方向，然后度量脚丝合口至脚套处长度，并将此尺寸缩放至 70mm（按脚丝尺码 135mm 计算），此时绘图界面如图 3-53 所示。

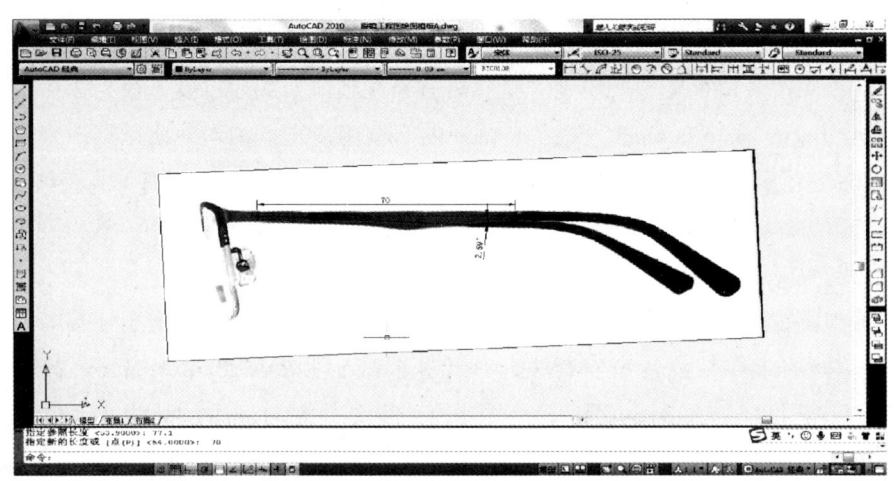

图 3-53　脚丝参考图导入并处理后的绘图界面

（2）侧视脚丝及桩头轮廓描绘。脚丝参考图导入并处理好后，就可以开始绘制脚丝及脚套形体轮廓了。特别注意：

① 描图时取点要准确。

② 所有轮廓线均为直线或圆弧，且线与线之间为顺滑连接（即相切关系）。

③ 注意线性选择及线条宽度设置（可见轮廓为实线，线宽 0.13~0.15mm）。

④ 脚丝与桩头合口轮廓线为铅垂线，无特别设计时，脚套与脚丝合口亦为铅垂线。

桩头、脚丝及脚套形体描绘完成后，即可删除参考图，或复制出所描绘的图形。描绘好的侧视脚丝及桩头轮廓如图 3-54 所示。

8. 脚套实际形体设计与轮廓图绘制

眼镜架脚丝并不是平直的，特别是脚套部分，脚套弯曲方向不仅向下而且还向内收缩，根

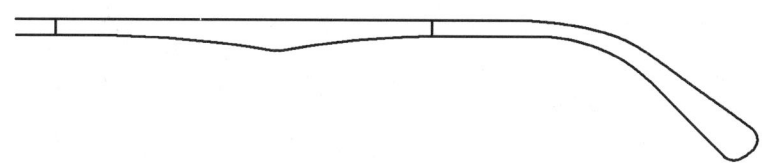

图 3-54　描绘好的桩头、脚丝及脚套形体轮廓图

据参考图中的脚丝形体描绘出来的轮廓图，特别是脚套部分形体与实际形状是有差异的，因此必须要做修正设计。

脚丝牌身部位及脚套前段，其弯曲长度较小，可不做修改，需要修正的主要是脚套自弯位开始至尾端部分。设计及绘图方法如下：

（1）脚套尾段中心线绘制。在脚套尾部 20～25mm 长度段内，如图 3-55 所示，绘制两横向直线段（注意不要在弯位及脚套尾端绘制），两直线段中点连线就是脚套尾段的中心线。

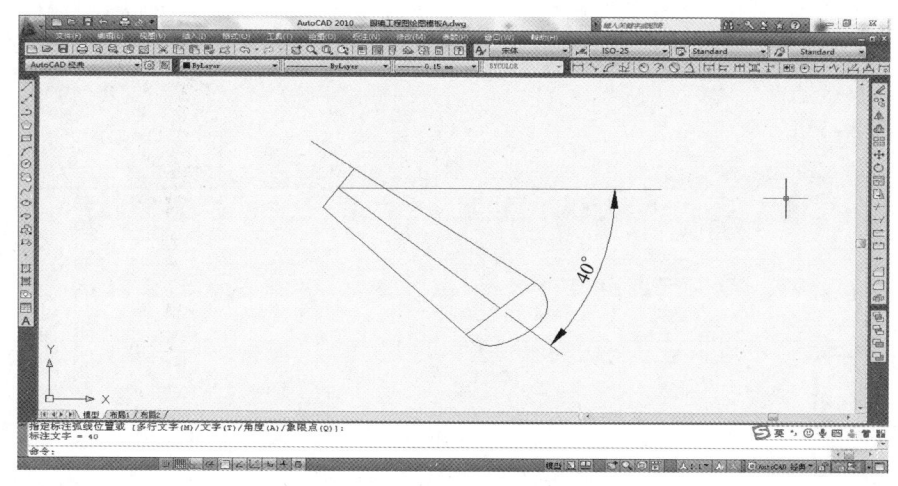

图 3-55　脚套尾段中心线绘制界面图

（2）脚套长度确定。普通脚套长度为 65mm，所以将脚套口轮廓线向右偏移 65mm，就是脚套尾端的极限位置，如图 3-56 所示。

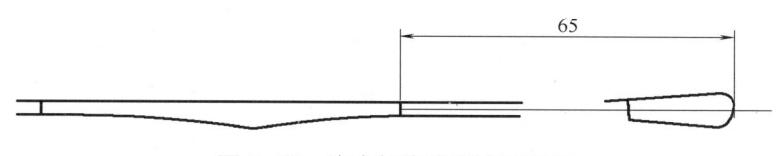

图 3-56　脚套长度确定绘图界面

（3）直体脚套形体设计。根据脚套口及尾部形体，参照参考图片形状，设计并绘制出直体脚套外形，如图 3-57 所示。

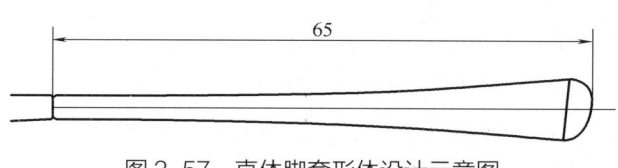

图 3-57　直体脚套形体设计示意图

（4）打弯后的脚套轮廓绘制。一般情况下，脚套打弯中心位于脚套尾端往前 40mm 处，脚套向下弯曲角度为 35°。所以绘制脚套打弯后的轮廓图时，先将脚套轮廓图在距脚

套尾端 40mm 处打断，将脚套尾部复制并向下旋转 35°，如图 3-58 所示。

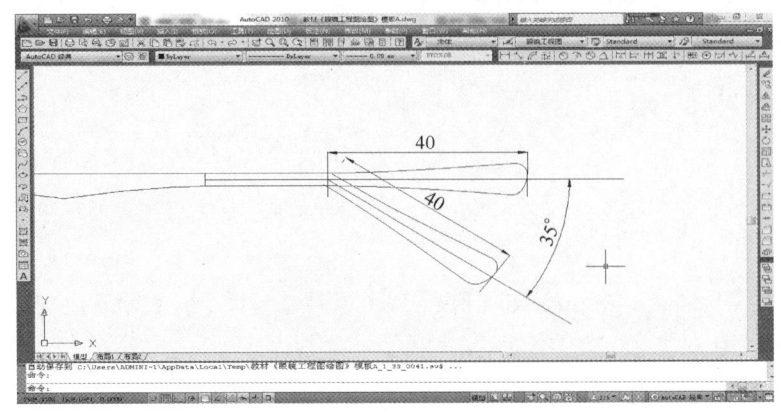

图 3-58　脚套打弯后轮廓图绘制界面（一）

然后将旋转后的脚套上、下侧面轮廓分别与脚套口部分用 $R30\sim50mm$ 的圆弧连接（倒圆角），注意上侧面连接弧半径应比下侧面的大一个脚套（弯位处）宽度。脚套打弯后的轮廓绘制界面如图 3-59 所示。

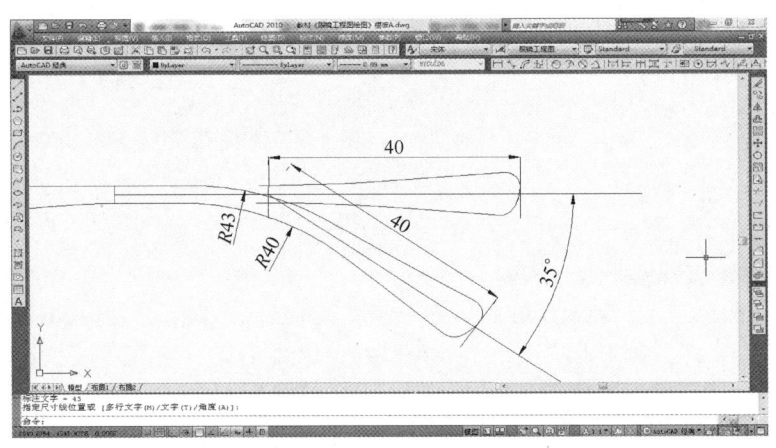

图 3-59　脚套打弯后轮廓图绘制界面（二）

（5）成品镜架侧视图中脚套轮廓的表达。成品镜架的脚套是进行了弯曲加工的，而脚套零件成品是未经打弯的。眼镜制造企业一般不单独绘制普通脚套的零件加工图，成品脚套的形体是在结构图中以假想轮廓的形式表达出来的。即打弯后的脚套轮廓用粗实线（可见轮廓线）表达，而打弯前的脚套形体轮廓用双点画线表达（假想轮廓线）。具体图形如图 3-60 所示。

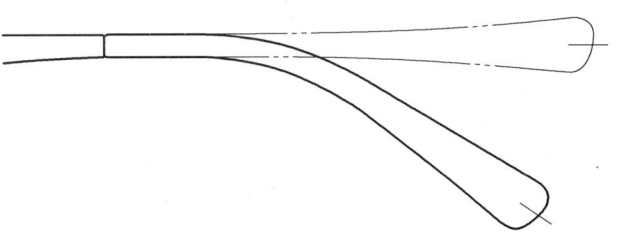

图 3-60　镜架侧视图中脚套轮廓的表达方法图示

9. 侧视桩头打弯部位轮廓线绘制

（1）桩头位置确定。在绘制侧视桩头轮廓图前，要确定桩头与脚丝合口的位置，绘图时，合口位置的确定以合口轮廓线中点为基点。首先，度量俯视图中桩头与脚丝合口至镜架前框的垂直高度，根据这个尺寸就可以从侧视图上找到合口的水平位置；其次，从主视图中度量桩头中心至镜框最高点尺寸，根据这个尺寸可以确定侧视图中合口中心的垂直位置。侧视图中合口位置尺寸在主俯视图中的对应尺寸如图3-61所示。

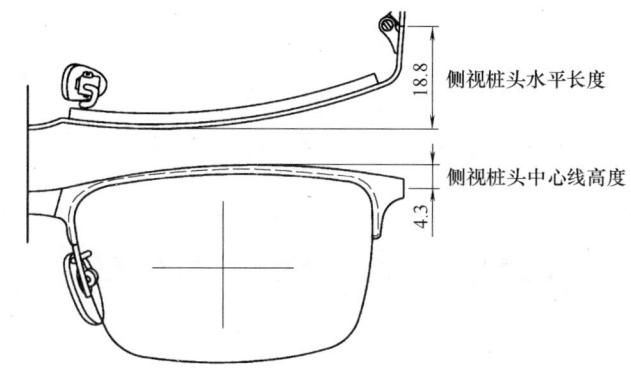

图3-61　侧视图中合口位置尺寸在主俯视图中的对应尺寸示意图

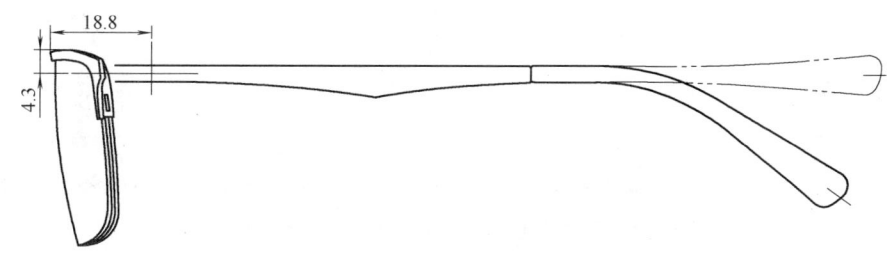

图3-62　侧视图镜框与桩头的相对位置示意图

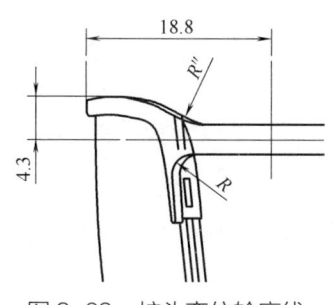

图3-63　桩头弯位轮廓线绘制方法示意图

（2）桩头弯位轮廓线绘制。确定侧视图中桩头与脚丝合口的位置后，将前面描绘并修正好的桩头（脚丝及脚套）轮廓图复制（或移动）到该处，如图3-62所示。

将侧视图的眉毛外框侧面轮廓线分别与桩头侧面轮廓线顺滑连接起来（连接弧半径可参考实物图片）就得到桩头打弯部位的轮廓线，如图3-63所示。

删除多余线条及作图辅助线，就得到镜架侧视图，如图3-64所示。

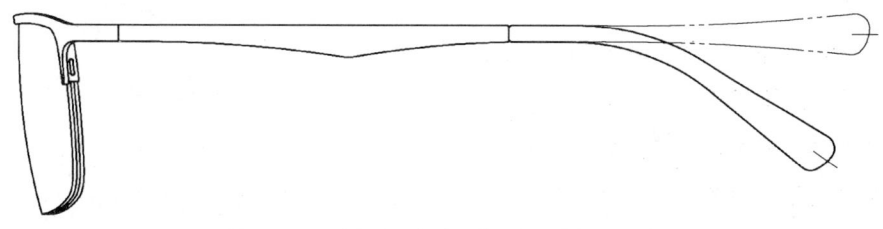

图3-64　半框钢片贴圈光学眼镜架侧视图

四、半框钢片贴圈光学眼镜架片模图绘制

1. 片模外形绘制

对于普通光学眼镜架,片模的形状与主视图内圈相同,所以绘制片模时将主视图左圈内圈复制出来就得到片模外形图,注意要将圈丝两端端面轮廓线也一同复制下来,并将此轮廓线向内延伸进圈 2~3mm,此短线就是镜圈切口位置指示线。绘图界面如图 3-65 所示。

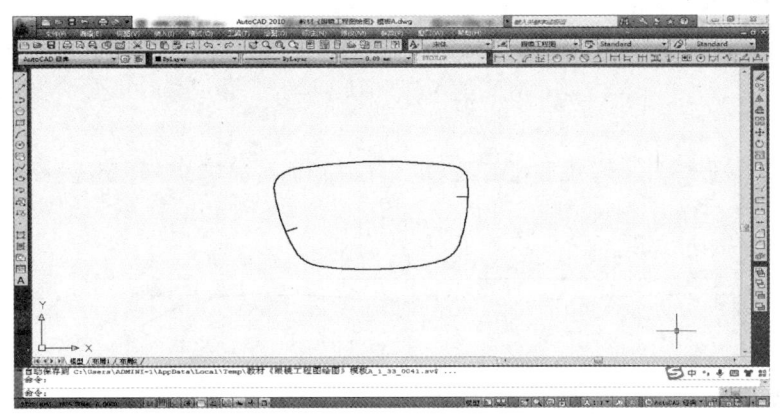

图 3-65　片模外形图及切口位置指示线绘制界面

2. 片模安装孔绘制

片模是眼镜架制造过程中不可或缺的检验及加工定位所用的工装,眼镜企业已经形成了统一的片模安装孔标准,因此片模的安装孔图一般都在企业的工程图图库中有所保存,我们只要确定了片模几何中心,就可以直接复制安装孔。

片模几何中心确定方法为:标注片模水平尺寸和垂直尺寸,然后分别以此两尺寸中心为起点做水平线和铅垂线,两直线的交点就是片模中心,如图 3-66 所示。

确定片模几何中心后,从图库中复制安装孔至此即可。注意,复制时的基点要选择安装孔中心。片模安装孔绘制好后,删除作图辅助线,片模图形就绘制完成了。片模安装孔绘制操作界面如图 3-67 所示。

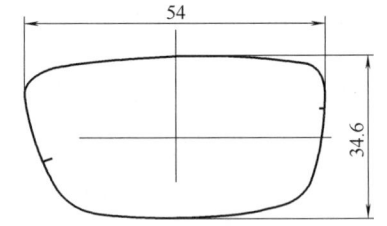

图 3-66　片模几何中心绘制方法示意图

3. 片模标注

片模除标注水平尺寸和高度尺寸外,还须标识鼻梁方位、镜圈切口位置和片形编号(或镜架编号)。鼻梁方位用"N"表示,镜圈切口用"C"表示,片形编号各企业有不同的编号方法,一般为大写字母+序号数字(4~5 位)。文字高度在 2.5~4.0mm 为佳。

片模标注好后,片模图就完成绘制了。注意:全框镜架的片模只有一个切口,半框镜架的片模有两个切口,而无框镜架的片模则没有切口。半框镜架片模图如图 3-68 所示。

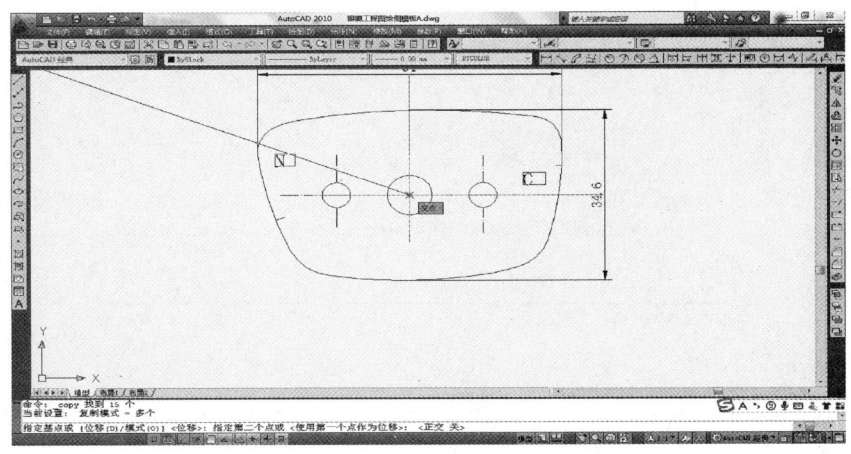

图 3-67　片模安装孔绘制操作界面图

五、半框钢片贴圈光学眼镜架结构图视图尺寸标注及技术要求

在结构图中标注的尺寸，主要为镜架装配尺寸、形位尺寸及重要零部件的主要尺寸。每个尺寸都应标注在最能反映其形状特征的位置上，且只标注一次。

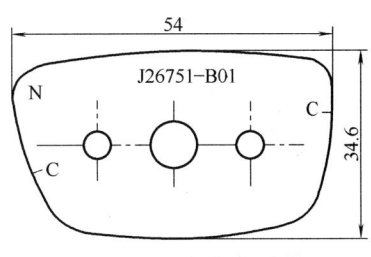

图 3-68　半框镜架片模图

对产品制造的工艺、材质、品质等方面的特别要求及图形无法表达的效果，可用文字（或符号）的形式，在图纸的空白位置注明，这就是技术要求。各方向视图尺寸标注方法如下：

1. 正视图尺寸标注

半框钢片贴圈光学眼镜架的主视图尺寸标注如图 3-69 所示。

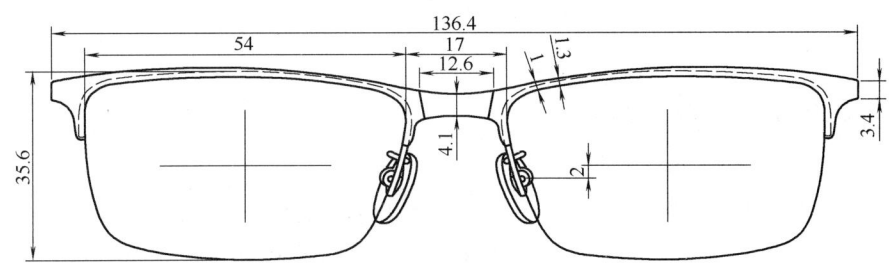

图 3-69　半框钢片贴圈光学眼镜架的主视图尺寸标注示意图

2. 侧视图尺寸标注

半框钢片贴圈光学眼镜架的侧视图尺寸标注如图 3-70 所示。

3. 俯视图尺寸标注

半框钢片贴圈光学眼镜架的俯视图尺寸标注如图 3-71 所示。

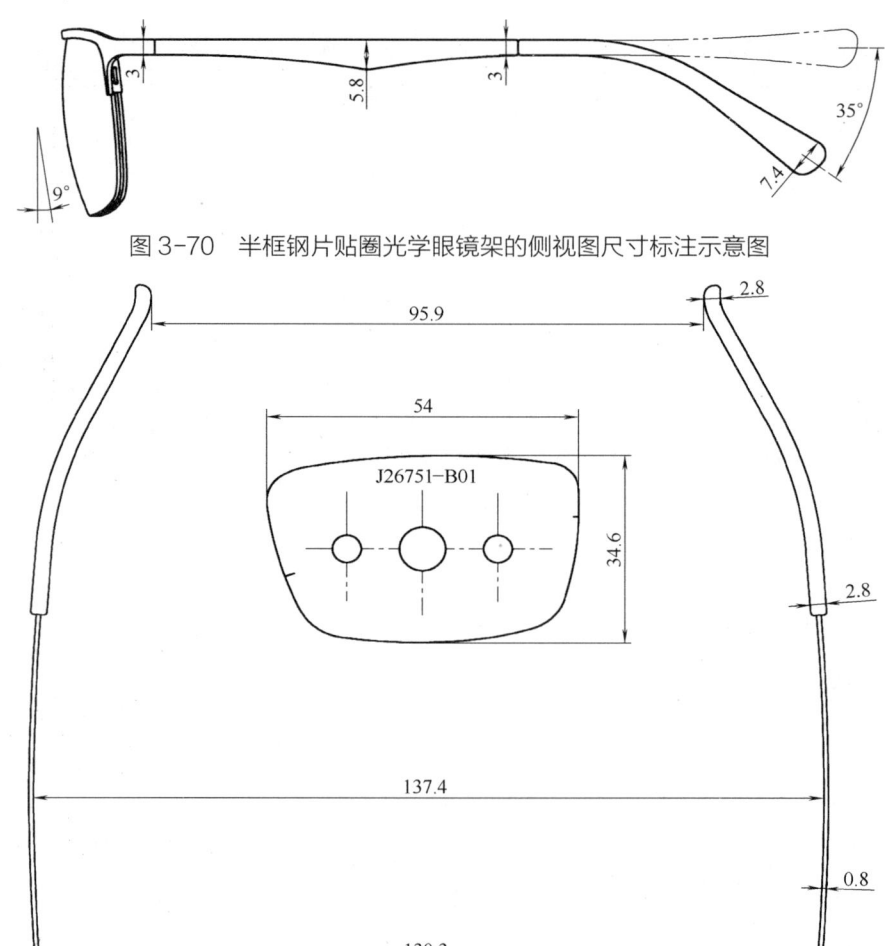

图 3-70 半框钢片贴圈光学眼镜架的侧视图尺寸标注示意图

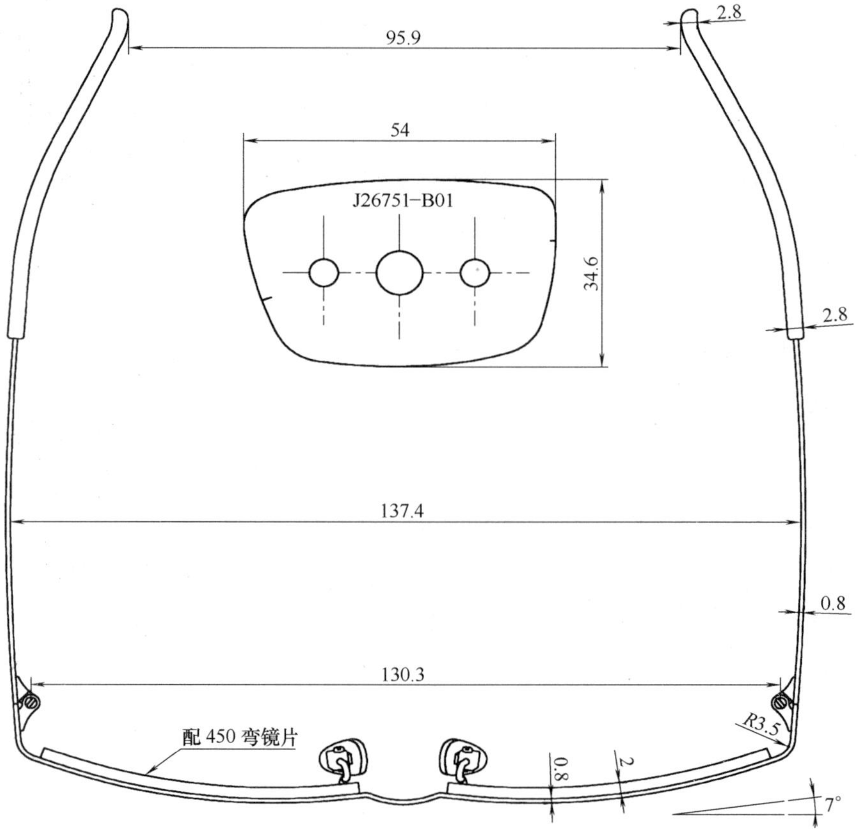

图 3-71 半框钢片贴圈光学眼镜架的俯视图尺寸标注示意图

六、图纸排版及标题栏填写

目前多数眼镜制造企业的结构图均采用 A4 纸竖排，三个主要视图的分布为：主视图在中，俯视图在上，侧视图在下，片模图排布在俯视图两脚丝之间的空位处。

至于标题栏，各企业基本都有自己与客户达成一致的模板，标题栏的内容应根据图中实际参数填写。

七、半框钢片贴圈光学眼镜架的结构图

半框钢片贴圈光学眼镜架的结构图如图 3-72 所示（见附页 5）。

模块三　半框钢片贴圈光学眼镜架零件图绘制

普通半框钢片贴圈光学眼镜架的特制零件有 3 个：钢片眉毛、钢片脚丝和板材脚套。

一、钢片眉毛零件图绘制

钢片眉毛是钢片眼镜架所有零件中最重要的一个，无论是全框钢片眉毛架还是钢片半框（或无框）眉毛架，钢片眉毛的结构、形状及材质性能等对成品镜架都有直接的影响，因此钢片眉毛的粗坯形状设计及图形绘制也是钢片眉毛眼镜架工程图的重要组成部分。下面我们就以半框钢片贴圈光学眼镜架为例，来学习钢片眉毛零件图的绘制方法及绘图步骤。

1. 眉毛长度计算

钢片眉毛零件是由平面钢片板料切割出来的，成品镜架的眉毛虽然已经进行过打弯加工，但我们还是可以通过俯视图计算出其粗坯长度。钢片眉毛粗坯长度即图 3-73 中"眉毛长度"所示曲线的周长。

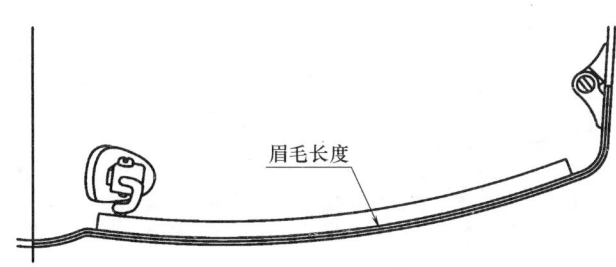

图 3-73　钢片眉毛长度计算示意图

计算方法：

（1）眉毛厚度中位线绘制。首先将眉毛表面（或底面）自中梁中心处至桩头合口的轮廓线合并起来，然后向内（或向外）偏移半个眉毛厚度值（0.4mm），便可获得钢片眉毛厚度中位线，即图 3-73 中"眉毛长度"所示曲线。

（2）眉毛长度度量。单击上一步所作的钢片眉毛厚度中位线，输入命令 LI ↵，从弹出的文本框中可查看到此多段线的长度（77.2mm），这就是钢片眉毛的长度。此时得到的长度值为眉毛粗坯的半长，我们可以将这个长度分为 3 个部分：中梁部分长度、镜圈部分长度和桩头部分长度，如图 3-74 所示。

下面我们将分别计算出这 3 个部分的长度值。

① 中梁部分长度。中梁部分长度即钢片两内框最小距离，钢片中梁位的打弯弧度都比较小，打弯后长度变化不大，大约缩短 0.4mm，所以在计

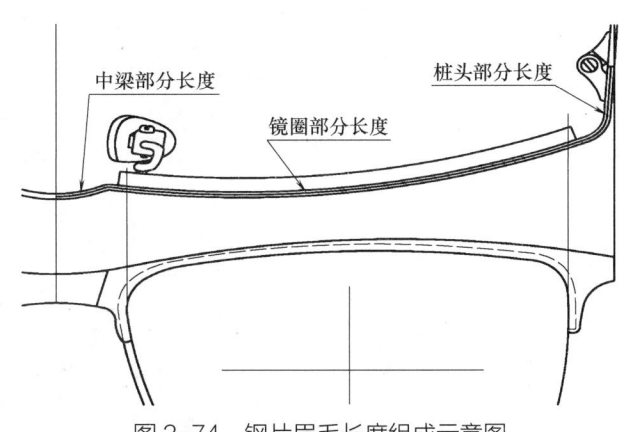

图 3-74　钢片眉毛长度组成示意图

算钢片中梁部位长度时，一般就近似的直接加长 0.4mm（单边 0.2mm）即可。

② 镜圈部位长度。钢片眉毛镜圈部分长度可以从内圈对应的俯视图上计算出来。

③ 桩头部分长度。桩头位内圈对应的点至桩头与脚丝合口的长度就是桩头部分长度。

通过作图计算，就可以得到钢片眉毛各部分长度，如图 3-75 所示。

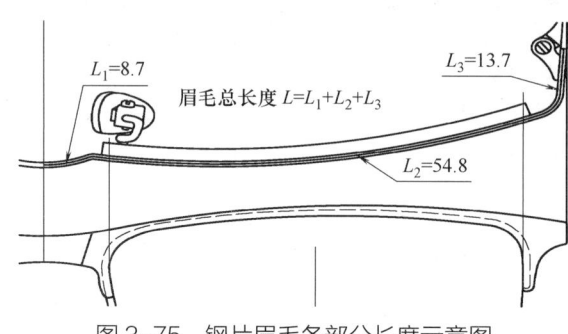

图 3-75 钢片眉毛各部分长度示意图

2. 钢片眉毛粗坯图设计与绘制

钢片眉毛粗坯图可以根据主视图和侧视图中的眉毛设计出来。具体方法如下：

（1）眉毛粗坯原始图形复制。复制主视图中的钢片眉毛和侧视图中的眉毛桩头部分图形，如图 3-76 所示。

在图 3-76 中，水平长度尺寸参数 77.2 为按俯视图计算出的眉毛总长（一半），参数 54 为成品镜圈内圈水平尺寸，参数 0.2 为粗坯眉毛镜像中心往左偏移距离（即中梁部位长度加长 0.4mm），参数 4.3 为眉毛桩头中心距眉毛最高点垂直距离。

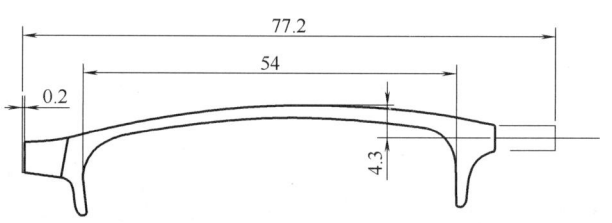

图 3-76 钢片眉毛粗坯形状设计及绘图方法示意（一）

（2）粗坯内圈长度及外形设计。将正视镜圈部位从内外圈的象限点打断然后水平向右移动，至内圈长 54.8mm（眉毛粗坯镜圈部分长度），如图 3-77 所示。

眉毛拉开后，其外形轮廓需要重新绘制。

绘制方法：在眉毛断开处作水平辅助线，删除断开处两端的弧线，然后用"相切、相切、相切"的命令绘制连接圆弧，如图 3-78 所示。剪切多余线条后就得到需要的外形轮廓图。

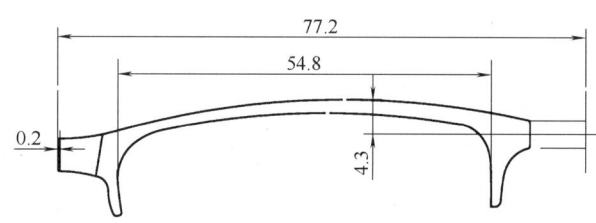

图 3-77 钢片眉毛粗坯形状设计及绘图方法示意（二）

（3）桩头倾角设计。钢片眉毛桩头类似宽桩头，因此在桩头打弯处应设计倾角。眉毛零件的桩头倾角一般比成品镜架的倾角小 2°~3°，所以眉毛桩头倾角可以设计为 4°~5°。

设计及绘图方法如下：

由俯视图找出桩头打弯中心

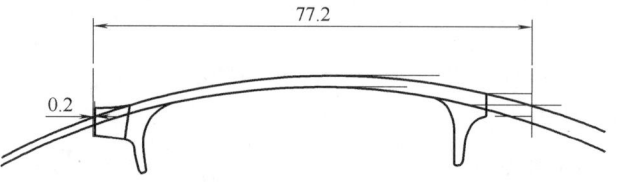

图 3-78 钢片眉毛粗坯形状设计及绘图方法示意（三）

（图 3-79），然后计算出打弯中心至合口长度，这样就可以作出粗坯桩头打弯中心线。以桩头中心线与打弯中心线的交点为基点，旋转桩头 -5°，如图 3-80 所示。

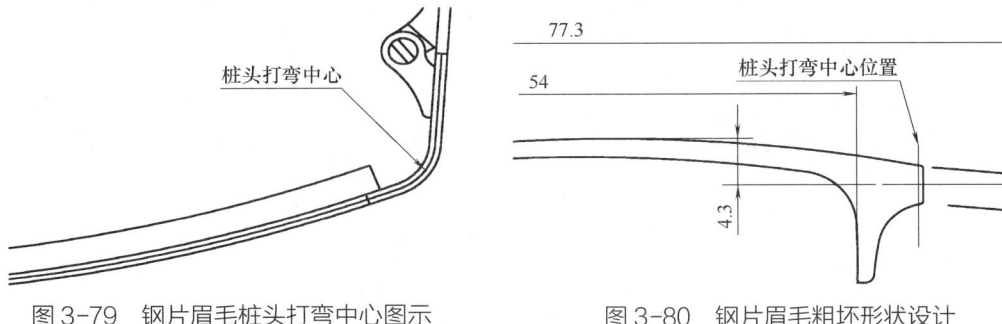

图 3-79　钢片眉毛桩头打弯中心图示　　　图 3-80　钢片眉毛粗坯形状设计及绘图方法示意（四）

参照参考图片或实物镜架，用合适的半径圆弧顺滑连接桩头轮廓就得到钢片眉毛桩头外形。删除作图辅助线及不必要的尺寸标注，然后以偏移后的中心线为镜面，镜像得到另一半的钢片眉毛轮廓图，完成钢片眉毛粗坯轮廓绘制，如图 3-81 所示。

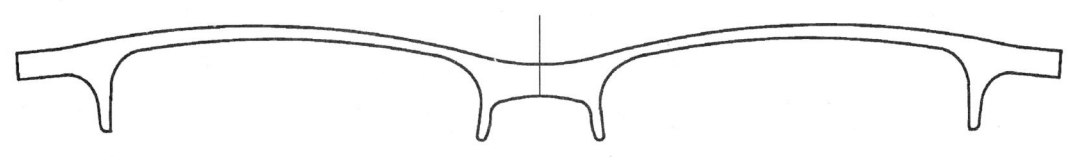

图 3-81　钢片眉毛粗坯轮廓图

（4）眉毛粗坯中梁部位轮廓线修正。因为镜像中心线有向左移动 0.2mm，所以镜像后得到的完整粗坯轮廓其实在中心部位有 0.4mm 的区间是断开的，如图 3-82 所示。如延长（或拉伸）此处轮廓线使之相连，则不能保证此处为顺滑连接，因此需要对此处轮廓线进行修正。

修正方法：中梁部位轮廓线修复同镜圈部位象限点拉开后的轮廓修复一样，即先在断点处作水平线，删除断点两端弧线，然后用"相切、相切、相切"的作圆命令，用圆弧重新连接左右端轮廓，编辑后就得到正确图形。眉毛中梁轮廓修正方法如图 3-83 所示。

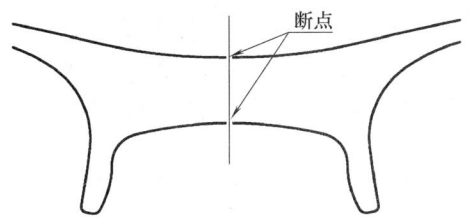 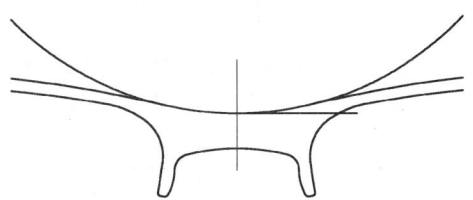

图 3-82　镜像后钢片眉毛粗坯中心断点图示　　　图 3-83　眉毛中梁轮廓修正方法示意图

3. 钢片眉毛粗坯的加工余量设计与绘图

钢片眉毛桩头合口处的粗坯有倒圆角且端面往往不够平整，为保证桩头与脚丝在合口处的配合质量，桩头端面在加工过程中会进行锣切处理，因此桩头端面必须留有加工余量。

加工余量是指零件粗坯补偿其因加工而减少的部分。不同材料预留的加工量是不一样的，一般情况下，不锈钢及纯钛等材料的零件，加工余量为 0.5mm；普通白铜及高镍白铜材料的零件，其加工余量为 1.0~2.0mm。

有关桩头与脚丝合口配合质量及加工余量这个问题，我们可以通过图 3-84 进行说明。

加工余量设计及绘图方法：

（1）加工余量形状设计。将桩头端面轮廓线向外偏移 0.5mm，然后分别与桩头原上、下侧面轮廓线作 0.3mm 倒圆角处理就得到加工余量。如图 3-85 所示。

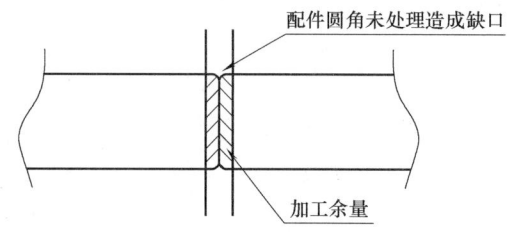

图 3-84　零件设计加工余量的原因示意图

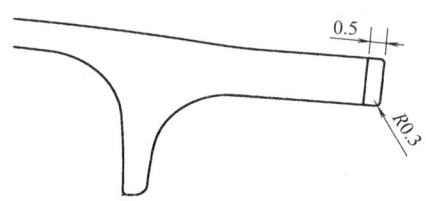

图 3-85　钢片眉毛零件桩头位加工余量的设计图示

（2）加工余量的视图表达方法。零件的加工余量在眼镜工程图中一般用假想轮廓的表达方式来体现，通常有两种表达方法，如图 3-86 所示。

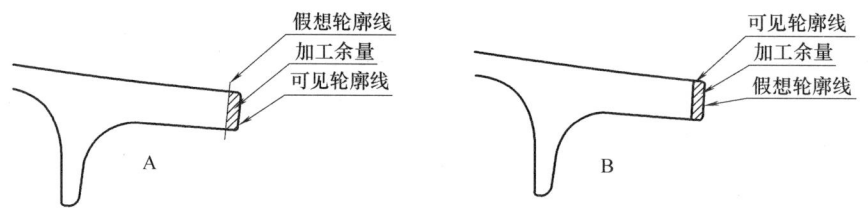

图 3-86　钢片眉毛零件桩头位加工余量的两种表达方法

4. 钢片眉毛零件粗坯的尺寸标注

钢片眉毛零件粗坯的尺寸标注如图 3-87 所示。

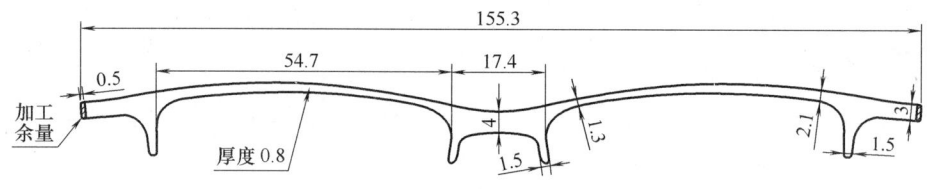

图 3-87　钢片眉毛零件粗坯的尺寸标注

5. 钢片眉毛零件加工图

钢片眉毛加工后的形状就是成品眼镜架中的眉毛形状，因此将主、俯视图中的眉毛零件复制出来就是其加工图。

6. 钢片眉毛零件图

钢片眉毛零件图如图 3-88 所示（见附页 6）。

二、钢片脚丝零件图绘制

1. 钢片脚丝的结构特征

钢片脚丝粗坯是由钢片板料经切割加工制成的,因此这种脚丝为平板脚丝,凭借制造技术及设备的使用,可以很容易在钢片脚丝上做出镂空及低级平底花纹。钢片脚丝总体厚度一致。

2. 钢片脚丝粗坯外形设计与绘图

(1)钢片脚丝粗坯脾身形状轮廓绘制。从结构图的俯视图中我们可以看出,脚丝俯视形体有微小的弯曲,因此侧视图中的脚丝轮廓理论上与脚丝粗坯是有差异的,但这个差异很小,所以在绘制脚丝粗坯脾身外形时,我们往往直接复制侧视图中的脚丝图形而不做任何改变,如图3-89所示。

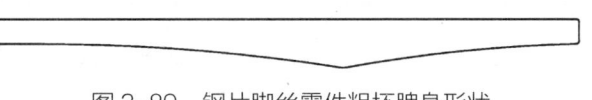

图3-89 钢片脚丝零件粗坯脾身形状

(2)钢片脚丝粗坯头部加工余量设计与绘图。所有眼镜零件粗坯的外形轮廓都是顺滑无死角的,即使是最小的尖角其形状也是0.3mm倒圆角,这是由加工工艺决定的。钢片脚丝头部粗坯必须经过锣切加工才可以保证其与桩头的配合质量。钢片脚丝粗坯头部的加工余量设计与绘图方法均与钢片桩头一样,如图3-90所示。

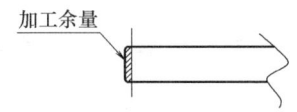

图3-90 钢片脚丝粗坯的加工余量设计与图形

(3)钢片脚丝粗坯尾针形状设计与绘图。钢片脚丝尾针是同脾身一起切割出来的,所以尾针的界面形状为矩形,其厚度与脾身一致。成品脚丝尾针部分会套上脚套并进行弯脚加工,因此钢片脚丝尾针宽度不能过大。

钢片脚丝尾针宽度一般为1.3~1.4mm,尾部呈60°尖角。

装配普通脚套的钢片脚丝尾针长度理论上为57mm(脚套总长65mm-脚套尾部实心8mm),但考虑到树脂脚套会因缩水而与脚丝的配合产生缝隙,一般钢片脚丝尾针会设计成56mm。

根据上述分析结果,我们就可以绘制出钢片脚丝尾针形状。绘图步骤及方法如下:

① 尾针中心位置确定。尾针中心一般都在脾身尾部中间,这样脚套孔位置才会处于脚套口正中,所以以脾身尾部合口轮廓线中心为起点,向尾部作一长度为56mm的水平线,此直线即为尾针中心线,如图3-91所示。

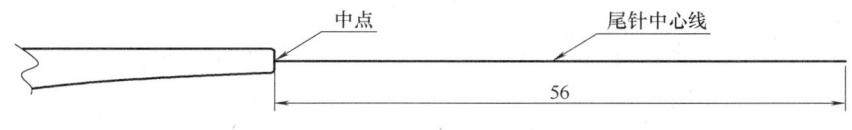

图3-91 钢片脚丝粗坯尾针中心绘制示意图

② 尾针轮廓线绘制。将尾针中心线分别向上、向下偏移0.7mm,绘制出尾针侧面轮廓,

直线连接两侧面轮廓线尾部端点，绘制出尾针主体轮廓，如图 3-92 所示。

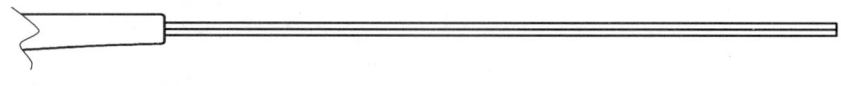

图 3-92　钢片脚丝零件尾针轮廓线绘制示意图

③ 尾针尖位轮廓线绘制。钢片脚丝尾针尖位呈 60° 尖角，其轮廓图绘制方法及步骤如图 3-93 所示。

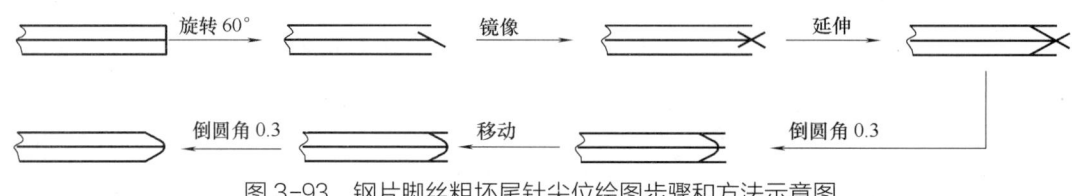

图 3-93　钢片脚丝粗坯尾针尖位绘图步骤和方法示意图

3. 钢片脚丝零件图绘制

（1）钢片脚丝零件粗坯外形轮廓绘制。编辑脚丝图形，剪切和删除多余线条线段，得到钢片脚丝粗坯轮廓图，如图 3-94 所示。

图 3-94　钢片脚丝粗坯外形图

注意：所有组成脚丝外形轮廓的线条都是顺滑连接的，最小尖位死角倒圆半径为 0.3mm。

（2）钢片脚丝零件粗坯尺寸标注。脚丝粗坯零件尺寸标注如图 3-95 所示。

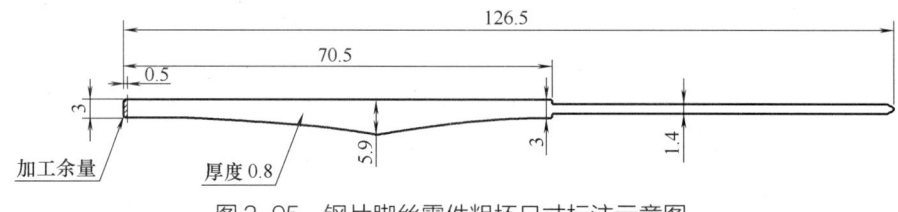

图 3-95　钢片脚丝零件粗坯尺寸标注示意图

（3）钢片脚丝粗坯零件图绘制。钢片脚丝零件厚度一致，且表面花纹简单，因此零件图较为简单，一般绘制一个粗坯主视图就可以了。钢片脚丝粗坯零件图如图 3-96 所示（见附页 7）。

三、板材脚套零件图绘制

板材脚套零件图的绘制，这里暂不讲解。

课后练习

练习并绘制出钢片眉毛铣凸筋结构的半框光学眼镜架全套工程图，参考图片如图 3-97 所示。

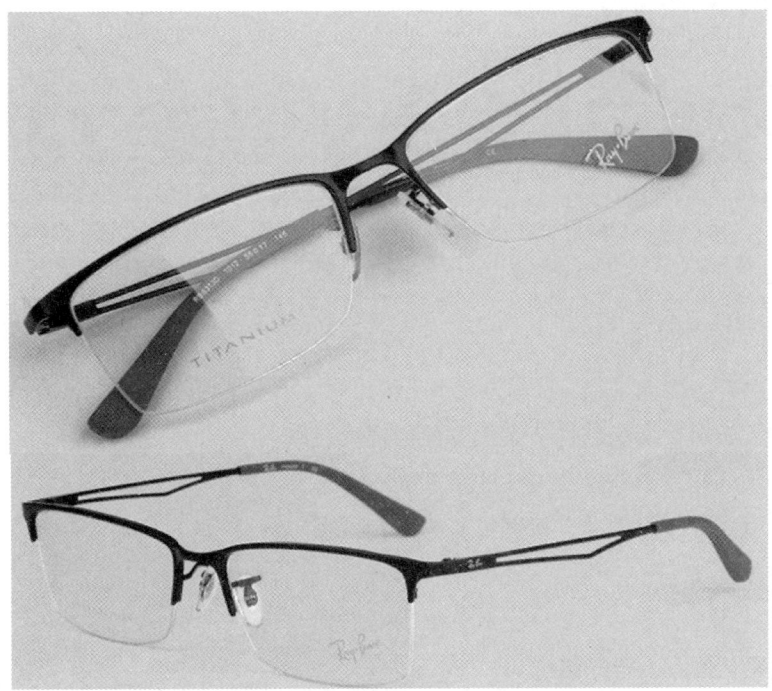

图 3-97　钢片眉毛铣凸筋结构半框光学眼镜架实物图片

提示：

（1）钢片凸筋截面形状表达——断面图。

（2）凸筋长度——距眉毛端面 6~8mm。

（3）钢片材料：纯钛。

（4）其他参数：钢片厚度为 1.8~2.0mm，镜片弯度为 450 弯，镜片厚度=钢片厚度，镜架尺码为 54口17-135。

项目四

普通无框光学眼镜架工程图

学习内容

1. 无框眼镜架的常见结构。
2. 无框眼镜架镜片装配结构及螺纹连接件视图表达。
3. 注塑脚丝结构及其与金属桩头的装配。
4. 普通无框架光学眼镜架工程图绘制方法和绘图步骤。

学习目标

1. 了解常见无框眼镜架的结构。
2. 掌握常见无框光学眼镜架的各参数的设计原理。
3. 通过实训,能够绘制出普通无框光学眼镜架工程图。

模块一　常见无框眼镜架的结构

按照镜片的装配形式分类,常见的无框眼镜架有 3 种结构:普通无框光学眼镜架、双扣钉无框光学眼镜架和钢片贴片无框太阳眼镜架。

一、普通无框光学眼镜架

普通无框光学眼镜架是最常见的,其结构特点是镜片直接与金属中梁及桩头通过螺纹连接装配,如图 4-1 所示。

二、双扣钉无框光学眼镜架

双扣钉无框光学眼镜架与普通无框光学眼镜架的基本结构相似,差异就是双扣钉无框光学眼镜架的镜片与金属配件的装配是通过使用两个双节钉+硅胶塞,利用硅胶塞的膨胀达到固定作用的。双扣钉无框眼镜架的镜片装配结构稳定性相对较差,且对镜片安装孔的加工精度要求较高,所以多用于中低档光学镜架,特别是老花镜架。双节钉直径尺寸比无头螺栓更小,因此这种结构更适合于中梁及桩头配件细小的眼镜架。双扣钉无框光学眼镜架实物如图 4-2 所示。

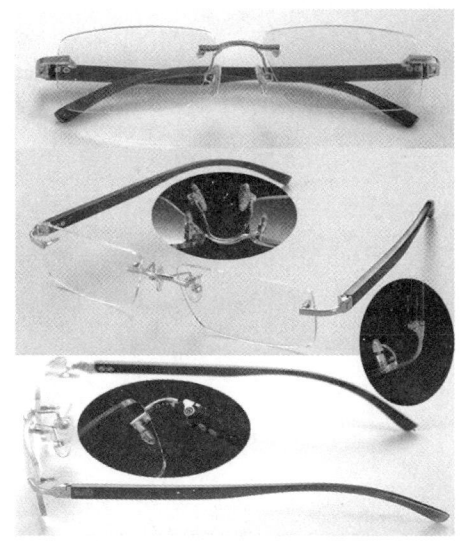
图 4-1 普通无框光学眼镜架实物图

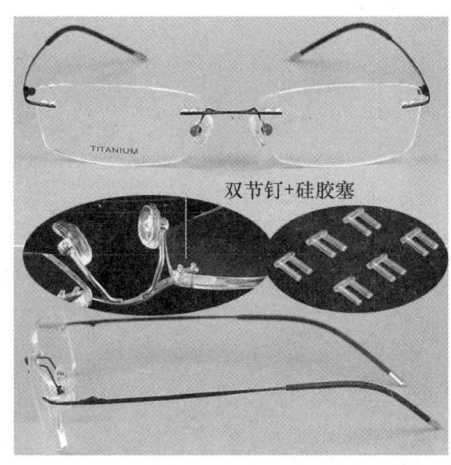
图 4-2 双扣钉无框光学眼镜架实物图

三、钢片贴片无框太阳眼镜架

钢片贴片无框太阳眼镜架的结构在项目三中已经有所介绍，这里就不再分析。钢片贴片无框太阳眼镜架实物如图 4-3 所示。

图 4-3 钢片贴片无框太阳眼镜架实物图

模块二 普通无框光学眼镜架结构图绘制

下面我们就以普通无框光学眼镜架为例，学习和绘制无框眼镜架的工程图。

一、普通无框光学眼镜架主视图绘制

1. 无框光学眼镜架中梁及桩头材料

在绘制主视图前，我们首先要分析和判定中梁和桩头零件的制作材料。仔细观察参考图，

首先我们可以看出，本款无框镜架的中梁及桩头都比较细小，以此可知其材料强度必定很好。其次，桩头和中梁表面为微拱的油压扑面，因此可以肯定中梁和桩头均为油压件，这就是说，中梁和桩头材料的成型加工性能良好，符合这些要求的首选材料是纯钛。纯钛强度良好，且有良好的塑性和韧性，可以压制出有较为复杂花纹的眼镜零件，是较为理想的眼镜材料。

2. 无框光学眼镜架中梁（或桩头）与镜片的装配关系

无框光学眼镜架的中梁（或桩头）在端位底面有一个螺钉和一个直钉，在镜片对应位置有一个与螺钉匹配的通孔，在镜片的边缘有一个与直钉直径大小匹配的卡槽，装配时，中梁（或桩头）底面的螺钉，由镜片表面穿过通孔，然后在镜片底面扣上螺母锁紧镜片，与此同时，直钉卡在镜片卡槽内防止中梁（或桩头）与镜片之间产生转动，直钉须完全卡入镜片卡槽。

普通无框光学眼镜架镜片装配关系如图 4-4 所示。

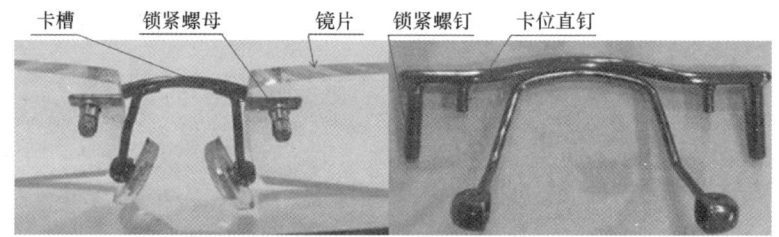

图 4-4　普通无框光学眼镜架镜片装配关系示意图

3. 无框光学眼镜架主视图中各参数的设计

（1）螺钉与直钉规格。无框光学眼镜架所用螺钉为标准件，规格为 M1.4，长度为 5.0～6.0mm；直钉规格为 $\phi 1.0$mm ×3.0mm。

（2）螺钉与直钉位置。无框光学眼镜架中梁（或桩头）底面所焊接的螺钉和直钉不能距离太近，因为镜片对应的通孔和卡槽如果距离太近，镜片强度会受到较大影响，甚至开裂。一般两钉间隔不小于 2.0mm，特殊情况下也不能小于 1.5mm。

螺钉位于中梁（或桩头）头部，一般距端面不小于 1.0mm，特殊情况下不小于 0.5mm。

（3）中梁宽度和长度。无框光学眼镜架最突出的一点就是镜架轻巧秀气，因此镜架各零部件的尺寸在保证强度和刚性的前提下，要尽可能地设计到最小。无框镜架中梁强度及刚性要求相比于有框镜架要稍低一点儿，一般设计参数值时可减小 10%～15%；当脚丝较为细小时，参数值可减小 20%。

纯钛材料的有框镜架中梁，其最小截面面积不小于 2.0mm^2，因此本款无框镜架中梁最小截面面积设计值优选为 1.8mm^2。

由力学原理，我们知道中梁强度要求最高处是中梁中心段，本款无框镜架中梁在中心段底面焊接有连体烟斗，最常见的无框镜架连体烟斗，其烟斗脚线直径 1.0mm。因此底面焊接有连体烟斗脚线的无框架中梁，其粗坯尺寸还可以进一步设计得更小。所以此款无框镜架中梁中心部位界面尺寸可以做到 1.6～1.8mm^2，即宽度为 1.5～1.6mm，厚度为 1.0～1.2mm。

中梁头部底面要焊接螺钉，螺钉外径为 1.4mm，因此两头部位宽度不能小于 1.8mm，厚度为 1.0～1.2mm，优选设计值为 1.8mm ×1.0mm。

无框镜架的中梁比有框镜架更长，有框镜架的中梁以焊接形式装配，其位置在两内圈间，镜片侧面边缘。而片形相同的无框镜架，其中梁需焊接螺钉和直钉，因此长度需要更大。

中梁（或桩头）进入镜片部位最小长度为：1.0mm + 1.4mm + 2.0mm + 1.0mm = 5.4mm，如图4-5所示。

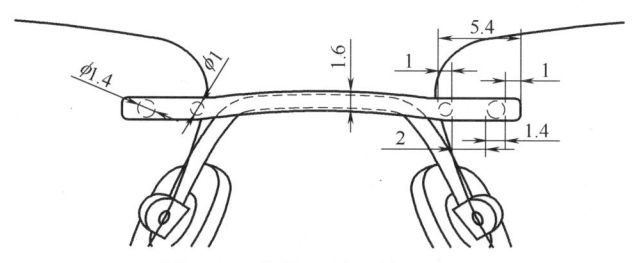

图4-5　中梁尺寸设计示意图

（4）桩头宽度和长度。眼镜架桩头的强度要求一般不小于中梁，因此本款桩头宽度和厚度可以与中梁头部一致，即宽度为1.8mm，厚度为1.0mm。

桩头进入镜片的长度亦可以与中梁一致。

4. 无框光学眼镜架主视图绘制

无框光学眼镜架的主视图绘制步骤与绘制其他结构眼镜架一样，具体步骤及绘图方法如下：

（1）参考图片的导入及调整。参考图片导入并调整后的绘图界面如图4-6所示。

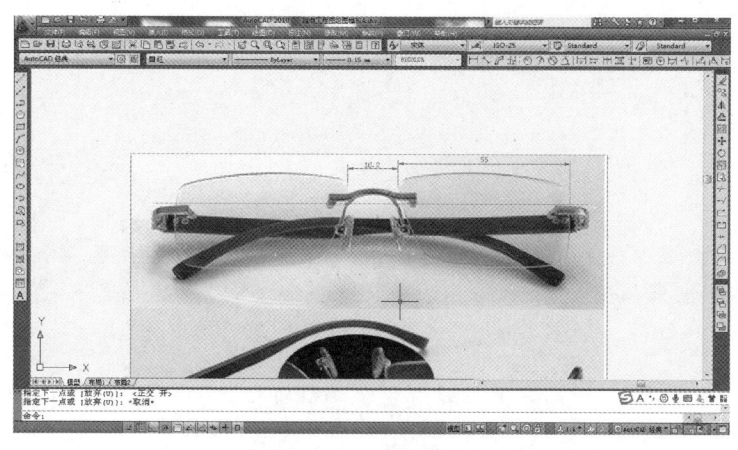

图4-6　参考图片导入并调整后的绘图界面

（2）片形描绘。按参考图片描绘出的原始片形如图4-7所示。

（3）片形修正及尺寸确认。参考图片中的主视图有仰视角度，因此图片中的片形与实际片形有较大差异，这个差异需要修正。片形图修正的步骤和方法如下：

① 片形总体方向修正。由原始片形可以看出，片形总体表现出中梁位高而桩头位低，即片形"挂"的现

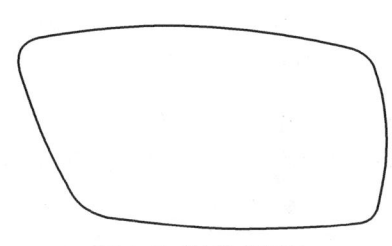

图4-7　按参考图片描绘出的原始片形图

象，因此必须将总体片形图旋转至平衡位置，如图4-8所示。

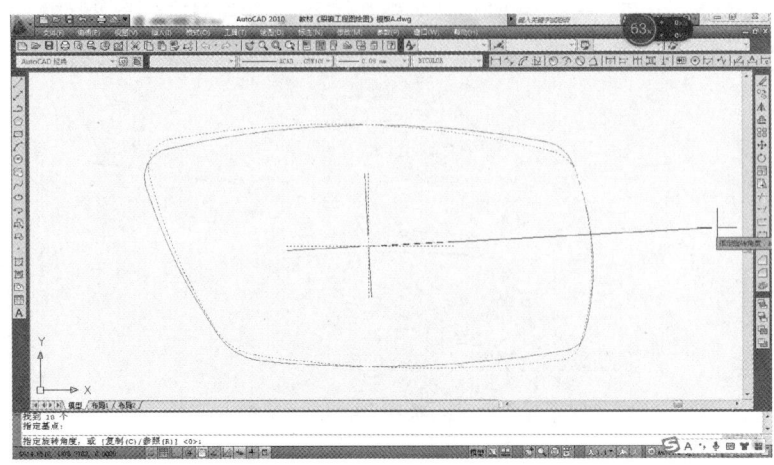

图4-8 片形旋转操作界面

② 桩头下方部位片形修正。同样因参考图的主视图有仰视角度，原始片形桩头下方形状会出现"八"字，必须将这部分轮廓线向内旋转，如图4-9所示。

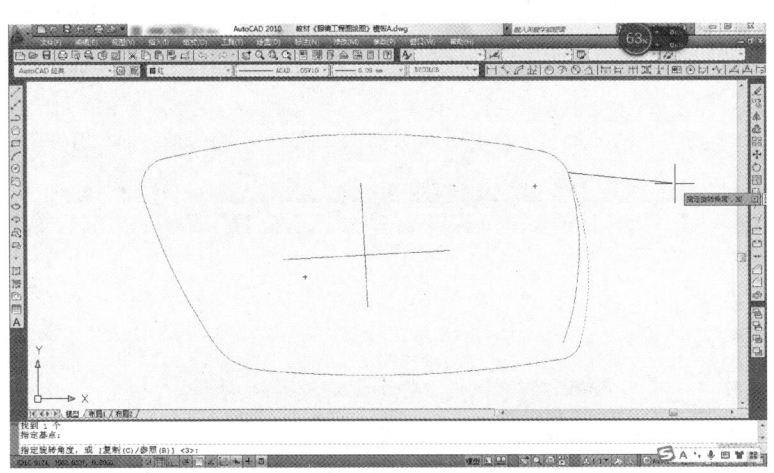

图4-9 桩头下方片形修正操作界面

③ 上眉部位片形修正。眼镜镜片是球面片，当仰视镜片时，片形上眉部位会出现更鼓出的情况，所以也必须进行修正。修正方法就是将上眉部位的片形轮廓修直一些，如图4-10所示。

④ 中梁下方部位片形修正。与桩头下方部位相反，中梁下方部位因仰视而出现内收现象，因此，此处片形适当向外旋转一点儿，如图4-11所示。

⑤ 尖角部位的片形修正。片形尖角部位仰视角度与正视角度也有所不同，因仰视的关系，镜片左上角与右下角会更尖，而右上角及左下角会更平，因此也必须进行修正。尖角部位片形修正方法如图4-12所示。

⑥ 其他部位片形修正。因上述一系列修正操作，片形轮廓可能会出现不顺滑的状况，因此必须做顺滑处理，处理方法就是删除有死角的任意一条圆弧，然后用被删弧线相同半径或相

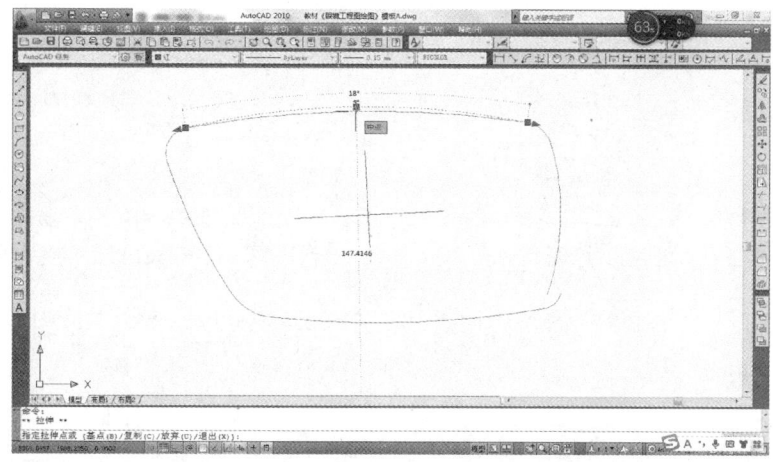

图 4-10　上眉部位片形修正操作界面

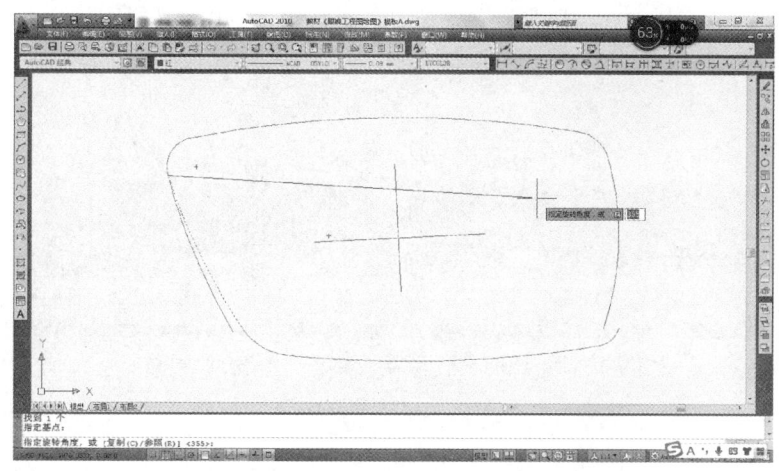

图 4-11　中梁下方部位片形修正操作界面

近半径的圆弧重新做倒圆角将两端连接。

⑦ 片形确认。片形修改完成后，先将片形轮廓线合并，然后度量其水平尺寸并将之缩放至设计尺寸，完成片形绘制。修正完成后的片形图如图 4-13 所示。

完成片形修正后我们可以将修正好的片形图与原始片形重合比较，如图 4-14 所示。通过比较，我们可以进一步理解修正的位置和方法。

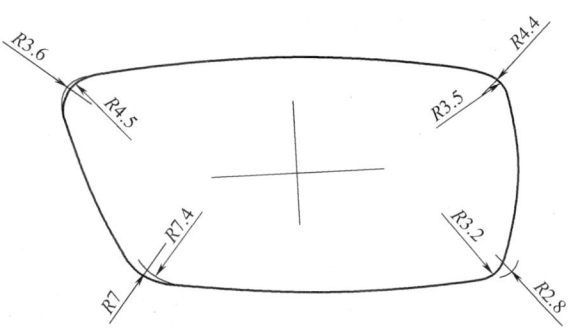

图 4-12　尖角部位片形修正示意图

（4）中梁正视外形轮廓绘制。正视中梁为对称形状，无框镜架的中梁两端焊接螺钉及直钉部分，其中心线一般为同一水平线。本款无框架中梁两端部位宽度相等，因此此部分中梁的上、下侧面轮廓线为平行的水平线。

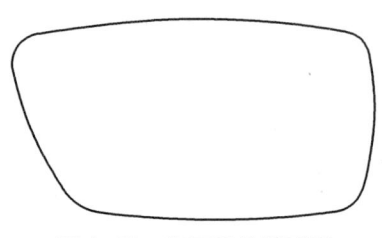

图4-13 修正后的片形图　　　　　　图4-14 修正前后的片形图比较

中梁中间部位呈拱弧状，一般中梁拱弧不仅向前拱，还会向上拱。图4-15所示中梁向上拱弧幅度达到1.4mm，排除视觉的影响，实际幅度要小得多，其值为0.5~0.8mm。

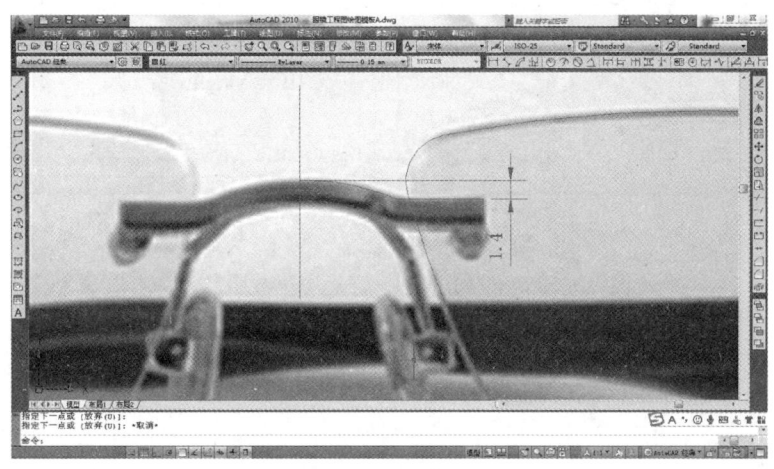

图4-15 正视无框镜架中梁向上拱高度量界面

前面我们分析过，中梁最小宽度尺寸为：头部为1.8~2.0mm，中间部位为1.5~1.6mm。根据这些条件，绘制中梁正视轮廓如图4-16所示。

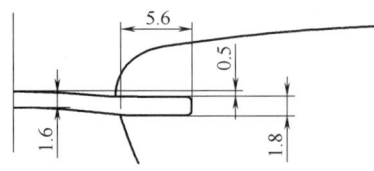

图4-16 无框镜架正视中梁轮廓图

（5）桩头正视外形绘制。桩头必须水平，所以桩头前段轮廓就是两条间隔2.0mm的平行线，即桩头端面及桩头合口位铅垂线。在桩头合口位还可见桩头合口段轮廓，即桩头前段底面及合口处底面轮廓。桩头正视外形轮廓如图4-17所示。

（6）烟斗、托叶绘制。无框镜架正视图中的烟斗和托叶，可以从标准件图库中复制过来，再经过编辑得到。复制烟头时注意烟斗孔的位置：烟斗孔处于镜片水平中心线以下2.0mm处，左右烟斗孔间距20.0~22.0mm。另外处于中梁底面的烟斗线为不可见轮廓，在此不可省略，必须用虚线表示出来。无框镜架正视烟斗、托叶轮廓如图4-18所示。

（7）镜像后中梁轮廓修正。无框镜架正视图的一半绘制完成后就可以作镜像编辑得到完整正视图，但此时正视图的中梁轮廓不一定是顺滑连接，所以必须作修正处理。修正方法前面已有介绍，在此不再重复。

（8）正视图中螺钉和直钉位置设计与视图绘制。桩头底面螺钉及直钉，非特殊情况下均位于桩头纵向中心线上，螺钉至桩头头部为1.0mm，因此螺钉中心至桩头头部为1.0mm+

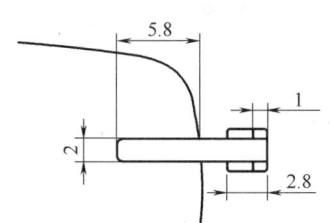

图 4-17 无框镜架正视桩头轮廓图

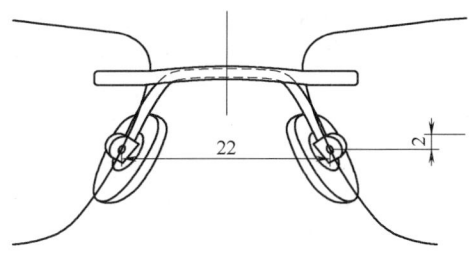

图 4-18 无框镜架正视烟斗、托叶轮廓图

0.7mm＝1.7mm，偏移端面轮廓线 1.7mm 与桩头中心线相交，此交点位置即为螺钉中心。

直钉的作用是卡住镜片防止其与桩头之间出现转动。直钉必须完全卡在镜片上的卡槽内，极限位置就是直钉外圆与镜片轮廓相切。将镜片轮廓线偏移 0.5mm，其与桩头中心线相交点就是直钉位置中心。两钉中心位置确定后，分别以钉位中心为圆心作直径 1.4mm 和 1.0mm 的圆，此两圆即为螺钉和直钉在正视图中的轮廓，此轮廓为不可见，用虚线表示。

最后我们必须验证一下螺钉与直钉的位置是否符合要求，验证方法有二：一是度量桩头进入镜片的长度是否达到 5.4mm；二是度量两钉间距是否达到 2.0mm。无框镜架正视图中螺钉和直钉位置设计及视图表达如图 4-19 所示。

（9）普通无框光学眼镜架正视图绘制。将桩头轮廓镜像后就得到完整的无框眼镜架的正视图，如图 4-20 所示。

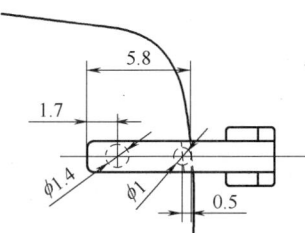

图 4-19 无框镜架正视图中螺钉和直钉位置设计及视图表达图示

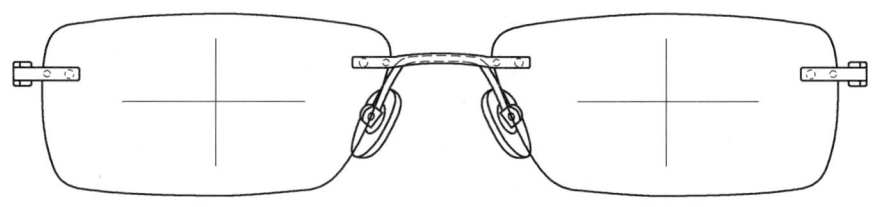

图 4-20 普通无框光学眼镜架正视图

二、普通无框光学眼镜架俯视图绘制

无框镜架俯视图绘制的步骤基本和有框镜架一样。具体绘图步骤如下：

1. 普通无框光学眼镜架镜片俯视轮廓图绘制

在使用近似画法绘制眼镜架工程图时，镜片俯视轮廓与正视图镜片是上下对齐的。普通光学眼镜架的镜架弯度为 7°（50 码及以下为 6°），所以绘制俯视镜片轮廓时，首先由主视图镜片两象限点向上作铅垂线，然后再作一条 7°的斜线，它们的两个交点就是俯视镜片表面的两个象限点。以这两个交点为起始点作一半径为 116mm 的圆弧，此圆弧就是镜片表面在俯视图中的轮廓线。绘图界面如图 4-21 所示。

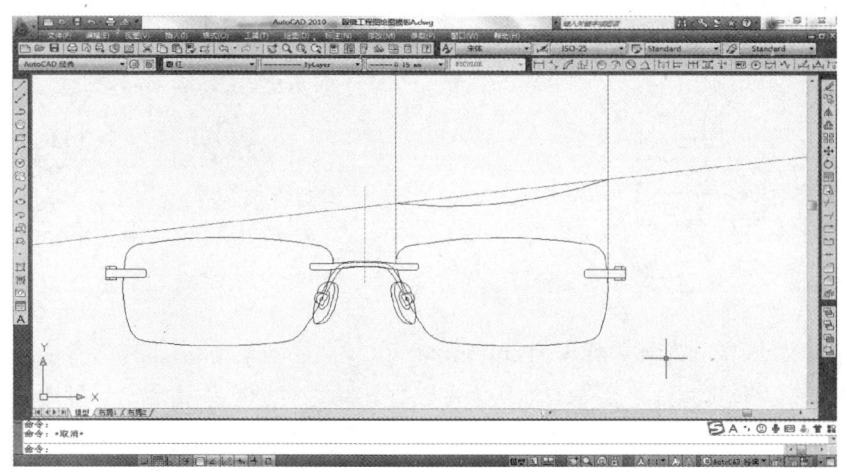

图 4-21 普通无框光学眼镜架镜片俯视轮廓图绘制界面

无框镜架的定型片厚度为 2.3~3.0mm，故向内偏移镜片表面轮廓 2.5mm（镜片厚度设计值）就得到镜片底面轮廓线，分别用直线连接镜片表、底面轮廓线的左、右端点就完成镜片俯视图轮廓的绘制。

2. 普通无框光学眼镜架中梁俯视轮廓图绘制

（1）中梁表面轮廓线绘制。将无框镜架俯视图中的镜片表面轮廓线向外偏移 1.0mm（中梁厚度），就得到中梁表面轮廓线，如图 4-22 所示。

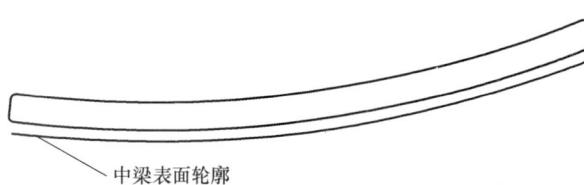

图 4-22 无框镜架俯视中梁表面轮廓线绘制图示

（2）中梁端面轮廓线绘制。根据各视图的投影关系，俯视图中无框架中梁长度应与主视图对应，所以先由主视图中梁端面象限点向上作垂直线与俯视图镜片表面轮廓线相交，再由此交点向中梁表面轮廓线作垂直线，然后倒圆角（半径 0.3mm）就得到中梁端面轮廓线，如图 4-23 所示。

（3）中梁尺寸参数度量。将参考图中梁图片缩放至 1∶1 后，描绘中梁表面拱弧并度量其半径（9.0mm）及拱弧高（1.5mm），如图 4-24 所示。

（4）中梁拱弧轮廓绘制。在镜片表面象限点位置作水平线并向下偏移 2.5mm（拱弧高度 1.5mm+中梁厚度 1.0mm），然后在镜像中心线上作半径为 9.0mm 的圆，此圆即为中梁表面轮廓弧所在圆，将此圆向内偏移 1.0mm（中梁厚度）就得到中梁底面轮廓所在圆。绘图界面如图 4-25 所示。

（5）中梁俯视图绘制。编辑上图得到中梁俯视图轮廓，注意中梁拱

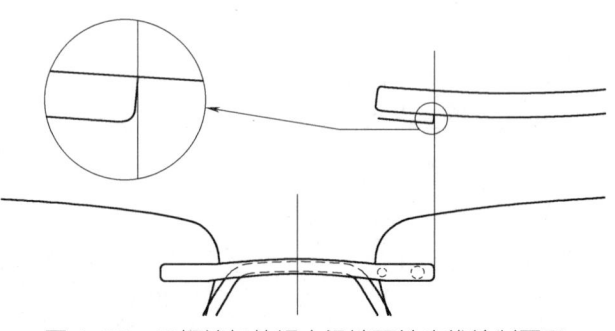

图 4-23 无框镜架俯视中梁端面轮廓线绘制图示

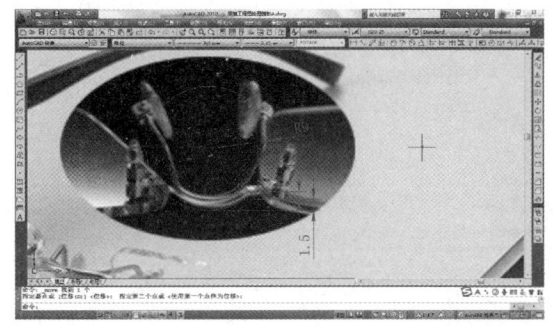
图 4-24 无框镜架俯视中梁尺寸参数度量界面

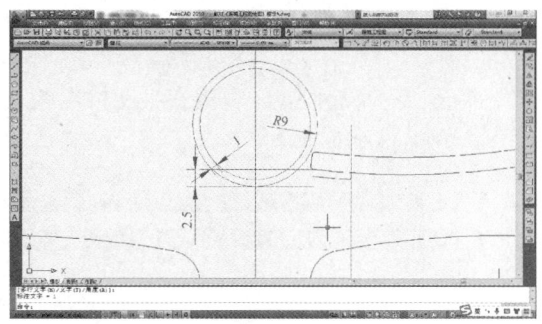
图 4-25 中梁拱弧轮廓绘制界面

弧与头部表面连接半径为 2.0~3.0mm，底面连接半径加大 1.0mm（中梁厚度），删除多余线条及作图辅助线后，无框镜架中梁俯视轮廓图如图 4-26 所示。

3. 普通无框光学眼镜架桩头前段俯视轮廓图绘制

（1）桩头贴镜片部分俯视轮廓绘制。俯视图中贴镜片部分的桩头轮廓绘制和中梁头部绘制方法一样，如图 4-27 所示。

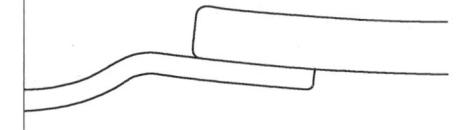
图 4-26 无框镜架中梁俯视轮廓图

（2）桩头弯位前段部分俯视轮廓线绘制。直线连接贴片部分桩头表面、底面轮廓线端点，并将之向外偏移 6~10mm，然后连接分别直线连接端点，这两条连线就是俯视桩头弯位前段的表面、底面轮廓，如图 4-28 所示，

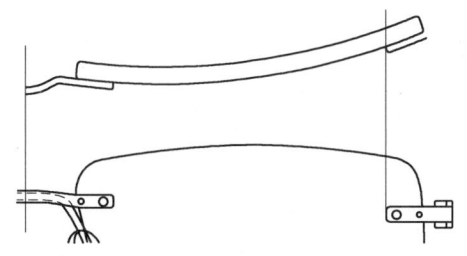
图 4-27 无框镜架桩头贴镜片
部分俯视轮廓图

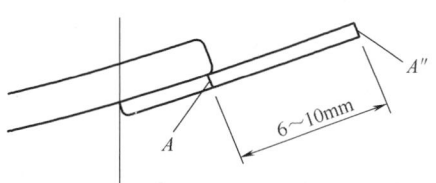
图 4-28 无框镜架桩头弯位前段
俯视轮廓绘制示意图

4. 普通无框光学眼镜架脚丝脾身部位俯视轮廓图绘制

本款无框镜架的脚丝为注塑脚丝，用于制作眼镜注塑脚丝的材料一般为 TR-90。TR-90 相比于其他树脂材料，具有更好的强度及弹性，是注塑眼镜架最常用的材料。

注塑脚丝的形体是一次成形，不需要再加工的，其形体与普通金属（或板材）脚丝有较大差异。首先，注塑脚丝抛脾（指俯视脚丝向内弯曲）更大；其次，注塑脚丝的厚度一般是有变化的，特别是在脾身中部，脚丝厚度一般最薄，这样的脚丝更具弹性，佩戴舒适感更佳；最后，注塑脚丝弯位部分的形体与普通金属（或板材）脚丝相比，其向下弯曲的圆弧半径更大（60~100mm），下弯角度更小（25°~30°）。

注塑脚丝俯视轮廓绘制步骤和方法如下：

(1) 俯视桩头与脚丝合口位置绘制。普通无框光学眼镜架俯视桩头合口至镜片表面高度一般为 10mm 左右，所以先由俯视镜片表面象限点作一水平线并将之向上偏移 10mm，即可确定桩头合口的高度位置。再由正视图桩头象限点（最外点）向上作铅垂线，与前面所作水平线的交点就是俯视桩头与脚丝的合口，绘制界面如图 4-29 所示。

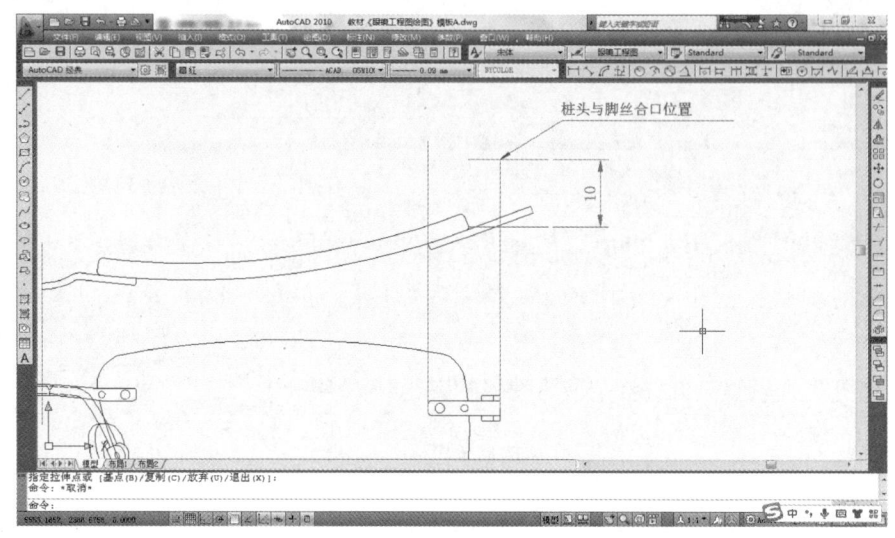

图 4-29　无框镜架俯视脚丝合口位置绘制界面

(2) 俯视脚丝脾身部位轮廓绘制。注塑脚丝脾身表面俯视轮廓的绘制方法和普通光学架一样，但是脾身表面抛弧更大，一般拱弧高度为 2~2.5mm。

注塑脚丝的厚度跟脚丝宽度有关，当宽度较大时，厚度尺寸可以较小，最小厚度尺寸可以做到 2.0mm。本款注塑脚丝脾身宽度约为 4.0mm，脾身基本厚度约为 3.0mm，但脚丝头部因装配原因，厚度尺寸则需适当加大，优选设计值为 3.5~4.0mm，尾部厚度同普通脚丝，一般为 2.5~3.0mm。脚丝脾身中间部位最小尺寸为 2.0~2.3mm，这样的厚度设计使脚丝更具弹性。

无框镜架俯视脚丝脾身部分轮廓绘制如图 4-30 所示。

5. 普通无框光学眼镜架俯视脚丝脾尾部位轮廓图绘制

注塑脚丝脾尾俯视轮廓的画法与普通脚丝一样，但是尾部向内收缩时圆弧半径更大，即脾尾折弯后的连接弧半径要比普通脚丝大很多，一般此弧半径为 80~120mm，这样俯视脚丝形体更自然。

无框镜架注塑脚丝俯视脾尾轮廓如图 4-31 所示。

6. 普通无框光学眼镜架俯视桩头完整轮廓图绘制

前面我们已经绘制了俯视桩头前段轮廓，完整的桩头俯视轮廓绘制步骤和方法基本与普通光学眼镜架相同。无框眼镜架桩头俯视轮廓如图 4-32 所示。

7. 普通无框光学眼镜架俯视铰链轮廓绘制

本款无框眼镜架前铰为一体双牙，即铰链与桩头一体粗坯制造出来；后铰为单牙，焊接在金属短脾头上，金属脾头通过螺纹与注塑脚丝装配。铰链轮廓可以先由普通铰链复制得到再进

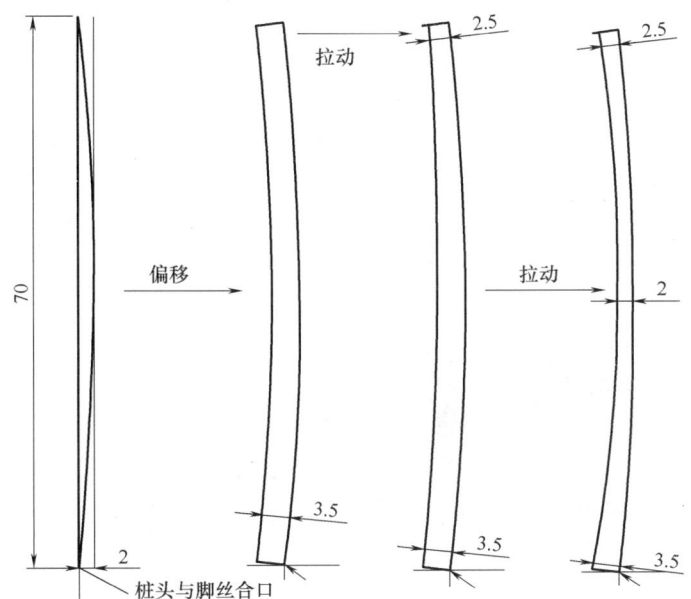
图4-30 无框镜架俯视脚丝脾身部分轮廓绘制示意图

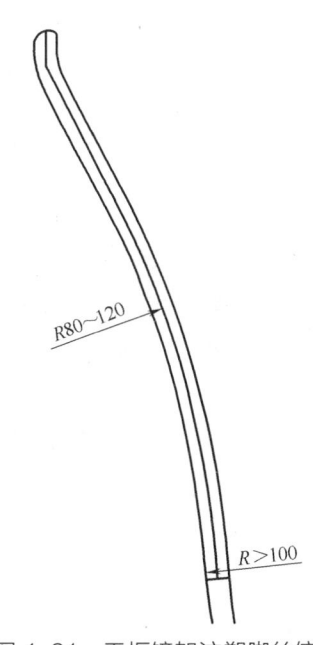
图4-31 无框镜架注塑脚丝俯视脾尾轮廓绘制示意图

行编辑，如图4-33所示。

8. 普通无框光学眼镜架镜片装配结构图俯视轮廓绘制

（1）俯视图中梁（或）桩头螺钉及直钉中心线绘制。由正视图螺钉中心向上作正交线与俯视图中镜片表面轮廓线相交，然后过这个交点作镜面垂直线，这条直线就是俯视图中的螺钉中心线。同样方法作出俯视图中直钉中心线，如图4-34所示。

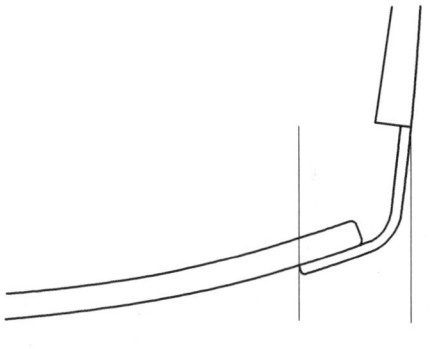
图4-32 无框眼镜架桩头俯视轮廓图示

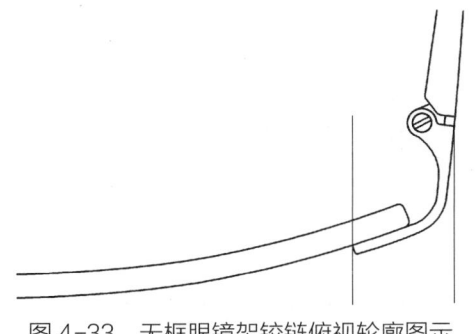
图4-33 无框眼镜架铰链俯视轮廓图示

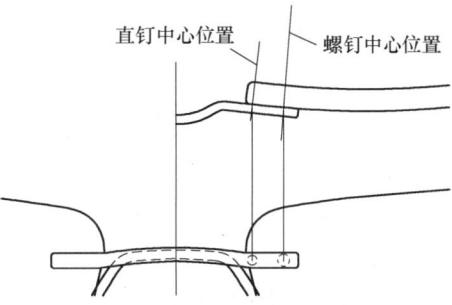
图4-34 无框镜架俯视图中螺钉（直钉）中心线绘制示意图

（2）俯视图中镜片装配结构绘制。镜片装配结构类似标准的螺栓-螺母连接件，具体结构图如图4-35所示。

图中各零件尺寸参数如下：

螺钉：外径 1.4mm，长度 5~6mm。

直钉：外径 1.0mm，长度 2.5~3.0mm。

镜片厚度： 2.3~3.0mm。

塑胶垫圈：外径 2.8~3.0mm，内孔直径 1.4~1.5mm，厚度 0.3mm。

金属垫圈：外径 2.8~3.0mm，内孔直径 1.4~1.5mm，厚度 0.1mm。

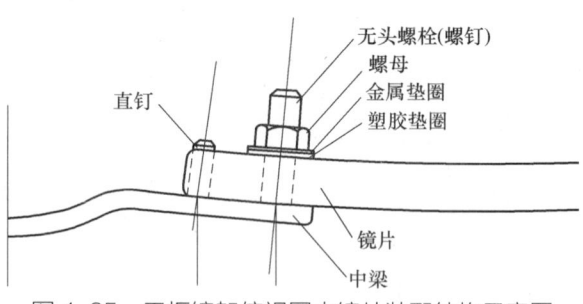

图 4-35　无框镜架俯视图中镜片装配结构示意图

螺母：外六角，外接圆直径 2.5mm，内螺孔直径 1.4mm，厚度 1.2~1.5mm。

9. 普通无框光学眼镜架俯视图中连体烟斗（托叶）轮廓绘制

连体烟斗脚线直径为 1.0mm，其与中梁焊接部位的形体与中梁底面吻合，烟斗螺钉中心与主视图对齐，托叶部分轮廓可以从标准件图库中复制。无框镜架连体烟斗俯视图如图 4-36 所示。

10. 普通无框光学眼镜架俯视脚丝装配关系设计与视图绘制

注塑脚丝与金属桩头的装配是短金属脾头焊接单牙与桩头双牙装配。短金属脾头插入注塑脚丝头部的直孔，在脚丝底有两个安装孔，通过安装孔锁进大头螺钉至金属脾头的螺孔中，完成注塑脚丝与金属脾头的装配。装配关系如图 4-37 所示。

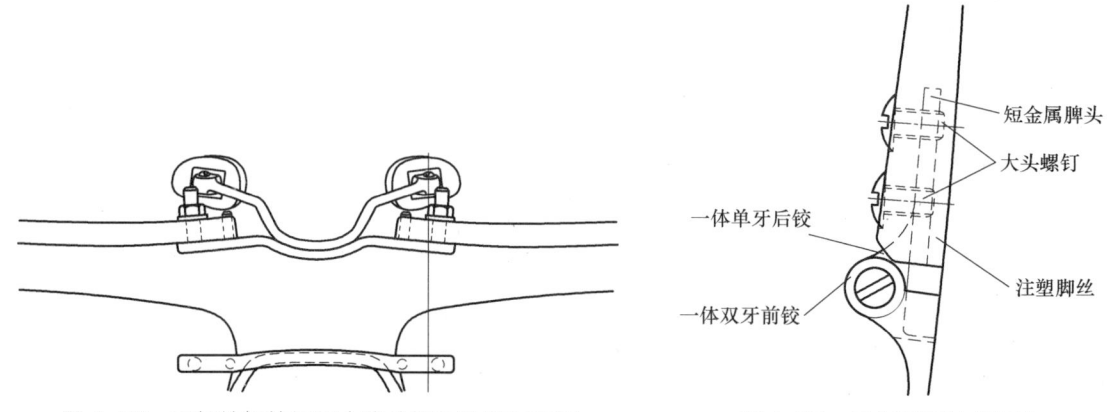

图 4-36　无框镜架俯视图中连体烟斗绘制示意图

图 4-37　无框镜架俯视图中注塑脚丝装配关系示意图

至此，删除多余线条，完成本款无框光学眼镜架俯视图的绘制，如图 4-38 所示。

三、普通无框光学眼镜架侧视图绘制

1. 无框镜架桩头及脚丝侧视轮廓绘制

侧视镜架，可见轮廓有镜片、桩头及脚丝，桩头和脚丝侧视轮廓可以根据参考图片描绘出来。描绘脚丝外形前先将参考图片放置至水平，然后缩放脚丝至俯视图脚丝长度，处理好参考

图 4-38　无框光学眼镜架俯视图

图片后再进行轮廓描绘。注意桩头及脚丝中所有外形及花纹轮廓均为顺滑连接。桩头及脚丝侧视轮廓如图 4-39 所示。

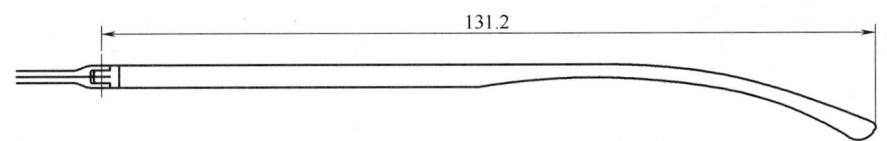

图 4-39　侧视桩头及脚丝轮廓图

2. 镜片及桩头前段侧视轮廓绘制

用近似画法绘制无框光学眼镜架镜片及桩头前段侧视图，步骤及方法如下：

（1）创建块。复制主视图半个镜片及桩头轮廓并将其创建为块，如图 4-40 所示。

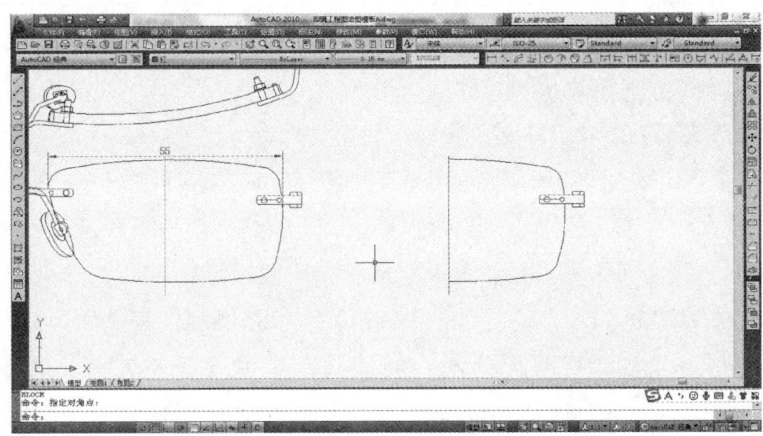

图 4-40　无框镜架镜片创建块的绘图界面

（2）镜片表面侧视轮廓绘制。度量主视图半个镜片的水平尺寸和俯视图镜片表面高度尺寸，如图 4-41 所示。

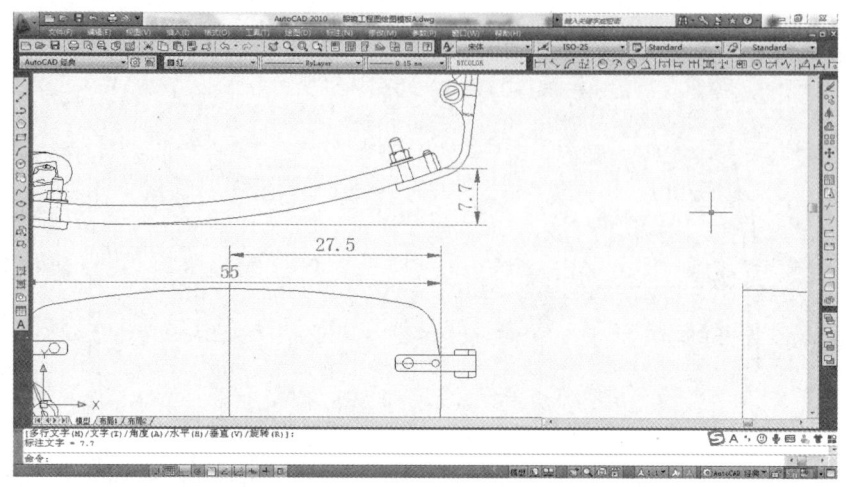

图 4-41　无框镜架镜片相关参数度量操作界面

输入块的插入命令后，绘图窗口会弹出插入块的各相关参数对话框，选填内容如图 4-42 所示。单击"确定"按钮后，选择合适位置插入块，如图 4-43 所示。

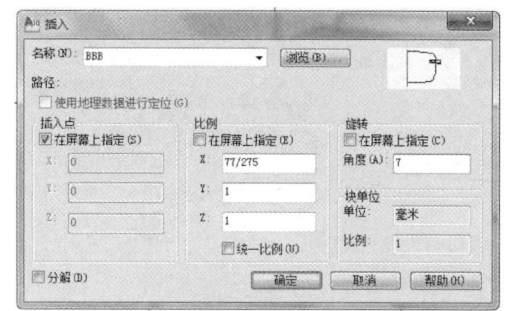 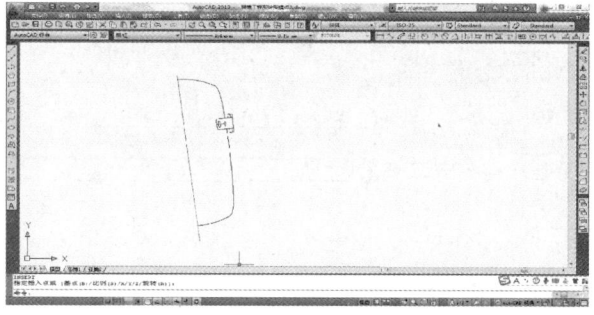

图 4-42　无框镜架镜片块插入时参数选填内容　　图 4-43　无框镜架镜片块插入后绘图界面

（3）无框镜架镜片侧面侧视轮廓绘制。按设计参数插入的镜片块的形状就是侧视镜片表面轮廓。将块分解，然后将镜片片形轮廓线复制在水平方向右侧 2.5mm 处，就得到镜片侧面侧视图轮廓，然后将镜片上的直线改成半径为 116mm 的弧线，无框镜架镜片的侧视轮廓就基本绘制完成。无框镜架镜片侧面侧视轮廓如图 4-44 所示。

（4）侧视桩头头部表面轮廓绘制。块插入后得到的桩头图形为桩头底面轮廓，因镜片插入有旋转 7°、桩头弯位有扭曲变形及图片角度等原因，参考图片中的侧视桩头轮廓不是侧视图中的轮廓，侧视图中桩头轮廓中心线应为水平状，所以桩头中心线为过端面轮廓线中心（或螺钉位中心）的水平线。又因桩头头部为等宽形状，所以将桩头中心线分别向上、向下偏移 1.1mm（主视图中桩头宽度的一半）得到的两条轮廓线就是侧视图桩头轮廓线，如图 4-45 所示。而将原块的桩头端面轮廓线向左移动 1.0mm（桩头厚度）就是桩头表面轮廓线，将桩头端面轮廓线与侧面轮廓线作 0.3~0.5mm 的倒圆角处理后就得到桩头前段侧视轮廓图，如图 4-46 所示。

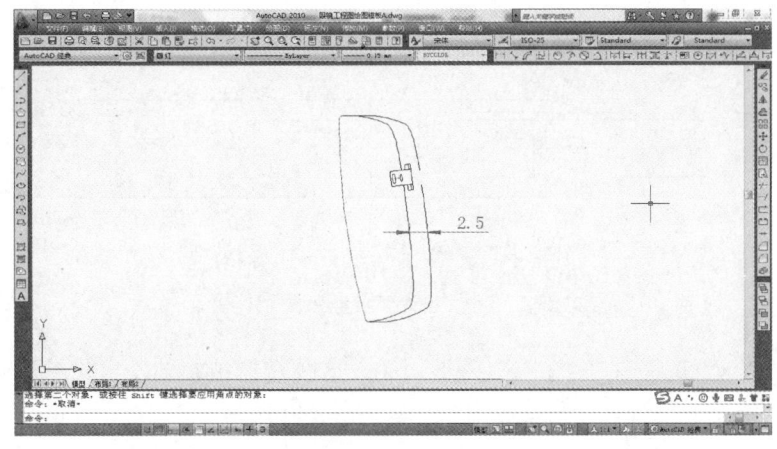

图 4-44　无框镜架镜片侧面侧视轮廓绘制绘图界面

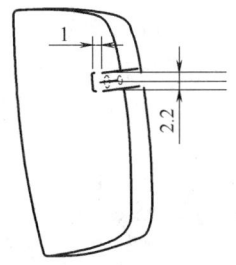

图 4-45　桩头前段侧视轮廓绘图方法示意图

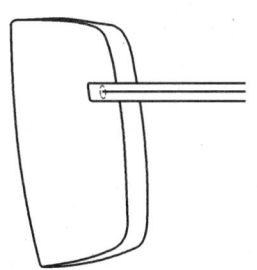

图 4-46　桩头前段侧视轮廓图示

（5）眼镜架完整的侧视图绘制。由桩头端面水平向右 13.3mm（俯视图桩头高度）作出铅垂线即为桩头与脚丝的合口中心线，以合口中心为基点，将图 4-39 所示图形复制（或移动）至此，如图 4-47 所示。剪切编辑图形得到侧视桩头及脚丝前段轮廓如图 4-48 所示。

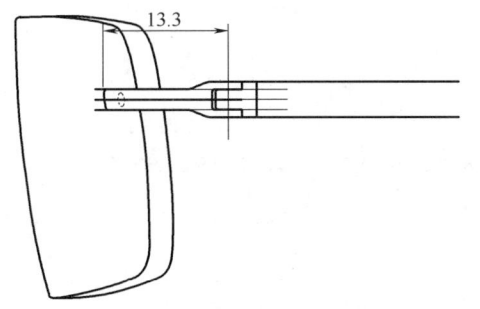

图 4-47　侧视桩头完整轮廓图绘制图示

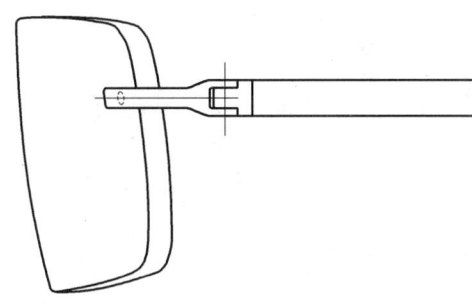

图 4-48　侧视桩头与脚丝前段轮廓图示

（6）脚丝装配结构设计与绘图。脾头与桩头装配类似于对口铰链，装配螺钉大小为 M1.4mm，螺钉头大小为 ϕ2.0mm，螺钉头高度约为 0.6mm，螺钉长度（包括螺钉头）与桩头此处宽度吻合。脾头插入注塑脚丝部分需要螺钉锁紧，螺孔尺寸为 M1.4mm，所以脾头宽度应不小于 2.0mm，注塑脚丝宽度为 3.8mm，所以脾头宽度为 2.0～2.2mm。侧视桩头与脚丝装配结构如图 4-49 所示。

（7）侧视镜片装配螺钉轮廓绘制。普通无框眼镜架的镜片装配由螺钉锁紧，直钉卡位。

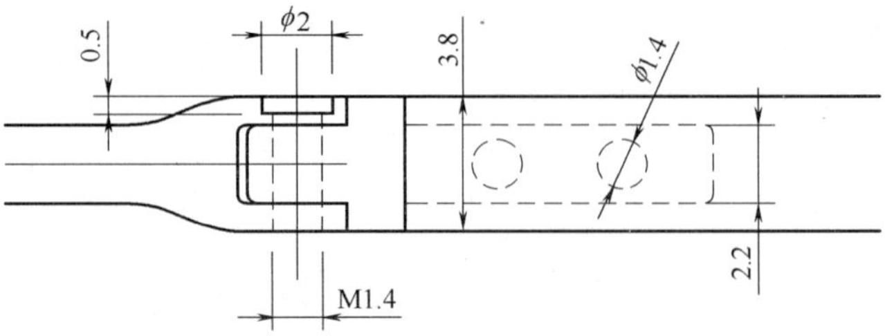

图 4-49 侧视桩头与脚丝装配结构图示

卡位直钉较短且靠近桩头，在侧视图中为不可见，这种常见结构的不可见轮廓一般不需要绘出。装配螺钉较长，在侧视图中有部分可见，这部分应在图中有表达。

螺钉装配结构是标准装配结构，其装配结构图一般在图库中都有保存，因此我们只要找出螺钉的位置就可以复制。

螺钉在镜片表面的位置及轮廓在插入块中有表达，由此轮廓圆圆心沿螺钉方向（7°方向）作出的直线就是螺钉中心线，距圆心 6mm 处就是螺钉头位，所以从图库中复制螺纹连接图至此，如图 4-50 所示，剪切并删除多余线条，留下可见部分就可以了。

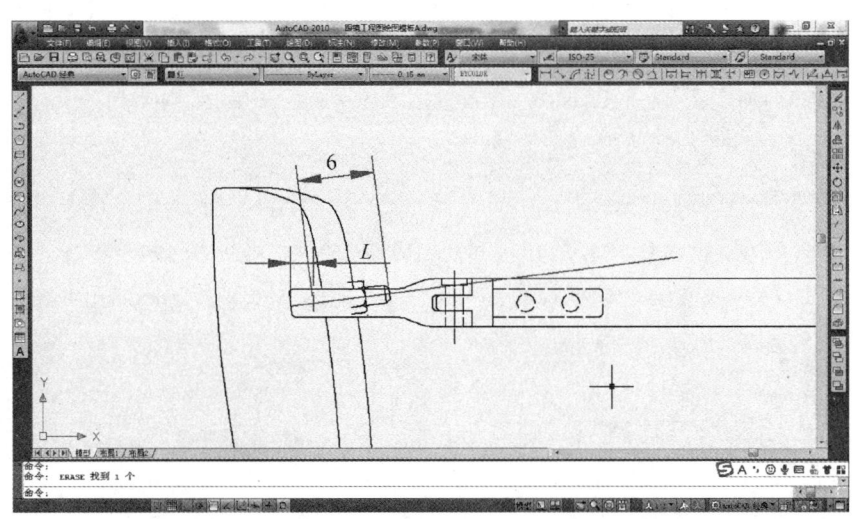

图 4-50 侧视镜片装配螺钉轮廓绘制界面

3. 无框光学眼镜架侧视图绘制

删除不可见的螺栓轮廓及作图辅助线，编辑得到无框光学眼镜架侧视图，如图 4-51 所示。

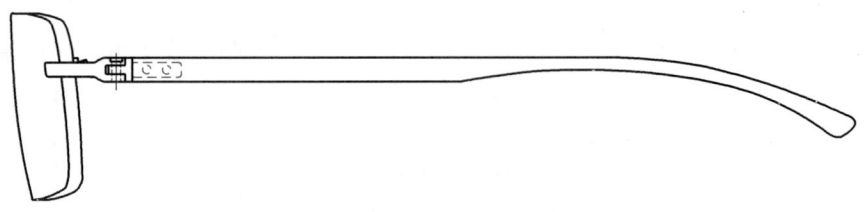

图 4-51 无框光学眼镜架侧视图

四、无框眼镜架片模图绘制

光学眼镜架的片模形状与主视图镜片相同，所以无框镜架绘制片模同普通光学镜架一样，先复制主视图，然后编辑出片形。不同于有框镜架的是无框镜架的片模安装孔。

无框镜架除了片模原有的 3 个安装孔外，还必须有镜片与桩头及脚丝的安装孔。无框镜架的镜片与金属桩头（或中梁）装配，需要在桩头螺栓对应处加工一个与螺钉外径吻合的通孔，螺栓规格为 M1.4mm，所以镜片的安装孔大小一般为 $\phi 1.4^{+0.1}$mm。金属直钉的主要作用是卡住镜片，以防镜片与桩头之间产生转动，本款无框架直钉所处位置在镜片边缘，所以在镜片边缘对应位置有一个宽度与直钉直径吻合的凹槽，凹槽宽度为 $1.0^{+0.1}$mm。

另外，无框镜架片模标注与有框镜架片模标注也有所不同。无框镜架片模标注有片形尺寸、鼻梁方位，没有镜圈，因此不需要标注镜圈切口位置（C 位）。此外无框镜架片模还须标注镜片与中梁及桩头的安装孔位置尺寸。如果中梁及桩头的螺钉为 M1.4mm，直钉为 ϕ1.0mm，则安装孔的大小可以不标注，否则必须标注出来。

无框光学眼镜架片模如图 4-52 所示。

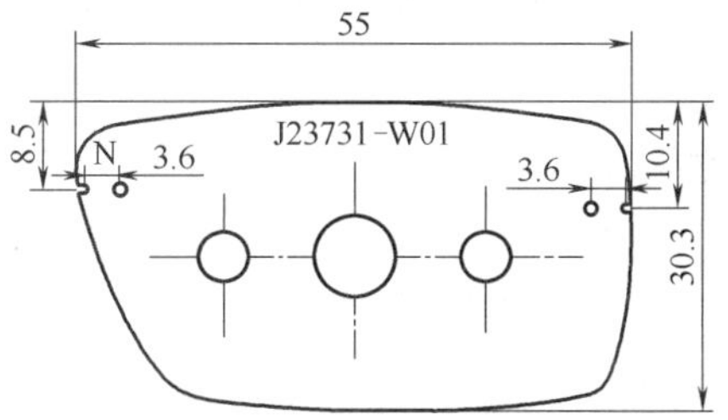

图 4-52　无框光学眼镜架片模图

五、普通无框光学眼镜架结构图尺寸标注

无框镜架的尺寸标注与普通镜架相似，在此不再一一讲解。

六、普通无框光学眼镜架标题栏与物料明细表

无框光学眼镜架标题栏可以使用普通镜架标题栏模板，但无框镜架零件较多，如果模板中物料明细表格数量不够，可以再增加一行。注意标题栏中的字体及大小要规范。

七、普通无框光学眼镜架结构图

普通无框光学眼镜架结构图如图 4-53 所示（见附页 8）。

模块三　普通无框光学眼镜架零件图绘制

一、普通无框光学眼镜架中梁配件图

无框光学眼镜架中梁配件图分为中梁粗坯图和中梁配件图（加工图）两个部分。中梁尺寸

较小，所以一般会用放大画法绘制，绘图比例为 2∶1 或 4∶1，更小部位可运用局部放大表达。眼镜零件图如果绘图比例不是 1∶1，在图纸右下角一般要绘制一个 1∶1 的图形。

对于油压工艺加工出的零件，零件表面的扑面必须表达出来。扑面形状一般运用断面图的形式表达。普通无框光学眼镜架中梁配件图如图 4-54 所示（见附页 9）。

二、普通无框光学眼镜架桩头配件图

本款无框光学眼镜架的桩头与铰链是一体粗坯制作的，桩头零件图包括粗坯图和零件加工图。桩头粗坯前段是平直的，粗坯长度计算方法同有框镜架。

本款无框眼镜架桩头前端不需要再进行加工，而铰链端需要与脾头精密装配，所以在铰链端需进行高精度的加工，留加工余量 0.2~0.5mm，加工余量尺寸为 0.5mm。

普通无框光学眼镜架桩头零件图如图 4-55 所示（见附页 10）。

三、普通无框光学眼镜架脾头配件图

本款注塑脚丝的金属脾头除焊接有单牙铰链外，脾头前端还有一段处于注塑脚丝外，这部分与脚丝前端形体吻合，厚度约为 1.0mm。脾头外形可以直接复制侧视图中的脾头轮廓。

脾头尺寸标注要符合加工工艺及检测要求。普通无框光学眼镜架金属脾头零件图如图 4-56 所示（见附页 11）。

四、普通无框光学眼镜架脚丝零件图

注塑脚丝在眼镜架装配前一般不再作任何加工，因此零件图就是成品图。注塑脚丝的主、俯视图与结构图的主、俯视图相同，所以零件视图可以直接复制结构图中的脚丝图形。

脚丝截面形状在零件图中要有必要的表达，因此至少要绘制 3 个部位的截面图，即：脚丝前段部分、弯脚部位及脚丝尾部。普通无框光学眼镜架注塑脚丝零件图如图 4-57 所示（见附页 12）。

课后练习

练习并绘制出女款无框光学眼镜架全套工程图，参考图片如图 4-58 所示。

提示：

（1）镜片装配结构：螺纹连接+双凸筋卡槽（桩头底凸筋、镜片表面凹槽）。

（2）脚丝花纹高低级差为 0.3mm，花纹凸筋及凹纹最小尺寸为 0.3mm。

（3）脚丝最小截面面积为 2.0mm^2。

（4）金属配件材料：高镍白铜。

（5）其他参数：桩头及脚丝基面最小厚度为 1.1mm，镜片弯度为 450 弯，镜架尺码为 54□17-135。

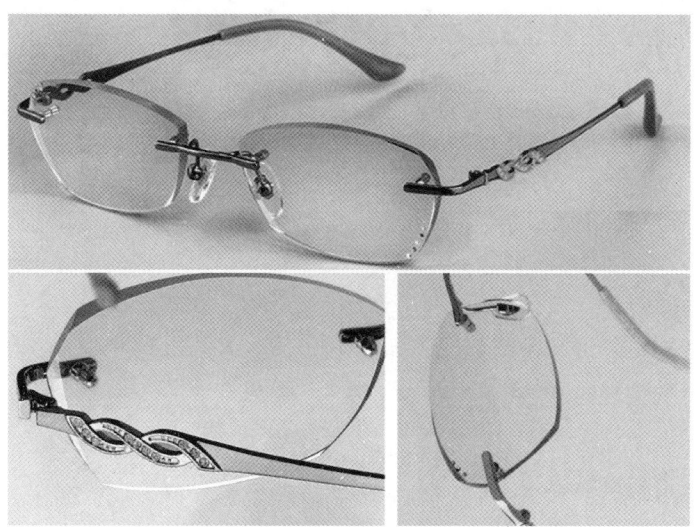

图 4-58　女款无框光学眼镜架实物图片

项目五

板材光学眼镜架工程图

学习内容

1. 板材眼镜架结构。
2. 板材眼镜架材料分析及各部位设计参数。
3. 钉铰结构及视图表达方法。
4. 板材光学眼镜架结构图。
5. 板材光学眼镜架镜框零件图。

学习目标

1. 连接板材眼镜架常见结构和材料性能。
2. 掌握板材眼镜架各设计参数的分析思路和设计原理。
3. 能够正确绘制板材光学眼镜架结构图及零件图。

模块一　板材眼镜架的结构及材料分析

一、板材眼镜架的基本结构

相比于金属眼镜架的结构，板材眼镜架的结构较为简单，基本结构只有两种：平桩头结构和弯桩头结构。

1. 平桩头结构板材眼镜架

平桩头结构板材眼镜架是指镜架桩头无须打弯，桩头底面与镜框表面几乎平行，成品镜架的桩头侧面与脚丝表面在同一平面的镜架。

平桩头结构板材眼镜架其镜框与镜腿装配使用的钉铰方向为90°左右，所以也称这种结构为90°钉铰结构。平桩头结构板材眼镜架如图5-1所示。

2. 弯桩头结构板材眼镜架

弯桩头结构板材眼镜架是指板材眼镜架的镜框与桩头一体，但桩头经热弯后与框面成约90°弯角，成品镜架的桩头表面与脚丝表面在同一平面。

弯桩头结构板材眼镜架其镜框与镜腿装配使用的钉铰方向为180°，所以也称这种结构为

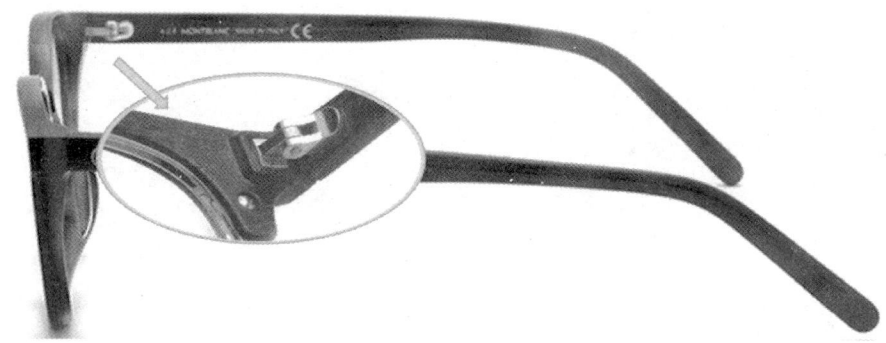

图 5-1　平桩头结构板材眼镜架实物图

180°钉铰结构。弯桩头结构板材眼镜架如图 5-2 所示。

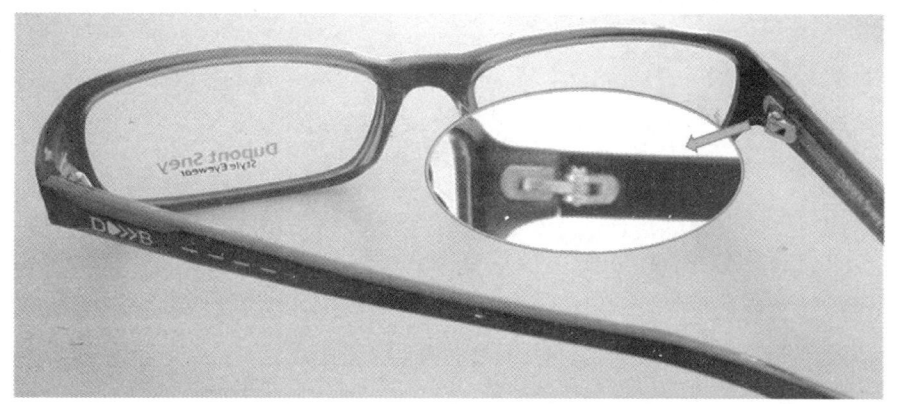

图 5-2　弯桩头结构板材眼镜架实物图

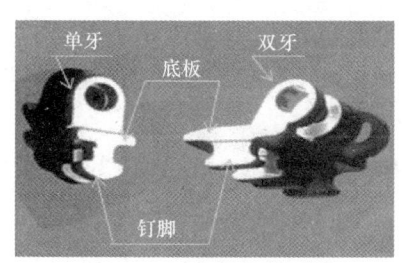

图 5-3　板材眼镜架常用钉铰结构实物图示

板材眼镜架常用钉铰结构如图 5-3 所示，图中左为 90°钉铰，右为 180°钉铰。

3. 板材眼镜架的镜腿结构

板材眼镜架的镜腿需要有金属芯，这个金属芯就是插针。插针的用途主要有两点：

（1）插入板材脚丝中心，起到加强脚丝强度和稳定脚丝形状的作用。

（2）插针上带有金属铰链，起到脚丝的装配连接作用。

板材脚丝插针一般均焊接有铰链，而与之相配的前铰为钉铰，钉铰的钉脚以热压的方式钉入镜框桩头底面。普通插针如图 5-4 所示。

二、板材眼镜架材料

板材眼镜架最常用的材料是乙酸乙烯树脂板料，乙酸乙烯树脂属于热塑性树脂。热塑性树

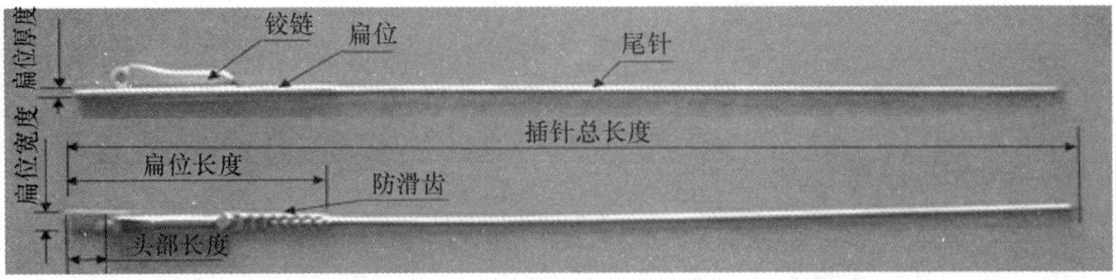

图 5-4　板材眼镜架镜腿插针实物图示

脂加热时变软直至呈液态，但随着温度下降，材料逐渐变硬，这种过程是可逆的，可以反复进行。

预制的板材原料有全色料、混色料和皮子料 3 种花色。板材眼镜架就是利用预制的树脂平板料，通过切削、热变形等加工制作的眼镜架。

用于制作眼镜架的板材与普通树脂相比具有下列性能特点：

（1）机加工性能好。

（2）透明性好。

（3）板材材质质感好，色彩丰富，可预制。

（4）表面易进行抛光和着色加工。

（5）板材相对密度小，材料韧性好，不易断裂。

（6）板材不易老化，经久耐用，不易产生过敏现象。

（7）耐燃性能好。

（8）易受酮和高浓度酸、碱侵蚀。

基于板材材料强度和耐磨性与金属材料的差异，板材眼镜架的装配结构件（铰链）一般为白铜或高镍白铜。此外，板材镜腿也需要使用金属芯作为强度及刚性的保证，这个金属芯是在板材镜腿热软化后插入的，故通常称为插针。常见的插针材料有高镍白铜和不锈钢两种。

模块二　板材光学眼镜架结构图绘制

下面我们以普通平桩头板材光学眼镜架为例，学习板材光学眼镜架结构图的绘制。参考图片如图 5-5 所示。

一、板材光学眼镜架主视图绘制

板材光学眼镜架主视图的绘制类似于钢片眉毛眼镜架，绘图步骤和方法如下。

1. 导入参考图片及图片方向和比例调整

运用绘图命令导入参考图片至 AutoCAD 绘图窗口的适当位置，调整图片方向使左右镜框上侧面至水平，然后根据镜架尺码缩放图片大小至设计值。

图 5-5　平桩头板材光学眼镜架实物图片

由参考图片脚丝底面印字可知，镜架尺码为 55□16-140，所以将参考图片缩放至内圈水平最大尺寸为 54mm。绘图界面如图 5-6 所示。

图 5-6　调整参考图片界面图

2. 板材光学眼镜架正视内圈形状绘制

板材光学眼镜架镜圈内圈绘制方法同其他镜架的镜片绘制方法一样，内圈轮廓全部由圆弧组成且所有相邻的圆弧都是相切关系。板材眼镜框内圈是由板材平板铣切加工出来的，量产时对加工效率是有要求的，因此铣刀强度及刚性要求较高，所以铣刀直径一般都大于 3mm，加工出来的弧半径在 3mm 以上，即板材镜框内圈最尖处半径不小于 3mm。

内圈轮廓绘制完成后，将其闭合，然后度量其最大水平尺寸并缩放至设计尺寸（54mm）。内圈绘图界面如图 5-7 所示。

图 5-7　板材光学眼镜架内圈绘制界面图

3. 板材光学眼镜架正视外框及托叶轮廓绘制

板材光学眼镜架镜框外框绘制方法同钢片眉毛眼镜架一样，所有轮廓线均为圆弧或直线，且所有相邻线段均为相切关系。绘制外框轮廓前，先绘制出镜架对称中心线，即距镜圈内圈中梁位象限点 8.5mm 的铅垂线。外框轮廓可以按参考图片描绘，但绘制时要注意下面几个问题：

（1）板材光学眼镜架镜框宽度，上眉部位通常比下框宽 10%~20%。下框部位的最小镜框宽度可以做到 1.8mm，实际上的最小宽度尺寸一般为 2.0~2.3mm，上眉部位最小宽度尺寸一般为 2.4~2.8mm。

（2）不管参考图片方向如何，镜框桩头端面轮廓均为铅垂线。

（3）为保证桩头装配脚丝后外形配合的吻合度，正视桩头近端面 2~3mm 部位，桩头轮廓应尽可能为平行线，所以此处桩头的外形轮廓应为"S"形弧线。

（4）板材光学眼镜架中梁强度要求其截面面积应不小于 12mm^2，按中梁厚度为 3.5~3.8mm 计算，中梁正视宽度应不小于 3.5mm，一般光学板材眼镜架中梁宽度为 4~5mm。

板材光学眼镜架的托叶一般与镜框一体制作，托叶轮廓在图库中都有保存，可以复制编辑得到，绘制托叶时要注意：托叶中心一般在镜片（内圈）水平中心线以下 2.0mm 处。板材光学眼镜架正视镜框轮廓及相关设计参数如图 5-8 所示。

4. 板材光学眼镜架主视图绘制

板材光学眼镜架的主视内、外框绘制好后，将内框轮廓向外偏移 0.5mm 就得到镜框内坑槽底轮廓（实际内坑槽深度可能大于 0.5mm），正视镜框内圈坑槽为不可见轮廓，故应用虚线表达。

以镜架中心线为镜像面，将绘制好的半个镜架主视图轮廓镜像后得到完整正视图，修正中梁中心部位轮廓后就是本款板材眼镜架主视图，如

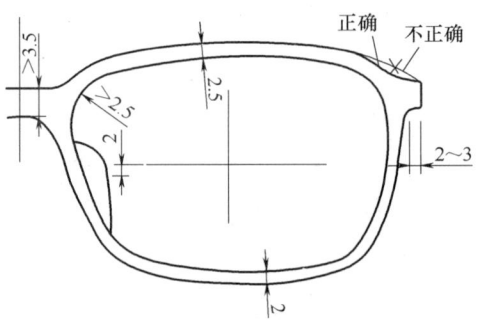

图 5-8　板材光学眼镜架正视镜框
轮廓及相关设计参数示意图

图 5-9 所示。

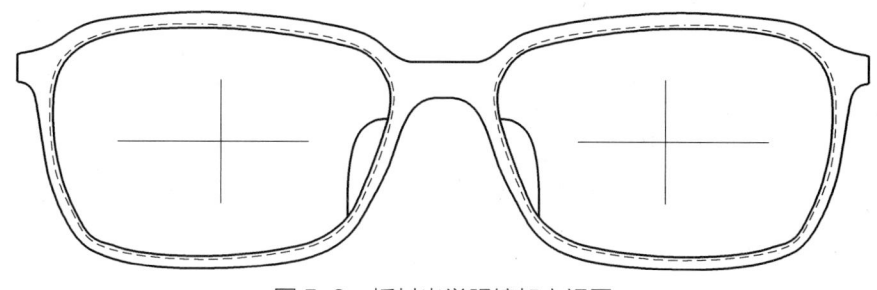

图 5-9 板材光学眼镜架主视图

二、板材光学眼镜架俯视图绘制

板材光学眼镜架镜框结构类似于钢片全框铣槽的金属镜架，其俯视图绘制方法也基本相似。板材光学眼镜架俯视图绘制步骤及方法如下：

1. 镜框镜圈部分俯视轮廓线绘制

由主视图镜框内圈象限点向上作铅垂线，再在主视图上方适当位置作一条 7°斜线与这两条铅垂线分别相交，然后以这两交点为起始点作一半径为 116mm 的圆弧，此圆弧就是板材镜框镜圈部分的表面轮廓线，向内偏移一个镜框厚度尺寸（3.8mm）就得到镜框底面轮廓线。普通光学板材眼镜架镜框部分厚度为 3.5~4.0mm。

板材光学眼镜架镜圈部分俯视轮廓线绘制界面如图 5-10 所示。

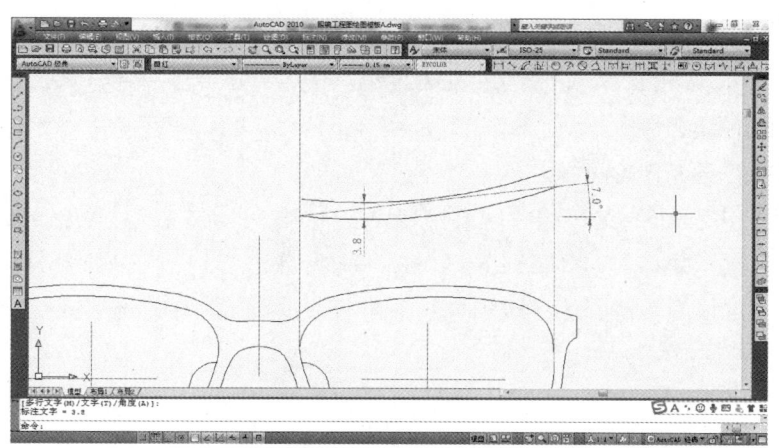

图 5-10 板材光学眼镜架镜圈部分俯视轮廓线绘制界面

2. 镜框中梁部分俯视轮廓线绘制

板材光学眼镜架中梁部位俯视轮廓绘制方法同钢片眉毛镜架，因工艺原因，俯视中梁表面压弯中心距镜圈最小为 2.0mm，表面拱弧圆半径一般为 10~15mm。

中梁轮廓绘制步骤及方法如图 5-11 所示。

（1）主视中梁压弯折痕线绘制。向外偏移主视图内圈 2~3mm，绘制出辅助线 A；作与镜

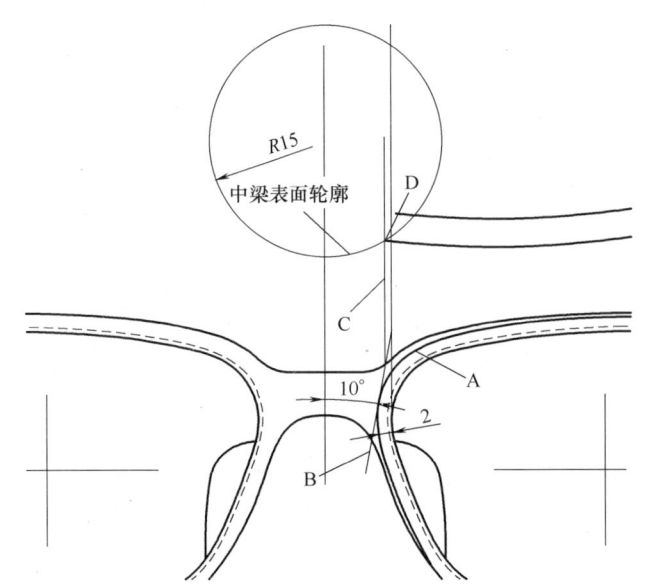

架中心线夹角 10°或 15°且与轮廓线 A 相切的直线 B，直线 B 即为主视中梁压弯折痕线。

（2）俯视中梁表面压弯位置绘制。由直线 B 与镜框外框轮廓线的交点向上作铅垂线 C 与镜框表面轮廓线相交于 D 点，D 点即为俯视中梁与镜框表面压弯位置中心。

（3）俯视中梁表面轮廓绘制。在镜架中心线上做半径 10～15mm 的圆并使之经过 D 点，该圆的中心线与 D 点间的这段弧就是板材光学眼镜架中梁表面俯视图轮廓线。

图 5-11　板材光学眼镜架中梁部分俯视轮廓线绘制方法示意图

（4）俯视中梁底面轮廓绘制。将表面轮廓线向内偏移 3.8mm（中梁与镜框厚度相同），得到中梁底面轮廓线。

（5）俯视中梁完整轮廓线绘制。剪切并删除多余线条，将中梁表面轮廓弧线与镜框表面轮廓线作半径 1.5～2.5mm 的倒圆角，就得到俯视中梁表面轮廓线。以同样方法绘制中梁底面轮廓线。

注意：底面倒圆角半径比表面倒圆角半径大一个中梁厚度（3.8mm），这样中梁与镜框才会是等厚的。中梁表、底面压弯位倒圆角半径关系如图 5-12 所示。

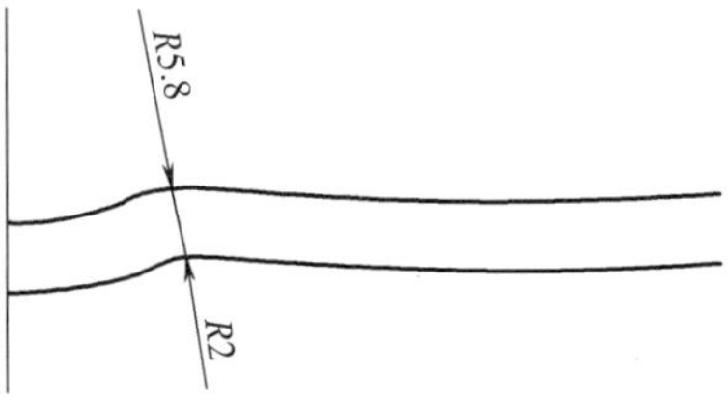

3. 镜框桩头部分俯视轮廓线绘制

（1）俯视桩头表面轮廓线及合口绘制。直线连接俯视镜圈轮廓线端点，并将其向外偏移 6～10mm，再将镜框表面轮廓线端点与偏移得到的直线相应端点用直线连接，这条直线就是俯视镜框桩头表面轮廓线。

由正视桩头端面轮廓线向上作铅垂线与桩头表面俯视轮廓线相交，这个交点以上 3.5～5mm 处就是桩头与脚丝的合口位置，具体尺寸视钉铰大小而不同。

俯视桩头表面轮廓线及合口绘制方法如图 5-13 所示。

图 5-12　板材光学眼镜架中梁压弯处表、底面轮廓倒圆角半径关系示意图

（2）俯视桩头轮廓线绘制。俯视桩头轮廓线绘制步骤和方法如图 5-14 所示。

首先经过表面合口作一直线与铅垂线成 4°～5°夹角，这条直线就是桩头端面轮廓所在线，即图 5-14 中直线 A；偏移直线 A，得到直线 B，直线 B 就是桩头内侧面轮廓所在线；连接 A、B 端点的直线就是桩头底面轮廓线，同时也是桩头与脚丝的合口面轮廓线。

（3）编辑绘制俯视桩头轮廓。编辑桩头轮廓，得到俯视桩头轮廓如图 5-15 所示。

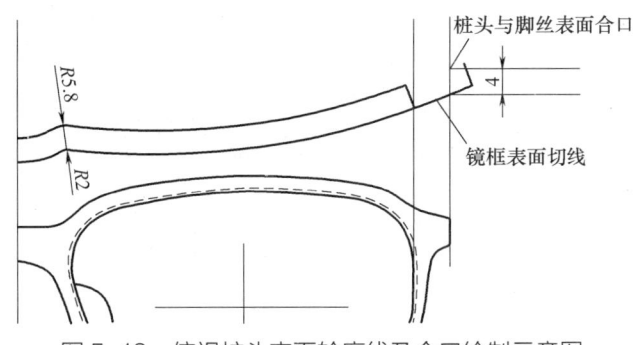

图5-13 俯视桩头表面轮廓线及合口绘制示意图

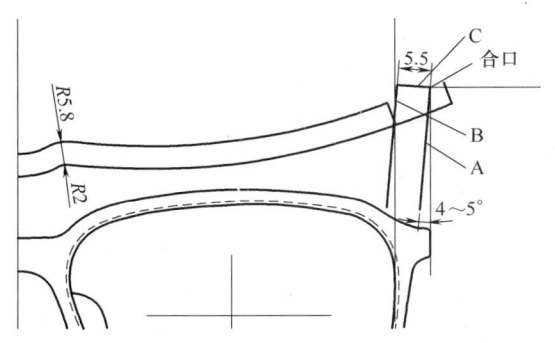

图5-14 俯视桩头轮廓线绘制步骤和方法示意图

桩头俯视图绘制完成后，须对其尺寸的合理性做一个检查。检查内容有两个方面：

① 检查桩头与钉铰装配后的相关尺寸。为最大程度地保证钉铰的牢固度，平桩头板材光学眼镜架钉铰钉入桩头后，底板与桩头底面平齐，底板边缘至桩头侧面距离不得小于1.0mm，钉脚距镜框表面不得小于1.0mm。钉铰与板材尺寸关系如图5-16所示。

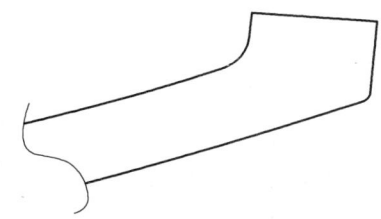

图5-15 俯视桩头轮廓图示

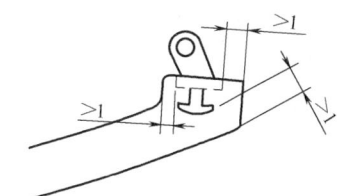

图5-16 钉铰与板材尺寸关系示意图

② 直接检查桩头相关尺寸。钉铰的钉脚高度（连底板）最小约3.0mm，因而桩头高度应大于3.5mm，否则钉脚离框面太近，从而导致钉脚位桩头表面隆起甚至被钉穿；钉铰底板最小尺寸约3.5mm，所以桩头底面尺寸不得小于5.5mm。板材眼镜架桩头部位最小尺寸要求如图5-17所示。

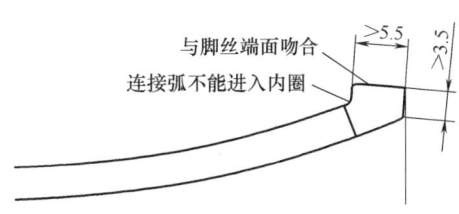

图5-17 桩头部位最小尺寸要求示意图

4. 托叶俯视轮廓线绘制

板材眼镜架的托叶（鼻托）是与镜框一体加工制作出来的，鼻托的形体及尺寸加工完成后是固定不变的，鼻托外形由专用的特型刀具制作，一般眼镜制造厂家有4~6把不同的叶子刀，即鼻托有4~6个标准形体，这些形体视图在图库中均有保存，绘制托叶视图时可以直接从图库拷贝编辑。

板材眼镜架俯视图中的托叶必须与主视图对齐，托叶高度有两个标准尺寸：9mm 和

11mm。前者适合欧美等地高鼻梁人种，后者适合亚洲等地低鼻梁人种。俯视托叶绘制界面如图 5-18 所示。

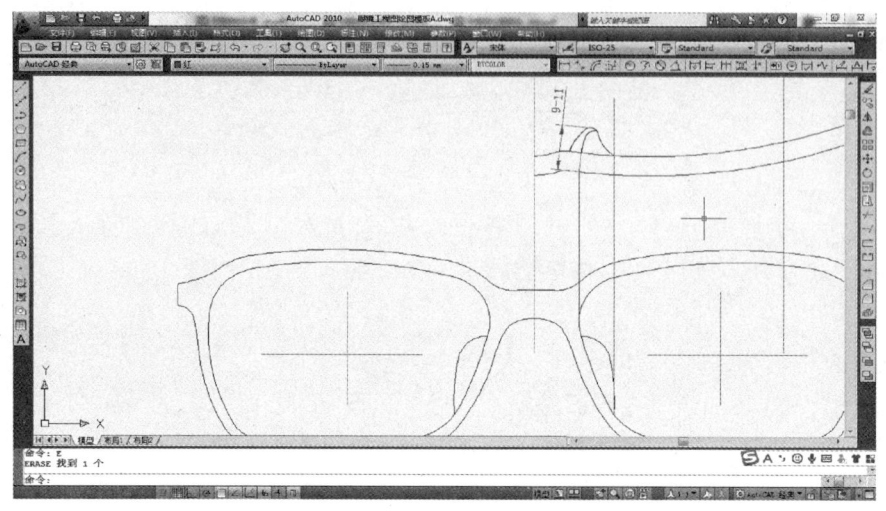

图 5-18　俯视托叶绘制界面

5. 脚丝俯视轮廓线绘制

板材眼镜架脚丝俯视轮廓绘制方法同其他镜架一样，在此不再讲述。

通常板材脚丝厚度为 2.6~3.2mm，且非特别设计时脚丝为等厚结构。板材脚丝不需要脚套，因此脾身与脾尾是一体的。脚丝俯视轮廓如图 5-19 所示。

6. 桩头与脚丝的装配结构绘制

板材眼镜架桩头与脚丝的装配是通过金属铰链连接的。平桩头镜架的前铰为钉铰，钉入镜框桩头底面，后铰焊接在插针上，与插针一同插入板材脚丝中心，后铰双牙露出脚丝底面与前铰单牙配合。板材眼镜架镜框与脚丝的装配结构如图 5-20 所示。在简化画法中，如果是普通钉铰和插针，那么不可见部分轮廓也可以不绘制出来。

7. 板材光学眼镜架俯视图

板材光学眼镜架俯视图如图 5-21 所示。

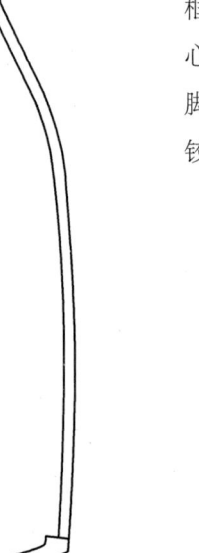

图 5-19　脚丝俯视轮廓图

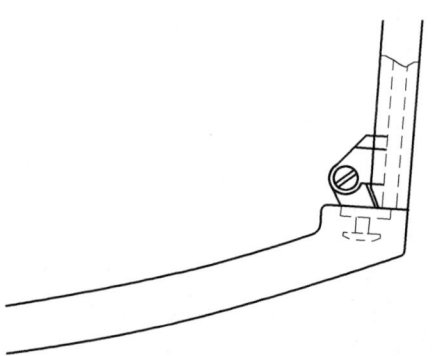

图 5-20　俯视板材光学眼镜架镜框与脚丝装配结构示意图

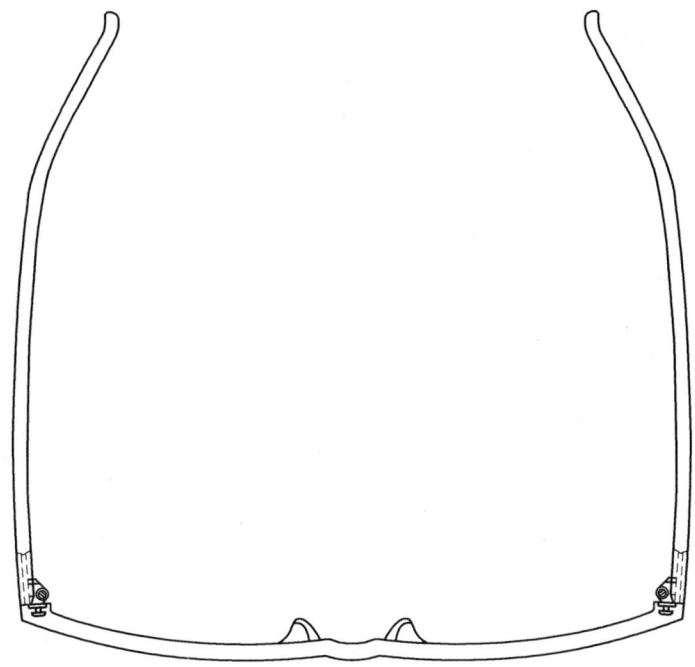

图 5-21　板材光学眼镜架俯视轮廓图

三、板材光学眼镜架侧视图绘制

下面我们分步讲解平桩头板材光学眼镜架侧视图简化画法的绘图步骤和方法。

1. 镜框侧视轮廓线绘制

（1）编辑创建块。复制主视图左镜框图形，以镜片垂直中心为边界，剪切出图 5-22 所示图形，将其创建为块。注意块的基点最好选择在图形下方某点。

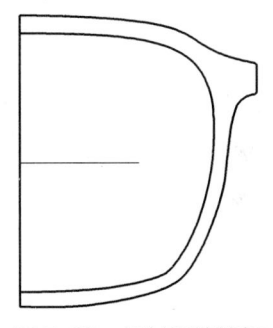

图 5-22　板材眼镜镜框块的创建界面

（2）插入块的比例计算。按图 5-23 所示，度量俯视图内圈对应的镜框表面高度（7.4mm）及主视图内圈最大水平半长（27mm），插入块的比例即为 74/270。注意计算插入比例时不要连带桩头，这样更准确。

（3）块的插入。输入块的插入命令，在弹出的"插入"对话框中按图 5-24 所示内容填写，其中旋转角度就是前框倾角。

填好后单击"确定"按钮，在合适位置插入图块，插入后的块的图形就是镜框表面侧视轮廓，如图 5-25 所示。

（4）板材镜框侧视轮廓绘制。块插入后，先将其分解，然后将镜框外框轮廓线水平向右复制至 3.8mm（镜框厚度）处就得到镜框外框底面轮廓。操作界面如图 5-26 所示。

用水平直线绘制镜框侧面相应轮廓，再绘制出镜片表面轮廓弧，最后将镜框表面轮廓死角处倒圆角（半径 0.5mm）就得到镜框侧视图，如图 5-27 所示。

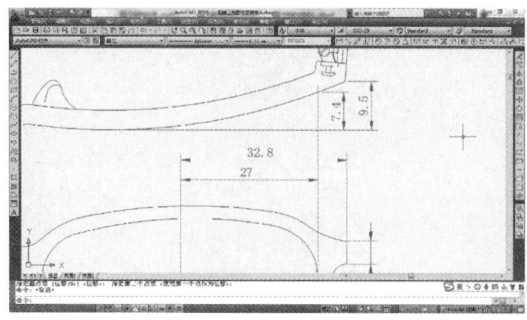
图 5-23　板材眼镜镜框块的插入比例度量界面

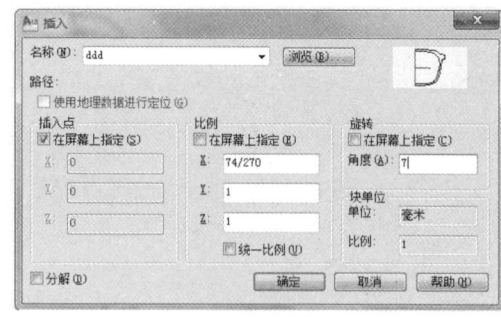
图 5-24　板材眼镜镜框块的"插入"对话框

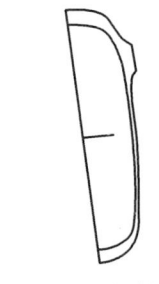
图 5-25　板材眼镜镜框块插入后的图形

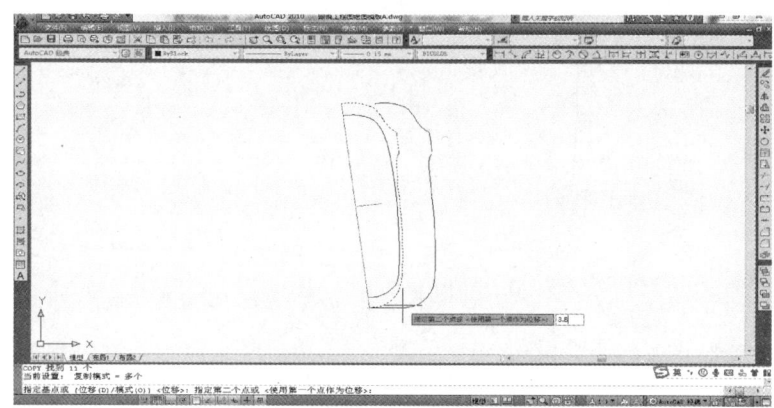
图 5-26　板材眼镜架镜框块的侧视轮廓绘制界面

2. 脚丝侧视轮廓线绘制

　　板材眼镜架侧视图中脚丝轮廓可以先根据参考图片描绘,描绘出的脚丝脾身部分,因图片角度与视图投影角度差异不大,可以直接运用。而脚丝尾部因弯脚及加工误差等原因,其轮廓与设计图有较大差异,必须进行修正。侧视脚丝轮廓绘制步骤和方法如下:

　　(1) 参考图片导入及处理。板材光学眼镜架侧视参考图导入并处理后的绘图界面如图 5-28 所示。

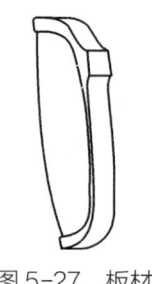
图 5-27　板材眼镜架镜框侧视图

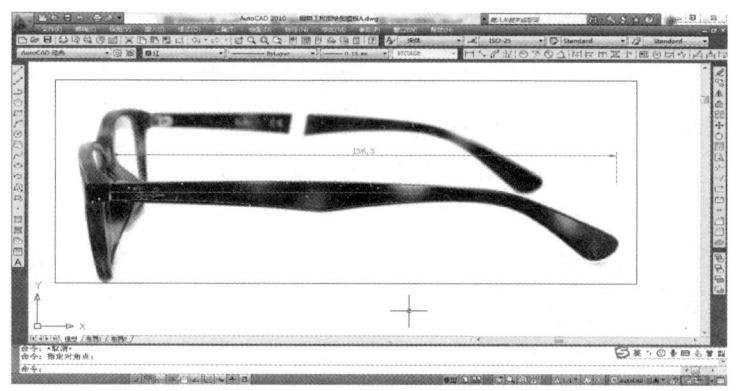
图 5-28　板材光学眼镜架侧视参考图导入并处理后的绘图界面

　　根据三视图的对应关系,侧视脚丝与俯视脚丝等长,度量俯视图脚丝长度为 136.3mm,

所以导入侧视脚丝图片后，先调整脚丝方向，使脚丝中心线处于水平位置，然后将脚丝长度缩放至 136.3mm，再进行脚丝外形描绘。

（2）板材脚丝形体描绘。按参考图片描绘出脚丝轮廓，然后根据镜框桩头宽度进行尺寸修正，修正后脚丝轮廓如图 5-29 所示。

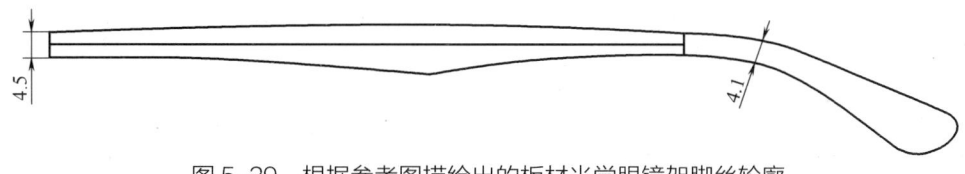

图 5-29　根据参考图描绘出的板材光学眼镜架脚丝轮廓

（3）脚丝尾部直体轮廓绘制。板材脚丝零件成品是未弯脚的直体形体，所以须绘制出其形状。板材脚丝尾部直体轮廓绘制方法与金属脚丝板材脚套的绘制方法一样。板材脚丝直体轮廓如图 5-30 所示。

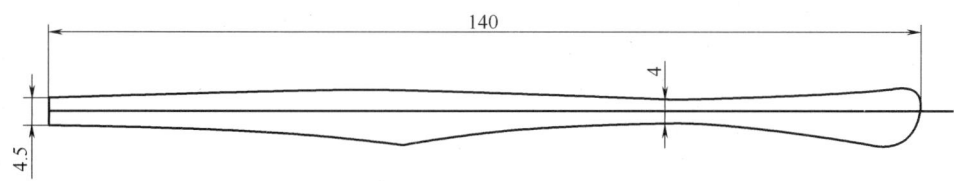

图 5-30　板材脚丝直体轮廓图

（4）板材脚丝侧视图绘制。成品板材眼镜架上的脚丝是经过弯脚加工的，弯脚后的脚丝轮廓绘制方法同金属脚丝的脚套一样，弯脚前的直体轮廓用假想轮廓线表达，侧视图中脚丝轮廓表达如图 5-31 所示。

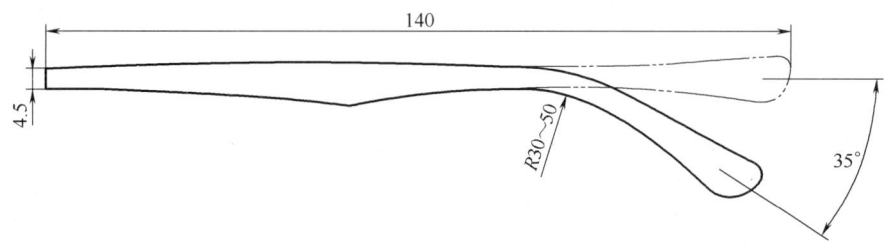

图 5-31　侧视图中脚丝轮廓表达图

3. 完整侧视图绘制

以脚丝端面中点为基点，将脚丝轮廓图移动至镜框侧视图桩头中心，修正脚丝与桩头轮廓，使合口处桩头与脚丝配合顺畅，完成板材光学眼镜架侧视图绘制，如图 5-32 所示。

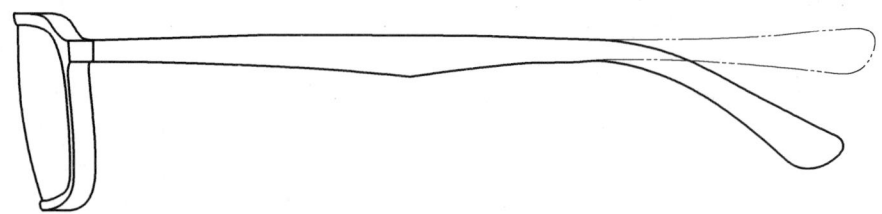

图 5-32　板材光学眼镜架侧视图

四、板材光学眼镜架结构图中的其他视图绘制

1. 片模加工图绘制

板材光学眼镜架的片模画法同金属光学眼镜架一样，但板材眼镜架镜框没有开口，因此片模上不需标注"C"位。板材光学眼镜架片模如图 5-33 所示。

2. 镜圈部位断面图绘制

板材眼镜架镜框是以平面树脂板料为原材料经一系列的机械切割加工制成的，在加工镜框时，除了要有外形加工要求外，还必须明确内圈坑槽加工所需的技术数据。内坑形状及结构在镜架三视图未能反映，所以必须表达出来。另外，板材脚丝基本轮廓及尺寸等加工要求的技术数据虽然在结构图中有所反映，但详细的形体，特别是表面形状效果也必须反映出来。断面图是反映这些技术数据，表达镜架表面或内部形状、结构等最好的方法。

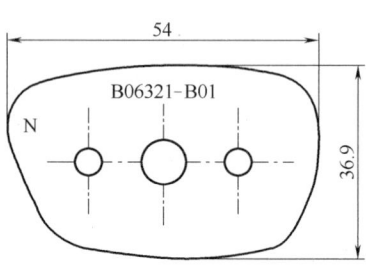

图 5-33 板材光学眼镜架片模图

在板材眼镜工程图简化画法中，一般最少要绘制一个镜框断面图和 2~3 个脚丝断面图。

（1）板材眼镜架镜框断面图绘制。板材眼镜架镜框断面一般取镜框外框的上（或下）象限点位置。断面图绘制步骤和方法如下：

① 镜框断面位置线绘制及断面轮廓线绘制。经过板材眼镜架镜框上眉部分的外框象限点作铅垂线并拉伸，这条直线就是断面所在位置。分别由这条直线与镜框的内、外框轮廓线和坑槽底轮廓线的交点，往镜架桩头方向作水平线，然后在适当位置作两条间隔 3.8mm（镜框厚度）的铅垂线与这三条水平线相交，三横两纵所围的"日"字形图就是断面外表面轮廓。如图 5-34 所示。剪切多余线段。

② 断面内槽轮廓线绘制。作垂直中心线与中间那条水平线相交，过此交点作与水平线成 35°的线段（直线或射线、构造线），镜像后得到夹角为 110°的两条相交线，如图 5-35 所示。剪切后就得到断面内槽轮廓，如图 5-36 所示。

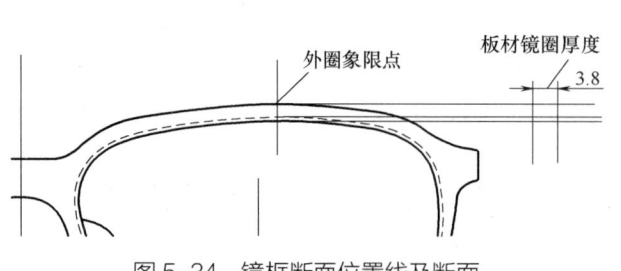

图 5-34 镜框断面位置线及断面轮廓线绘制方法图示

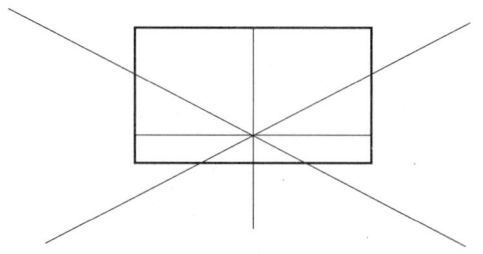

图 5-35 板材光学眼镜架镜框断面内槽轮廓线绘制示意图

③ 断面棱角倒圆角处理及实体部分填充。将内槽底角倒 0.3mm 圆角后上移至内槽底线位置，如图 5-37 所示。

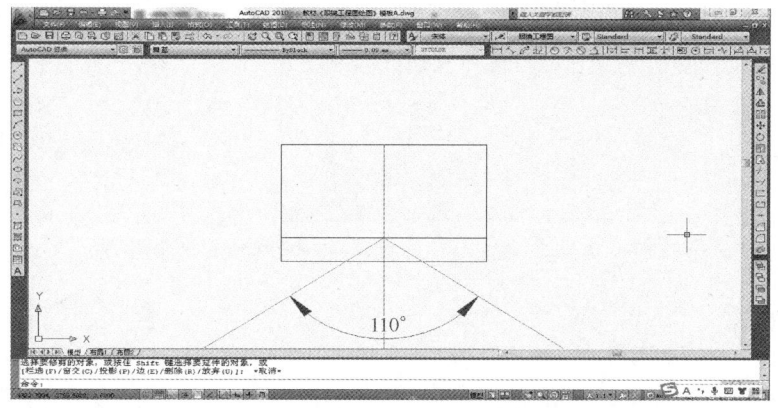

图 5-36　板材光学眼镜架镜框断面内槽轮廓线绘制界面

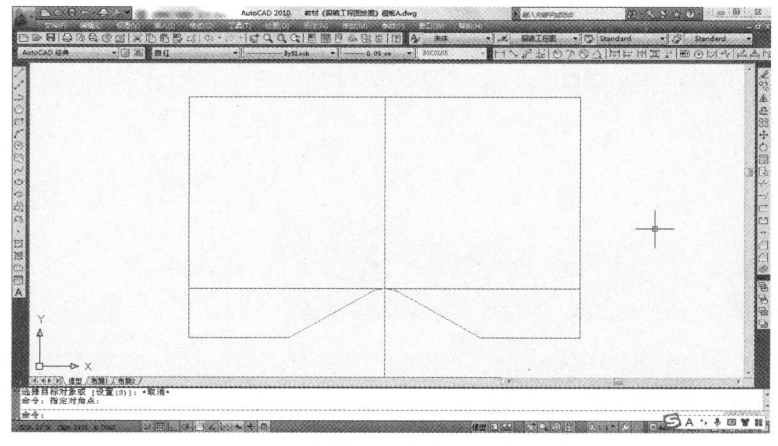

图 5-37　镜框断面底角倒圆处理界面

再将断面所有棱角作 0.5mm 倒圆角处理，删除绘图辅助线，填充断面实体面，完成镜框断面图绘制，如图 5-38 所示。

④ 断面位置及断面图标识。断面位置用两条短粗实线（不要与轮廓线相交）标志，断面名称用相同的两个大写英文字母标识，如果断面尺寸较小，可将断面图放大，并标注比例。断面位置及断面图标识方法如图 5-39 所示。

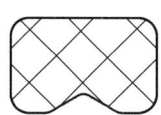

图 5-38　板材光学眼镜架镜框断面图

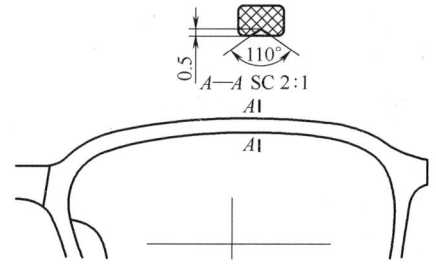

图 5-39　断面位置及断面图标识方法示意图

（2）板材脚丝断面图绘制。板材脚丝的表面形状在脚丝不同部位是不同的，其中差异较大的是三个部位：脾身部位、弯脚部位及脾尾部位。这三个部位必须有断面图以便指导加工。

板材脚丝断面图绘制方法同镜框断面图一样，但断面有不同材料零件或同一类材料的不同零件，断面实体填充时要加以区分。板材脚丝断面图如图5-40所示。

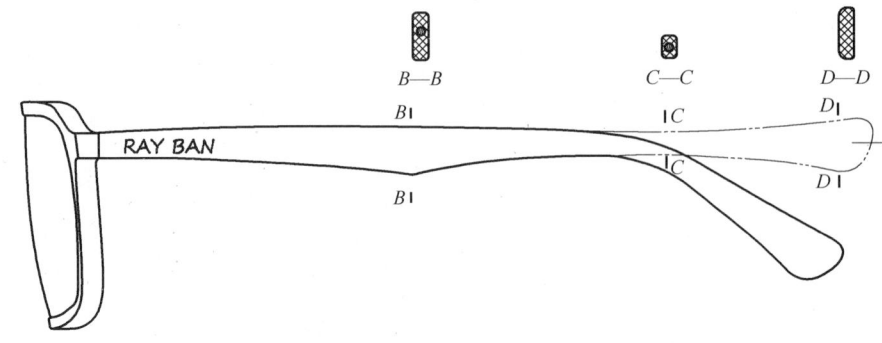

图5-40　板材脚丝各断面图

断面实体图案填充有以下几种情况：

① 单一零件。单一金属材料零件断面填充平行细斜线（ANSI31），非金属填充网状细线（ANSI37）。

② 不同材料的多个零件。断面内有两个或两个以上不同材料的零件实体，分别按材料类别填充。

③ 同一零件的不同实体区域。如果同一零件在断面内有两个或多个实体区域，则表示该零件实体的所有区域的填充图案、比例、角度均要一致。

④ 类似材料的相邻零件。在断面图内如果出现两个相邻的同类材料零件实体，则这两个区域的填充图案相同，但图案比例或角度必须要有明显区别。

3. 板材脚丝表面花纹绘制

板材零件表面花纹常见的有精雕花纹、激光花纹及油印花纹。精雕花纹和激光花纹基本都是加工出来的低级面。精雕花纹或标准字体文字均须描绘出来，而激光文字如果是标准字体可以从字库中选用。本款板材脚丝表面LOGO是标准字体，且为标准文字，所以可以直接选用，花纹效果一般采用"引线+文字说明"方式标注。本款板材脚丝表面花纹绘制如图5-41所示。

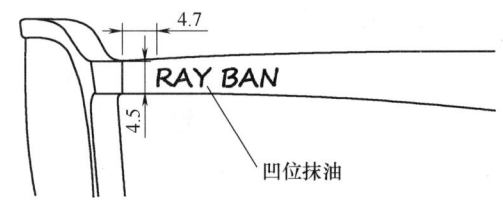

图5-41　板材脚丝表面花纹绘制示意图

五、板材光学眼镜架三视图尺寸标注

板材光学眼镜架三视图尺寸标注如图5-42所示（见附页13）。

六、图纸排版及标题栏和物料明细表

平桩头板材光学眼镜架结构图排版同普通金属眼镜架基本一样，不同的是镜框及脚丝断面图的排版。在机械制图标准里，移出断面图优选排布在断面同一位置，但眼镜结构图在使用A4纸排版时，各视图间隙较小，因此各断面图集中排布在俯视图两脚丝间的空白处。断面尺寸较小时，为更清晰地反映断面形状，往往要将断面图放大，因此断面图要标注断面位置名称和图形比例。

标题栏及物料明细表应按镜架实际内容填写。

完整的平桩头板材光学眼镜架结构图如图 5-43 所示（见附页 14）。

模块三 板材光学眼镜架零件图绘制

一、平桩头板材光学眼镜架镜框粗坯零件图绘制

板材框面打弯与金属钢片眉毛（框面）打弯不同，金属眉毛（框面）打弯会产生自由伸缩，所以金属眉毛（框面）打弯后的线性长度不发生变化，而板材打弯是在加热软化状态下进行的，打弯时很容易产生拉伸（或挤压）变形，所以板材框面打弯时需要模具定形。板材镜框打弯定形模由球面模和片模组成。

板材镜框粗坯零件图可以分为 3 个部分：中梁部分、镜圈部分和桩头部分。

1. 板材镜框粗坯中梁部位零件图轮廓线绘制

（1）板材镜框粗坯中梁部位主视轮廓绘制。在板材眼镜架现代制造工艺中，镜框加工制作前会将坯料进行中梁位预压弯，所以粗坯中梁部位主视轮廓与成品镜架几乎一样。

（2）板材镜框粗坯中梁部位俯视轮廓绘制。板材镜框粗坯除中梁部位有预压弯外，其余均为平板。镜框粗坯的托叶在镜圈压弯前后的变化很轻微，可以认为没变化。板材镜框中梁部位粗坯俯视轮廓如图 5-44 所示。

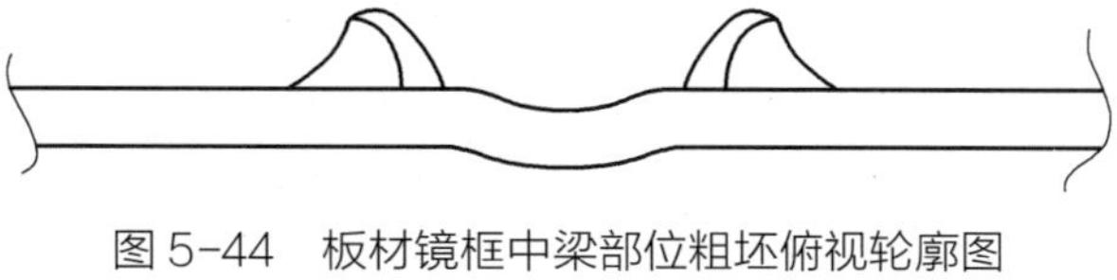

图 5-44 板材镜框中梁部位粗坯俯视轮廓图

2. 板材镜框粗坯镜圈部位轮廓绘制

（1）板材镜框粗坯镜圈部位主视轮廓绘制。板材镜框打弯是在加热软化状态下进行的，在打弯过程中镜框小量的拉伸变形会被允许，因而粗坯尺寸要求相对不是很严格，所以镜圈粗坯在近似画法中往往直接加长 A 位尺寸 0.4~0.8mm，B 位一般不变。作图方法和步骤如下：

① 镜框粗坯主视轮廓编辑。先复制主视图镜框作为镜框粗坯的基础轮廓，再将镜框内外圈轮廓线在上下象限点位置打断，水平移动桩头部分的半框 0.4~0.6mm 就得到板材镜框粗坯大致轮廓。绘制方法如图 5-45 所示。

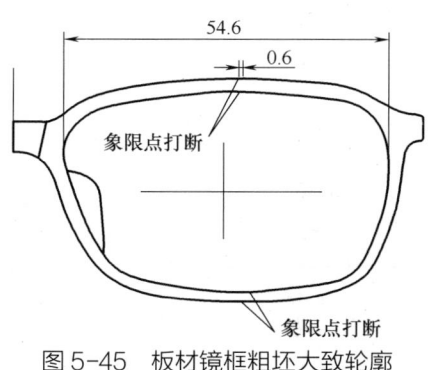

图 5-45 板材镜框粗坯大致轮廓

② 镜框粗坯主视轮廓绘制。过镜框象限点作水平直线，再删除断点处两端弧线，然后运用"相切、相切、相切"画圆命令修复镜框轮廓，再用同样方法修复其他镜框轮廓，延伸并剪切多余线段，完成镜框轮廓修复。粗坯镜框轮廓绘制方法如图 5-46 所示。镜框粗坯主视轮廓绘制完成后的图形如图 5-47 所示。

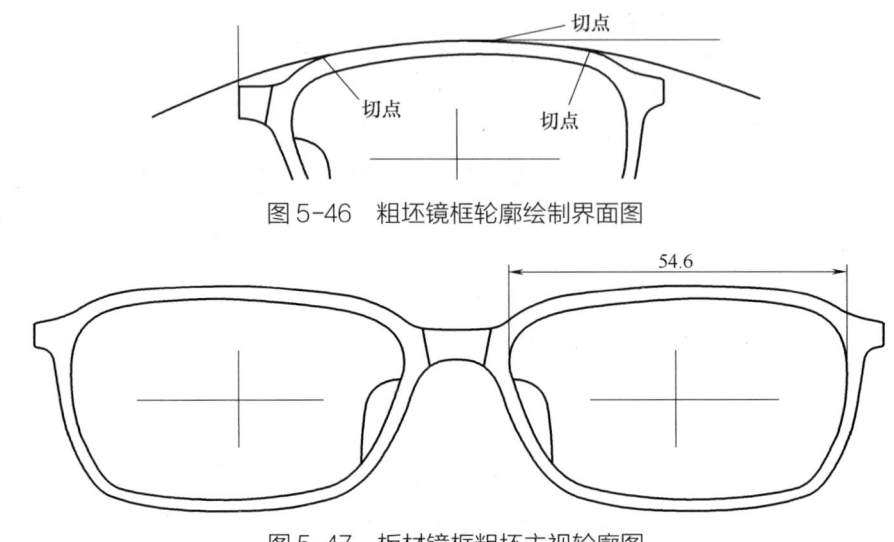

图 5-46　粗坯镜框轮廓绘制界面图

图 5-47　板材镜框粗坯主视轮廓图

（2）板材镜框粗坯镜圈部位俯视轮廓绘制。板材镜框粗坯的镜圈部位是同一平面，其表、底两面为间隔 3.8mm 的平行线。但成品结构图中省略的不可见内坑轮廓，在粗坯零件图中必须绘出。板材镜框粗坯镜圈部位俯视轮廓如图 5-48 所示。

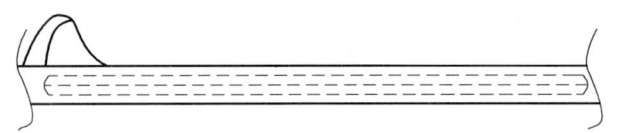

图 5-48　板材镜框粗坯镜圈部位俯视轮廓图

3. 板材镜框粗坯桩头部分轮廓绘制

（1）桩头粗坯俯视轮廓绘制。板材镜框与桩头是由同一块板料加工制成的，粗坯在压弯加工的过程中，只有镜圈部分产生变形，桩头本身不发生变形，只是改变了角度。但桩头在结构图主视图中的方向与粗坯主视图中方向不同，因此其视图有差异，最大的差异就在桩头水平尺寸上，通常差异大小为 0.3~0.5mm。这个差异可以在桩头端面进行补偿。

镜框粗坯桩头部分轮廓设计与绘图步骤和方法如下：

① 板材镜框粗坯桩头部位俯视轮廓绘制。复制主视图中桩头轮廓，度量桩头表面轮廓与水平线角度，然后将桩头表面轮廓旋转至水平位置。延长桩头表面直线，并向上偏移一个镜框厚度（3.8mm），得到板材镜框粗坯桩头部位俯视轮廓，如图 5-49 所示。

② 板材镜框粗坯桩头部位加工余量设计与

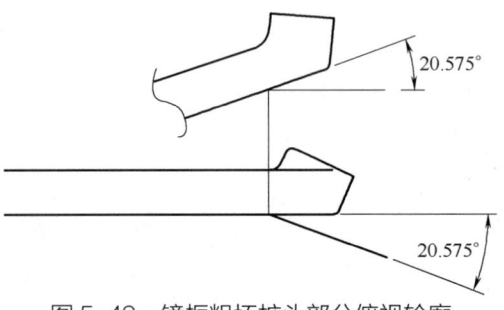

图 5-49　镜框粗坯桩头部分俯视轮廓

轮廓绘图。成品眼镜架的镜框桩头端面，装配后必须与板材脚丝表面十分吻合，所以断面必须有加工余量，在装配脚丝后再进行修整，加工余量不小于 0.5mm。整合镜框三个部分的轮廓，完成镜框粗坯俯视图，如图 5-50 所示。

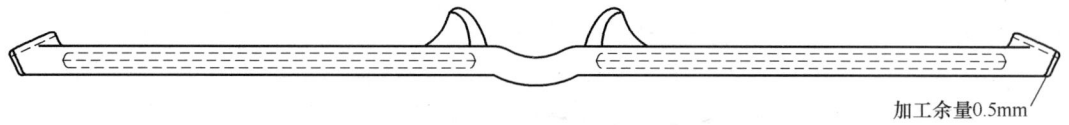

图 5-50　板材光学眼镜架镜框粗坯俯视图

（2）桩头粗坯主视轮廓绘制。在结构图中我们看到的是成品眼镜架的镜框桩头，是弯曲后的镜圈，而粗坯镜圈是未经压弯加工的平面形状，两者正视轮廓是有较大差异的。另外，桩头底面轮廓在结构图中并未反映出来，但在镜框粗坯零件图中必须绘制出来。

桩头端面在粗坯主视图中是一个可见的斜面，桩头底面是一个锥台状斜面，在主视图中这个锥台为不可见轮廓，但必须表达出来。镜框粗坯桩头部分主视轮廓如图 5-51 所示。

（3）桩头粗坯侧视轮廓绘制。镜框粗坯桩头部分侧视轮廓如图 5-52 所示。

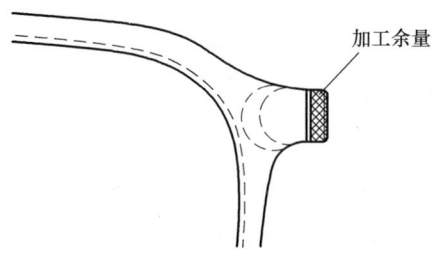

图 5-51　镜框粗坯桩头部分主视轮廓图

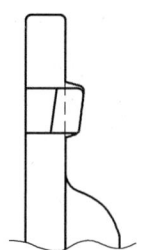

图 5-52　镜框粗坯桩头部分侧视轮廓

4. 板材光学眼镜架镜框粗坯零件图

根据加工工艺和检测要求标注零件尺寸后，按 A4 页面的排版要求及零件图模板，合理布局，完成零件图绘制。板材光学眼镜架镜框粗坯零件图如图 5-53 所示（见附页 15）。

二、板材光学眼镜架板材脚丝零件图绘制

在绘制板材脚丝零件图前，让我们先了解一下本款板材脚丝加工的主要工艺流程：板料开料—加热—打插针—表面处理—切头—激光（精雕）—抹油。

板材开料就是从树脂板料上切割出脚丝粗坯，粗坯形体与成品脚丝一致。无论是制作冲切模具还是直接使用数控加工设备切割，脚丝粗坯加工过程中均需要脚丝图形文件数据，所以板材脚丝零件图需要绘制粗坯图和成品（加工）图。

1. 板材脚丝粗坯图绘制

通常板材脚丝是等厚的，所以板材脚丝粗坯图只需要一个主视图就可以了。板材脚丝在装配前需配合桩头进行切头加工，所以脚丝端面需留有加工余量。板材脚丝脚头加工余量一般为 2~3mm。绘制方法如下：

（1）板材脚丝粗坯基本轮廓绘制。复制结构图中主视图的脚丝，删去弯曲后的脚丝尾部轮廓，修改直身部分脾尾轮廓线为可见轮廓线（粗实线）就得到板材脚丝粗坯基本轮廓图，如图5-54所示。

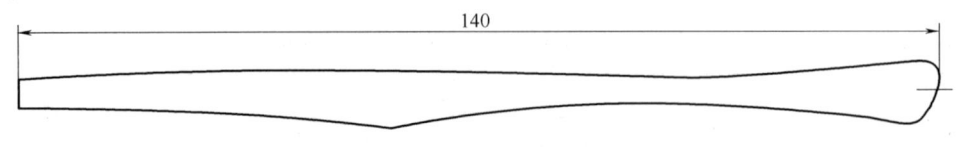

图5-54　板材脚丝粗坯基本轮廓图

（2）板材脚丝粗坯加工余量设计与轮廓绘制。加工余量的轮廓要与脚丝脾头吻合，通常就是脾头的延伸。向前偏移脚丝合口位垂线2~3mm，然后与脚丝侧面轮廓倒0.5mm的圆角，增加的部分形状就是加工余量，如图5-55所示。

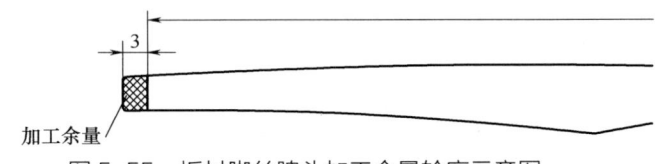

图5-55　板材脚丝脾头加工余量轮廓示意图

2. 板材脚丝加工图绘制

（1）板材脚丝插针位置和轮廓绘制。板材脚丝从粗坯到成品需要进行一系列的加工，每一道加工工序都必须有依据，这就是零件加工图。由板材脚丝加工工艺流程可知，板材粗坯开料后要打插针，所以脚丝加工图必须绘制出插针位置和插针形状。

插针结构前面已经介绍，本款板材脚丝所用插针是普通双牙插针。

插针一般位于脚丝中心，笔直插入至脚丝尾部8.0mm处。插针前段为偏位，宽度一般要比脚丝头部宽度小1.5mm以上，厚度为1.0~1.2mm，偏位长度为20~30mm；插针尾部为圆针，其形状与普通油压脚丝尾针相同，直径为1.3~1.4mm；板材插针通常位于脚丝粗坯的水平中心。

根据上述分析，我们可以绘制出插针位置及轮廓，如图5-56所示。插针扁位与尾针的过渡段轮廓绘制方法如图5-57所示。

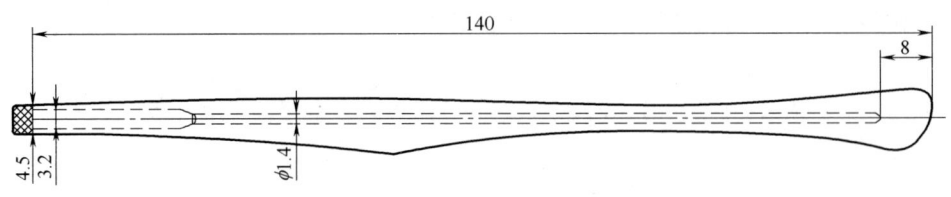

图5-56　板材脚丝插针位置及轮廓图示

（2）板材脚丝脾尾翻尾形状设计与绘图。翻尾就是将尾部3~5mm向外压弯30°左右，且脚丝底面与端面倒圆角半径比表面与端面倒圆角半径更大。这样的设计是为了防止眼镜架在佩戴时脚丝尾部戳到头皮，提高舒适度。板材脚丝翻尾形状如图5-58所示。

（3）板材脚丝断面形状表达。板材脚丝断面形状表达应比结构图中更详细，一般至少应在脚丝前段（插针扁位）、脾身部位、弯脚中心部位、脾尾（翻尾部位）及其他特殊位置作断

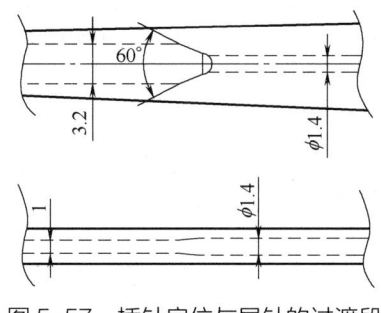

图 5-57　插针扁位与尾针的过渡段轮廓绘制方法示意图

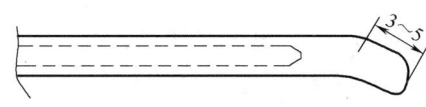

图 5-58　板材脚丝翻尾形状

面图。板材脚丝前段及脾身部位，其断面棱角作普通倒圆角处理（倒圆半径为 0.5mm）。普通倒圆角就是按照正常工艺及质量要求进行滚筒和抛光而得到的均匀倒圆角。

板材脚丝弯脚部位在镜架佩戴时处于人的耳根位，此处的截面形状为扁圆状最为舒适，因此要求此处脚丝棱角倒圆半径接近脚丝厚度的一半。

脾尾部分内侧棱角倒圆角半径要尽可能大；而外侧不影响佩戴感觉，所以外侧棱角倒圆角半径不小于 0.5mm 即可。

综上所述，板材脚丝弯脚部位 4 个棱角及翻尾部位的内侧 2 个棱角在滚筒前必须根据截面形状要求做特殊处理（手工倒圆角）。

板材脚丝 4 个部位断面图如图 5-59 所示。

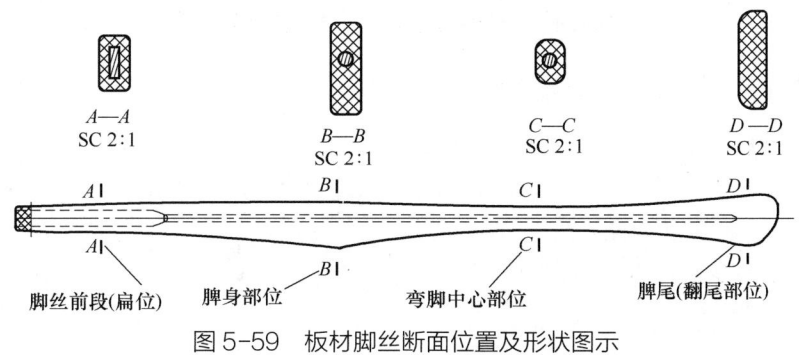

图 5-59　板材脚丝断面位置及形状图示

（4）板材脚丝表面花纹绘制。板材脚丝前段，成品与零件的加工形变非常微小，可以当作未变形，而板材脚丝表面花纹正处于脚丝前段，因此脚丝花纹可以直接复制。

3. 板材脚丝零件图

标注板材脚丝各部位尺寸。如果同一部位尺寸在粗坯图中已有标注，而该部位未做再加工，则此尺寸在零件图中也可以不标注。板材脚丝零件与其他眼镜零件一样，可使用相同的图纸排版格式及标题栏模板。A4 版面的板材脚丝零件图如图 5-60 所示（见附页 16）。

课后练习

练习并绘制弯桩头结构板材光学眼镜架全套工程图，参考图片如图 5-61 所示。

提示:

(1)弯桩头板材镜架俯视图的镜框画法与钢片眉毛镜架的眉毛相同,但镜框不一定等厚。

(2)钉铰结构:180°钉铰。

(3)镜框的内外框形状棱角特征要表现出来,脚丝表面金属 LOGO 不做。

(4)脚丝与桩头配合要自然、流畅。

(5)镜架尺码:54□17-135。

图 5-61　弯桩头结构板材光学眼镜架实物图

项目六

普通金属太阳眼镜架工程图

学习内容

1. 太阳眼镜架的结构特征和太阳眼镜架架弯确定。
2. 金属全框太阳眼镜架的相关参数。
3. 太阳眼镜架眼核图与主视图中内圈的关系及片模图绘制方法。
4. 全框金属太阳眼镜架的工程图绘图实训。

学习目标

1. 了解太阳眼镜架与光学眼镜架的结构差异,掌握太阳眼镜架镜圈俯视图绘制方法和步骤。
2. 了解太阳眼镜架各参数的变化规律和设计依据,能合理设计出镜架各参数。
3. 掌握太阳眼镜架眼核图的绘制方法和步骤,能正确绘制出太阳眼镜架的片模。
4. 能够绘制出全框太阳眼镜架简化工程图。

模块一 太阳架结构特点及其架形参数设计原理

一、太阳眼镜架的结构特点

太阳眼镜架与光学眼镜架是眼镜架的两大分类,光学眼镜的主要功能是纠正视力,提高人们的视物清晰度,其佩戴时间很长,因此光学眼镜架的设计较偏重于光学要求和佩戴舒适度。而太阳眼镜的主要功能是保护眼睛,同时也常常作为时尚产品使用,因此在设计理念上,太阳眼镜架更偏重人体工程学和时尚性。

与光学眼镜架相比,太阳眼镜架在结构上具有以下不同:

(1)镜片尺码和弯度不同。为了更好地保护眼睛免受强光刺激及风沙侵扰,太阳眼镜架的镜片尺寸需要更大,且更贴合人脸轮廓,因此太阳眼镜架与光学镜架相比,镜片尺寸更大(56码以上)、镜片弯度更大(600~700)等特点。

(2)镜圈规格不同。太阳眼镜架片形尺码较大,因而镜圈刚性减小,所以需要更大规格的圈丝或材料强度更高的圈丝,一般太阳眼镜架所用圈丝规格为宽2.0~2.2mm,厚1.0~1.3mm。

太阳眼镜架的镜片是成品镜片，消费者可以直接使用，所以镜片的加工可以在工厂批量进行，因此太阳眼镜架常用"U"形圈丝。"U"形圈丝装配的镜片加工难度大，但镜片装配后的稳定性（牢固度）更好。

（3）中梁尺码不同。太阳眼镜架的片形尺码较大，使得左右镜圈的间距更小，因此镜架中梁尺码较小。一般太阳眼镜架中梁尺码为12~16码。

（4）镜架弯度不同。太阳眼镜架的架弯更贴合人脸弧度，镜架弯度更大。对于国内及东亚市场，太阳眼镜架架弯一般为11°~15°。欧美市场的镜架架弯更大，大尺码太阳架的架弯甚至超过20°。

（5）脚丝长度不同。大尺码的镜片和大镜弯的镜架框面，使得脚丝合口位置更接近耳根部位，因此镜架脚丝长度更短。一般太阳眼镜架的脚丝长度为115~130mm。

（6）桩头长度、弯位弧度和弯角不同。太阳眼镜架的架弯较大，弯位弧度也较大（$R5.0$~$8.0mm$），因而桩头弯位更直，桩头长度更短。一般情况下太阳眼镜架桩头长度为12~15mm。

（7）夹口规格不同。全框太阳眼镜架和全框光学眼镜架一样也有夹口，但因为桩头较短，没有足够空间，所以一般只能使用立式夹口。

（8）铰链结构不同。太阳眼镜架镜片尺寸大，脚丝长度短，因此脚丝在收拢后脚尾往往会敲击镜片底面，为了防止这种情况出现，太阳眼镜架所使用的铰链均具有定位功能，即铰链的开合角度是按要求设计的。

（9）脚丝形体不同。与光学眼镜架相比，太阳眼镜架脚丝侧视形体，尾部下弯角度较小，一般为25°~30°，弯位弧半径比光学眼镜架更大，一般为50~80mm。脚丝俯视形体，脚身部位抛弧更大（拱弧高度更大），脚尾间距更小（80~90mm），整个脚丝没有明显的弯位，形体更流畅。

二、太阳眼镜架架弯设计

根据行业普遍认可的镜架弯度标准，普通光学眼镜架架弯为450弯，俯视其镜圈的四个象限点处于一个半径约为300mm的圆周上；架弯600弯的镜架，俯视其镜圈的四个象限点处于一个半径为190mm的圆周上；架弯800弯的镜架，俯视其镜圈的四个象限点在半径为120mm的圆周上。镜架弯度与其镜圈象限点所处圆的半径关系如图6-1所示。

由图6-1我们可以看出，镜架弯度越大，其镜圈象限点所处圆的半径越小。

另外在绘制光学眼镜架时，我们通常用镜圈表面象限点连线与水平线夹角来标注架弯，这样的标注方法实际上是考虑测量因素，其实这个角度会受到中梁尺寸及镜圈尺寸的影响，只是光学眼镜架的中梁和镜圈尺寸变化范围较小，所以几乎都是7°。

我们可以通过作图来说明镜架弯度与镜圈尺寸的关系。如图6-2所示，当镜圈尺寸小于51mm（镜片尺码50）时，镜架弯度取整后为6°；而当镜圈尺寸为60mm（镜片尺码59）时，镜架弯度才大于7.5°；普通光学镜架根本就没有这么大的尺码，所以常见的光学眼镜架架弯

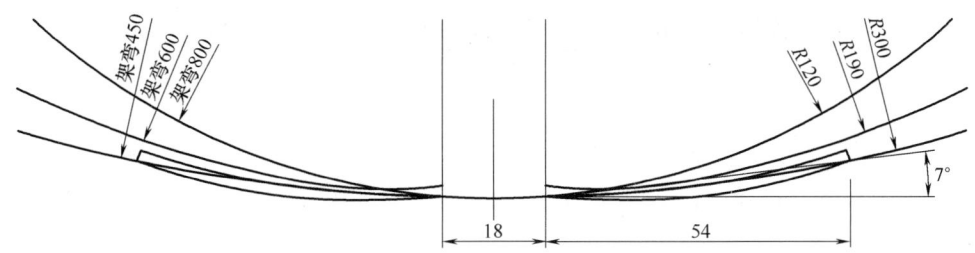

图 6-1 镜架弯度与其镜圈象限点所处圆的半径关系

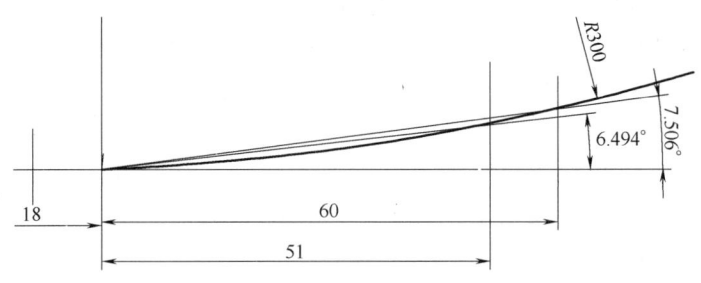

图 6-2 镜架弯度与镜圈尺寸的关系图示

几乎都为 7°。这就是在绘制普通光学眼镜架工程图的俯视图时,直接将镜架弯度设计为 7° 的原因。

三、太阳眼镜架的正视图圈形与实际圈形的关系

在眼镜工程图的近似画法时,光学镜片的形状和实际主视图片形的差异是被忽略了的,但在绘制太阳眼镜架工程图时,因为镜架弯度较大(通常在 10° 以上),主视图片形与实际片形的差异无法忽略。

那么,太阳眼镜架主视图镜圈最大水平尺寸与实际镜圈最大水平尺寸之间是否存在关系?或者它们之间存在何种关系?下面就以镜框尺码为 58□15 的全框金属太阳眼镜架(架弯 600 弯)为例,通过作图的方法来找出它们之间的关系。

1. 镜架中心线及架弯圆绘制

作半径为 190mm 的圆,过圆最低点作铅垂线,此圆即为架弯 600 弯的镜架镜圈象限点所在圆,这条铅垂线就是镜架对称中心线,作图界面如图 6-3 所示。

2. 俯视镜圈象限点绘制

根据镜框尺码 58□15 可知,镜架中梁位最小外圈尺寸为 14mm,外圈最大水平尺寸为 59mm,所以中梁位外圈象限点只要偏移中心线 7mm 就可以作出。以中梁位象限点为圆心作半径为 59mm 的圆与镜架弯度圆(半径为 190mm)相交,这个交点就是镜圈外圈桩头位的象限点,如图 6-4 所示。

3. 太阳眼镜架镜圈主视图水平尺寸与实际尺寸关系

图 6-4 中的外圈象限点连线与水平线的夹角就是镜架弯度(11°),两个象限点之间的矢

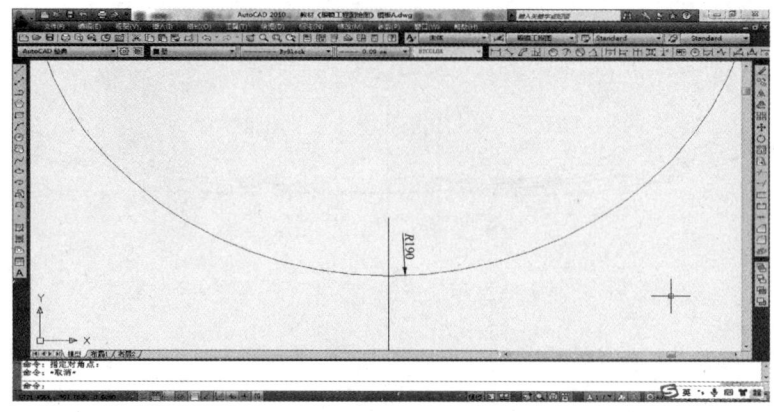

图 6-3 镜架中心线及架弯圆绘制界面

量尺寸就是实际外圈尺寸（59mm），而它们之间的水平线性尺寸就是主视图外圈尺寸（57.9mm）。太阳眼镜架镜圈主视图水平尺寸与实际尺寸关系如图 6-5 所示。

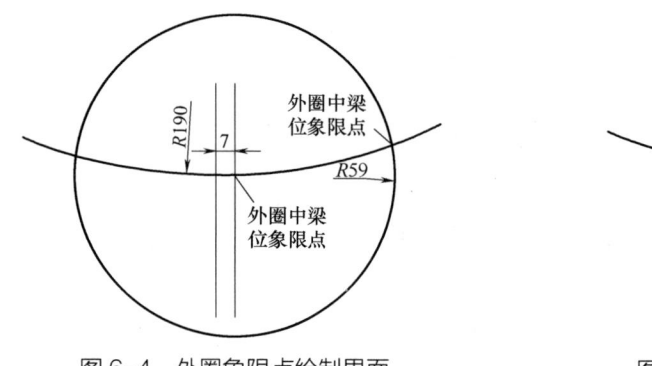

图 6-4 外圈象限点绘制界面

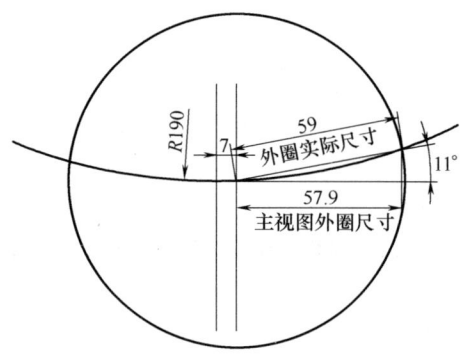

图 6-5 太阳眼镜架镜圈主视图水平尺寸与实际尺寸关系

模块二 普通金属全框太阳眼镜架结构图绘制

下面我们就以图 6-6 所示普通金属太阳眼镜架为例，学习绘制太阳眼镜架工程图。

一、普通金属太阳眼镜架主视图绘制

1. 参考图片导入

导入参考图后，调整图片方向使图中眼镜架左右桩头呈水平状。

2. 计算正视镜圈水平尺寸并对图片进行缩放

（1）作图求主视图内圈尺寸。本款太阳眼镜架我们按尺码 58□13-130 进行设计绘图，由

项目六　普通金属太阳眼镜架工程图

图6-6　普通金属太阳眼镜架实物图

此可知，镜架内圈尺寸为57mm，中梁位内圈最小间距为14mm。照此参数，按前面讲解的作图方法作图，如图6-7所示。由图可知，镜架主视图内圈最大水平尺寸为56mm，俯视镜架弯度为11°。

（2）参考图缩放。将参考图尺寸缩放至镜架内圈最大尺寸为56mm，如图6-8所示。

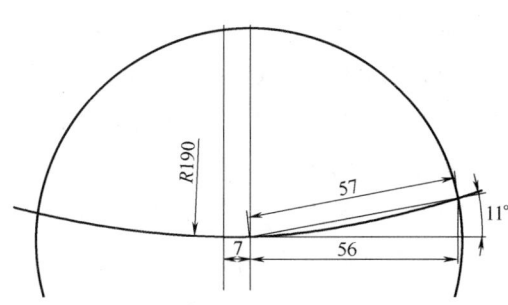

图6-7　主视图内圈尺寸作图求解方法示意图

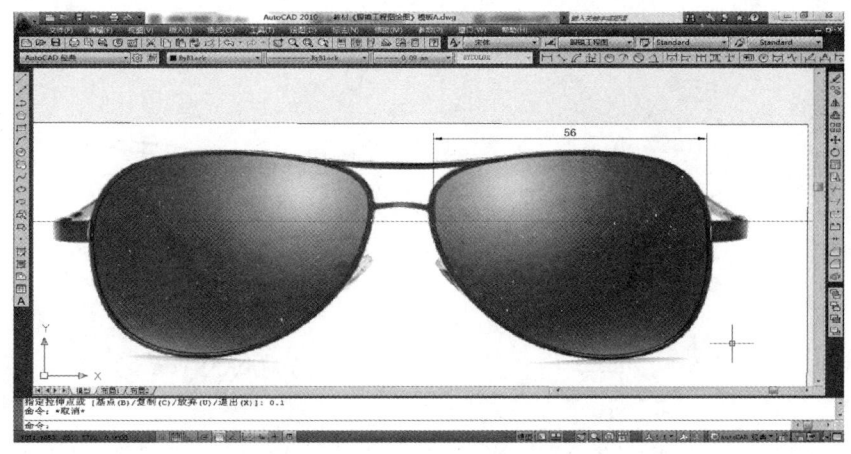

图6-8　参考图片缩放后的界面

3. 镜圈绘制

同普通全框光学眼镜架一样，依据参考图描绘正视镜圈内圈，然后合并。内圈描绘好后度量水平最大尺寸是否与设计尺寸一致，否则再次将图片及描绘的内圈轮廓线一同缩放至设计尺寸。

将内圈向外偏移 1.0~1.2mm（圈丝厚度）得到外圈轮廓，完成镜圈轮廓图绘制。

4. 中梁及上梁轮廓绘制

（1）绘制镜架对称中心线。由内圈中梁位象限点作铅垂线，然后往外偏移 7mm（内圈间距的一半），就得到镜架对称中心线。

（2）中梁及上梁轮廓描绘。本款太阳眼镜架是典型的双梁结构，双梁结构的镜架，其中梁与上梁的截面面积之和不能小于普通中梁。

由图片分析得出，本款中梁及上梁均为高镍白铜油压件。中梁搭圈底焊接，宽度尺寸较小，为 1.2~1.3mm；因宽度较小，所以中梁厚度尺寸不可过大，一般为 1.8~2.0mm。上梁贴圈面焊接，厚度尺寸不应过大，否则高出圈面太多，所以上梁厚度一般为 1.0~1.2mm。注意：上梁贴圈面部分必须与内圈吻合，不可见轮廓可以省略。描绘出中梁及上梁轮廓后的图形如图6-9所示。

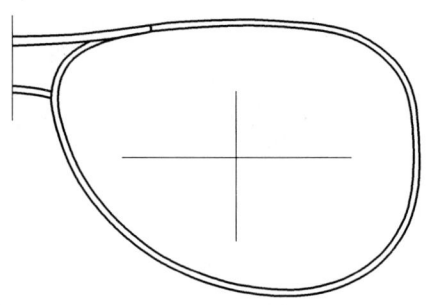

图 6-9　太阳眼镜架正视镜圈、中梁和上梁轮廓图

5. 正视桩头轮廓线绘制

参考图片存在俯视角度，所以桩头轮廓有些上翘，实际桩头纵向中心线应为水平线，且桩头两侧面应为对称形状。桩头轮廓描绘出来后应做修正（旋转至上下对称），桩头合口线为铅垂线，桩头棱角倒圆角半径为 0.3mm，桩头贴镜圈表面焊接，不可见轮廓可以删除。太阳眼镜架正视桩头轮廓图如图 6-10 所示。

6. 正视烟斗及托叶绘制

正视烟斗与托叶视图可以直接从图库复制，烟斗孔中心位于镜片水平中心以下 2mm 处。正视烟斗及托叶轮廓如图 6-11 所示。

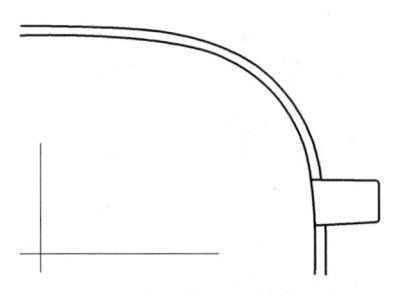

图 6-10　太阳眼镜架正视桩头轮廓图

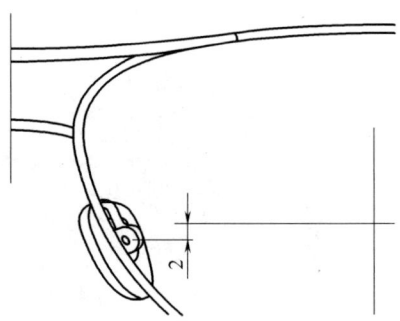

图 6-11　正视烟斗及托叶轮廓

7. 镜像并修正中梁及上梁轮廓

以镜架中心线为镜像线，镜像得到镜架正视图轮廓。但中梁及上梁由镜像得到的轮廓不一定是顺滑连接，必须进行轮廓线修正，修正方法和普通镜架中梁绘制方法一样。中梁及上梁修正后就得到太阳眼镜架的主视图，如图 6-12 所示。

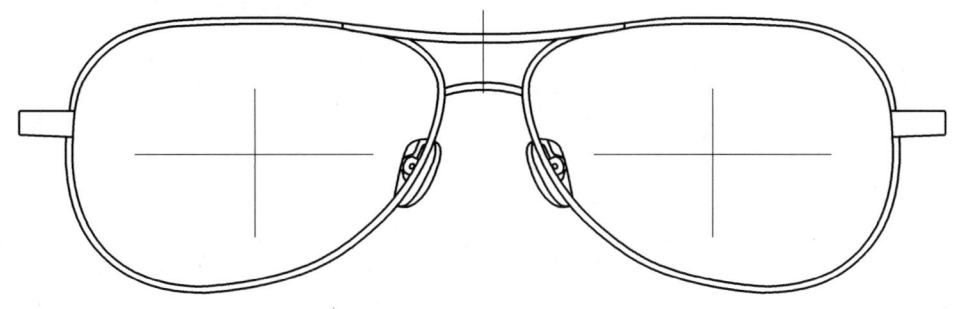

图 6-12　太阳眼镜架的主视图

二、太阳眼镜架俯视图绘制

太阳眼镜架俯视图的绘制步骤基本与普通光学眼镜架相同，不同之处在于各结构的设计参数。绘图步骤和方法如下：

1. 俯视镜圈象限点确定

不同中梁尺码及镜片尺码的太阳眼镜架，其俯视图中镜架弯度有较大差异，在近似画法中，允许镜架弯度误差为 ±0.5°。太阳眼镜架俯视图镜圈象限点有两种方法可以确定：

（1）前面我们已经通过作图（图 6-7）的方法度量得出本款太阳眼镜架架弯角度为 11°，所以在绘制俯视图时可以直接作一条 11°的斜线与由主视图镜圈象限点向上所作的辅助线相交，从而确定俯视镜圈的象限点。

（2）以镜架中心线上某点为圆心作半径为 190mm 的圆，此圆与由主视图外圈两个象限点向上作出的铅垂线相交的两点，就是俯视镜圈外圈象限点。

确定太阳眼镜架俯视镜圈象限点的两种作图方法如图 6-13 所示。

2. 俯视镜圈轮廓线绘制

600 弯（6.0C）的太阳眼镜架，其镜片球面半径为 87.2mm（523/6.0≈87.2），在近似画法中，俯视镜圈轮廓就用与球面半径相同的圆弧替代，因此在确定俯视镜圈的两个象限点后，可以用"起点、端点、半径"的画弧命令绘制出镜圈表面轮廓线，然后向内偏移 2.0～2.2mm（圈丝宽度）得到镜圈底面轮廓线，分别用直线连接两弧的两个端点，就绘制出俯视镜圈轮廓图，如图 6-14 所示。

3. 俯视中梁及上梁绘制

本款双梁太阳架的中梁为搭圈底焊接，搭接厚度在 0.8～1.0mm 为最佳效果，中梁总厚度为 1.8～2.0mm。中梁较短，拱弧半径较普通光学眼镜架要小，一般中梁表面拱弧半径为 10～15mm。

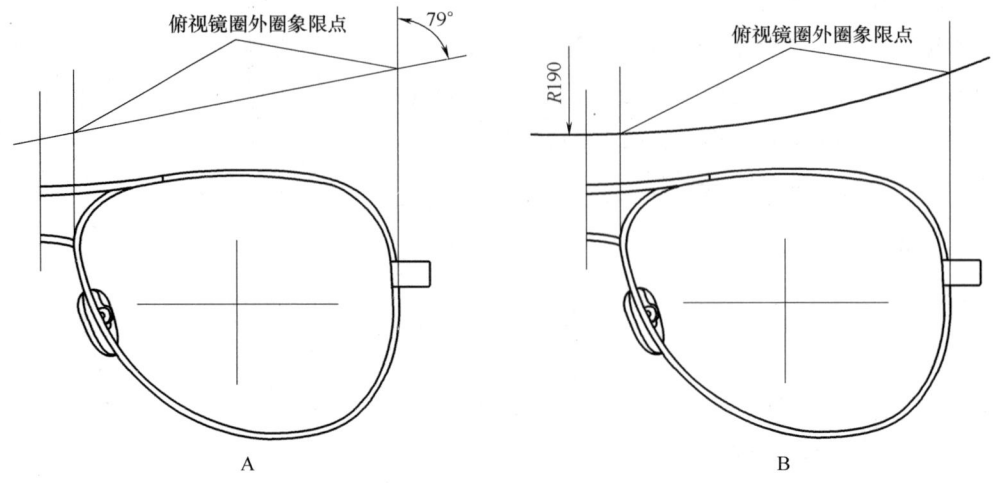

图 6-13 确定俯视镜圈的象限点的两种作图方法示意图

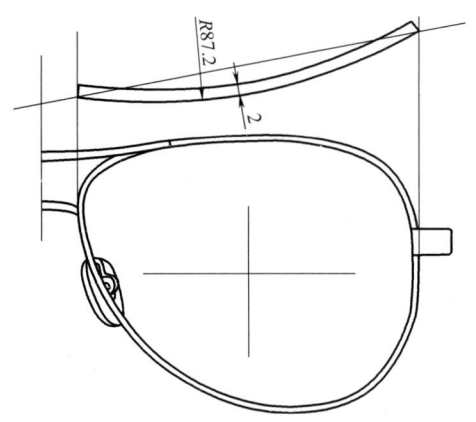

图 6-14 俯视镜圈轮廓绘制方法示意图

根据上述条件就可以绘制中梁轮廓，绘图步骤和方法如下：

（1）俯视中梁拱弧表面轮廓绘制。向内偏移镜圈底面轮廓弧 0.8mm，得到中梁头部底面轮廓。再以镜架中心线上任意点为圆心，作半径分别为 13mm 和 15mm 的同心圆（中梁厚度设计为 2mm），然后将这两个同心圆上下移动至与底面偏移得到的弧的端点相交，就得到中梁拱弧部分轮廓，如图 6-15 所示。

（2）俯视中梁头部轮廓绘制。由正视中梁与内圈的相交点（象限点）作铅垂线与俯视镜圈表面相交，再由此交点作镜圈弧垂直线与中梁底面轮廓线相交就得到中梁端面轮廓。

剪切多余线段，将中梁底面拱弧部位轮廓与头部轮廓倒半径为 2～3mm 的圆角，得到中梁俯视轮廓图，如图 6-16 所示。

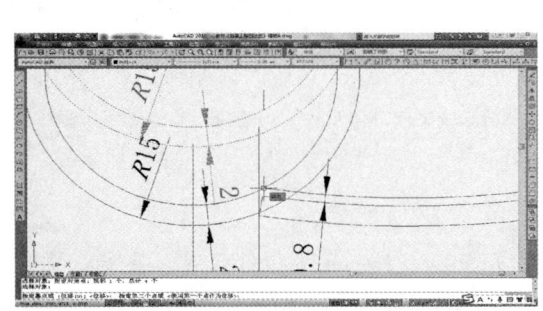

图 6-15 俯视中梁拱弧表面轮廓绘制界面

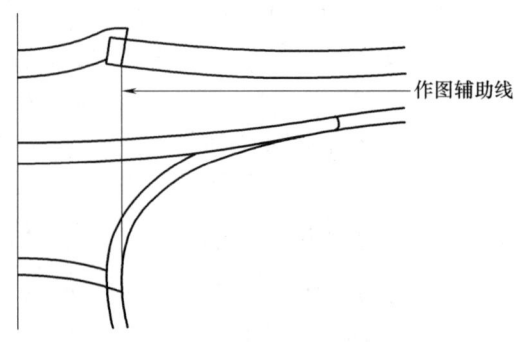

图 6-16 中梁俯视轮廓图

4. 上梁绘制

俯视上梁形体，有轻微前拱，拱高为 1.0~1.5mm；上梁厚度为 1.0~1.2mm，上梁贴镜圈表面焊接，焊接部位底面与镜圈贴合，上梁端面厚度为 0.6~0.8mm。根据这些参数就可以绘制出上梁。绘制步骤和方法如下：

（1）俯视上梁表面轮廓绘制。向外偏移俯视镜圈表面轮廓 0.5~0.8mm，与由主视图上梁端面象限点向上所作铅垂线相交，以此交点及其对称点为起始点作一拱高为 1.0~1.5mm 的圆弧，这条弧就是上梁表面轮廓。俯视上梁表面轮廓绘制方法如图 6-17 所示。

（2）上梁俯视图绘制。将上梁表面俯视轮廓向内偏移 1.0~1.2mm，得到上梁俯视底面轮廓，以镜圈表面轮廓线及镜架中心线为界，剪切上梁轮廓，上梁端面与表面倒圆角 $R0.3$mm，镜像后完成上梁俯视图绘制。中梁及上梁俯视图如图 6-18 所示。

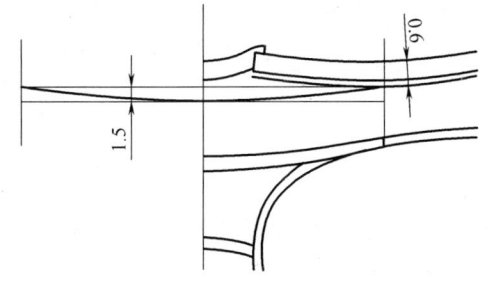 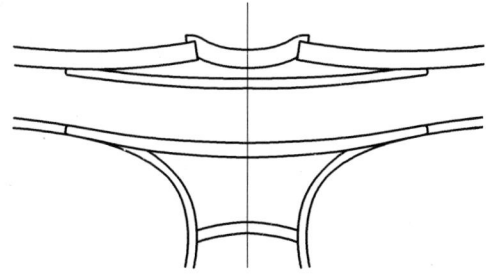

图 6-17　俯视上梁表面轮廓绘制方法示意图　　　图 6-18　中梁及上梁俯视图

5. 俯视烟斗及托叶绘制

本款太阳眼镜架烟斗及托叶为普通型号，图库中有其各方向视图，可直接复制。注意烟斗孔中心要与主视图对齐。绘图界面如图 6-19 所示。

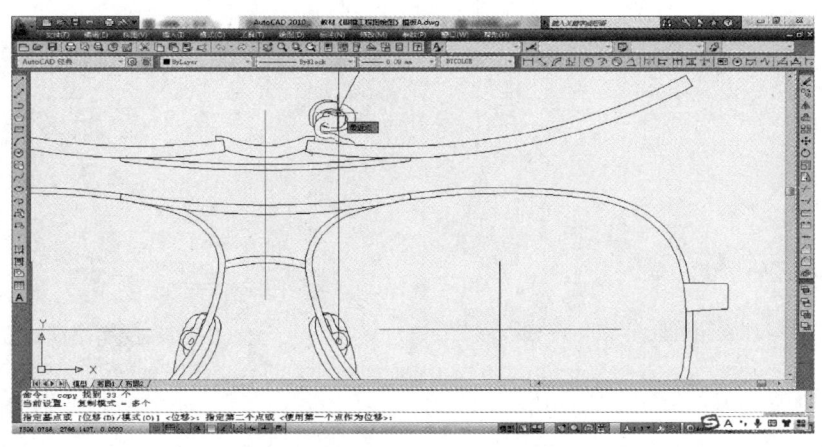

图 6-19　太阳眼镜架烟斗及托叶绘制界面

6. 俯视桩头及脚丝绘制

本款双梁太阳眼镜架脚丝为直身平板脚丝，即此款脚丝为不锈钢板料或白铜板料制作。使用不锈钢板料切割制作脚丝，制造工艺简单，成本低廉且强度和刚性较好，所以首选材料为不锈钢。

太阳眼镜架桩头及脚丝俯视形体轮廓的绘制步骤和方法与普通光学眼镜架脚丝一样，但脚丝形体参数多有不同。具体步骤和方法如下：

（1）确定合口位置。太阳眼镜架的桩头一般比光学眼镜架短 2~3mm，因此俯视桩头位置位于镜圈表面象限点以上 7~9mm 处，在此位置作水平线（也可以过镜圈象限点作水平线然后向上偏移或移动 7~9mm），与正视桩头合口位所作铅垂线相交，这个交点就是俯视桩头与脚丝的合口位置。作图方法如图 6-20 所示。

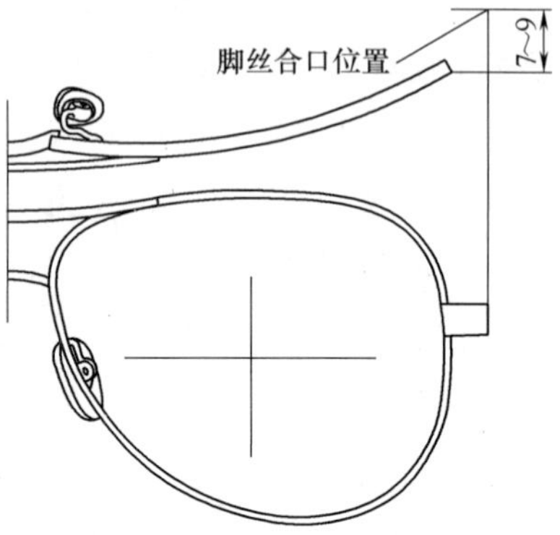

（2）脚丝脾身形体绘制。俯视太阳眼镜架脚丝脾身部位形体轮廓绘制方法同光学眼镜架一样，但太阳眼镜架脾身抛弧更大（拱高为 1.5~2.0mm），如图 6-21 所示。

图 6-20 俯视桩头与脚丝的合口位置作图方法示意图

太阳眼镜架脚丝脾身长度一般较光学眼镜架要短，所以绘制脾身轮廓时，要根据脚丝尺码计算脾身长度。本款脚丝脾身长度为 130mm-65mm＝65mm，绘图方法如图 6-22 所示。

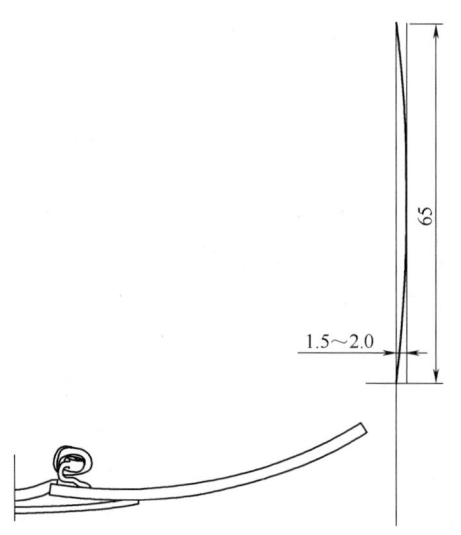

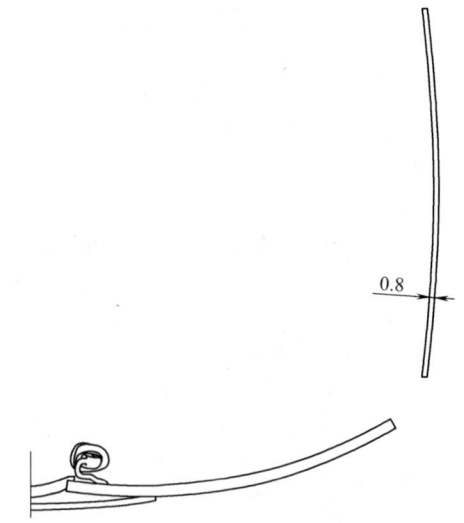

图 6-21 脾身表面俯视轮廓绘制方法示意图

图 6-22 脾身俯视轮廓图

（3）脚丝脚套形体绘制。太阳眼镜架脚套形体轮廓绘制方法同光学眼镜架一样，脚套厚度也没什么特别要求（一般为 2.6~3.0mm），但有两个绘图参数不同：一是脾尾间距更小（80~90mm），二是弯脚位连接弧半径更大（80~90mm）。太阳眼镜架俯视脚套轮廓如图 6-23 所示。

（4）桩头轮廓绘制。太阳眼镜架俯视桩头轮廓绘制方法基本同光学眼镜架一样，具体方法如图 6-24 所示。

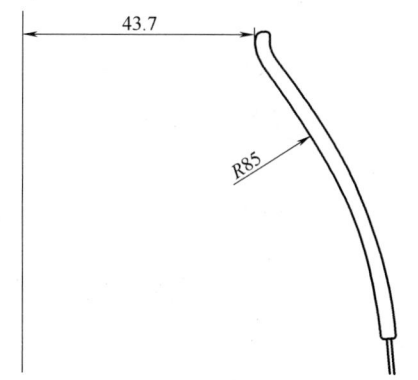

图6-23 太阳眼镜架俯视脚套轮廓图示

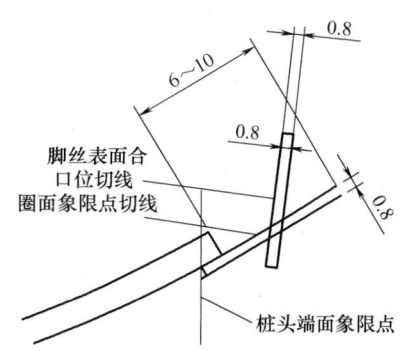

图6-24 太阳眼镜架俯视桩头绘制方法示意图

太阳眼镜架桩头打弯弧半径比光学眼镜架更大，一般弯弧内弧半径为 5.0~8.0mm。太阳眼镜架俯视桩头轮廓如图 6-25 所示。

7. 夹口、铰链绘制

太阳眼镜架因为桩头弯弧半径较大，没有空间位置焊接平夹口，所以一般都使用立式夹口。立式夹口也是常用夹口之一，图库中有相关视图，可以直接复制。

太阳眼镜架所用铰链必须有定位功能，否则脚丝收拢时，脾尾会敲击到镜片底面。太阳眼镜架如果使用对口铰链，则必须是定位铰链。太阳眼镜架俯视夹口及铰链轮廓图如图 6-26 所示。

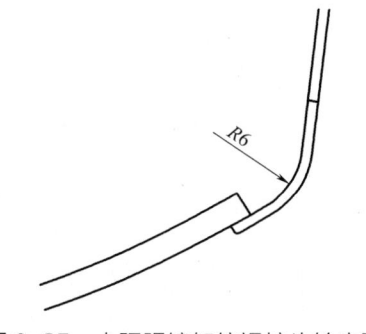

图6-25 太阳眼镜架俯视桩头轮廓图

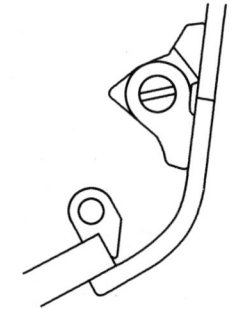

图6-26 太阳眼镜架俯视夹口与铰链轮廓图

定位铰链的定位角度可以通过绘图计算出来，如图 6-27 所示，收拢脚丝，使脾尾距镜片 1.5~2.0mm，此时铰链底面夹角就是定位角度。

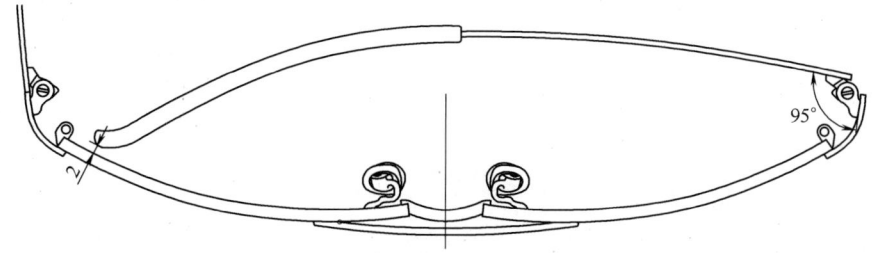

图6-27 定位铰链的定位角度作图计算方法

8. 太阳眼镜架俯视图绘制

上述太阳眼镜架的所有零部件均绘制完成后，以镜架中心线为镜像面，镜像得到完成的太阳眼镜架俯视图，镜像后的中梁及上梁因其轮廓弧圆心均在镜面，所以无须修正。

三、太阳眼镜架侧视图绘制

太阳眼镜架侧视图的绘制步骤和方法同普通光学眼镜架一样，具体步骤和方法如下：

1. 侧视镜圈轮廓线绘制

（1）创建块。复制主视图近桩头位半个镜圈（包括桩头），并将其创建为块。

（2）插入块。块的插入比例由主、俯视图中镜圈外圈的相关尺寸决定，即俯视图外圈高度/主视图中半个外圈的尺寸（12.3/29 或 123/290），如图 6-28 所示。插入角度为镜架前倾角 7°。插入后的块的图形如图 6-29 所示。

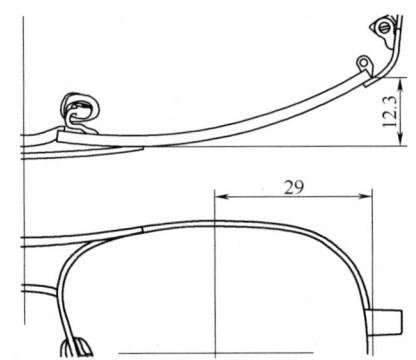

图 6-28 太阳眼镜架镜圈插入块比例图示

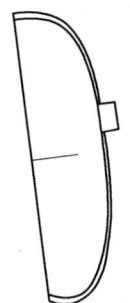

图 6-29 插入后的块的图形

（3）编辑绘制镜圈侧视轮廓。将插入的块分解，复制镜圈外圈轮廓水平向右移动 2.0mm（镜圈俯视宽度）得到镜圈侧视底面轮廓，编辑得到镜圈侧视轮廓图，如图 6-30 所示。

（4）绘制侧视桩头初步轮廓。本款太阳眼镜架桩头与脚丝为同一粗坯配件，桩头为对称喇叭状，因此先确定桩头合口位置及初步轮廓，然后与脚丝脾身部分一同设计绘制。作桩头中心线，然后上、下偏移得间距为 4.8mm（正视桩头头部宽度）的两条平行线，再作桩头头部端面轮廓线（向前偏移内圈轮廓 0.8mm），然后绘制出合口轮廓线（由俯视图度量尺寸），绘制出桩头初步轮廓，如图 6-31 所示。

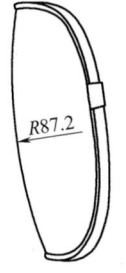

图 6-30 镜圈及镜片侧视轮廓图

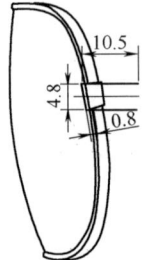

图 6-31 侧视桩头初步轮廓绘制示意图

2. 脚丝及桩头轮廓绘制

由参考图片可以看出，图片角度与实物相差太大，不能直接描绘脚丝轮廓。但根据参考图片我们可以判断，桩头与脚丝同体制作，形状对称。脚丝结构相对简单，只要有几个关键参数，我们就可以设计出其形状。度量参考图片桩头及脚丝各部位宽度如图 6-32 所示。

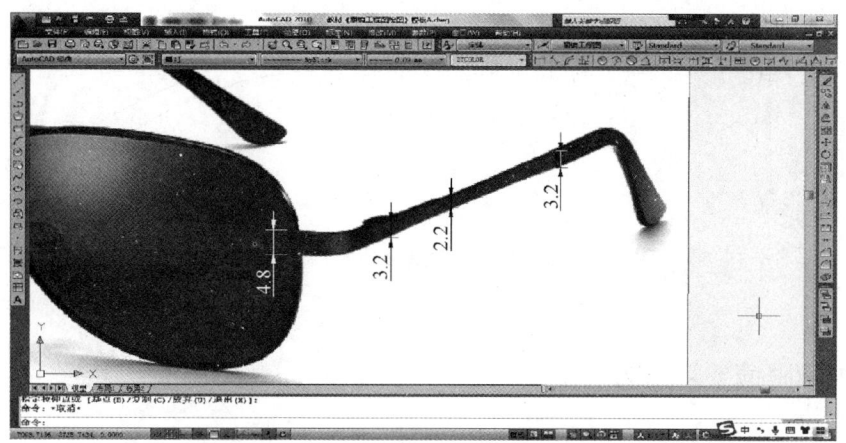

图 6-32　太阳眼镜架桩头及脚丝各部位宽度尺寸度量界面

根据度量出的脚丝各部位宽度尺寸，设计绘制出侧视脚丝脾身轮廓，如图 6-33 所示。

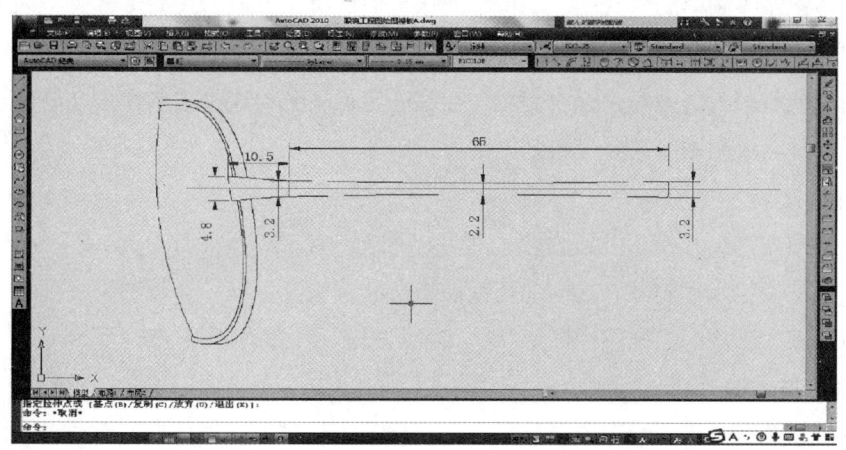

图 6-33　太阳眼镜架侧视脚丝脾身轮廓绘制界面

3. 脚套轮廓绘制

根据参考图脚套形状，描绘出脚套尾部轮廓，然后将脚套口宽度设计为与脚丝等宽，这样我们就可以设计并绘制出脚套轮廓，如图 6-34 所示。

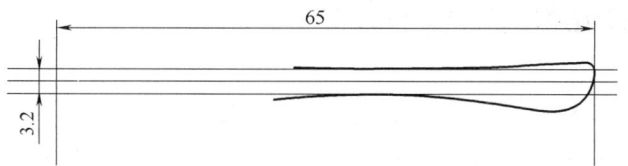

图 6-34　太阳眼镜架脚套轮廓设计方法示意图

4. 太阳眼镜架侧视图绘制

太阳眼镜架侧视脚套打弯形体与普通光学眼镜架有所不同，最主要的就是下弯角度小（25°~30°），弯位弧半径大（50~80mm），如图6-35所示。

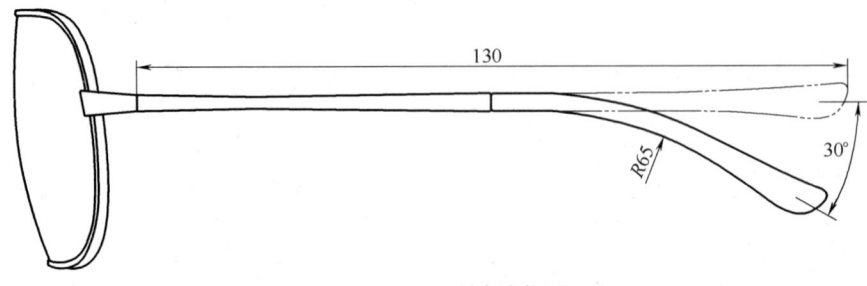

图6-35　太阳眼镜架侧视图

四、太阳眼镜架片模图

在眼镜工程图的近似画法中，普通光学眼镜架的镜架弯度为6°~7°，绘制其正视图时，通常会把镜架弯度近似作0°处理，即正视内圈形状与实际内圈形状的差异忽略不计，也就是说片模与镜架正视图中的内圈形状相同。但是对于太阳眼镜架，其镜架弯度较大，内圈的实际形状与正视图圈形差异较大，不可忽略二者差异。太阳眼镜架片模就是实际内圈形状，虽然它与正视图镜圈形状有较大的差异，但它们之间存在一定的关系，这种关系我们在前面已经通过作图的方法讲解过。太阳眼镜架片模绘制方法有以下两种。

1. 块转换法

复制主视图内圈，并将其创建为块，然后以比例（X：57/56；Y：1；Z：1）将该块插入后得到的图形就是实际片模图。这样的片模图形形状更精准，但片模轮廓为椭圆线，在今后作绘图编辑时，较为困难。主视图内圈形状与实际片模形状比较如图6-36所示。

2. 象限点拉长法

象限点拉长法就是将主视图内圈分别从上、下象限点打断，再将左、右两个半圈水平移动至实际片模尺寸，然后像绘制钢片眉毛内框一样，用"相切、相切、相切"的作圆命令重新绘制打断的弧，就得到实际片模外形轮廓。用这种方法绘制的片模形状，其外形轮廓为圆弧线，在后续绘图时容易编辑，但片模形状准确性稍差，不过尚在可接受范围内。

比较两种方法绘制的片模形状，可以发现其最大误差不超过0.1mm，如图6-37所示。

五、太阳眼镜架结构图尺寸标注及排版

太阳眼镜架的尺寸标注基本与光学眼镜架相同。太阳眼镜架尺寸一般都较光学眼镜架大，适合普通光学眼镜架A4排版的模板可能排不下，因此很多企业采用将标题栏及物料明细表排在图纸右边的方法来排版。

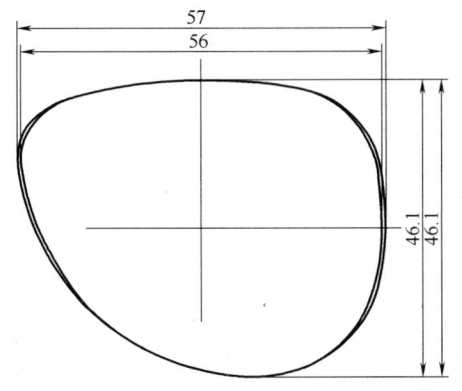

图 6-36　主视图内圈轮廓与实际片模形状比较

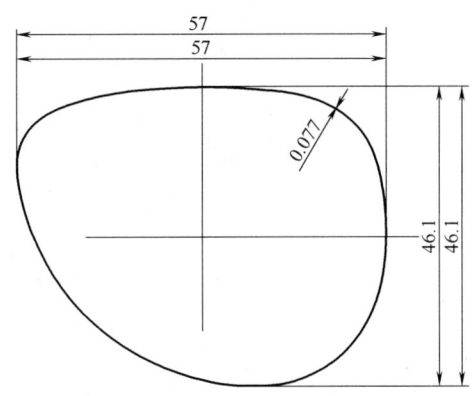

图 6-37　两种方法绘制的片模形状比较

六、普通金属太阳眼镜架结构图

本款金属全框太阳眼镜架结构图如图 6-38 所示（见附页 17）。

模块三　普通金属全框太阳眼镜架零件图绘制

本款太阳眼镜架特制零件有：脚丝、中梁、上梁和脚套。

一、普通金属全框太阳眼镜架脚丝零件图绘制

本款太阳眼镜架桩头与脚丝为一体制作的钢片脚丝，钢片脚丝粗坯为等厚的不锈钢片材经激光切割而成，因此粗坯轮廓图最为重要。另外，脚丝脾尾部分在成品结构图中没有具体绘制出轮廓，在绘制零件图时还需要进行设计及轮廓绘制。

1. 脾身及桩头粗坯轮廓图绘制

脚丝脾身部分的加工变形很小，所以可以直接由侧视图复制，但桩头部位打弯角度很大，必须重新设计。桩头粗坯轮廓设计及绘图步骤和方法如下：

（1）桩头长度设计。桩头长度可以从俯视图中计算出来（13.0mm），计算方法如图 6-39 所示。

（2）桩头粗坯轮廓设计。桩头粗坯轮廓由主视图及侧视图中的轮廓拼接，拼接方法如图 6-40 所示。

（3）桩头倾角设计。计算桩头打弯中心至桩头端面长度（6.0mm），然后绘制出打弯中心线，以桩头打弯中心线与桩头水平中心线的交点为基点旋转桩头头部轮廓 5°，如图 6-41 所示。

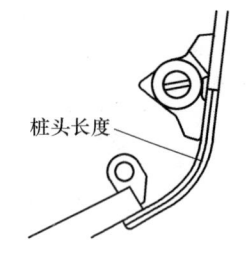

图 6-39 桩头长度计算示意图

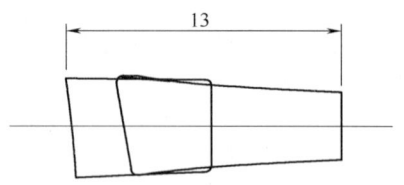

图 6-40 桩头轮廓拼接方法示意图

桩头头部旋转后,将其上侧面轮廓线与脚丝端上侧面轮廓线用圆弧顺滑连接起来(倒圆角),连接弧长度应与俯视图中桩头表面弯位弧长度相近(误差小于 0.5mm)。同样方法连接下侧面轮廓,连接弧半径小于一个桩头宽度(弯位中心桩头宽度约为 4.0mm)。桩头头部与端部轮廓连接要求如图 6-42 所示。

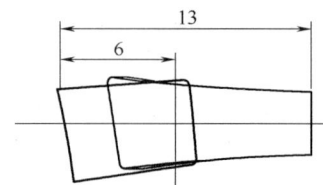

图 6-41 桩头倾角设计方法示意图

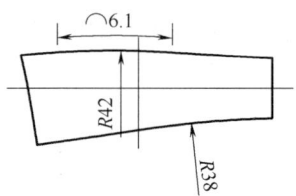

图 6-42 桩头头部与端部轮廓连接要求示意图

(4)脚丝合口部位轮廓修正。以合口中心为基点,将桩头及脾身粗坯轮廓合并到一起,然后修正合口部位轮廓(使其顺滑连接),就得到脚丝桩头及脾身部位轮廓图,如图 6-43 所示。

图 6-43 桩头及脾身粗坯轮廓图

2. 脾尾结构设计及轮廓图绘制

(1)脚丝尾针长度设计。本款脚丝装配的是普通方孔脚套,脚套长度为 65mm,脚套孔深度为 57mm,理论上脚丝尾针长度应与脚套孔深度相同,但考虑到脚套材料是板材,一段时间后板材脚套会出现缩水而导致其与脚丝的配合出现缝隙,所以尾针长度一般会比脚套孔深度短 1.0mm,即 56mm,以便脚套缩水后可以将其往前套紧。

(2)脚丝尾针宽度设计。钢片脚丝尾针宽度一般为 1.3mm 或 1.4mm,具体与厚度有关。0.8mm 厚度的钢片脚丝尾针宽度为 1.4mm。本款钢片脚丝与脚套合口处的宽度为 3.2mm,如果脚丝整个尾针宽度均为 1.4mm,那么在合口处,金属脚丝宽度会由 3.2mm 突然减小到 1.4mm,这样尾针根部容易出现折弯,所以还必须有一段儿过渡段。脚丝脾身尾端宽度如果超过 3.0mm,一般就需要设计过渡段。过渡段宽度一般为 1.8~2.2mm,长度为 5~8mm。高档眼镜架的钢片脚丝还会在尾针上设计胀紧结构,相关知识在高级篇中再作介绍。

本款眼镜架脚丝尾针轮廓设计如图 6-44 所示。

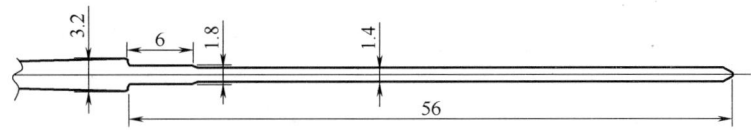

图 6-44　脚丝尾针轮廓设计示意图

3. 桩头端面加工余量设计

为了提高桩头端面与镜圈的配合质量，桩头前端需要预留一定的加工余量，不锈钢材料的加工余量一般为 0.5mm。加工余量轮廓应该为桩头前端轮廓的延伸，因此只要将端面轮廓往前偏移 0.5mm，再与侧面倒圆角（R 为 0.3mm）就可以了。

桩头结构余量的表达方法同其他配件一样，如图 6-45 所示。

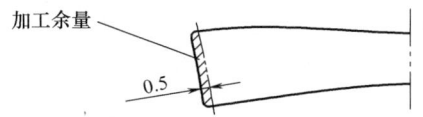

图 6-45　脚丝桩头部位加工余量设计示意图

4. 脚丝粗坯零件图

标注完零件图尺寸，使用零件图标题栏模板，填写好标题栏内容，就完成了脚丝零件图绘制。太阳眼镜架脚丝零件图如图 6-46 所示（见附页 18）。

二、太阳眼镜架中梁及上梁零件图绘制

1. 普通金属全框太阳眼镜架上梁零件图绘制

太阳眼镜架中梁与普通光学架中梁结构类似，在此不再讲述。

2. 普通金属全框太阳眼镜架上梁零件图绘制

（1）上梁零件粗坯图绘制。分析参考图中上梁外形可知，此款上梁零件加工工艺为：板料切割（粗坯）—表面处理（打磨）—锣切斜面—打弯。上梁切割出来再经打磨等处理后就是零件粗坯，因后续的打弯变形较小，所以零件粗坯轮廓与主视图中的双梁轮廓非常接近，可以直接复制，粗坯形状如图 6-47 所示。

（2）上梁零件加工图绘制。上梁零件加工图是指导上梁打弯和锣切头部斜面的，加工后的零件就是结构图中所表达的上梁零件，所以复制结构图中主、俯视图的双梁轮廓，就得到上梁零件加工图，如图 6-48 所示。

（3）上梁零件图。应用普通零件图排版模板，按实际填写标题栏后完成太阳眼镜架上梁零件图，如图 6-49 所示（见附页 19）。

3. 普通金属全框太阳眼镜架脚套零件图

本款脚套为板材制作，其制作工艺为：粗坯开料—打脾（孔）—封口—刮脾—滚筒—抛

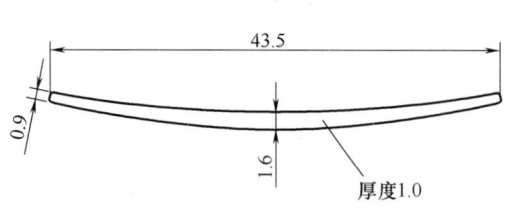

图 6-47 上梁零件粗坯图

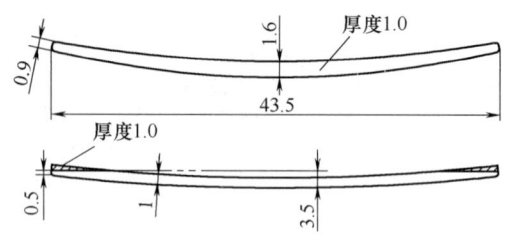

图 6-48 上梁零件加工图

光一切口。

（1）脚套零件粗坯（开料）图。脚套外形在结构图中基本已经表达清楚，所以可以直接复制侧视图中脚套形状，从俯视图可以看出，脚套为等厚，因此粗坯开料形状只要加上切口余量就可以了。脚套切口前有封口工艺，封口一般采用高温烫封，所以脚套口需要更大的加工余量，一般加工余量长度不小于10mm。本款脚套零件粗坯（开料）图如图6-50所示。

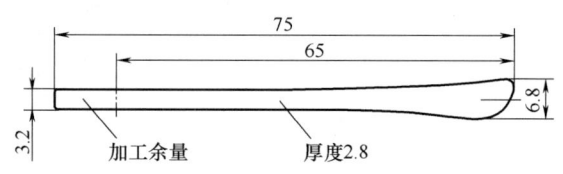

图 6-50 太阳眼镜架脚套粗坯（开料）图

（2）脚套零件加工图绘制。脚套零件加工主要有三个方面：脚套内孔加工（打脾）、脚套外形加工（刮脾）、切头（切口）。切头位置在粗坯图上已经表达清楚。

本款太阳眼镜架脚套配装的是钢片脚丝，钢片脚丝所配装的脚套内孔均为与脚丝截面吻合的方孔。因此内孔轮廓直接复制脚丝零件尾针形状便可。脚套口加工余量部位亦须打孔。脚套内孔加工图如图6-51所示。

脚套外形加工（刮脾）依据就是加工后的成品脚套各部位截面形状，一般绘制头部（脚套口）、中部（弯脚部位）和脾尾翻尾部位三个典型部位断面图，断面位置及形状如图6-52所示。

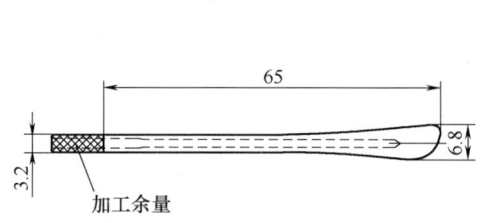

图 6-51 太阳眼镜架脚套内孔加工图

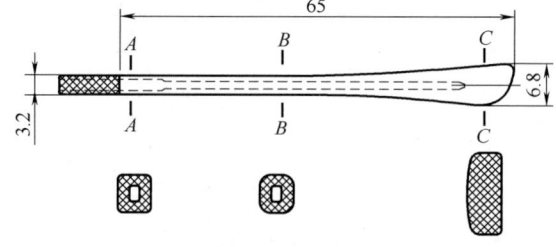

图 6-52 太阳眼镜架脚套断面位置及断面形状图示

（3）脚套零件图绘制。再将脚套翻尾加工部位形状表达完整，就完成脚套零件图图形绘制，标注尺寸、注明技术要求、按模板进行图纸排版、填写标题栏内容后就完成脚套零件图绘制。太阳眼镜架脚套零件图如图6-53所示。

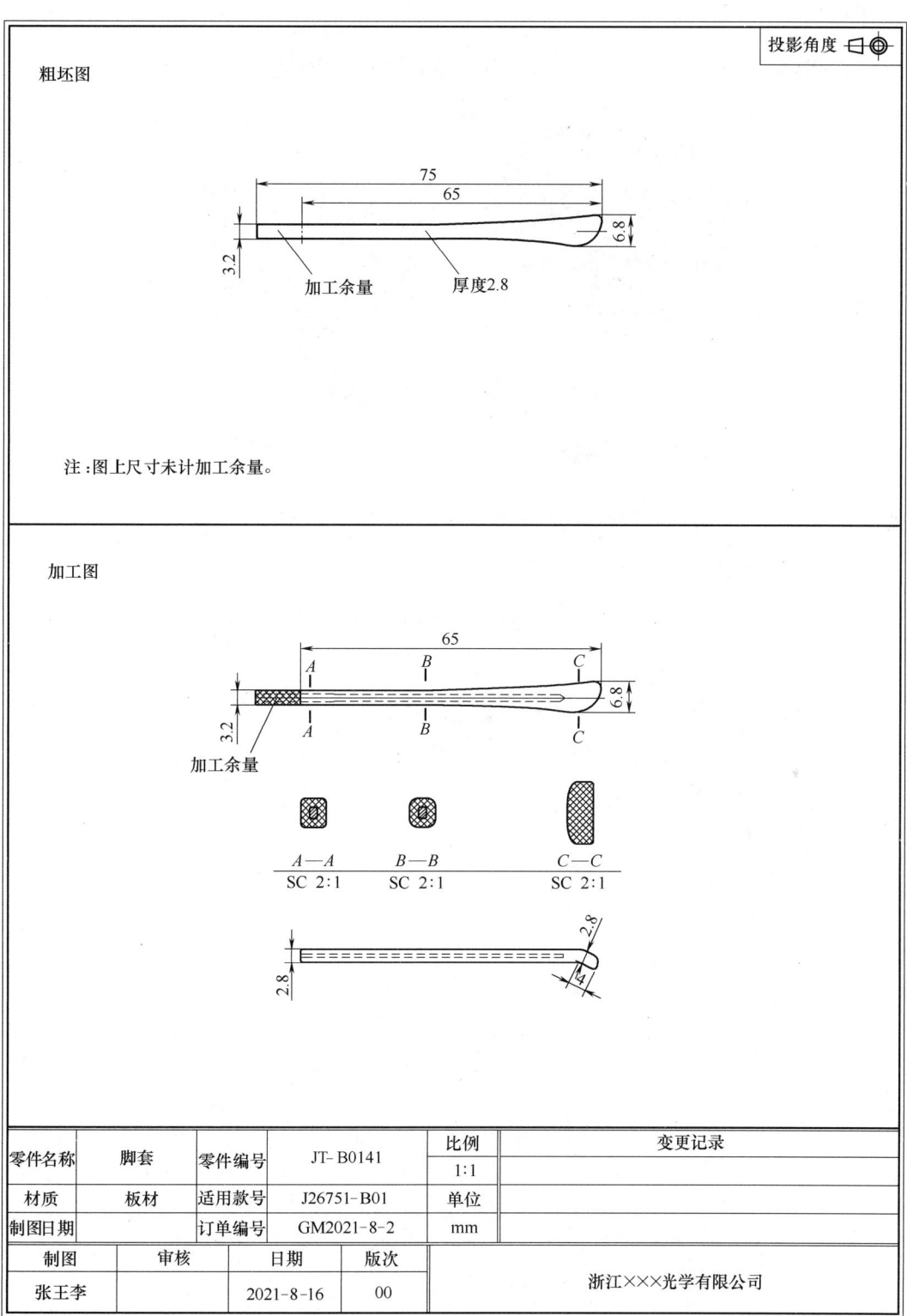

图6-53 太阳眼镜架脚套零件图

课后练习

根据实物图片（图6-54）绘制全框金属双梁太阳眼镜架全套工程图。

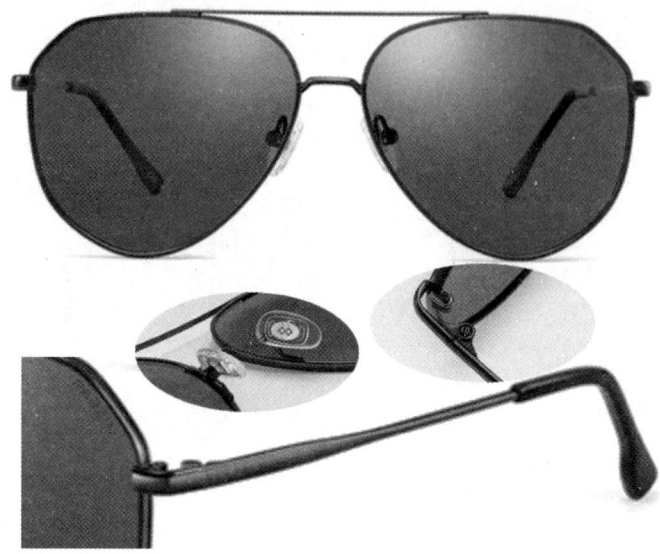

图6-54　全框金属双梁太阳眼镜架实物图

提示：

（1）中梁为表面锣切台阶，贴镜圈底表面焊接。

（2）上梁贴镜圈侧面焊接，焊接长度不小于2mm。

（3）脚丝材料为高镍白铜。

（4）镜架尺码为56□15-140。

项目七
板材+金属混合眼镜架工程图

学习内容

1. 根据普通眼镜广告图片仿造设计和绘制眼镜工程图的方法。
2. 分析和了解板材镜框与金属桩头的装配关系及相关尺寸参数。
3. 混合眼镜架工程图绘制步骤和方法。

学习目标

1. 掌握对混合眼镜架的结构分析能力和各参数设计原理。
2. 掌握混合眼镜架工程图绘图步骤和方法,能独立绘制出一般结构的混合眼镜架工程图。

模块一 混合眼镜架结构分析

下面我们就以图7-1所示板材+金属混合眼镜架为例,来了解混合眼镜架的结构、设计参数和混合眼镜架工程图的绘制步骤及方法。

一、混合眼镜架装配结构

混合眼镜架是指主要由两种或两种以上性能差异较大的材料制作的眼镜架,特别指金属与非金属材料混合眼镜架。混合眼镜架

图7-1 板材+金属混合眼镜架实物图片

常见组合有:板材(注塑)镜框+金属脚丝、金属镜框+板材(注塑)脚丝、注塑镜框+竹木脚丝等。本款混合眼镜架结构为板材镜框+金属脚丝(包皮)。

混合眼镜架中常见的板材与金属配件的装配结构有以下4种:

(1)"丝筒+大头螺钉"装配结构。"丝筒+大头螺钉"这种装配结构稳定、牢固,且装拆方便,是混合眼镜架中最常见的金属与非金属装配结构。在这种结构中,不锈钢(高镍白铜)丝筒焊接在金属配件底面,配件上的丝筒由板材配件表面插入板材配件的装配孔,再从板材配件底面锁上大头螺钉,锁紧板材,达到装配目的。

这种结构多见于金属中梁或桩头与板材镜框的装配,可以传导较大的结构力。"丝筒+大

头螺钉"的装配结构很多时候有两颗丝筒,如图 7-2 所示。

(2) "螺孔+大头螺钉"装配结构。"螺孔+大头螺钉"也是板材配件与金属配件之间常见的一种装配结构,在这种结构中,金属配件较多的是插入板材内孔,然后由板材配件底面穿过装配孔锁入金属配件的螺孔中,如图 7-3 所示。

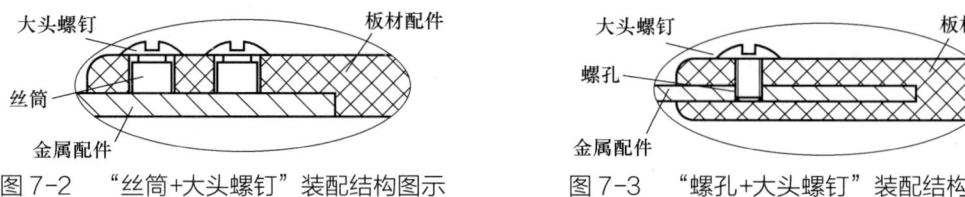

图 7-2　"丝筒+大头螺钉"装配结构图示　　图 7-3　"螺孔+大头螺钉"装配结构图示

(3) "蘑菇钉(双节钉)铆接"装配结构。"蘑菇钉(双节钉)铆接"就是在金属配件底面焊接蘑菇钉(双节钉),在板材上精雕与金属配件形状吻合的凹位,并在蘑菇钉(双节钉)对应位置加工出比钉的直径稍小的不通孔,然后装配金属配件,利用蘑菇钉(双节钉)的胀紧力达到装配目的。这种结构装配简单,但紧固力较小,所以多用于金属配饰的装配。"蘑菇钉(双节钉)铆接"装配结构如图 7-4 所示。

(4) "镶嵌"装配结构。"镶嵌"就是将金属配件嵌入板材配件内部,具体方法是在板材表面加工出与金属配件吻合的凹位,再将金属配件置于底部,然后用无色的水晶胶填平凹位。这种装配方式是不可拆的,所以多用于眼镜架的品牌 LOGO 及防伪标志的装配。"镶嵌"装配结构如图 7-5 所示。"镶嵌"还有另一种常见形式,那就是表面镶嵌,如钻石装配。

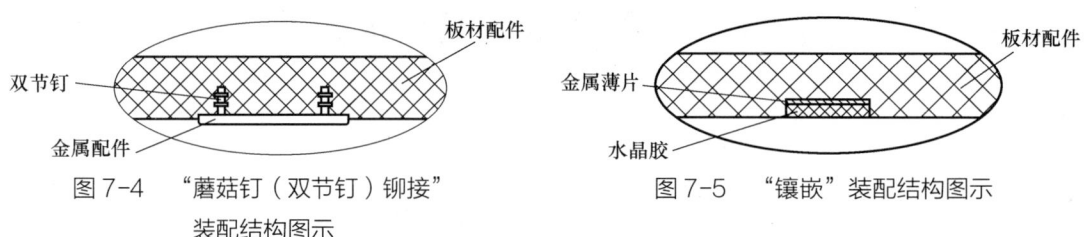

图 7-4　"蘑菇钉(双节钉)铆接"装配结构图示　　图 7-5　"镶嵌"装配结构图示

二、板材+金属混合眼镜架设计参数

1. 板材镜框各部位参数

板材镜框中梁、镜圈、托叶等部位及镜框厚度尺寸参数按普通板材光学眼镜架设计,即镜框最小宽度尺寸不得小于 1.8mm,上眉部位最小尺寸一般比下框最小尺寸大 10%~20%;中梁截面面积不得小于 12mm^2,即中梁宽度一般不小于 3.5mm。

除此之外,板材镜框与金属桩头装配部位尺寸还有特别要求。为保证装配后板材镜框与金属桩头的锁紧力,板材装配孔的位置距板材镜框边缘尺寸不能过小,一般要求装配孔距镜框边缘最小尺寸不小于 2.0mm(特殊情况下不小于 1.5mm),否则板材镜框在装配时,会因螺钉锁紧而压缩变形,甚至破裂。另外,装配金属桩头的凹位距镜框内外圈侧面尺寸也不能小于 1.0mm(特殊情况为 0.6~0.8mm)。各部位尺寸要求如图 7-6 所示,图中桩头阴影区域为金属配件装配的极限区域,阴影中心圆圈为装配孔位置极限区域。

板材镜框厚度尺寸为 3.5~4.0mm，鼻托高度同普通板材光学架，一般内销产品为 11mm，外销产品为 9mm。

2. 金属桩头材料及尺寸参数

从参考图可以看出，本款混合眼镜架金属桩头表面为低位点漆，且有 LOGO 花纹，所以可以判定金属桩头为高镍白铜板料油压工艺制造，油压花纹最小尺寸为 0.3mm，一般级差也是 0.3mm，因此桩头表面边缘凸筋及 LOGO 字体宽度最小为 0.3mm。

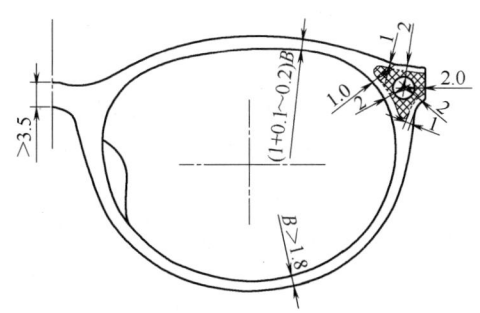

图 7-6　混合眼镜架板材镜框各部位尺寸要求示意图

桩头叉角前段底部须焊接丝筒与板材镜框装配，丝筒离桩头底部边缘尺寸不小于 0.5mm，特殊情况下为 0.2~0.3mm。另外，桩头焊接铰链位置必须比前铰底面大，否则会露铰。最小前铰底面长度约为 3.0mm，因此，桩头焊铰位置宽度要大于 3.0mm。

白铜油压件厚度一般为 1.1~1.3mm。

3. 金属脚丝（+包皮）尺寸参数

参考图中的混合眼镜架的脚丝外观为皮革，我们知道皮革几乎没有刚性，所以其内部肯定有金属芯，且金属芯就在皮套内。脚丝面积较大，所以应尽量减小厚度尺寸，这样一来最佳材料选择就是不锈钢，且厚度为 0.6~0.8mm。

皮革最佳厚度应为 0.5~1.0mm，过厚则加工难度大，过薄则佩戴舒适度差。

4. 其他设计参数

其他尺寸参数：丝筒规格为 $\phi1.8 \times M1.4 \times 2.0$mm，铰链规格为 K3.0 对口铰（前铰切短）。

模块二　板材+金属混合全框光学眼镜架结构图绘制

一、混合眼镜架主视图绘制

主视图绘制步骤及方法基本同普通光学眼镜架一样，主要采用实物图片轮廓描绘的方法，但是因参考图片的角度关系，描绘出的圈形及外框轮廓与实际主视图有差异，必须进行修正。主视图绘制步骤和方法如下：

1. 图片导入、处理

导入参考图片，检查确认镜圈方向及水平尺寸大小并缩放至设计值（镜架尺码为 54□15-138），即内圈水平最大尺寸为 53mm。

2. 正视镜框内外圈描绘及修正

内外圈轮廓描绘完成后，先要对内圈形状作修正，修正的部位及修正方法如图 7-7 所示，修正量为 0.3~0.5mm。

内圈形状修正完成并确认合格后，要检查镜框各宽度尺寸，镜框下部最小宽度修正到 2.0~2.1mm，上眉部位最小尺寸比下框部分大 10%~20%；检查内桩头至外镜框边缘尺寸，修正至 1.0mm 以上。外框及桩头轮廓修正方法如图 7-8 所示。

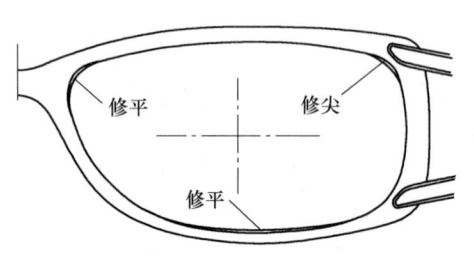

图 7-7 内圈片形修正部位及修正方法示意图

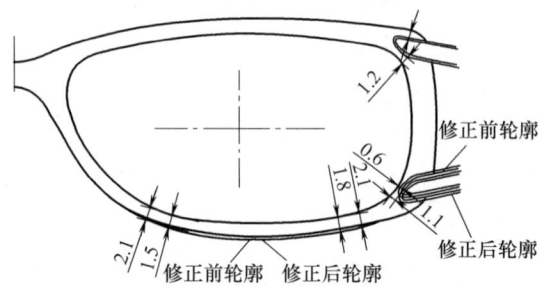

图 7-8 外框及桩头轮廓修正方法示意图

3. 金属桩头正视轮廓绘制

正视金属桩头前段轮廓前面已经描绘出来了，因角度不同，后段轮廓参考图片与实际主视图轮廓差异较大，实际主视图金属桩头轮廓如图 7-9 所示。

4. 片模绘制

混合眼镜架片模绘制同板材眼镜架片模一样，片模形状直接复制内圈图，并将标准片模安装孔图复制至片模几何中心，标注片模 A、B 位尺寸及镜架编号完成片模绘制，如图 7-10 所示。

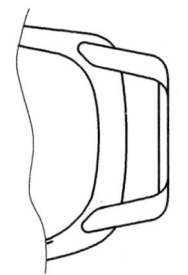

图 7-9 正视金属桩头轮廓图

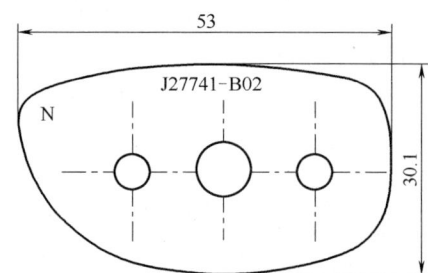

图 7-10 混合眼镜架片模图

5. 正视图绘制

向外偏移内圈轮廓线 0.5mm，并将偏移得到的轮廓线更改为虚线，即为镜框内坑槽底轮廓线。另外，金属桩头底面焊接的丝筒轮廓也必须在主视图中表达出来（为不可见轮廓表达形式），然后以镜架中心线（中梁位内圈象限点外 8mm 处）为镜像线，镜像完成主视图轮廓后，再修正中梁位上下轮廓线，使其顺滑就得到混合眼镜架主视图，如图 7-11 所示。

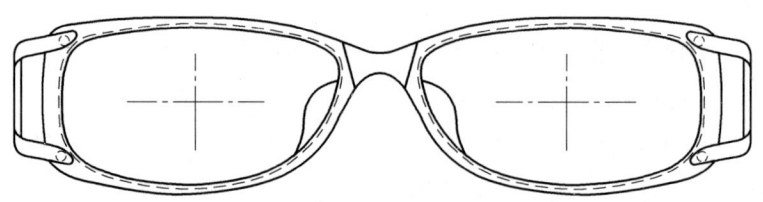

图 7-11 板材+金属混合眼镜架主视图

二、混合眼镜架俯视图绘制

板材+金属混合眼镜架俯视图绘制方法同普通光学眼镜架一样，具体步骤如下：

1. 板材镜框俯视轮廓绘制

（1）板材镜框镜圈部位俯视轮廓线绘制。由板材镜框两个象限点向上作铅垂线，再在俯视图位置作一7°直线分别与铅垂线相交于两点，然后以此两点为起始点作一半径为116mm的圆弧，此弧线即为板材镜框镜圈部位表面俯视轮廓，向上偏移此轮廓线3.8mm（板材镜框厚度）得到镜框底面俯视轮廓线，如图7-12所示。

（2）板材镜框中梁部位俯视轮廓线绘制。由主视图镜框中梁压弯折痕线端点向上作铅垂线与俯视镜圈表面轮廓线的延长线相交，再过此交点并以镜架中心线上某点为圆心作半径为15~20mm（板材镜框中梁表面拱弧半径）的圆，此圆即为俯视中梁表面轮廓线，向上偏移3.8mm就得到中梁底面轮廓。绘图方法如图7-13所示。

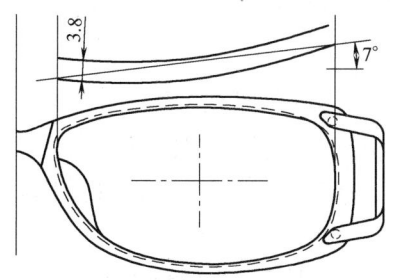

图7-12 板材镜框镜圈部位俯视轮廓线绘制方法示意图

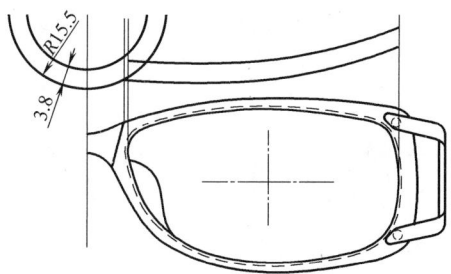

图7-13 板材中梁部位俯视轮廓线绘制方法示意图

剪切编辑图形，将俯视中梁表面轮廓线与镜圈表面轮廓线倒圆角，半径为1.0~2.0mm，底面轮廓线倒圆角半径比表面轮廓线倒圆角半径大3.8mm。

（3）板材镜框桩头部位俯视轮廓线绘制。由俯视镜框表面及底面轮廓线端点作切线，这两条切线就是镜框桩头部分轮廓线，再由主视图镜框外框象限点向上作铅垂线与之相交，两交点之间的直线就是桩头侧面轮廓线，剪切多余线段，然后倒圆角，半径为0.5mm，完成板材镜框桩头部位俯视图绘制，如图7-14所示。

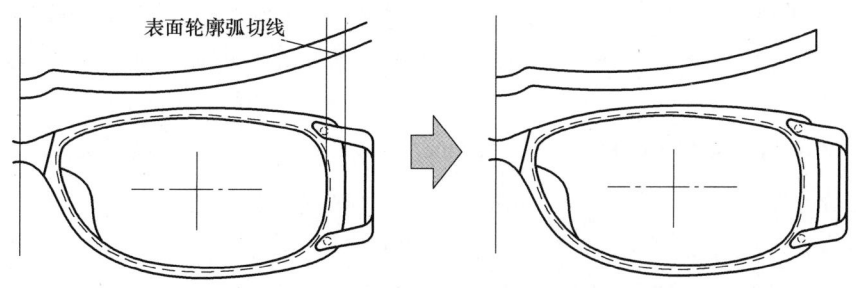

图7-14 板材镜框桩头部位俯视轮廓线及俯视图绘制方法示意图

2. 俯视桩头轮廓绘制

板材+金属混合眼镜架桩头为金属配件，其与板材镜框的装配结构为"丝筒+大头螺钉"形式，在这种装配结构中，金属桩头部分卡入板材镜框凹槽，部分露出框面，一般露出部分高度为 0.3~0.5mm。绘制步骤和方法如下：

（1）俯视金属桩头端面轮廓绘制。由主视图金属桩头端面象限点向上作铅垂线与俯视图镜框表面轮廓线相交，再过此交点作镜框表面垂直线，这条垂直线就是俯视金属桩头端面轮廓所在直线。

（2）俯视金属桩头表面及底面轮廓绘制。向外偏移板材镜框桩头部位表面轮廓 0.5mm（金属桩头表面高出板材镜框表面尺寸）就得到金属桩头表面轮廓；同样，将其向内偏移 0.8mm（金属桩头厚度为 1.3mm）就得到金属桩头底面轮廓，如图 7-15 所示。

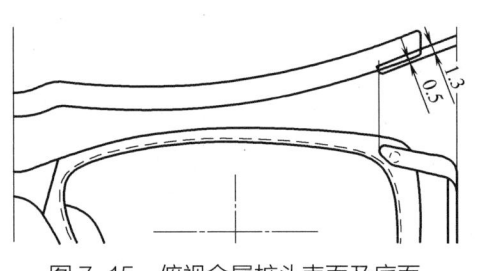

图 7-15 俯视金属桩头表面及底面轮廓绘制方法示意图

3. 俯视桩头与镜框装配结构绘制

俯视桩头与镜框装配结构绘制步骤和方法如下：

（1）板材镜框装配孔（或金属桩头丝筒）中心位置绘制。由主视图桩头丝筒轮廓圆心向上作铅垂线与板材镜框表面轮廓线相交，再由此交点作镜框表面垂直线，此直线即为板材镜框装配孔（或金属桩头丝筒）中心线，如图 7-16 所示。

（2）金属桩头与板材镜框装配结构绘制。本款眼镜架的金属桩头与板材镜框装配结构是典型的"丝筒+大头螺钉"结构，所以可以从图库中直接复制结构图然后按板材镜框厚度（3.8mm）及丝筒高度（2.0mm）进行编辑，修正不可见轮廓线线型，完成装配结构图，如图 7-17 所示。

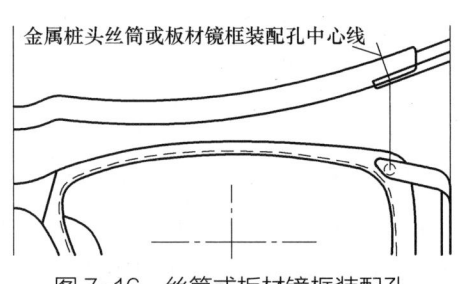

图 7-16 丝筒或板材镜框装配孔中心线绘制方法示意图

4. 俯视脚丝轮廓图绘制

本款脚丝为不锈钢钢片包皮革套，脚丝下弯形状基本由不锈钢钢片切割的粗坯确定，其下弯角度较小，弯位弧半径较大。不锈钢钢片包皮脚丝俯视形体的画法与太阳架脚丝类似，内弯弧比普通光学架更大，整个脚丝形体弯弧更加自然流畅。俯视脚丝形体绘制步骤和方法如下：

（1）桩头与脚丝合口位置绘制。叉子桩头（角花）比普通桩头要长，所以桩头与脚丝合口位置也比普通镜架高，一般为 11~14mm，合口位置如图 7-18 所示。

（2）俯视脚丝形体绘制。确定脚丝俯视合口位置后，同普通光学眼镜架脚丝绘制方法一样，按脚丝长度 138mm 绘制混合眼镜架俯视脚丝形体。注意以下几点：

① 脚身部位抛脾较大，即脾身拱弧高度为 1.8~2.2mm。

项目七　板材+金属混合眼镜架工程图　169

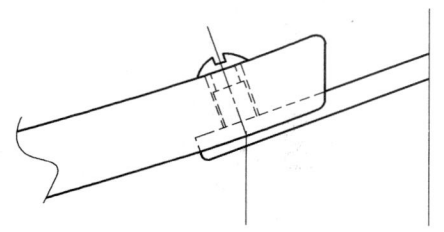

图 7-17　金属桩头与板材镜框装配结构图

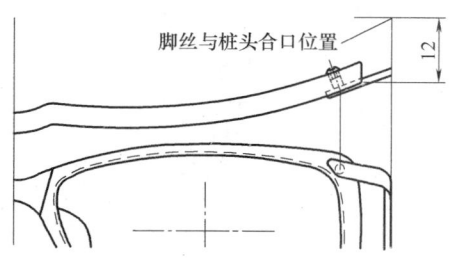

图 7-18　混合眼镜架桩头与脚丝合口位置示意图

② 脚丝等厚，其中钢片芯厚度为 0.8mm，包皮厚度为 0.5mm，脚丝总厚度为 1.8mm，表面与桩头平齐。

③ 脚丝内弯弧半径更大，半径为 80~100mm。

④ 脾尾间距同普通光学镜架一样。

混合眼镜架金属包皮脚丝俯视形体轮廓如图 7-19 所示。

（3）包皮脚丝金属芯轮廓绘制。包皮厚度为 0.5mm，所以将脚丝表面轮廓线往内偏移 0.5mm 就得到金属芯轮廓，用虚线表达。

5. 金属桩头完整俯视图绘制

金属桩头前段轮廓前面已经绘制出来了，近铰链段及弯位轮廓绘制方法同普通桩头一样，弯弧半径也同普通光学架桩头一样。向内偏移脚丝轮廓，绘制出脚丝金属芯轮廓，金属芯为不可见轮廓，用虚线表达。复制对口铰链，完成混合眼镜架俯视图的绘制。

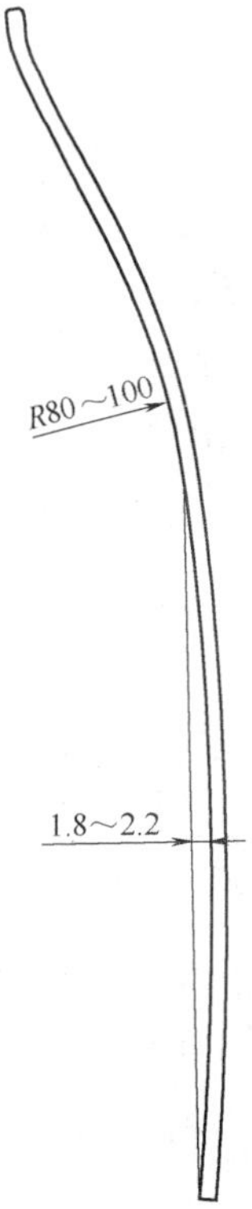

三、混合眼镜架侧视图绘制

混合眼镜架的侧视图绘制方法同普通镜架一样，但混合眼镜架的侧视图结构更为复杂，具体步骤和方法如下：

1. 侧视镜框及金属桩头前段轮廓绘制

（1）创建块。将主视图以板材镜框内圈垂直中心线为界，复制半个镜框及桩头，删除不可见轮廓线后将其创建为块。

（2）块的插入。块的插入比例为：板材镜框外框所对应的俯视图高度尺寸/主视图半个外框水平尺寸，经度量，具体值为 8.7/29.5（87/295），插入角度为 7°。按此参数插入后块的图形如图 7-20 所示。

图 7-19　混合眼镜架金属包皮脚丝俯视形体轮廓图

（3）混合眼镜架板材镜框侧视轮廓绘制。将上一步插入的块分解，然后向右偏移 3.8mm（板材镜框厚度）复制板材镜框外框轮廓线得到板材镜框外框底面轮廓线，直线连接上、下象限点就得到板材镜框侧视轮廓图。将板材镜框棱角倒圆角，半径为 0.5mm，并运用"起点、端点、半径"的画弧绘图命令，绘制出镜片轮廓（起点及端点为倒圆弧节点，半径为 116mm），就得到图 7-21 所示镜框侧视轮廓。

 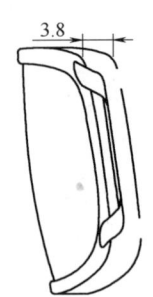

图 7-20　插入块后的图形　　　　图 7-21　板材镜框侧视轮廓线绘制方法示意图

（4）混合眼镜架金属桩头前段侧视轮廓绘制。插入块的形状表达是板材镜框表面轮廓，而金属桩头卡入板材凹槽，露出 0.5mm，所以复制插入块中金属桩头表面轮廓至左侧 0.5mm 处就得到侧视图中金属桩头表面轮廓，再将其复制至右侧 0.8mm 处就得到金属桩头底面轮廓，如图 7-22 所示。

连接上象限点，这就是桩头侧面轮廓。然后由板材镜框表面与金属桩头的交点作水平线与桩头底面轮廓线相交，这条线就是金属桩头与板材镜框侧面的交线。编辑图形（只保留可见轮廓）得到金属桩头前段侧视轮廓，如图 7-23 所示。

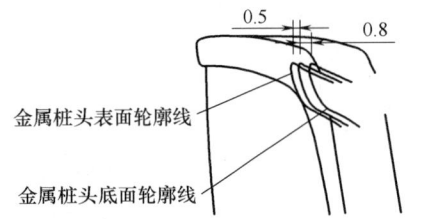 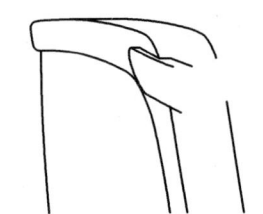

图 7-22　金属桩头前段侧视轮廓线绘制方法示意图　　　　图 7-23　金属桩头前段侧视轮廓线

2. 侧视脚丝及桩头后段轮廓绘制

参考图片中脚丝及桩头后段形状，按 138mm 设计和绘制脚丝及桩头后段轮廓图，如图 7-24 所示。

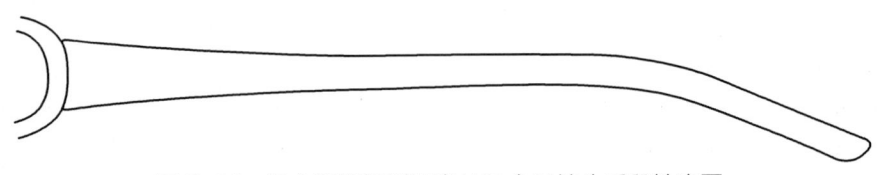

图 7-24　混合眼镜架侧视脚丝及金属桩头后段轮廓图

3. 侧视金属桩头弯位轮廓绘制

（1）金属桩头合口中心位置绘制。金属桩头基本呈对称形状，因此我们可以根据桩头之间的外框轮廓线的中点作平行线，这条平行线就是桩头高度中心位置，再度量俯视图中桩头总高，作出合口水平位置铅垂线，这两条直线交点就是合口中心，如图 7-25 所示。

（2）桩头弯位轮廓绘制。以脚丝与桩头前段轮廓图的合口中心为基点，复制其至合口中心位置，如图 7-26 所示。然后将桩头前、后段对应的轮廓线顺滑连接起来，编辑图形就得到混合眼镜架侧视轮廓，如图 7-27 所示。

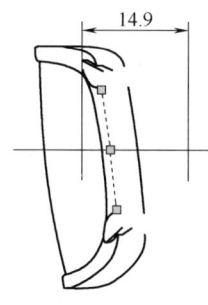 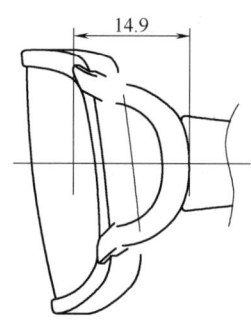

图 7-25 桩头与脚丝合口位置示意图　　　图 7-26 侧视图金属桩头轮廓绘制

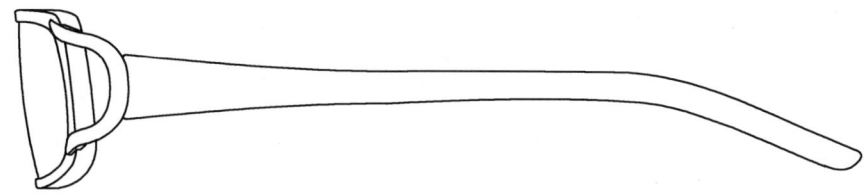

图 7-27 混合眼镜架侧视轮廓图

4. 侧视图其他轮廓绘制

（1）金属桩头表面花纹绘制。桩头表面边缘是一条细细的凸筋，凸筋围起一个低级区域，在近合口位置的低级区域有凸起的 LOGO。凸筋宽度最小为 0.3mm，所以将桩头轮廓线向内偏移 0.3mm 就得到凸筋图案；低级区域凸起的 LOGO 一般需要用直线和圆弧描绘，最小宽度为 0.3mm，低级位填充用文字标注。金属桩头表面花纹表达如图 7-28 所示。

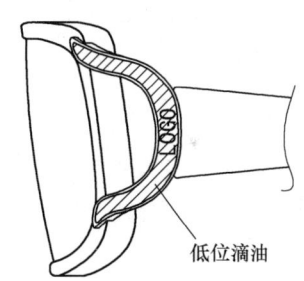

图 7-28 金属桩头表面花纹表达示意图

（2）脚丝金属芯轮廓绘制。脚丝结构为金属芯包裹皮革，一般包皮厚度为 0.5～1.0mm。包脚皮套有两种结构：一是有线缝，二是无线缝。有线缝的皮套，其线缝距边缘距离不小于 1.5 倍皮套厚度，线缝内为金属脚丝。

本款脚丝皮套为无线缝结构，所以将脚丝外形轮廓线向内偏移一个皮套厚度就得到金属芯轮廓，此轮廓为不可见，用虚线表达，如图 7-29 所示。

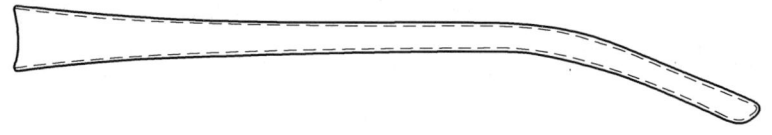

图 7-29 脚丝金属芯轮廓图

四、混合眼镜架结构图中的其他视图绘制

前面我们基本将混合眼镜架的结构图绘制出来了，但是还有几处需要表达得更具体。

1. 板材镜框断面图绘制

板材镜框断面图是指导镜框内坑槽及表面棱角处理的图纸依据，一般最少需要两处断面图，即镜框上眉位置和托叶最高处。如果断面尺寸较小，则可以将断面图放大至合适大小。断面图的绘制方法和表达方式前面已有介绍。

镜框上眉部位断面图如图 7-30 所示，托叶部位断面图如图 7-31 所示。

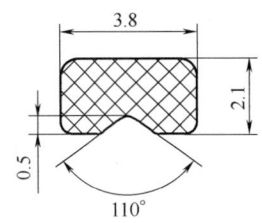

图 7-30　板材镜框上眉部位断面图

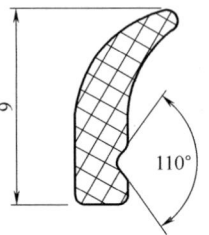

图 7-31　板材镜框托叶部位断面图

2. 脚丝断面图绘制

脚丝包裹着金属芯，断面图是表达其结构及形状的最好方法。包皮脚丝断面图如图 7-32 所示。

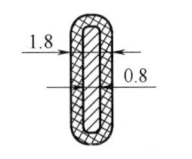

图 7-32　包皮脚丝断面图

五、尺寸标注、技术要求、图纸排版及标题栏

本款镜架的尺寸标注、技术要求、图纸排版及标题栏等均可套用普通光学眼镜架的模板。完成后的本款混合眼镜架结构图如图 7-33 所示（见附页 20）。

模块三　板材+金属混合全框光学眼镜架零件图绘制

本款混合眼镜架的特制零件主要有 3 个：板材镜框、金属桩头和金属脚丝（+皮套）。

一、板材镜框零件图绘制

板材镜框零件加工图分两个部分，其一为粗坯加工图，其二为镜框成品加工图。本款混合眼镜架板材镜框粗坯的加工工艺与平桩头板材眼镜架镜框一样，粗坯图的画法亦相同，即粗坯主视图为结构图中镜框主视图镜圈部位水平尺寸加长 0.5~0.8mm 后的图形。

板材镜框的后序加工有弯圈和框面花式加工（精雕凹位及通孔加工），镜圈打弯配普通光学镜片，即镜弯为 450 弯。混合眼镜架板材镜框零件图如图 7-34 所示（见附页 21）。

二、金属桩头零件图绘制

金属桩头零件图的绘制与普通桩头绘制步骤一样,只是本款桩头为叉子角花,形状较为复杂而已。桩头零件图具体绘制步骤和方法如下:

1. 桩头粗坯前、后段轮廓复制

主视图中的桩头前段及侧视图中的桩头后段因角度差异较小,所以我们可以把它们当成桩头的真实轮廓直接复制,桩头长度可以通过俯视图中桩头计算(通过作图计算为 20.3mm),前、后段桩头高度位置可以利用同一水平中心来确定(上、下部分为对称形状方可使用这一方法),如图 7-35 所示。

2. 桩头倾角设计

叉子桩头同宽桩头一样,需要在粗坯形状上设计出倾角,以保证桩头打弯后符合镜架要求。倾角设计方法:根据俯视图计算出桩头弯位中心至桩头前端面(长叉)距离(11.5mm),作出桩头打弯中心线与桩头对称中心线相交,以此交点为基点旋转桩头前段轮廓图 5°,这样桩头前段与桩头后段在打弯后就会出现 5°倾角。桩头倾角设计方法如图 7-36 所示。

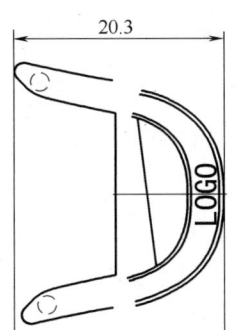
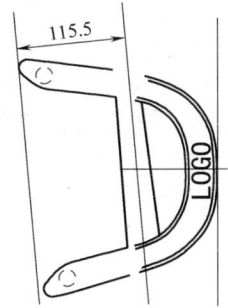

图 7-35 前后段桩头相对位置示意图　　图 7-36 桩头倾角设计方法示意图

3. 桩头粗坯轮廓绘制

将桩头的前后段外形轮廓顺滑连接起来就得到桩头外形轮廓图,如图 7-37 所示。

4. 桩头表面花纹绘制

将桩头轮廓线向内偏移 0.3mm,就得到桩头外围凸筋轮廓,删除丝筒轮廓,描绘桩头 LOGO,填充低级面就得到桩头零件粗坯主视图,如图 7-38 所示。

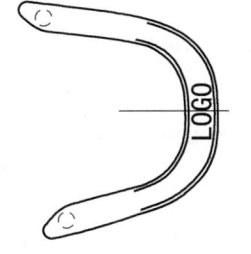
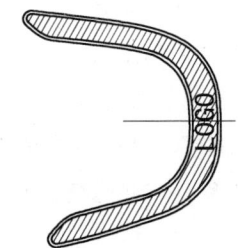

图 7-37 桩头外形轮廓图　　图 7-38 桩头零件粗坯主视图

桩头零件加工后的轮廓就是加工图中各视图所绘制的形状,因此复制桩头各方向视图就得到桩头零件图,如图 7-39 所示(见附页 22)。

三、金属脚丝零件图绘制

本款混合眼镜架脚丝为金属芯钢片包皮套,侧视脚丝不需打弯,因此在眼镜工程图的近似画法中,一般就直接复制侧视图脚丝图形,在此不做多讲解。金属脚丝零件图如图 7-40 所示(见附页 23)。

课后实训

参考眼镜架实物图片,绘制"注塑镜框+金属脚丝"混合眼镜架全套工程图。参考图如图 7-41 所示。

图 7-41 "注塑镜框+金属脚丝"混合眼镜架实物图片

提示:

(1)因参考图片的角度问题,所以描绘出的镜圈需要修正,特别注意镜圈"飞挂"问题。

(2)注塑镜框与金属桩头的装配结构为"螺孔+大头螺钉",即带螺孔的金属桩头由镜框桩头端面内孔插入,然后从镜框底面锁入大头螺钉。

(3)相关参数:注塑镜框各参数可以比板材镜框小 10%~15%,脚丝材料为高镍白铜,厚度为 1.3~1.5mm,脚丝表面凹位内花纹不做。

高级篇

项目八 镜架前框3D建模绘图方法

学习内容

1. 球面镜片的 3D 作图方法。
2. 金属眼镜架全框镜圈的 3D 作图方法。
3. 金属眼镜架半框镜圈的 3D 作图方法。
4. 板材眼镜架镜框的 3D 作图方法。
5. 大镜弯镜圈的 3D 作图方法。

学习目标

1. 了解 3D 建模的概念,掌握镜圈 3D 建模的方法和作图步骤。
2. 掌握镜架参数与作图建模参数的关系。
3. 能够运用 3D 作图的方法绘制镜圈三视图。

模块一 前框 3D 建模的思路

一、镜片建模原理

一般光学眼镜架的定形片为等厚的球面镜片,类似于空心球的一部分外壳,而镜圈就是围绕镜片的空间曲线,我们可以这样理解,镜片就像我们用横截面与片形相同的铁管将西瓜插穿后得到的那片西瓜皮。因此,镜片就是横截面与镜片形状相同的柱体和一个空心球体相交后的共同部分,如图 8-1 所示。

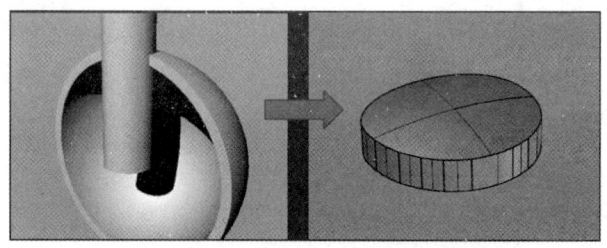

图 8-1 建模绘制镜片原理示意图

二、建模中的几个概念

1. 交集

在数学上，交集就是两个集合均包含的那一部分元素的集合，它既属于集合 A，同时也属于集合 B。如图 8-2 所示，图中的阴影部分就是椭圆 A 和椭圆 B 相交的部分，即为集合 A 和集合 B 的交集。

2. 差集

当集合 A 包含集合 B 时，集合 A 中不属于集合 B 的那部分就是集合 A 与集合 B 的差集。如图 8-3 所示，图中阴影部分就是集合 A 与集合 B 的差集。

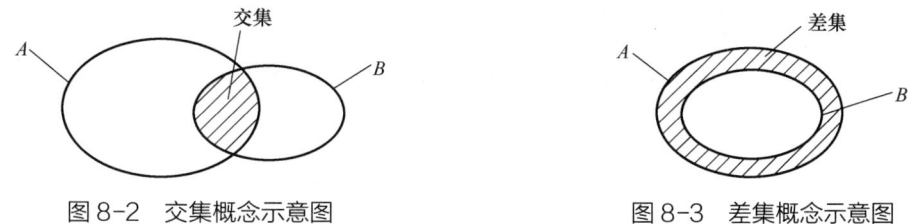

图 8-2　交集概念示意图　　　　　图 8-3　差集概念示意图

三、三维建模方法绘制前框三视图所用到的绘图命令

在用三维建模方法绘制前框三视图时所应用到的命令主要有：PE（合并/闭合）、EXT（拉伸）、SPHERE（作球面）、INT（捕捉交点）、SU（差集）、IN（交集）、ROTATE3D（3D 旋转）、SOLPROF（抽离）。

模块二　镜片三视图运用的三维建模绘图方法

在初级篇中，我们绘制眼镜架的俯视镜圈时，采用的是近似画法。在近似画法中，镜圈的俯视轮廓线全部都是半径相同的圆弧（镜弯相同）。实际上，在镜弯相同时，如果镜片形状不同，它们的俯视轮廓是有差别的，而且其轮廓并非同一条圆弧线。俯视镜圈轮廓的不同，会影响桩头打弯的角度及架形的差异，这在高质量的镜架制造中是不允许的。因此，在眼镜制造行业，镜架的镜圈一般采用三维建模的方法绘制，这样绘制出的图形轮廓更精准。下面我们以项目四的普通无框光学眼镜架为例，学习运用三维建模方法绘制镜片三视图。

一、主视图绘制

镜片主视图的绘图方法同初级篇中的画法一样，根据参考图片描绘。镜片主视图如图 8-4

所示。

二、三维建模

镜片主视图绘制好后，开始建模，建模步骤和方法如下。

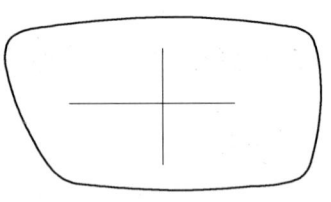

图 8-4　镜片主视图

1. 片形轮廓合并及检查

（1）合并片形轮廓线。将描绘好的片形轮廓线合并成一条多段线，如图 8-5 所示。

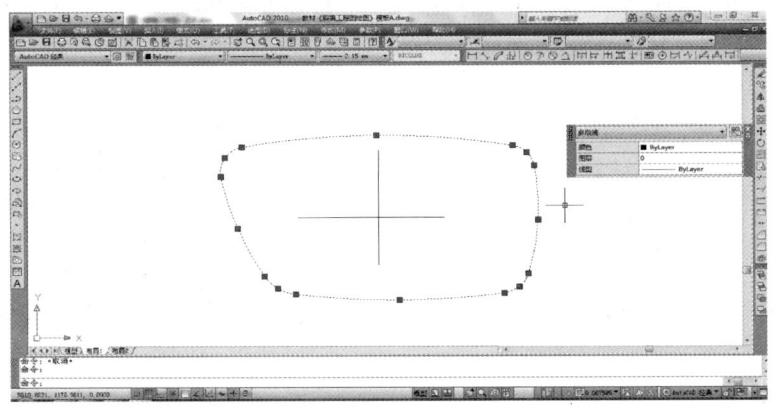

图 8-5　片形轮廓线合并成多段线操作界面

（2）检查片形轮廓线是否符合要求。检查片形轮廓线是否有断点、交叉线及多余未剪切的线头。检查方法：单击轮廓线，输入命令 PE ↵，出现图 8-6 所示界面。

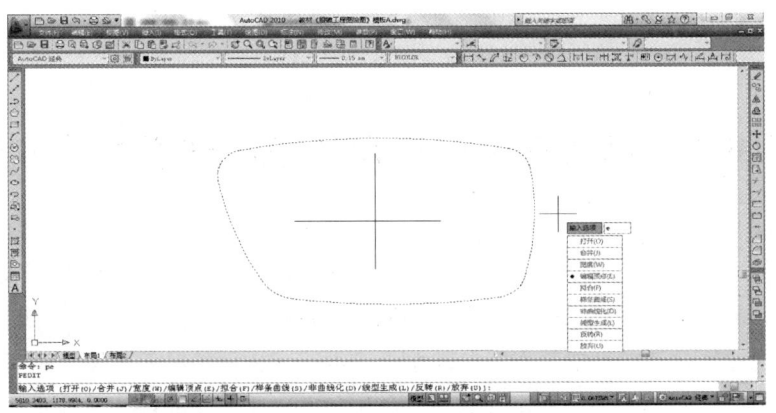

图 8-6　多段线检查及编辑顶点操作界面（一）

输入 E ↵（编辑顶点），出现图 8-7 所示界面，然后一直 ↵（下一个），直至轮廓线上的"×"回到起始线。

（3）编辑顶点（修正片形轮廓线）。如果图 8-7 中轮廓线上的"×"在片形轮廓线中间某处停下来了，则表明此处轮廓线有断点、交叉线或多余未剪切的线头等不符合要求的情况，所以要进行修正。

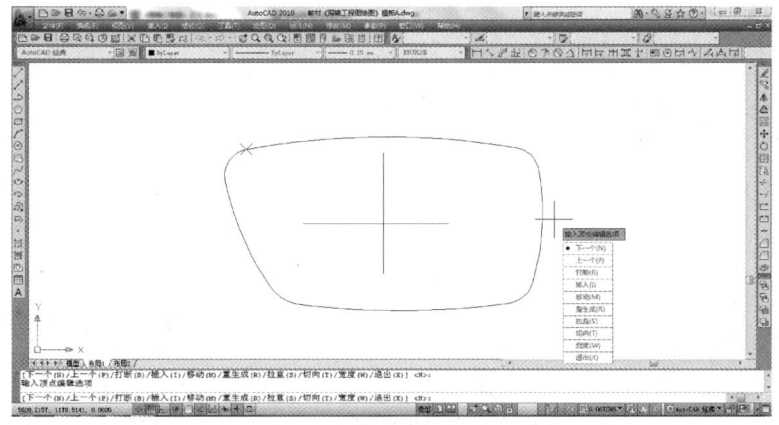

图 8-7　多段线检查及编辑顶点操作界面（二）

修正方法：分解多段线，删除此处最后一条圆弧，然后用半径相同的圆弧重新将附近两条圆弧作倒圆角处理即可。

（4）全部检查轮廓线。重复上述 3 个步骤，直至轮廓线符合要求。

2. 拉伸

拉伸的目的是创建一个三维立体图形。我们现在已经绘制好了平面的片形几何图形，将整个平面图形拉伸后就得到一个柱状的三维立体图形。

操作方法：输入命令 EXT（拉伸），↵，单击片形轮廓线，出现图 8-8 所示界面，输入一个大于镜片球半径的参数值（一般为 200~300），↵，完成拉伸操作。

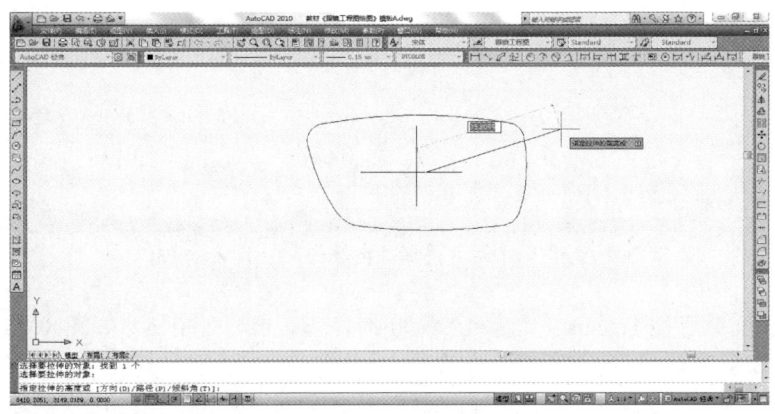

图 8-8　拉伸操作界面

拉伸成为三维实体的图形，当鼠标单击或移动至轮廓线上时，会有轮廓线属性显示，如图 8-9 所示。

在上述操作中，需要注意两点：

（1）在执行图 8-8 所示操作时，如果十字光标所连直线的起点在片形中央，就表明拉伸出的是三维实体；如果在轮廓线上，则拉伸出来的就是曲面，这时就要返回上一步再进行顶点编辑及合并。

（2）拉伸高度不能小于镜片表面球半径，否则片形柱体与球面镜片不相交。镜片表面球

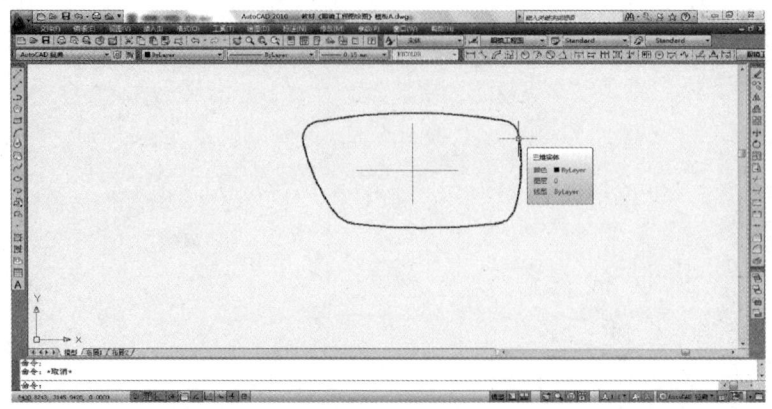

图 8-9　完成拉伸后的图形检查界面

半径计算公式：R_s = 52300/镜片弯度。其中 52300 为常数，普通光学镜片镜弯为 450 弯，所以 R_s = 52300/450 ≈ 116。

3. 作镜片表面球体

输入命令：SPHERE（作圆球）↵，再输入 INT（捕捉交点）↵，单击十字中心，如图 8-10 所示。

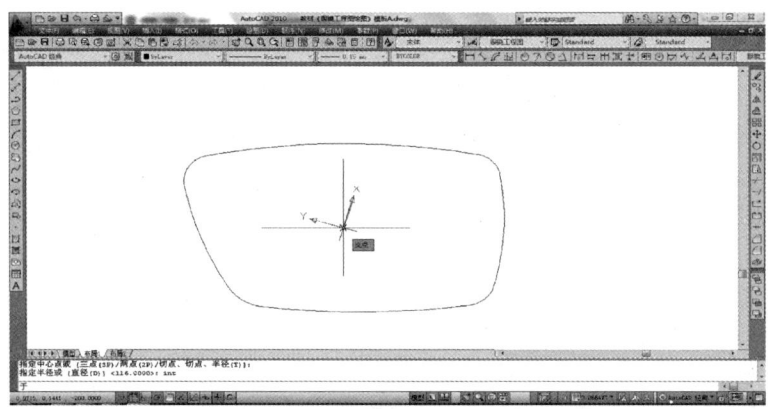

图 8-10　确定镜片表面球体中心点操作界面

输入镜片表面球半径 116mm（镜弯 450 弯），↵，完成球面绘制，如图 8-11 所示。

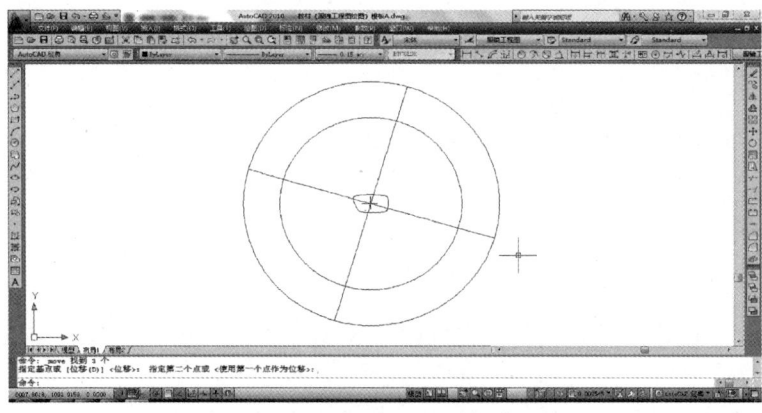

图 8-11　镜片表面球面绘制界面

4. 作镜片底面球体

同样的方法，同一中心，绘制半径为 114mm（116mm-镜片厚度 2.0mm）的球体，这就是镜片底面球体，绘制好后的界面如图 8-12 所示。

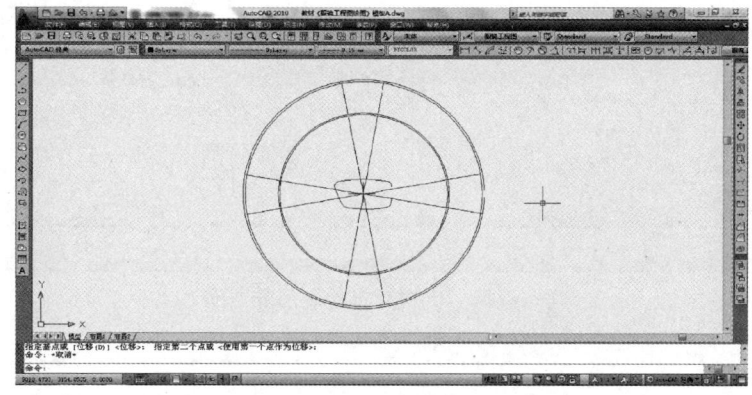

图 8-12 镜片底面球体绘制完成后的界面

5. 求差集

前面说过，镜片就是表面所在球体与底面所在球体的差集。求差集操作：输入命令 SU（差集）↵，单击大球轮廓圆，↵，单击小球轮廓圆，↵，完成差集绘制。操作界面如图 8-13 所示。

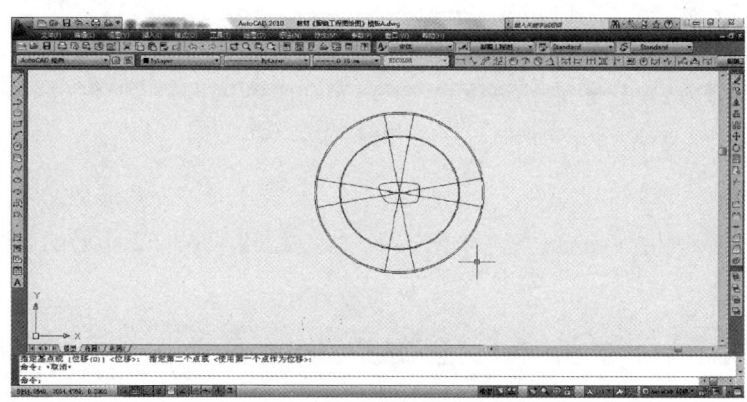

图 8-13 求差集绘图界面

注意：输入差集命令后，必须先单击大球球面轮廓，后单击小球球面轮廓，否则无效。

6. 求交集

我们知道镜片就是片形拉伸的柱体绘制和镜片所在空心球壳体（大小球体的差集）的交集。输入命令： IN（交集）↵，全选↵，完成求交集的操作。此时绘图界面如图 8-14 所示。

三、普通无框光学眼镜架镜片侧视图绘制

1. 切换绘图空间

建模图形绘制好后，将绘图空间切入到布局 2，如图 8-15 所示。

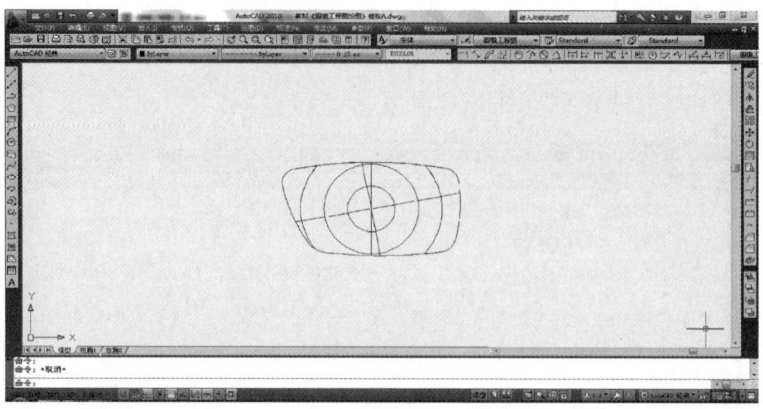

图 8-14　完成交集绘制后的界面

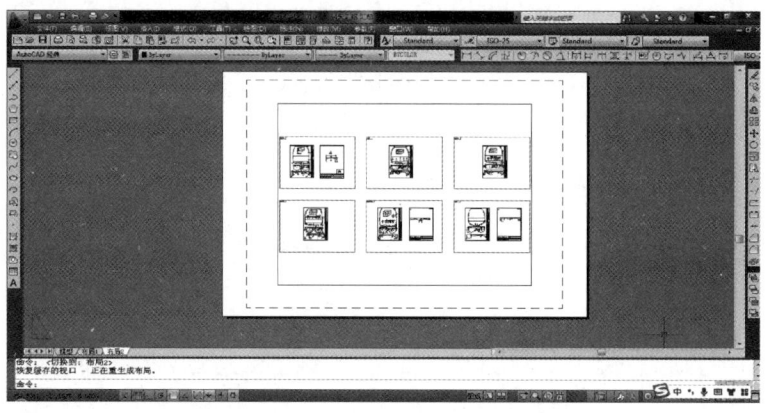

图 8-15　切入布局 2 后的初始界面

进入布局 2 后，滚动鼠标滚轮，放大白色区域，使左下角的三角形坐标轴标识处于白色虚线内，且所绘制的建模图形在合适的绘图位置，然后双击坐标轴标识中心的方块，使布局 2 绘图界面如图 8-16 所示。

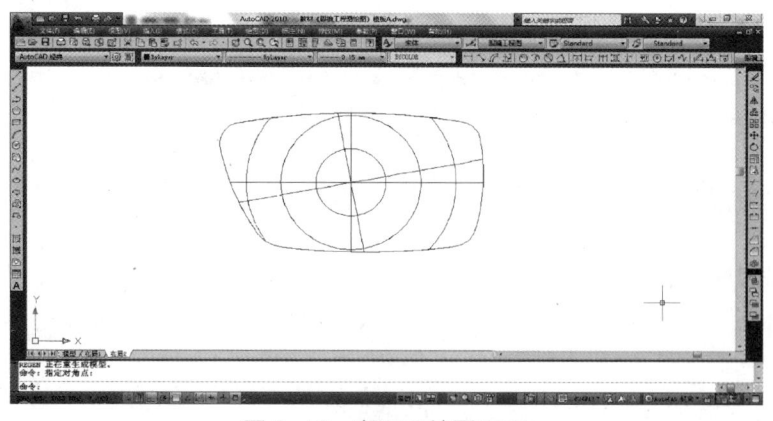

图 8-16　布局 2 绘图界面

2. 复制镜片三维实体图

复制一个镜片三维实体图形以备绘制俯视图时使用。

3. 旋转

输入命令： ROTATE3D（3D 旋转）↵，以图形左侧任意铅垂线上两点为指定旋转轴的点，如图 8-17 所示。

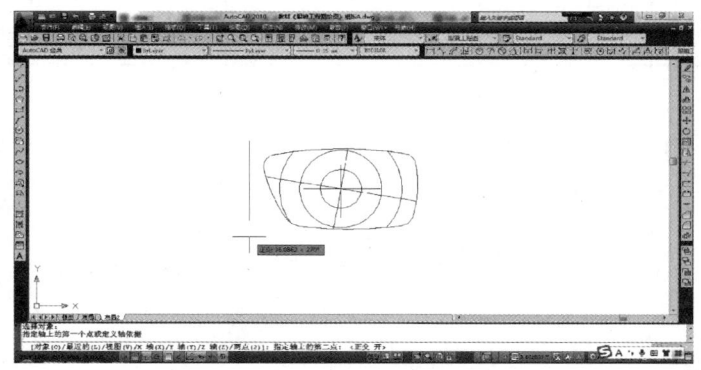

图 8-17　侧视图旋转轴绘制界面

输入旋转角度 83°得到图 8-18 所示界面。侧视图的角度之所以为 83°而不是 90°，这是因为俯视眼镜架镜片（镜圈）有 7°的架弯角度。

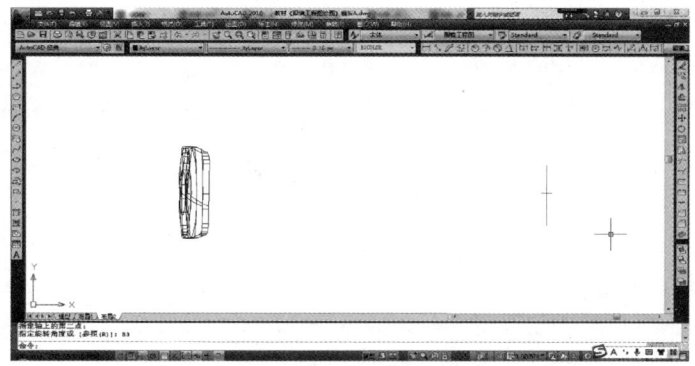

图 8-18　眼镜架镜片侧视三维实体绘制界面

4. 抽离前的轮廓线编辑

输入命令： SOLPROF（抽离）↵，出现选项"是否在单独的图层中显示隐藏的轮廓线？"如图 8-19 所示。

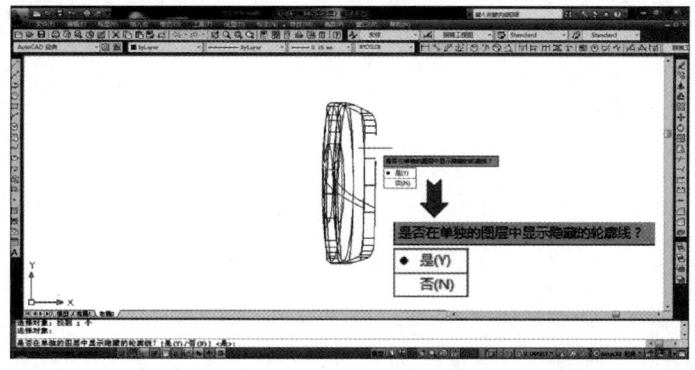

图 8-19　输入"抽离"命令后的第一个选项界面

选择是（Y 或↵），又弹出选项"是否将轮廓线投影到平面？"，如图 8-20 所示；继续选择是（Y 或↵），再次弹出选项"是否删除相切的边？"，如图 8-21 所示；再次选择是（Y 或↵），完成轮廓线编辑。

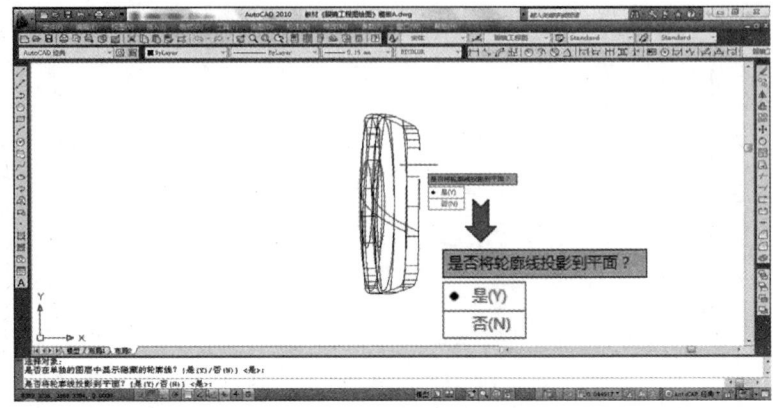

图 8-20　输入"抽离"命令后的第二个选项界面

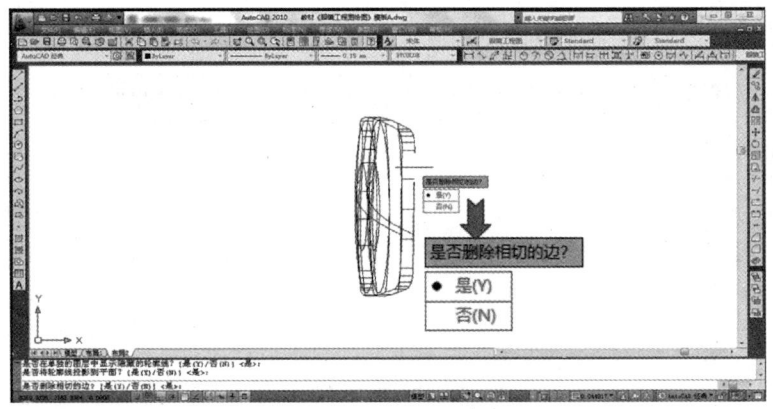

图 8-21　输入"抽离"命令后的第三个选项界面

5. 抽离

单击三维实体中的镜片轮廓线并按住鼠标左键移动鼠标（或使用编辑命令 M），将侧视镜片轮廓线抽离三维实体，如图 8-22 所示。抽离出来的图形就是镜片侧视图。

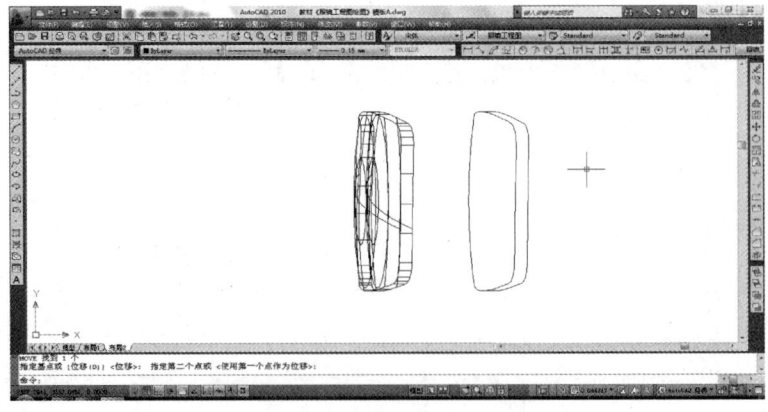

图 8-22　轮廓线抽离后的界面

四、普通无框光学眼镜架镜片俯视图绘制

运用三维建模方法绘制无框光学眼镜架镜片俯视图的方法基本同绘制侧视图一样，只是旋转轴和旋转角度有所不同。

1. 俯视图旋转轴绘制

输入旋转命令后，拾取镜片三维实体下方任意水平线上两点为指定旋转轴，绘图界面如图 8-23 所示。

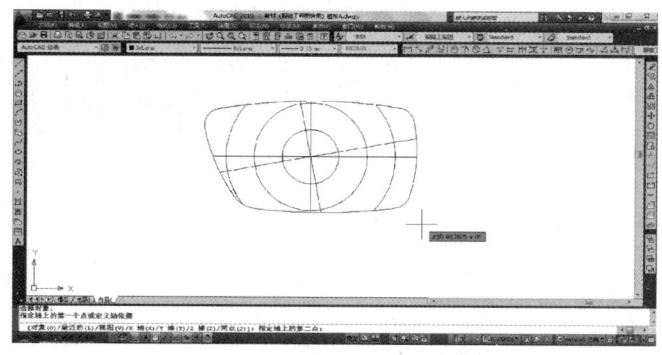

图 8-23　俯视图旋转轴绘制界面

2. 旋转

输入旋转角度：97↵，以俯视角度旋转 97°，旋转后的三维实体如图 8-24 所示。之所以旋转 97°，是因为侧视镜圈（镜片）有 7°的前倾角。

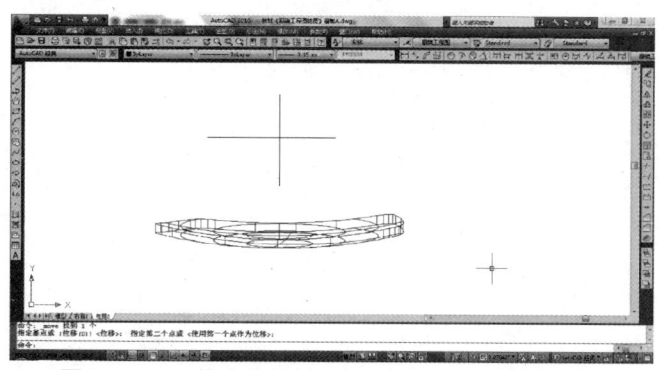

图 8-24　三维实体旋转 97°后的俯视图形绘制界面

3. 抽离

输入命令：SOLPROF（抽离）↵，↵，↵，↵，然后抽离出镜片俯视轮廓线，得到图 8-25 所示绘图界面。

五、普通无框光学眼镜架镜片三视图

运用三维建模方法绘制的普通无框光学眼镜架镜片三视图如图 8-26 所示。

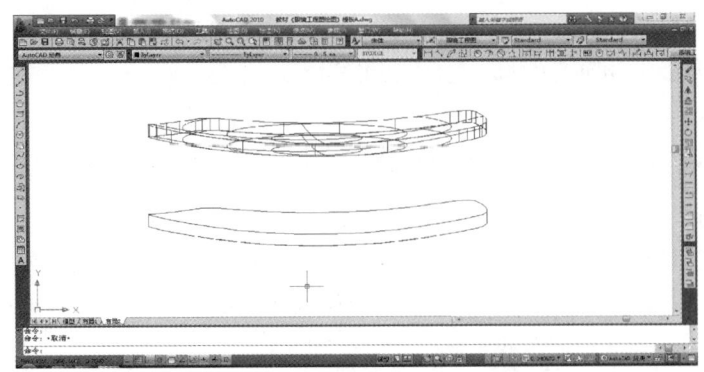

图 8-25　镜片俯视实体抽离出轮廓线后的界面

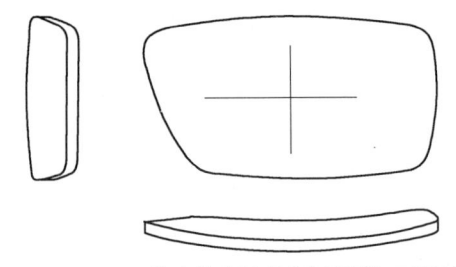

图 8-26　三维建模方法绘制的镜片三视图

六、近似画法与三维建模方法绘制镜片三视图的图形比较

1. 两种绘图方法绘制的方形镜片三视图差异

在近似画法中，不管镜片形状如何，其表面轮廓一律被绘制成半径为 116mm 的圆弧，而侧视图是运用插入块的编辑方法来绘制的，它们与三维建模方法绘制的三视图有什么差异呢？

现在我们将利用三维建模方法绘制出的普通光学眼镜架的方形镜片三视图与我们在初级篇中学习的用近似画法绘制的镜片三视图作一个比较，看看到底有什么不一样。

同一镜片，两种方法绘制的主视图是一样的，不同的是侧视图和俯视图。用近似画法绘制图 8-26 所示方形镜片的三视图，如图 8-27 所示。

如果将图 8-26 与图 8-27 重叠，如图 8-28 所示，除三维建模绘制的俯视图有下半圈轮廓线外，其他差异并不是很大，这就是很多眼镜企业仍然会采用近似画法的原因。

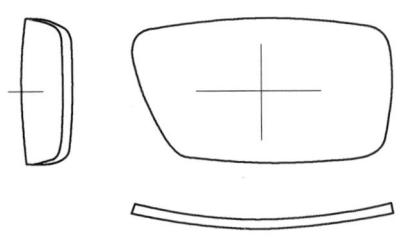

图 8-27　近似画法绘制的方形镜片三视图

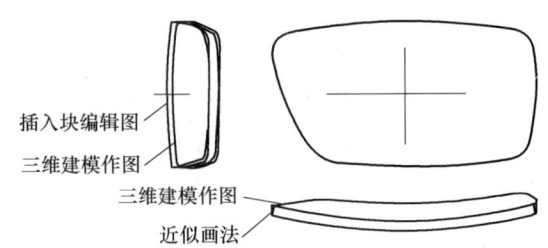

图 8-28　两种方法绘制的方形镜片三视图比较

2. 两种绘图方法绘制的圆形镜片三视图差异

对于片形较圆的镜片，两种方法绘制的三视图，其差别如何呢？下面我们就以图 8-29 所示圆形镜片为例来进行比较。

分别用近似画法和三维建模方法绘制镜片俯视图和侧视图，并将它们重叠进行比较，如图 8-30 所示。

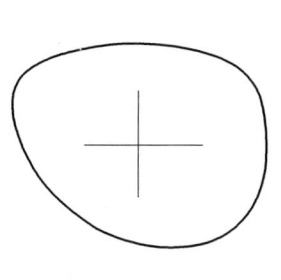
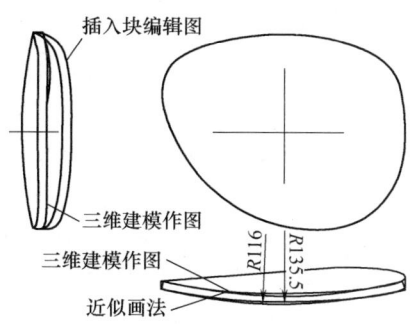

图 8-29　圆形镜片主视图　　　　图 8-30　两种方法绘制的圆形镜片三视图比较

比较两种方法绘制的三视图，圆形镜片的侧视图及俯视图差异比方形镜片的大，对于圆形镜片，用三维建模的方法绘制镜片的俯视图及侧视图更准确。

七、眼镜企业普通光学眼镜架工程图中镜片三视图画法

三维建模的方法得到的镜片轮廓线为多段线，编辑难度较大，因此眼镜企业在绘制眼镜俯视图时一般采用与旋转 97°得到的轮廓线接近的圆弧替代镜片表面弧，部分企业的工程图还会删除镜片下半部分轮廓。所以实际上，在绘制眼镜架俯视图时，眼镜企业往往是用建模的方法求出镜片表面轮廓弧半径，然后再按近似画法绘制其轮廓，如图 8-31 所示。即侧视图按三维建模的方法绘制，俯视图的镜片轮廓以最接近的圆弧替代三维建模方法所绘制出的多段线轮廓，如图 8-32 所示。

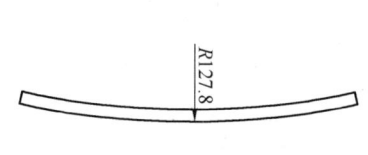
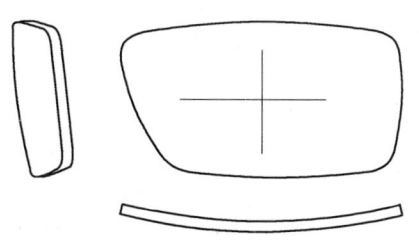

图 8-31　实际镜片俯视轮廓图　　　　图 8-32　实际眼镜工程图中镜片的三视图

模块三　全框镜圈（装片）三视图的三维建模绘图方法

普通光学全框眼镜架镜圈的镜片一般是厚度为 1.0mm 的定形片，镜圈规格一般为 2.0mm×1.0mm。全框镜圈在建模时，就是外圈拉伸得到的柱体与内圈拉伸得到的柱体的差集，其形状如截面与片形相同的空心管。镜圈装片后，相当于将镜圈与镜片叠加在一起组成一个几何体。所以，全框镜圈（装片）三视图的三维建模绘图方法如下。

一、镜片建模

1. 绘制镜片主视图（片形）并合并轮廓线

根据参考图片或实物片形绘制镜片轮廓并合并轮廓线为多段线，绘图界面如图 8-33 所示。

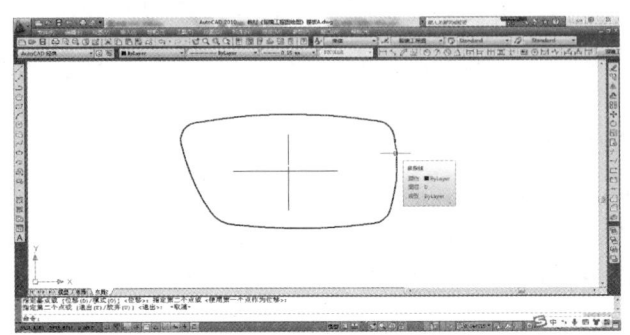

图 8-33　镜片主视图合并为多段线后的绘图界面

2. 片形轮廓拉伸

在拉伸操作前先检查主视图镜片合并后的多段线是否符合要求，即输入命令：PE↵，E↵，编辑顶点。编辑完成后，输入命令：EXT（拉伸）↵，单击轮廓线，↵，输入拉伸高度参数 300↵，完成拉伸操作。此时单击轮廓线，检查拉伸后的图形属性是否为三维实体，如图 8-34 所示。

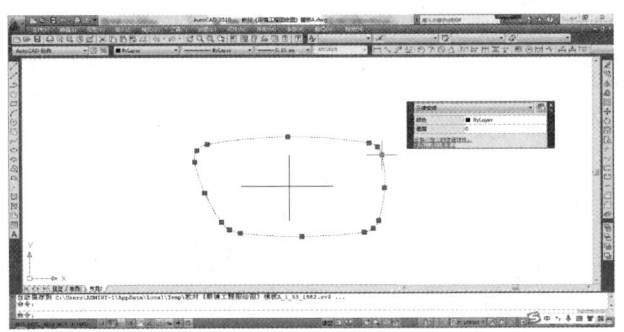

图 8-34　检查主视图片形拉伸后是否为三维实体的界面

3. 作镜片表、底面球体

输入命令：SPHERE（作球面）↵，捕捉（INT）镜片几何中心为球心，输入参数 116mm，作镜片表面球体；同样方法作镜片底面球体（镜片厚度为 1.0mm、半径为 115mm）。

4. 求两球体差集

输入命令 SU（差集）↵，单击大球轮廓↵，再单击小球轮廓↵，完成求差集操作。单击圆球轮廓检查轮廓线属性显示为三维实体，此时绘图界面如图 8-35 所示。

5. 镜片三维建模图绘制

输入命令：IN（交集）↵，全选图形↵，完成镜片三维建模。此时绘图界面如图 8-36 所示。

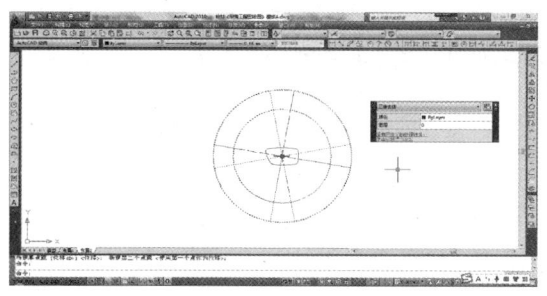
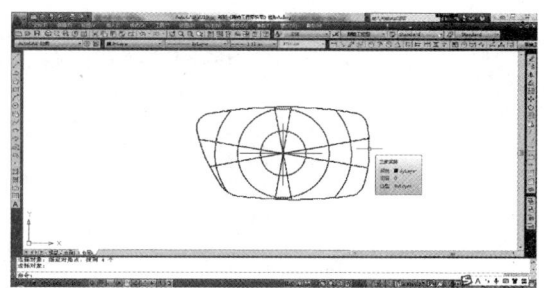

图 8-35　检查镜片表、底球面的差集操作界面　　　图 8-36　镜片三维建模完成后的界面

二、镜圈建模

1. 绘制镜圈主视图且合并内、外圈轮廓线

全框眼镜架镜圈内圈同镜片形状吻合，正视镜圈宽度为 1.0mm，所以复制镜片轮廓并将其向外偏移 1.0mm，就得到全框镜圈主视图，如图 8-37 所示。

2. 分别拉伸镜圈内、外圈轮廓为三维实体

输入命令：EXT（拉伸）↵，单击镜圈外圈轮廓线，输入参数 300 ↵，完成外圈拉伸；同样操作完成内圈拉伸。此时镜圈轮廓属性为三维实体，绘图操作界面如图 8-38 所示。

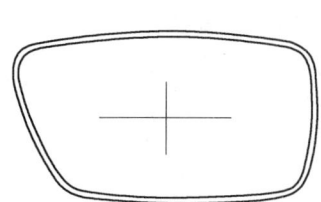
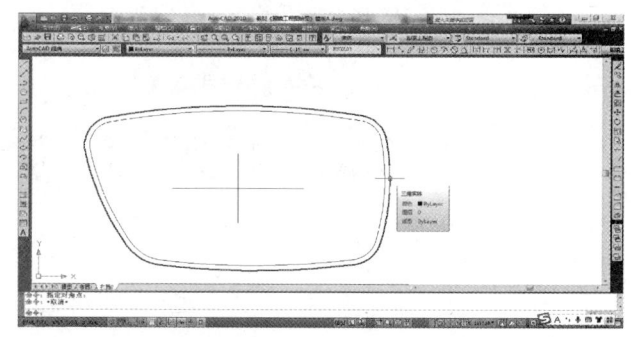

图 8-37　全框镜圈主视图　　　图 8-38　镜圈内、外圈完成拉伸后的绘图操作界面

3. 求镜圈内、外圈三维实体差集

输入命令：SU（差集）↵，单击外圈轮廓线↵，再单击内圈轮廓线↵，完成差集绘制，此时绘图界面如图 8-39 所示。注意：一定要先单击外圈后单击内圈。

4. 分别作镜圈表、底面所在球体

输入命令：SPHERE（作球面）↵，再输入命令 INT（捕捉交点）↵，单击镜圈中心十字交点为中心点后，输入参数 116.5mm（镜圈表面高出镜片 0.5mm）↵，完成镜圈表面球体绘制。

同样方法完成镜圈底面球体（半径为 114.5mm）绘制，此时绘图界面如图 8-40 所示。

5. 求镜圈表、底面所在球体差集

输入命令：SU（差集）↵，单击镜圈表面球体轮廓线↵，再单击镜圈底面球体轮廓线↵，完成镜圈表、底面球体差集绘制，此时绘图界面如图 8-41 所示。注意：输入命令"SU"后，先单击表面球体轮廓线，再单击镜圈底面球体轮廓线。

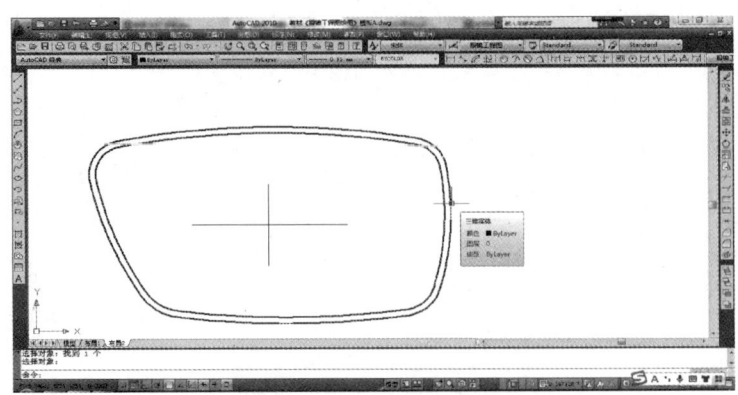

图 8-39　内外圈差集绘制后的界面

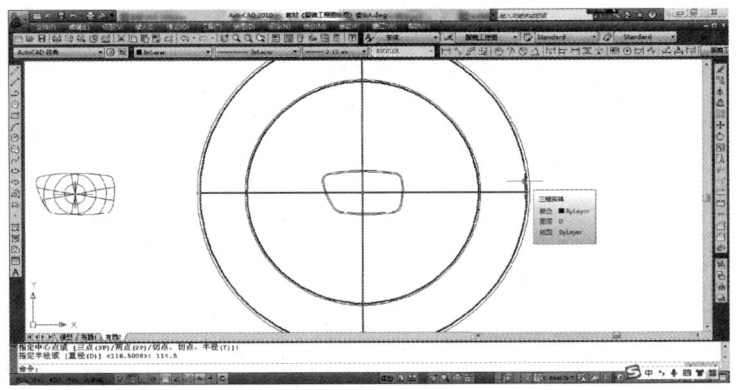

图 8-40　完成镜圈表、底面球体绘制后的界面

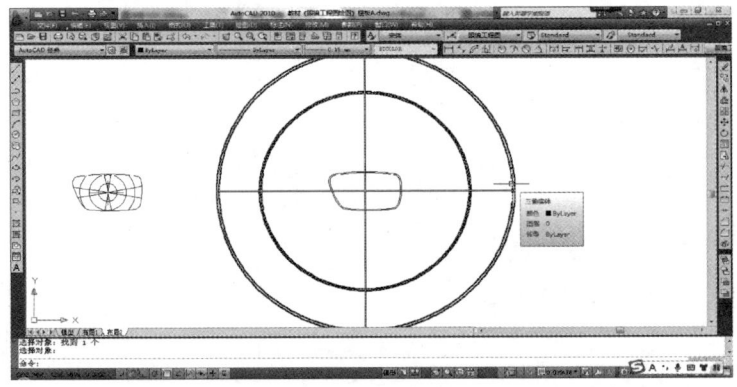

图 8-41　完成镜圈表、底面所在球体差集绘制后的界面

6. 镜圈建模图绘制

输入命令：IN（交集）↵，全选对象，↵，完成镜圈建模图绘制。镜圈建模图如图 8-42 所示。

三、镜圈+镜片的组合体建模

将绘制好的镜片建模图与镜圈建模图，以几何中心点为基点，复制（或移动）到一起，完成镜圈与镜片的建模图形组合，如图 8-43 所示。

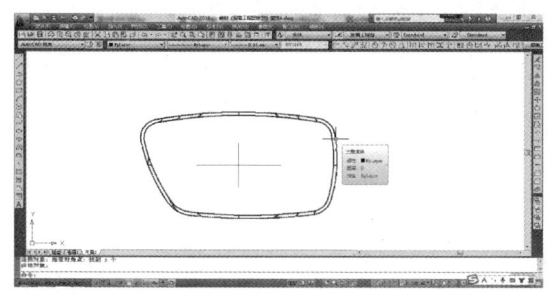
图 8-42　完成镜圈建模图绘制后的界面

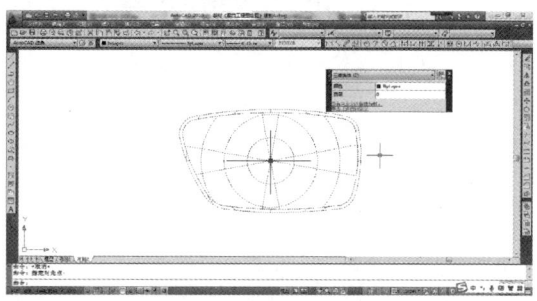
图 8-43　镜圈与镜片组合建模图绘制完成后的界面

四、旋转

1. 操作前准备

建模完成后，将 CAD 绘图界面切换到"布局 2"并使左下方三角形坐标轴标识处于虚线框内，双击坐标轴标识中心的方框，使其为直角坐标轴。复制一个建模图（绘制俯视图及侧视图各需一个）。

2. 旋转建模图为侧视方向

输入命令：ROTATE3D（3D 旋转）↵，全选其中一个建模图，按下正交开关键 F8，单击图形左侧任意铅垂线上两点为指定旋转轴，↵，输入旋转角度 83°，↵，完成侧视三维建模图绘制。绘图界面如图 8-44 所示。

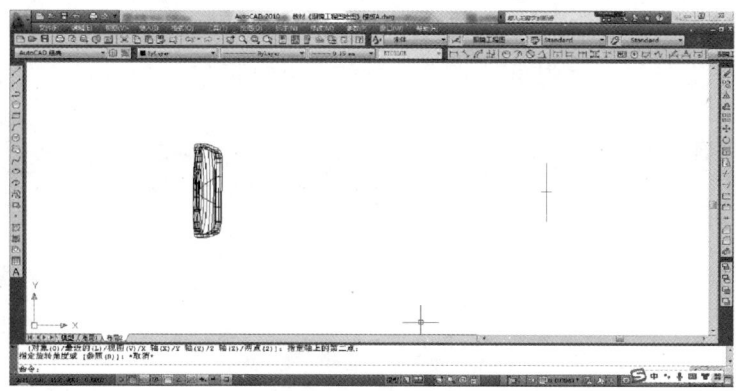
图 8-44　镜圈（装片）侧视三维建模图

3. 旋转建模图为俯视方向

再次输入命令：ROTATE3D（3D 旋转）↵（如果未进行其他操作，可直接↵），全选另一个建模图，单击图形下方任意水平线上两点为指定旋转轴，↵，输入旋转角度 97°，↵，完成俯视三维建模图绘制。绘图界面如图 8-45 所示。

4. 抽离轮廓线

输入命令：SOLPROF（抽离）↵，↵，↵，↵，然后抽离出镜圈（+镜片）侧视及俯视

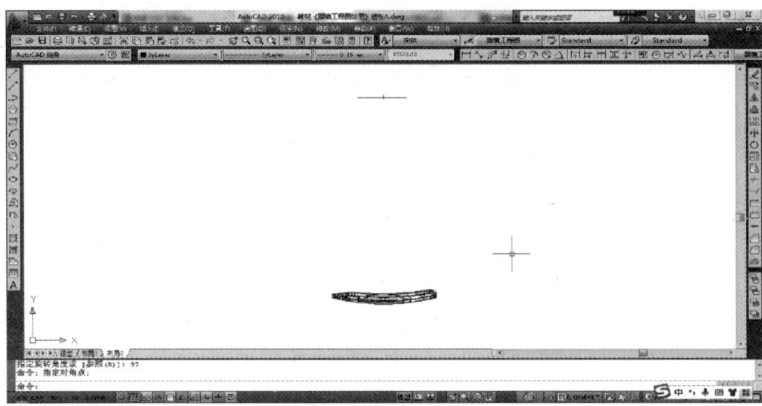

图 8-45　镜圈（装片）俯视三维建模图

轮廓线，得到侧视图和俯视图，绘图界面分别如图 8-46 和图 8-47 所示。

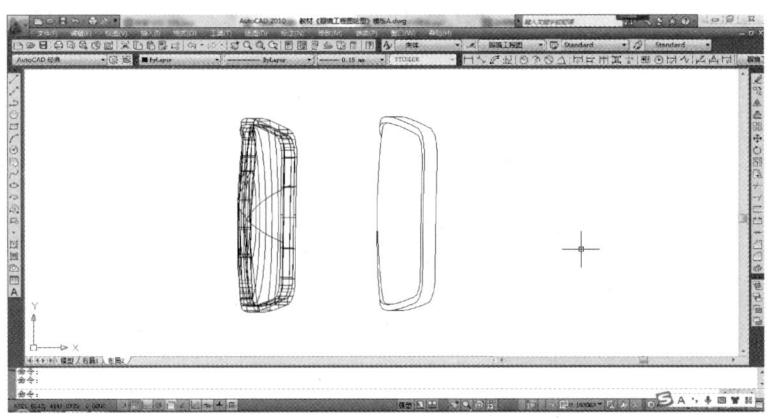

图 8-46　镜圈（装片）侧视图绘制界面

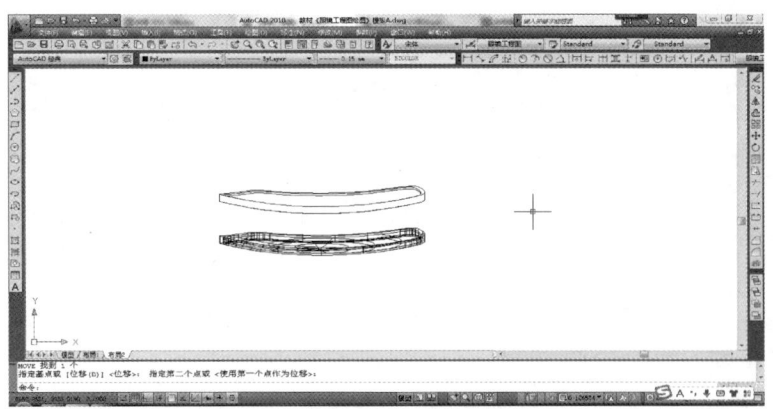

图 8-47　镜圈（装片）俯视图绘制界面

5. 金属全框镜圈（装片）三视图

将侧视图和俯视图分别选择旋转 7°，得到金属全框镜圈（装片）三视图，如图 8-48 所示。

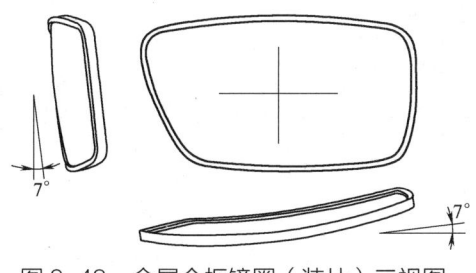

图 8-48　金属全框镜圈（装片）三视图

模块四　半框镜圈（+镜片）三视图的三维绘图方法

下面让我们以项目三中图 3-1 所示的半框钢片贴圈光学眼镜架为例，讲解金属半框眼镜架镜圈（装片）三维建模法绘制三视图的步骤和方法。

一、半框眼镜架镜圈（装片）主视图绘制

半框眼镜架镜圈（+镜片）主视图可以直接从图 3-15 中复制，如图 8-49 所示。

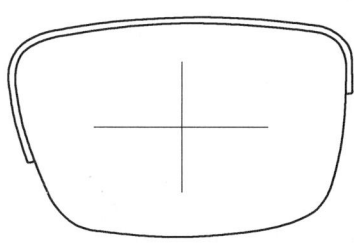

图 8-49　半框眼镜架镜圈（装片）主视图

二、半框镜圈三维建模图绘制

1. 半框镜圈轮廓线合并

复制出半框镜圈轮廓，然后将所有轮廓线合并为一条封闭的多段线，如图 8-50 所示。

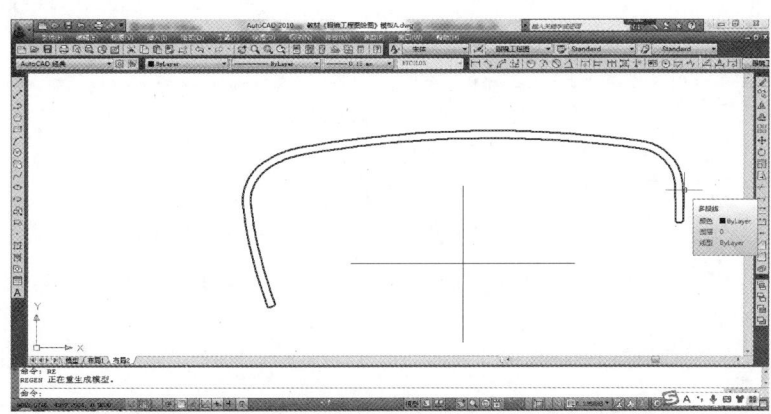

图 8-50　半框镜圈所有轮廓线合并为多段线后的界面

2. 拉伸

将半框镜圈轮廓线拉伸为三维实体，拉伸高度不小于 116mm（通常拉伸高度为 300mm）。

镜圈拉伸后的绘图界面如图 8-51 所示。

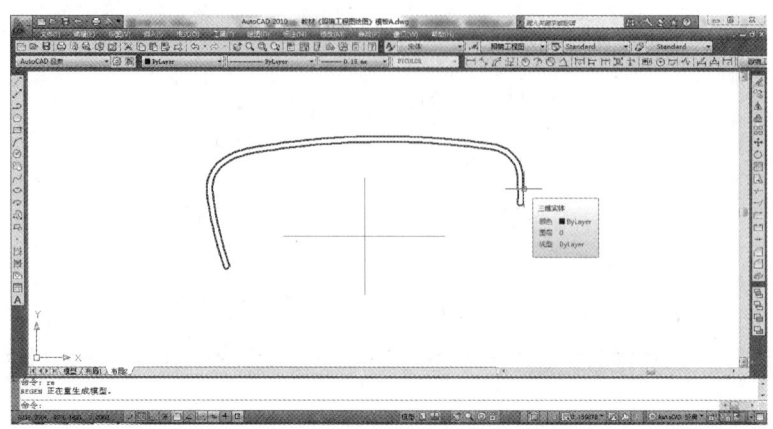

图 8-51　半框镜圈拉伸为三维实体后的绘图界面

3. 作半框镜圈表、底面所在球体

以镜框中心点为球心，分别作出镜圈表面所在球体（半径为 116mm）和镜圈底面所在球体（半径为 114mm），然后作出两球之差集。相关命令：SPHERE（作球体）、SU（差集）、INT（捕捉交点）。此时绘图界面如图 8-52 所示。

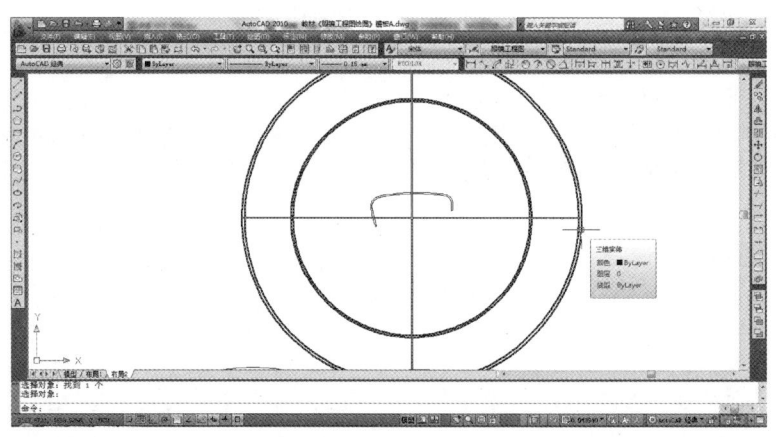

图 8-52　半框镜圈表、底面球体差集绘制界面

4. 半框镜圈三维建模图绘制

半框镜圈三维建模图形就是镜圈拉伸后的三维实体与半框镜圈表、底面球体差集的交集。所以，输入命令：IN（交集）↵，全选对象↵，完成半框镜圈三维建模图绘制，绘图界面如图 8-53 所示。

三、镜片三维建模图绘制

普通光学金属半框眼镜架，其镜片厚度一般为 2.0mm，镜片表面弧半径为 116mm。镜片三维建模图的绘制方法同前，绘制好的建模图形如图 8-54 所示。

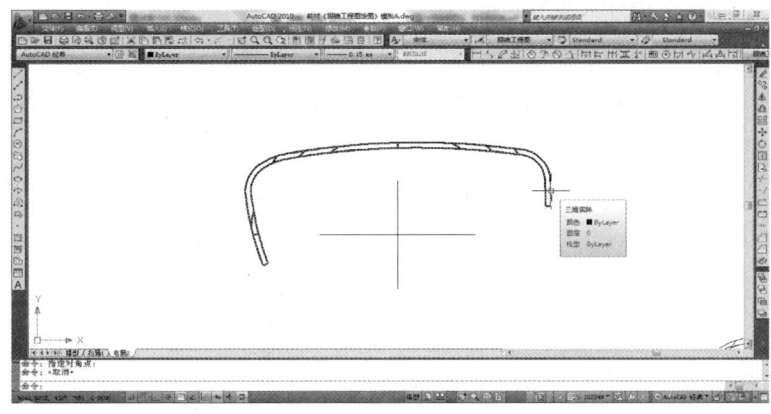

图 8-53　半框镜圈三维建模图绘制完成后的界面

四、半框镜圈装片（叠加）后的三维建模图绘制

以镜片几何中心为基点，将半框镜圈的建模图与镜片建模图复制在一起就是镜圈装片后的建模图，如图 8-55 所示。

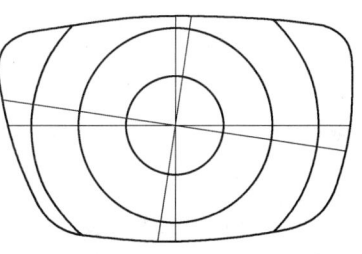

图 8-54　半框镜片建模图

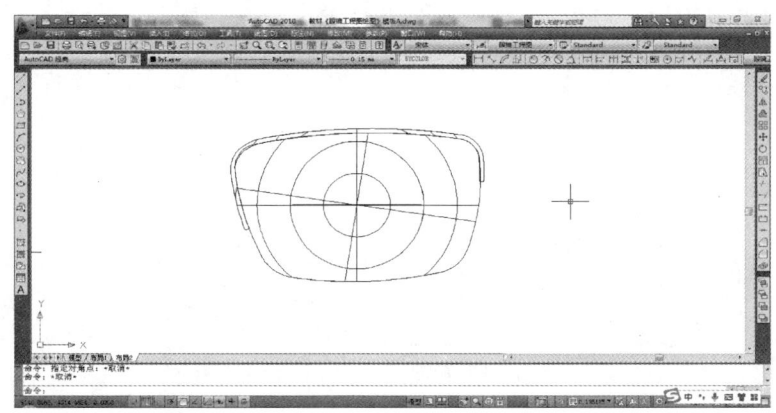

图 8-55　半框镜圈装片后的三维建模图

五、半框镜圈（装片）三视图绘制

1. 镜圈（装片）三维建模侧视图绘制

在"布局 2"中，再复制一个建模图。然后输入命令：ROTATE3D（3D 旋转）↵，按下 F8 键（正交开关），全选旋转对象↵，单击建模图左边任意铅垂线上两点为指定旋转轴，输入旋转角度（83°）↵，得到建模侧视图。

2. 半框镜圈（装片）的侧视图绘制

再输入命令：SOLPROF↵，全选侧视三维建模图↵，↵，↵，↵，抽离出轮廓线，得到半框镜圈（装片）的侧视图，如图 8-56 所示。

3. 半框镜圈（装片）三维建模俯视图绘制

输入命令：ROTATE3D（3D 旋转）↵，单击另一个建模图下方任意水平线上两点为指定旋转轴，输入旋转角度（97°）↵，得到俯视建模图形。

4. 半框镜圈（装片）的俯视图绘制

再输入命令：SOLPROF↵，全选三维建模侧视图↵，↵，↵，↵，抽离出轮廓线，得到半框镜圈（装片）的俯视图，如图 8-57 所示。

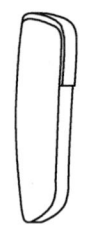
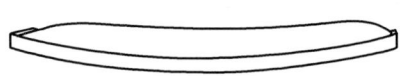

图 8-56　半框镜圈（装片）侧视图　　　　图 8-57　半框镜圈（装片）俯视图

5. 实际半框镜圈（装片）三视图

实际侧视镜架有前倾角 7°，俯视镜架也有镜架弯度 7°，所以分别将侧视图及俯视图旋转 7°，得到半框眼镜架镜圈（装片）三视图，如图 8-58 所示。

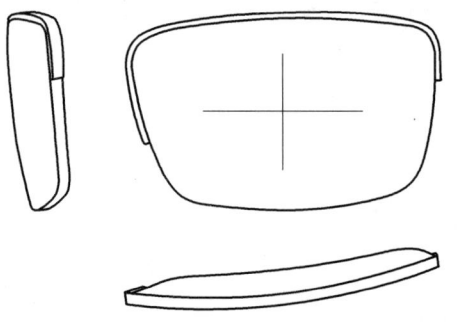

图 8-58　半框眼镜架镜圈（装片）三视图

模块五　板材镜框三视图的 3D 建模绘图方法

一、板材镜框及镜片主视图绘制

以中梁为界，绘制（或复制）板材镜框左框，分别将镜框内、外框轮廓线合并为一条多段线，复制内圈为镜片主视图，如图 8-59 所示。

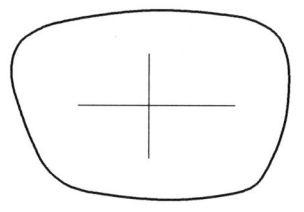 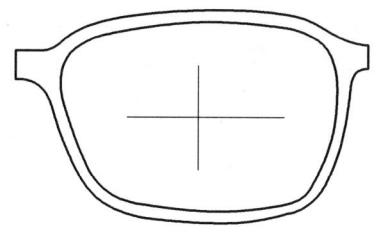

图 8-59　镜片及板材眼镜架镜框主视图（半图）

二、拉伸镜框为三维实体并求差集

分别拉伸镜框外框和内框成高度为 300mm 的柱体，然后作外框与内框的差集，绘图界面如图 8-60 所示。相关命令：EXT（拉伸），SU。

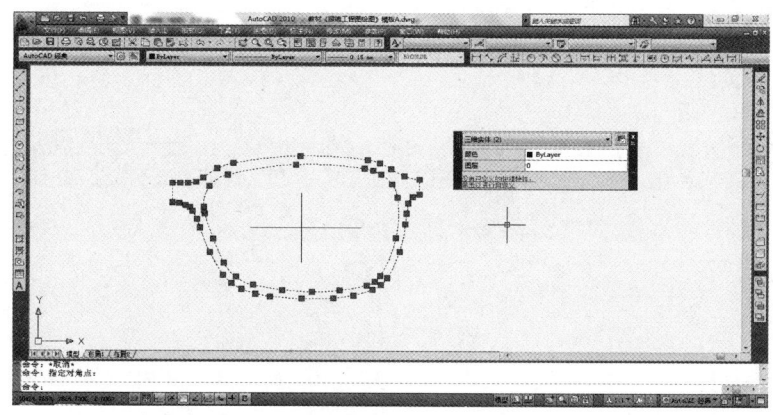

图 8-60　板材镜框外圈与内圈三维实体差集绘制界面

三、绘制镜框表、底面球体差集

1. 板材镜框表、底面所在球面半径计算

假设镜框厚度为 3.6mm，板材内坑位于厚度中间位置，定型片厚度为 1.0mm，镜弯 450 弯，那么镜框表面球半径为：116mm +（3.6mm - 1.0mm）/2 = 117.3mm；镜框底面半径为 117.3mm - 3.6mm = 113.7mm。

2. 板材镜框表、底面球体绘制

以镜框中心为圆点分别作半径为 117.3mm 和 113.7mm 的球体，如图 8-61 所示。相关命令：SPHERE。

3. 板材镜框表、底面球体差集绘制

输入命令：SU ↵，单击表面球轮廓线↵，再单击底面球轮廓线↵，绘制出板材镜框表、底面球体差集。

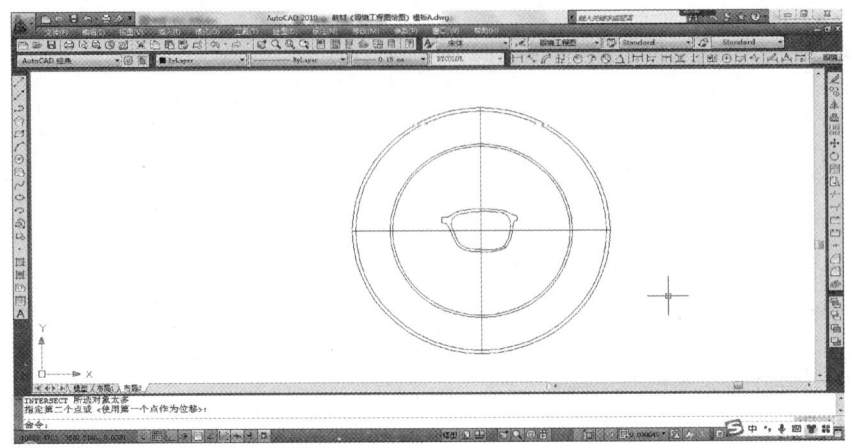

图 8-61　板材镜框表、底面球体绘制界面

4. 板材镜框三维建模图形绘制

输入命令：IN（交集）↵，全选镜框轮廓↵，得到板材镜框三维建模图形，如图 8-62 所示。

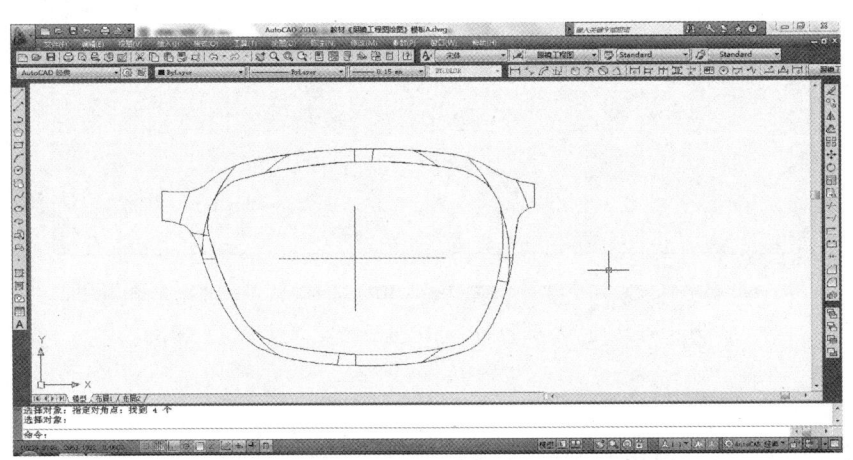

图 8-62　板材镜框三维建模图形绘制界面

四、镜片三维建模图绘制

镜片三维建模图绘制方法前面已经介绍过，在此不再具体讲解。镜片表面球半径为 116mm，镜片厚度为 1.0mm，镜片三维建模和镜框三维建模绘图界面如图 8-63 所示。

五、板材镜框（装片）三维建模图绘制

将镜片与板材镜框建模图以几何中心点为基点，复制（或移动）至同一位置，得到板材镜框（装片）后的三维建模图，如图 8-64 所示。

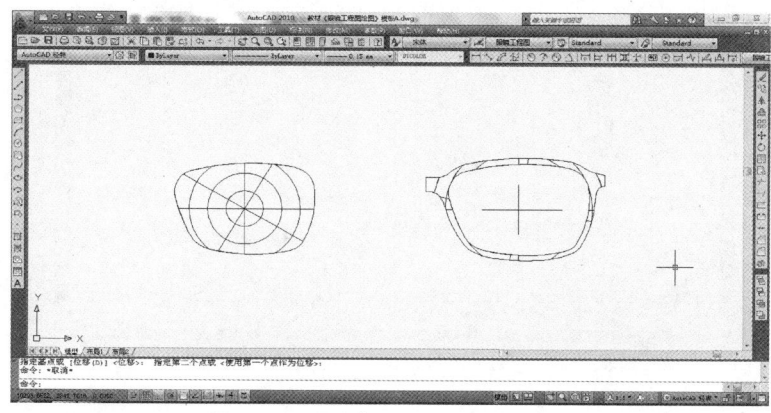

图 8-63　镜片和板材镜框三维建模图绘制完成后的界面

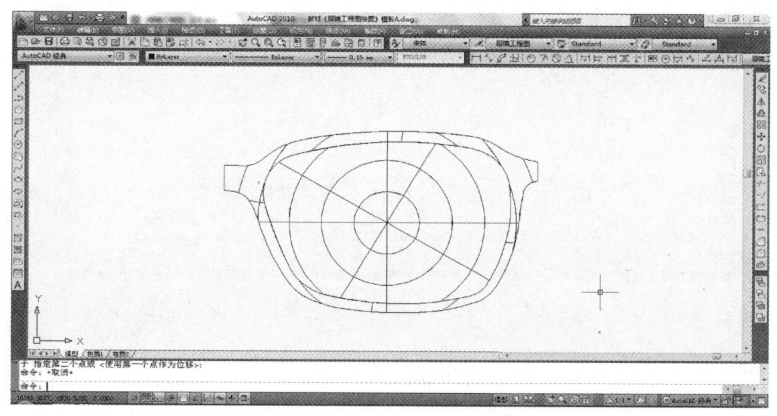

图 8-64　板材镜框（装片）三维建模图绘制界面

六、板材镜框（装片）三视图绘制

1. 板材镜框（装片）三维侧视图及俯视图绘制

切入到"布局2"中，复制一个建模图形。然后输入命令：ROTATE3D（3D旋转）↵，按下 F8 键（正交开关），全选其中一个建模图为旋转对象↵，单击建模图左边任意铅垂线上两点为指定旋转轴，输入旋转角度（83°）↵，得到侧视建模图形。↵（重复上一次命令），单击另一个建模图下方任意水平线上两点为指定旋转轴，输入旋转角度（97°）↵，得到俯视建模图形。绘图界面如图 8-65 所示。

2. 板材镜框（装片）侧视图及俯视图绘制

（1）板材镜框（装片）侧视轮廓抽离。输入命令：SOLPROF（抽离）↵，全选侧视三维建模图↵，↵，↵，↵，抽离出轮廓线，得到半框镜圈（装片）的侧视图。

（2）板材镜框（装片）俯视轮廓抽离。重复上述操作，抽离俯视图轮廓线，得到板材镜框（装片）俯视图。绘图界面如图 8-66 所示。

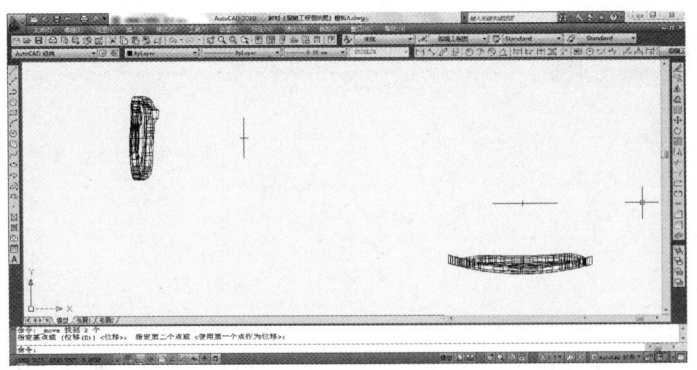

图 8-65　板材镜框三维建模侧视图及俯视图绘图界面

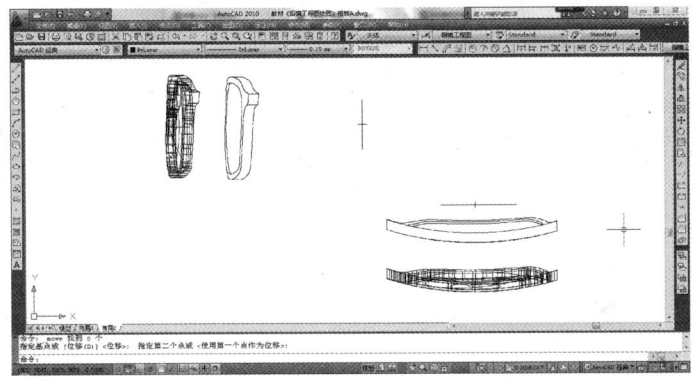

图 8-66　板材镜框（装片）侧视轮廓及俯视轮廓抽离界面

3. 眼镜工程图中板材镜框（装片）三视图

一般光学眼镜成品镜架，侧视其镜框（镜片）具有 7°~9°前倾角度，而俯视镜框（镜片）也有约 7°的镜架弯度，因此成品眼镜架的镜框部分实际三视图如图 8-67 所示。

课后练习

将本教材前七个项目所绘的眼镜前框（镜片），运用三维建模方法分别绘制出俯视图和侧视图。

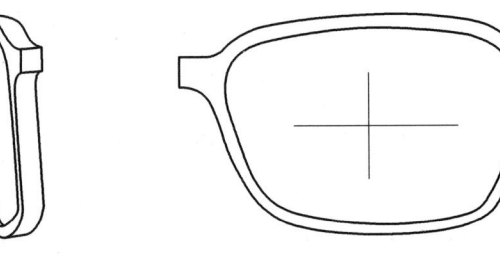

图 8-67　成品光学镜架中板材镜框（装片）三视图

项目九

圆脸大框金属光学眼镜架工程图绘制

学习内容

1. 金属眼镜架高标准工程图内容。
2. 圆脸大框金属光学眼镜架结构图绘制。
3. 复杂结构的金属零件图绘制。

学习目标

1. 能够将镜圈三维作图方法应用于金属眼镜架的工程图绘制。
2. 能够按高标准要求绘制全框双梁金属眼镜架全套工程图。

模块一 圆脸大框金属光学眼镜架工程分析

在本项目中,我们以图9-1所示的目前较为流行的圆脸大镜框金属光学眼镜架为例,学习普通全框金属眼镜架工程图的绘制步骤和方法。

任何一副镜架在绘制工程图前都必须对其结构、材质、加工工艺等进行一系列分析,然后才能确定其选材、加工工艺及各尺寸参数,这就是工程分析。工程分析路线一般由大至小,即从总体结构分析开始,到各部位装配关系,再到各零部件结构,最后到具体参数值。

装配关系直接影响零部件的结构、材质和加工工艺,从而影响参数值的设计。本款圆脸大框光学眼镜架工程分析内容如下:

一、镜架总体结构

本款眼镜架是近年来较为流行的适合年轻女性佩戴的光学眼镜架,其结构特点就是镜框尺码较大,片形较圆,结构较为简洁,制造成本不高,适合年轻女性,特别是学生群体。圆而大的镜圈,给人一种萌萌的感觉。

本款镜架总体结构为普通全框金属光学架,镜架的装配方式以焊接为主,因此,镜架各零

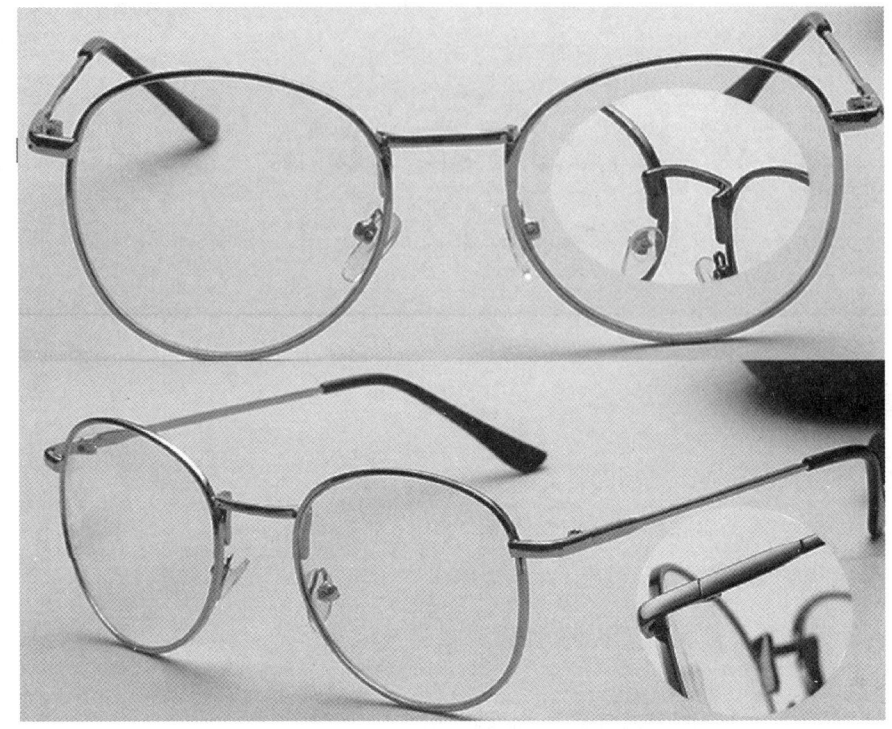

图 9-1　圆脸大镜框金属光学眼镜架实物图片

部件的材质之间可焊性较好。

二、镜圈规格及材质

全框光学眼镜架的镜圈几乎都是使用"V"形圈丝，因为镜圈尺码较大，一般使用圈丝规格为 2.0mm×1.0mm，材质为不锈钢。镜圈尺码一般为 53 或 54 码。

三、中梁结构、加工工艺及材质

本款镜架中梁为贴底焊接，与最常见的搭圈面焊接结构不同，这类中梁结构较为复杂，主要加工工艺为油压粗坯，然后打弯成形，加工工艺较普通中梁也要复杂得多。因为中梁焊接在镜圈底面，所以中梁弯位拱弧较普通中梁要高，因此中梁材质只能选择强度较高，塑性、韧性较好的高镍白铜或锰料。

四、脚丝结构、加工工艺及材质

从参考图可以看出，本款脚丝为油压直身脚丝，脚丝前段（包括桩头部分）为扁平状，后段宽度很小，因此脚丝前后厚度肯定不一致，前段厚度较小，为 1.1~1.3mm，后段厚度较大，为 1.5~1.6mm。脚丝尾为圆针，装配普通圆口脚套。铰链为普通对口铰链。

模块二　圆脸大框金属光学眼镜架结构图绘制

一、镜架主视图绘制

镜架主视图绘制同前面我们学习过的近似画法一样，主要方法就是根据参考图描绘。

注意：参考图片中镜架有俯视角度，所以镜圈有"飞"的感觉，应做必要的修正。另外，中梁除前拱外，应该还有微微上拱，至少为水平状，不能像参考图片一样下弯。

圆脸大框金属光学眼镜架主视图如图9-2所示。

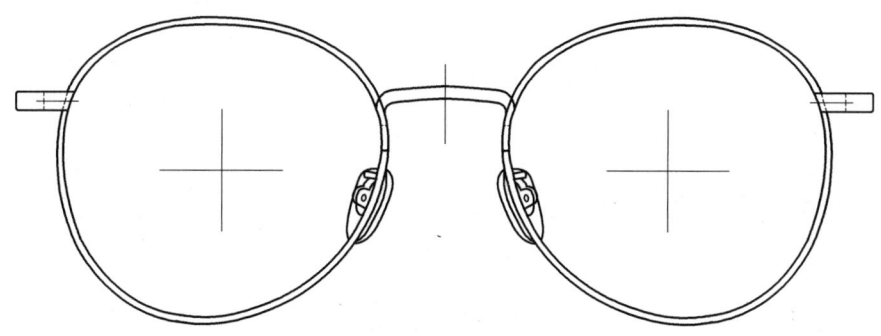

图9-2　圆脸大框金属光学眼镜架主视图

设计和绘制这样结构的眼镜架主视图时，一定要注意中梁与镜圈的吻合状况，达到最美外观效果。所以要求中梁贴圈焊接部分的形状和宽度要与镜圈一致。另外，很多不可见轮廓线在品质要求较高的眼镜工程图中往往也会绘制出来，比如夹口形状。

二、镜架前框三维建模图绘制

镜架前框包括：镜圈、装片和桩头。前框三维建模方法与前面介绍的全框镜圈三维建模类似，只是需要再组合一个桩头，绘制步骤和方法如下：

1. 镜片、镜圈和桩头主视轮廓绘制

分别复制镜片、镜圈和桩头正视轮廓，如图9-3所示。注意：镜片（镜圈）中心为基点，要一同复制，且它们的相对位置不可变动。

2. 前框各零件分别建模

分别绘制镜片、镜圈和桩头建模图形，绘制方法在项目八已经介绍过，在此不再讲解。相关建模参数：镜片厚度为1.0mm，镜片表面球半径为116mm；镜圈厚度为2.0mm，镜圈表面球半径为116.5mm；桩头厚度为1.3mm，桩头表面球半径为117.8mm。镜片、镜圈和桩头建模图形绘制界面如图9-4所示。

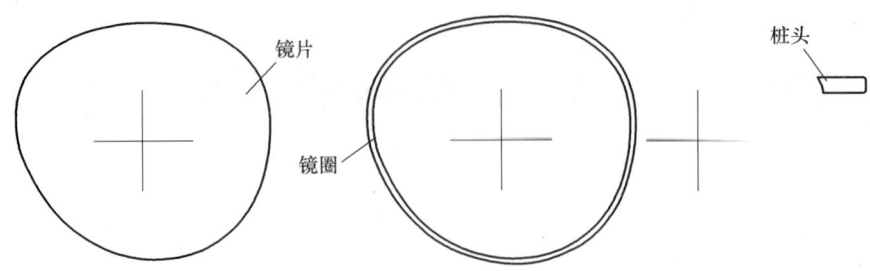

图 9-3 镜片、镜圈和桩头主视轮廓图

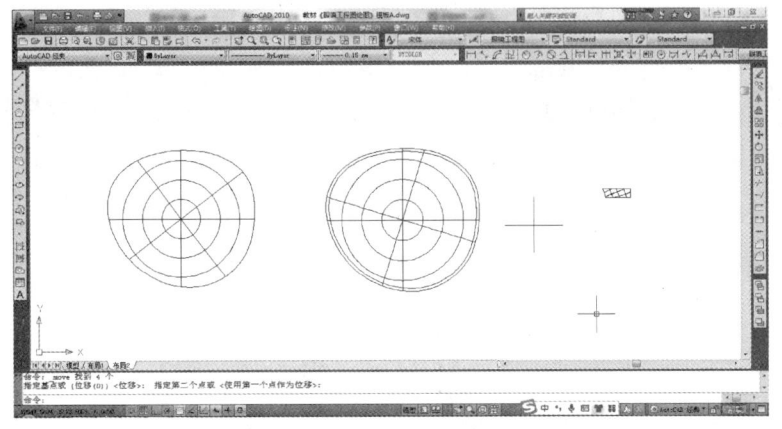

图 9-4 镜片、镜圈和桩头建模图形绘制界面

3. 前框建模图绘制

以镜片几何中心为基点，将镜片、镜圈和桩头建模图复制到一起就得到前框建模图，如图 9-5 所示。

三、镜架侧视图绘制

1. 前框侧视轮廓绘制

回到"布局 2"，复制一个组合建模图，再以其中一个图形左侧任意一条铅垂线为旋转轴，旋转 83°，得到眼镜架侧视建模图，然后抽离出侧视轮廓线，绘图界面如图 9-6 所示。

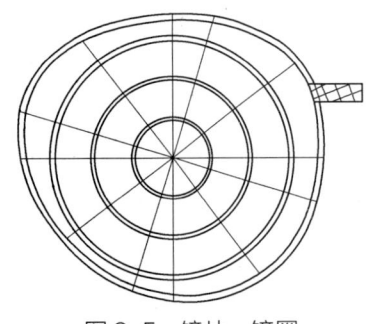

图 9-5 镜片、镜圈和桩头组合建模图

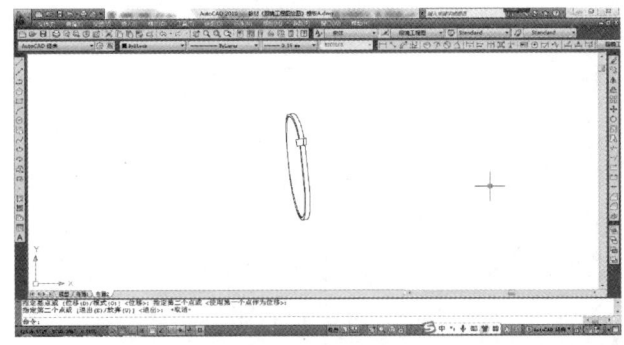

图 9-6 全框眼镜架镜框三维建模抽离侧视轮廓线绘图界面

再将镜圈（连同桩头）轮廓旋转7°（前倾角），删除其他图形，得到实际镜圈侧视轮廓，绘图界面如图9-7 所示。

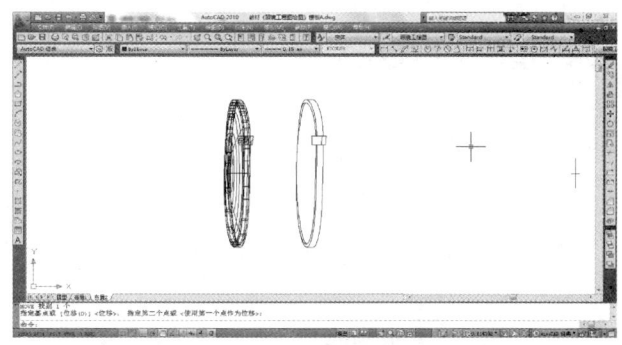

图 9-7　镜圈侧视实际轮廓绘制界面

2. 侧视桩头轮廓绘制

（1）桩头后段轮廓线绘制。普通光学眼镜架的桩头与脚丝合口位距离镜圈表面轮廓线与桩头上侧面轮廓线的交点 10mm，且桩头为等宽，因此由此交点作长度为 10mm 的水平线，就得到桩头上侧面轮廓线，向下偏移 3mm 得到桩头下侧面轮廓，连接上下轮廓的端点就绘制出合口轮廓线，如图 9-8 所示。

（2）桩头前段轮廓线绘制。分别将桩头前端轮廓线与桩头上下轮廓线倒半径为 0.5mm 的圆角，就绘制完成侧视桩头轮廓，删除其他多余线条，延伸或剪切镜圈轮廓线，使之与桩头轮廓相交，完成镜框（桩头）侧视图绘制，如图 9-9 所示。

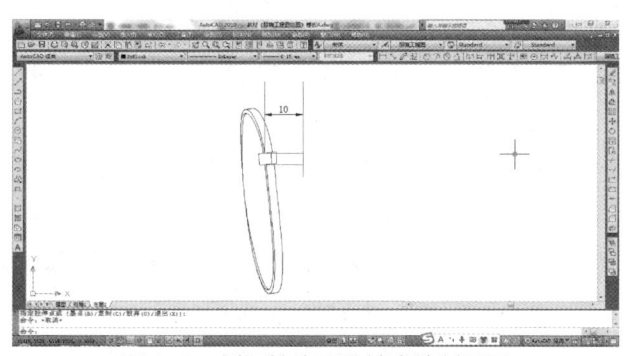

图 9-8　侧视桩头后段轮廓绘制界面

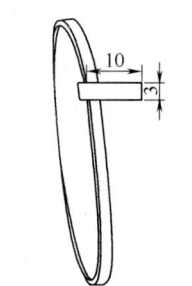

图 9-9　镜框（桩头）侧视图绘制方法示意图

（3）侧视脚丝及脚套轮廓绘制。从参考图中可以发现，脚丝前段及后段轮廓均为平行线，但宽度不等，后段宽度约为 2.0mm，过渡段长 6mm，脚丝及脚套侧视图绘制方法与简化画法一样。但在高要求的眼镜制造企业，一般会将脚丝尾针轮廓绘制出来，本款光学眼镜架的侧视图如图 9-10 所示。

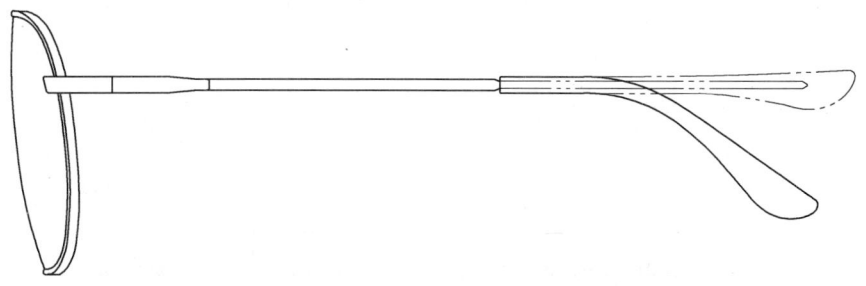

图 9-10　圆脸大框光学眼镜架侧视图

四、镜架俯视图绘制

1. 镜架前框俯视图轮廓绘制

回到"布局2",复制一个组合建模图,再以其中一个图形下方任意一条水平线为旋转轴,旋转97°,得到眼镜圈(装片+桩头)俯视建模图,然后抽离出俯视轮廓线,绘图界面如图 9-11 所示。

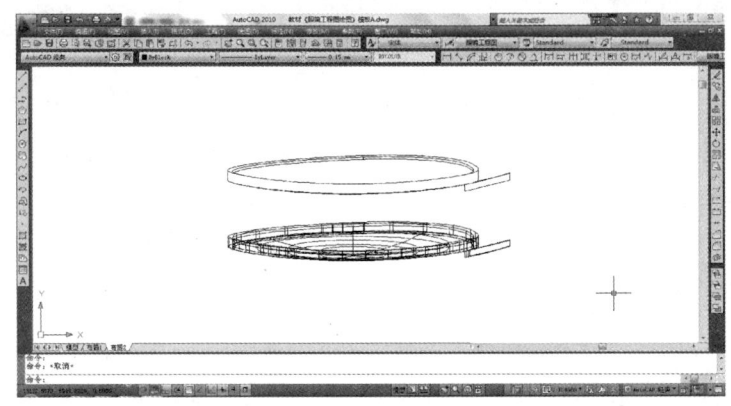

图 9-11　全框眼镜架镜框三维建模抽离俯视轮廓线绘图界面

2. 镜架前框俯视轮廓的实际画法

三维建模方法得到的前框俯视轮廓虽然较为真实,但图形较为复杂,且轮廓线为多段线,后续编辑不便,因此眼镜企业的普遍画法是用与镜框轮廓接近的圆弧线替代多段线来绘制复杂镜框,如图 9-12 所示。

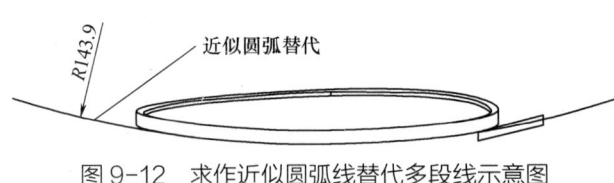

图 9-12　求作近似圆弧线替代多段线示意图

实际绘制方法如下:

(1)辅助线绘制。分别由镜圈和桩头象限点向上作铅垂线,再作一水平线与之相交,如图 9-13 所示。

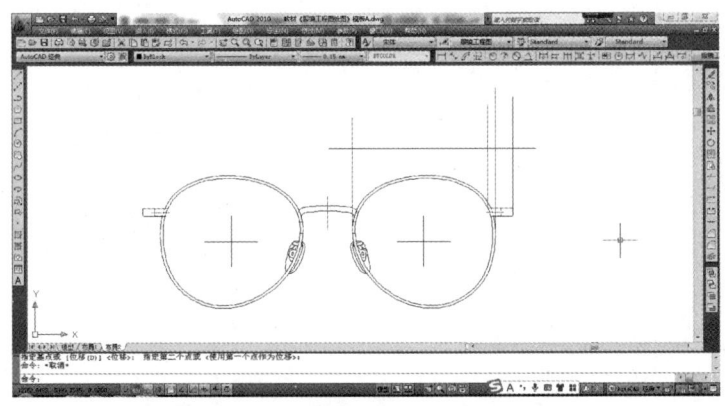

图 9-13　绘制镜圈轮廓作图辅助线界面

（2）镜圈俯视轮廓绘制。以镜圈象限点所作辅助线和水平线的交点为起始点，作半径为 143.9mm 的圆弧，然后向内偏移此圆弧 2mm，直线连接两弧端点，即可绘制出镜圈复制轮廓，如图 9-14 所示。

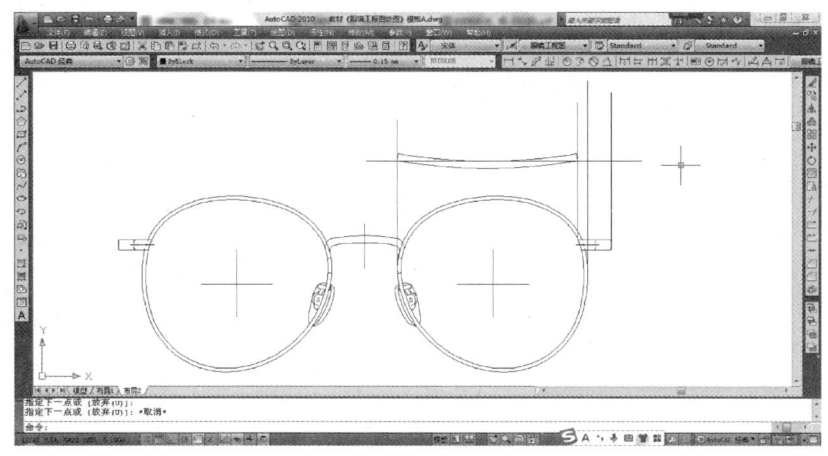

图 9-14　镜圈俯视轮廓绘制界面

（3）桩头前段俯视轮廓绘制。向外偏移镜圈侧面轮廓线 6~10mm（超过由桩头象限点所作的铅垂线），连接侧面轮廓线与其偏移得到的轮廓线端点就得到桩头前段俯视底面轮廓线，然后将此轮廓线向下偏移 1.3mm（桩头厚度），即可绘出桩头表面轮廓线，如图 9-15 所示。

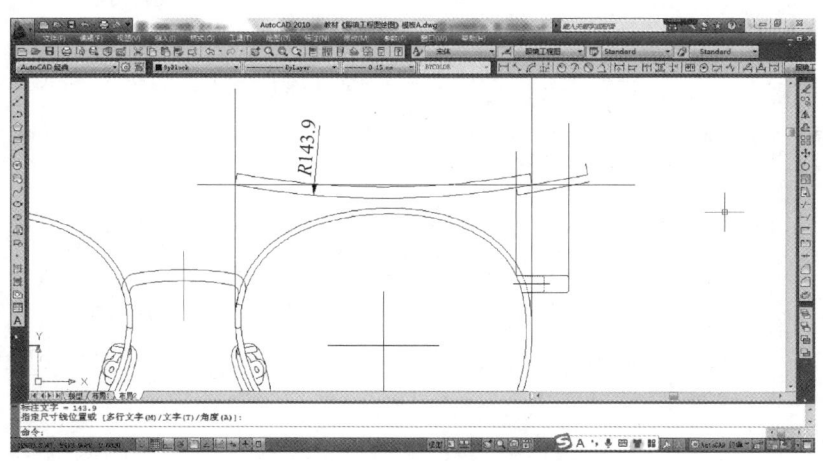

图 9-15　桩头前段俯视轮廓绘制界面

（4）旋转镜圈（连同桩头）。俯视镜圈有 7° 面弯，所以实际镜圈俯视轮廓为以中梁处镜圈象限点为中心，旋转镜圈 7° 所得的图形，如图 9-16 所示。

（5）脚丝（脚套）俯视轮廓绘制。普通光学眼镜架的脚丝（脚套）俯视形体基本相近，脚丝合口位置距镜圈表面约 10mm 高（与侧视图参数一致），绘制方法同项目二全框金属眼镜架一样，但要注意本款脚丝厚度不一致。

脚丝前段较宽部分厚度与桩头一致，厚 1.3mm，后段因宽度较小，所以厚度必须加大，使其截面面积不小于 $3.0mm^2$。由参考图中脚丝前后宽度比例，大致确定后段宽度为 2.0mm，

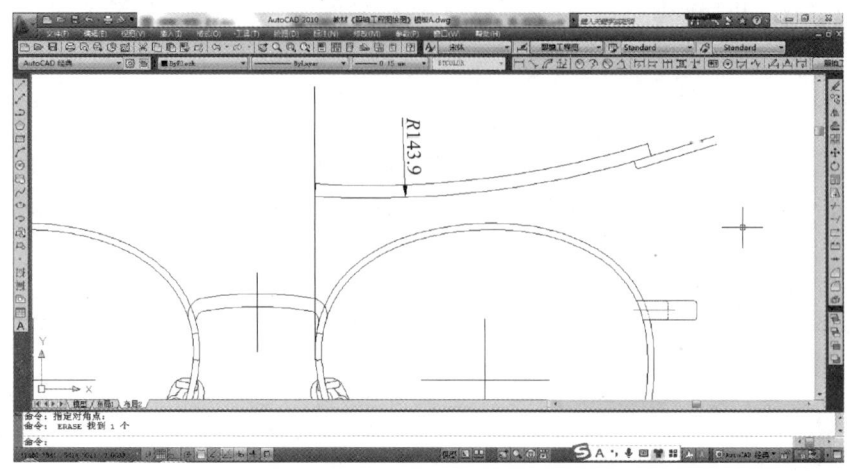

图 9-16 镜圈及桩头前段实际轮廓绘制界面

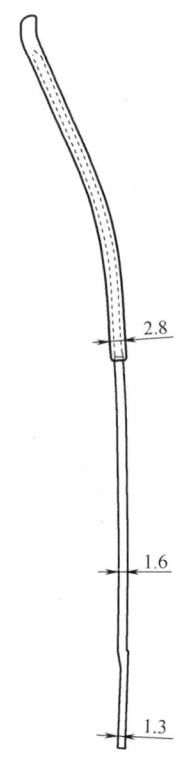

图 9-17 圆脸大框
金属光学眼镜架俯视
脚丝（脚套）轮廓图

所以脚丝后段的厚度不小于 1.5mm。而脚丝表面前段为高级位，因此脚丝底面必须加厚 0.5mm 以上。

脾尾间距设计值为 95～100mm。

脚丝为线料经油压工艺制作，油压线料尾为直径 1.3mm 的圆线，脚套为普通脚套，长度为 65mm。脚套内部的尾针轮廓（不可见）也必须表达出来。脚丝（脚套）俯视轮廓如图 9-17 所示。

（6）桩头俯视图绘制。由脚丝表面轮廓合口位置作脚丝轮廓弧的切线就是桩头后段的轮廓线，将前后段轮廓线倒圆角就得到桩头俯视轮廓，桩头弯位内弧半径为 3.5mm 左右。桩头俯视轮廓如图 9-18 所示。

（7）中梁俯视图绘制。本款镜架中梁结构与普通镜架有所不同，中梁贴圈底焊接，并没有搭焊，这种中梁焊接面要求不仅要与镜圈厚度一致，且焊接面的形状也要与圈形吻合，否则就会出现进出圈现象。所以中梁焊接面宽度（中梁粗坯端面厚度）不能超过 1.0mm。

由于中梁正视形状为上大下小，所以俯视镜圈及中梁头部轮廓有部分不可见，在此必须表达出来。

中梁长度要与主视图对正（对应点为镜圈底面象限点），且中梁内侧面焊接后要与镜圈外侧面平齐，所以俯视中梁头部宽度（粗坯厚度）设计值应为 0.8～1.0mm。中间部位厚度不小于 1.5mm。

圆脸大框光学眼镜架俯视中梁轮廓及与主视图的对应关系如图 9-19 所示。

（8）俯视图中的通用零部件绘制。本款圆脸大框光学眼镜架的通用零部件有：夹口、铰链、烟斗、托叶，这些通用件可以直接从图库中复制过来再编辑，不需要重新绘制。

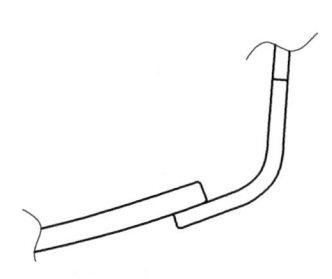

图 9-18 圆脸大框金属光学眼镜架桩头俯视轮廓图

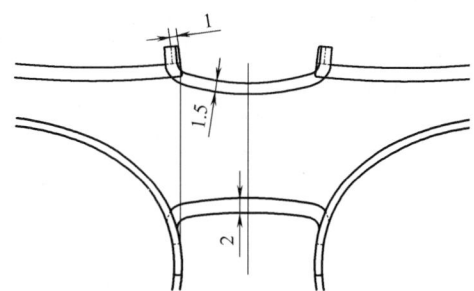

图 9-19 圆脸大框光学眼镜架俯视中梁轮廓及与主视图的对应关系图示

通用件轮廓图复制、编辑完成后就完成了俯视图的绘制。

五、镜架结构图绘制

镜架三视图绘制完成后,还需完成以下工作:

1. 片模图绘制

片模图形同主视图内圈一样,绘制方法同普通光学眼镜架一样,注意镜圈合口"C"位必须标识出来,"C"位为夹口的水平中位线。片模图如图 9-20 所示。

2. 断面图绘制

在高质量要求的工程图中,油压零件的表面形状必须表达出来,因此本款眼镜架的中梁及脚丝的断面图还需绘制。

在结构图中,一般只要求表达主要断面形状即可,所以本款镜架的结构图中需要绘制的有中梁中部位置断面图、脚丝前段部位断面图、脚丝后段部位断面图、脚套前段断面图及脚套尾部断面图,如图 9-21 所示。断面尺寸较小时,可以适当放大。

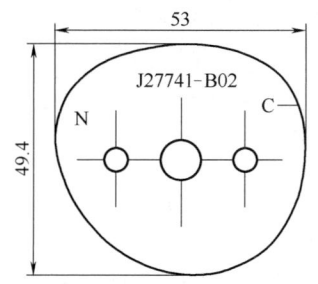

图 9-20 圆脸大框眼镜架片模图

A—A B—B C—C D—D E—E

图 9-21 圆脸大框光学眼镜架结构图中的零件断面图

3. 尺寸标注及技术要求

尺寸标注位置及方法同普通光学眼镜架一样,在此不再叙述。

对于本款镜架,特别要提示的是:中梁加工时,中梁打弯不能退火,中梁焊接面须配圈锣切。这两点要以文字形式表达在图纸上。

4. 图纸排版及标题栏

圆脸大框眼镜架其镜框的 B 位尺寸较大,因此按 A4 纸排版时,全部标题栏都要排布在图纸侧面,否则图形排布会太过密集,甚至排不下,其他图形布局同普通光学眼镜架一样即可。

标题栏内容按实际填写。

至此,圆脸大框光学眼镜架的结构图绘制完成,如图 9-22 所示(见附页 24)。

模块三 圆脸大框金属光学眼镜架零件图绘制

本款圆脸大框金属光学眼镜架的特制零件有:中梁、脚丝和脚套。

一、中梁零件图绘制

本款镜架中梁是典型的贴圈底焊接的中梁结构,这类中梁零件的主要加工工艺为:金属板料开料—油压—飞边—粗坯表面处理—中梁打弯—焊接面锣切。

由上述工艺可知,中梁制造必须有模具,模具制作的数据就来自零件图。中梁零件图包括两部分:粗坯零件图和零件加工图。

1. 中梁零件粗坯图绘制

油压出来的中梁粗坯底面为平面,中梁零件粗坯图绘制步骤和方法如下:

(1)中梁粗坯长度计算。中梁粗坯长度可以根据俯视图中的中梁计算出来,计算方法为作俯视中梁厚度中位线,并将其合并为多段线,利用命令 LI(查询)就会显示出其长度参数(25.7mm),这个长度就是中梁粗坯长度,如图 9-23 所示。

(2)中梁粗坯外形设计。中梁中间部位的外形在主视图中基本反映出来了,所以可以直接复制,但两端部位的中梁形状,结构图未能反映出来,因此必须重新设计和绘制。

中梁粗坯两端部位形状可以参照参考图设计。中梁粗坯形状如图 9-24 所示。

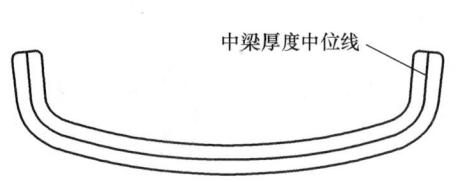

图 9-23 中梁粗坯长度计算方法示意图

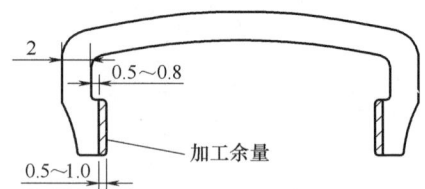

图 9-24 中梁粗坯设计图

注意两个位置的尺寸设计:一个是加工余量为 0.5~1.0mm,不要过长;二是锣切后的焊接面与中梁内侧面必须留有 0.3mm 以上的空间,否则焊接时会产生粘连,因此一般设计值为 0.5mm。

(3)中梁粗坯图绘制。中梁粗坯主视图轮廓图绘制好后,还需绘制不同位置的断面图。此款中梁有三个不同的断面,均需绘制出来。视图绘制完成后,标注零件尺寸,完成零件图绘制。圆脸大框金属光学眼镜架中梁零件粗坯各视图如图 9-25 所示。

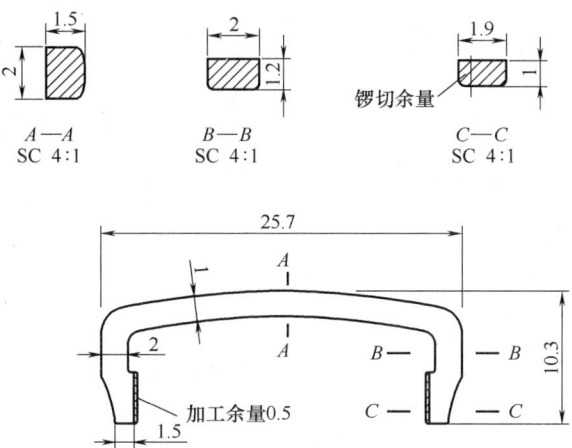

图 9-25　圆脸大框金属光学眼镜架中梁零件粗坯图

2. 中梁零件加工图绘制

中梁零件加工后的图形就是结构图中的中梁图形，但结构图中未反映出零件侧视轮廓，因此要补齐零件侧视图。

3. 中梁零件图绘制

视图绘制完成后标注尺寸，排版同前。圆脸大框金属光学眼镜架中梁零件图如图 9-26 所示（见附页 25）。

二、脚丝零件图绘制

本款脚丝为直身脚丝，桩头与脚丝连体制作出粗坯，且桩头及脚丝零件加工后的形状在结构图中均有反映，因此脚丝零件只需要绘制粗坯图即可。这类脚丝粗坯头部端面一般均为平面，可以根据圈形加工出不同形状，以便搭配多款镜圈。脚丝形状应呈水平对称状，这样粗坯就可以不分左右，减少模具数量，降低成本。圆脸大框金属光学眼镜架脚丝零件粗坯图如图 9-27 所示（见附页 26）。

三、脚套零件图

本款镜架脚套为普通圆孔脚套，在此不再绘制脚套零件图。

课后练习

练习并绘制金属一体桩头全框光学眼镜架全套工程图，参考图片如图 9-28 所示。

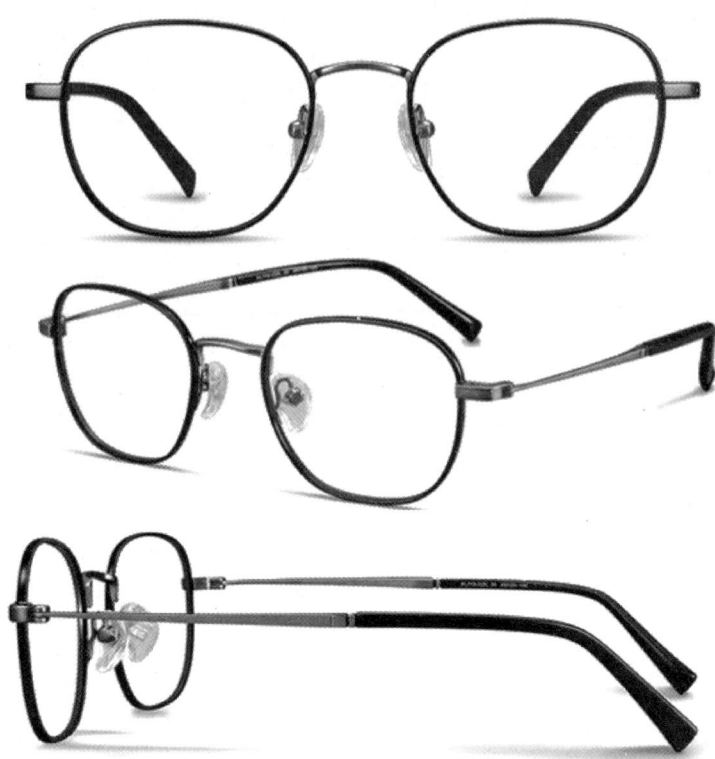

图 9-28　金属一体桩头全框光学眼镜架实物图片

提示：

（1）中梁结构为搭圈底焊接。

（2）桩头集桩头、铰链和夹口功能为一体，合口位于水平中心线。

（3）脚套为长脚套。

（4）镜架尺码： 54□17-135。

项目十

半框长脚套金属叉子角花光学眼镜架工程图绘制

学习内容

1. 金属半框及镜片的三维作图方法。
2. 金属叉子桩头的设计。
3. 宽大金属桩头的尾针及其与桩头的配合结构设计。
4. 长板材脚套的结构设计。
5. 女款半框长脚套叉子角花光学眼镜架工程图绘制。
6. 金属叉子角花零件图绘制。
7. 长脚套零件图。

学习目标

1. 能够应用三维作图方法绘制半框金属镜圈及镜片三视图。
2. 能够按高标准要求绘制半框长脚套叉子角花光学眼镜架工程图。
3. 能够设计并绘制叉子角花零件图。

模块一 半框长脚套金属叉子角花光学眼镜架工程分析

本项目以图 10-1 所示眼镜架实物图为例,学习半框长脚套金属叉子角花光学眼镜架工程图绘制步骤和方法。

一、镜架总体结构

本款镜架为金属半款结构的光学眼镜架,其桩头为叉子结构,脚丝部分为尾针套长脚套。从镜圈形状、桩头造型等可以看出,本款镜架适合中年女性佩戴。

二、中梁及镜框结构与材质

本款镜架中梁及镜框均为普通半框光学眼镜架结构,中梁尺寸不大,材质要求较高,最佳

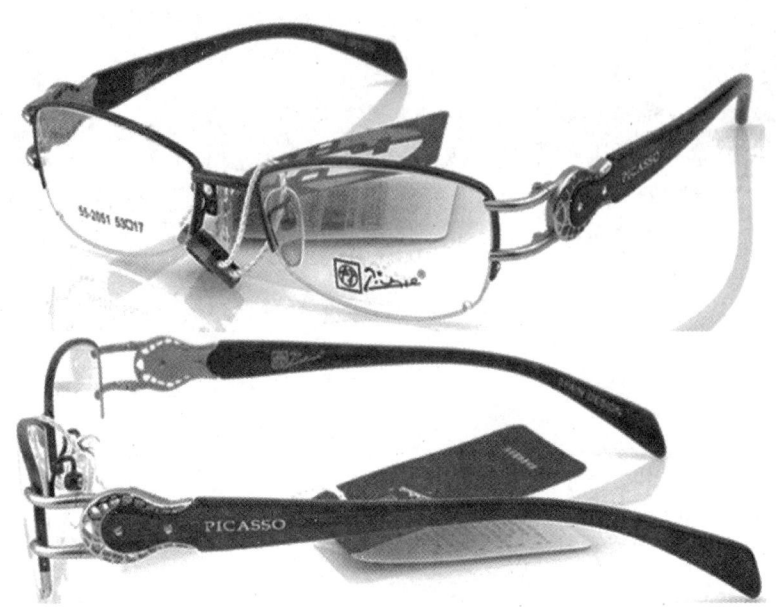

图 10-1　半框长脚套金属叉子角花光学眼镜架实物图

选择为蒙乃尔料，其次为高镍白铜。蒙乃尔料中梁的最小截面面积不得小于 $3.0mm^2$；普通光学眼镜架镜框材料最佳选择为不锈钢，圈丝规格为 $1.0×2.0$，即正视镜架，其镜圈尺寸为 $1.0mm$，俯视镜架其镜圈尺寸为 $2.0mm$。不锈钢圈丝价廉物美，应用最为广泛。

三、金属桩头结构、加工工艺及材质

本款镜架的金属桩头为叉子状角花，角花两叉子呈平行状且较为细小，角花主体部分比较宽大且较厚实，沿边有一圈碎石纹镂空，角花正面中央部位为低级位，脚套头部安装后卡入此处，因此在低级位中间有两个脚套锁紧螺钉。因角花主体宽厚且有密集碎石纹通孔，如用普通冲压工艺制造，难度较大，造价很高，适合此角花制造的工艺为铸造，其材质为铍铜。

角花叉子较为幼细且在叉子根部需焊接铰链，而铰链宽度不能小于 $2.0mm$，否则即使双铰链结构也难以保证铰链强度，因此叉子宽度应大于 $2.0mm$。铰链材质最佳选择为高镍白铜。叉子厚度约为 $1.5mm$。

四、长脚套装配结构及脚套材质

本款镜架脚丝为铸件桩头+尾针装配长脚套，尾针结构可以为最简洁的不锈钢扁针，扁针厚度为 $0.8～1.0mm$，头部宽度为 $2.0～3.0mm$，尾部宽度为 $1.3～1.4mm$。尾针焊接在桩头低级位中间，搭接长度为 $2.0～3.0mm$。

脚套材料为板材，厚度取 $2.8～3.2mm$ 为宜。长脚套厚度过小，脚套加工难度大，过厚则失秀气。

模块二　半框长脚套金属叉子角花光学眼镜架结构图绘制

一、镜架主视图绘制

本款镜架参考图片的拍摄角度与镜架主视图要求的角度有较大差异,因此按参考图片直接描绘的镜架主视图中的片形与实际片形会有较大误差,但图片仍然有一定的参考价值。正视图绘图步骤如下:

1. 导入参考图片

导入参考图片并使镜圈上眉部位处于平衡位置,缩放图片内圈至设计尺寸,如图10-2所示。

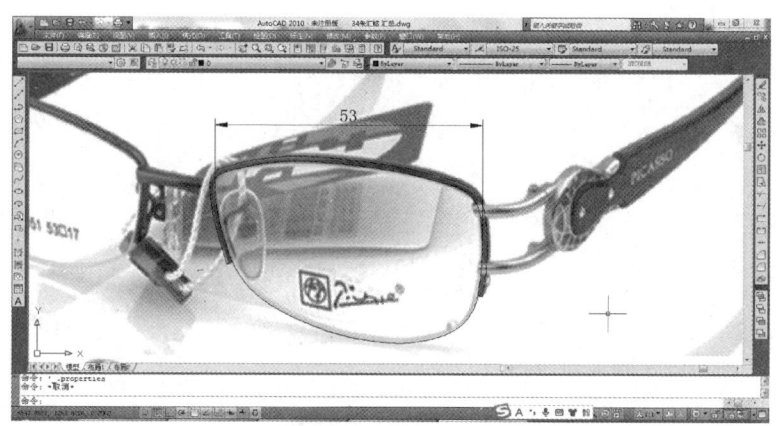

图10-2　参考图导入并处理后的绘图界面

2. 描绘圈形

运用三点作圆的方法,描绘出片形及圈形,如图10-3所示。

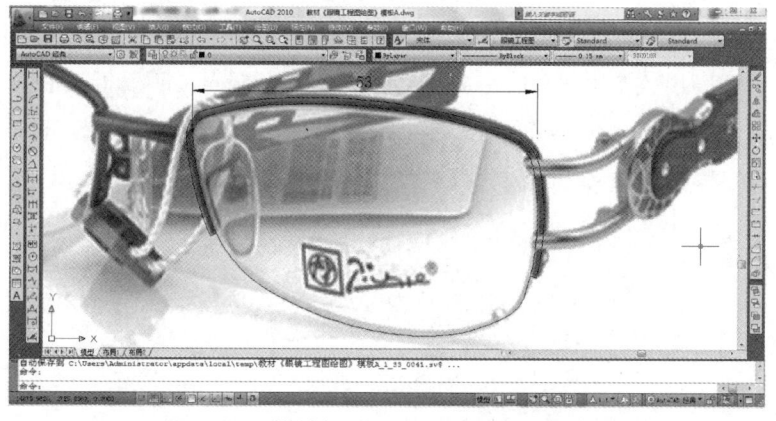

图10-3　描绘好片形和圈形后的绘图界面

3. 圈形修正

由于图片角度与正视角度有较大差异，所以上面所描绘的片形与实际正视片形也就存在较大差异，需要进行修正，片形修正的方法如图 10-4 所示。

片形修正后需要再次确认内圈尺寸，即将内圈尺寸缩放至设计值。修正后的片形及圈形图如图 10-5 所示。

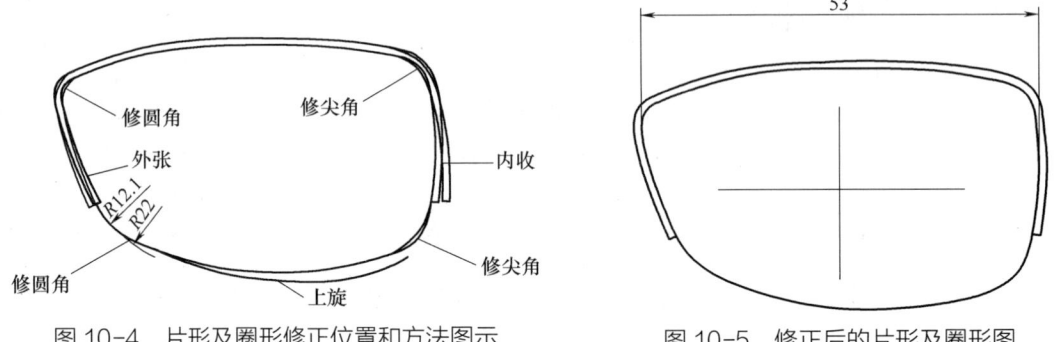

图 10-4　片形及圈形修正位置和方法图示　　图 10-5　修正后的片形及圈形图

4. 描绘完整的正视图

描绘中梁、桩头、托叶等。镜像得到完整的正视图，如图 10-6 所示。

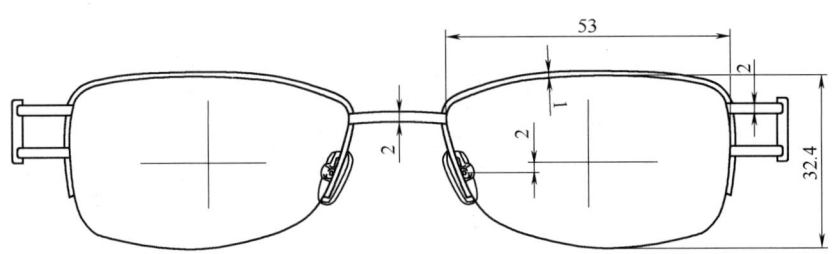

图 10-6　半框长脚套金属叉子角花光学眼镜架正视图

二、镜圈三维建模

将镜圈、镜片及桩头分别进行建模，注意建模时的参数，光学镜片表面球半径为 116mm，镜片厚度为 2.0mm，因此，镜片底面所在球半径为 114mm；镜圈表、底面所在球半径同镜片；桩头表面高出镜圈 0.8~1.0mm，桩头厚度为 1.5mm，所以桩头表面所在球半径为 116mm+0.8mm=116.8mm，桩头底面所在球半径为 116.8mm-1.5mm=115.3mm。

注意：三者建模时球面及柱面基点均为同一点，即片形几何中心。建模后的绘图界面如图 10-7 所示。

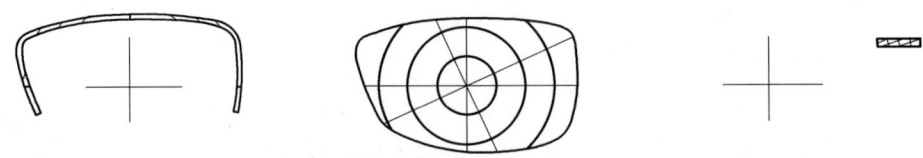

图 10-7　镜圈、镜片及桩头分别建模图

将三者装配组合成一体的建模图，如图 10-8 所示。

三、镜架俯视图绘制

1. 前框部分俯视轮廓图绘制

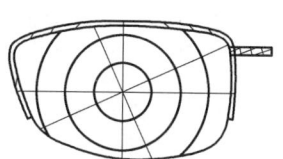

图 10-8　镜圈、镜片及桩头组合建模图

将绘图界面切换到"布局2"，以图形下方任意水平线为旋转轴，3D 旋转图形 97°，得到前框（镜圈+镜片+桩头）俯视三维图形，抽离出可见轮廓线，绘图界面如图 10-9 所示。

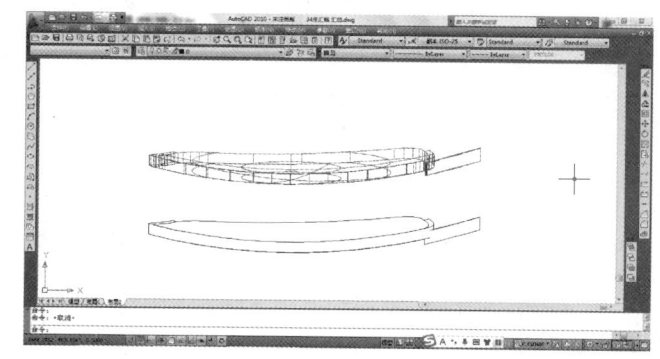

图 10-9　镜圈、镜片及桩头组合三维建模画法绘制俯视图界面

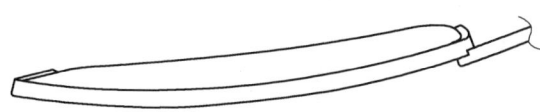

图 10-10　半框长脚套金属叉子角花光学眼镜架前框俯视轮廓图

编辑抽离出的轮廓图，得到前框俯视轮廓图，如图 10-10 所示。

绘制出中梁及烟斗、托叶后，镜像得到前框俯视图，如图 10-11 所示。由此可以看出图形的真实感更好。

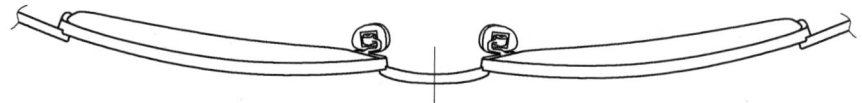

图 10-11　三维建模方法绘制的半框长脚套金属叉子角花光学眼镜架前框俯视图

2. 脚丝部分俯视轮廓绘制

脚丝部分绘图方法为简化画法，但要注意以下几点：

（1）俯视图中的脚丝高度要与侧视图中的长度对应，一般允许误差不超过 0.5mm。

（2）长板材脚套厚度一般比短脚套稍厚，一般约为 3.0mm。

（3）金属插针为不锈钢板加工制得，厚度为 0.8~1.0mm，插针位于板材脚套厚度中心。

（4）金属角花桩头部位（叉子部分）厚度为 1.3~1.6mm，角花尾部厚度不能超过板材脚套厚度，从与脚套的配合效果考虑，金属角花厚度取 2.0~2.5mm 较佳。

（5）金属角花上的通孔为直通孔，在俯视图中为不可见轮廓，但这个结构可以在侧视图中完全表达，所以可以省去不绘制。

（6）脚套的锁紧结构及尾针与角花的焊接装配结构必须用虚线表达。

俯视脚丝前段结构如图 10-12 所示。

半框长脚套金属叉子角花光学眼镜架完整的俯视轮廓图如图 10-13 所示。

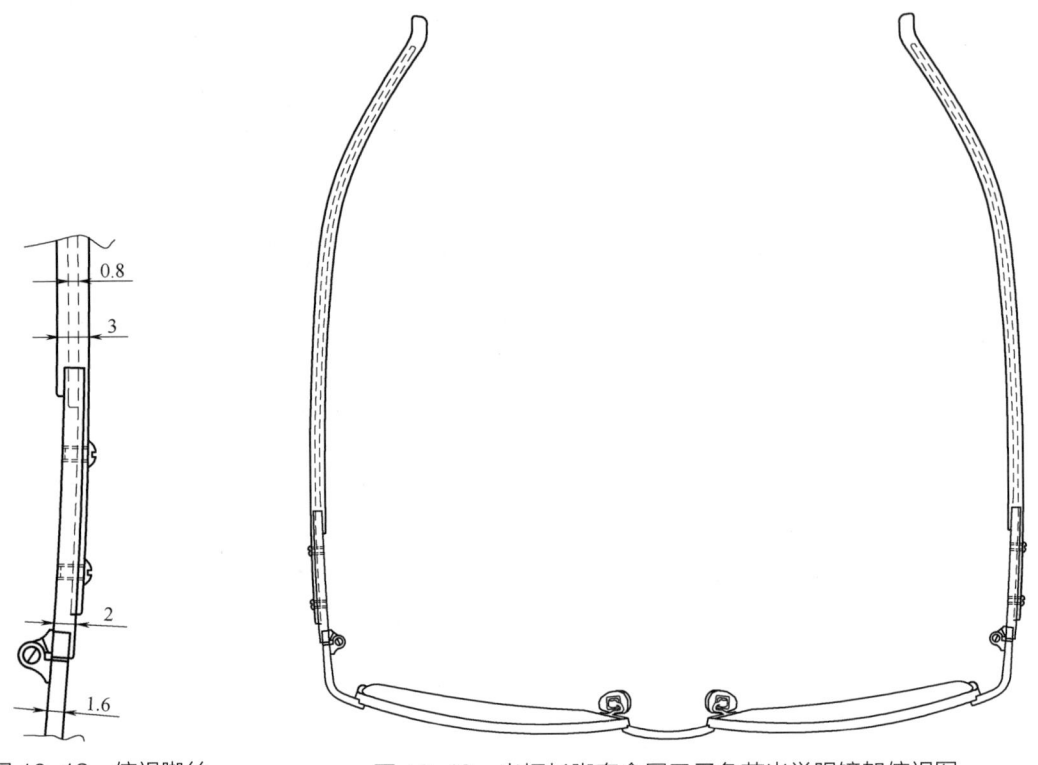

图 10-12　俯视脚丝前段结构图示

图 10-13　半框长脚套金属叉子角花光学眼镜架俯视图

四、镜架侧视图绘制

1. 前框部位侧视轮廓图绘制

同俯视前框绘制方法类似，在"布局 2"中，以前框建模图形左侧任意垂直线为旋转轴，三维旋转图形 83°（架弯 7°），得到侧视前框三维图形，抽离出可见轮廓线，则得到前框部分的侧视轮廓，绘图界面如图 10-14 所示。

旋转 7°（前倾角），以桩头与镜圈表面交点为基准，修正桩头为水平位，且桩头单股宽度与正视图一致，合口位置距镜圈表面约 10mm，并绘制出镜圈穿丝孔及镜片卡槽轮廓，如图 10-15 所示。

2. 金属角花及脚套部位侧视轮廓图绘制

侧视图中的金属角花及脚套轮廓与参考图基本接近，因此可以按参考图进行描绘，但需注意几点：

（1）叉子总宽度必须与正视图中一致。

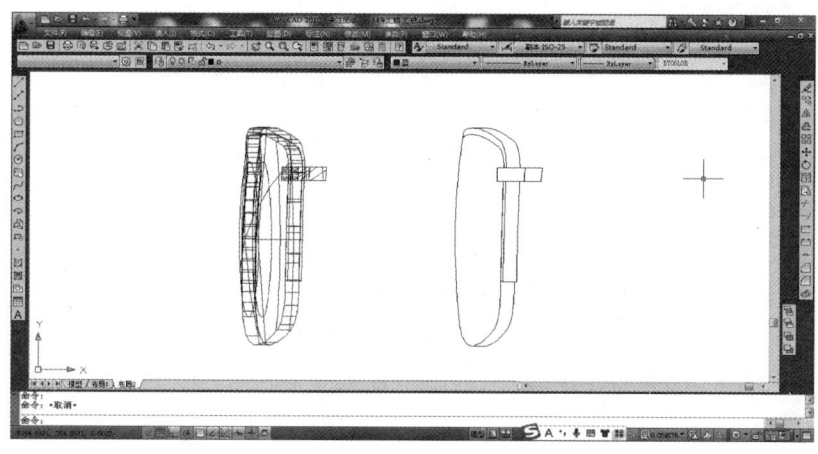

图 10-14　前框三维建模方法绘制侧视图界面

（2）角花表面花纹最小内角圆半径不能小于 0.3mm。

（3）通孔处角花壁厚及凹位处筋宽度不能小于 0.3mm。

（4）脚套在弯脚部位宽度尽可能小于 4.0mm。

（5）角花及脚套外形为对称形状。

（6）尾针处于脚套水平中心，脚套最小壁厚不能小于 0.8mm。

（7）尾针搭接到角花上的长度不能过小，一般不小于 2.0mm；前段宽度约为 2.5mm，尾针部位宽度为 1.3~1.4mm。

（8）脚套尾部实心长度非特殊设计时均为 8.0mm。

相关参数如图 10-16 所示。

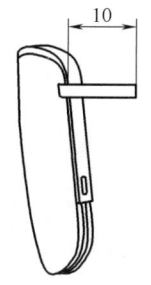

图 10-15　前框部位侧视轮廓图

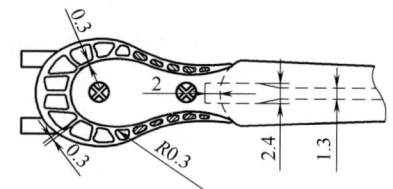

图 10-16　半框长脚套金属叉子角花各项设计参数图示

半框长脚套金属叉子角花光学眼镜架侧视图如图 10-17 所示。

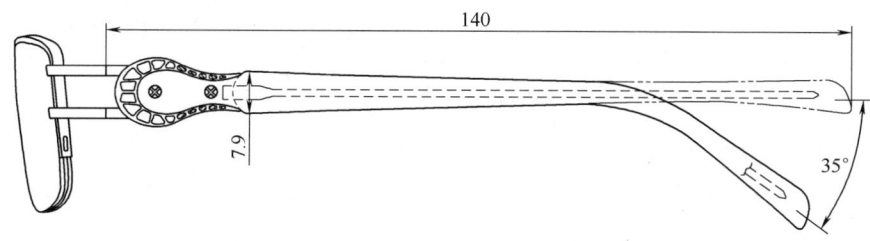

图 10-17　半框长脚套金属叉子角花光学眼镜架侧视图

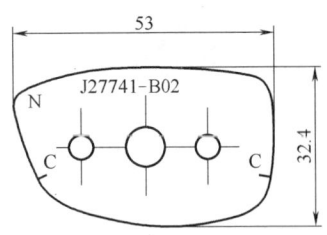

图 10-18 半框长脚套金属
叉子角花光学眼镜架眼核模图

五、其他视图绘制

1. 眼核模图绘制

眼核模图的绘制方法同半框钢片架一样，注意：除标注"N"位外，"C"位有两处。眼核模图如图 10-18 所示。

2. 断面图绘制

在眼镜工程图中，零件的表面形状用断面图来表达，在此款镜架的制造中，我们必须了解的零件表面有：中梁表面、金属角花表面和脚套表面。

整个中梁表面基本为同一形状类型，即油压表面，所以有一个断面图即可，金属角花也可以用一个典型位置的断面图表达，但脚套断面在不同的位置是不一样的，一般需要用 3 个断面图表达，即：脚套前端、弯位和尾部。上述各部位断面图如图 10-19 所示。

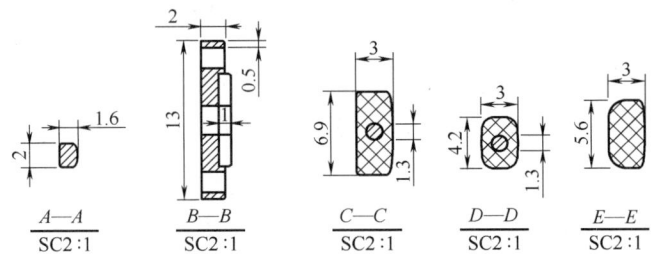

图 10-19 半框长脚套金属叉子角花
光学眼镜架各部位断面图示

六、尺寸标注和技术要求

尺寸标注与普通光学架一样。

七、结构图标题栏内容及图纸排版

标题栏内容必须与镜架实际相符，通用零部件必须注明规格尺寸，非通用零部件注明零件编号。图纸按 A4 纸大小排版，标题栏可以排布在图纸下方也可以排布在图纸右侧，断面图及眼模图排布在俯视图中心部位。

半框长脚套金属叉子角花光学眼镜架结构图如图 10-20 所示（见附页 27）。

模块三　半框长脚套金属叉子角花光学眼镜架零件图绘制

一、中梁零件图绘制

本款镜架中梁为常见的普通中梁，其结构较为简单，在此不再讲解。

二、金属脚丝零件图绘制

本款镜架的金属脚丝结构较为复杂,它主要由两个零件焊接而成:铸件桩头(叉子角花)+不锈钢尾针,可以分开出图,也可以出一张组合后的脚丝零件图。一般这种定制的配件均会由配件厂家提供配件成品,因此绘制的配件图多为组合零件图。

叉子角花必须设计倾角,否则角花打弯时,叉子会产生扭曲变形,使得打弯部位外形不顺畅。另外,两叉子端部的加工余量部位最好相连,这样打弯时叉子不容易变形收拢。

半框长脚套金属叉子角花光学眼镜架金属脚丝零件图如图 10-21 所示(见附页 28)。

三、脚套零件图绘制

本款镜架脚套为长脚套,且其头部在粗坯制作好后,又进行了较为复杂的外形加工。脚套零件图分两部分:粗坯图和加工图。

半框长脚套金属叉子角花光学眼镜架脚套零件图如图 10-22 所示(见附页 29)。

课后练习

参考图 10-23 所示实物图片,绘制出该款普通结构的半框金属光学眼镜架全套工程图。

图 10-23 普通半框金属光学眼镜架实物图片

提示:
脚丝花纹通孔处截面实体部分面积:高镍白铜 $\geqslant 3.0 \text{mm}^2$,纯钛 $\geqslant 2.0 \text{mm}^2$。

项目十一

全框钢片框面铣槽光学眼镜架工程图绘制

学习内容

1. 常见钢片框面铣槽光学眼镜架结构及设计参数。
2. 全框钢片框面铣槽光学眼镜架镜框三维作图方法。
3. 全框钢片框面铣槽光学眼镜架镜框结构图绘制。
4. 全框钢片框面铣槽光学眼镜架零件图绘制。

学习目标

1. 能够应用三维作图方法绘制全框钢片铣槽眼镜架镜框三视图。
2. 能够按高标准要求绘制出全框钢片铣槽光学眼镜架全套工程图。

模块一　全框钢片框面铣槽光学眼镜架工程分析

在本项目中,我们以图 11-1 所示眼镜架实物为例,学习全框钢片框面铣槽光学眼镜架工程图绘制步骤和方法。

一、镜架总体结构

本款镜架总体结构为全框厚钢片框面内侧铣槽卡镜片,钢片框面连带桩头,与钢片脚丝装配,脚丝装配普通结构的脚套。

二、框面结构、加工工艺及材质

此款镜架未贴焊金属镜圈,镜片的装配由框面内所铣内槽完成,因此框面的厚度较大,一般为 1.6~2.0mm;全框卡片必须有夹口,夹口为立式,搭焊在框底面。框面配件由板料切割粗坯再在内圈精雕铣槽得到。

框面材料可以是高镍白铜、不锈钢及纯钛,基于桩头及脚丝的厚度较小且脚丝尾段宽度也

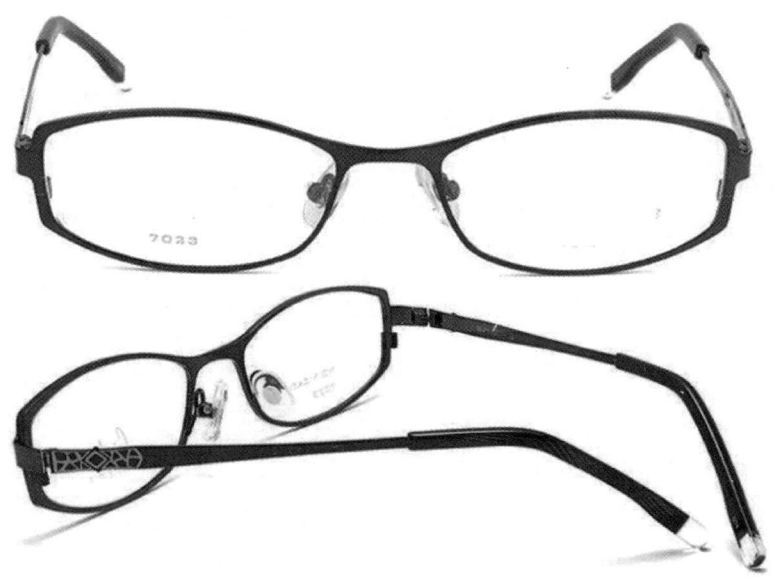

图 11-1 全框钢片框面铣槽光学眼镜架实物图片

较小,如选用高镍白铜,其强度和刚性难以达到质量要求,因而不宜选用;不锈钢的密度较大,且框面厚度也较大,如果使用不锈钢则镜架质量较大,因此不锈钢也不适合制作这种框面铣槽卡片的光学眼镜镜架。由此可知,最适合制作此款镜架的材料为纯钛。

三、脚丝结构、加工工艺及材质

由参考图可以看出脚丝为平面等厚结构,因而脚丝粗坯为板料切割而得。基于框面材料为纯钛,所以脚丝材料不做其他选择,亦为纯钛。

模块二 全框钢片框面铣槽光学眼镜架结构图绘制

一、镜架正视图绘制

镜架正视图可以根据参考图片描绘而得,注意下面几个问题:

(1)镜框镜圈部位的宽度不一定是等宽,但最小宽度不得小于 1.3mm。

(2)内槽槽底轮廓为不可见,因需要加工,所以必须表达出来,不可省略。

(3)夹口大部分轮廓为不可见,为清晰地表达夹口形状和位置,此处不可见部分也需要表达出来,方式是选用虚线绘制不可见部分轮廓。

全框钢片框面铣槽光学眼镜架正视图如图 11-2 所示。

图 11-2　全框钢片框面铣槽光学眼镜架镜框正视图

二、镜框三维建模

复制主视图的半个镜框及镜片并创建三维模型，各建模参数为：镜片表面球半径为 116mm，镜片厚度为 1.0mm，框面表面球半径为 116.5mm，框面厚度为 2.0mm。建模图如图 11-3 所示。

将 CAD 绘图界面切换到"布局 2"，以上述建模图形下方任意水平线为轴 3D 旋转 97°，抽离出可见轮廓线就得到框面（+镜片）的俯视轮廓图形，绘图界面如图 11-4 所示。

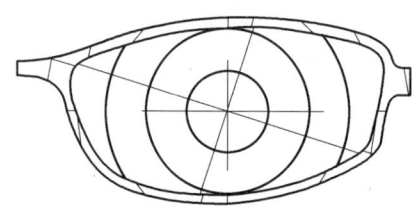

图 11-3　全框钢片框面铣槽光学眼镜架框面+镜片建模图形

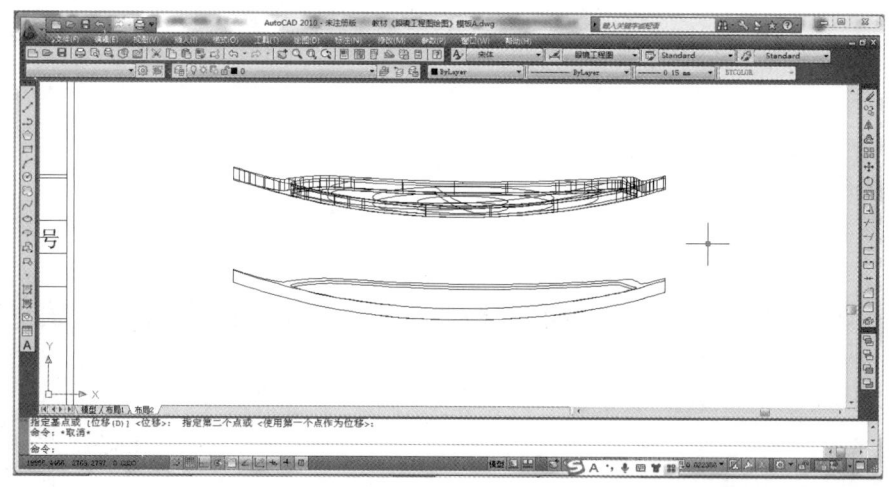

图 11-4　全框钢片框面铣槽光学眼镜架框面（+镜片）俯视轮廓图绘图界面

同样在"布局 2"中，以上述建模图形左侧任意垂直线为轴 3D 旋转 83°，抽离出可见轮廓线就得到框面（+镜片）的侧视轮廓图形，绘图界面如图 11-5 所示。

三、眼镜架俯视图绘制

根据图 11-4 所示镜框图形，再结合实物具体结构，编辑绘制出镜框俯视轮廓，如图 11-6

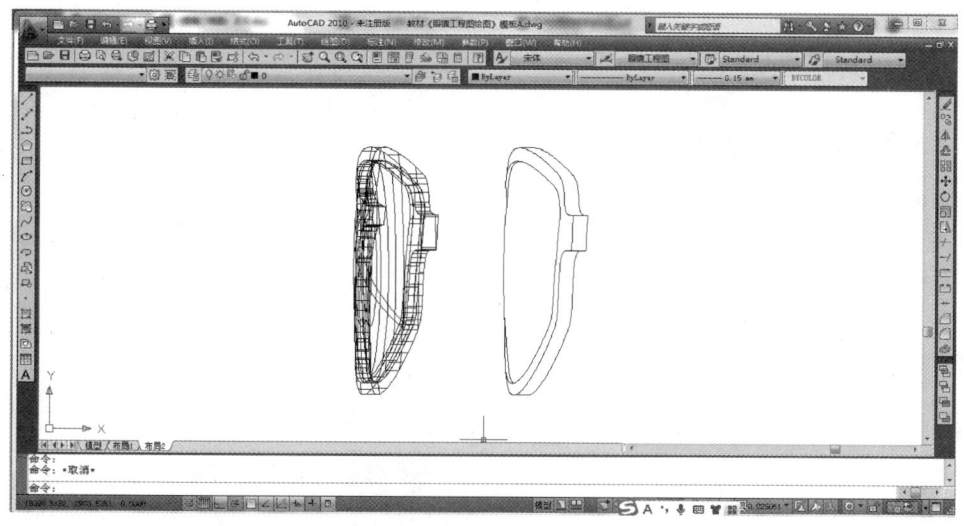

图 11-5　全框钢片框面铣槽光学眼镜架框面（+镜片）侧视轮廓图绘图界面

所示。注意：

(1) 绘制镜框俯视图时注意中梁打弯中心要与主视图对应。

(2) 镜框内槽为后加工结构，需要表达出来。

(3) 桩头与镜框为一体结构，但厚度不同，桩头厚度与脚丝一致，为 0.8~1.0mm。

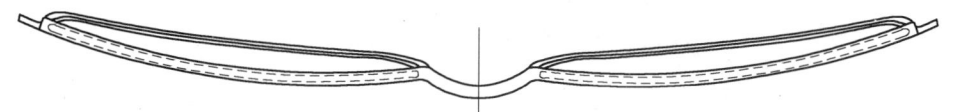

图 11-6　全框钢片框面铣槽光学眼镜架前框俯视轮廓图

按一般方法绘制出脚丝、桩头、脚套，从通用零件图库中复制铰链、夹口、烟斗、托叶等组件俯视轮廓图，完成全框钢片框面铣槽光学眼镜架俯视图的绘制。

注意：

① 烟斗螺钉孔要与主视图对应。

② 夹口为普通立式夹口，规格为 2.5×1×（3.5-3.5）×0°。

③ 镜架脚丝尺码为 135，脚套为普通结构，厚度为 2.6~2.8mm。

全框钢片框面铣槽光学眼镜架俯视轮廓图如图 11-7 所示。

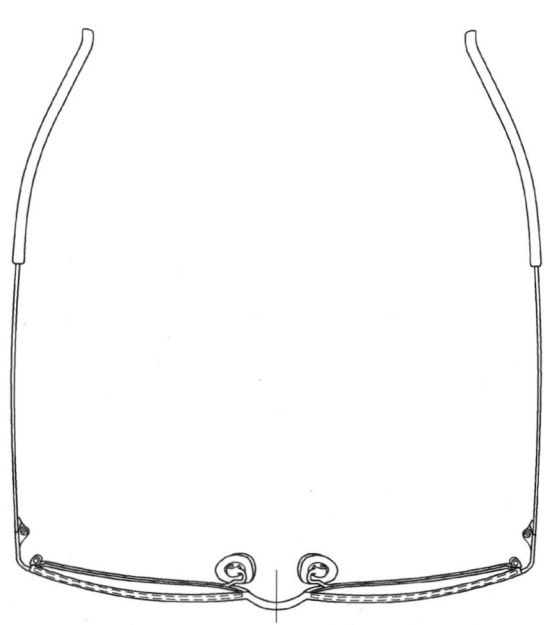

图 11-7　全框钢片框面铣槽光学眼镜架俯视轮廓图

四、眼镜架侧视图绘制

1. 前框部分侧视轮廓绘制

将图 11-5 中抽离出的前框侧视轮廓图旋转 7°后即为镜架前框部分侧视图。

2. 侧视桩头合口位置确定

由俯视图中测量出桩头合口距镜框最低位置尺寸，可以确定侧视图中桩头合口水平位置；再由前框侧视图中桩头轮廓线的中心点作水平线即可确定桩头中心线高度位置。侧视桩头合口位置确定方法如图 11-8 所示。

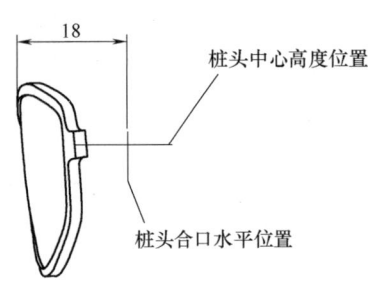

图 11-8　全框钢片框面铣槽光学眼镜架侧视桩头合口位置确定方法图示

3. 侧视脚丝（脚套）形状描绘

侧视脚丝及脚套外形可根据参考图片描绘出来，脚丝长度为 135mm，脚套为普通脚套，长度为 65mm。

4. 编辑绘制侧视图

将描绘出来的脚丝外形以合口中心为基点与前框侧视轮廓图复制到一起，然后进行编辑，再按照正视图的高度位置复制夹口侧视图形，就完成镜架侧视图的绘制。绘制好的侧视图如图 11-9 所示。

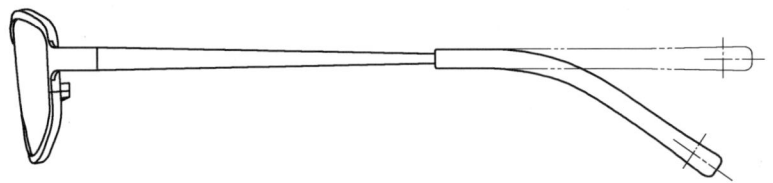

图 11-9　全框钢片框面铣槽光学眼镜架侧视图

五、镜架其他辅助视图绘制

完整的眼镜结构图，除镜架的三个主要视图外，还有以下内容。

1. 眼核模图

眼核模图形可以直接复制主视图内圈，再复制上安装孔图形，然后标注，就绘制完成眼核模图。

2. 断面图

镜架主要配件的表面形状，三视图难以反映，因此需要用断面图表达。在本款眼镜架中，需要表达的表面有：镜框外表面及内槽形状、中梁处外表面形状、脚丝表面形状和脚套表面形状。

六、尺寸标注及技术要求

尺寸标注按常用标注样式,技术要求用标注及文字描述方式。

七、图纸排版与标题栏

标题栏用常用模板,内容按实际镜架结构和要求填写。

全框钢片框面铣槽光学眼镜架的结构图如图 11-10 所示(见附页 30)。

模块三 全框钢片框面铣槽光学镜架零件图绘制

本款镜架特制零件有钢片镜框、脚丝和脚套。脚套形状和尺寸在结构图中有较好的反映,在此不再讲解。

一、钢片框面零件图绘制

全框钢片框面零件图的绘制方法和步骤基本与钢片眉毛相同,具体步骤如下:

1. 复制主视图框面轮廓图

以镜架中心为界复制左半架主视图,删除烟斗、托叶、夹口等,如图 11-11 所示。

2. 计算框面镜圈部位长度

根据镜架俯视图,作框面中位线,可计算出内槽所对应的框面长度,这个长度就是框面镜圈部位的长度,即图 11-12 所示界面中十字光标所在曲线长度(计算值为 55.5mm)。

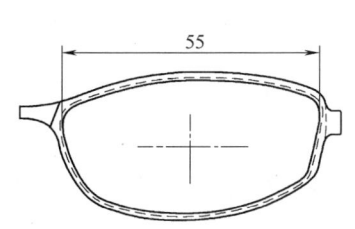

图 11-11 钢片框面主视轮廓图

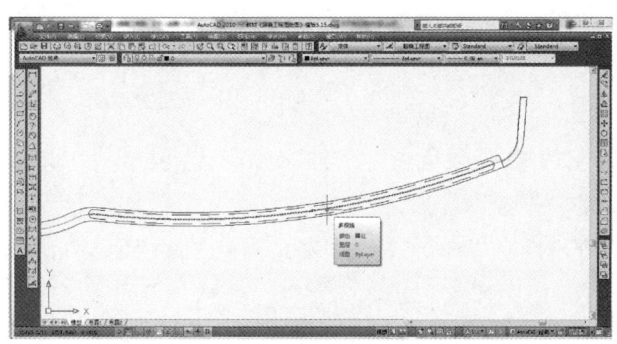

图 11-12 计算框面镜圈部位长度绘图界面

3. 打断镜框部位轮廓线并移动部分镜圈轮廓图

将图 11-11 所示镜框轮廓线分别在上、下象限点处打断,并将两半框面水平移开至内槽水平尺寸为 55.5mm。作图方法如图 11-13 所示。

4. 镜圈部位轮廓修正

应用作圆绘图命令：切点、切点、切点，将断开处轮廓线顺滑连接起来，就得到框面镜圈部位粗坯轮廓图，如图 11-14 所示。

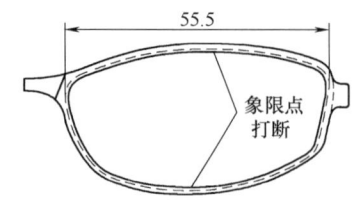

图 11-13　框面镜圈部位打断、移开方法示意图

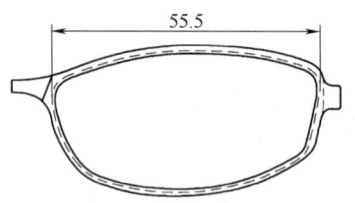

图 11-14　框面镜圈部位粗坯轮廓图

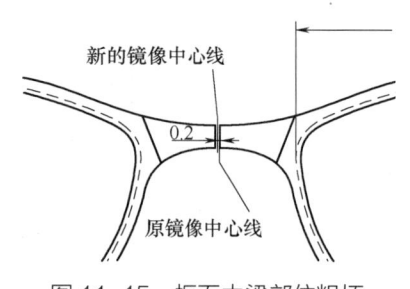

图 11-15　框面中梁部位粗坯轮廓图绘制方法示意图

5. 中梁部分轮廓图绘制

对于钢片眉毛或框面，中梁打弯前后总长度的变化约为 0.4mm，所以可以将镜像中心线移动（或偏移）0.2mm，再以新的镜像中心线镜像图形然后对中梁轮廓线进行修正，修正方法同框面镜圈部位断位修复方法一样。作图方法如图 11-15 所示。

6. 桩头部分轮廓图绘制

框面零件桩头部分轮廓图绘制步骤和方法如下：

（1）桩头位置确定。测量图中框面中位线长度，可得框面总长为 75.0mm。测量方法如图 11-16 所示。

然后将镜像中心线（新的）偏移 75.0mm，就确定了桩头合口位水平位置。作正视图桩头中心水平线与合口轮廓线相交，交点就是桩头与脚丝的合口中心点。

（2）桩头形状复制。以桩头合口中心为基点，复制侧视图中的桩头轮廓图，如图 11-17 所示。

（3）桩头倾角设计。桩头倾角设计方法及绘图步骤分为四步：

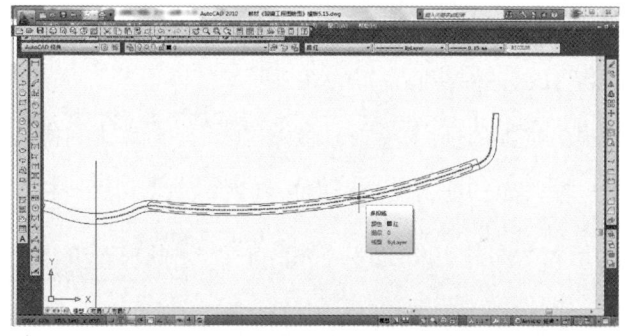

图 11-16　框面粗坯总长度测量操作界面图

① 桩头打弯中心至合口长度测量，方法如图 11-18 所示。

② 确定桩头打弯中心位置。根据上一步测量值确定桩头打弯中心，方法如图 11-19 所示。

③ 倾角设计。本款桩头为宽桩头（宽度>3.0mm），必须设计出倾角。倾角设计方法就是以桩头合口中心点为基点旋转桩头-5°，方法如图 11-20 所示。

④ 桩头外形轮廓绘制。桩头倾角设计好后，顺滑连接桩头与框面上、下侧面轮廓线，完成桩头外形轮廓图绘制。绘制好的框面桩头轮廓图如图 11-21 所示。

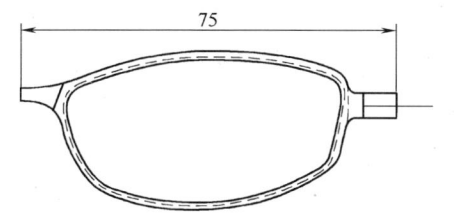

图 11-17 框面粗坯桩头轮廓绘制方法示意图

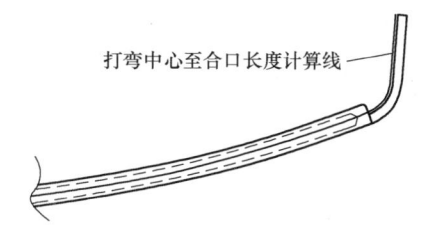

图 11-18 桩头打弯中心位置至合口长度计算方法示意图

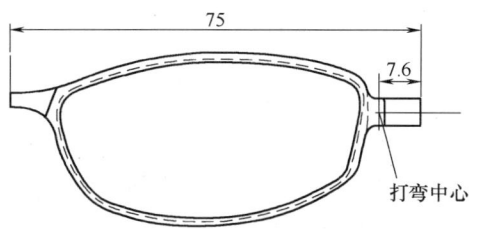

图 11-19 桩头打弯中心位置确定方法示意图

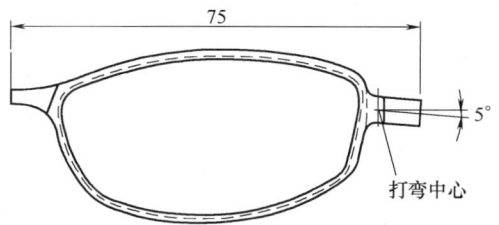

图 11-20 桩头倾角设计方法示意图

7. 加工余量设计

钢片框面零件粗坯由平板钢片切割后经加工制成，在后序的加工中有两处需要预留加工余量：镜框内侧面和桩头端面。镜框内侧面一般预留 0.2~0.3mm 的加工余量，而桩头端面一般预留 0.3~0.5mm 的加工余量。加工余量部分用假想轮廓线（双点画线）和图形填充表示，表达方式如图 11-22 所示。

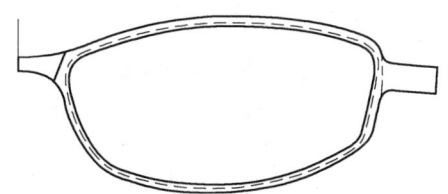

图 11-21 钢片框面桩头外形轮廓图

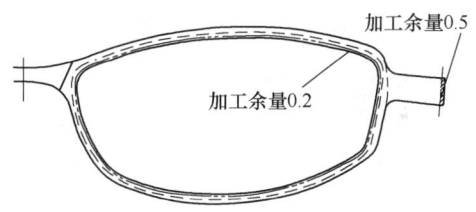

图 11-22 加工余量的表达方式示意图

8. 钢片框面零件图的辅助视图绘制

至上一步，钢片框面零件图未表达清晰的还有两处：

（1）桩头切薄形状和位置，补充绘制框面零件俯视图即可清晰表达。

（2）镜框内槽形状。镜框内槽加工形状和尺寸用断面图来表达。

9. 钢片框面零件图

钢片框面零件图分两部分：粗坯图和加工图。

钢片框面零件粗坯图至此已全部绘制完毕，标注好零件尺寸参数即可。对于零件加工图，复制结构图中的钢片框面主、俯视图相应轮廓即可。全框钢片框面铣槽光学眼镜架框面零件图如图 11-23 所示（见附页 31）。

二、脚丝零件图绘制

本款脚丝亦为钢片板料经切割而得，因此其零件图绘制出能表达脚丝外形的主视图即可。

对于厚度为 0.8mm 的钢片脚丝，一般脚丝尾针宽度为 1.3~1.4mm，如果厚度为 1.0mm，其宽度可以做到 1.2mm。

钢片脚丝尾针为长方形，所配脚套孔也须是方孔，对于中高档眼镜架，钢片脚丝一般会设计一段胀紧段，胀紧段脚丝尾针宽度稍大于脚套孔，而其他部位宽度则稍小于脚套孔，这种设计结构可以保证脚套既安装方便又松紧合宜。

钢片脚丝的胀紧段结构设计如图 11-24 所示。

本款全框钢片框面铣槽光学眼镜架脚丝零件图如图 11-25 所示。（见附页 32）

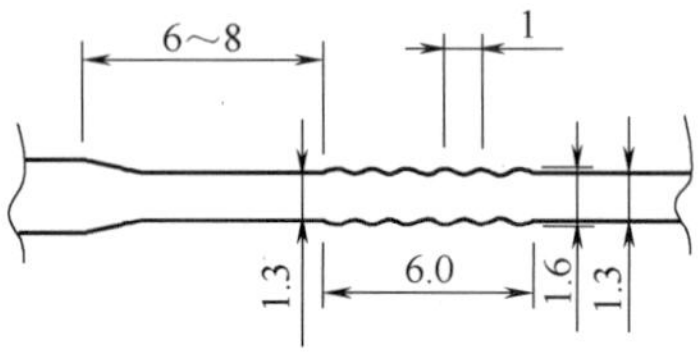

图 11-24　全钢片脚丝零件胀紧段结构设计示意图

课后练习

参考图 11-26 所示实物眼镜图片，绘制全框钢片框面铣槽光学眼镜架全套工程图。

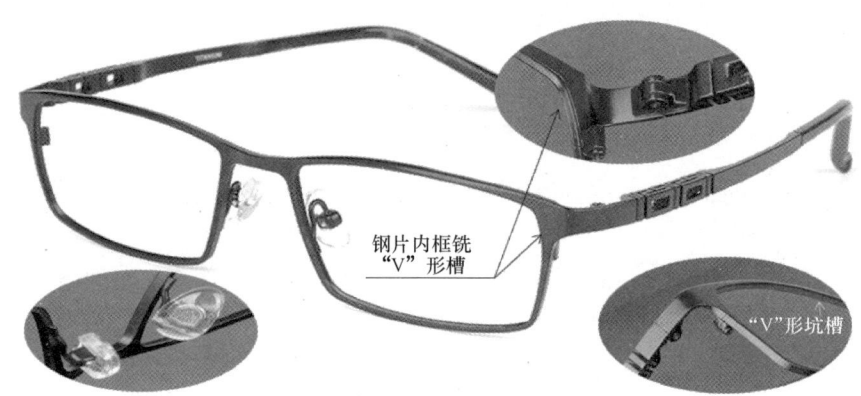

图 11-26　全框钢片框面铣槽光学眼镜架课后练习参考图

提示：

（1）框面及脚丝材质为纯钛。

（2）框面厚度为 1.6~2.0mm，桩头厚度为 0.8~1.0mm。

（3）脚丝前段为弹性结构设计，总体脚丝看着较厚，实际受力结构厚度为 0.6~0.8mm，即脚丝侧面为"凹凸"形结构。

（4）脚丝中段最薄处厚度为 0.8~1.0mm，尾端宽度及厚度与脚套口一致。

项目十二

钢片眉毛凸筋卡片半框光学眼镜架工程图绘制

学习内容

1. 学习和了解常见钢片眉毛铣凸筋眼镜架结构及设计参数原理。
2. 学习和了解配长脚套的金属脚丝结构及设计参数原理。
3. 学习并绘制半框钢片眉毛铣凸筋眼镜架结构图。
4. 学习并绘制半框钢片眉毛铣凸筋眼镜架零件图。

学习目标

1. 掌握半框钢片铣凸筋眼镜架结构图的绘制步骤和方法。
2. 掌握半框钢片铣凸筋眼镜架零件图的绘制步骤和方法。
3. 熟练绘制出钢片铣凸筋眼镜架的全套工程图。

模块一　钢片眉毛凸筋卡片半框光学眼镜架工程分析

在本项目中，我们以图 12-1 所示眼镜架实物为例，学习钢片眉毛凸筋卡片半框光学眼镜架工程图绘制步骤和方法。

图 12-1　钢片眉毛凸筋卡片半框光学眼镜架实物图片

一、镜架总体结构

前面我们学习过眉毛贴圈半框镜架的工程图绘制，而本款半框眉毛光学眼镜架镜片的装配结构则是厚钢片铣凸筋卡住镜片上半部分，下半部分外拉渔丝起到固定镜片的作用。与贴圈中的钢片眉毛不同，本款眉毛采用的是较厚的钢片制作，且镜片装配时也不需要插入内丝，在眉毛的内侧加工有凸筋，凸筋直接卡入镜片外侧的凹槽，这种镜架的镜片装配结构更简洁。另外，本款镜架装配的不是普通脚套，而是比普通脚套更长的长脚套。

本款镜架为男款光学眼镜架，因此镜架尺码按 20~40 岁的成年男性设计，镜片尺寸为 54~55mm，镜片间距为 17~18mm，脚丝长度为 135~140mm。

二、眉毛结构、加工工艺及材质

本款眉毛为钢片粗坯切割、铣凸筋、打渔丝安装孔、粗坯打磨、压面、打弯而成，钢片厚度较厚，一般为 1.6~2.0mm，因此如果是白铜或不锈钢，眉毛的质量都较大，所以这种结构的镜架，一般都使用纯钛制作。

三、脚丝结构、加工工艺及材质

从参考图可以看出，本款镜架的脚丝表面为典型的油压弧面，且表面有花纹，脚丝后段套有长脚套，这种结构的脚丝，其制作工艺为线材拉伸出尾针然后油压成型，最后切除余料。

配长脚套的脚丝，其尾针刚性要求更高，且镜架最大的配件（眉毛）为纯钛，因此脚丝的选材只能是纯钛。

另外，这种脚丝与长脚套的配合，要求在合口位脚丝与脚套的截面形状要吻合，且装配后不能出现缝隙，但脚套材料为树脂，树脂材料均会出现缩水现象，因此长脚套的前段都会设计一个锁紧结构。本款脚套采用的是最为常见的锁紧螺钉。

四、脚套及其装配结构

本款镜架脚套为长脚套，且脚套口为非平口，这样的脚套一般需要采用数控加工成形，以保证脚套口与脚丝的配合。

本款镜架脚套形体修长，特别是弯脚位置界面尺寸较小，易爆裂，所以必须保证脚套材料质量，一般选用优质板料。设计脚套外形及尾针尺寸时，必须保证尾针处于脚套截面中心，且脚套壁厚不小于 0.8mm。

长脚套的绝对缩水量较大，所以长脚套一般在脚套前段会设计一个锁紧结构，且脚套内孔深度比尾针长度略大（即装配后留空约 1mm），以防脚套因缩水而使其余脚丝的配合出现缝隙。

模块二　钢片眉毛凸筋卡片半框光学眼镜架结构图绘制

一、镜架主视图绘制

导入参考图片，按镜架尺码 55□17-135 调整好图片方向及尺寸，描绘出镜片形状及正视眉毛轮廓，如图 12-2 所示。

正视轮廓描绘好后，须确认实际图形尺寸，如有偏差，采用整体缩放的方法进行调整。需要注意的是眉毛的最小宽度尺寸不能小于 1.3mm（不计凸筋），否则难以保证眉毛的刚性及打弯时不出现扭曲。

描绘出镜架正视轮廓后，还必须用虚线绘制出凸筋轮廓及渔丝穿丝孔位置和形状，绘制烟斗、托叶后镜像

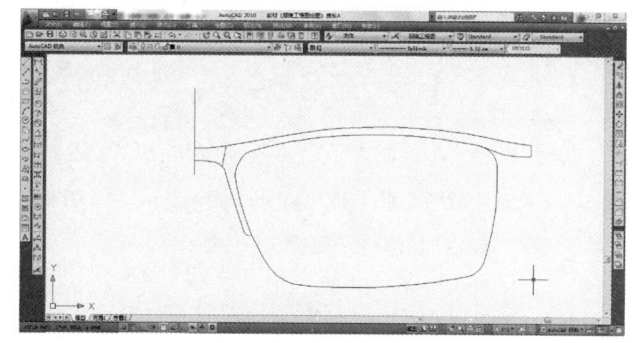

图 12-2　钢片眉毛凸筋卡片半框光学眼镜架正视轮廓描绘界面

得到镜架主视图。本款镜架烟斗为"S"形烟斗，这种烟斗主要针对东亚及东南亚市场。钢片眉毛凸筋卡片半框光学眼镜架主视图如图 12-3 所示。

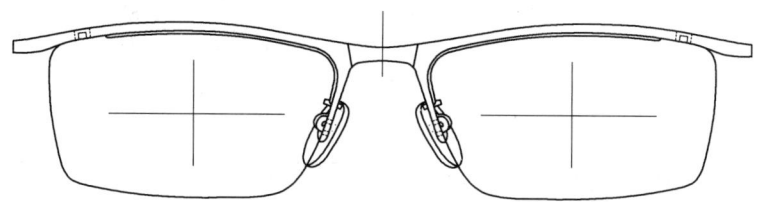

图 12-3　钢片眉毛凸筋卡片半框光学眼镜架主视图（一）

此外，有些企业的图纸还会绘制出外渔丝及镜片内槽轮廓，如图 12-4 所示。

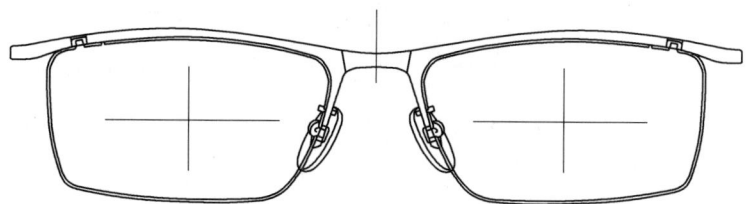

图 12-4　钢片眉毛凸筋卡片半框光学眼镜架主视图（二）

在绘制钢片眉毛凸筋卡片半框光学眼镜架主视图时，注意以下几点：
（1）正视凸筋宽度为 0.5mm，其轮廓线为眉毛内侧轮廓线向内偏移 0.5mm 所得。

(2)穿丝孔有单孔和双孔两种结构,双孔结构与普通半框镜架类似,其凸筋端位置距穿丝孔 3~4mm,端头为斜面顺滑过渡,两孔间距为 1.5~2.5mm,上眉部位的穿丝孔位于镜片与眉毛内侧相切位置,在眉毛宽度较大时,在能够保证其强度的情况下,双孔间的渔丝采用沉孔结构,正视渔丝不外露。具体结构如图 12-5 所示。

(3)单孔穿丝时,渔丝在穿过穿丝孔后要将端头加热熔融成球状,其具体结构如图 12-6 所示。

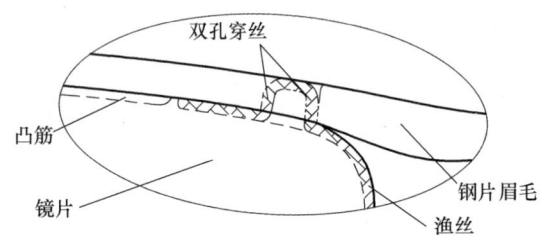 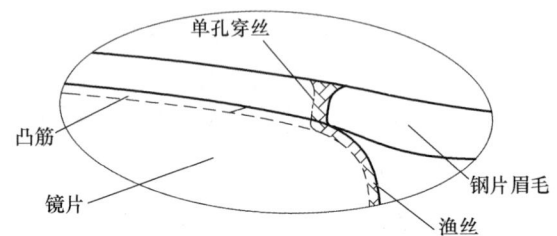

图 12-5 钢片眉毛凸筋卡片半框光学眼镜架双孔穿丝结构示意图　　图 12-6 钢片眉毛凸筋卡片半框光学眼镜架单孔穿丝结构示意图

(4)鼻托部位的穿丝孔距离眉毛端面 1.5~2.5mm。

二、镜框三维建模

将主视图中的眉毛(桩头至中梁压弯位)及镜片轮廓图形建模,各建模参数为:镜片表面球半径为 116mm(523/4.5);镜片厚度为 2.0mm,即镜片底面球半径为 114mm;钢片眉毛厚度为 2.0mm,钢片眉毛表面及底面球半径均与镜片相同。钢片眉毛与镜片组合后的建模图形如图 12-7 所示。

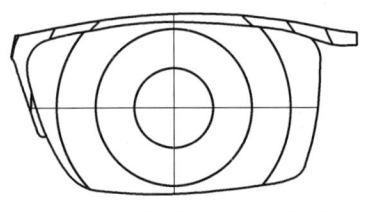

图 12-7 钢片眉毛凸筋卡片半框光学眼镜架眉毛及镜片建模图形

三、镜架俯视图绘制

在"布局 2"中将钢片眉毛和镜片组合建模后得到的三维实体分别以铅垂线和水平线为轴进行三维旋转(ROTATE3D),旋转角度要考虑镜架弯度(7°)和前框倾角(11°)。旋转后就可以抽离(SOLPROF)出前框的俯视及侧视轮廓图,绘图操作界面如图 12-8 所示。

为什么本款眼镜架的前框倾角为 11°,而不是 7°呢?

光学眼镜架前框倾角的设计原理:光学眼镜架前框倾角角度与桩头所处的镜框(镜片)高度位置有关,桩头位置越高,镜框的前倾角度越大。普通光学眼镜架桩头位于镜框上半部约 1/3 处,此时倾角角度为 7°;当桩头中心位于镜片上半部分 1/4 处时,前倾角为 8°~9°;当桩头中心位于镜片上半部分 1/5 处时,前倾角度为 10°~11°。

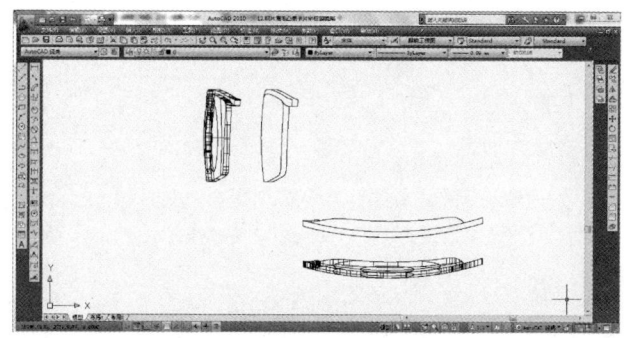

图 12-8　钢片眉毛凸筋卡片半框光学眼镜架前框轮廓线抽离后的操作界面

本款镜架桩头高度位于镜片上半部分且小于 1/5 处,所以其倾角为 11°~12°。

返回到 CAD 绘图的模型界面,复制抽离出的俯视轮廓至主视图上方,并旋转 7°(镜架弯度),操作界面如图 12-9 所示。

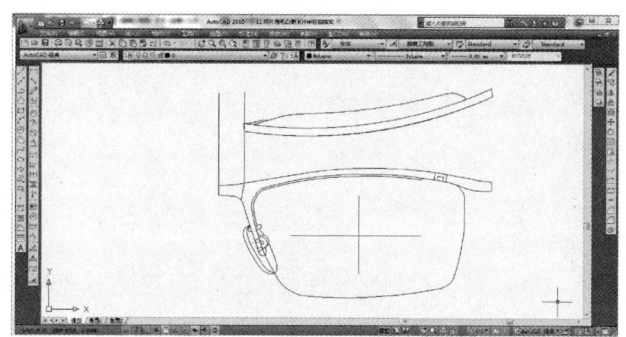

图 12-9　钢片眉毛凸筋卡片半框光学眼镜架前框俯视轮廓绘制操作界面

以图 12-9 所示的俯视轮廓为基础编辑绘制出前框俯视图,并按绘制普通镜架俯视脚丝轮廓图的步骤和方法绘制完成俯视图。

在绘制俯视图时要注意以下几点:

(1)桩头部位钢片眉毛的厚度与镜框部位是不一样的,且桩头部位的厚度在弯位后逐渐变厚,打弯处厚度为 0.8~1.0mm,与脚丝合口处的厚度约为 1.3mm。

(2)金属脚丝与脚套合口处的厚度设计要使尾针底面与脾头底面为同一面,脚套表面与脾头表面平齐或略高(0.3mm 以内)。

(3)尾针一定要位于脚套中间,否则脚套制作难度非常大。

(4)脚套锁紧螺钉距离脚套口 2mm 以上,但不要太远。

(5)锁紧螺钉长度以螺钉锁紧至与尾针表面平齐为准,可稍超出(0.3mm 以下)。

(6)凸筋及尾针等不可见轮廓也要表达出来。

(7)脾尾间距按男性成人设计,即参数值为 96~100mm。

(8)俯视图各轮廓节点要与侧视图对应。

钢片眉毛凸筋卡片半框光学眼镜架俯视图如图 12-10 所示。

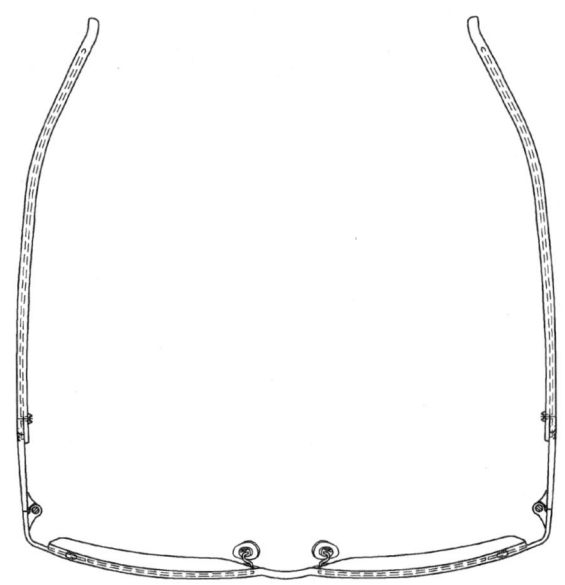

图 12-10　钢片眉毛凸筋卡片半框光学眼镜架俯视图

四、镜架侧视图绘制

1. 描绘侧视脚丝及桩头外形

根据参考图片，将脚丝牌身部位旋转至水平位置，然后根据脚丝尺码 135，将弯尾后的脚丝总线性长度尺寸缩放至 127~128mm（普通光学镜架脚丝弯尾后线性长度减小 7~8mm），描绘出侧视脚丝及桩头轮廓，如图 12-11 所示。注意脚丝前段金属部分为对称形状，这样脚丝金属零件就可以不分左右，降低成本。

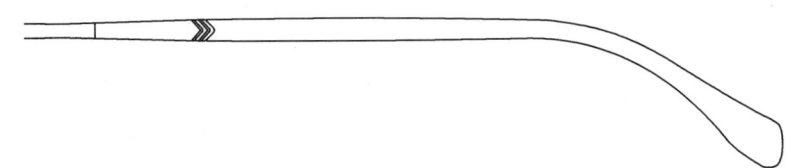

图 12-11　钢片眉毛凸筋卡片半框光学眼镜架侧视脚丝及桩头轮廓图

2. 镜架前框侧视轮廓图绘制

镜架前框轮廓可以通过前框建模图在"布局 2"中旋转、抽离得到，但实际前框侧视图还须考虑镜框的前倾角，即回到 AutoCAD 的"模型"绘图界面，将前框轮廓旋转 11°（前倾角度）。

前框实际侧视轮廓图如图 12-12 所示。

3. 确定桩头与脚丝合口中心

侧视桩头与脚丝合口的水平方向位置可以由俯视图中的合口至前框眉毛表面高度测量出来，垂直方向以桩头水平中心线为基准，侧视桩头水平中心线至镜圈上侧面最高点尺寸与主视图一致，如图 12-13 所示。

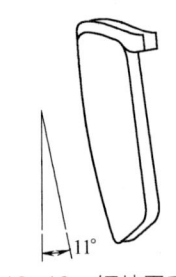

图 12-12　钢片眉毛凸筋卡片半框光学眼镜架前框侧视轮廓图

4. 绘制侧视桩头部位轮廓图形

将描绘的脚丝及桩头轮廓与前框轮廓图,以合口中心为基点移动至一起,然后顺滑连接桩头,绘制出侧视桩头弯位轮廓线。然后再根据俯视桩头厚度变化编辑出桩头底面可见轮廓线及眉毛上侧面可见的渔丝穿丝孔轮廓,如图 12-14 所示。

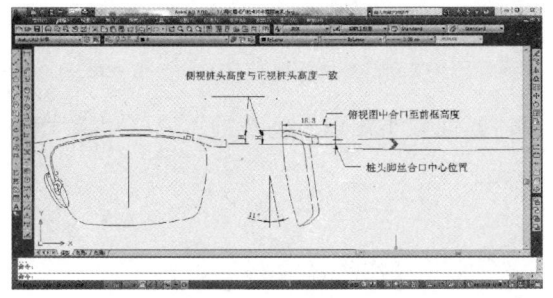

图 12-13　钢片眉毛凸筋卡片半框光学眼镜架侧视桩头与脚丝合口中心绘制界面

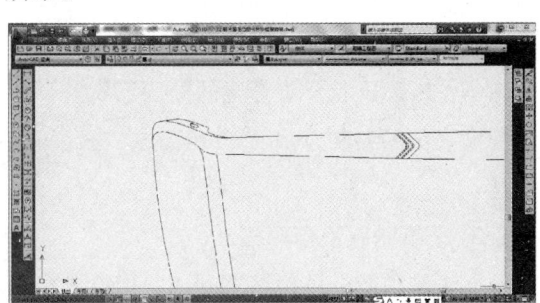

图 12-14　钢片眉毛凸筋卡片半框光学眼镜架桩头侧视轮廓图绘制界面

5. 镜片侧面凹槽轮廓绘制

根据镜片侧面凹槽位置(居中)和凹槽宽度(0.6mm),向斜上 11° 方向复制镜片表面轮廓线,即可得到镜片凹槽轮廓。

6. 脚丝尾部打弯前轮廓绘制及打弯后轮廓修正

脚丝尾部打弯前轮廓绘制及打弯后轮廓修正步骤和方法与之前学习过的普通光学架一样。脚丝尾部打弯前的轮廓用双点画线表达。

7. 不可见侧视轮廓绘制

在企业的眼镜工程图中,特别是制造类眼镜企业,其工程图一般会要求绘制出不可见轮廓,以便更清晰地表达产品结构和尺寸。本款镜架侧视不可见轮廓主要是金属脚丝的尾针外形和脚套锁紧螺钉的形状及位置。不可见轮廓用虚线表达。

完成后的镜架侧视图如图 12-15 所示。

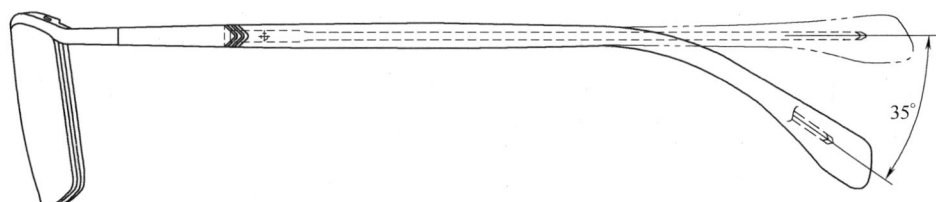

图 12-15　钢片眉毛凸筋卡片半框光学眼镜架侧视图

五、镜架结构图绘制

以上绘制的三个基本视图,只能表达镜架的基本结构和形状,考虑到加工制造还需要更多的细节表达,因此结构图还需完成以下内容的绘制:

1. 片模图绘制

片模图与普通光学架一样,形状可以直接复制主视图片形,片模安装孔为标注尺寸,一般图库里会有，也可以以几何中心为基点直接复制。

2. 断面图

断面图是表达几何体表面形状的最简洁的方法。本款镜架需要表达的断面形状有：钢片眉毛中梁部位断面形状、镜框有凸筋部位断面形状、穿丝孔处断面形状、钢片眉毛桩头处断面形状、脚丝前段金属脾头断面形状、脚套前段及锁紧处断面形状、脚套主体部位断面形状、脚套打弯部位断面形状及脚套尾部断面形状。

断面图的绘制方法前面介绍过，在此不再讲解。断面较小难以看清楚的可以采用放大图表达。

3. 图纸排版及标题栏

图纸排版及标题栏格式同前，但标题栏内容须按本款镜架实际填写。

4. 尺寸标注

尺寸标注同普通光学镜架。

钢片眉毛凸筋卡片半框光学眼镜架结构图如图 12-16 所示（见附页 33）。

模块三　钢片眉毛凸筋卡片半框光学眼镜架零件图绘制

本款眼镜架非通用零件有 3 个：钢片眉毛、金属脚丝和脚套。

一、钢片眉毛零件图绘制

在绘制钢片眉毛零件图前，让我们先了解一下本款镜架钢片眉毛零件的加工工艺。这对我们绘制零件图有帮助。

本款镜架钢片眉毛零件主要加工工艺流程为：激光切割（或冲切）粗坯—油压—铣削加工—打孔—打弯。因此我们的零件图先要有切割粗坯图形，还要有油压表面形状图，再必须有铣削加工和打孔的相关技术材料。

明白了本款钢片眉毛零件图的内容要求，下面我们就进行零件图绘制，绘图步骤和方法如下：

1. 钢片眉毛镜片部位长度计算

在俯视图中绘制对应镜片位置的眉毛中位线，并测量其长度，这个长度值就是眉毛打弯前的长度尺寸。作图及计算方法如图 12-17 所示。

2. 钢片眉毛镜片部位轮廓图绘制

复制主视图中钢片眉毛轮廓图，再将钢片眉毛轮廓在最高象限点位置打断，然后水平移动桩头部位，直至镜片水平长度为上一步所得测量值，如图 12-18 所示。然后再顺滑连接各对应轮廓线即可。

 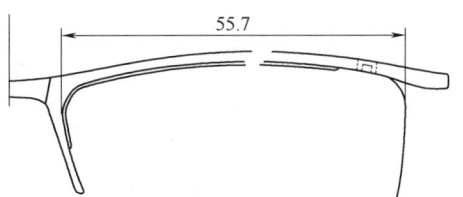

图 12-17　钢片眉毛零件镜片部位长度计算方法示意图　　　图 12-18　钢片眉毛零件镜片部位轮廓图绘制方法示意图

3. 钢片眉毛桩头部位长度计算

钢片眉毛桩头部位长度计算方法如图 12-19 所示。钢片眉毛总长度计算方法同普通钢片贴圈架中钢片眉毛总长度计算方法一样。

4. 钢片眉毛桩头部位轮廓图绘制

根据桩头长度（计算值为 12.6mm）及主视图桩头水平中心线，即可确定桩头与脚丝合口中心位置，再将侧视图中桩头轮廓图以合口中心为基点复制过来，如图 12-20 所示，然后顺滑连接钢片眉毛各对应轮廓线就能绘制出桩头粗坯轮廓。

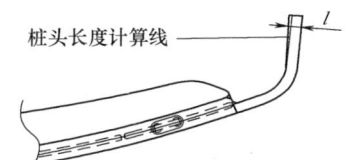 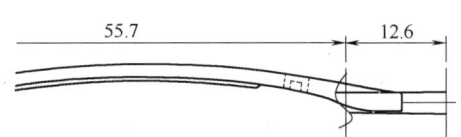

图 12-19　钢片眉毛零件桩头部位长度计算方法示意图　　　图 12-20　钢片眉毛零件桩头部位轮廓图绘制方法示意图

5. 钢片眉毛零件切割粗坯图绘制

钢片眉毛粗坯中梁部位长度一般比打弯后长 0.3~0.4mm，因此可将钢片眉毛镜像中心线往左移动 0.15~0.2mm，再镜像得到眉毛零件粗坯轮廓长度，修正中梁轮廓，再绘制出桩头端面加工余量（0.5mm）及凸筋部位的加工余量（0.3mm），就可以得到完整的钢片眉毛零件切割粗坯轮廓图，如图 12-21 所示。

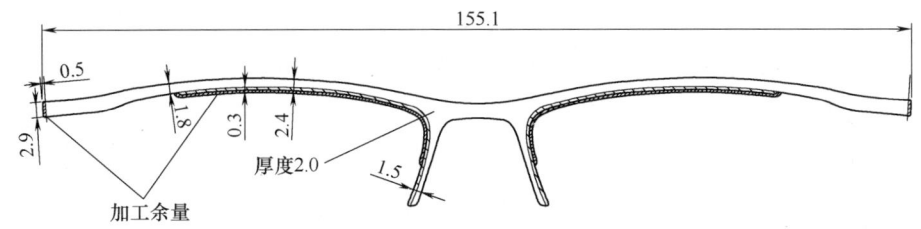

图 12-21　钢片眉毛零件切割粗坯轮廓图

6. 钢片眉毛零件图绘制

钢片眉毛切割出的粗坯，先进行油压，压制表面花纹及中梁处弯位，然后再经数控机床铣削加工出内侧凸筋，同时内侧表面经加工后变得更加光洁、平整。油压表面形状及凸筋断面形状均由断面图表达。

此外，眉毛粗坯除加工凸筋外，桩头处厚度也须加工至 1.0～1.3mm，还须加工出穿丝孔。钢片眉毛穿丝孔结构同普通半框镜圈。

钢片眉毛凸筋卡片半框光学眼镜架眉毛零件图如图 12-22 所示（见附页 34）。

二、金属脚丝零件图绘制

类似本款结构的脚丝，一般有两种制作方法：脾头尾针一体、脾头尾针分体焊接。一体结构材料成本较高，对于纯钛零件，一般采用分体制作方法。

钢片眉毛凸筋卡片半框光学眼镜架脚丝零件图如图 12-23 所示（见附页 35）。

三、脚套零件图绘制

钢片眉毛凸筋卡片半框光学眼镜架脚套零件图如图 12-24 所示（见附页 36）。

课后练习

参考图 12-25 所示眼镜实物图片，绘制钢片眉毛凸筋卡片半框光学眼镜架全套工程图。

图 12-25　钢片眉毛凸筋卡片半框光学眼镜架工程图绘制参考图

提示：

（1）桩头厚度及截面由弯位至合口的形状变化：平面（0.8mm）逐渐变化为三角形（1.2～1.3mm）。

（2）脚丝主体为 TR-90 注塑脚丝+金属脾头，二者表面平齐。

（3）单牙后铰焊接在脾头底面。

（4）脾尾双色为高一级位。

项目十三 无框镜片切边镶钻女款光学眼镜架工程图绘制

学习内容

1. 常见无框眼镜架镜片装配结构及设计参数。
2. 无框镜架镜片切边结构各视图表达方法和对应关系。
3. 眼镜架镶钻的视图表达方法。
4. 油压金属零件表面花纹设计要点。
5. 工程图中配件表面效果表达方法。
6. 无框镜片切边镶钻女款光学眼镜架结构图绘制。
7. 无框镜片切边镶钻女款光学眼镜架零件图绘制。

学习目标

1. 能够掌握油压金属零件表面花纹设计要点。
2. 能够独立绘制出无框镜片切边镶钻女款光学眼镜架工程图。

模块一 无框镜片切边镶钻女款光学眼镜架工程分析

在本项目中,我们将以图 13-1 所示眼镜架实物为例,学习无框镜片切边镶钻光学眼镜架工程图绘制方法及镜架各参数设计原则。

一、镜架总体结构

本款无框眼镜架是女款光学眼镜架,也是一款典型的所谓"三件头",即镜架由左、

图 13-1 无框镜片切边镶钻女款光学眼镜架实物图

右金属脚丝和金属中梁与镜片装配而成。金属配件表面有油压花纹(中梁为光身花纹),特别是脚丝表面花纹不仅较为复杂,还镶有不同形状的钻石;镜片边缘有多处做斜面效果及镜片表

面有镶钻。

二、中梁、烟斗结构及材质

本款镜架中梁为常见的无框镜架中梁结构,烟斗为贴中梁底面焊接的连体锁式烟斗。从参考图片可以看出,中梁宽度尺寸较小,因而对中梁材质强度及刚性要求较高。

三、镜片材质及镜片装配结构

对于无框光学眼镜架,出厂时的镜片只是作为定形作用,所以一般都使用普通球面PC片,但无框镜架的定形片还作为镜架主要受力件,所以镜片的强度要求更高。本款镜架的镜片还有斜面及镶钻,所以镜片厚度比普通无框镜架镜片更大,其厚度一般不小于3.0mm。

本款无框镜架的镜片装配采用的也是螺纹连接形式,但与普通无框镜架不同的是,镜片的固定除锁紧结构相同外,其卡位方式是不同的。普通无框镜架采用直钉卡位,而本款无框镜架采用的是利用桩头(或中梁)底面的凸台卡住镜片表面凹槽的方法。这样的结构看上去更简洁。

四、脚丝花纹结构及材质

本款无框镜架的脚丝设计也是其一大卖点,脚丝总体结构很普通,但脚丝表面花纹设计很复制、精致,且有镶钻和镂空效果,这么精致复杂的花纹必须采用油压加工工艺完成,而适合制作脚丝的材料必须具有良好的成形性能,符合这种要求的材料最佳选择就是高镍白铜。

脚丝粗坯的主要制造工艺为:线料开料—抒线(或拉线)—油压—飞边—冲孔—打磨。

模块二　无框镜片切边镶钻女款光学眼镜架结构图绘制

一、镜架主视图绘制

对于女款光学镜架,其尺码可以按最常见的尺码设计,即:53口18-135。因参考图片拍摄角度不是我们工程图要求的完全正视,所以镜架的主视轮廓可以先参照实物图片描绘,然后再进行修正。

完成绘制的无框镜片切边镶钻女款光学眼镜架主视图如图13-2所示。

在绘制主视图时要注意以下几点:

(1)中梁宽度尺寸。无框镜架体现的就是一个轻巧的感觉,因此中梁正视宽度要尽可能

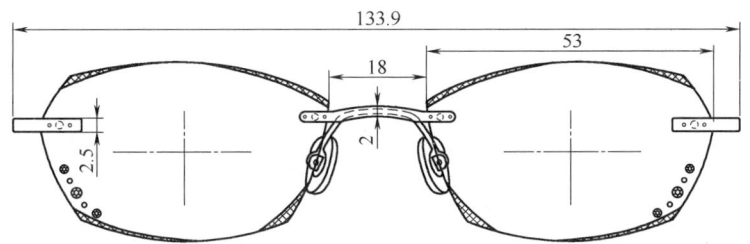

图 13-2　无框镜片切边镶钻女款光学眼镜架主视图

小，但前提是必须保证中梁刚性。本款镜架中梁为油压件，而脚丝材料选用的是高镍白铜，所以中梁材料优选高镍白铜。对于普通有框镜架，一般要求高镍白铜中梁的最小截面面积不小于 3.0mm²，但对于无框镜架这个要求可以降低 10%～20%，即无框镜架的高镍白铜中梁的最小截面面积不能小于 2.5mm²。考虑到中梁底面焊接的烟斗线有强化中梁刚性的作用，所以我们可以将中梁厚度设计为 1.2～1.3mm，宽度为 1.8～2.0mm。

（2）镜片斜面的表达方法。镜片斜面可以用填充图案表达，一般斜面为一个圆弧组成的三角形区域。镜片作斜面效果不要影响到镜片的装配，即正视斜面不要被中梁或桩头所遮盖。

（3）普通圆钻的轮廓图。对于普通小圆钻（$\phi \leqslant 2.0mm$）的外形，其镶嵌入母体的部分为圆锥体，锥角为 120°，露出部分为多面体，轮廓图如图 13-3 所示。

二、镜片三维建模

图 13-3　普通圆钻轮廓图

无框眼镜架没有镜框，所以主要将镜片进行三维建模就可以，但是为了更精准地确定桩头与镜片的相对位置，一般也会与桩头一起组合建模，图 13-4 为镜片建模绘图界面。

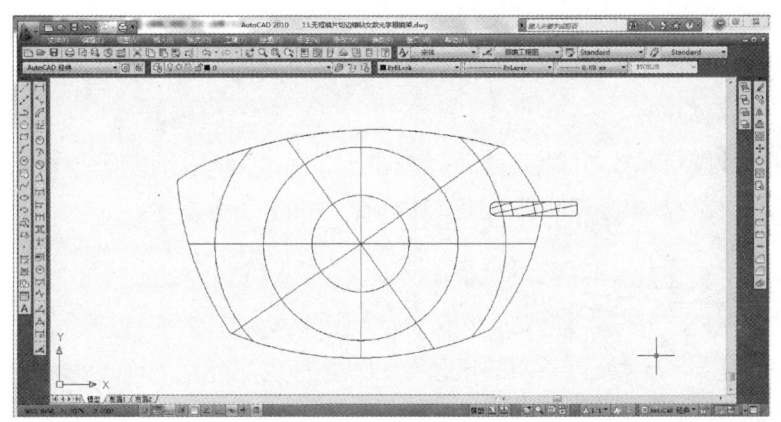

图 13-4　无框镜片切边镶钻女款光学眼镜架镜片建模绘图界面

本款无框镜架三维建模图的各参数为：镜片表面及桩头底面球半径为 116mm，镜片厚度为 3.0mm，桩头厚度为 1.5mm。

三、镜架俯视图绘制

镜片建模完成后,在"布局2"中,将建模图以图形下方任意水平线为轴,3D 旋转图形 97°(镜片倾角为 7°),然后抽离出可见轮廓线就得到镜片俯视轮廓,绘图界面如图 13-5 所示。

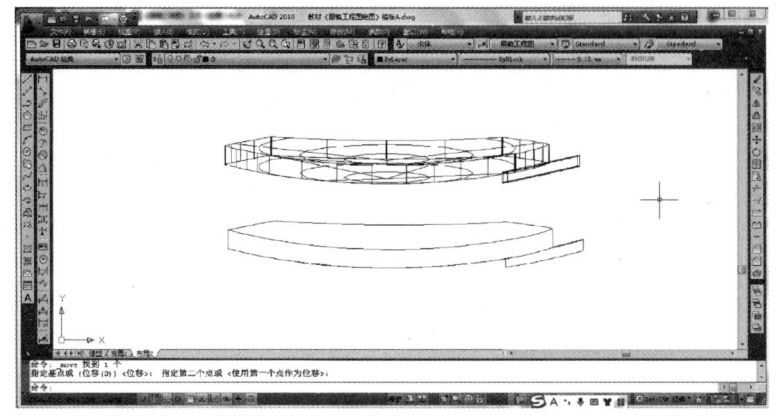

图 13-5　无框镜片切边镶钻女款光学眼镜架镜片俯视轮廓线抽离后的界面

编辑镜片轮廓图,再绘制出中梁及桩头与镜片的装配结构和烟斗、托叶,完成前框部分俯视轮廓图,如图 13-6 所示。

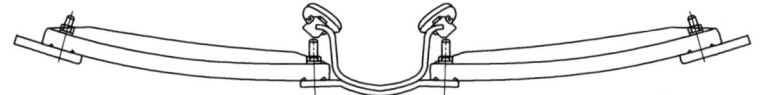

图 13-6　无框镜片切边镶钻女款光学眼镜架前框俯视轮廓图

绘制俯视图时,要注意以下几点:

(1)俯视图中螺钉中心位置与主视图中螺钉中心位置的对应关系并不是直接对齐,实际对应关系如图 13-7 所示。

(2)连体烟斗脚与镜片不能靠得太近,间距不小于 1.5mm,否则镜片装配时烟斗脚往内扳幅度会很大,这样容易损坏烟斗脚电镀层及涂层,如图 13-8 所示。

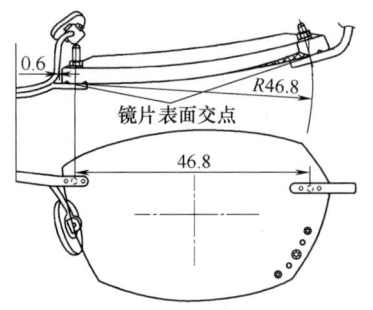

图 13-7　无框眼镜架螺钉主俯视图对应关系示意图

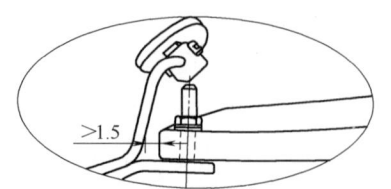

图 13-8　无框眼镜架连体烟斗脚与镜片的距离示意图

（3）斜面形状绘制可以采用近似画法，即由主视图中构成斜面区域的三个关键点，分别找出其对应的俯视图中的点，然后用弧线连接，这三点所围成的区域就是斜面。斜面最薄处一般在棱角或斜面中间部位，一般最薄处的厚度为镜片厚度的 1/3~1/2。俯视镜片斜面的绘图方法如图 13-9 所示。

（4）俯视镜片装配结构如图 13-10 所示，桩头（中梁）底面两凸台一般是底圆直径为 0.8~1.0mm，高 0.3~0.5mm 的锥台，两锥台中心距离不得小于 4.0mm。

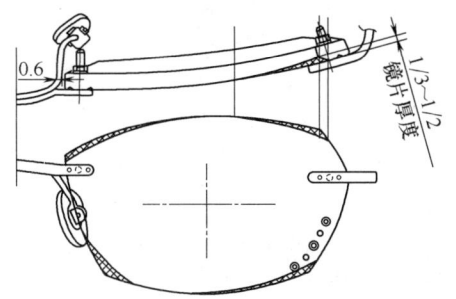
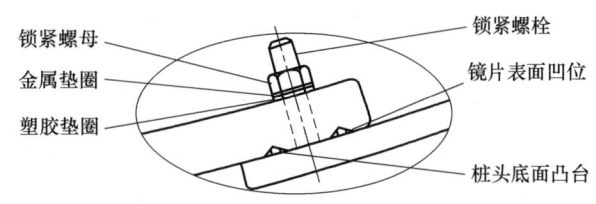

图 13-9 俯视镜片斜面的绘制方法示意图　　图 13-10 俯视镜片装配结构示意图

俯视图的脚丝及脚套形体轮廓画法同普通光学眼镜架一样，脚丝主体厚度为 1.4~1.5mm，脚套厚度为 2.6~2.8mm，脚套尾部最小间距可设计为 90~95mm。完成后的无框镜片切边镶钻女款光学眼镜架俯视图如图 13-11 所示。

四、镜架侧视图绘制

镜架侧视图中的镜片轮廓由建模图形在"布局 2"中旋转后抽离出来，绘制界面如图 13-12 所示。

抽离出的镜片轮廓旋转 7° 后就是镜片侧视图。桩头侧视轮廓须再编辑，编辑完成后的绘图界面如图 13-13 所示。侧视桩头宽度同主视图一样。

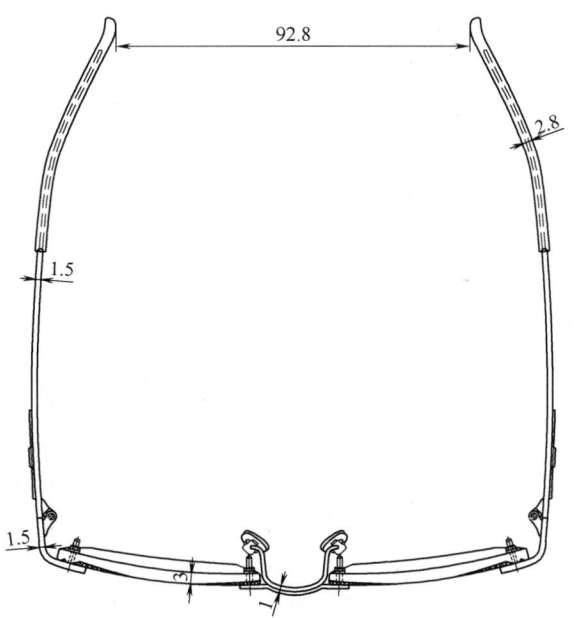

图 13-11 无框镜片切边镶钻女款光学眼镜架俯视图

镜架侧视图中的脚丝可参考实物图片设计。脚丝侧视轮廓如图 13-14 所示。
本款脚丝花纹较为复杂，设计时要注意以下几点：
（1）脚丝合口处宽度与桩头相同且前段为等宽。
（2）脚丝主体为对称状，表面花纹为 180° 轴对称。
（3）镂空部位实体脚丝截面面积大于 3.0mm²，且最小边宽度不能小于 0.8mm。

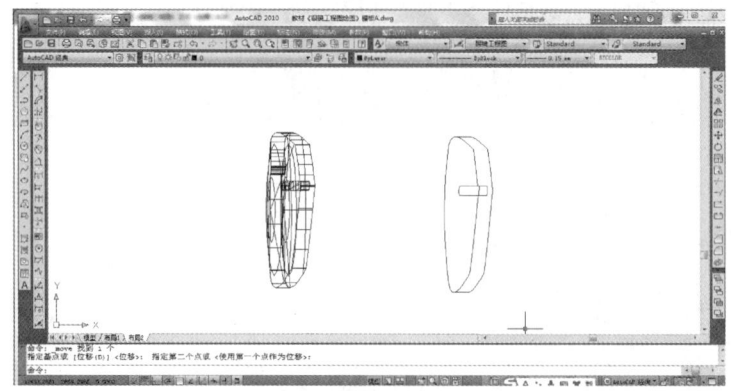

图 13-12　无框镜片切边镶钻女款光学眼镜架侧视镜框轮廓绘制界面

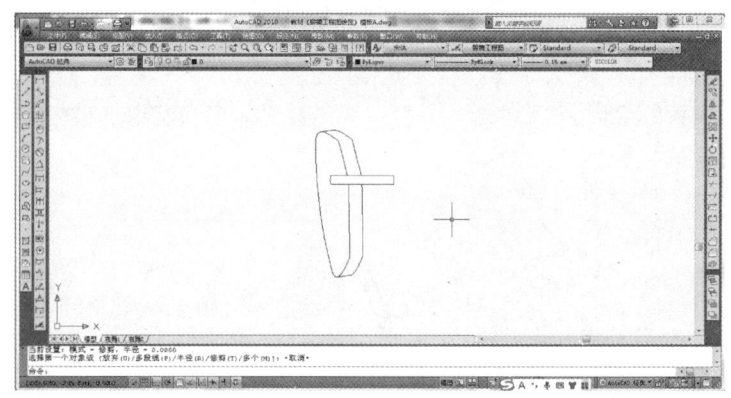

图 13-13　无框镜片切边镶钻女款光学眼镜架侧视前框轮廓绘制界面

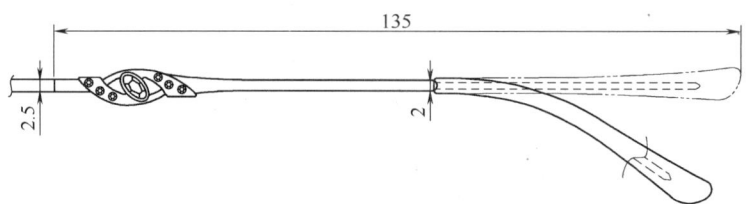

图 13-14　无框镜片切边镶钻女款光学眼镜架脚丝侧视轮廓图

（4）花纹高低级差为 0.3mm。

（5）钻石边缘最小宽度不能小于 0.3mm。

（6）脚丝尾部（脚套口）截面面积不小于 2.0mm²，且宽度不小于 1.4mm。

本款无框镜片切边镶钻女款光学眼镜架脚丝花纹设计参数如图 13-15 所示。

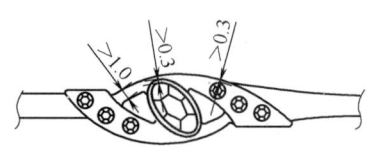

图 13-15　无框镜片切边镶钻女款光学眼镜架脚丝花纹设计参数示意图

脚丝轮廓图绘制后，将前框轮廓与脚丝轮廓按俯视图中的桩头合口位置中心复制到一起就完成镜架侧视图，如图 13-16 所示。

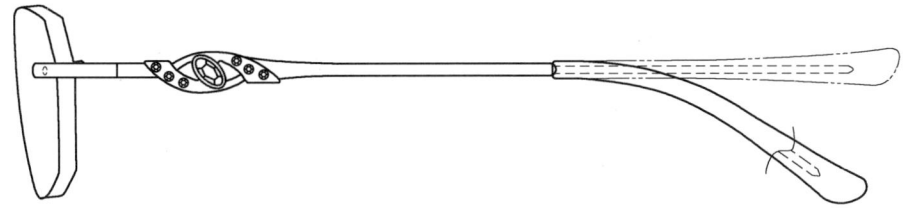

图 13-16　无框镜片切边镶钻女款光学眼镜架侧视图

五、镜架结构图绘制

镜架的三个主要视图绘制完成后，再绘制需要表达的零配件的主要断面图及片模图、标注尺寸、排版、拷贝图框及标题栏模板、按产品实际内容填写标题栏内容，就完成了结构图的绘制。本款无框镜片切边镶钻女款光学眼镜架结构图如图 13-17 所示（见附页 37）。

模块三　无框镜片切边镶钻女款光学眼镜架零件图绘制

本款无框镜片切边镶钻女款光学眼镜架的特制配件有：中梁、脚丝和脚套。

一、中梁零件图绘制

本款中梁由油压中梁粗坯焊接连体烟斗及螺钉组成。中梁粗坯端部底面压制出凸台及螺钉脚沉孔，沉孔的直径与丝筒吻合（比螺钉脚外径大 0.1mm），深度为 0.3~0.5mm。

设计沉孔焊接螺钉或丝筒等的要点有 3 个：
（1）有效增大焊接面积，保证焊接强度。
（2）由模具压制的沉孔位置更精准。
（3）由于沉孔与螺钉之间有缝隙，焊接时只要钎料填满缝隙即可，不需要有多余钎料堆积在螺钉底部，这样不仅外观更美，而且装配锁紧时不会对镜片上的孔有挤压张力，避免镜片破裂。

本款无框镜片切边镶钻女款光学眼镜架的中梁零件图如图 13-18 所示（见附页 38）。

二、脚丝零件图绘制

脚丝零件图的绘制方法同普通镜架一样，但本款脚丝材料为高镍白铜，且脚丝宽度较小，因此本款脚丝无须设计倾角。油压配件必须有主要截面形状作为制作油压模的参考。

本款无框镜片切边镶钻女款光学眼镜架脚丝零件图如图 13-19 所示（见附页 39）。

三、脚套零件图

本款镜架脚套为普通形状，前面已经学习过，在此略过。

课后练习

参考图 13-20 所示实物眼镜图片，绘制该款无框镜片切边镶钻光学眼镜架全套工程图。

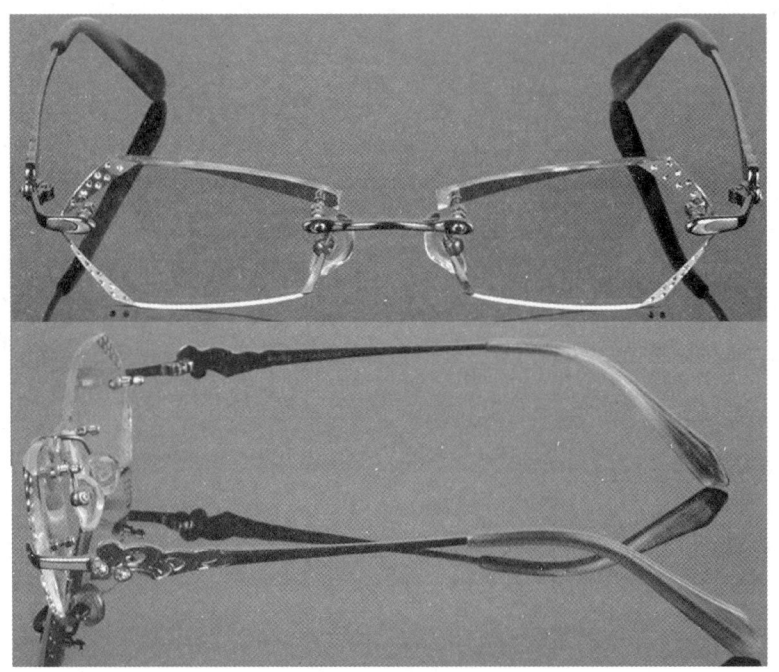

图 13-20　无框镜片切边镶钻光学眼镜架参考图

提示：

（1）在本款无框镜架中，中梁处镜片装配结构与桩头处是不同的：中梁处的装配结构是球头螺栓穿过中梁和镜片，再锁螺母，并加螺帽；桩头处的镜片装配结构与教学案例相同。

（2）金属桩头与脚丝为分体制造零件，其装配后，底面平齐，表面脚丝有部分压盖在桩头上。

（3）脚丝表面花纹为鳞片压盖状效果，高低处级差为 0.3mm。

项目十四

钢片贴片无框一体式镜片太阳眼镜架工程图绘制

学习内容

1. 了解无框钢片贴片结构及一体式镜片太阳眼镜架结构。
2. 了解钢片贴片无框一体式镜片太阳眼镜架的镜片装配结构及设计参数。
3. 学习和了解钢片贴片无框一体式镜片太阳眼镜架前框建模参数及要点。
4. 了解注塑脚丝结构与形体设计要点。
5. 学习和掌握钢片贴片无框一体式镜片太阳眼镜架工程图绘制方法。

学习目标

1. 熟练掌握钢片贴片无框一体式镜片太阳眼镜架结构图绘制方法和镜架各参数设计原则。
2. 熟练掌握钢片贴片无框一体式镜片太阳眼镜架各零件图的绘制方法及其尺寸参数设计原则。

模块一 钢片贴片无框一体式镜片太阳眼镜架工程分析

在本项目中,我们将以图 14-1 所示眼镜架实物为例,学习钢片贴片无框一体式镜片太阳眼镜架工程图绘制方法和各镜架参数设计原则。

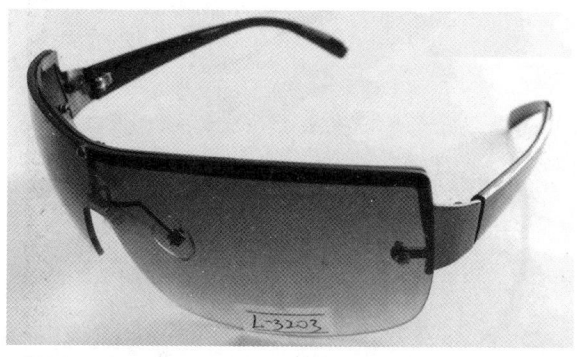

图 14-1 钢片贴片无框一体式镜片太阳眼镜架实物图片

一、镜架总体结构

一体式镜片太阳眼镜架,通常称之为连体风镜。其最大的特点就是镜片不是普通的左右分体,而是左右镜片连体,因此这种眼镜架只能是太阳眼镜架,且镜片弯度决定了镜架弯度。常见的一体式镜片为单球面镜片,也有柱面镜片、双曲面镜片及双球面镜片。

本款一体式镜片太阳眼镜架为钢片无框贴片结构,即一体镜片直接贴钢片眉毛表面装配。钢片眉毛为连桩头眉毛,镜架所配脚丝为注塑脚丝。

一体式镜片的弯度一般为 500~700,亚洲人不适合佩戴大弯度一体镜片。本款镜架镜片弯度为 600 弯,镜架尺码为 130□120。

二、钢片眉毛、中梁、烟斗结构及材质

最常见的钢片眉毛材料为厚 0.8mm 的不锈钢钢片,也可选用高镍白铜,但其材料成本较高。钢片贴片一体式太阳眼镜架没有独立中梁,其烟斗可以为金属烟斗,也可为注塑鼻托。本款镜架为金属烟斗。

在本款镜架中,烟斗脚焊接在钢片眉毛上,但由于中梁部位的金属眉毛位置较高,所以将眉毛中梁部位设计为吊杆状,然后在吊杆上焊接连体烟斗。如果烟斗直接焊接在钢片眉毛的横梁位,则烟斗脚将会很长,刚性难以保证。烟斗材料使用普通白铜即可。

此外还可以将烟斗设计成直接装配在镜片上。

三、太阳镜片材质及镜片装配结构

太阳镜片材质种类较多,常用的有 CR-39(碳本酸丙烯乙酸,即哥伦比亚 39 号树脂)、PC(聚碳酸酯)、TAC 偏光片、尼龙、宝丽来片(复合材料的偏光片)。由实物图片可知,本款眼镜架选用的是 CR-39 渐进色单球面一体片。

镜片与钢片眉毛的装配采用的是螺纹连接方式,即圆头螺钉由镜片表面穿过镜片及钢片,再锁螺母。这种装配结构简单,加工成本低。

四、注塑脚丝与金属桩头的装配结构

本款镜架的脚丝是注塑脚丝,金属单牙铰链为短脾头,注塑在脚丝内。为保证单牙的稳定性,短脾头表面或外形多为锯齿状。

模块二　钢片贴片无框一体式镜片太阳眼镜架结构图绘制

一、主视图绘制

参考实物图片描绘镜架片形，然后根据图片角度修正实际片形。绘制出的镜架主视图如图14-2 所示。

在绘制主视图时，要注意钢片宽度不得小于1.5mm，螺钉孔边缘处宽度不要小于0.8mm。

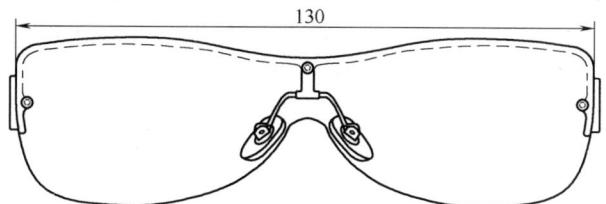

图 14-2　钢片贴片无框一体式镜片太阳眼镜架主视图

二、前框三维建模

前框三维建模的方法与普通镜架相同，不同的是镜片表面球心为整个镜片的几何中心，建模参数：镜片表面球半径为87.2mm（523/6），镜片厚度为1.8～2.0mm，钢片表面球紧贴镜片底面，钢片厚度为0.8～1.0mm，建模完成后的图形如图14-3所示。

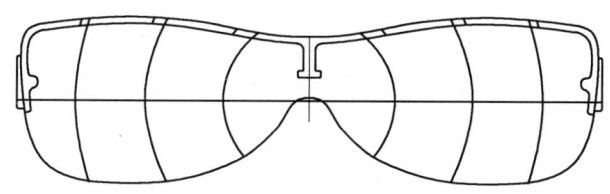

图 14-3　钢片贴片无框一体式镜片太阳眼镜架前框建模图

三、俯视图绘制

在"布局2"中，以建模图下方任意水平线为轴旋转97°（前框倾角为7°），然后抽离出轮廓线就得到前框俯视轮廓，绘图界面如图14-4所示。

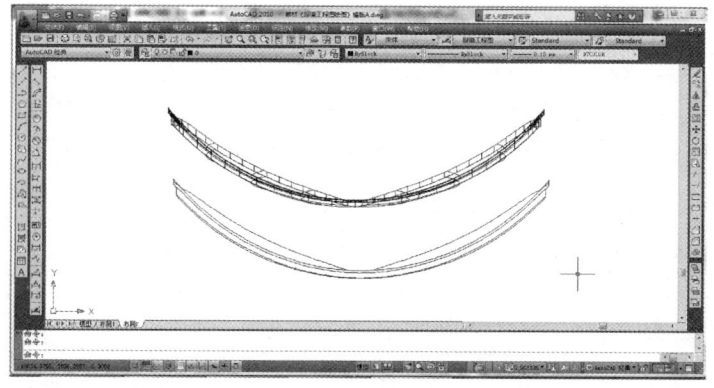

图 14-4　钢片贴片无框一体式镜片太阳眼镜架前框俯视图绘制界面

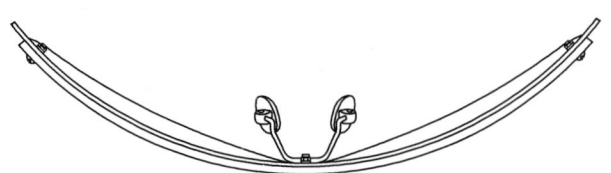

图 14-5　钢片贴片无框一体式镜片太阳眼镜架前框俯视图

回到 AutoCAD 绘图的模型界面，编辑前框轮廓，并绘制烟斗、托叶及装配螺钉就得到前框俯视图形，如图 14-5 所示。

俯视图桩头绘制方法同普通镜架一样，但桩头与脚丝合口位置到镜片表面高度尺寸比普通太阳架还小，一般为 7~9mm。

脚丝表面俯视轮廓线的绘制方法同普通等厚脚丝一样，但脚丝底面轮廓不一样：先按等厚脚丝偏移绘制出底面轮廓圆弧线，然后将此圆弧中点往脚丝表面方向拉伸，使脚丝最薄处厚度为设计尺寸即可。不等厚脾身底面俯视轮廓线绘制操作界面如图 14-6 所示。

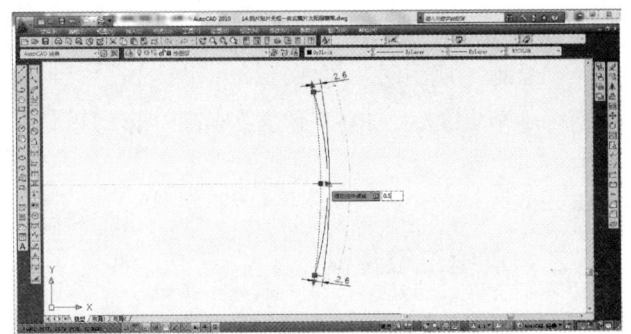

图 14-6　不等厚脚丝底面俯视轮廓线绘制操作界面

绘制脚丝俯视轮廓时注意：

（1）脚丝长度为 120mm，脾身长度为 55mm。

（2）注塑脚丝脾身拱弧更高，中段厚度尺寸较小，这样的设计使脚丝更具有弹性，佩戴更舒适。

（3）注塑脚丝脾尾间距比板材脚丝更小，一般为 80~90mm。

（4）本款脚丝主体厚度为 2.6mm，脾身最薄处厚度为 2.0mm，脾尾间距为 82mm。

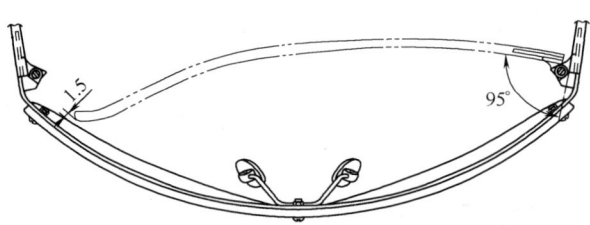

图 14-7　太阳眼镜架铰链定位角度设计示意图

（5）太阳眼镜架须使用定位铰链，定位角度以脾尾收拢至距镜片 1.5~2.5mm 为准，如图 14-7 所示。完成后的俯视图如图 14-8 所示。

四、侧视图绘制

在"布局 2"中，以前框建模图形左侧任意铅垂线为轴旋转 90°（一体式镜片眼镜架，架弯角度=0°）后，抽离出前框侧视轮廓，操作界面如图 14-9 所示。

注意：对于一体式镜片，旋转建模图形时无须考虑镜架弯度。

将抽离出的侧视前框轮廓图旋转 7°（倾角），再根据俯视图中桩头合口距镜片顶部高度，编辑绘制出前框侧视图，最后参照实物图，设计绘制出侧视脚丝轮廓，编辑完成镜架侧视轮廓，如图 14-10 所示。

五、结构图绘制

一体式镜片太阳眼镜架量产过程中无须片模，因此在结构图中不用绘制片模图。但注塑脚

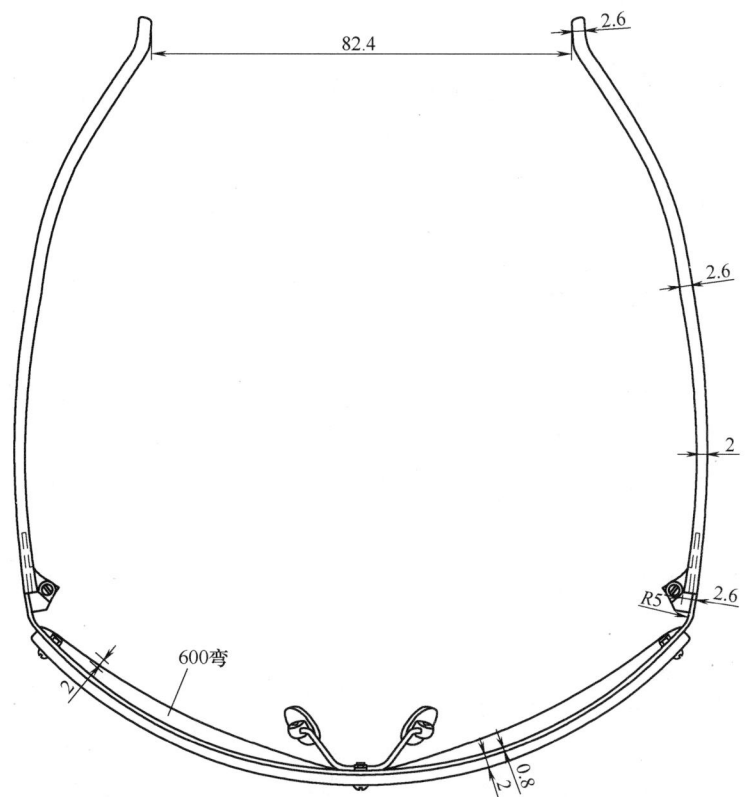

图 14-8　钢片贴片无框一体式镜片太阳眼镜架俯视图

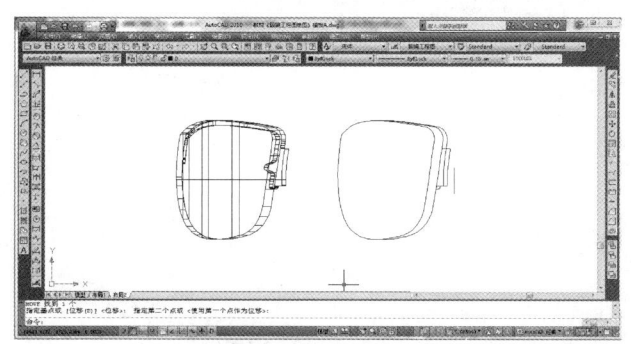

图 14-9　由建模图形抽离出前框侧视轮廓操作界面

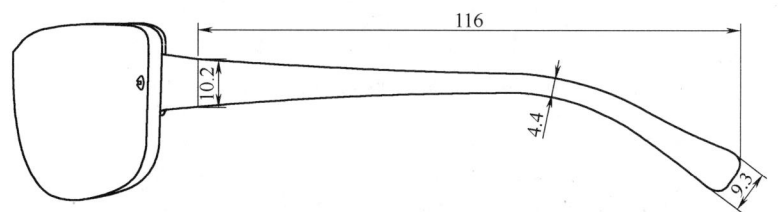

图 14-10　钢片贴片无框一体式镜片太阳眼镜架侧视图

丝截面形状必须表达，一般绘制脚丝 3~4 个断面图即可。

将镜架的三个主要视图及断面图在图框模板内排版好，完善尺寸标注并填写标题栏内容，完成镜架结构图，如图 14-11 所示（见附页 40）。

模块三　钢片贴片无框一体式镜片太阳眼镜架零件图绘制

本款镜架除镜片外的特制配件有两个：钢片眉毛、注塑脚丝。

一、钢片眉毛零件图绘制

对于钢片眉毛，只要绘制出粗坯图即可，后期加工可以参考结构图。钢片眉毛粗坯的绘制方法同普通钢片架一样。本款钢片贴片无框一体式镜片无框太阳眼镜架钢片眉毛粗坯零件图如图 14-12 所示（见附页 41）。

二、注塑脚丝零件图绘制

本款镜架注塑脚丝零件图如图 14-13 所示（见附页 42）。

课后练习

参照图 14-14 所示实物眼镜架，绘制出该款一体式镜片注塑太阳眼镜架工程图。

图 14-14　一体式镜片注塑太阳眼镜架实物图片

提示：
（1）鼻托及桩头与镜片的装配均为无螺钉铆榫结构。
（2）脚丝材料为 TR90，铰链与桩头（或）脚丝为一体注塑，铰链螺钉由下而上锁紧。
（3）脚丝尾部为硅胶脚套；鼻托材料为硅胶，注塑而成。
（4）镜架尺码为 138□120，镜片弯度为 600 弯，厚度为 1.5mm，材料为尼龙。

项目十五 全框钢片卡胶圈光学眼镜架工程图绘制

学习内容

1. 了解全框钢片卡胶圈（卡片）结构及设计参数。
2. 了解桩头、夹口、铰链一体式结构。
3. 学习全框钢片卡胶圈光学眼镜架结构图绘制方法。
4. 学习全框钢片卡胶圈光学眼镜架钢片框面零件图设计与绘制方法。

学习目标

1. 熟练掌握全框钢片卡胶圈光学眼镜架各参数设计原理。
2. 熟练掌握全框钢片卡胶圈光学眼镜架工程图绘制步骤和绘图方法。

模块一　全框钢片卡胶圈光学眼镜架工程分析

本项目将以图 15-1 所示实物图为例，学习如何绘制全框钢片卡胶圈光学眼镜架工程图。

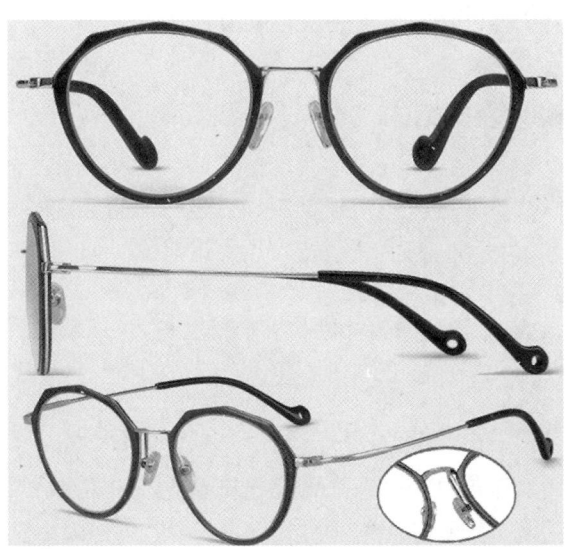

图 15-1　全框钢片卡胶圈光学眼镜架实物图

一、镜架总体结构

本款镜架是一款全框钢片卡胶圈结构的女款金-胶混合光学眼镜架,与之前我们学习过的钢片眼镜架相比,有如下结构特点:

1. 镜片装配形式不同

本款钢片眼镜架属于全框镜架,但镜片不是直接卡在钢片内槽,也不是在钢片框面底面贴焊全框圈丝卡片,而是钢片框面卡在胶圈外侧,镜片卡在胶圈内槽里。

2. 中梁、烟斗结构不同

本款镜架中梁、烟斗脚均与钢片框面一体粗坯,中梁打弯方向与普通钢片眉毛不一样,是水平折弯;烟斗脚折弯后端面焊接烟斗碗。

3. 桩头、夹口、铰链一体

本款全框镜架使用的夹口非普通夹口,而是集桩头、交口、铰链三个部件功能于一体的"猪腰"形夹口。

4. 单牙后铰与脚丝同体

本款镜架单牙后铰与脚丝一体粗坯,这种脚丝结构更为简洁。

二、钢片框面、中梁、烟斗结构及材质

本款镜架为钢片框面结构,中梁与框面一体,但中梁打弯不同于普通钢片架,中梁弯位形状为上下折弯。框面厚度为 0.6~0.8mm。

本款镜架烟斗亦非普通焊接,而是烟斗脚与框面一体,在烟斗脚端焊接烟斗碗。

由于框面厚度较小,因此框面材料必须要求强度和刚性较高,适合的框面材料为不锈钢或钛合金。选用不锈钢材料制作时,其厚度较钛合金大。

三、镜圈材质及镜片装配结构

本款镜架镜圈为树脂材料,可以选用板材制作,也可以选用 TR-90 注塑;镜片卡在树脂镜圈内槽;镜圈厚度为 2.4~3.0mm。

四、桩头、脚丝结构及材质

本款镜架为组合脚丝,即由高镍白铜桩头+不锈钢脚丝装配而成。这类结构的桩头也被称为猪腰夹口或猪腰铰链。此类脚丝是在桩头焊接好并水平居中切开后再与脚丝进行装配的,因此,桩头和脚丝一般作为两个配套零件制作。

桩头材料可选用纯钛或高镍白铜。脚丝与单牙铰链一体,脚丝外形尺寸较小,特别是脚身

部位很薄，因此要求脚丝材料具有很高的强度和弹性，可选用钛合金或高强度不锈钢。

模块二　全框钢片卡胶圈光学眼镜架结构图绘制

一、镜架主视图绘制

实物图中有正视图，所以正视轮廓可以参照实物图片描绘。本款全框钢片卡胶圈结构的女款光学眼镜架正视轮廓如图 15-2 所示。注意镜圈最小宽度不得小于 1.8mm。

编辑绘制出烟斗及其他不可见轮廓后，完成镜架主视图，如图 15-3 所示。注意钢片框面最小宽度不得小于 0.6mm。

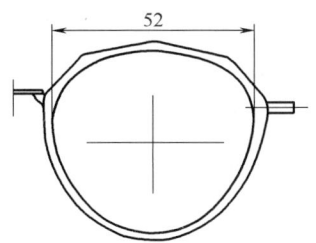

图 15-2　全框钢片卡胶圈光学眼镜架正视轮廓图

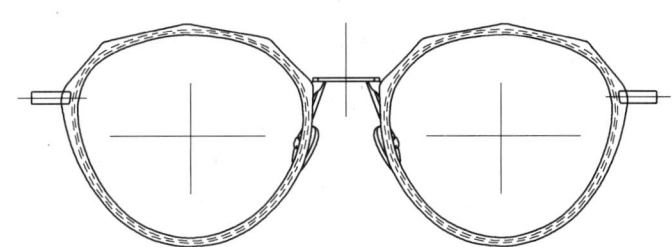

图 15-3　全框钢片卡胶圈光学眼镜架主视图

二、前框三维建模

1. 复制前框各部件主视轮廓

本款镜架前框由四个部件组成：镜片、框面、镜圈和桩头，如图 15-4 所示。

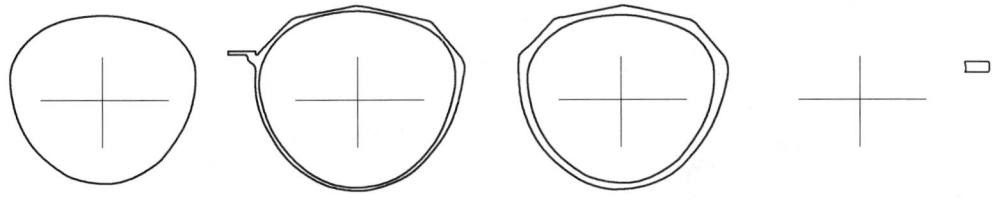

图 15-4　全框钢片卡胶圈光学眼镜架前框四个部件主视轮廓图

2. 前框各部件建模图绘制

将前框的四个部件分别建模，各建模参数如下：

（1）镜片：表面球半径为 116mm，镜片厚度为 1.0mm。

（2）框面：表面球半径为 115.9mm，框面厚度为 0.8mm。

（3）镜圈：表面球半径为 116.8mm，镜圈厚度为 2.4mm。

（4）桩头：表面球半径为 115.9mm，桩头厚度为 2.5mm。

完成前框各部件建模图绘制后的界面如图 15-5 所示。

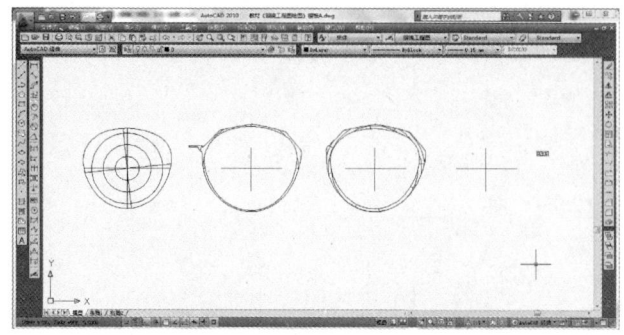

图 15-5　全框钢片卡胶圈光学眼镜架前框四个部件建模完成后的界面

3. 前框组合建模图绘制

将前框的四个部件建模图形组合在一起，完成前框建模图绘制，绘图界面如图 15-6 所示。

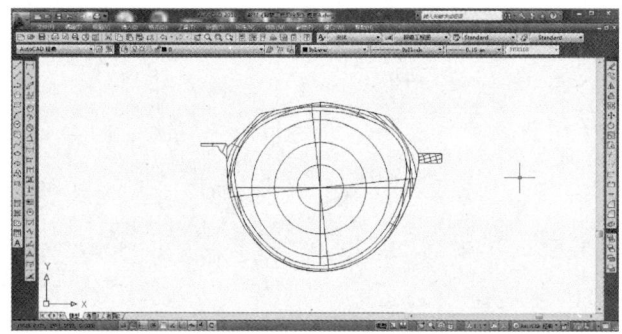

图 15-6　全框钢片卡胶圈光学眼镜架前框建模完成后的界面

三、镜架俯视图绘制

1. 前框轮廓图绘制

在"布局 2"中，以建模图下方任意水平线为轴旋转 97°（前框倾角为 7°），然后抽离出轮廓线就得到前框俯视轮廓，绘图界面如图 15-7 所示。

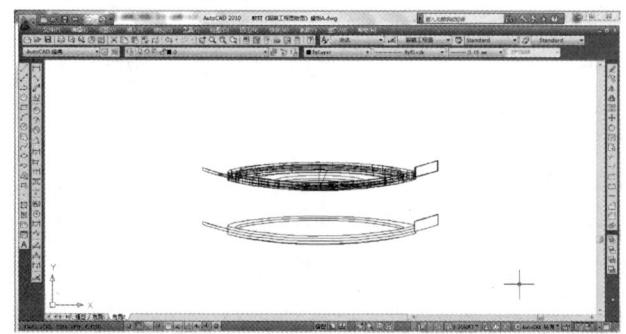

图 15-7　全框钢片卡胶圈光学眼镜架前框俯视轮廓绘制界面

2. 前框俯视图绘制

以抽离出的前框俯视轮廓为基础，编辑绘制完成前框俯视图，如图 15-8 所示。

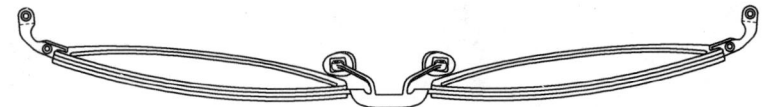

图 15-8　全框钢片卡胶圈光学眼镜架前框俯视图

3. 脚丝俯视轮廓

参考实物图片，设计并绘制镜架脚丝俯视轮廓。本款脚丝主体为 φ1.2 圆线压制，最薄处厚度为 0.7mm。脚丝较薄，具有良好的弹性，脾尾间距可以按普通镜架的下限值设计，且脾部位拱弧要更高一些。脚套厚度为 2.6~2.8mm，脚套通孔直径为 3.0mm。

全框钢片卡胶圈结构的女款光学眼镜架俯视图如图 15-9 所示。

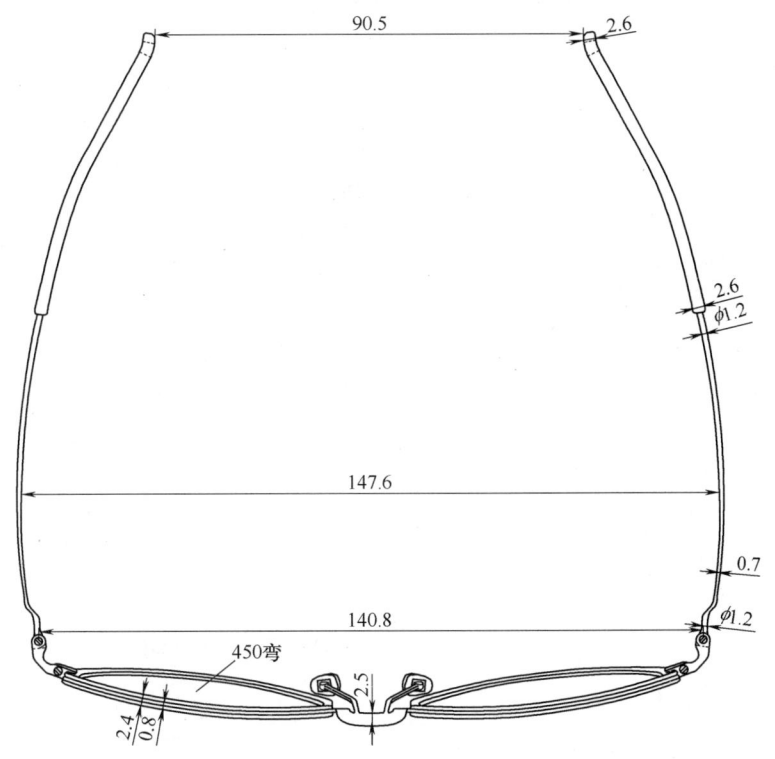

图 15-9　全框钢片卡胶圈光学眼镜架俯视图

四、镜架侧视图绘制

1. 前框侧视轮廓图绘制

在"布局 2"中，以前框建模图形左侧任意铅垂线为轴旋转 90°-7°=83°（前框倾角为 7°）后，抽离出前框侧视轮廓线，操作界面如图 15-10 所示。

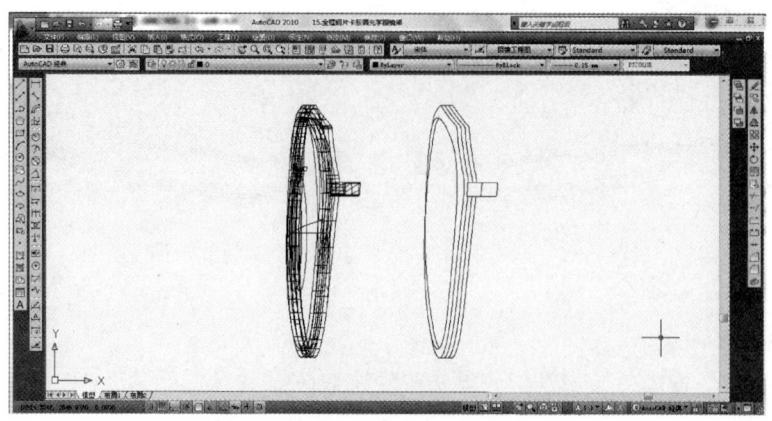

图 15-10　全框钢片卡胶圈光学眼镜架前框侧视轮廓图绘制界面

2. 桩头侧视轮廓绘制

将抽离出的侧视前框轮廓图旋转 7°（倾角），再根据俯视图中桩头合口距镜片顶部高度，编辑绘制出前框侧视图形，再参照实物图，设计绘制出侧视桩头轮廓，编辑完成镜架桩头侧视轮廓图，如图 15-11 所示。

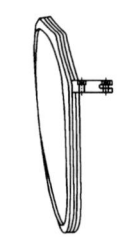

图 15-11　全框钢片卡胶圈光学眼镜架前框（+桩头）侧视图

3. 侧视脚丝轮廓绘制

脚丝按 135mm 绘制，脚套长度为 65mm，绘制镜架脚丝侧视轮廓，完成镜架侧视图绘制。全框钢片卡胶圈结构的女款光学眼镜架侧视图如图 15-12 所示。

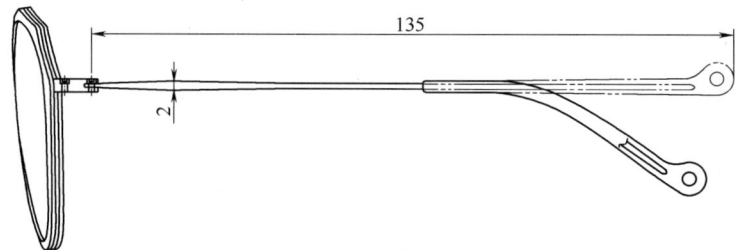

图 15-12　全框钢片卡胶圈光学眼镜架侧视图

五、镜架结构图绘制

镜架的三个主要视图绘制完成后，再绘制需要表达的装配结构断面及零配件的主要断面图和片模图，装配结构断面可以选择镜框上半部分中段某位置，脚丝零件主要表达的是压扁部位，选择最扁处和由扁至圆的过渡部，脚套断面选择脚套前段圆形部位及中后段方形部位。标注尺寸、排版、拷贝图框及标题栏模板、按产品实际内容填写标题栏内容后，就完成了结构图的绘制。

全框钢片卡胶圈结构的女款光学眼镜架结构图如图 15-13 所示（见附页 43）。

模块三　全框钢片卡胶圈光学眼镜架零件图绘制

本款镜架需绘制零件图的特制零部件有：钢片框面、板材镜圈、组合脚丝和脚套。

一、钢片框面零件图绘制

本款钢片框面结构与普通钢片框面或钢片眉毛有所不同：一是本款钢片框面中梁打弯与普通钢片框面不同，本款中梁是折弯，在长度方向折弯前后没有变化；二是本款钢片框面不带桩头。因此钢片框面打弯前后的尺寸只有镜框部分的变化，但中梁部位形状变化较大。

本款全框钢片卡胶圈光学眼镜架钢片框面零件图绘制步骤如下：

1. 钢片框面粗坯镜框部位长度计算

钢片框面粗坯镜框部位长度计算方法与普通框面或眉毛镜架相同，计算俯视图的钢片框面内框部位中位弧长即可得出此部分粗坯长度，如图15-14所示。

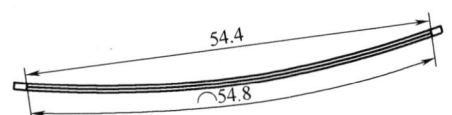

图15-14　钢片框面内框部位粗坯长度计算方法示意图

2. 钢片框面镜框部位粗坯轮廓图绘制

首先复制结构图中主视图的钢片框面轮廓，如图15-15所示。

再将图15-15所示轮廓图创建成块，然后将此块按 $X = 548/543$，$Y = 1$，$Z = 1$ 的比例插入就得到钢片框面镜框部分粗坯轮廓，如图15-16所示。

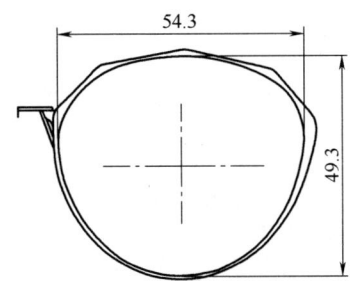
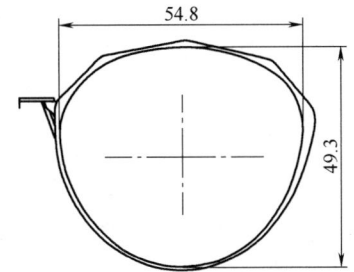

图15-15　钢片框面成品主视轮廓图　　图15-16　钢片框面镜框部位粗坯主视轮廓图

3. 钢片框面中梁部位粗坯轮廓图绘制

（1）复制结构图中俯视中梁部位轮廓图并将其向上镜像，这就是中梁折弯部分的轮廓。

（2）将中梁折弯部分轮廓移动至折弯线与镜框粗坯图中的中梁下侧面轮廓线平齐，注意中心线对齐。

（3）顺滑连接中梁的内外侧轮廓线，删除多余线条。

（4）延长烟斗脚轮廓线至镜框水平中心线以下3mm，镜像完成钢片框面中梁部位轮廓绘制。(中梁长度误差小于 0.1mm，可以忽略。)

至此完成钢片框面粗坯轮廓图绘制。钢片框面中梁部位粗坯轮廓图绘制步骤和方法如图 15-17 所示。

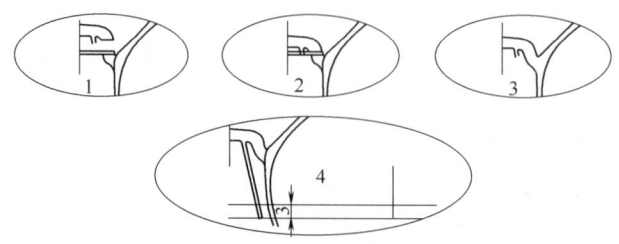

图 15-17 钢片框面中梁部位粗坯轮廓图绘制步骤和方法示意图

4. 钢片框面零件图绘制

钢片框面零件图包括粗坯和加工图两部分。框面粗坯轮廓图前面已经绘制完成，框面加工图中的主、俯视图就是结构图中的主、俯视图，但加工图中未能表达出框面侧视轮廓，所以在零件图中要表达出来。

框面零件的侧视图主要表达中梁及烟斗脚打弯后的形状，故在侧视图中，镜框部分可以简化表达。成品镜架正视时，中梁折弯面应处于水平位或稍上仰，所以折弯后中梁折弯面与框面成 97°～100°（倾角 7°）夹角。

本款全框钢片卡胶圈光学眼镜架钢片框面零件图如图 15-18 所示（见附页 44）。

二、组合脚丝部件图绘制

因为需要配套制作，桩头和脚丝肯定是同一厂家制作，所以一般会将桩头和脚丝零件图合为一张 A4 图纸。

1. 高镍白铜桩头零件图绘制

桩头零件的基本轮廓在结构图中均有反映，所以绘制桩头零件轮廓图就较为简单，只需桩头主、俯视图就可以了。

但是结构图中主视图所反映出的桩头宽度尺寸是成品镜架中的桩头宽度，而桩头零件必须考虑开夹口的锣切量。猪腰夹口（桩头）的开口（合口）位置如图 15-19 所示。

开夹口锣切所用刀片厚度一般为 0.3～0.4mm。所以桩头零件宽度=成品桩头宽度+刀片厚度。

另外，桩头前段外表面在与钢片框面焊接前须锣切为低级位，锣切深度同钢片厚度，锣切形状要与钢片框面吻合。

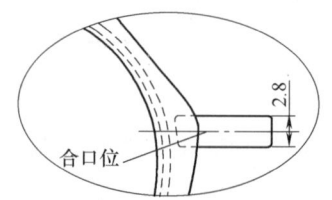

图 15-19 猪腰夹口的合口位置示意图

2. 不锈钢脚丝零件图绘制

不锈钢脚丝的轮廓图在镜架结构图的俯视图、侧视图中有表达，直接复制编辑就可以了。

注意脚丝零件图的视图方向与镜架有所不同。

本款全框钢片卡胶圈光学眼镜架组合脚丝零件图如图 15-20 所示（见附页 45）。

三、板材镜圈零件图绘制

板材镜圈零件图的绘制同前面钢片框面镜圈部位的绘图方法类似，外圈侧面凹槽底尺寸与钢片框面内尺寸吻合，实际制作时一般会减小 0.1~0.2mm，以便装配。

板材镜圈零件图如图 15-21 所示（见附页 46）。

四、脚套

本款脚套为普通圆孔脚套，结构较为简单，在此不介绍其零件图的绘制。

课后练习

参考图 15-22 所示实物图片，绘制该款全框卡胶圈光学眼镜架全套工程图。

图 15-22　全框卡胶圈光学眼镜架实物图

提示：

普通全框金属镜架内衬胶圈结构，中梁脚丝均为油压粗坯，中梁和脚丝表面花纹可以省略。

项目十六

板材镜框+金属中梁混合眼镜架工程图绘制

学习内容

1. 学习和了解板材镜框与金属中梁的装配结构及设计参数。
2. 学习和了解板材镜架的铆钉装配结构。
3. 学习和了解板材镜架中的金属中梁结构及设计参数。
4. 学习板材镜框金属中梁混合眼镜架工程图设计与绘制方法。

学习目标

1. 熟练掌握板材镜框+金属中梁混合眼镜架的结构图绘制方法。
2. 熟练掌握板材镜框+金属中梁混合眼镜架中梁粗坯的设计和零件图的绘制方法。

模块一　板材镜框+金属中梁混合眼镜架结构分析

本项目将以图 16-1 所示实物眼镜架为例,学习如何绘制板材镜框+金属中梁混合眼镜架工程图。

图 16-1　板材镜框+金属中梁混合眼镜架实物图

一、镜架总体结构

这是一款板材镜框+金属中梁+板材脚丝的光学眼镜架，实际上就类似于将普通板材镜架用金属中梁替换后的一副眼镜架。

二、中梁结构及材质

中梁材质为金属，从中梁外形看是油压件，适合这种工艺制造的材料就是白铜或高镍白铜，也可以选用纯钛制作，这个要看客户要求及价位。

金属中梁底板贴在板材镜框底面，中梁与镜框通过铆钉装配。单个铆钉的装配容易产生转动，插入板材镜框的烟斗脚可以起到销钉的作用。

三、烟斗结构及材质

本款镜架的烟斗也是金属，其烟斗脚插焊在中梁底板上，穿过中梁底板的烟斗脚又插入板材镜框底面，起到稳定装配结构的作用。

四、板材镜框与板材脚丝的装配结构

板材镜框与板材脚丝最常见的装配结构就是使用钉铰和插针上的铰链通过铰链螺钉连接，而本款镜架没有使用钉铰及插针铰链，它使用的是铆钉铰链。铆钉头露在板材外表面，可以起到装饰作用。

模块二　板材镜框+金属中梁混合眼镜架结构图绘制

一、镜架主视图绘制

镜架主视图可见轮廓可以参照实物图片描绘，但实物图片有仰视角度，所以对镜框内外框图形应做必要的修正，再绘制出不可见轮廓及烟斗、托叶，镜像后就完成主视图的绘制。

本款板材镜框+金属中梁混合眼镜架主视图如图16-2所示。

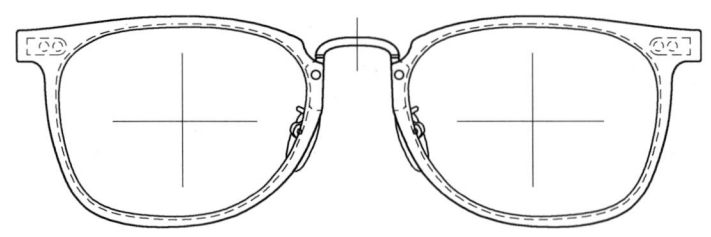

图 16-2　板材镜框+金属中梁混合眼镜架主视图

二、镜架前框三维建模

将板材镜框及镜片从主视图中复制出来，先分别建模，然后组合成前框建模图。前框建模图形如图 16-3 所示。

各建模参数：拉伸高度为 200mm（>116mm 即可），镜片表面球半径为 116mm，镜片厚度为 1mm，板材镜框表面球半径为 117.5mm，镜框厚度为 3.5mm。

三、镜架俯视图绘制

完成前框建模图绘制后，在"布局 2"中，以建模图形下方任意水平线为轴旋转（90+9）°（前框倾角为 9°），然后抽离出轮廓线就得到前框俯视轮廓，如图 16-4 所示。

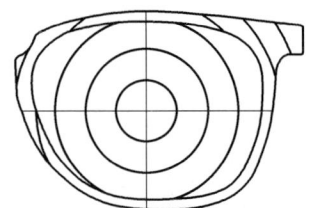

图 16-3　板材镜框+金属中梁混合眼镜架镜片及镜框的建模图形

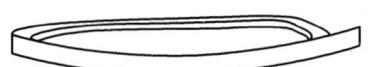

图 16-4　板材镜框+金属中梁混合眼镜架前框俯视轮廓图

回到 AutoCAD 模型绘图界面，移动（或复制）抽离出的前框俯视轮廓图至主视图正上方，注意主俯视图对齐，然后以镜框中梁部位的最底点为中心，将俯视轮廓图旋转 7°（镜架弯度），绘图界面如图 16-5 所示。

以由三维建模图抽离出的俯视轮廓图为基础，编辑绘制出俯视镜框实际轮廓，再绘制中梁及烟斗、托叶、板材脚丝俯视轮廓，然后绘制铰链，完成镜架俯视图。

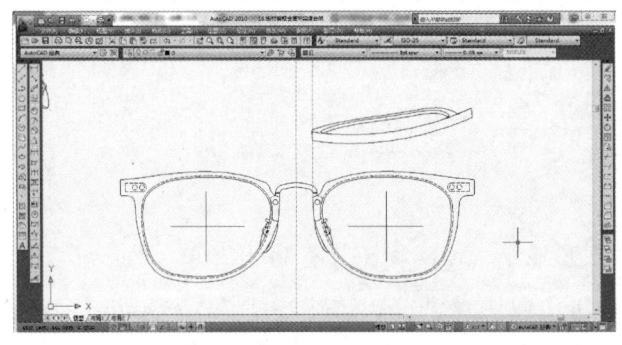

图 16-5　板材镜框+金属中梁混合眼镜架前框俯视轮廓图绘图界面

板材镜框+金属中梁混合眼镜架俯视图如图 16-6 所示。

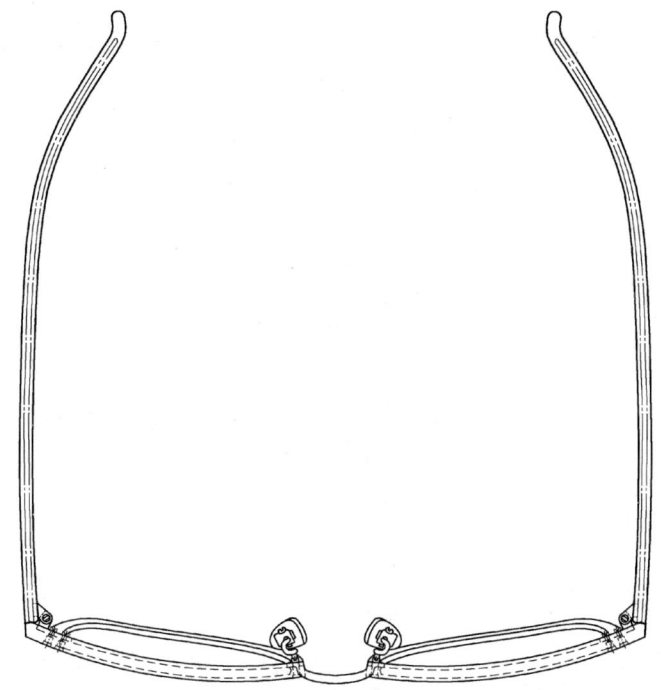

图 16-6　板材镜框+金属中梁混合眼镜架俯视图

在绘制镜架俯视图时，必须了解以下几处结构：

（1）铆钉结构。常用铆钉结构和尺寸如图 16-7 所示。铆钉长度根据铆接结构件尺寸而定。

（2）中梁处结构。板材镜框+金属中梁混合眼镜架中梁处俯视结构如图 16-8 所示。

（3）铆钉铰链装配结构。铆钉铰链俯视装配结构如图 16-9 所示。

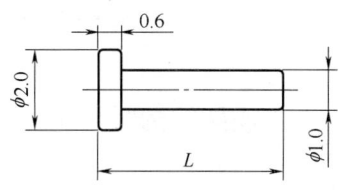

图 16-7　常用铆钉结构和尺寸

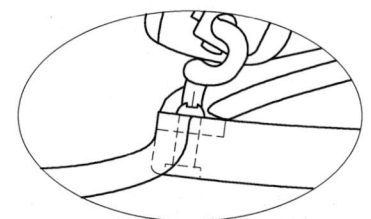

图 16-8　板材镜框+金属中梁混合眼镜架中梁处俯视结构

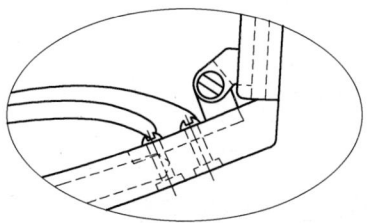

图 16-9　铆钉铰链俯视装配结构

四、镜架侧视图绘制

在"布局 2"中，以前框建模图形左侧任意铅垂线为轴旋转 83°（镜架架弯角度为 7°）

后，抽离出前框侧视轮廓线，操作界面如图 16-10 所示。

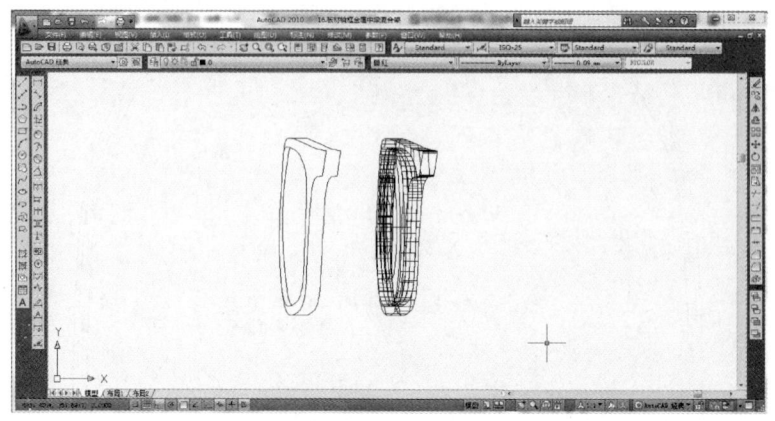

图 16-10　板材镜框+金属中梁混合眼镜架前框侧视轮廓抽离绘图界面

旋转侧视轮廓图 9°，就得到镜架前框俯视基本轮廓图，再根据俯视图中镜框与脚丝合口位置确定侧视图合口位置，然后以合口中心点为基点将描绘出的脚丝轮廓图与前框俯视轮廓图复制到一起，编辑并绘制出不可见轮廓，完成镜架侧视图绘制。板材镜框+金属中梁混合眼镜架侧视图如图 16-11 所示。

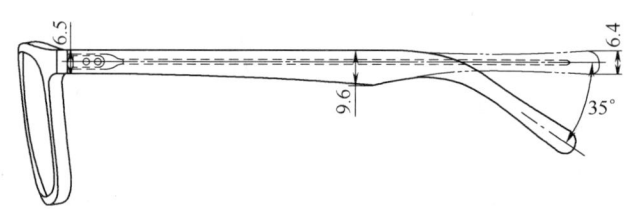

图 16-11　板材镜框+金属中梁混合眼镜架侧视图

五、镜架结构图绘制

镜架的三个主要视图绘制完成后，再绘制片模图、断面图、标准尺寸、排版、填写标题栏内容，完成结构图绘制。结构图中需要表达的断面有：中梁主体断面、镜框部位断面、脚丝断面（3~4 个）。另外在结构图中未能较好地反映出中梁与镜框装配处的具体结构，因此需要局部剖视图表达。

本款板材镜框+金属中梁混合眼镜架结构图如图 16-12 所示（见附页 47）。

模块三　板材镜框+金属中梁混合眼镜架零件图绘制

本款镜架特制零件有：金属中梁、板材镜框和板材脚丝。

一、金属中梁零件图绘制

本款镜架金属中梁粗坯为特制的油压件，成品中梁由粗坯打孔、打弯、焊接而得。在此要特别注意的就是中梁粗坯结构设计，如果直接一次成形，因中梁呈折角状，油压及飞边模具结构会很复杂，因此可以设计二次成形，先做成平底粗坯，如图 16-13 所示结构，然后再折弯成形，这样就简单多了。

另外，折弯底板时因底板厚度有 1.0mm，最好先在弯位锣切一个缺口，这样折弯后再将折缝焊接填满，那样折弯处外形更美观。因镜框有倾角，折弯后中梁主体与底板角度要稍大于 99°，这样成品镜架的中梁才会微微上仰。中梁零件图如图 16-14 所示（见附页 48）。

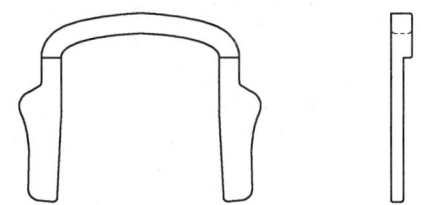

图 16-13　板材镜框+金属中梁粗坯结构设计图

二、板材镜框零件图绘制

正视板材镜框粗坯轮廓图的绘制方法同此前的板材镜圈。本款镜架的板材镜框零件图如图 16-15 所示（见附页 49）。

三、板材脚丝零件图绘制

本款镜架板材脚丝零件图绘制方法同普通板材脚丝，如图 16-16 所示（见附页 50）。

课后练习

参考图 16-17 所示实物眼镜架，绘制该款钢片眉毛+板材镜框光学眼镜架全套工程图。

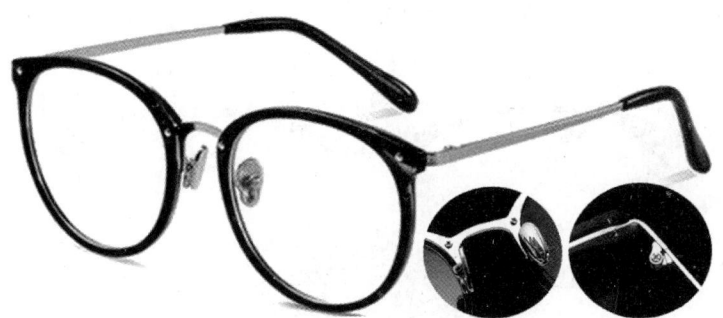

图 16-17　钢片眉毛+板材镜框光学眼镜架图片

项目十七

金属镜框+板材眉毛混合眼镜架工程图

学习内容

1. 学习和了解金属镜框与板材眉毛的装配结构及设计参数。
2. 学习和了解板材眉毛与金属脚丝的装配结构及设计参数。
3. 学习金属镜框+板材眉毛混合眼镜架工程图的绘制方法。

学习目标

1. 熟练掌握金属镜框+板材眉毛混合眼镜架的结构图绘制方法。
2. 熟练掌握金属镜框+板材眉毛混合眼镜架中梁及脚丝粗坯的设计和零件图的绘制方法。

模块一　金属镜框+板材眉毛混合眼镜架结构分析

本项目将以图 17-1 所示实物眼镜架为例,学习如何绘制金属镜框+板材眉毛混合眼镜架工程图。

图 17-1　金属镜框+板材眉毛混合眼镜架实物图

一、镜架总体结构

这款镜架是一款混合材料的光学镜架,佩戴人群为成年男性,从烟斗脚的形状看,这是一款针对亚洲市场的镜架。镜架主要由三个大件组成:金属镜框、板材眉毛和金属脚丝。

金属镜框与普通全框眼镜架镜框结构一样,只是中梁焊接的位置在镜圈侧面,因与眉毛装配需要,中梁上有螺孔,在桩头位置有为安装板材眉毛而专门设计的连接件。板材眉毛分左右卡在金属镜框上,通过螺纹连接与镜框装配,眉毛桩头位底面通过铆钉安装前铰。金属脚丝通过后铰链与板材眉毛上的前铰装配。

二、镜架主要材质

镜圈材料为物美价廉的不锈钢材料;中梁厚度尺寸较小,因此优先选用强度和刚性较好的不锈钢材料;眉毛材料为板材;脚丝材料首选不锈钢,也可以选用高镍白铜;脚套亦为板材。

模块二 金属镜框+板材眉毛混合眼镜架结构图绘制

一、镜架主视图绘制

实物图片有较正的正视角度,所以导入图片,按尺码 51□19-145 缩放图片,然后描绘出正视轮廓如图 17-2 所示。

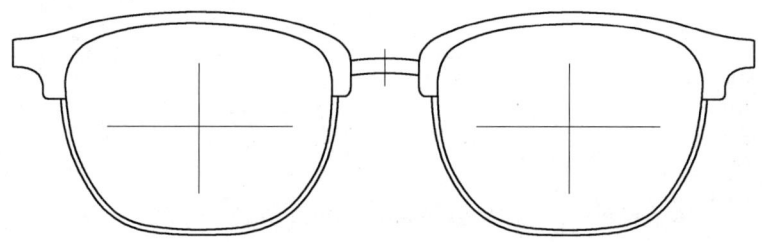

图 17-2 金属镜框+板材眉毛混合眼镜架正视轮廓图

根据镜架结构,设计并绘制出不可见部件轮廓及烟斗、托叶,完成主视图的绘制。金属镜框+板材眉毛混合眼镜架主视图如图 17-3 所示。

在设计金属镜框与板材眉毛装配结构时要注意以下几点:

(1)夹口应位于板材眉毛下沿以上 0.6~1.0mm,这样可以保证夹口既被眉毛遮盖,又不至于太深而使装配不便。

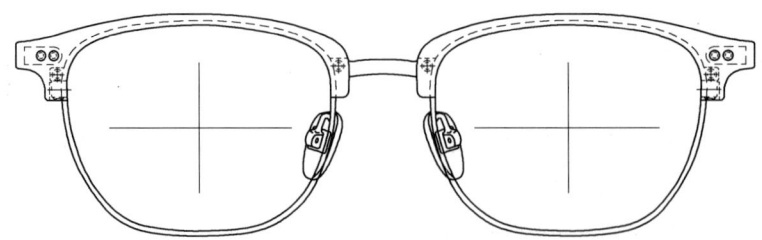

图 17-3　金属镜框+板材眉毛混合眼镜架主视图

（2）夹口长度（正视为高度）尺寸为 3.2~3.8mm，这个尺寸既可以确保夹口强度，又不至于过大。金属镜框+板材眉毛混合眼镜架正视夹口位置及尺寸设计参数如图 17-4 所示。

（3）中梁安装孔位置距中梁边缘尺寸不小于 0.5mm，板材眉毛的安装孔距板材边缘尺寸不小于 1.5mm，否则难以保证安装强度。

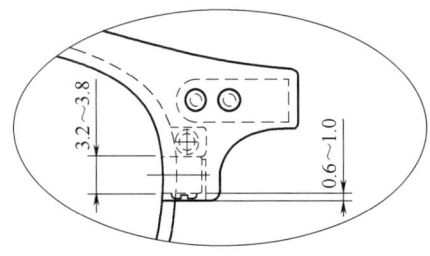

图 17-4　金属镜框+板材眉毛混合眼镜架正视夹口位置及尺寸设计示意图

二、镜架前框三维建模

本款镜架前框除中梁外，有三个零件：镜片、镜圈和眉毛。

建模前先将这三个零件分别复制出来，注意复制时要连带着镜片几何中心"十"字坐标作为共同基点，绘图界面如图 17-5 所示。

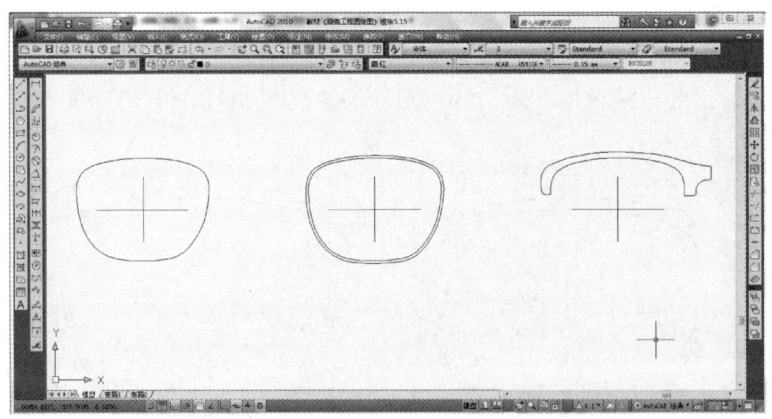

图 17-5　金属镜框+板材眉毛混合眼镜架前框建模前的绘图界面

分别绘制这三个零件的建模图形，然后将它们以"十"字坐标中心为基点组合在一起，完成前框建模图绘制，绘图界面如图 17-6 所示。

各建模参数为：拉伸高度为 200mm；镜片表面球半径为 116mm，镜片厚度为 1.0mm；镜框表面球半径为 116.5mm，镜框厚度为 2.0mm；板材眉毛表面球半径为 117.5mm，板材眉毛厚度为 4.0mm。

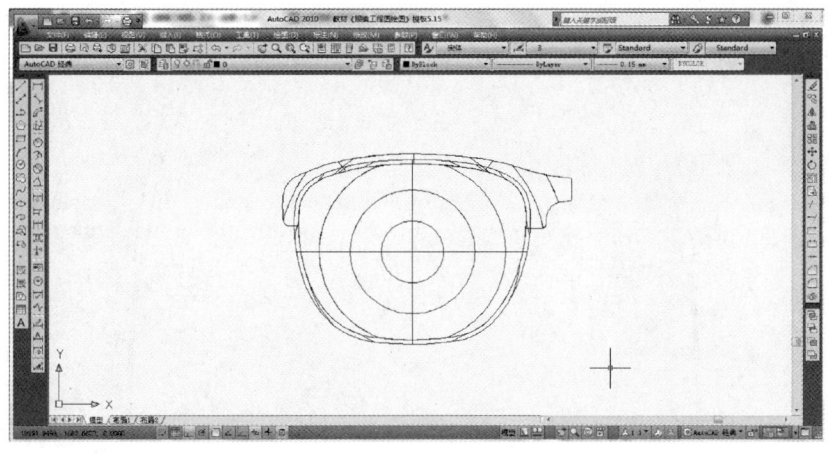

图 17-6　金属镜框+板材眉毛混合眼镜架完成前框建模后的绘图界面

三、镜架俯视图绘制

完成前框建模图绘制后,在"布局 2"中,以建模图形下方任意水平线为轴旋转 99°(前框倾角为 9°),然后抽离出轮廓线就得到前框俯视轮廓,如图 17-7 所示。

图 17-7　金属镜框+板材眉毛混合眼镜架前框俯视轮廓图

回到 AutoCAD 模型绘图界面,移动(或复制)抽离出的前框俯视轮廓图至主视图正上方,注意主、俯视图对齐,然后以镜框中梁部位的最底点为中心,将俯视轮廓图旋转 7°(镜架弯度),绘图界面如图 17-8 所示。

以此前框俯视轮廓图为基础,编辑绘制出俯视镜框实际轮廓,再绘制中梁、烟斗、托叶、脚丝俯视轮廓。然后再绘制铰链(包括不可见的铆钉装配结构轮廓),完成镜架俯视图,如图 17-9 所示。

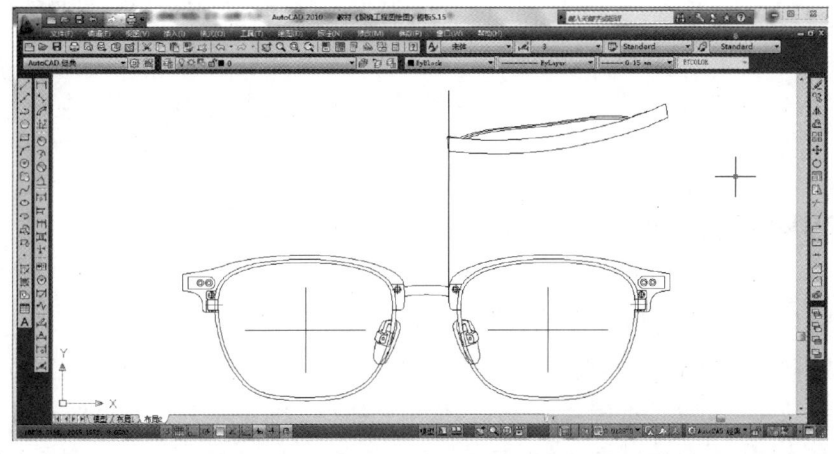

图 17-8　金属镜框+板材眉毛混合眼镜架前框俯视轮廓图绘图界面

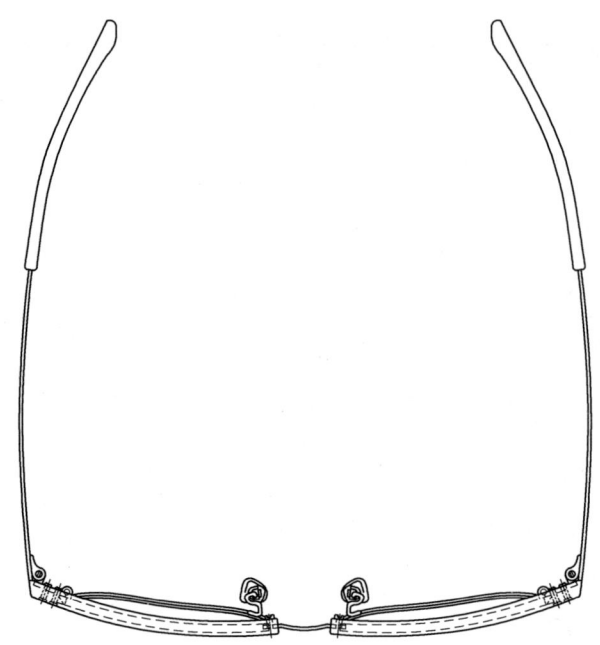

图 17-9　金属镜框+板材眉毛混合眼镜架俯视图

在绘制俯视图时应注意前框部分各零部件长度的对应关系为旋转对齐，如图 17-10 所示。俯视图前框桩头部位各零部件装配结构如图 17-11 所示。

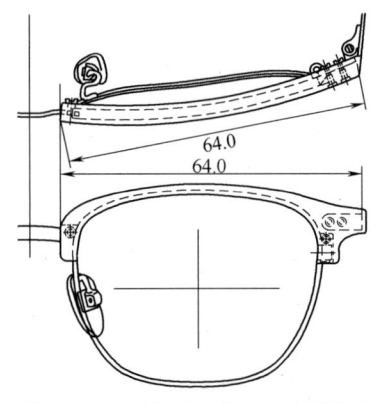

图 17-10　镜架前框主、俯视图
对应关系示意图

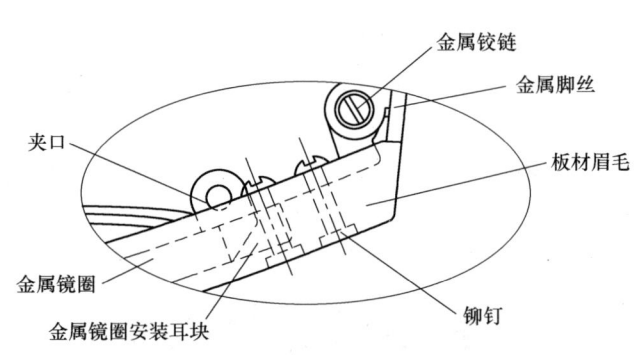

图 17-11　金属镜框+板材眉毛混合眼镜架
俯视桩头部位装配结构示意图

四、镜架侧视图绘制

在"布局 2"中，以前框建模图形左侧任意铅垂线为轴旋转 83°（镜架架弯角度为 7°）后，抽离出前框侧视轮廓线，操作界面如图 17-12 所示。

旋转侧视轮廓图 9°（前框倾角为 9°），就得到镜架前框侧视基本轮廓图，再根据俯视图中镜框与脚丝合口位置确定侧视图合口位置，然后以合口中心点为基点将描绘出的脚丝轮廓图与前框侧视轮廓图复制到一起，编辑并绘制出不可见轮廓，完成镜架侧视图绘制，如图 17-13 所示。

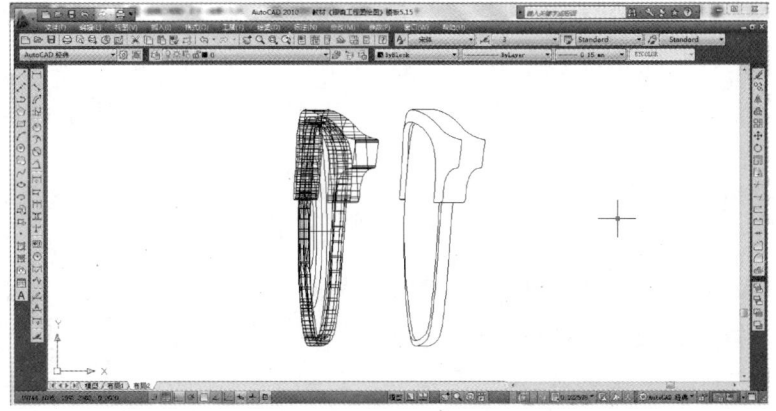

图 17-12　金属镜框+板材眉毛混合眼镜架前框侧视轮廓抽离绘图界面

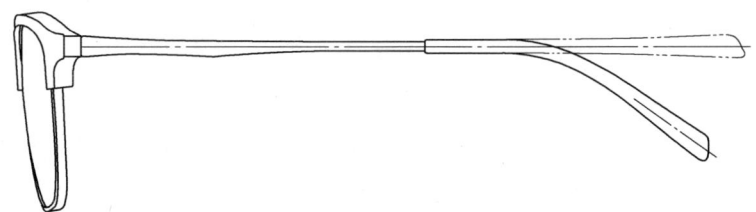

图 17-13　金属镜框+板材眉毛混合眼镜架侧视图

五、镜架结构图绘制

镜架的三个主要视图绘制完成后，再绘制片模图、断面图、标准尺寸，排版、填写标题栏内容，完成结构图绘制。

镜架结构图中需要表达的断面有：镜框部位断面、脚丝断面、脚套断面（3~4 个）。另外为了更清晰地反映桩头部位装配结构，可以绘制一个桩头背向的局部视图。

本款金属镜框+板材眉毛混合眼镜架结构图如图 17-14 所示（见附页 51）。

模块三　金属镜框+板材眉毛混合眼镜架零件图绘制

本款镜架制作需要的特制零件有四个：板材眉毛、脚丝、中梁和脚套。

一、板材眉毛零件图绘制

板材眉毛粗坯轮廓图的绘制方法同金属眉毛，眉毛内圈部位水平尺寸打弯前长度可以通过俯视图计算，其他部位尺寸和形状可以忽略其变化。

板材眉毛零件加工后的图形就是成品镜架所反映的板材眉毛轮廓，可以直接复制结构图中相关图形，但为了更清晰地表达各加工部位的加工形状和尺寸，需要增加镜框部位的断面图、中梁及桩头部位的背向局部视图等。

本款金属镜框+板材眉毛混合眼镜架的板材眉毛零件图如图 17-15 所示（见附页 52）。

二、脚丝零件图绘制

本款镜架脚丝为钢片脚丝，钢片脚丝结构最为简单，绘制出脚丝正视外形轮廓图即可。

金属镜框+板材眉毛混合眼镜架的脚丝零件图如图 17-16 所示（见附页 53）。

三、中梁零件图绘制

本款中梁亦为钢片切割而成，中梁零件图分两部分：粗坯图和加工图。中梁粗坯水平长度可由镜架俯视图计算，然后按计算长度将主视图中的中梁轮廓打弯中心打断，将左右轮廓图移开至计算长度，再修正轮廓线。中梁打弯弧为一简单圆弧时，可直接复制左半边中梁轮廓，然后将镜像位置移动 0.2mm，再镜像后修正轮廓线。

本款金属镜框+板材眉毛混合眼镜架的中梁零件图如图 17-17 所示（见附页 54）。

四、脚套零件图

本款镜架脚套为普通长度的方孔板材脚套，脚套厚度不等，脚套零件图如图 17-18 所示（见附页 55）。

课后练习

参照图 17-19 所示眼镜架实物图片，绘制该款金属镜框+板材眉毛混合眼镜架全套工程图。

图 17-19　金属镜框+板材眉毛混合眼镜架实物图

项目十八

金属叉子角花+注塑镜框混合太阳眼镜架工程图绘制

学习内容

1. 了解注塑眼镜架材料特性和零件外形特征。
2. 了解太阳眼镜架的结构参数和设计原则。
3. 了解注塑镜框与金属角花的装配结构及设计参数。
4. 学习和了解复杂结构金属配件的设计。
5. 学习金属叉子角花+注塑镜框混合眼镜架工程图的绘制方法。

学习目标

1. 熟练掌握金属叉子角花+注塑镜框混合太阳眼镜架的结构图绘制方法。
2. 熟练掌握铍铜铸件的零件图绘图方法。

模块一　金属叉子角花+注塑镜框混合太阳眼镜架工程分析

本项目将以图 18-1 所示实物眼镜架为参考，学习如何绘制金属叉子角花+注塑镜框混合太阳眼镜架工程图。

图 18-1　金属叉子角花+注塑镜框混合太阳眼镜架实物图

一、镜架总体结构及太阳架尺寸参数

由实物图可以看出，这是一款注塑镜框+金属叉子角花+注塑脚丝的混合材料女款太阳眼镜架。镜架尺寸参数如下：

1. 镜片尺码

太阳眼镜架基本功能就是保护眼睛避免强光刺激，因此镜片尺寸较普通光学眼镜架的镜片要大，通常太阳眼镜架镜片尺寸为 56~58mm，甚至更大。

2. 镜片弯度

太阳眼镜架不仅具有明确的功能性，同时还具有强烈的时尚性，因此太阳眼镜架镜片种类繁多，除镜片颜色外，其外形也有多种，就镜片弯度而言，太阳镜片弯度由平面片到 800 弯几乎都有。功能性的太阳眼镜架，镜片弯度多为 600 弯。

3. 镜架弯度

功能性太阳眼镜架的架形弯度非常贴合脸部轮廓，对于内销市场，镜架弯度弧半径约为 190mm，而外销欧美市场的太阳眼镜架，镜架弯度弧半径更小。本款镜架为内销成品。

4. 中梁尺码

太阳眼镜架镜片尺码较大，中梁尺码就会较小。本款镜架中梁尺码由参考图片的比例取整就可以了。

5. 脚丝尺码

太阳眼镜架镜片尺码大，架弯也大，所以其脚丝尺码就会更小，脚丝长度可以根据托叶（中间）至脾尾的俯视高度来确定，一般这个尺寸为 140~145mm。本款镜架脚丝尺码为 120mm。

二、注塑镜框和脚丝结构及材质

注塑镜框与板材镜框的制造工艺不同，注塑镜框是由模具注塑而成的，因此镜框桩头部位的外形及桩头长度大小不会对制造工艺产生影响，桩头部位的内、外轮廓线之间也没有直接的对应关系。不管注塑脚丝的外形和厚度如何，基本不影响制造工艺，因此脚丝一般不是等厚。

注塑眼镜架的材料基本都选用性价比很好的 TR-90，TR-90 材料比普通板材具有更高的强度、更好的弹性和尺寸稳定性，所以注塑出的脚丝不需要内插金属芯，也不需要后续打弯，而是直接成形。

设计注塑脚丝外形时，一般会将脚丝中间部位的厚度尺寸做得较小，这样脚丝弹性会更好，镜架佩戴更舒适。

1. 镜片材质

太阳眼镜架的镜片主要有：AC 片、PC 片、CR-39 片、尼龙片和宝丽来片。本款镜框选用的镜片是 CR-39 渐进色镜片。

2. 金属叉子角花结构、工艺及材质

本款镜架的金属角花为叉子状铸铜件，由角花头和角花尾两部分组成，角花表面为仿狐狸造型，外形精美，立体效果强烈，这种立体感很强的金属配件最适合的制造工艺是铸造。

分析角花结构可以看出，角花头与双牙前铰一体铸造，角花尾与单牙后铰一体铸造，角花尾前段覆盖在角花头表面，被覆盖部位的角花头表面为低级位。角花尾外形为狐狸状造型，表面有低级点漆部位，已有镶钻。适合铸造工艺制造的金属角花材料为铍铜。

三、金属叉子角花与注塑镜框及脚丝装配结构

1. 金属叉子角花与注塑镜框装配结构

金属叉子角花与注塑镜框及注塑脚丝的装配结构为典型的金属-非金属螺纹连接装配，以及丝筒+大头螺钉结构。

2. 金属叉子角花与注塑脚丝装配结构

金属角花底面焊接丝筒，然后卡入镜框（或脚丝）表面与之吻合的凹槽，丝筒插入镜框安装孔，从镜框底面锁上大头螺钉，实现二者的装配。

模块二　金属叉子角花+注塑镜框混合太阳眼镜架结构图绘制

下面我们按镜架尺码为 58□16-120 来绘制这款太阳架工程图。

一、主视图绘制

在绘制光学眼镜架主视图片形时，我们往往直接将正视参考图片的内圈水平尺寸缩放至设计值，然后描绘内圈形状，而实际镜架主视图的内圈并非正视方向，镜片有上斜 7°，因此工程图中的内圈形状与实际镜架内圈是有差异的，这种差异对于光学镜架（镜片弯度为 450 弯，架弯弧半径为 300mm）来说较小，可以忽略。但对于太阳眼镜架，一般镜片弯度≥600 弯，架弯弧半径≤200mm，且镜片尺码更大，所以架弯角度较大，一般都在 10°以上，这时主视图中的内圈形状和尺寸与实际形状和尺寸间的差异难以忽略，在绘制太阳眼镜架工程图时必须考虑这点。

项目六已经介绍过太阳眼镜架主视图片形与实际片形的关系，我们可以通过作图求出本款全框 58 码（内圈实际尺寸为 57mm）的镜架主视图中内圈水平尺寸为 56mm。作图方法如图 18-2 所示。

在企业绘制太阳眼镜架工程图有两种方法：

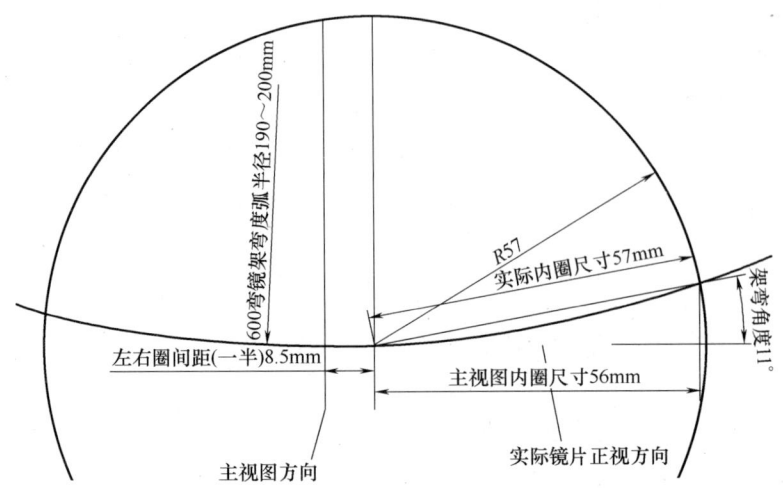

图 18-2　太阳眼镜架主视图内圈尺寸与实际内圈正视尺寸关系图示

　　一种是按设计尺寸，根据图 18-2 所示作图方法求出正视镜架内圈尺寸，然后按正视镜架内圈尺寸缩放图片，再描绘镜框轮廓。但在运用三维建模方法绘制俯视镜框轮廓时，按实际镜片正视方向建模，然后抽离出俯视轮廓线。这种方法绘制出的主视图前框轮廓为镜架正视轮廓，片形（或内圈形状）与实际片形有较大差异，所以片模图形为建模图形内圈形状。

　　另一种方法就是将图片水平镜框内圈尺寸按设计尺寸缩放，直接描绘镜框轮廓，并按主视图镜框轮廓图形进行三维建模，绘制前框俯视图及侧视图。

　　两种方法绘制的主视图均有缺点：第一种方法绘制的镜架正视图其片形（或内圈形状）与真实片形的差异是 B 位尺寸精准，但 A 位尺寸小于实际尺寸；第二种方法绘制的主视图，其片形 A 位尺寸精准，但 B 位尺寸会大于实际片形。

　　下面我们介绍第三种绘制太阳眼镜架工程图主视图的方法。这种方法可以保留前两者的优点，同时还可以避免其缺点的产生。

　　具体绘图步骤和方法如下：

1. 图片处理

　　导入参考图片，调整图片方向至要求后，先将图片镜框内圈缩放至按图 18-2 的作图方法求出的主视图内圈尺寸（本款太阳眼镜架内圈设计尺寸为 57mm，正视镜架内圈尺寸为 56mm），绘图界面如图 18-3 所示。

　　然后再将图片的内圈水平尺寸由 56mm 放大至 57mm，但垂直方向尺寸（B 位尺寸）依然为 1∶1。最简单的操作方法就是将图片建成块，然后插入（比例：X＝57/56，Y＝1），得到图 18-4 所示绘图界面。

2. 正视轮廓描绘

　　按调整后的图片轮廓描绘内圈形状，确认内圈尺寸后再描绘外框轮廓及中梁轮廓，按中梁尺码绘制出镜像中心线，镜像后就得到正视镜框轮廓图，如图 18-5 所示。注意：对于 TR-90 材料注塑镜框的最小宽度，普通光学镜架因尺码较小，最小宽度不得小于 1.6mm，一般实际

项目十八　金属叉子角花+注塑镜框混合太阳眼镜架工程图绘制

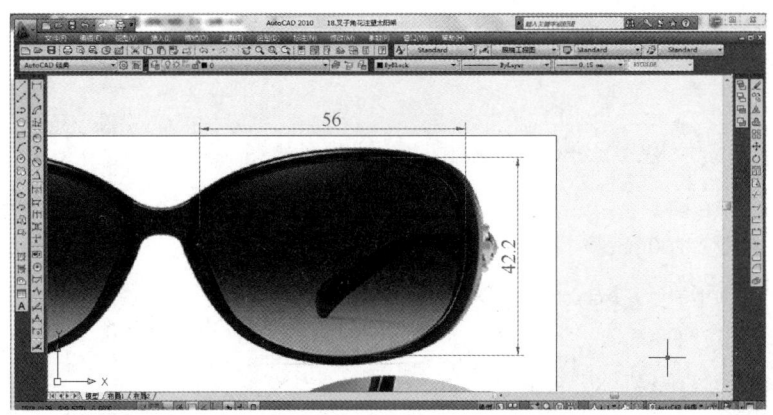

图 18-3　金属叉子角花+注塑镜框混合太阳眼镜架参考图片调整绘图界面（一）

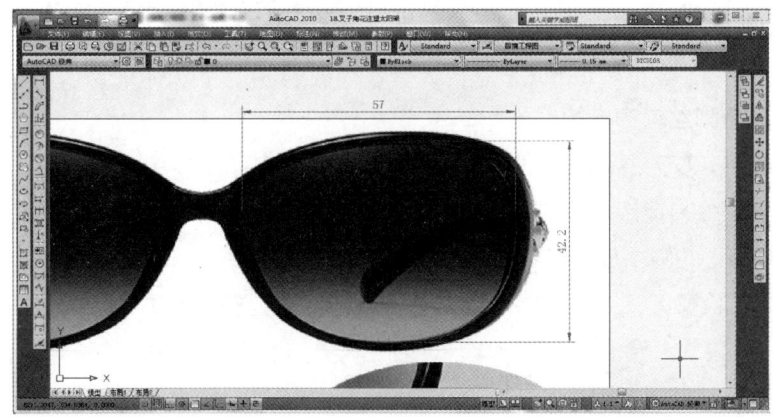

图 18-4　金属叉子角花+注塑镜框混合太阳眼镜架参考图片调整绘图界面（二）

宽度在 1.8mm 以上，而太阳眼镜架因镜框较大，最小镜框宽度不得小于 1.8mm，实际宽度一般均大于 2.0mm。

3. 主视图绘制

修正中梁位轮廓线，绘制桩头及托叶轮廓，再绘制出镜框内槽轮廓线，完成主视图绘制，如图 18-6 所示。

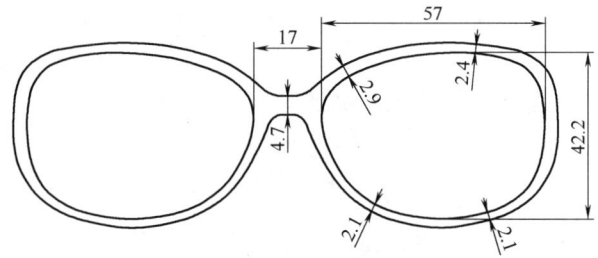

图 18-5　金属叉子角花+注塑镜框混合太阳眼镜架镜框主视轮廓图

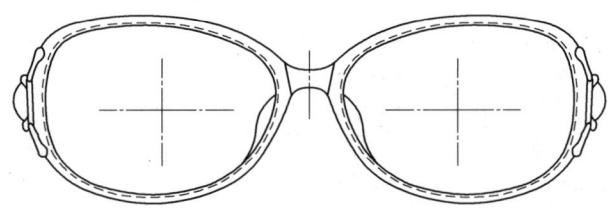

图 18-6　金属叉子角花+注塑镜框混合太阳眼镜架主视图

二、前框三维建模

将镜架前框的镜片及镜框进行三维建模，绘图界面如图 18-7 所示。

建模参数如下：

（1）拉伸高度：200mm。

（2）镜片表面球半径：87.2mm（523/6）。

（3）镜片厚度：1.8mm。

（4）镜框表面球半径：87.8mm。

（5）镜框厚度：3.0mm。

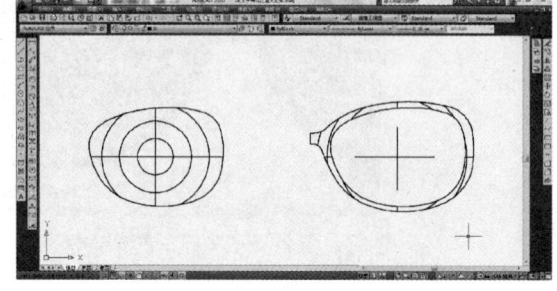

图 18-7　金属叉子角花+注塑镜框混合太阳眼镜架前框三维建模绘图界面

三、镜架侧视图绘制

1. 侧视角花与脚丝轮廓描绘

类似本款这样有较为复杂形状桩头（或脚丝）的镜架，镜架的俯视轮廓一般与侧视图同步绘制，一般先绘制镜架侧视图，再根据俯视图与侧视图的对应关系，绘制俯视图。

本款镜架有较正的侧视桩头参考，可以直接按主视图桩头叉子最大尺寸缩放图片，然后描绘桩头轮廓。脚丝轮廓可根据参考图片形体进行设计。侧视桩头及脚丝轮廓如图 18-8 所示。

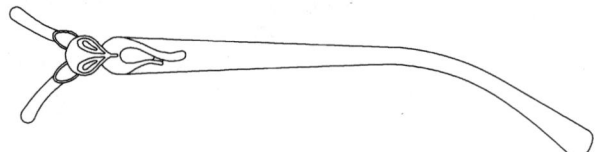

图 18-8　金属叉子角花+注塑镜框混合太阳眼镜架侧视桩头及脚丝轮廓图

2. 镜架前框侧视轮廓绘制

镜架前框侧视轮廓可由前框三维建模图抽离得到，旋转 7° 后与桩头及脚丝轮廓图形一同编辑绘制出完整的镜架侧视轮廓。在此要注意，此款太阳眼镜架架弯角度为 11°，因此在"布局 2"中，利用三维建模图形抽离前框轮廓前，旋转角度为 90°−11°＝79°。

3. 镜架侧视图绘制

再绘制出桩头表面所镶钻石及角花头端面、注塑脚丝端面、镜框及脚丝装配丝筒等不可见轮廓，完成镜架侧视图绘制，如图 18-9 所示。

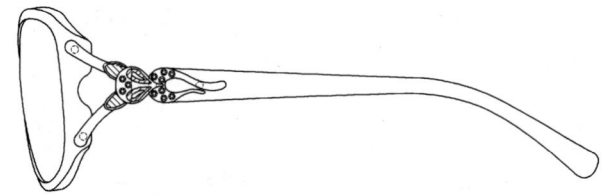

图 18-9　金属叉子角花+注塑镜框混合太阳眼镜架侧视图

四、镜架俯视图绘制

1. 前框俯视轮廓绘制

将镜片及镜框三维建模图形组合后,在"布局 2"中,以组合的建模图形下方任意水平线为轴旋转 97°(前框倾角为 7°),然后抽离出轮廓线就得到前框俯视轮廓,绘图界面如图 18-10 所示。

2. 前框俯视图绘制

回到 AutoCAD 模型绘图界面,移动(或复制)抽离出的前框俯视轮廓图至主视图正上方,注意主、俯视图对齐,然后以镜框中梁部位的最底点为中心,将俯视轮廓图旋转 11°(镜架弯度为 11°),绘图界面如图 18-11 所示。

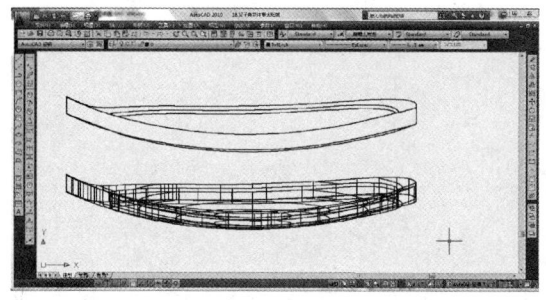

图 18-10　金属叉子角花+注塑镜框混合太阳眼镜架前框俯视轮廓线抽离绘图界面

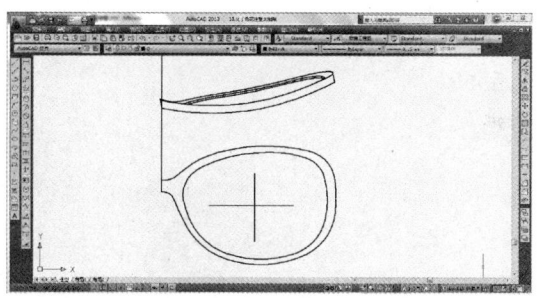

图 18-11　金属叉子角花+注塑镜框混合太阳眼镜架前框俯视图绘图界面

以此前框俯视轮廓图为基础,编辑绘制出俯视镜框实际轮廓,再绘制中梁、托叶、桩头俯视轮廓,完成前框俯视图,如图 18-12 所示。

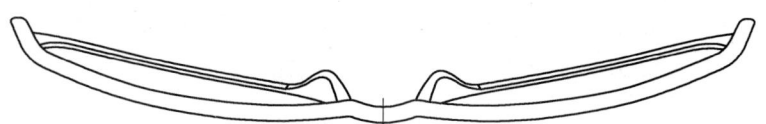

图 18-12　金属叉子角花+注塑镜框混合太阳眼镜架前框俯视图

3. 注塑脚丝俯视轮廓绘制

(1)脚丝按等厚绘制其俯视轮廓。先根据侧视图桩头合口至前框表面距离确定俯视脚丝合口位置,再按脚丝长度为 120mm、脾尾间距为 90~95mm、厚度为 3mm 绘制出等厚俯视脚丝轮廓,如图 18-13 所示。

(2)俯视脚丝厚度及底面轮廓线修正。首先修正脚丝脾身部位厚度,即将俯视脚丝底面轮廓弧线中点往表面方向拉伸 0.7~0.8mm,使此处脚丝厚度为 2.2~2.3mm,再与原相邻轮廓线顺滑处理。其次修正脚丝尾段厚度,将脾尾翻尾处最大厚度设计为 3.5~4.0mm,再顺滑连接相邻轮廓线。

修正脚丝厚度时，注意脚丝表面轮廓不可改变，脚丝底面俯视轮廓要进行连接。修正后的脚丝俯视轮廓如图 18-14 所示。

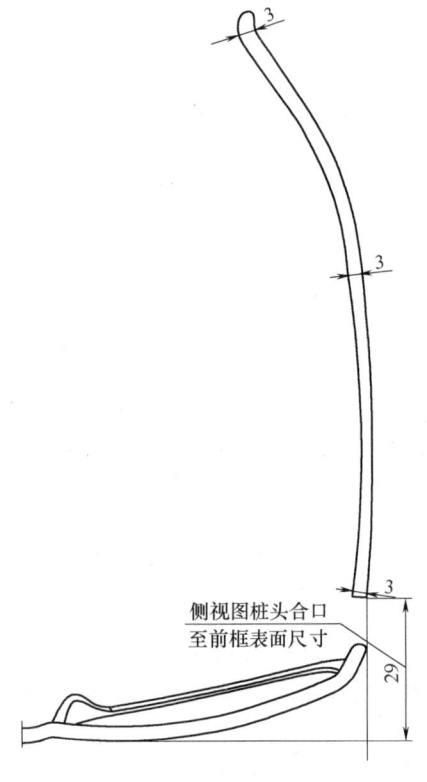

图 18-13 俯视脚丝轮廓绘制方法（一）示意图

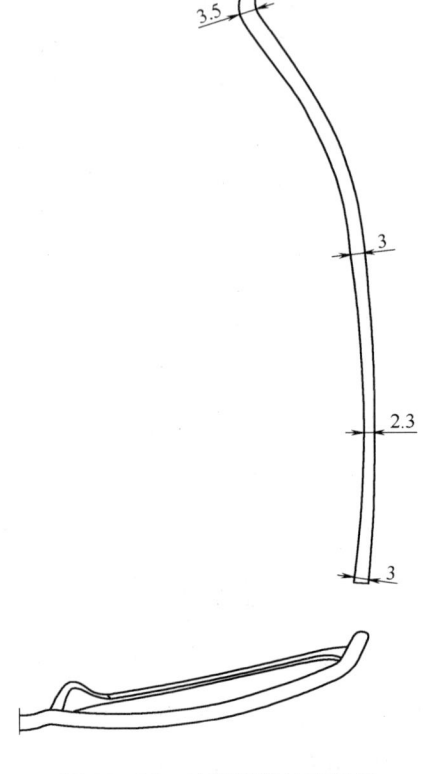

图 18-14 俯视脚丝轮廓绘制方法（二）示意图

4. 金属角花（桩头）俯视轮廓图绘制

以金属角花合口（或铰链孔中心所在断面）为基准，根据侧视图中桩头各部位尺寸，找出俯视图中对应点并设计各部位厚度，然后绘制桩头俯视轮廓，如图 18-15 所示。

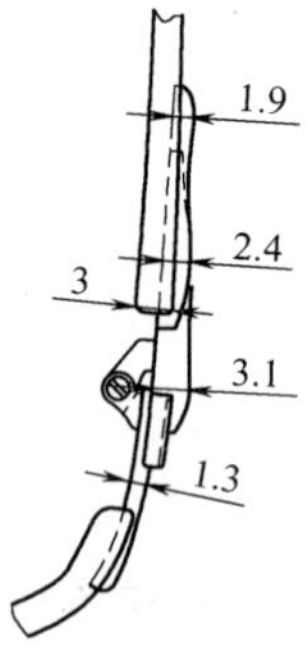

5. 镜架俯视图绘制

绘制出不可见的装配结构内部轮廓线及表面所镶钻石，镜像后得到完成的镜架俯视图，如图 18-16 所示。

图 18-15 桩头俯视轮廓图

五、镜架结构图绘制

镜架三个主要视图绘制完成后，再绘制片模图、必要的断面图及脚丝收拢至极限位置的假想轮廓，标注尺寸并进行图纸排版，按实际内容填写标题栏，完成镜架结构图绘制。

本款金属叉子角花+注塑镜框混合太阳眼镜架结构图如图 18-17 所示（见附页 56）。

项目十八　金属叉子角花+注塑镜框混合太阳眼镜架工程图绘制　285

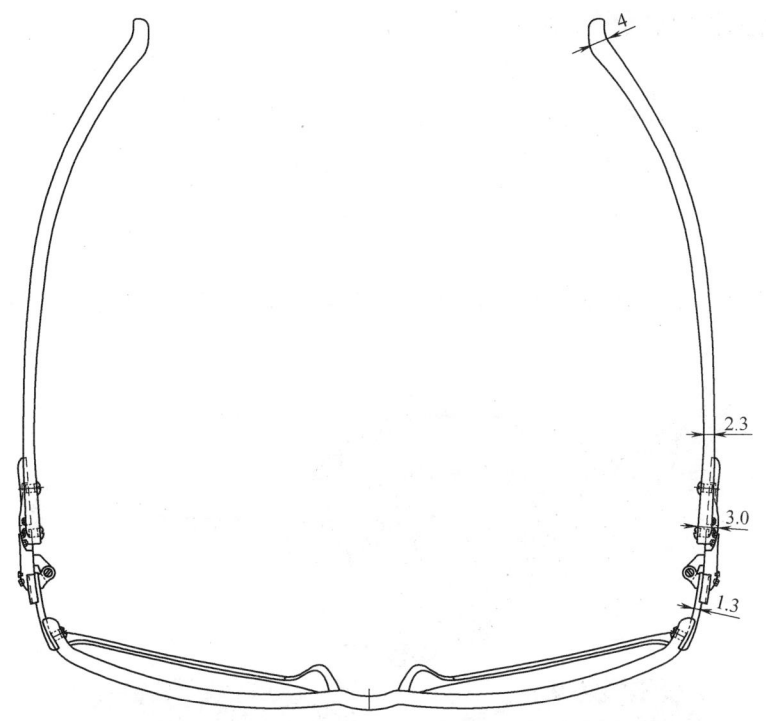

图 18-16　金属叉子角花+注塑镜框混合太阳眼镜架俯视图

模块三　金属叉子角花+注塑镜框混合太阳眼镜架零件图绘制

一、注塑镜框零件图绘制

注塑工艺制造眼镜镜框或脚丝等零件,基本是一次成形。本款镜框注塑成形后,还须进行装配孔的加工,金属叉子角花+注塑镜框混合太阳眼镜架镜框零件图如图 18-18 所示(见附页 57)。

二、金属叉子角花零件图绘制

金属叉子角花是由角花头和角花尾组装而成的一个部件。因此本款角花零件图包括:角花头和角花尾粗坯图、角花装配图。

注意:角花头带有双牙前铰,角花尾带有单牙定位铰链,定位角度 90°。双牙铰链总宽度为 3.6mm,单牙宽度为 1.2mm。

金属叉子角花+注塑镜框混合太阳眼镜架角花零件图如图 18-19 所示(见附页 58)。

三、注塑脚丝零件图绘制

注塑脚丝的形体在结构图中基本已经表达，所以脚丝零件的绘制就比较简单。本款注塑脚丝零件图分为粗坯图和加工图，如图 18-20 所示（见附页 59）。

课后练习

参照图 18-21 所示眼镜架实物图片，绘制该款金属叉子角花+板材镜框混合半框太阳眼镜架全套工程图。

图 18-21　金属叉子角花+板材镜框混合半框太阳眼镜架实物图

项目十九

儿童光学眼镜架工程图绘制

学习内容

1. 了解儿童眼镜架的特点。
2. 学习儿童眼镜架结构参数的设计原则。
3. 了解硅胶注塑件之间的装配结构及设计参数。
4. 学习注塑儿童眼镜架工程图的绘制方法。

学习目标

1. 熟练掌握儿童眼镜架的设计原理。
2. 熟练掌握注塑眼镜架工程图的绘制。

模块一　儿童光学眼镜架结构分析

本项目将以图 19-1 所示儿童眼镜架实物图片为例,学习如何绘制儿童眼镜架工程图。

图 19-1　儿童眼镜架实物图片

一、儿童眼镜架特点

儿童眼镜架,顾名思义就是针对少儿佩戴者设计的眼镜架。儿童年龄跨度较大,一般佩戴眼镜的儿童年龄为3~12岁,在这个年龄跨度内,不同年龄的儿童其身体、心智等方面的差异较大,所以儿童眼镜架一般又细分为:学龄前(3~6岁)儿童眼镜架、低年级(7~9岁)儿童眼镜架、高年级(10~12岁)儿童眼镜架。

针对不同年龄段的儿童设计的眼镜架,其设计理念是有所不同的。

二、儿童眼镜架尺寸参数分析

儿童处于身体高速发育阶段,所以不同年龄段的儿童,其镜架各尺寸设计参数是不同的。

(1)学龄前(3~6岁)儿童眼镜架:镜片尺码为36~42mm,中梁尺码为12~14mm,镜腿长度为120~125mm。

(2)低年级(7~9岁)儿童眼镜架:镜片尺码为42~45mm,中梁尺码为14~15mm,镜腿长度为125~130mm。

(3)高年级(10~12岁)儿童眼镜架:镜片尺码为46~48mm,中梁尺码为16~17mm,镜腿长度为130~135mm。

三、儿童眼镜架的材质要求

儿童眼镜架设计的首要出发点就是安全,特别是低年龄段的儿童眼镜架,使用的材料必须达到食品卫生级别标准,外形设计也必须无任何安全隐患。TR-90和硅胶是儿童眼镜架的首选材料。

模块二 儿童眼镜架结构图绘制

下面我们按镜架设计尺码46□15-130绘制本款儿童眼镜架工程图。绘图步骤如下。

一、主视图绘制

按参考图片描绘镜架正视轮廓,如图19-2所示。注意:镜框最小宽度不小于1.6mm。

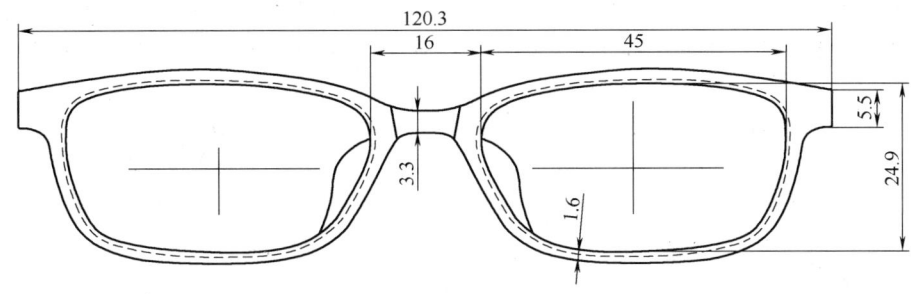

图 19-2　儿童眼镜架主视轮廓图

二、前框三维建模

同普通板材眼镜一样,先分别将镜片和镜框进行三维建模,然后将二者建模图组合成前框三维建模图。建模绘图界面如图 19-3 所示。

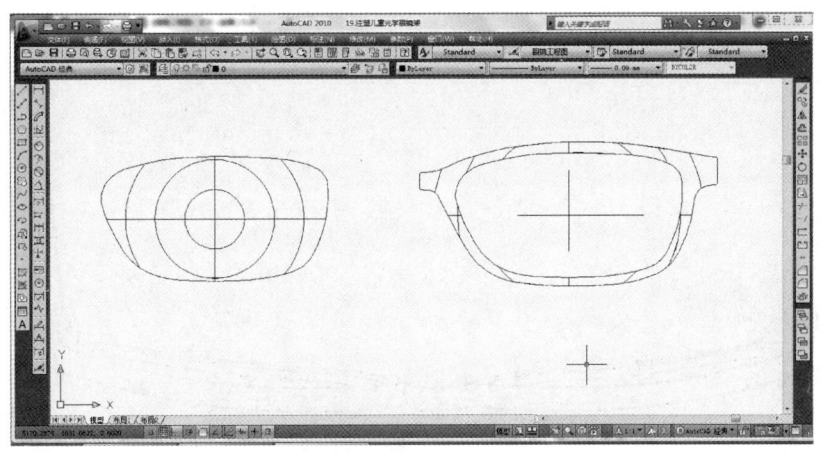

图 19-3　儿童眼镜架前框三维建模绘图界面

建模参数:拉伸高度为 200mm,镜片表面球半径为 116mm,镜片厚度为 1.0mm,镜框表面球半径为 117.25mm,镜框厚度为 3.5mm。

三、镜架俯视图绘制

由前框三维建模图抽离出前框俯视轮廓,然后旋转 6°(镜架弯度),并以此轮廓图为基础,根据镜架实际结构编辑绘制前框俯视轮廓,如图 19-4 所示。

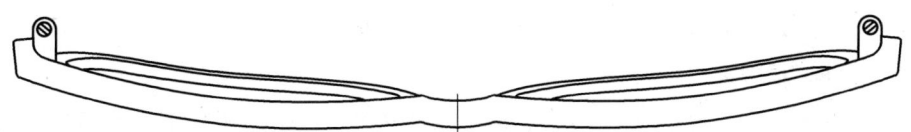

图 19-4　儿童眼镜架前框俯视轮廓图

再按普通注塑脚丝俯视轮廓绘制方法，绘制本款注塑脚丝俯视轮廓，完成镜架俯视轮廓图绘制，如图 19-5 所示。注意：脚丝基本厚度为 3.0mm，脾中最薄处厚度为 2.3mm。

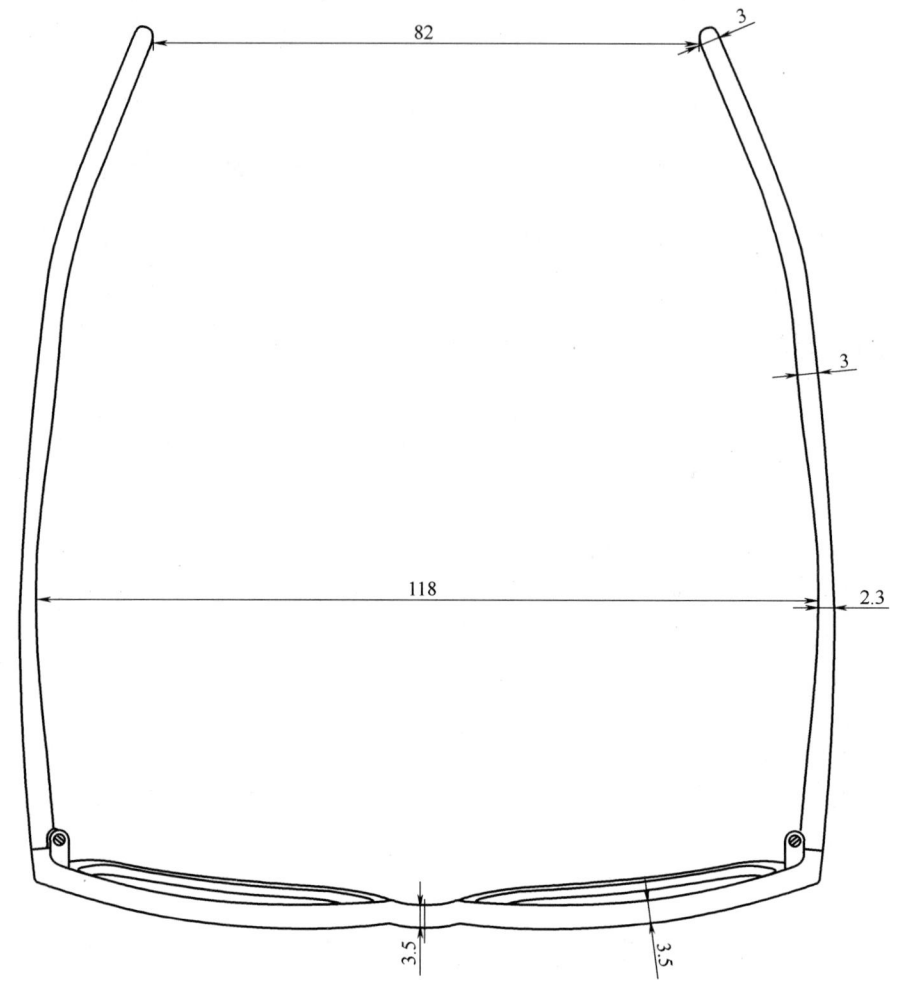

图 19-5　儿童眼镜架俯视轮廓图

四、镜架侧视图绘制

1. 前框侧视轮廓图绘制

"布局 2"中，将三维建模图以左侧任意垂直线为旋转轴，旋转 84°（镜架弯度为 6°），再抽离出前框侧视轮廓图，绘图界面如图 19-6 所示。

2. 侧视脚丝轮廓设计及绘图

根据参考图片，设计并绘制侧视脚丝轮廓，如图 19-7 所示。

3. 镜架侧视图绘制

回到模型绘图界面，将抽离出的侧视轮廓图旋转 7°，再根据俯视图中合口位置复制脚丝轮廓，编辑绘制出镜架侧视图，如图 19-8 所示。

项目十九　儿童光学眼镜架工程图绘制　291

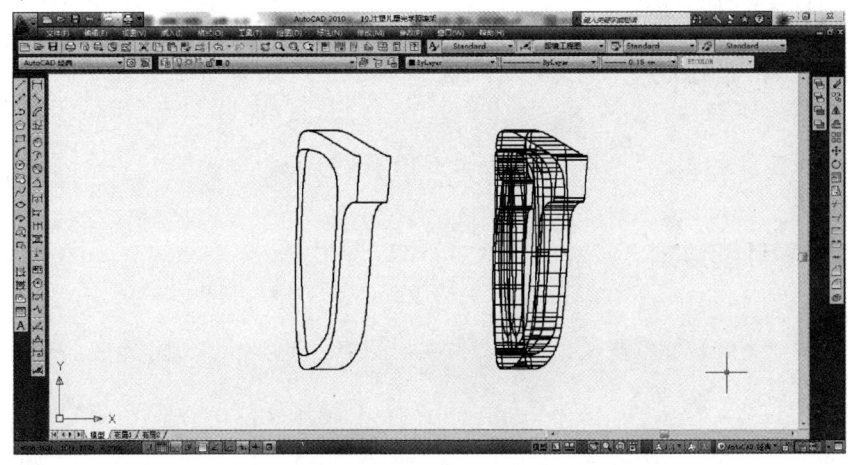

图 19-6　儿童眼镜架前框侧视轮廓抽离绘图界面

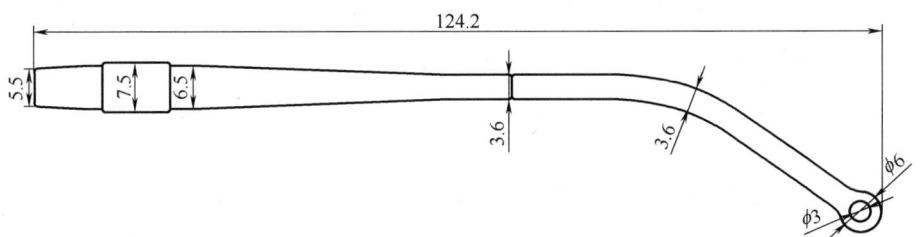

图 19-7　儿童眼镜架侧视脚丝轮廓图

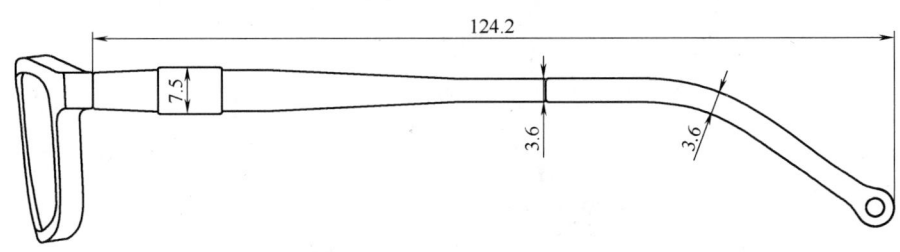

图 19-8　儿童眼镜架侧视图

五、镜架结构图绘制

完成镜架的三个主要视图后，再补充绘制出详细的不可见轮廓及典型位置断面图和片模图，然后标注各部位尺寸、排版图纸、填写标题栏内容，完成本款儿童眼镜架的结构图绘制。本款儿童眼镜架结构图如图 19-9 所示（见附页 60）。

模块三　儿童眼镜架零件图绘制

本款注塑儿童眼镜架主要有四个零件：镜框、脚丝、套管和尾套。

一、镜框零件图绘制

本款镜架为注塑镜框,镜框零件图如图 19-10 所示(见附页 61)。

二、脚丝零件图绘制

本款镜架脚丝为硅胶注塑脚丝,脚丝零件图如图 19-11 所示(见附页 62)。

三、其他零件图

本款脚丝尾部所套胶管为软硅胶圆管,脚丝尾段套有尾套,这两个零件结构较为简单,在此省略零件图。

课后练习

参照图 19-12 所示眼镜架实物图片,绘制该款儿童眼镜架全套工程图。

图 19-12 儿童眼镜架全套工程图绘制练习实物图片

提示:
(1)脚丝与桩头装配为无铰铆榫结构,脚丝由桩头上侧面卡入。
(2)镜框及脚丝表底层为二次注塑工艺获得,两者间分界线可以用双点画线(假想轮廓线)表达。

项目二十 竹木全框太阳眼镜架工程图绘制

学习内容

1. 了解竹木眼镜架材料特性及镜架设计特点。
2. 了解竹木眼镜架的装配结构及各尺寸参数的设计原则。
3. 学习竹木眼镜架工程图的绘制方法。

学习目标

1. 掌握竹木眼镜架的装配结构特点与尺寸参数设计原理。
2. 熟练掌握竹木眼镜架工程图的绘制方法。

模块一 竹木全框太阳眼镜架结构分析

本项目将以图 20-1 所示木头眼镜架实物图片为例,学习如何绘制竹木眼镜架工程图。

图 20-1 木头全框太阳眼镜架实物图

一、竹木镜架总体结构及尺寸参数

这是一款木头太阳眼镜架,镜框和脚丝材料均为由原木压制的三合板加工制作而成。镜架总体结构类似于板材眼镜架,常见竹木眼镜架的镜片尺码为 54~57mm,中梁尺码为 15~18mm,脚丝长度为 140~145mm。

二、竹木材料特性

竹木材料属于天然材料,材料本身具有天然纹理,自然亲和。竹木材料密度低,材料强度也较差,且竹木纤维具有较强的方向性。用于制作眼镜架的竹子多为楠竹(毛竹),而制作镜架的木材以红木为主。

三、竹木镜框和脚丝结构

相较于树脂板料,竹木材料的强度和韧性都差别较大,特别是竹木材料的强度极具方向性,因此竹木材料不适合制作光学镜架,即使是制作太阳眼镜架,镜架的弯度也只适合 450 弯及以下,因为竹木材料虽然可以进行热弯,但材料弯曲变形量较小,无法做大弯度镜框。

因材料强度的原因,竹木眼镜架的装配结构,特别是活动部件如铰链,基本都由金属件参与完成。

金属与竹木材料的装配结构以榫卯结构为主,也可以使用螺纹连接。

四、竹木眼镜架加工工艺

竹木镜框及脚丝的主要制作工艺流程:板料开料—粗坯加工(精雕)—表面打磨—热弯成形。

模块二 竹木全框太阳眼镜架结构图绘制

一、镜架主视图绘制

竹木眼镜架主视图绘制方法同板材眼镜架一样,但竹木镜框的尺寸比板材镜框更大,正视镜框最小处宽度不小于 2.5mm。本款竹木眼镜架主视轮廓如图 20-2 所示。

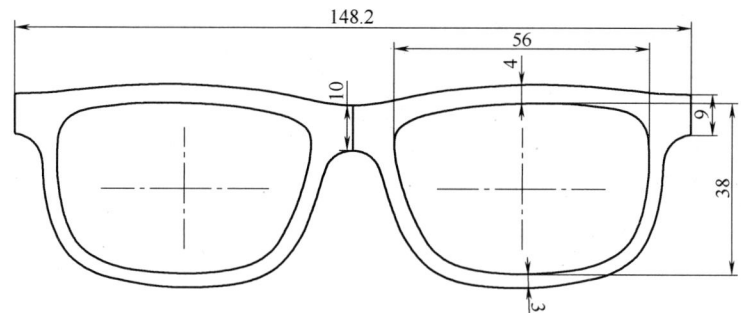

图 20-2　竹木全框太阳眼镜架主视轮廓图

二、前框三维建模

竹木眼镜架前框三维建模图绘制方法同板材眼镜架一样，建模绘图界面如图 20-3 所示。

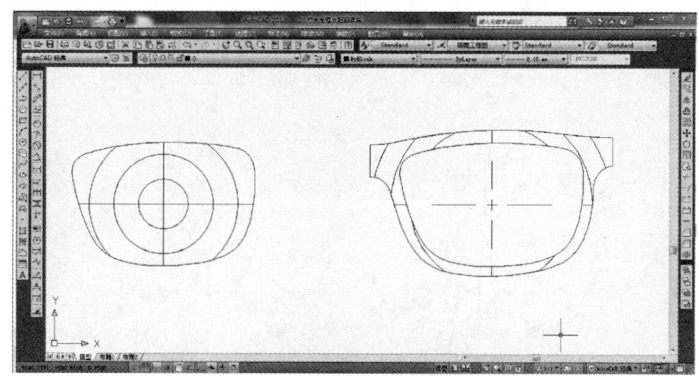

图 20-3　竹木全框太阳眼镜架前框建模绘图界面

建模参数：拉伸高度为 200mm，镜片表面球半径为 116mm，镜片厚度为 1.0mm，镜框表面球半径为 117.5mm，镜框厚度为 4.0mm。

三、镜架俯视图绘制

1. 前框俯视轮廓图绘制

先由前框三维建模图抽离出镜框俯视轮廓，绘图界面如图 20-4 所示。

然后将抽离出的前框俯视轮廓旋转 7°，以此为基本编辑绘制出竹木眼镜架前框俯视轮廓图，如图 20-5 所示。

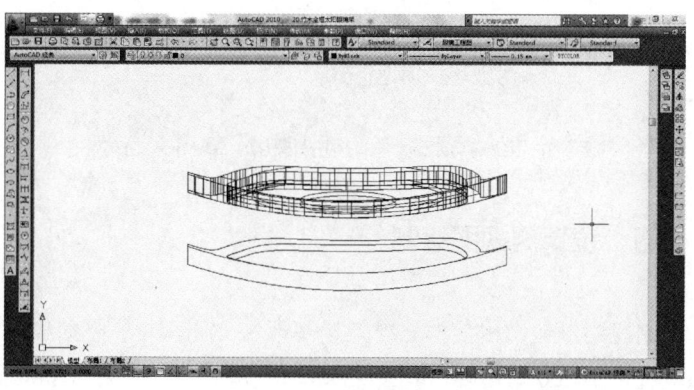

图 20-4　竹木全框太阳眼镜架前框俯视轮廓抽离界面

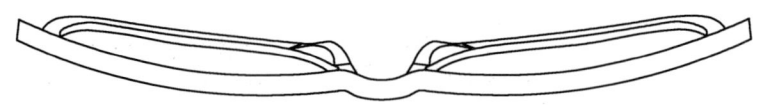

图 20-5 竹木全框太阳眼镜架前框俯视轮廓图

2. 脚丝俯视轮廓绘制

以镜框桩头表面以上 6~8mm 处为脚丝铰链中心（合口），按普通光学眼镜架脚丝俯视轮廓绘制方法，绘制脚丝俯视轮廓，脚丝厚度为 3.5~3.8mm，脾尾间距设计为 100~105mm，绘制出竹木眼镜架俯视脚丝轮廓图，如图 20-6 所示。

3. 镜架俯视图绘制

从实物图片可以看出，本款竹木全框太阳眼镜架镜框与脚丝的装配结构如图 20-7 所示。

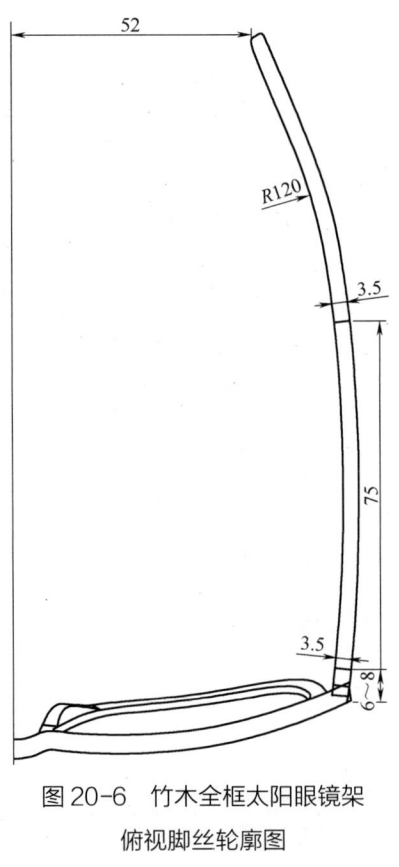

图 20-6 竹木全框太阳眼镜架
俯视脚丝轮廓图

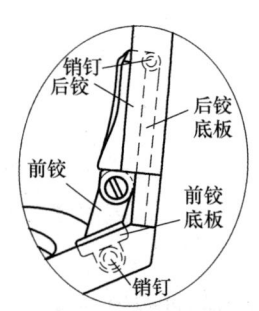

图 20-7 竹木全框太阳眼镜架镜框
与脚丝装配结构图

本款竹木全框太阳眼镜架俯视图如图 20-8 所示。

四、镜架侧视图绘制

侧视镜框轮廓由前框三维建模图形在"布局 2"中抽离出来，注意架弯角度，有些竹木太阳眼镜架用 200 弯镜片，其镜架架弯角度为 3°~4°。绘图界面如图 20-9 所示。

由于桩头位置较高，所以本款镜架的前框倾角较大，为 10°~11°。将前框侧视轮廓图旋转

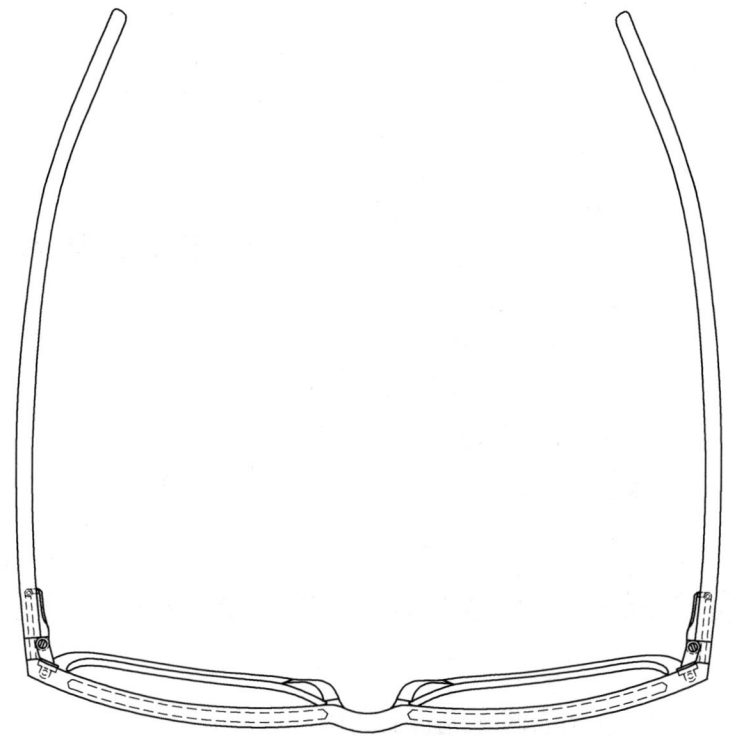

图 20-8　竹木全框太阳眼镜架俯视图

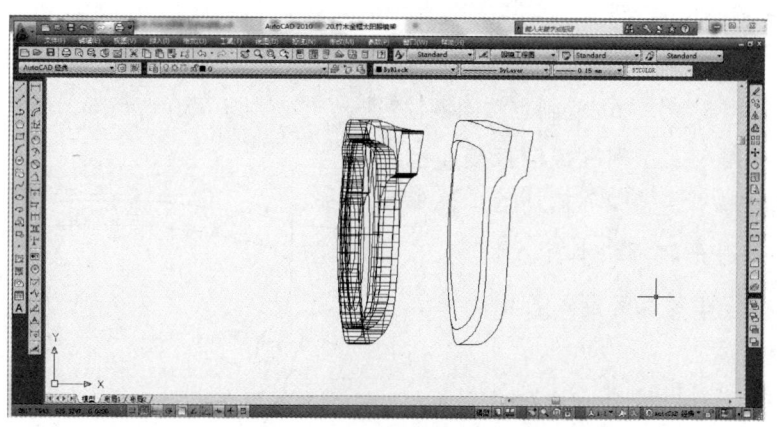

图 20-9　竹木全框太阳眼镜架前框侧视轮廓绘图界面

10°，设计并绘制脚丝侧视轮廓图，完成镜架侧视轮廓绘制，如图 20-10 所示。

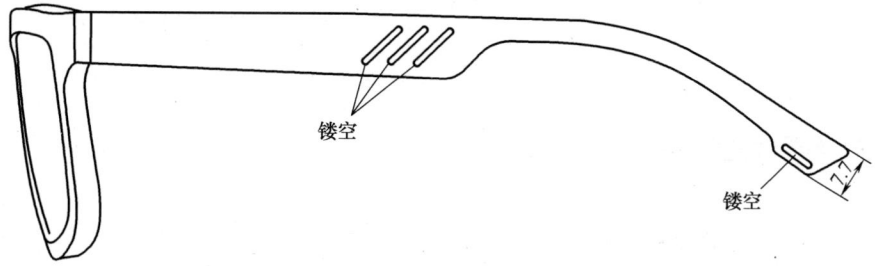

图 20-10　竹木全框太阳眼镜架侧视轮廓图

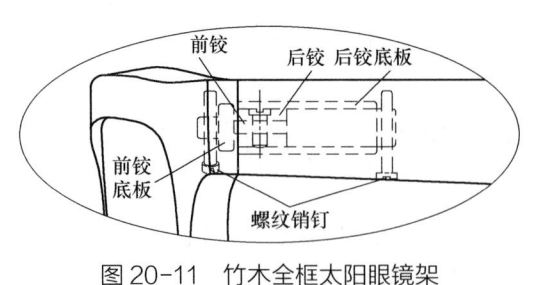

图 20-11 竹木全框太阳眼镜架
侧视桩头与脚丝装配结构

注意：侧视脚丝宽度尺寸或镂空部位实体总宽度不能小于 4.0mm，镂空宽度不能小于 1.0mm。侧视桩头与脚丝装配结构如图 20-11 所示。

五、镜架结构图绘制

完成镜架的三个主要视图后，再补充绘制出详细的不可见轮廓及关键位置断面图和片模图，然后标注各部位尺寸、排版图纸、填写标题栏内容，完成本款全框太阳眼镜架的结构图绘制。

本款竹木全框太阳眼镜架结构图如图 20-12 所示（见附页 63）。

模块三　竹木全框太阳眼镜架零件图绘制

竹木眼镜架几乎都是由镜框和脚丝两个主要零件构成的。

一、镜框零件图绘制

竹木眼镜架镜框零件图的绘制方法同钢片镜框一样，对于 450 弯镜架，镜框粗坯轮廓图的绘制方法是：将复制的主视图镜框直接在镜圈部位象限点打断，然后向外移动桩头处半框 0.4~0.8mm（片形较圆取小值、片形较方取大值），再顺滑连接镜圈部位各相应轮廓线，如图 20-13 所示。

中梁处压弯前后尺寸变化为 0.2~0.4mm。可以将镜像中心偏移 0.1~0.2mm，再镜像后修正轮廓线即可。

本款竹木全框太阳眼镜架镜框零件图如图 20-14 所示（见附页 64）。

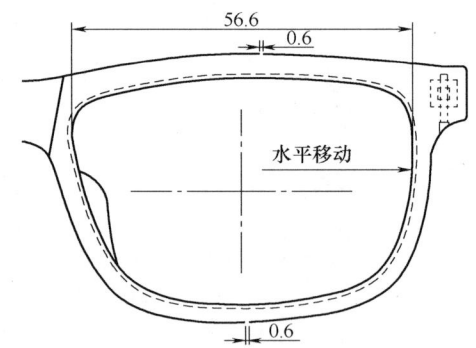

图 20-13 竹木全框太阳眼镜架镜框
粗坯图绘制方法图示

二、脚丝零件图绘制

脚丝零件的主、俯视图轮廓在结构图中均有较完整的表达，因此脚丝零件图的绘制就较为简单。本款竹木全框太阳眼镜架脚丝零件图如图 20-15 所示（见附页 65）。

课后练习

参照图 20-16 所示眼镜架实物图片，绘制该款竹木眼镜架全套工程图。

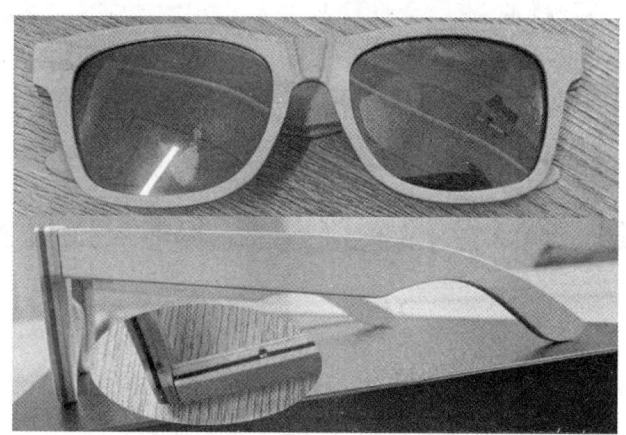

图 20-16　竹木全框太阳眼镜架工程图绘制课后练习参考图

项目二十一

眼镜企业工程图实例

实例一　全框金属儿童眼镜架工程图

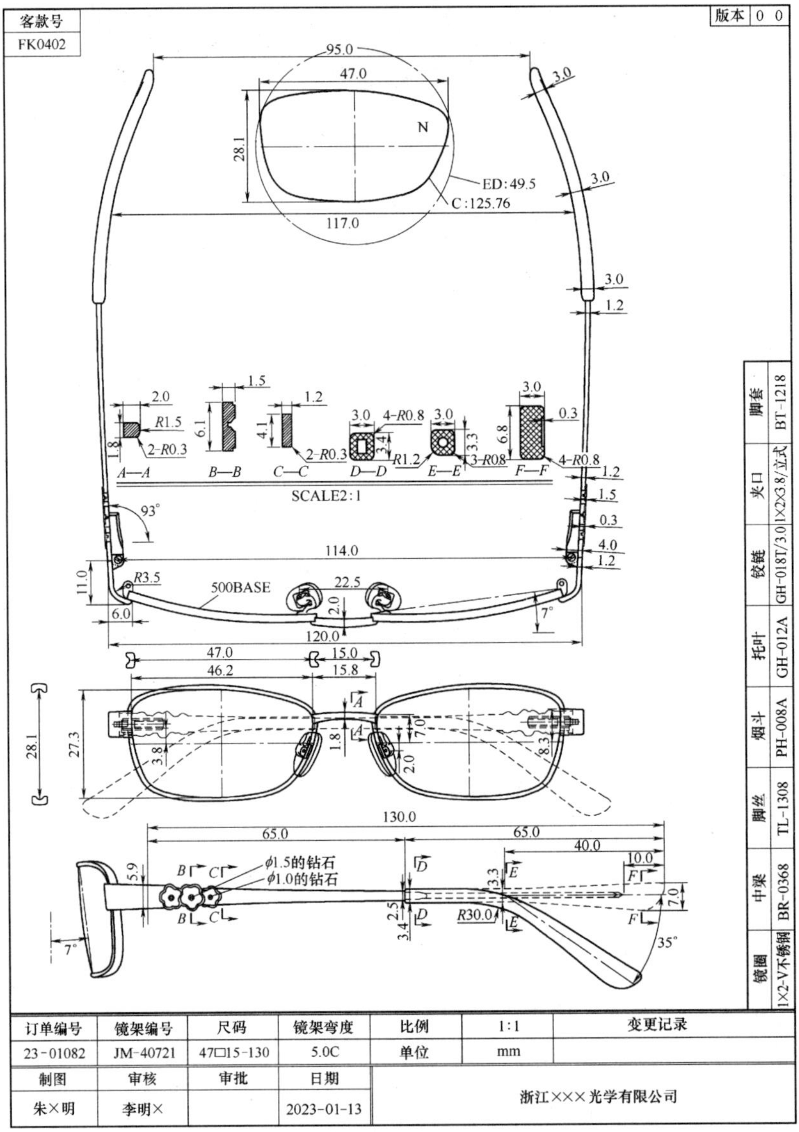

订单编号	镜架编号	尺码	镜架弯度	比例	1:1	变更记录
23-01082	JM-40721	47□15-130	5.0C	单位	mm	
制图	审核	审批	日期	浙江×××光学有限公司		
朱×明	李明×		2023-01-13			

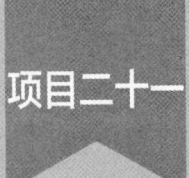

图 21-1　全框金属儿童眼镜架工程图实例-结构图

版本	0 0

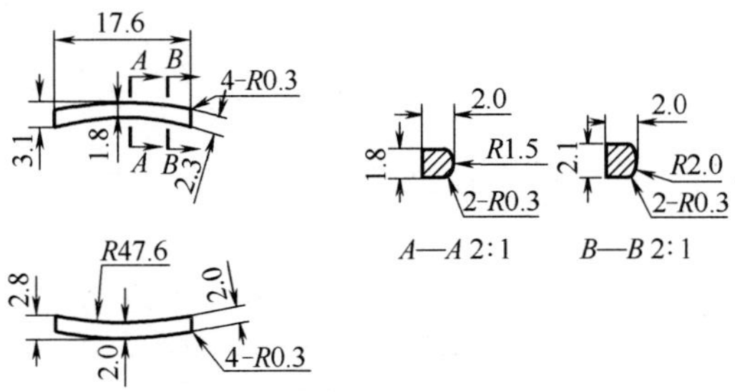

零件名称	材质	零件编号	适用款号	比例	1:1	变更记录
中梁	高镍白铜B40	BR-0368	JM-40721	单位	mm	
制图	审核	日期	版次	浙江×××光学有限公司		
朱×明	李明×	2023-01-13	00			

图 21-2　全框金属儿童眼镜架工程图实例-中梁零件图

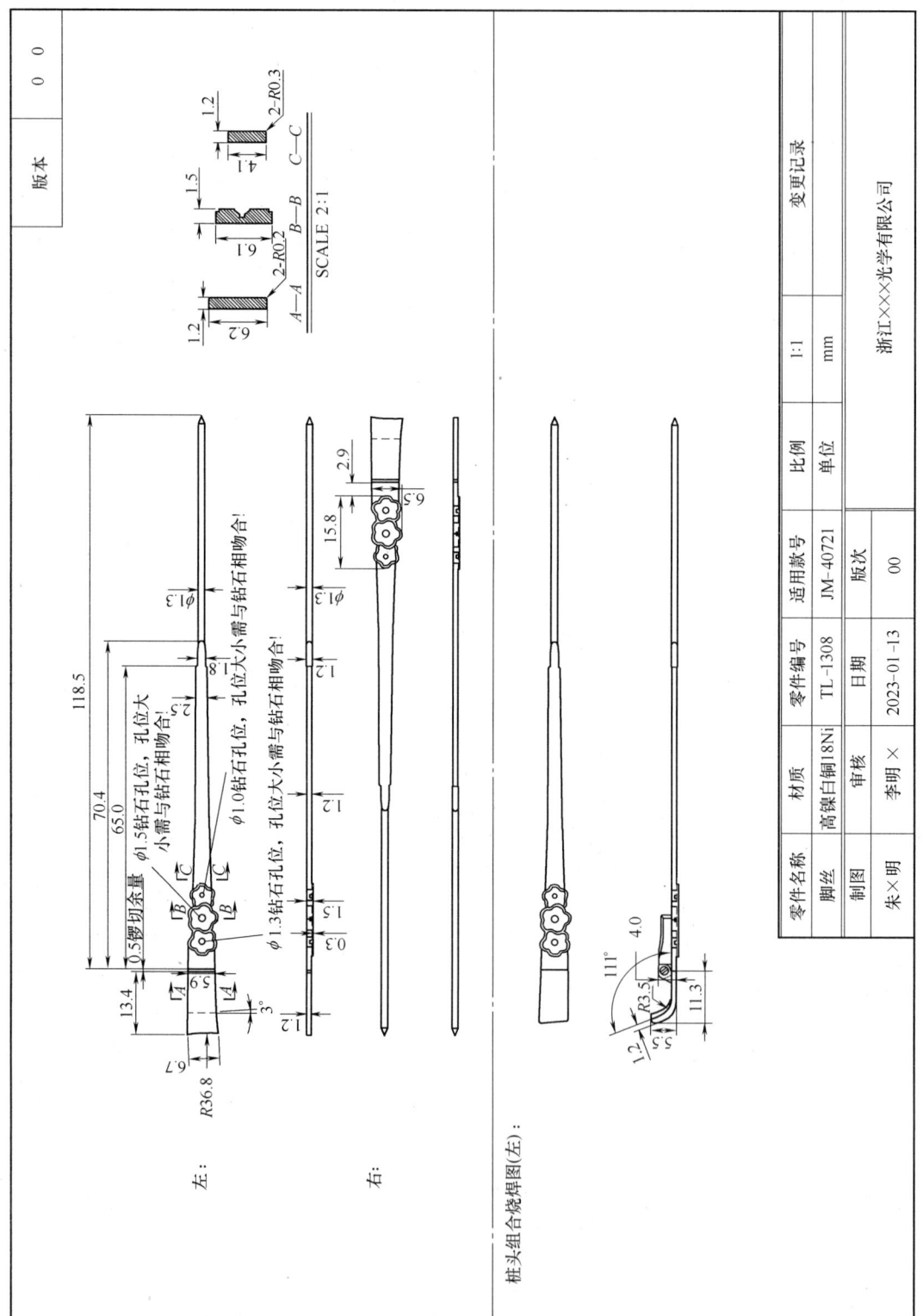

图 21-3 全框金属儿童眼镜架工程图实例-脚丝零件图

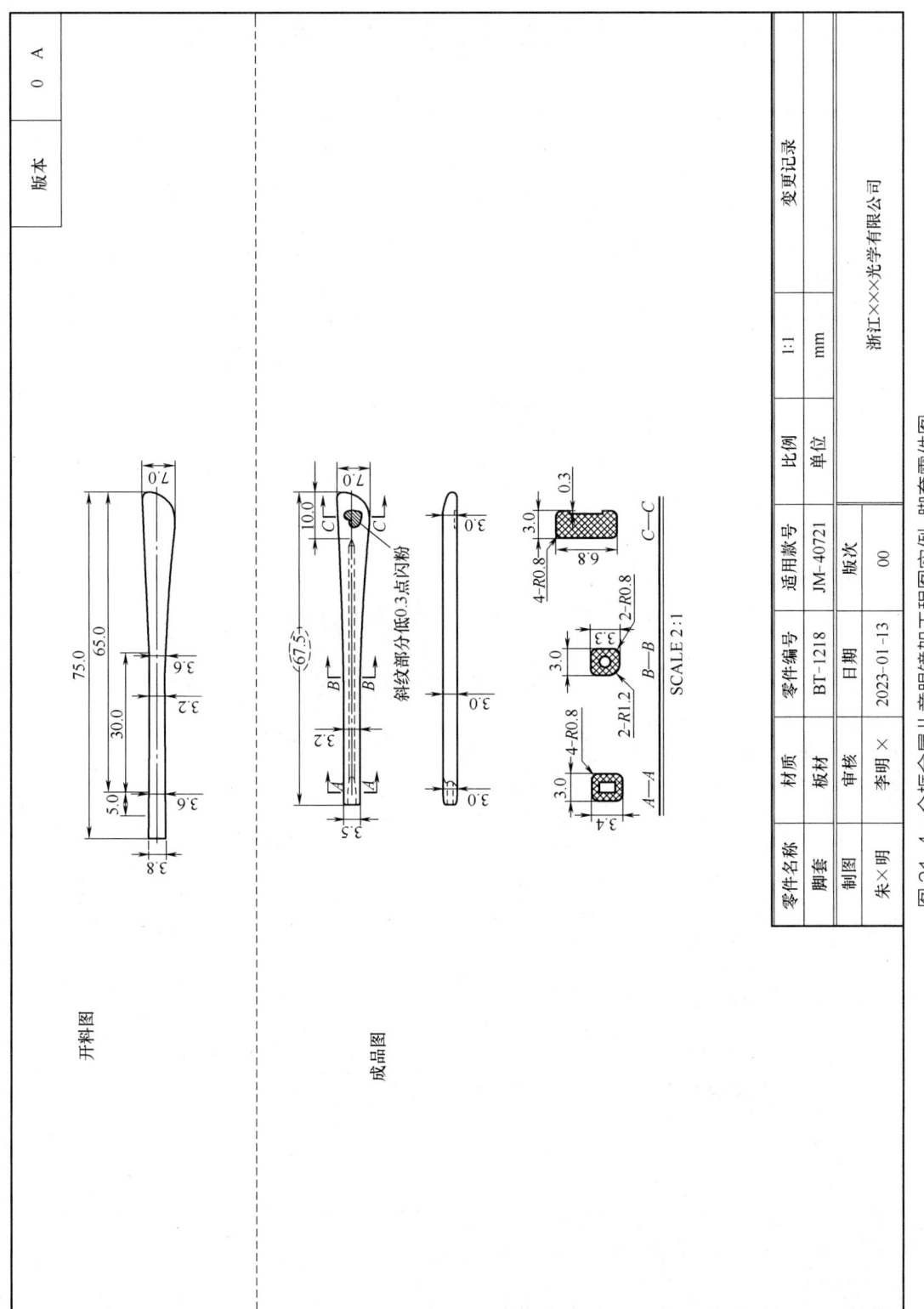

图 21-4 全框金属儿童眼镜架工程图实例-脚套零件图

实例二　全框金属光学眼镜架工程图

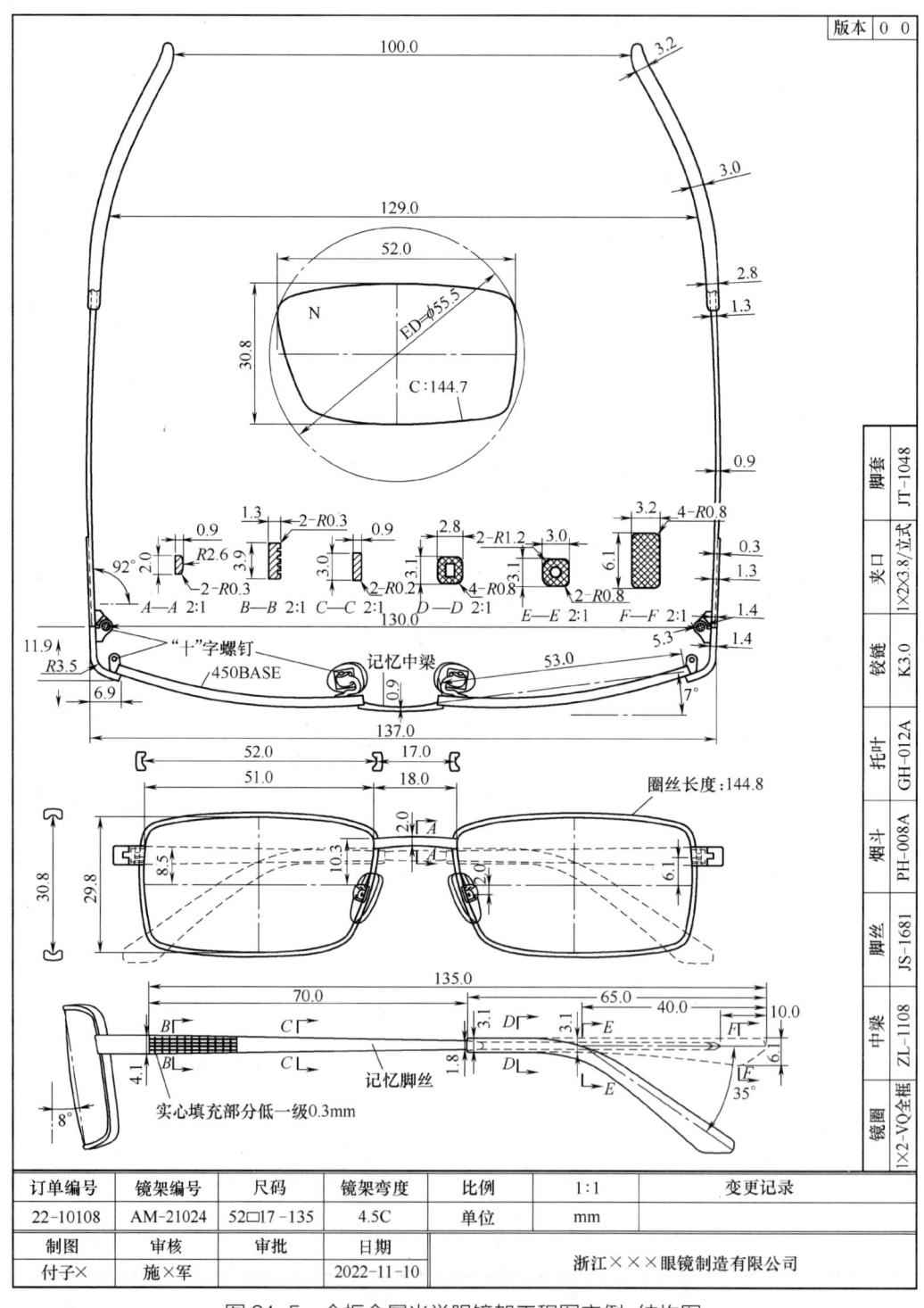

图 21-5　全框金属光学眼镜架工程图实例-结构图

项目二十一 眼镜企业工程图实例 305

饰片配件图未加打磨余量
需首件确认后生产

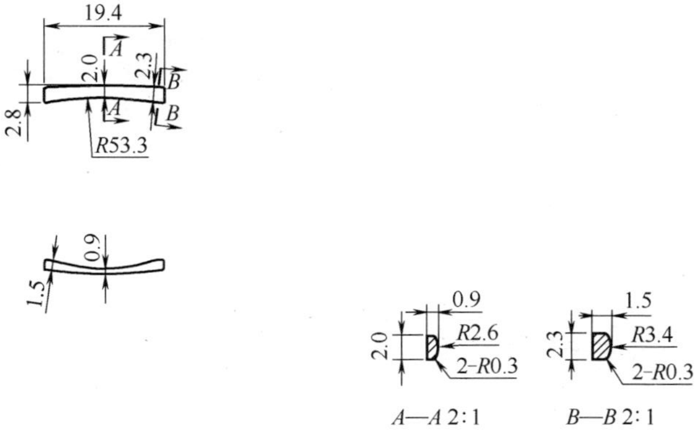

零件名称	材质	镜架编号	比例	变更记录
中梁	钛合金	AM-21024	1:1	
制图	审核	版次	单位	浙江×××眼镜制造有限公司
付子×	施×军	00	mm	

零件编号 ZL-1108
日期 2022-11-10

图 21-6 全框金属光学眼镜架工程图实例-中梁零件图

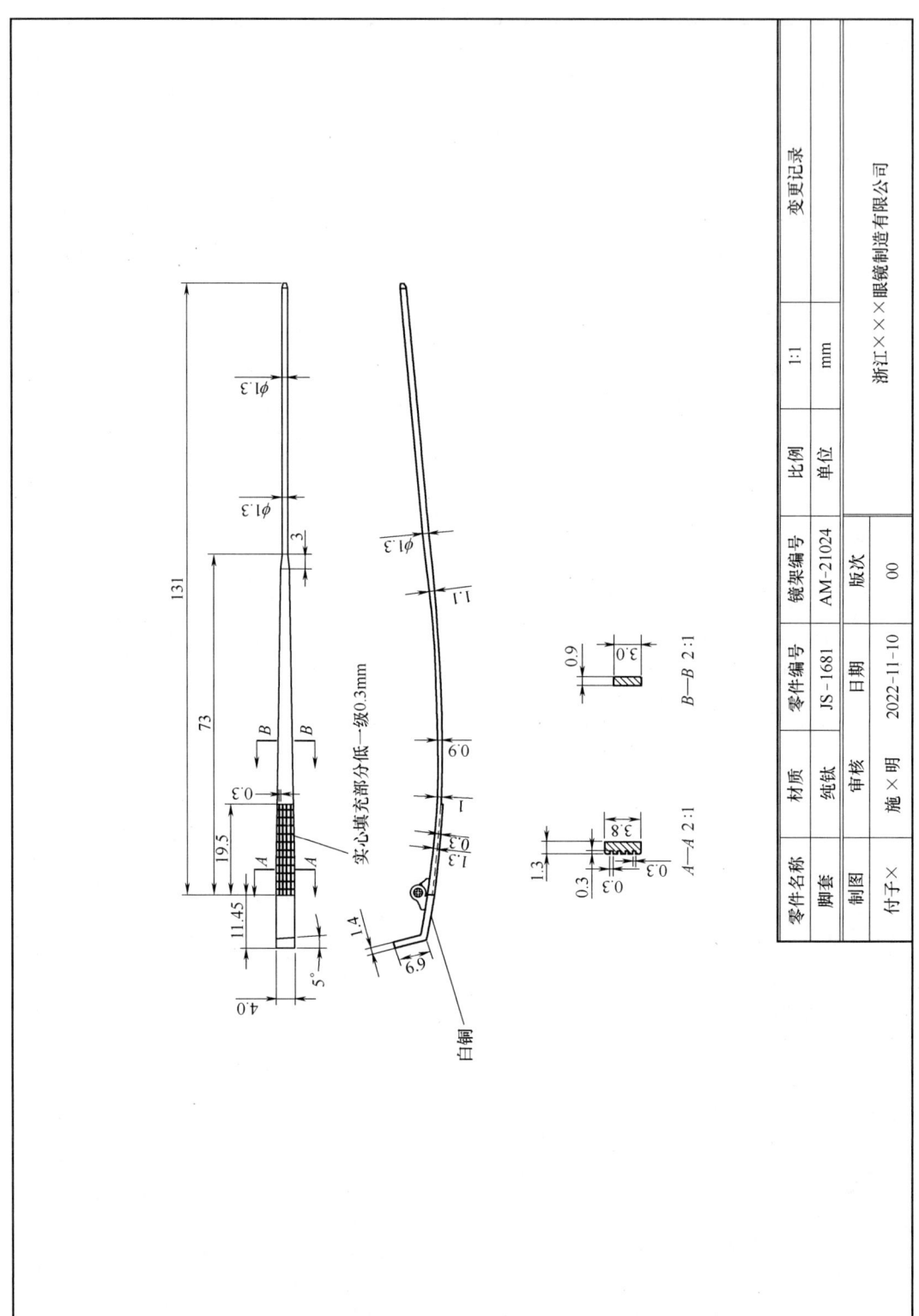

图 21-7 全框金属光学眼镜架工程图实例-脚丝零件图

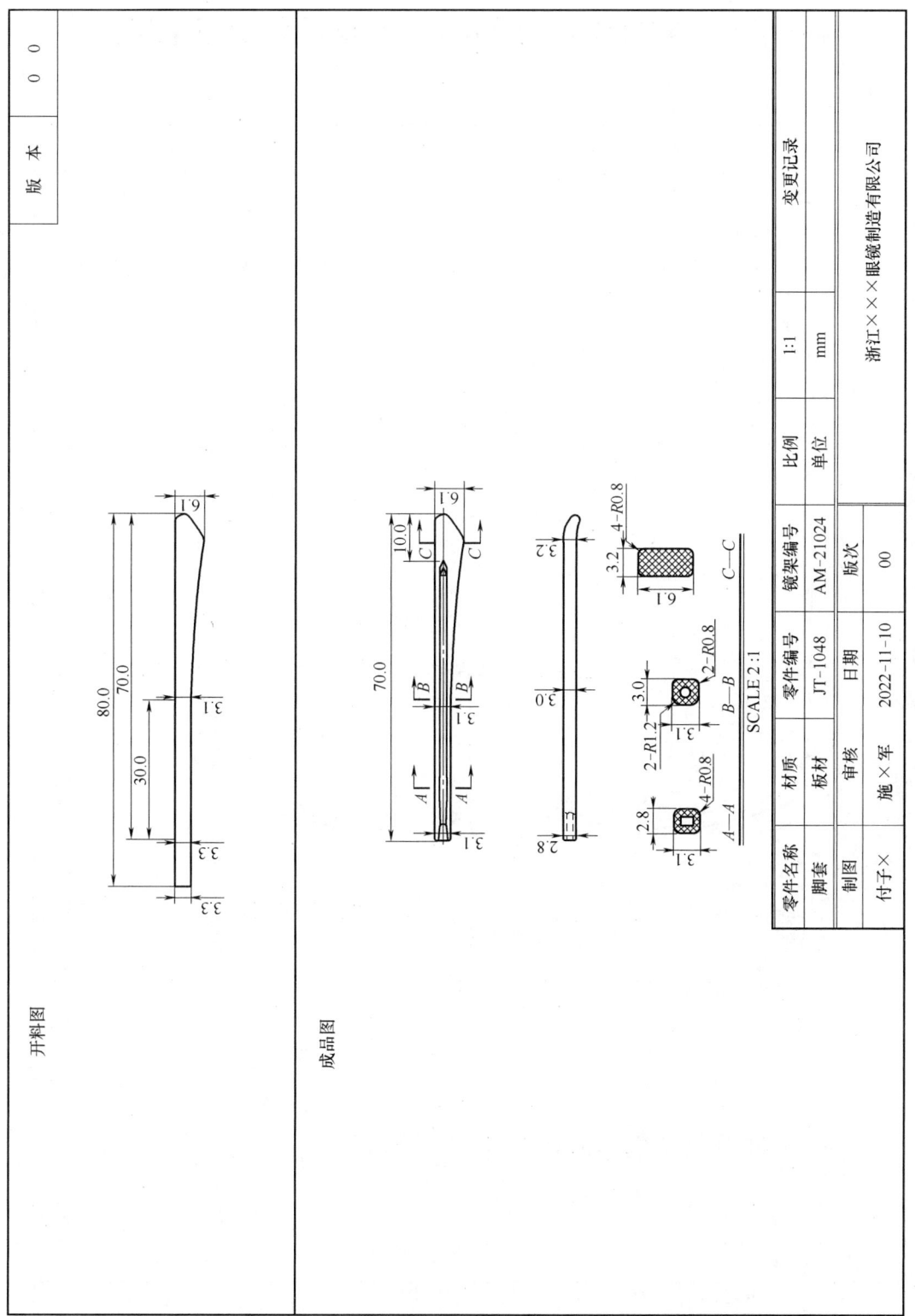

图 21-8 全框金属光学眼镜架工程图实例-脚套零件图

实例三 半框钢片贴圈男款光学眼镜架工程图

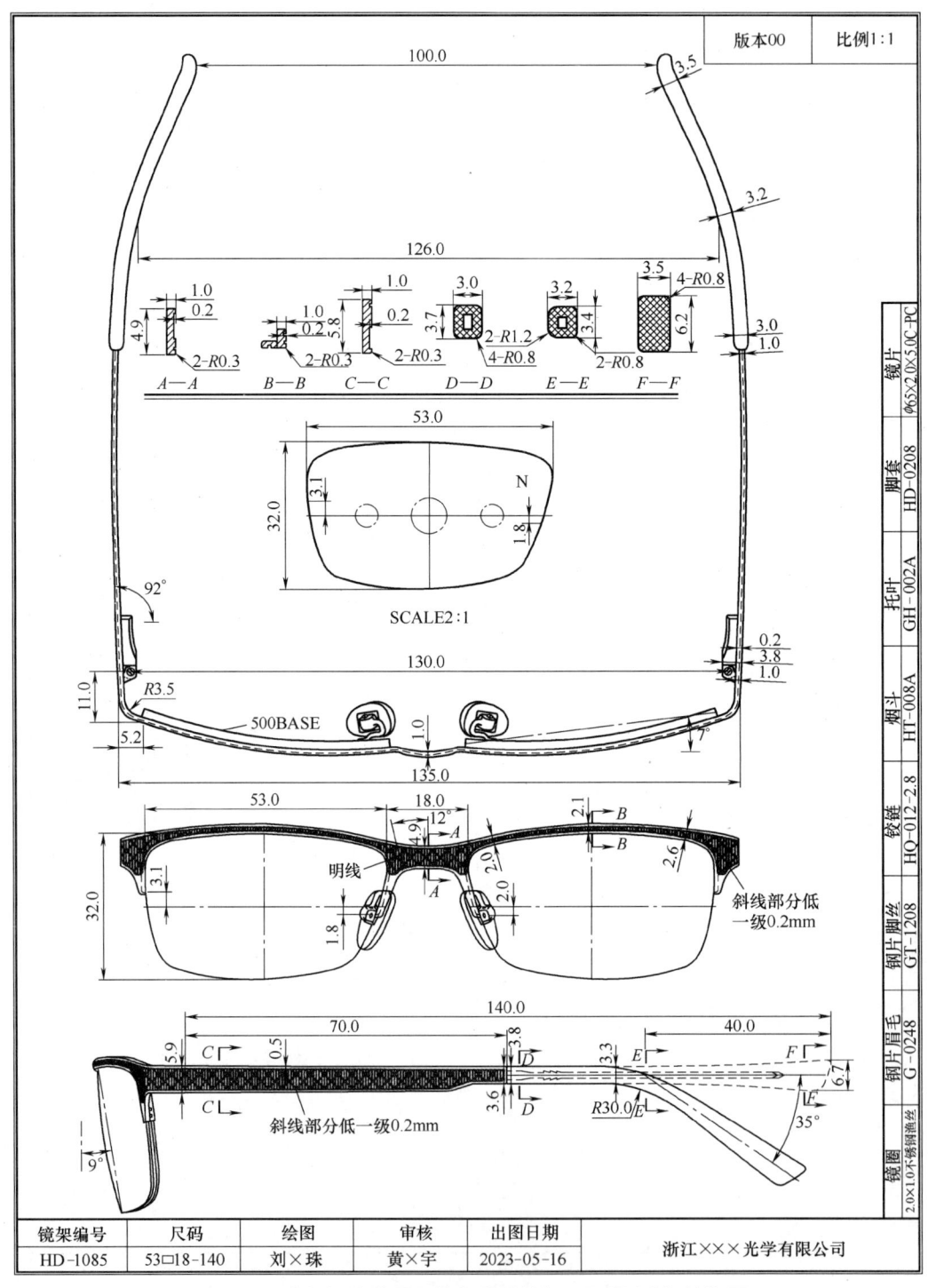

图 21-9 半框钢片贴圈男款光学眼镜架工程图实例-结构图

项目二十一 眼镜企业工程图实例 309

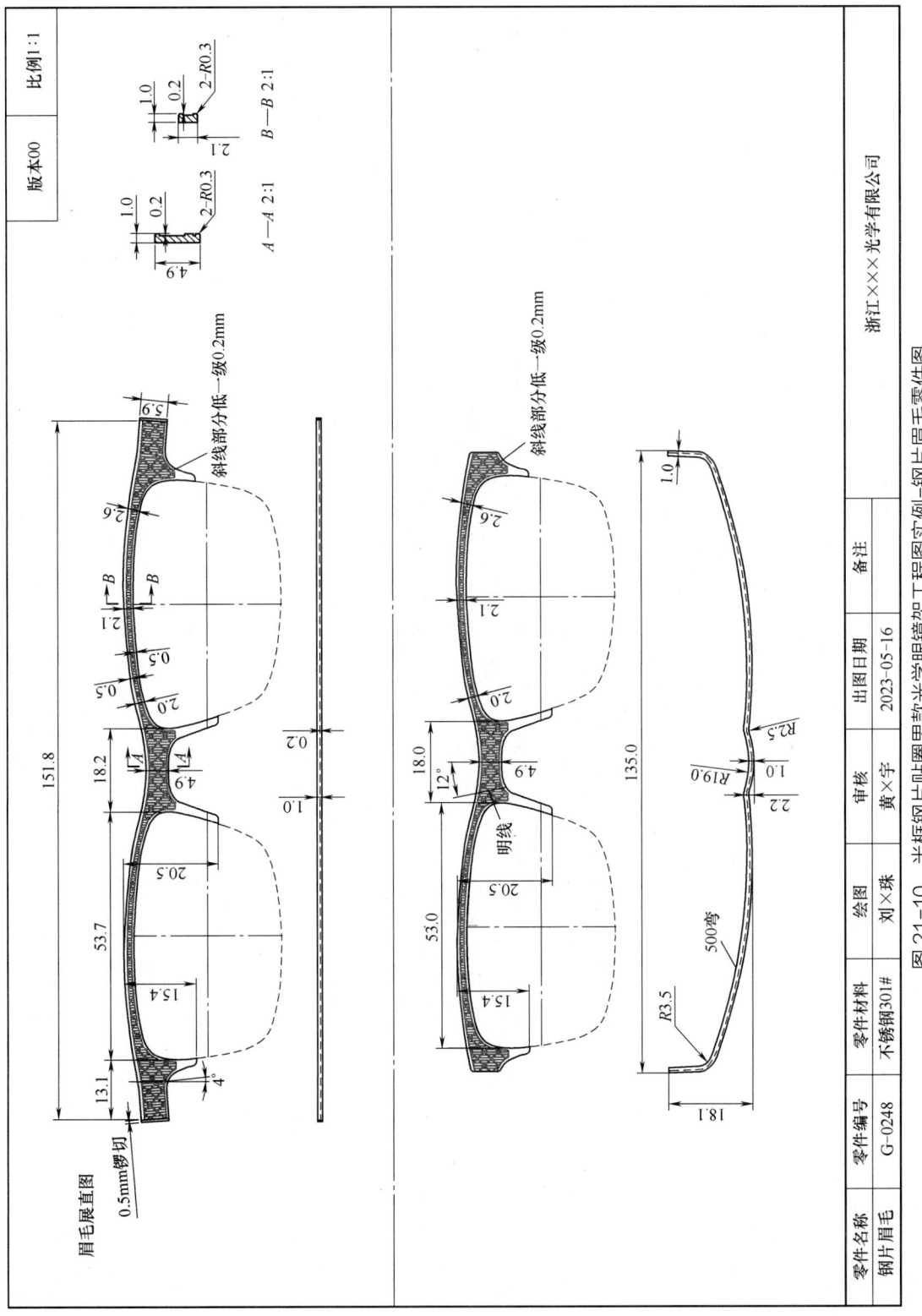

图 21-10 半框钢片贴圈男款光学眼镜架工程图实例-钢片眉毛零件图

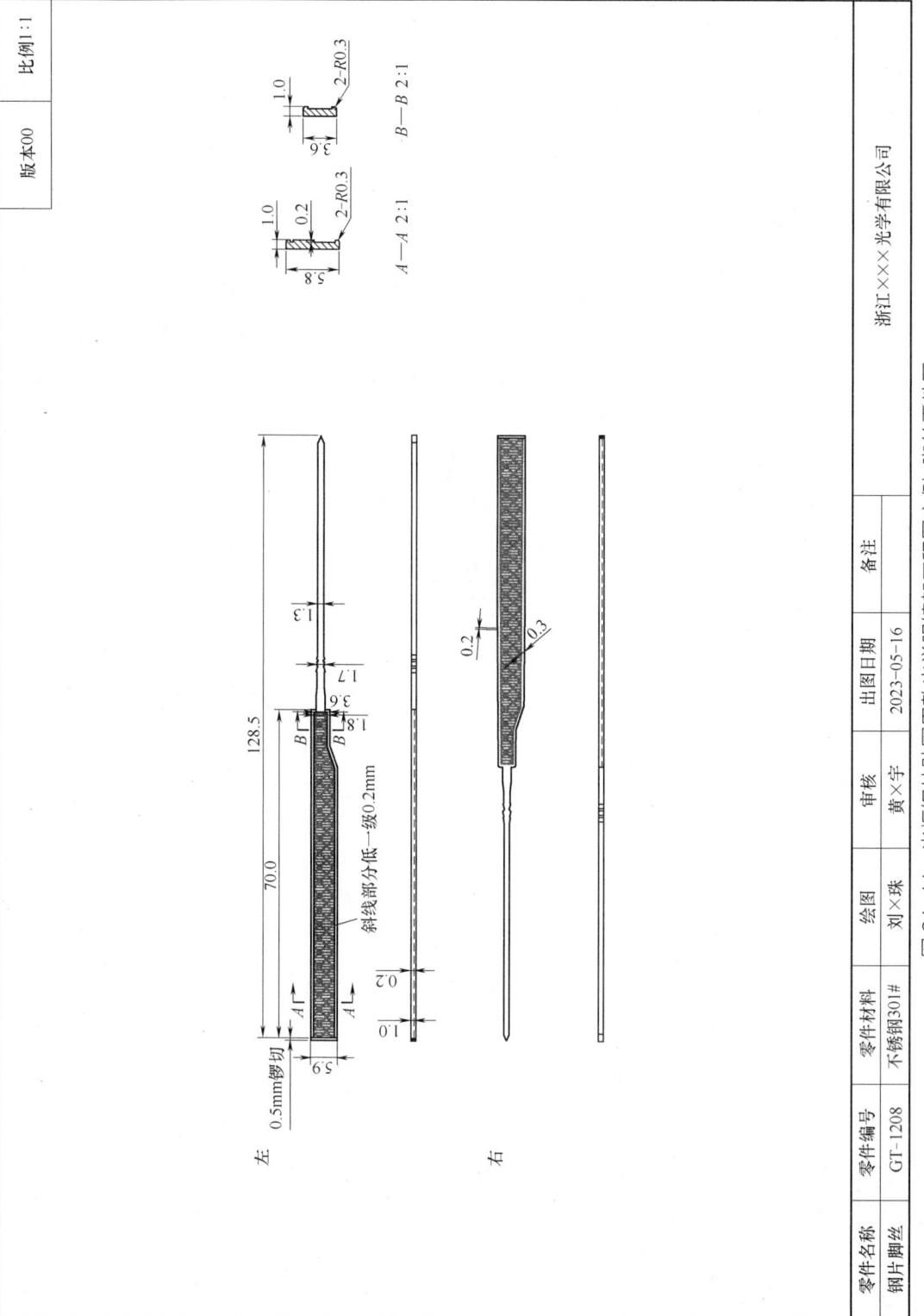

图 21-11 半框钢片贴圈男款光学眼镜架工程图实例-脚丝零件图

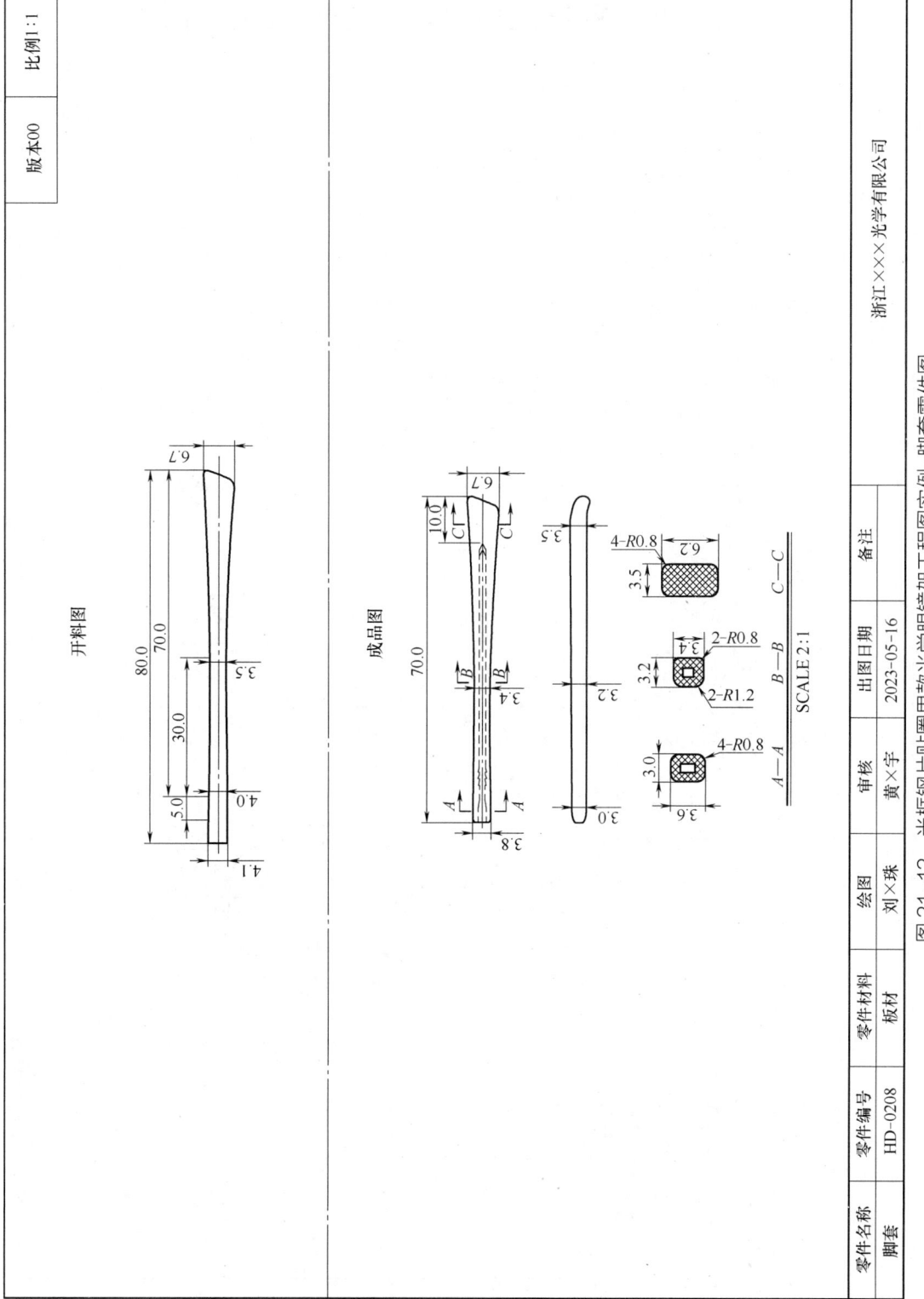

图 21-12　半框钢片贴圈男款光学眼镜架工程图实例-脚套零件图

实例四　板材儿童太阳眼镜架工程图

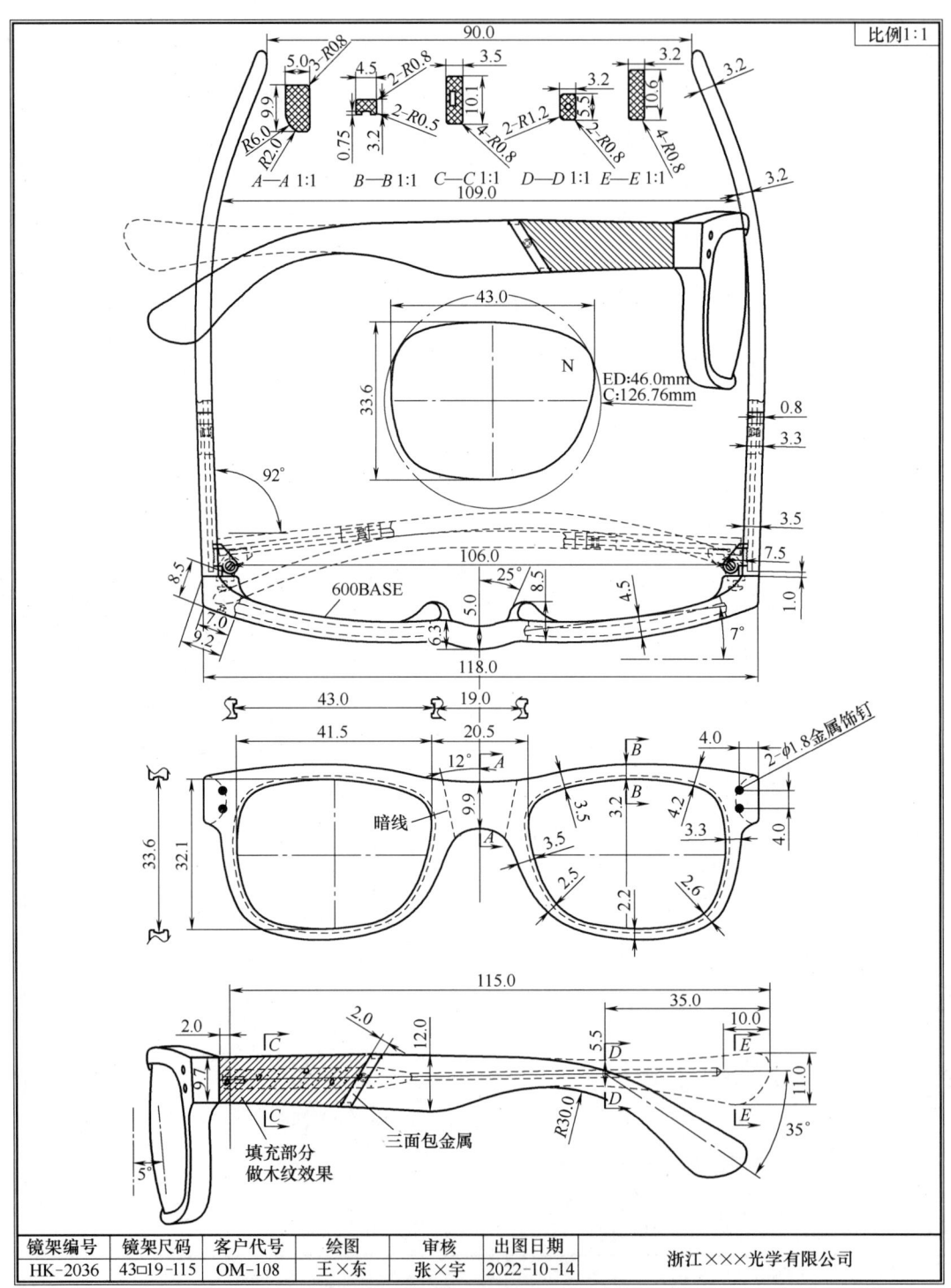

图 21-13　板材儿童太阳眼镜架工程图实例-结构图

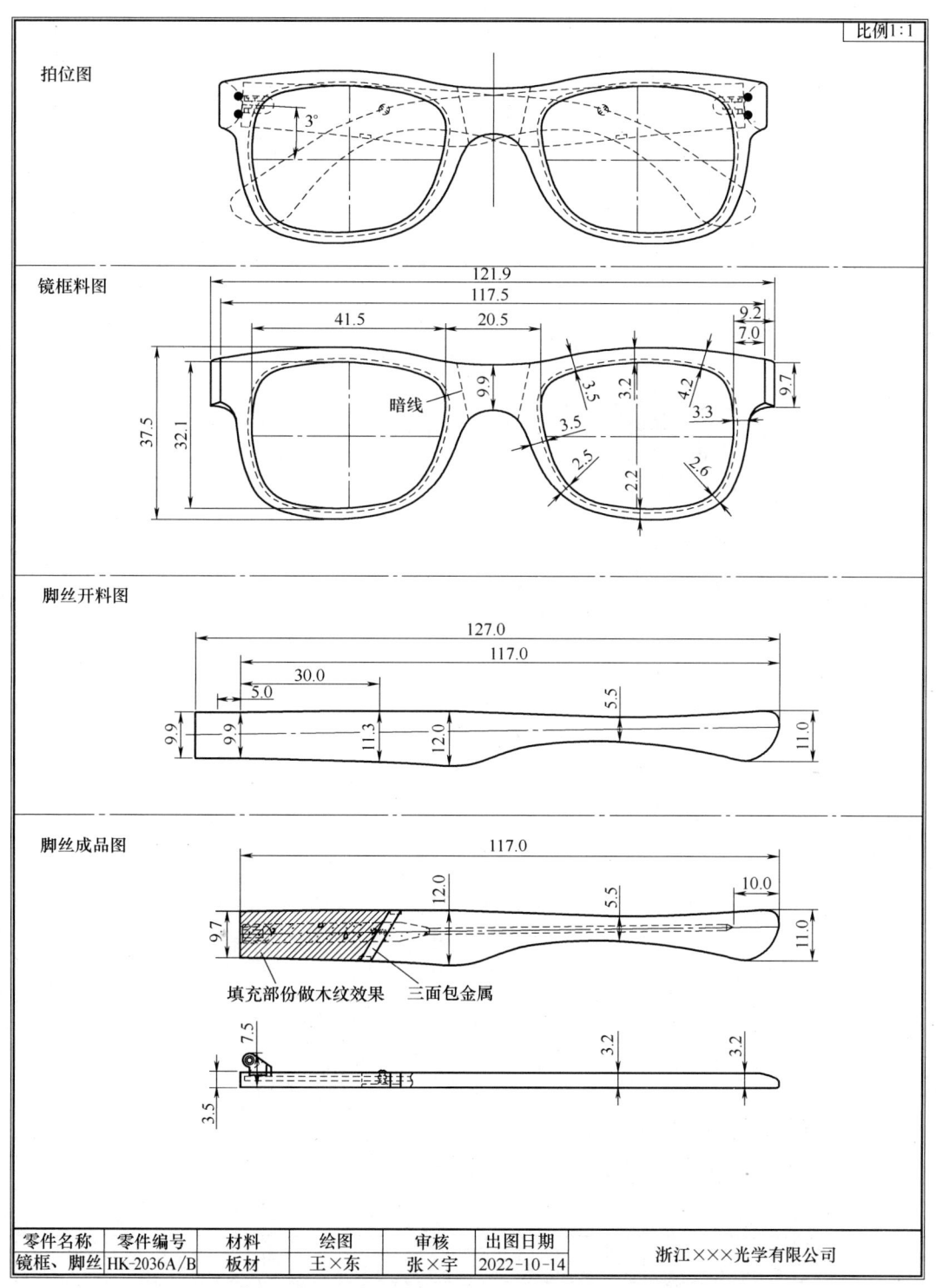

图 21-14 板材儿童太阳眼镜架工程图实例-镜框、脚丝零件图

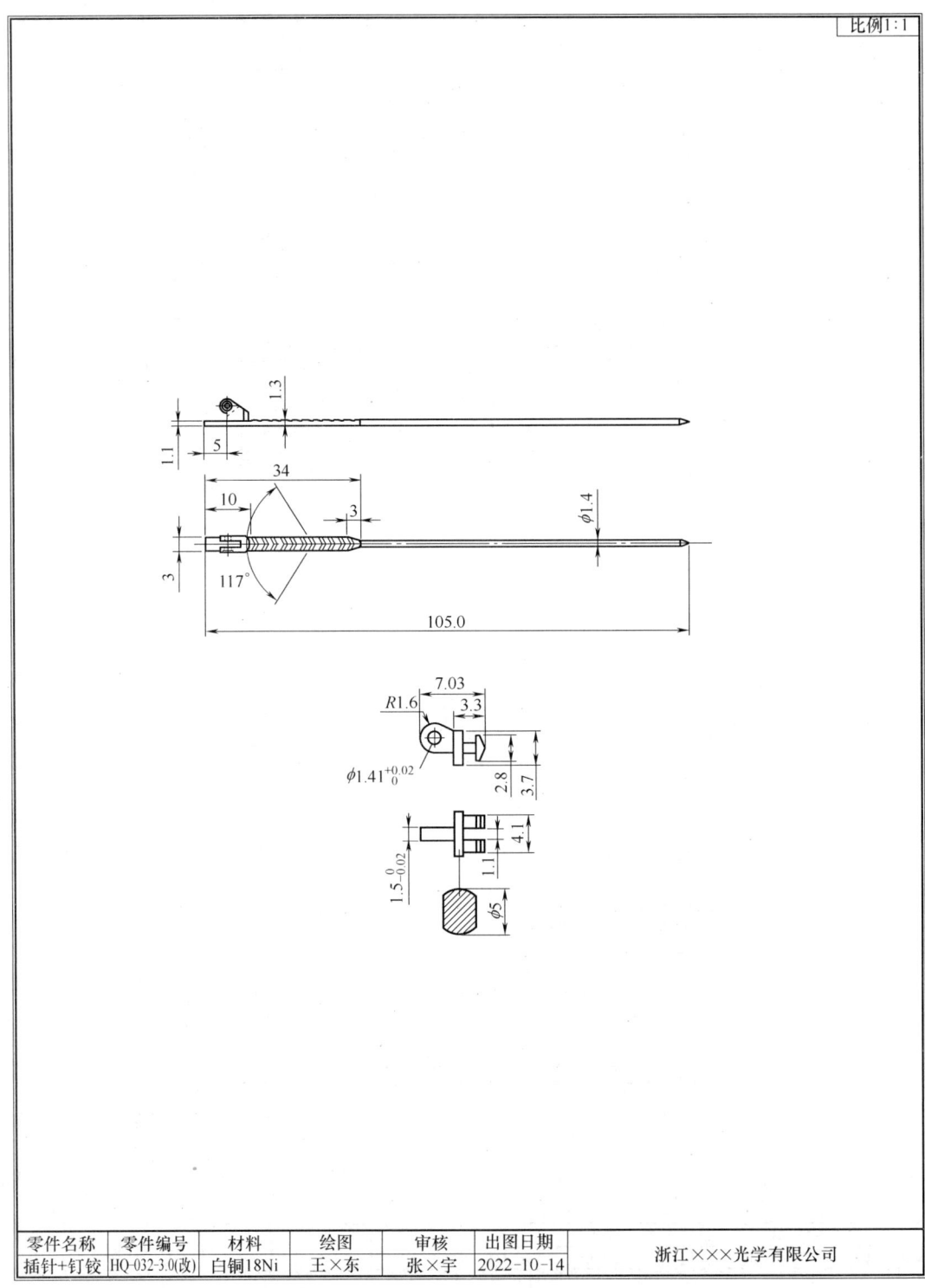

图 21-15 板材儿童太阳眼镜架工程图实例-插针、钉铰零件图

实例五　金属无框光学眼镜架工程图

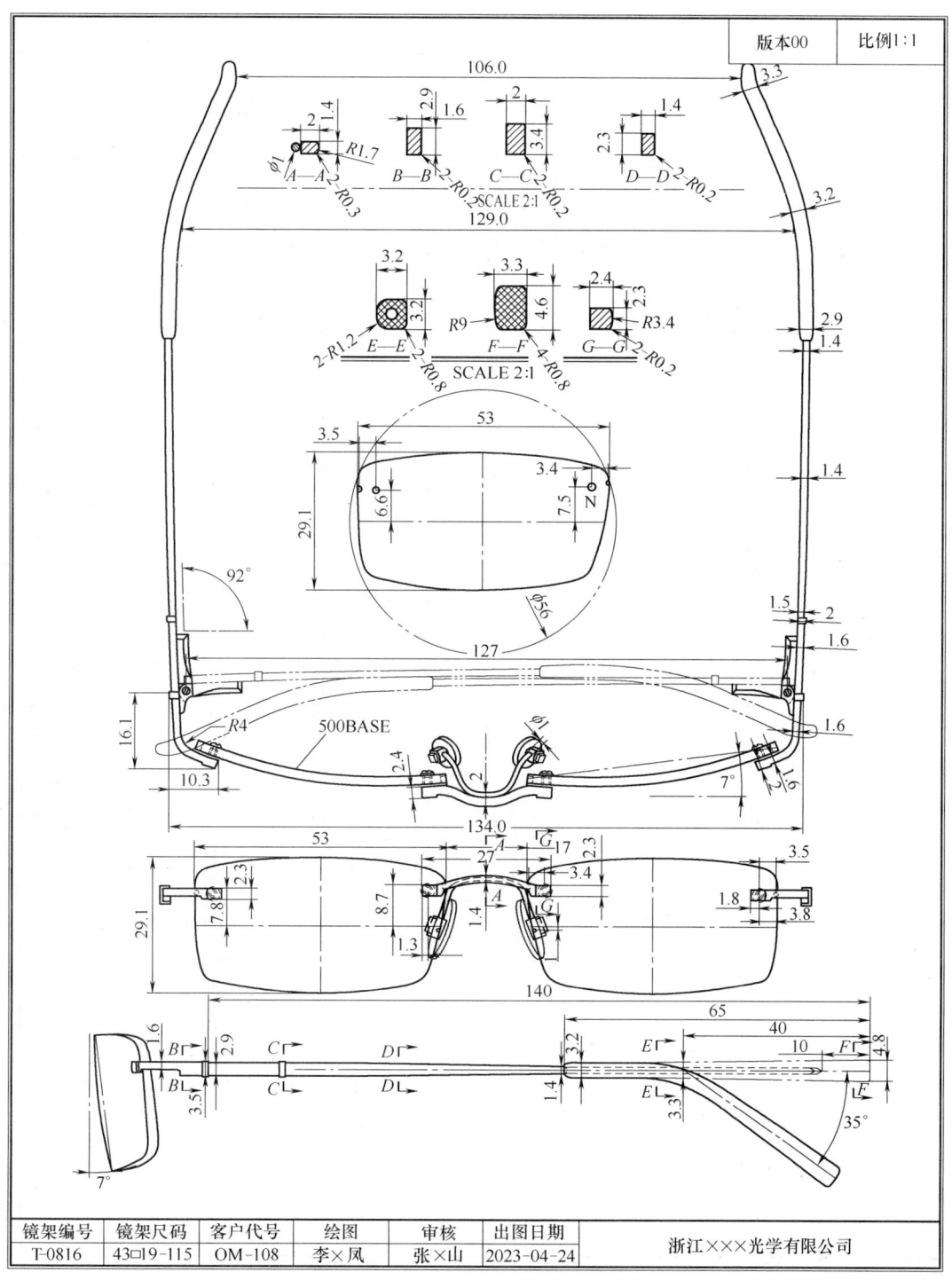

图 21-16　金属无框光学眼镜架工程图实例-结构图

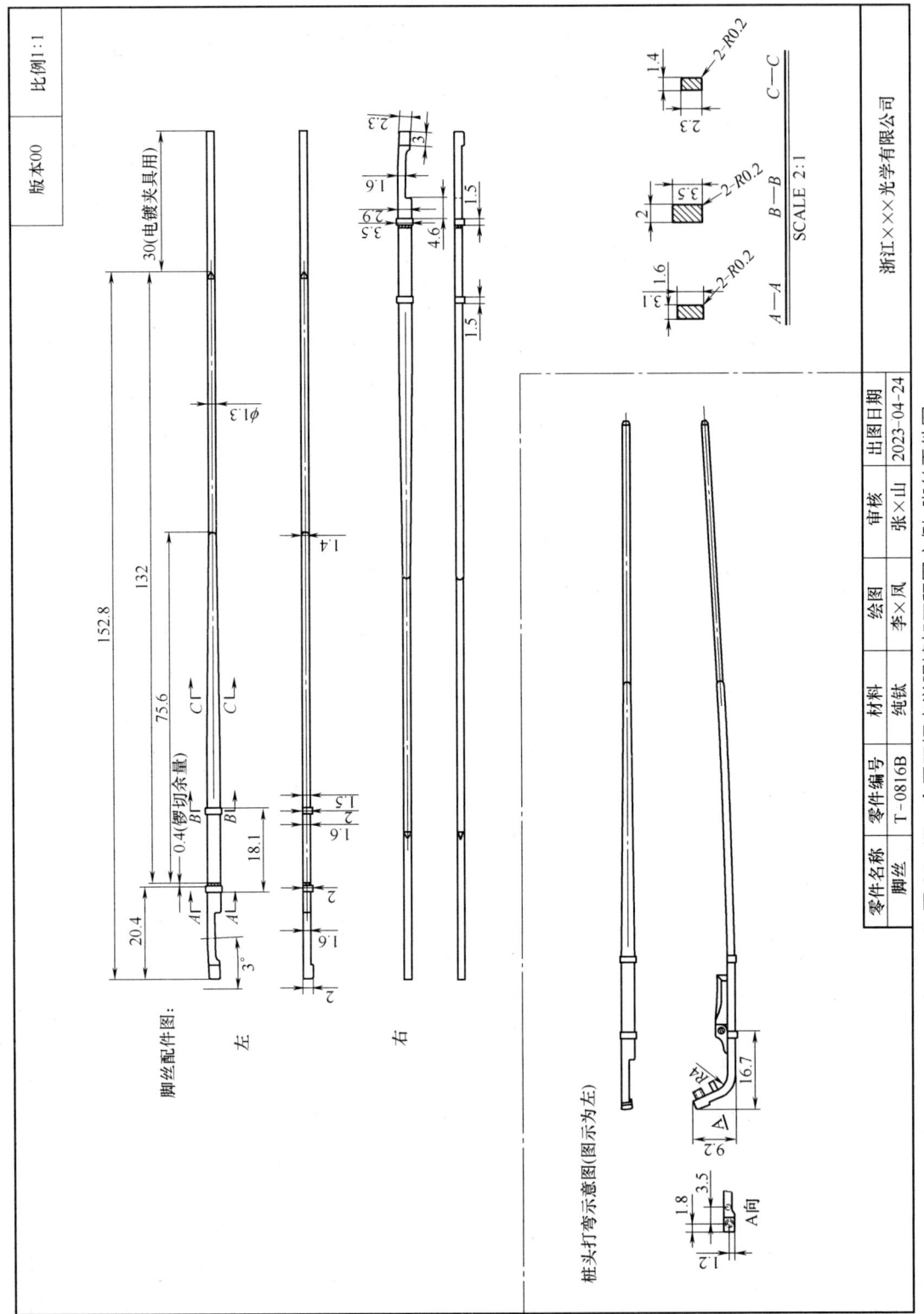

图 21-17 金属无框光学眼镜架工程图实例-脚丝零件图

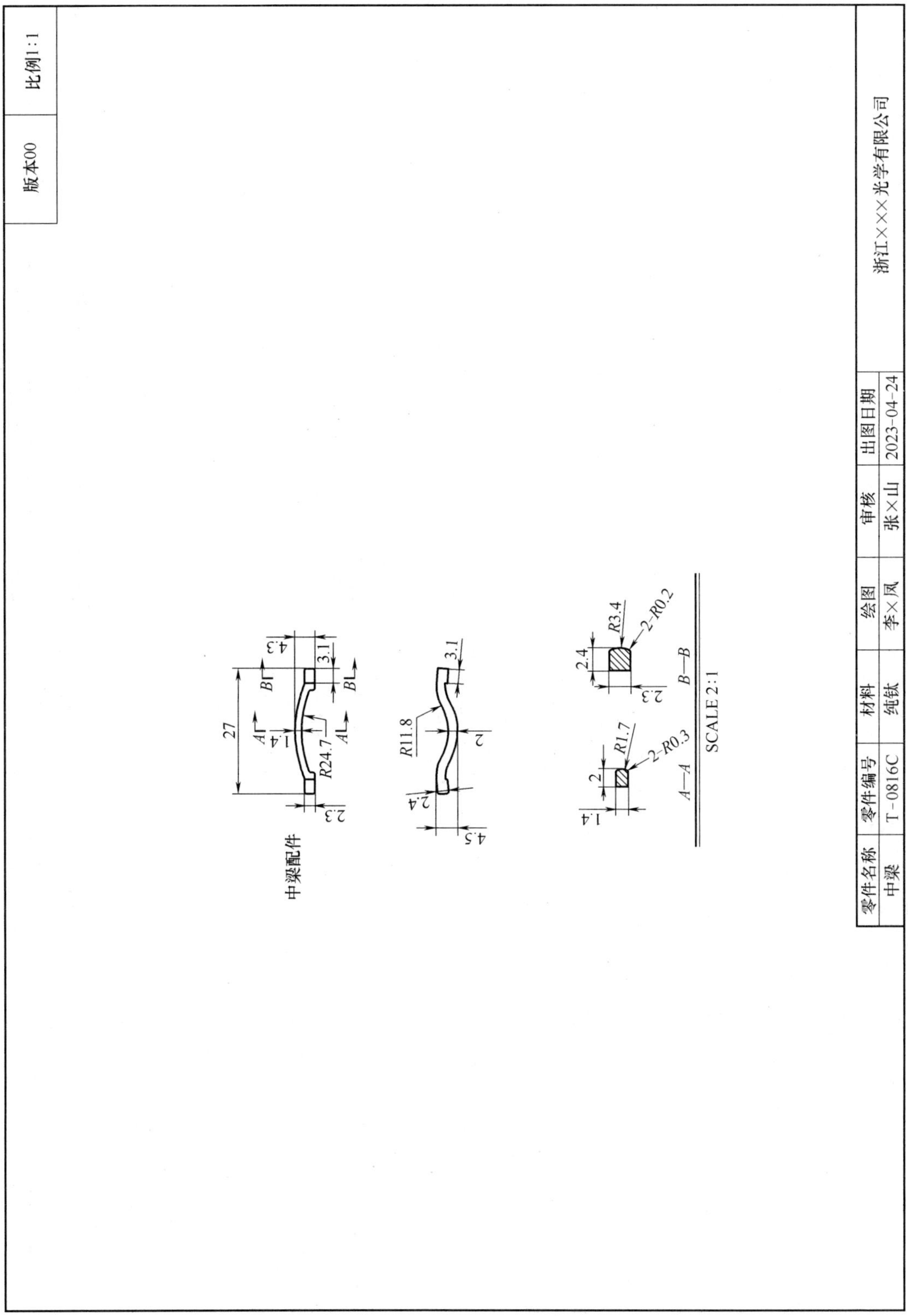

图 21-18　金属无框光学眼镜架工程图实例-中梁零件图

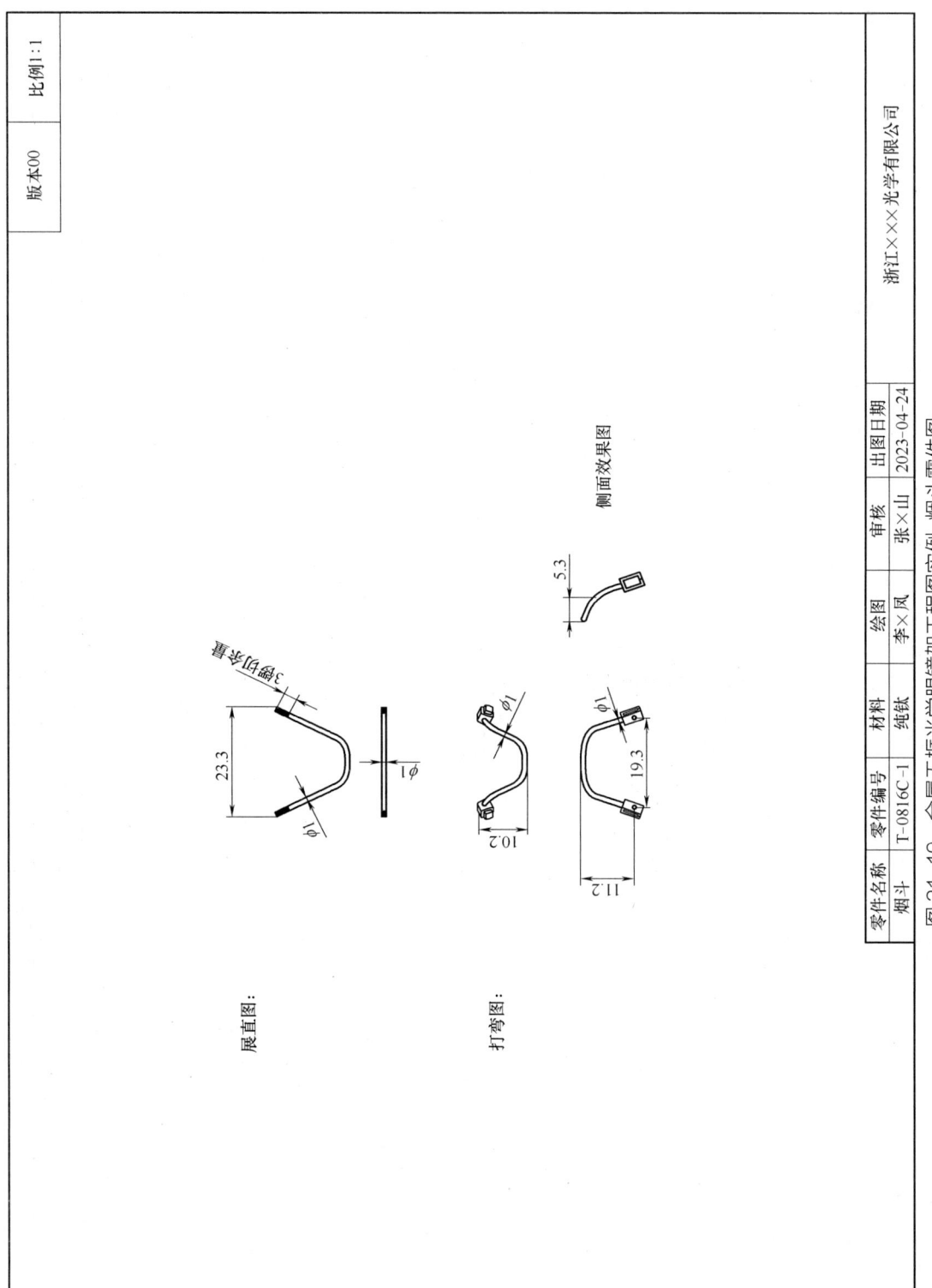

图 21-19 金属无框光学眼镜架工程图实例-烟斗零件图

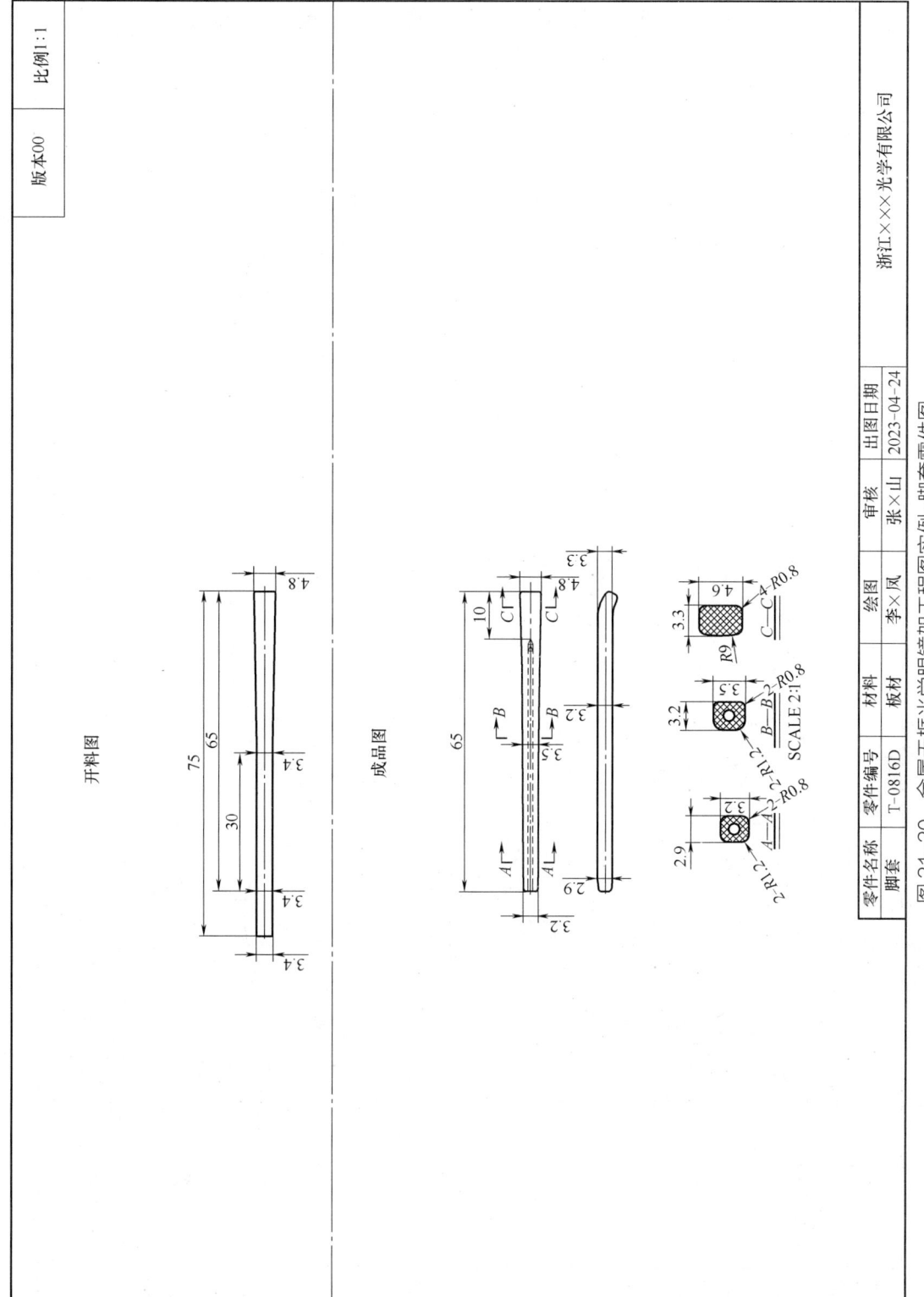

图 21-20 金属无框光学眼镜架工程图实例-脚套零件图

实例六　全框钢片眉毛+板材脚丝光学眼镜架工程图

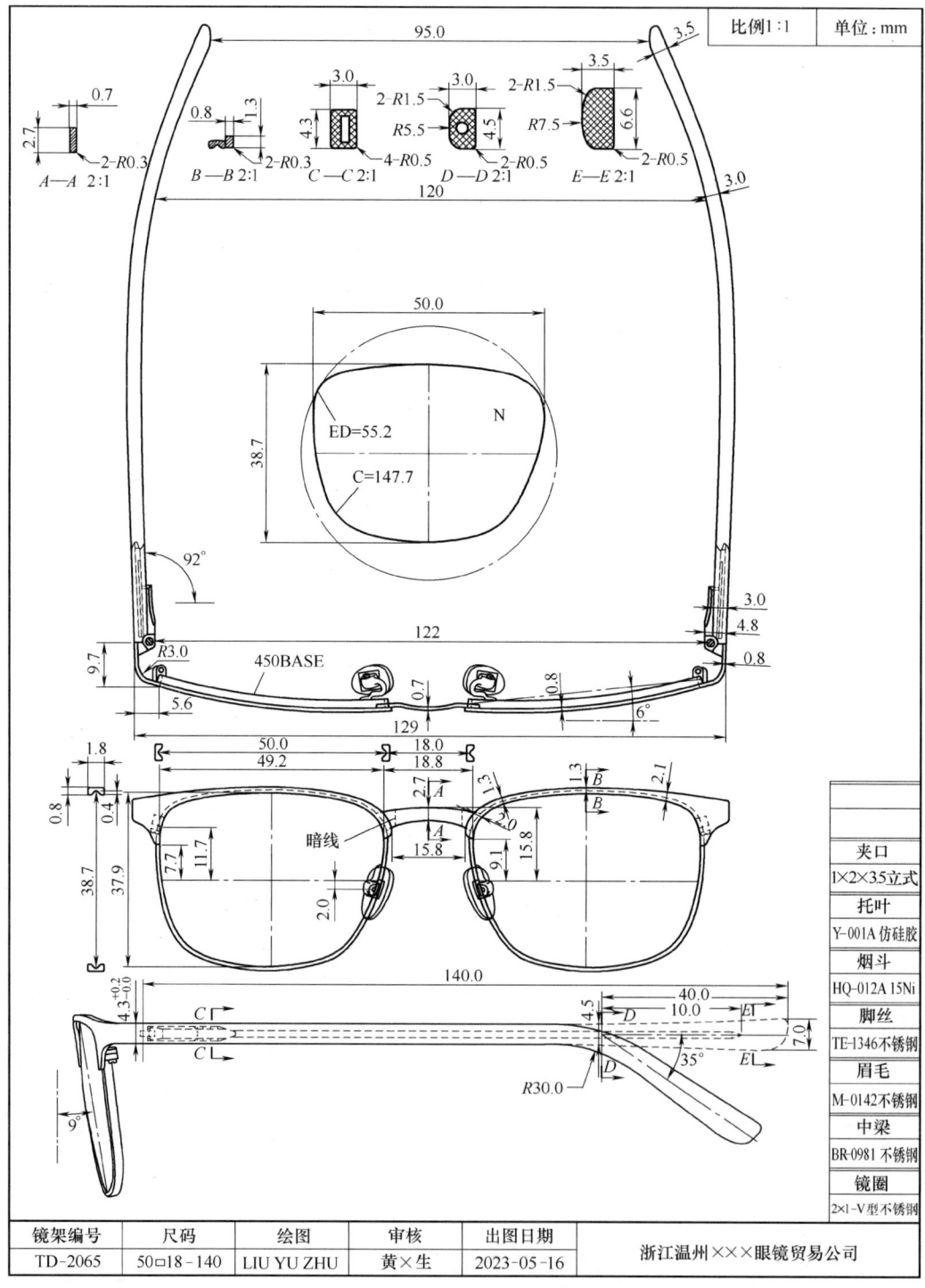

图 21-21　全框钢片眉毛+板材脚丝光学眼镜架工程图实例-结构图

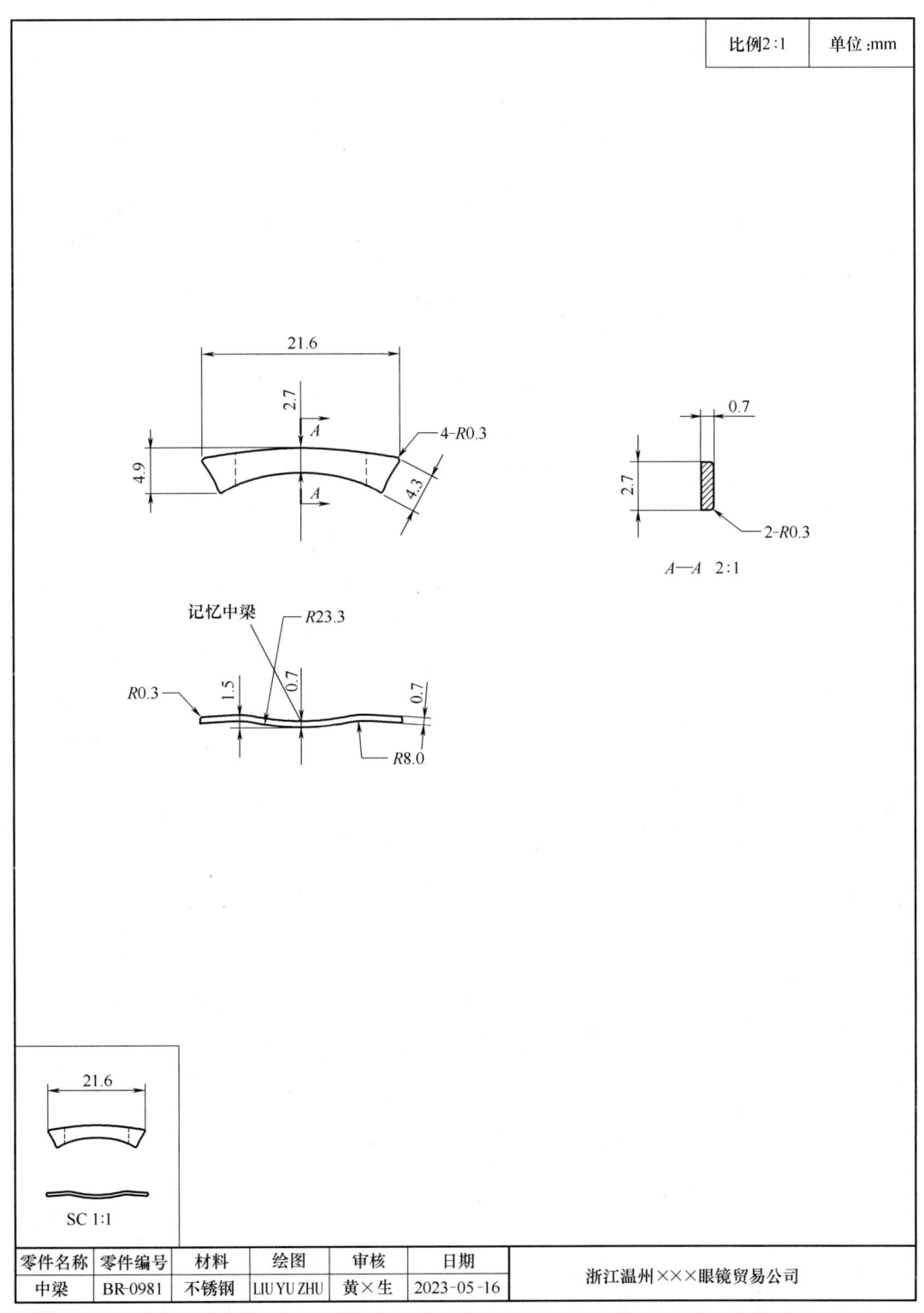

图 21-22　全框钢片眉毛+板材脚丝光学眼镜架工程图实例-中梁零件图

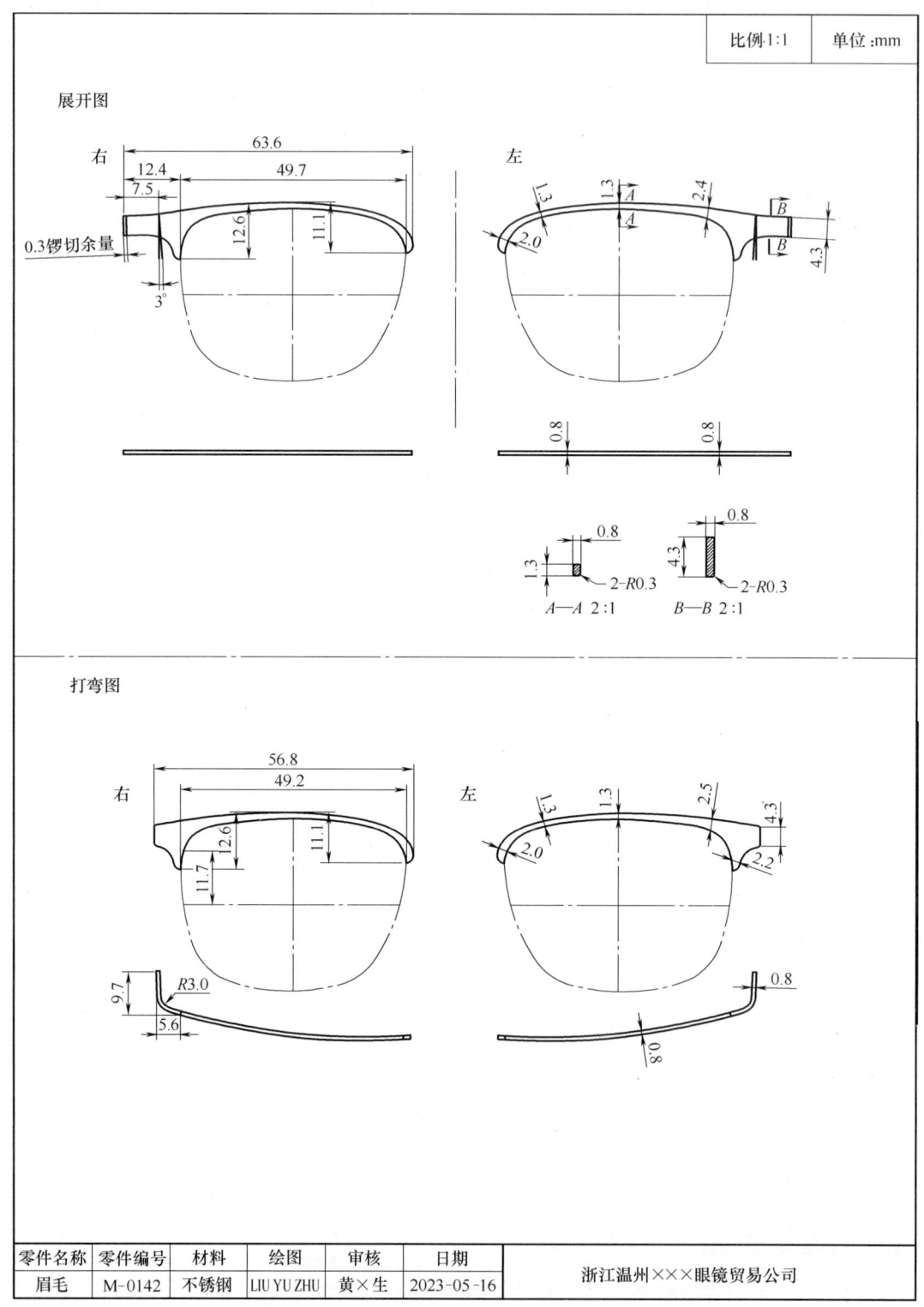

图 21-23　全框钢片眉毛+板材脚丝光学眼镜架工程图实例-眉毛零件图

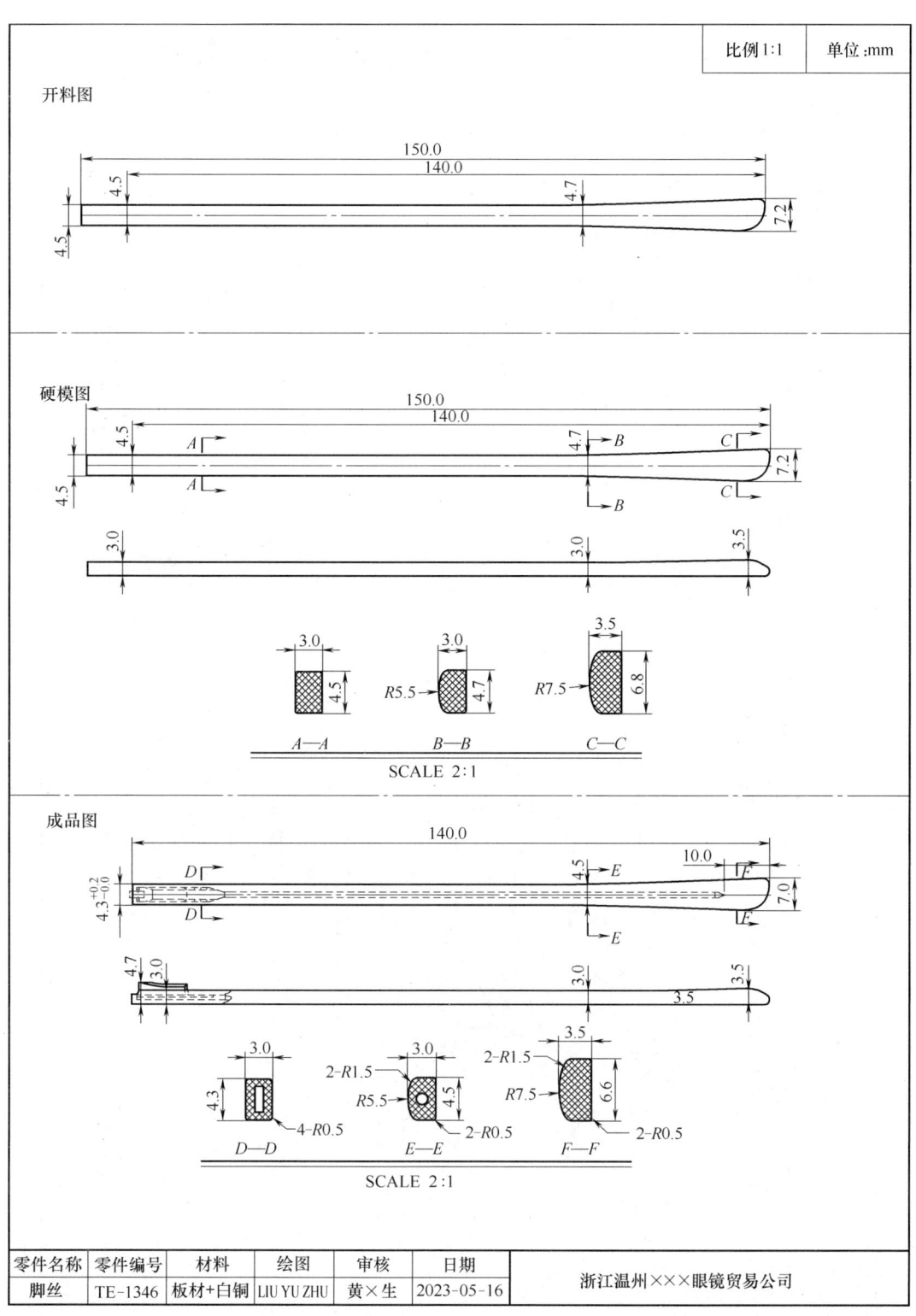

图 21-24　全框钢片眉毛+板材脚丝光学眼镜架工程图实例-脚丝零件图

实例七 大框板材眼镜架工程图（A3 排版）

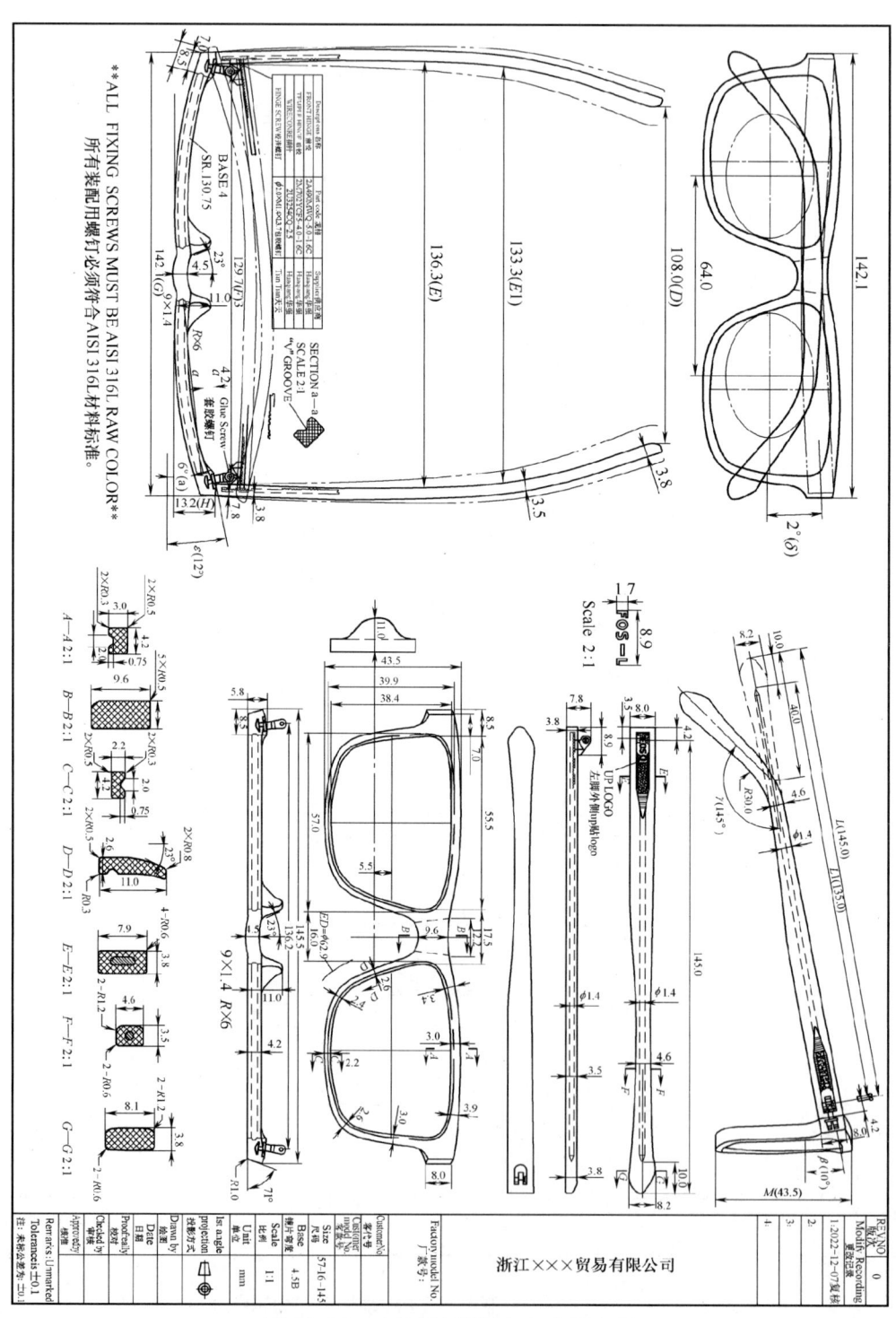

图 21-25 大框板材眼镜架工程图实例

实例八　板材镜框+金属脚丝光学眼镜架工程图（A3 排版）

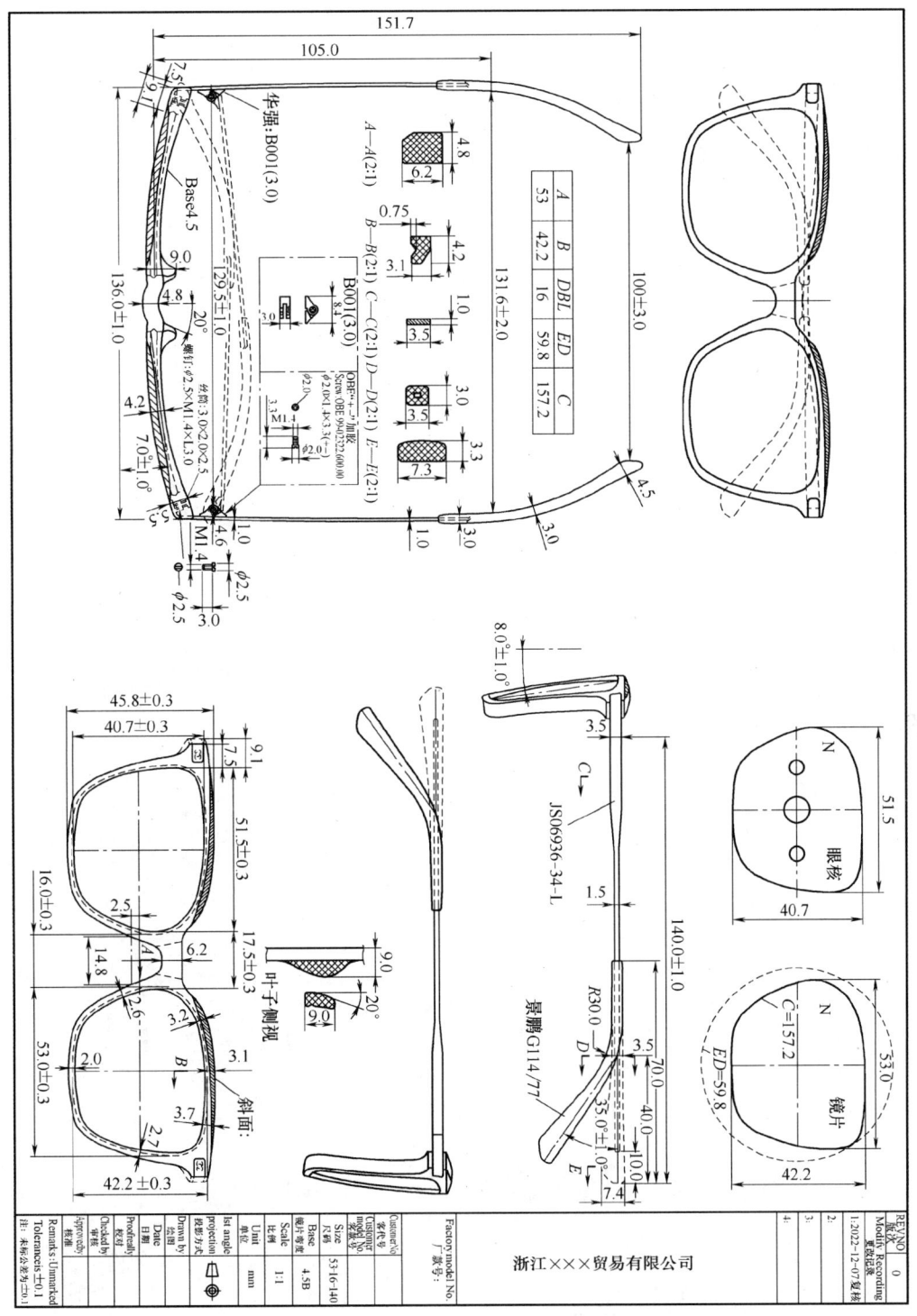

图 21-26　板材镜框+金属脚丝光学眼镜架工程图实例

附 页

附页1

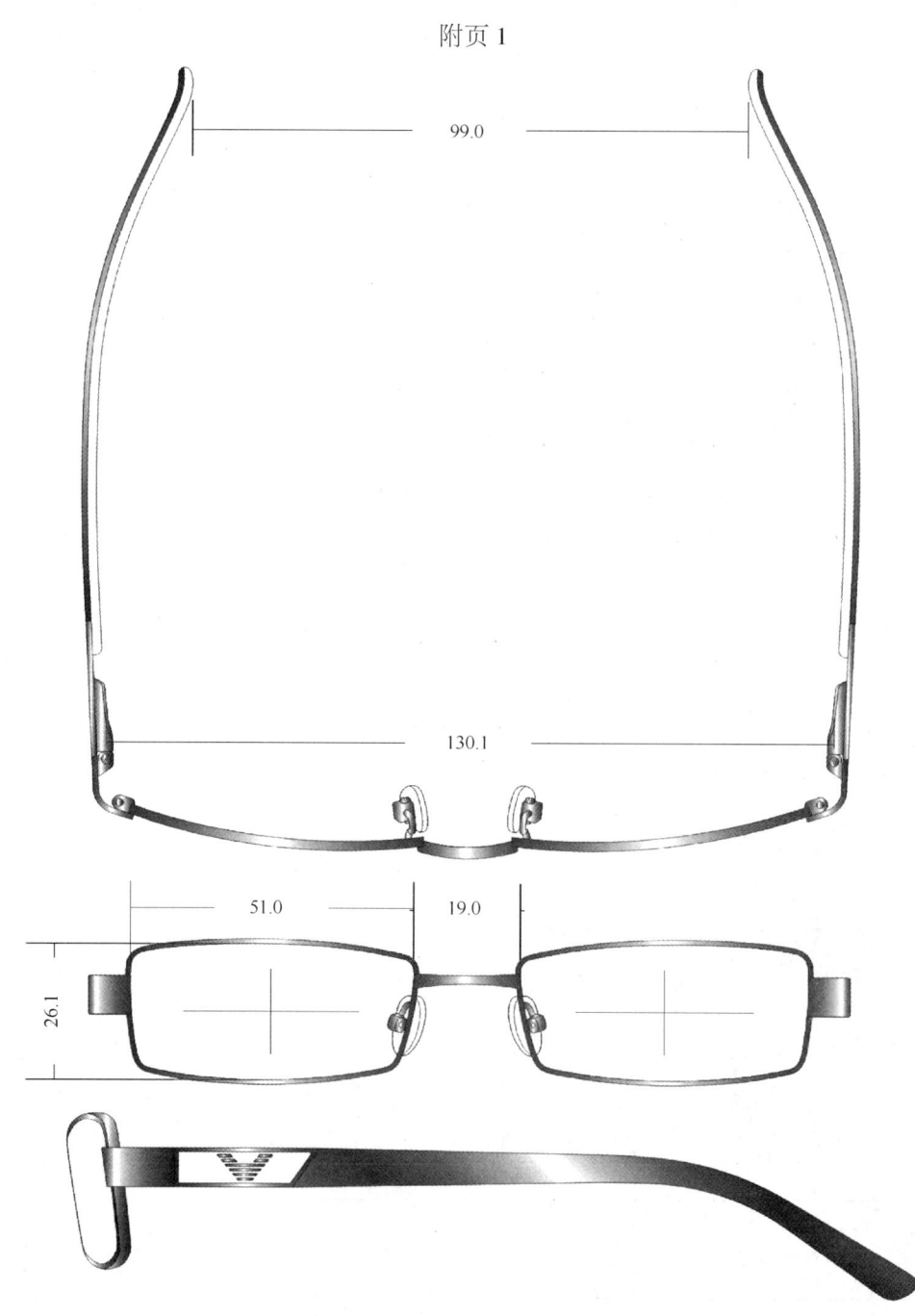

图2-1 全框金属眼镜架效果图

附页 2

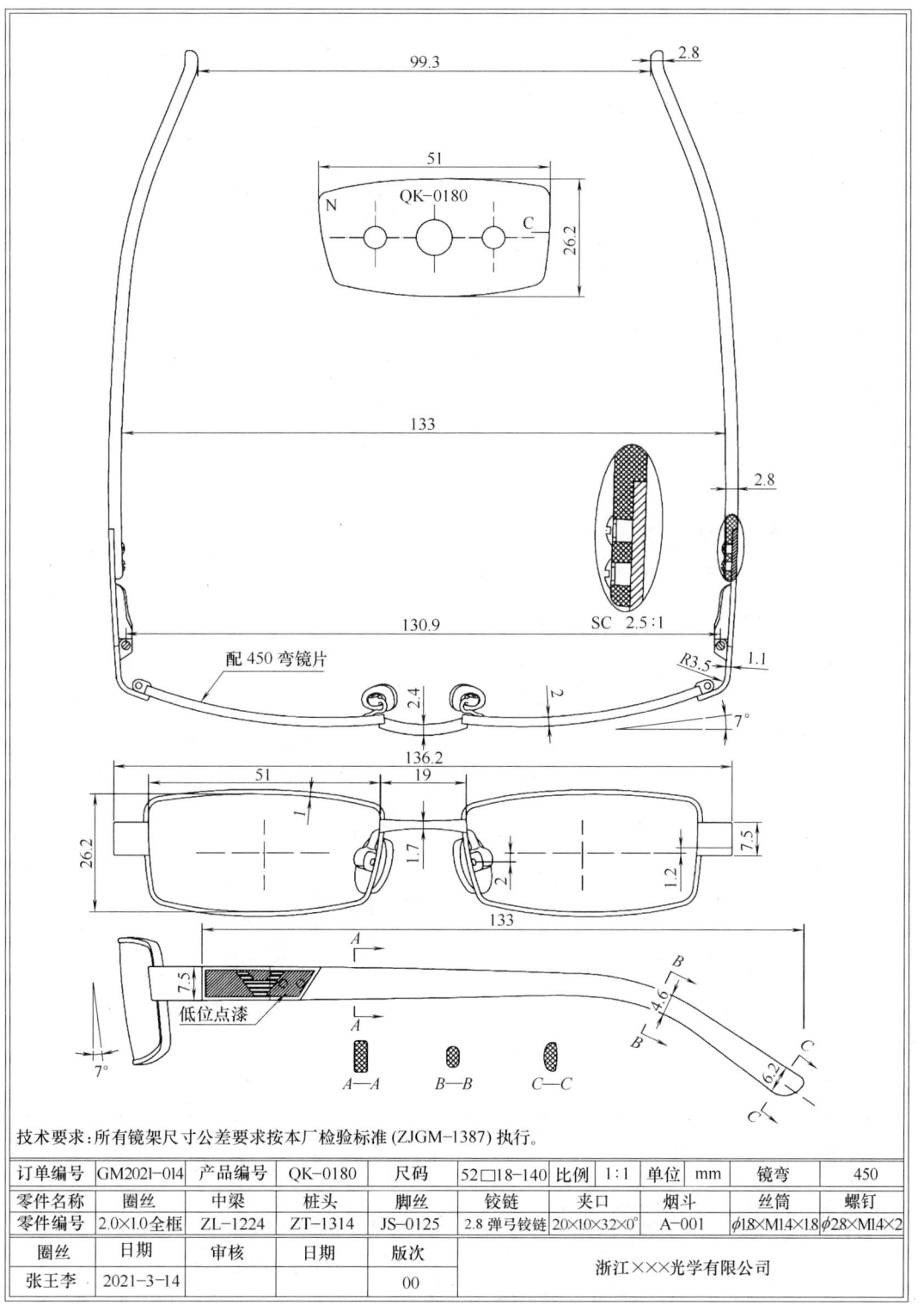

图 2-101 全框金属眼镜架结构图

附页 3

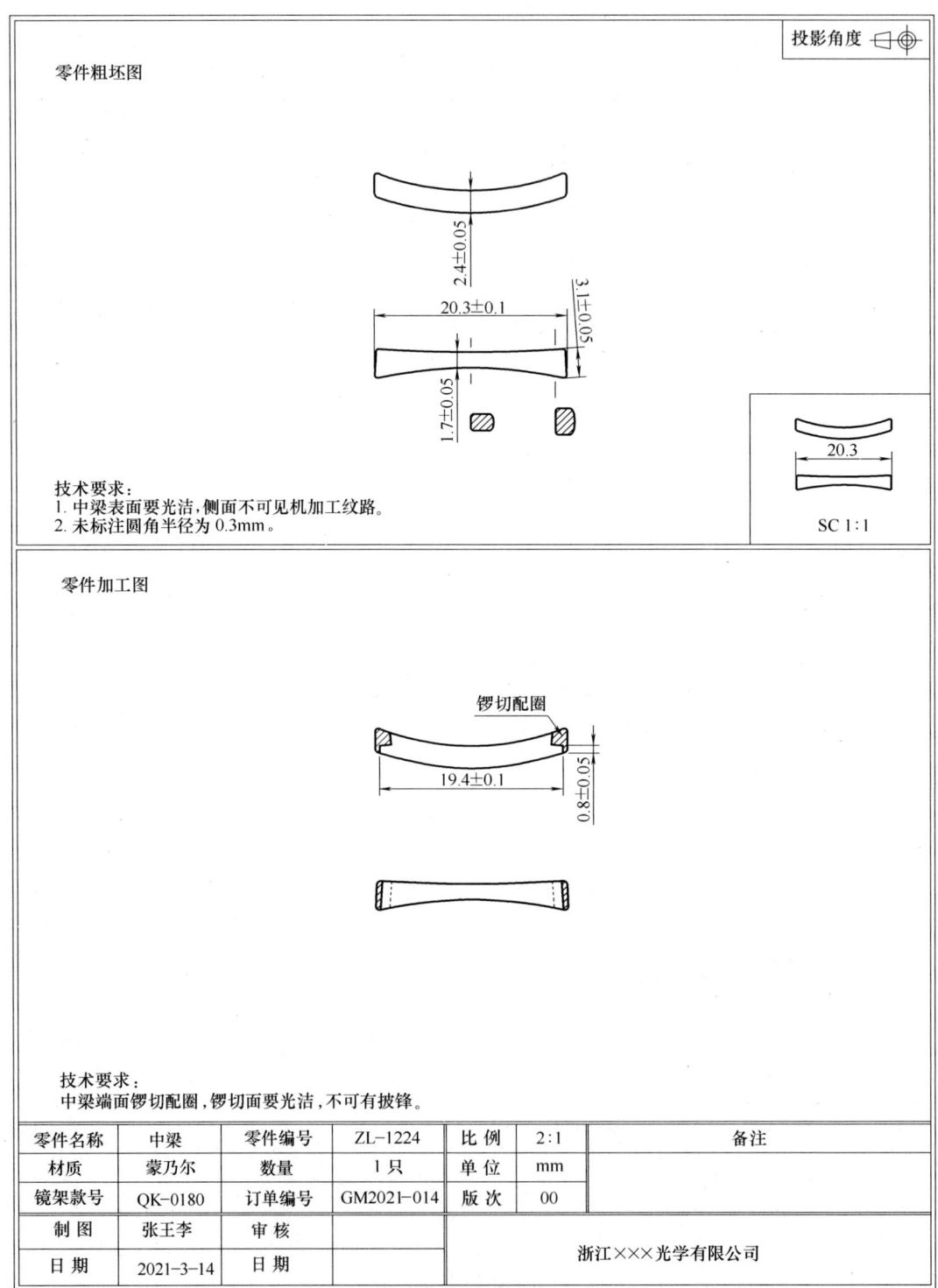

图 2-113　全框金属眼镜架中梁零件加工图

附页 4

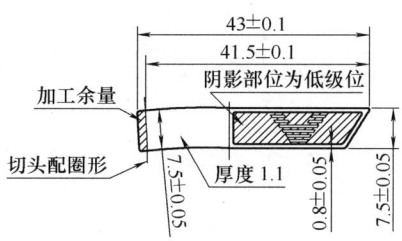

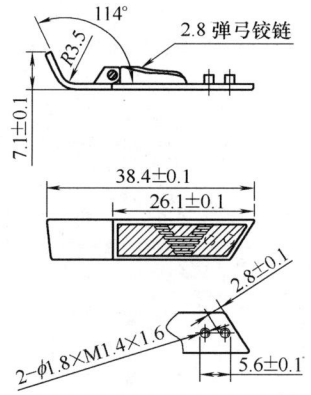

技术要求：1. 桩头打弯不能退火。
2. 打弯倾角 5°。

零件名称	桩头	零件编号	ZT-1314	比 例	1:1	备 注	
材质	18Ni	数量	1 副	单 位	mm		
镜架款号	QK-0180	订单编号	GM2021-014	版 次	00		
制 图	张王李	审 核				浙江×××光学有限公司	
日 期	2021-3-14	日 期					

图 2-129　桩头零件图

附页 5

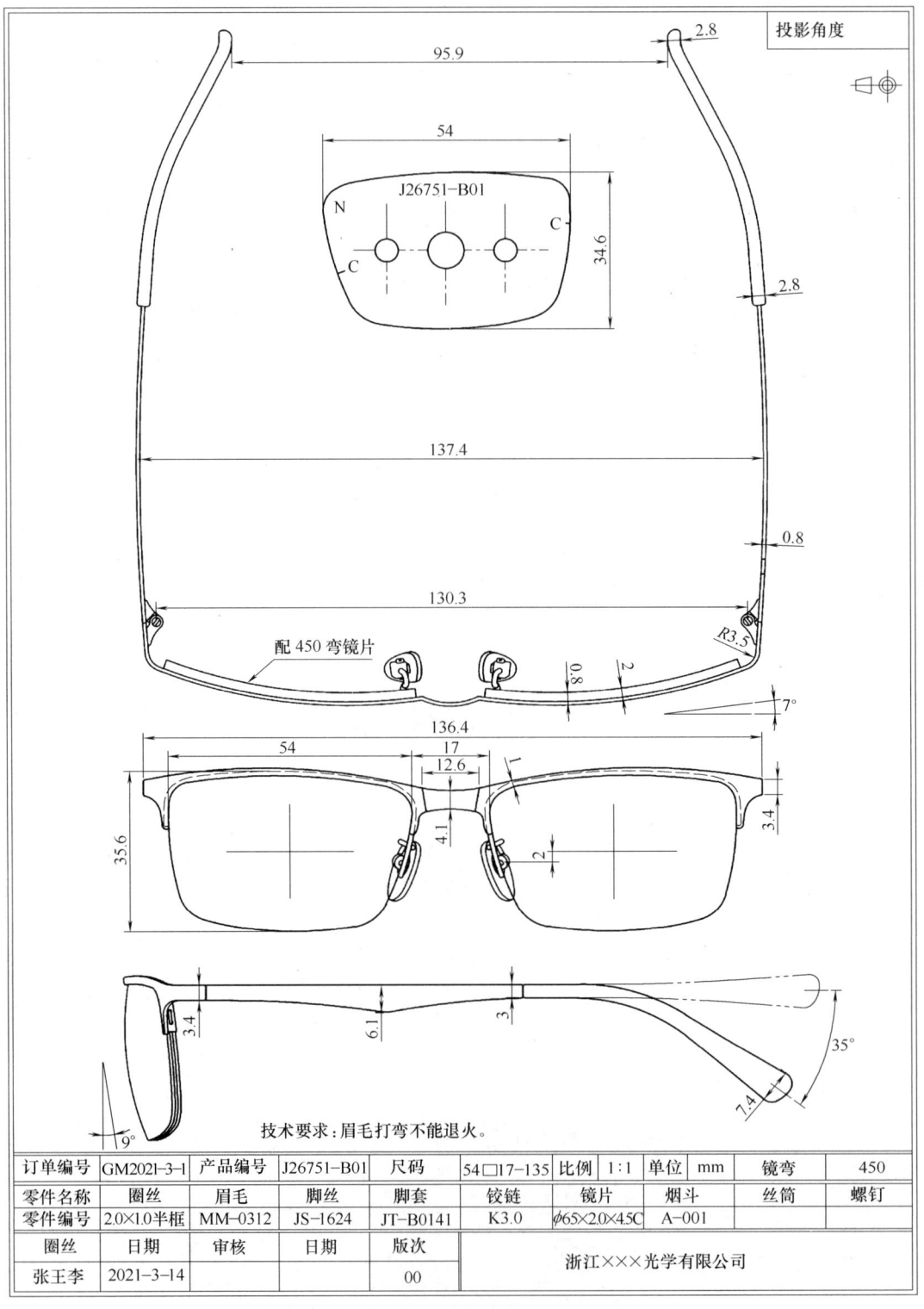

图 3-72 半框钢片贴圈光学眼镜架结构图

附页 6

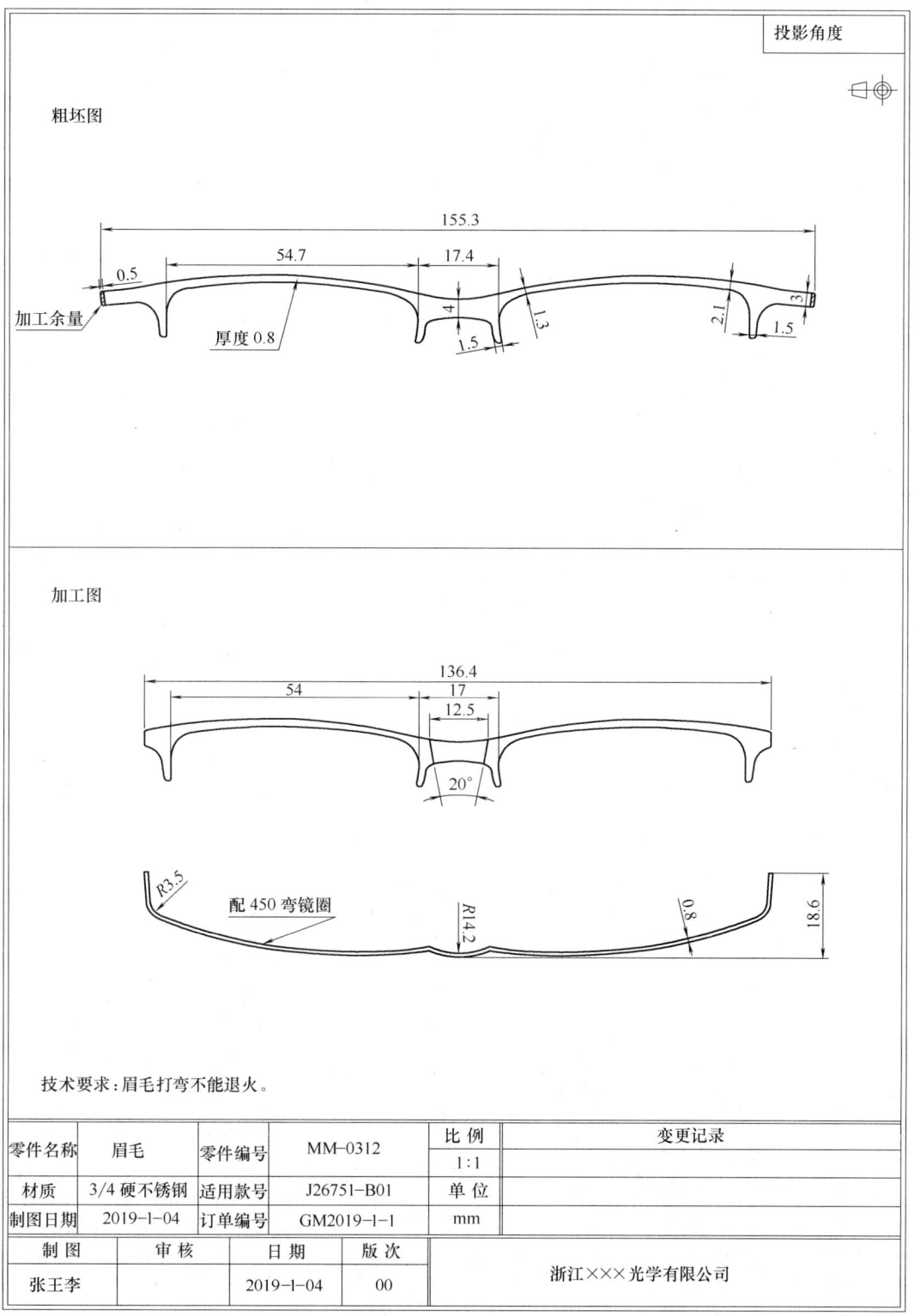

图 3-88 钢片眉毛零件图

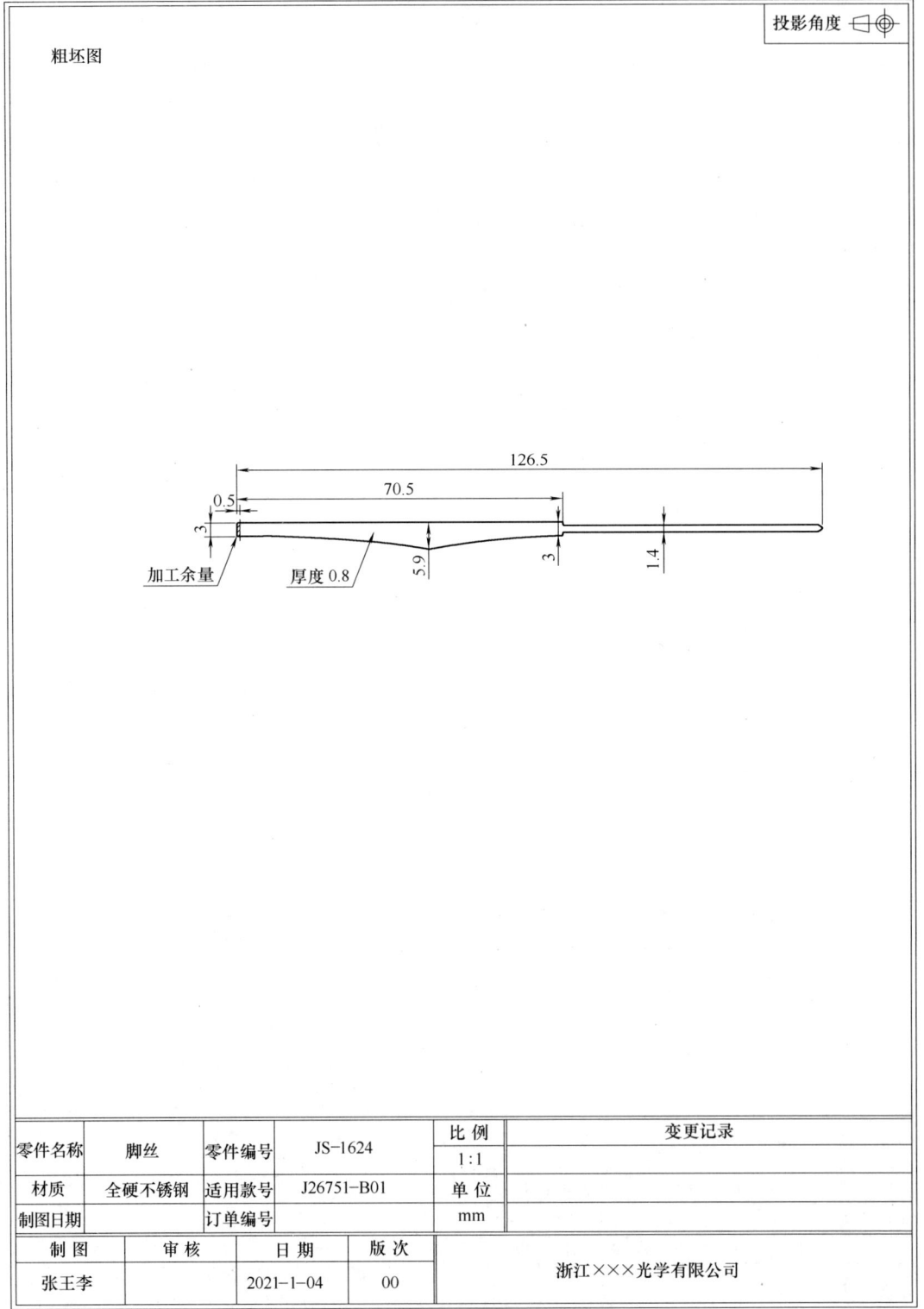

图 3-96　钢片脚丝粗坯零件图

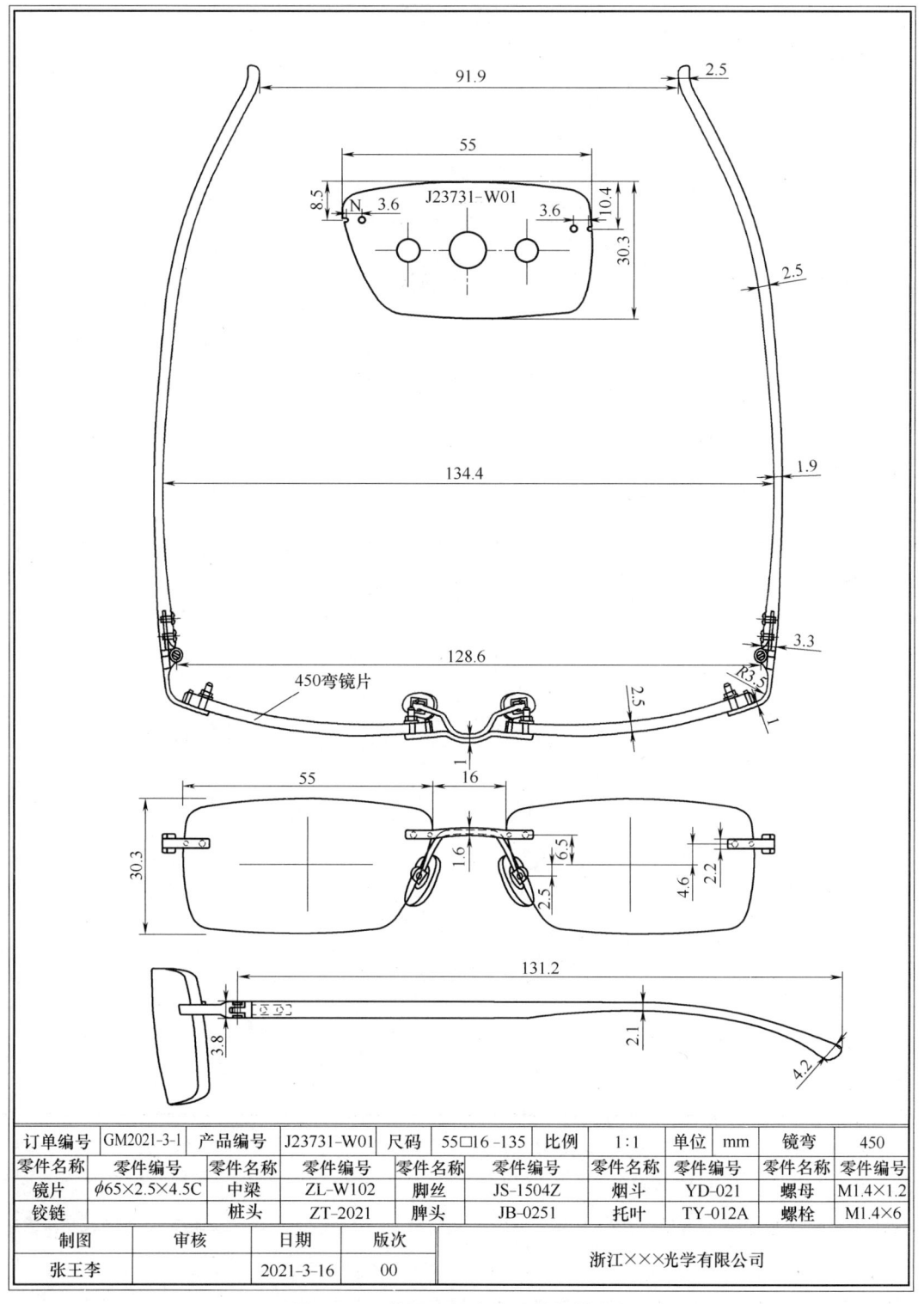

图 4-53 普通无框光学眼镜架结构图

附页 9

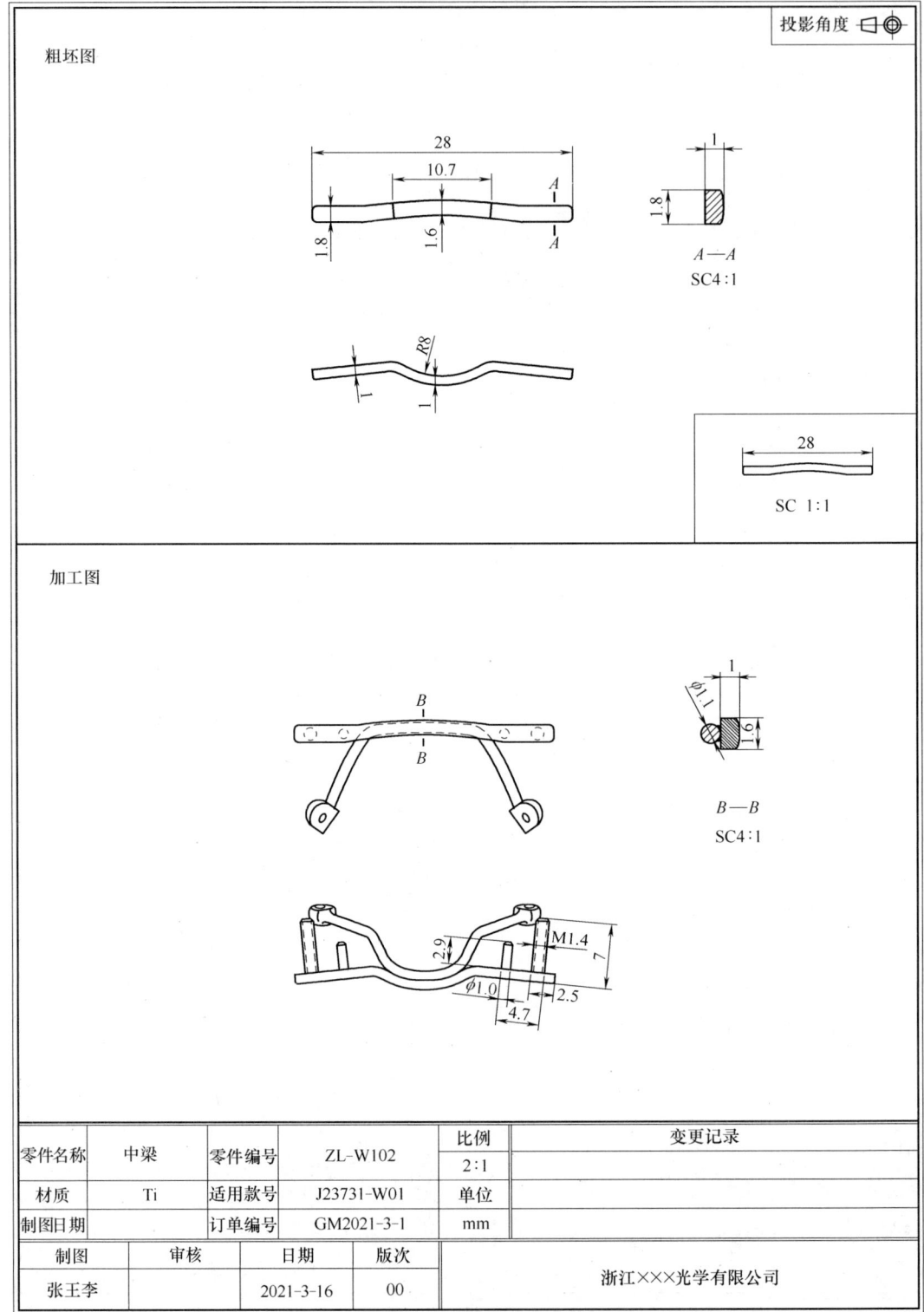

图 4-54　普通无框光学眼镜架中梁配件图

附页 10

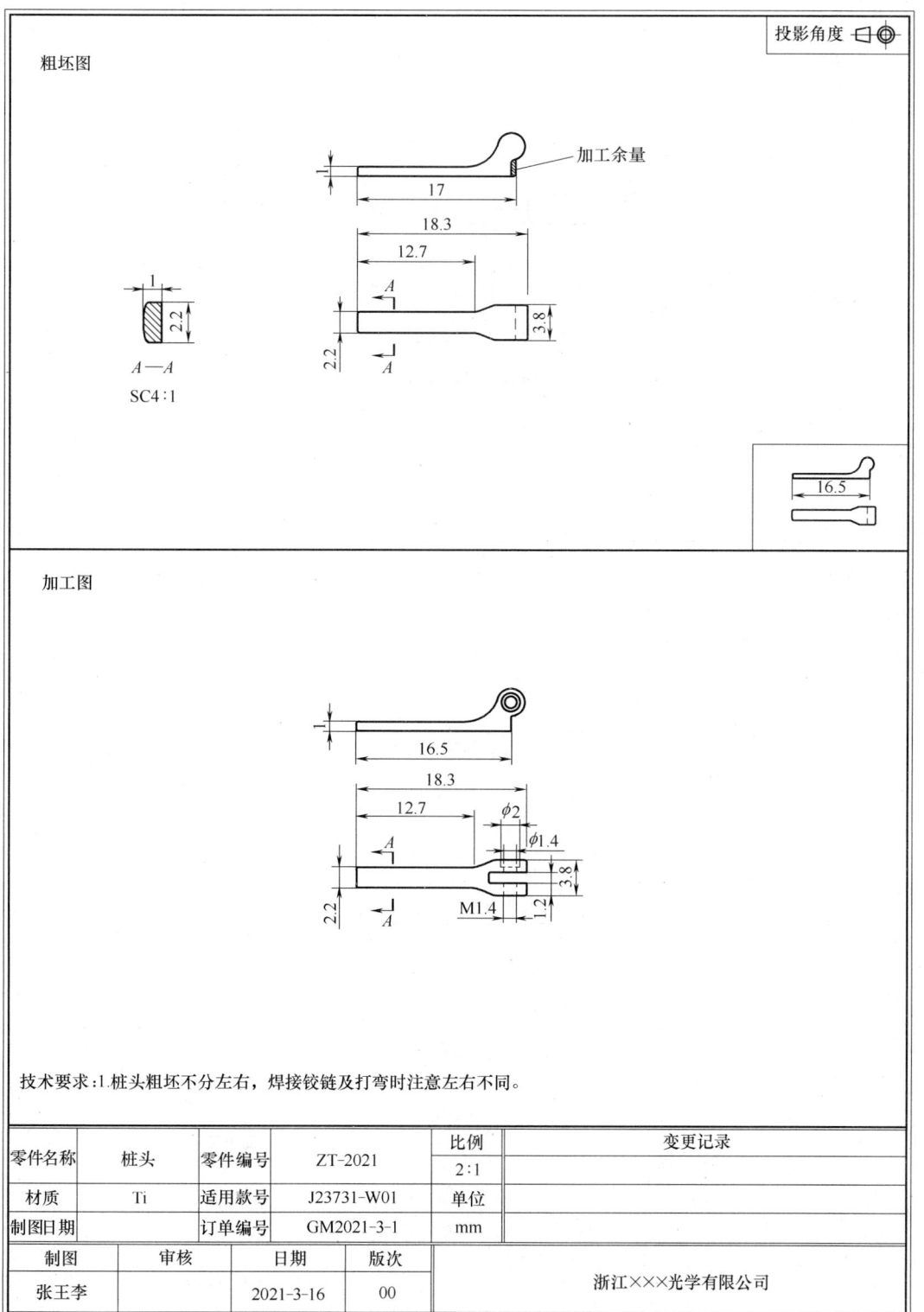

图 4-55 普通无框光学眼镜架桩头零件图

附页 11

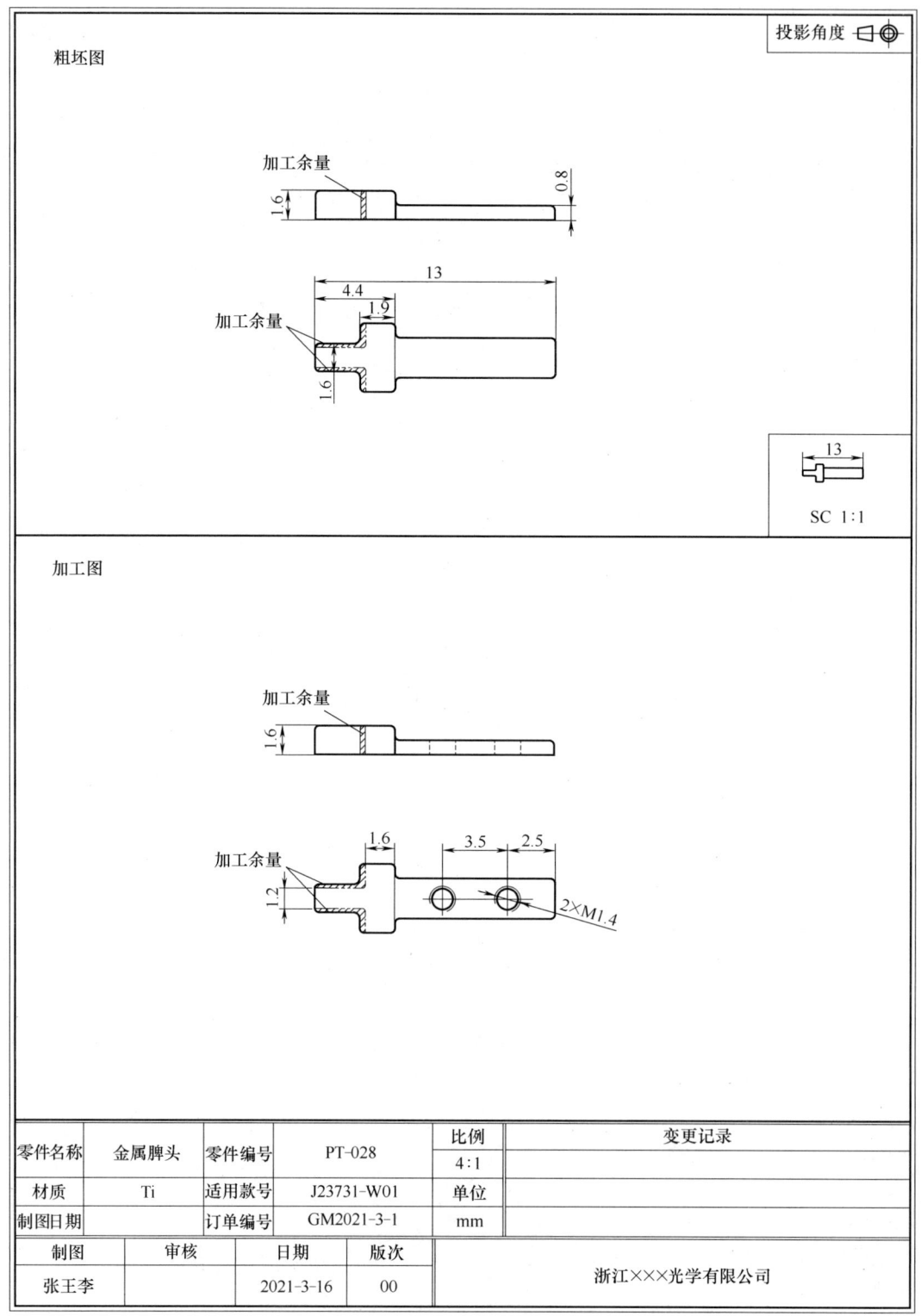

图 4-56 普通无框光学眼镜架金属脾头零件图

附页 12

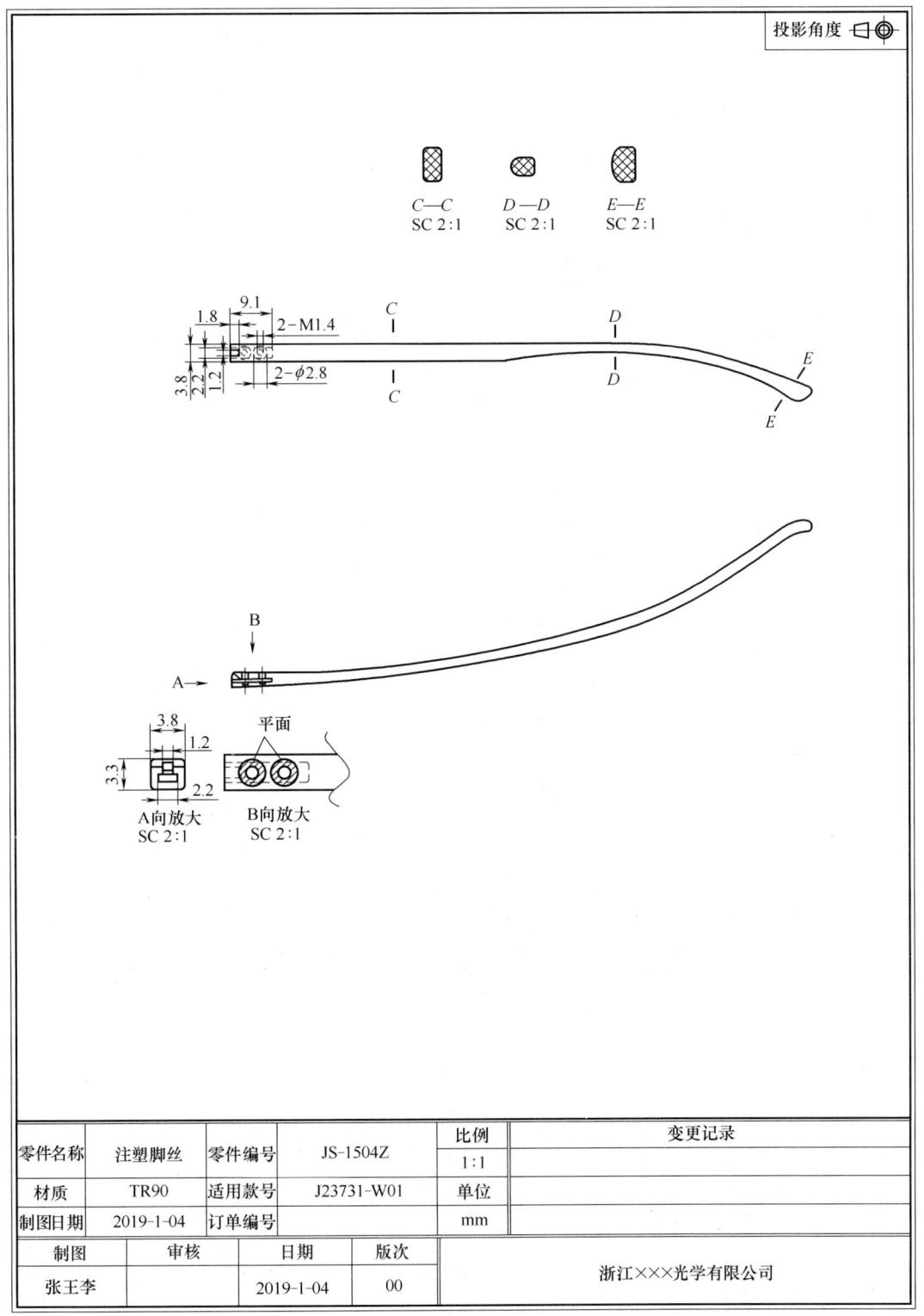

图 4-57　普通无框光学眼镜架注塑脚丝零件图

附页 13

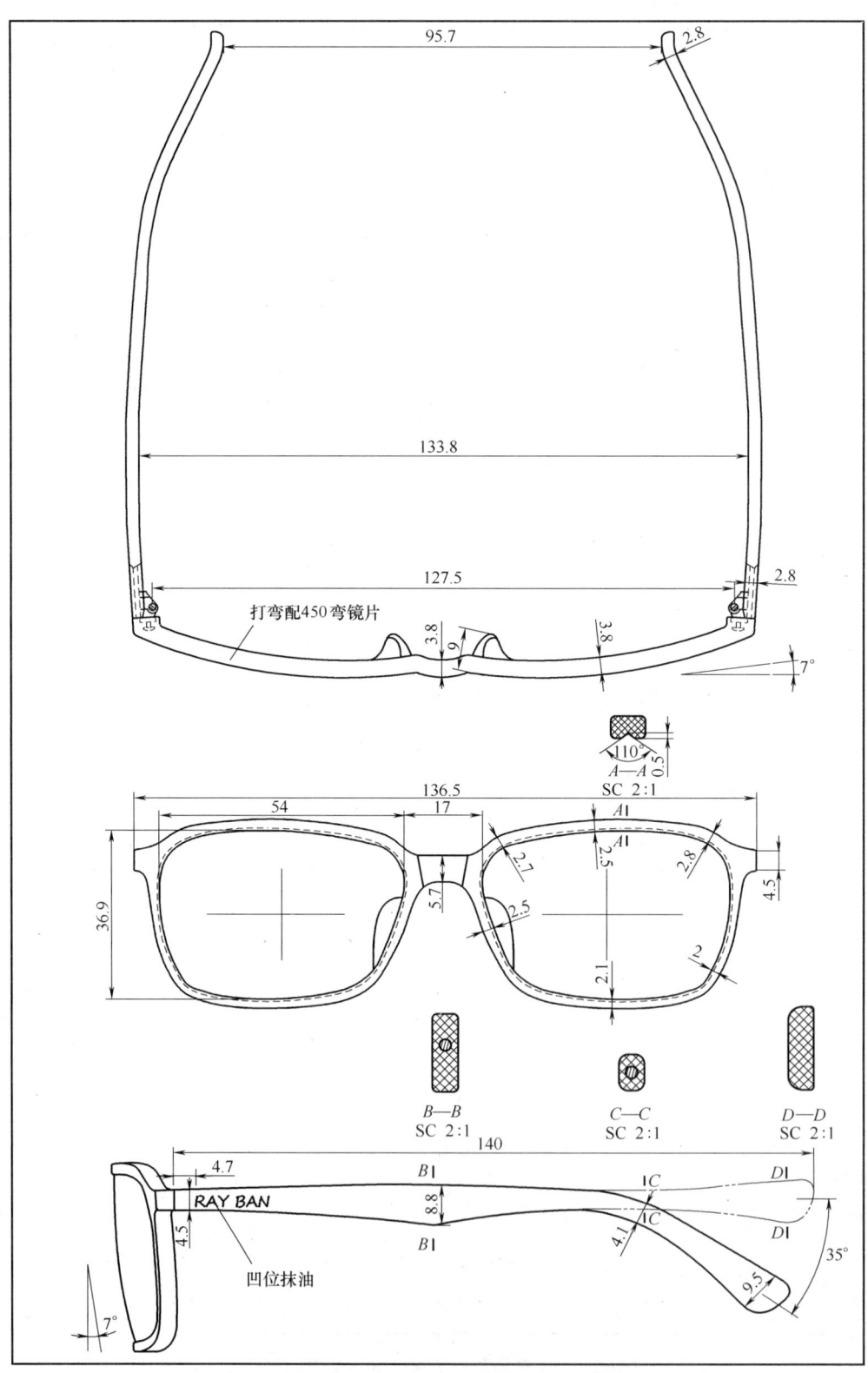

图 5-42 板材光学眼镜架三视图尺寸标注图示

附页 14

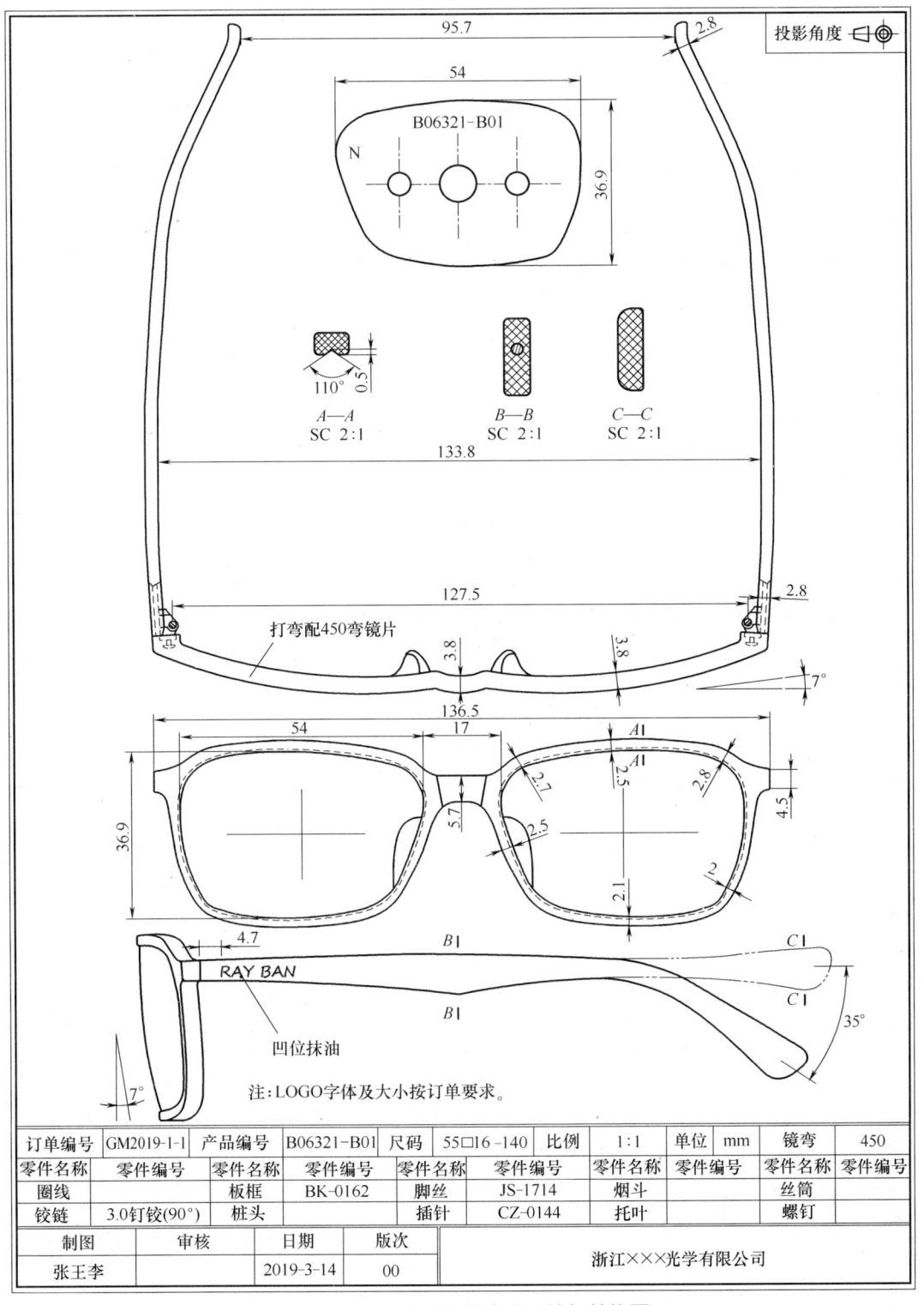

图 5-43　平桩头板材光学眼镜架结构图

附页 15

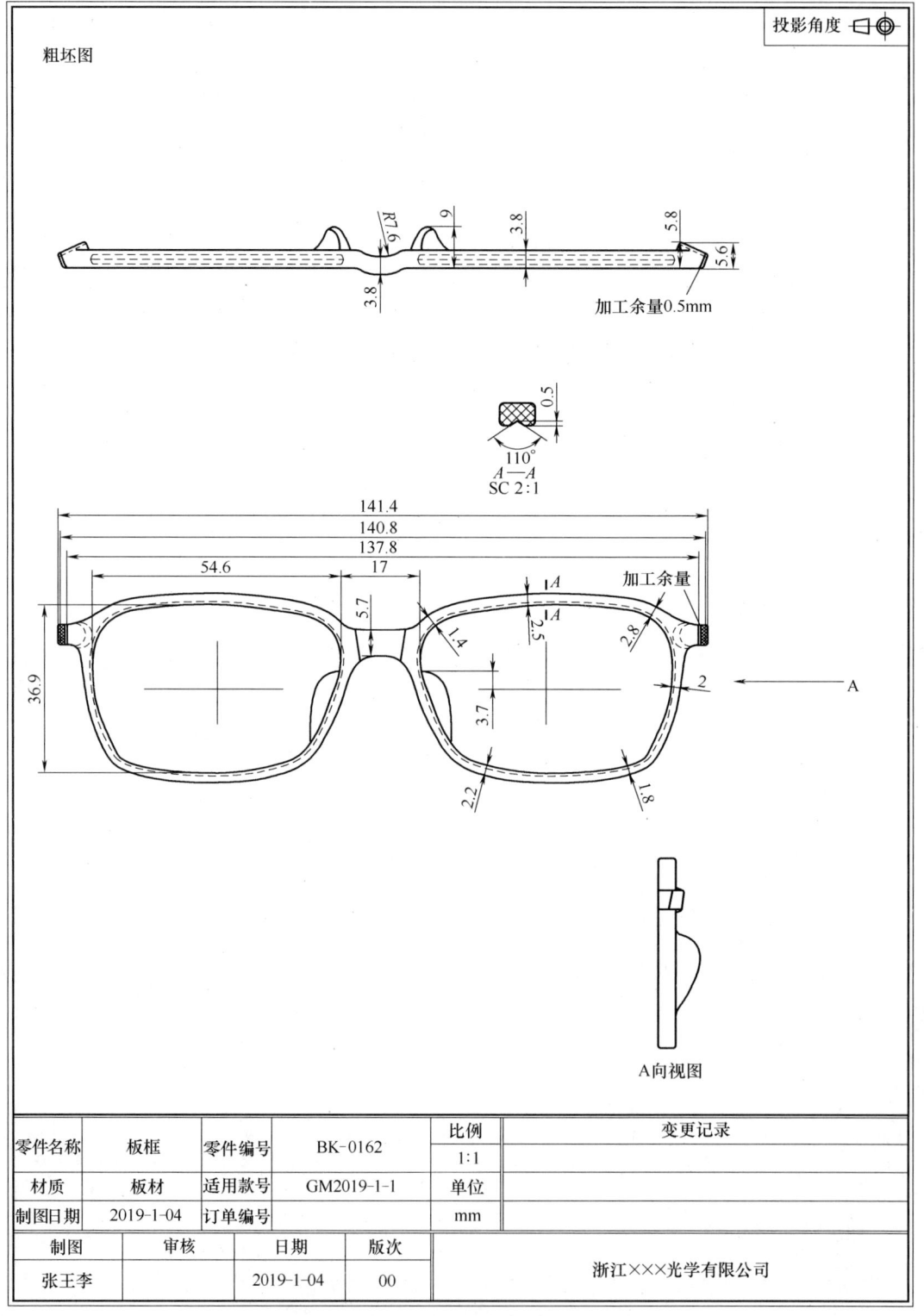

图 5-53 板材光学眼镜架镜框粗坯零件图

附页 16

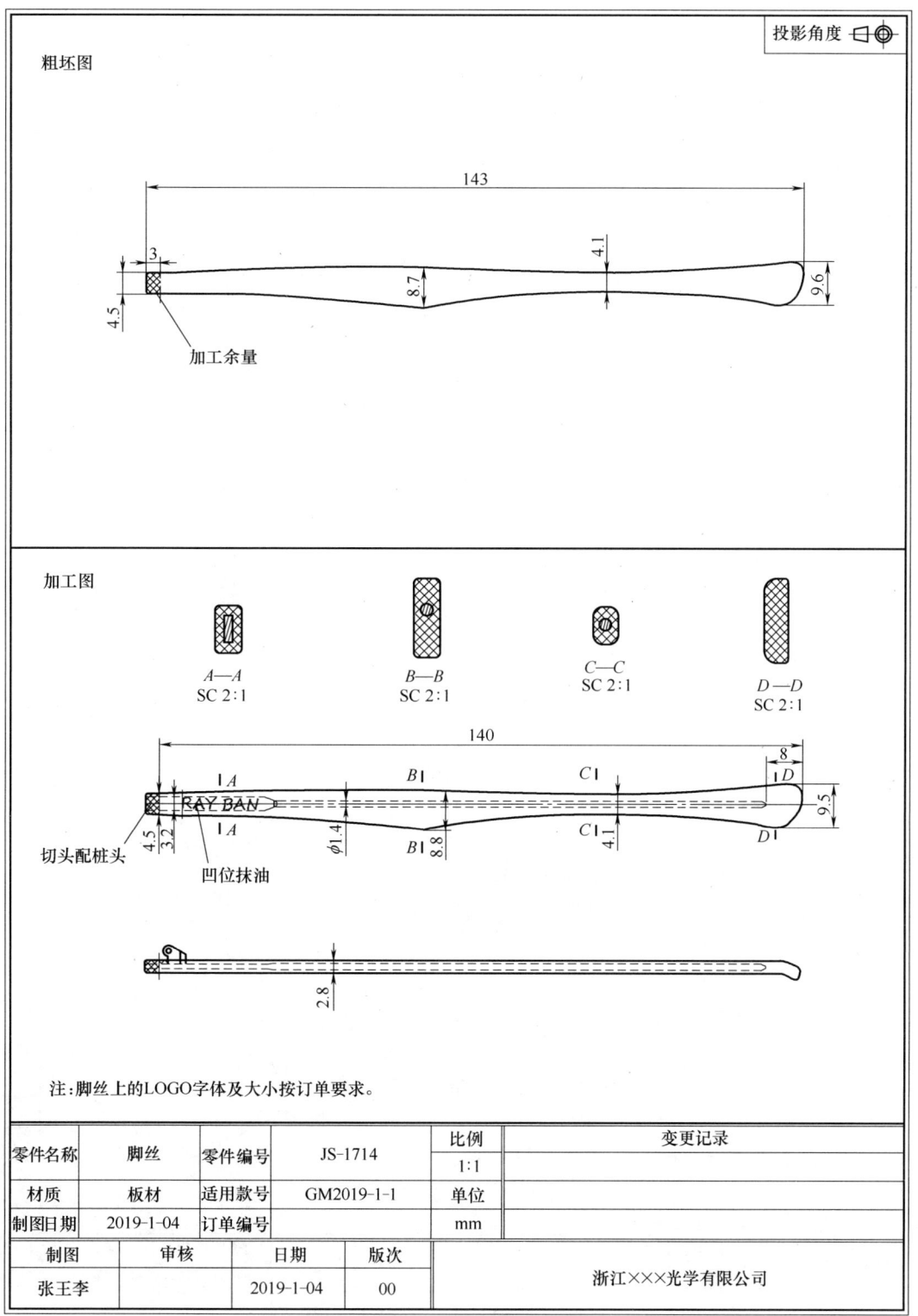

图 5-60 板材脚丝零件图

附页 17

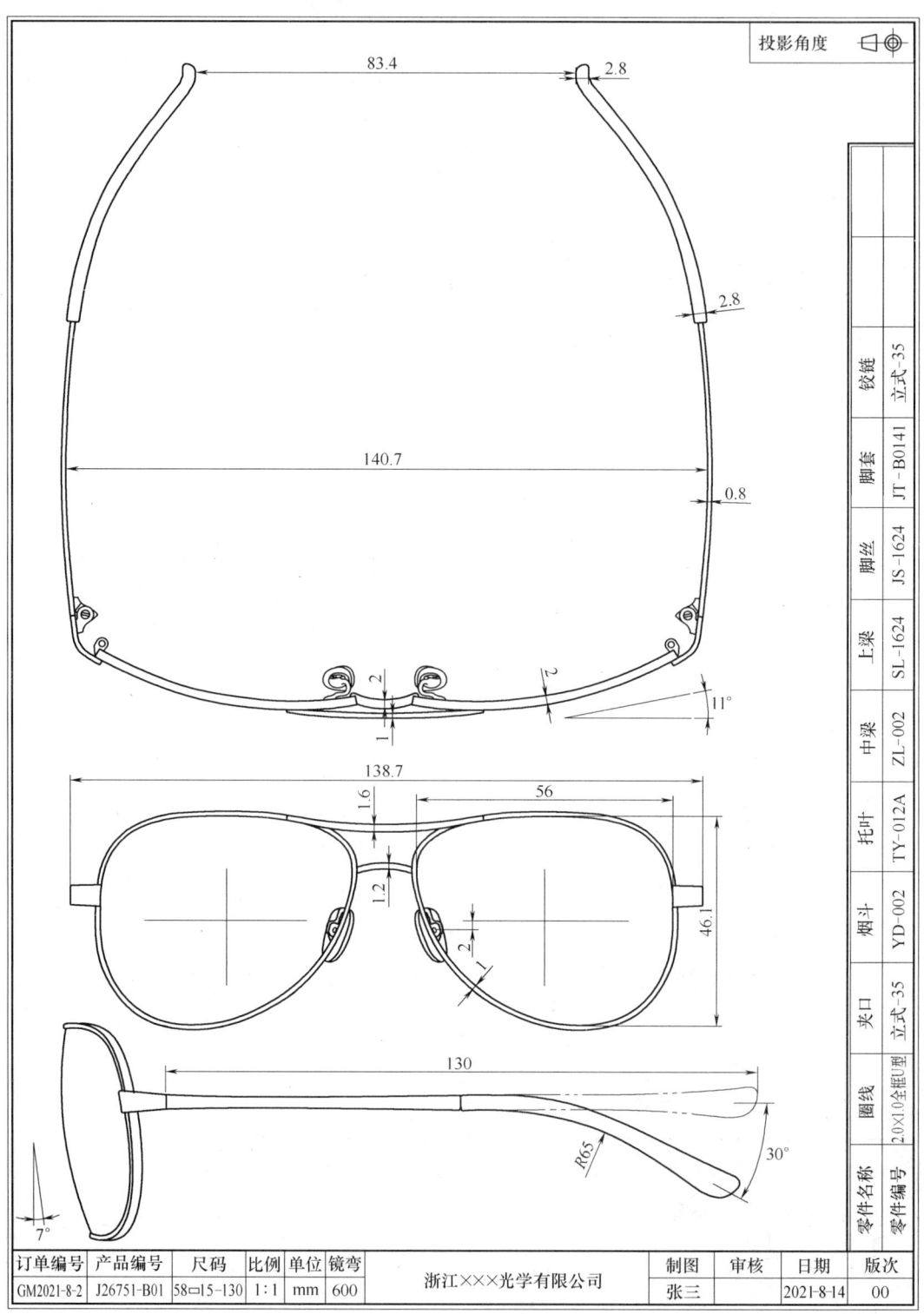

图 6-38 金属全框太阳眼镜架结构图

附页 18

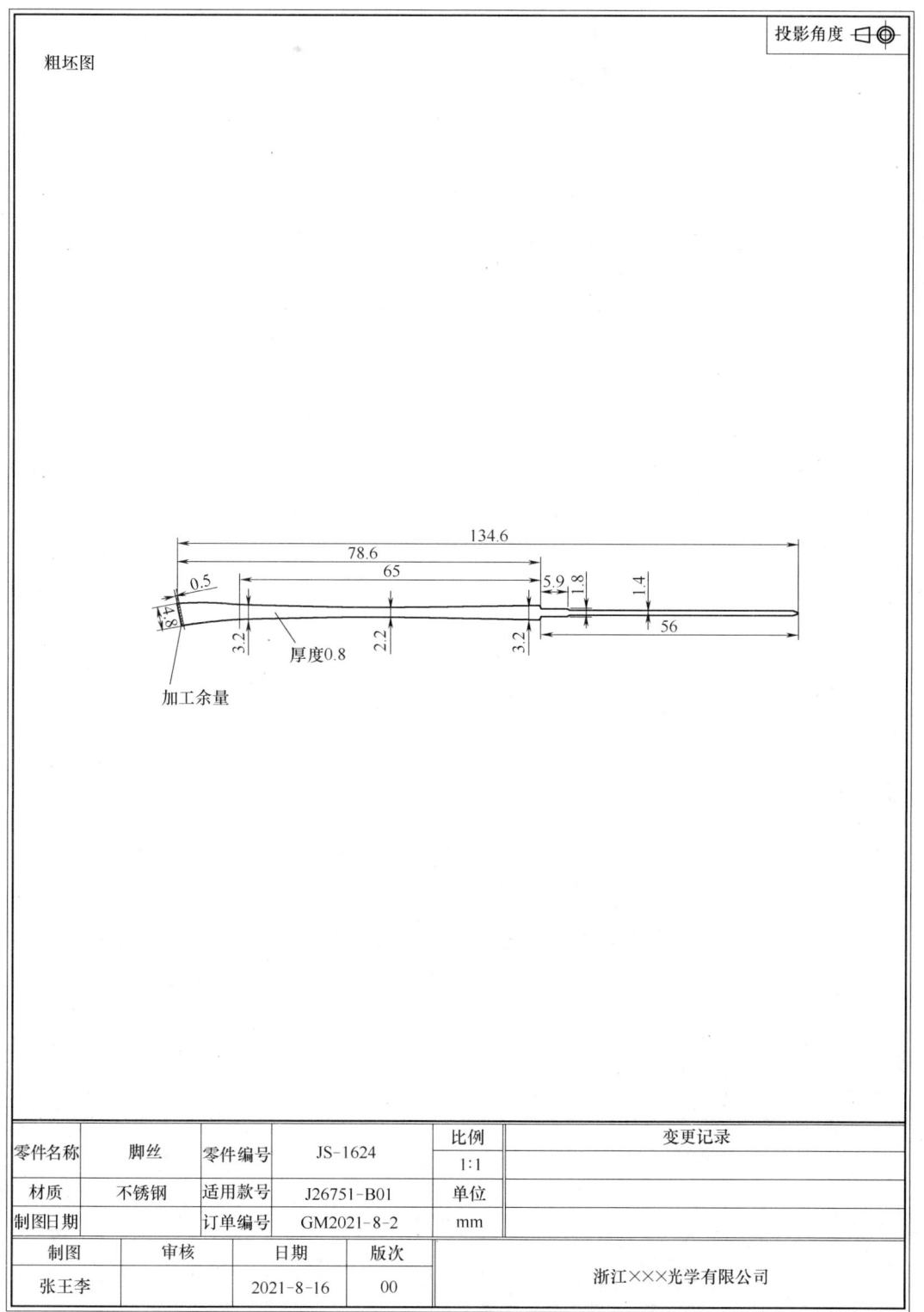

图 6-46 太阳眼镜架脚丝零件图

附页 19

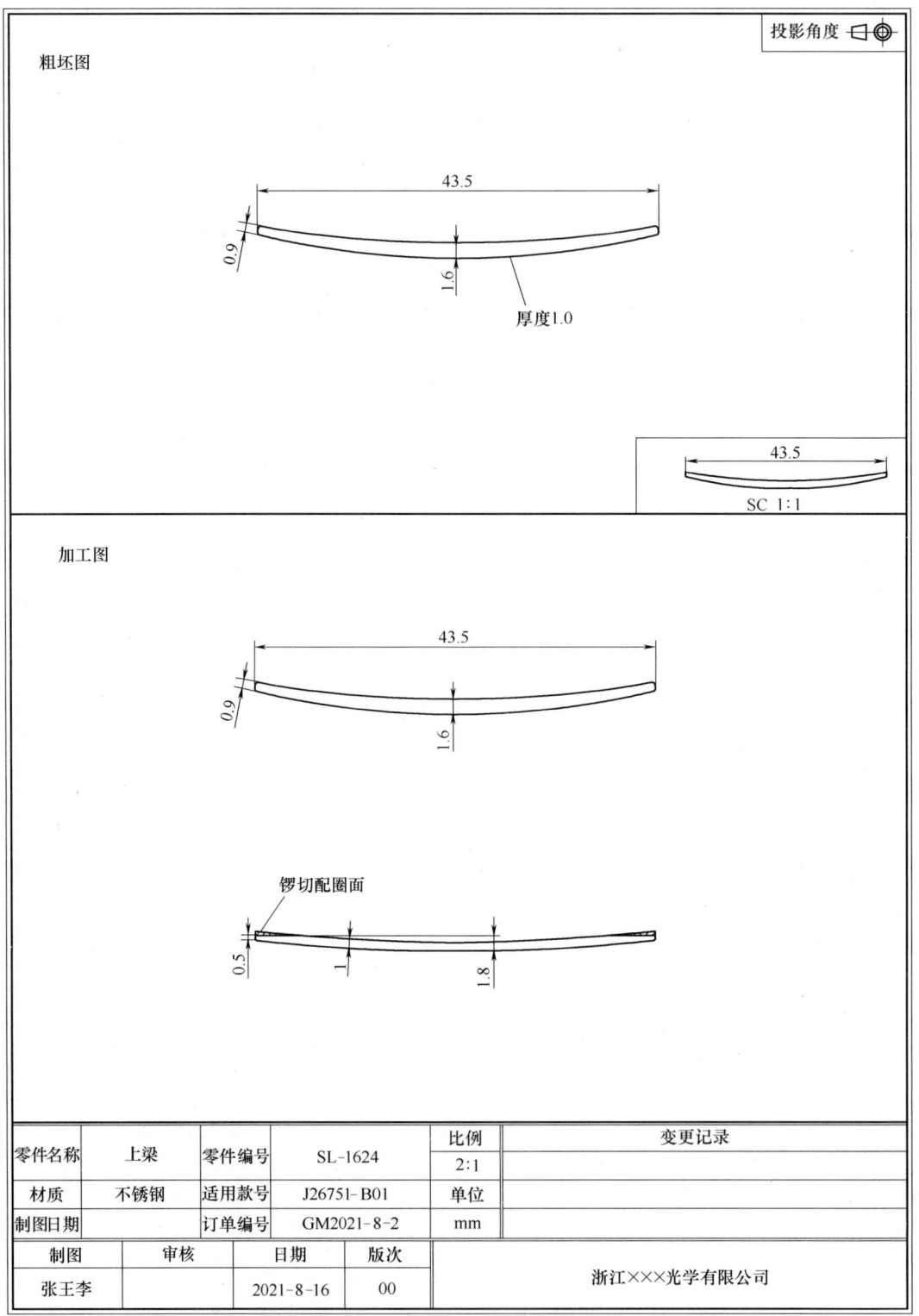

图 6-49　太阳眼镜架上梁零件图

附页 20

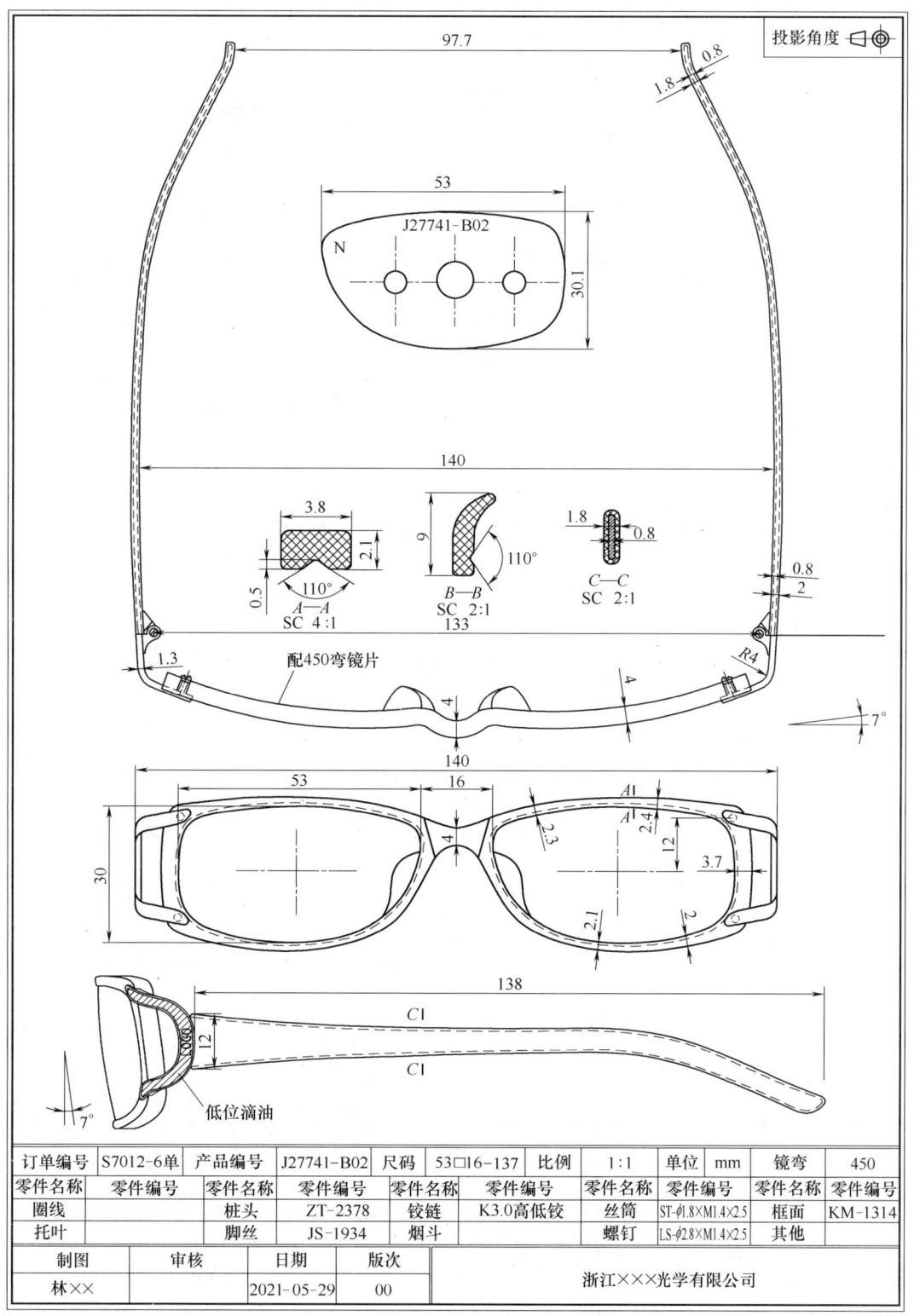

图 7-33 板材+金属混合眼镜架结构图

附页 21

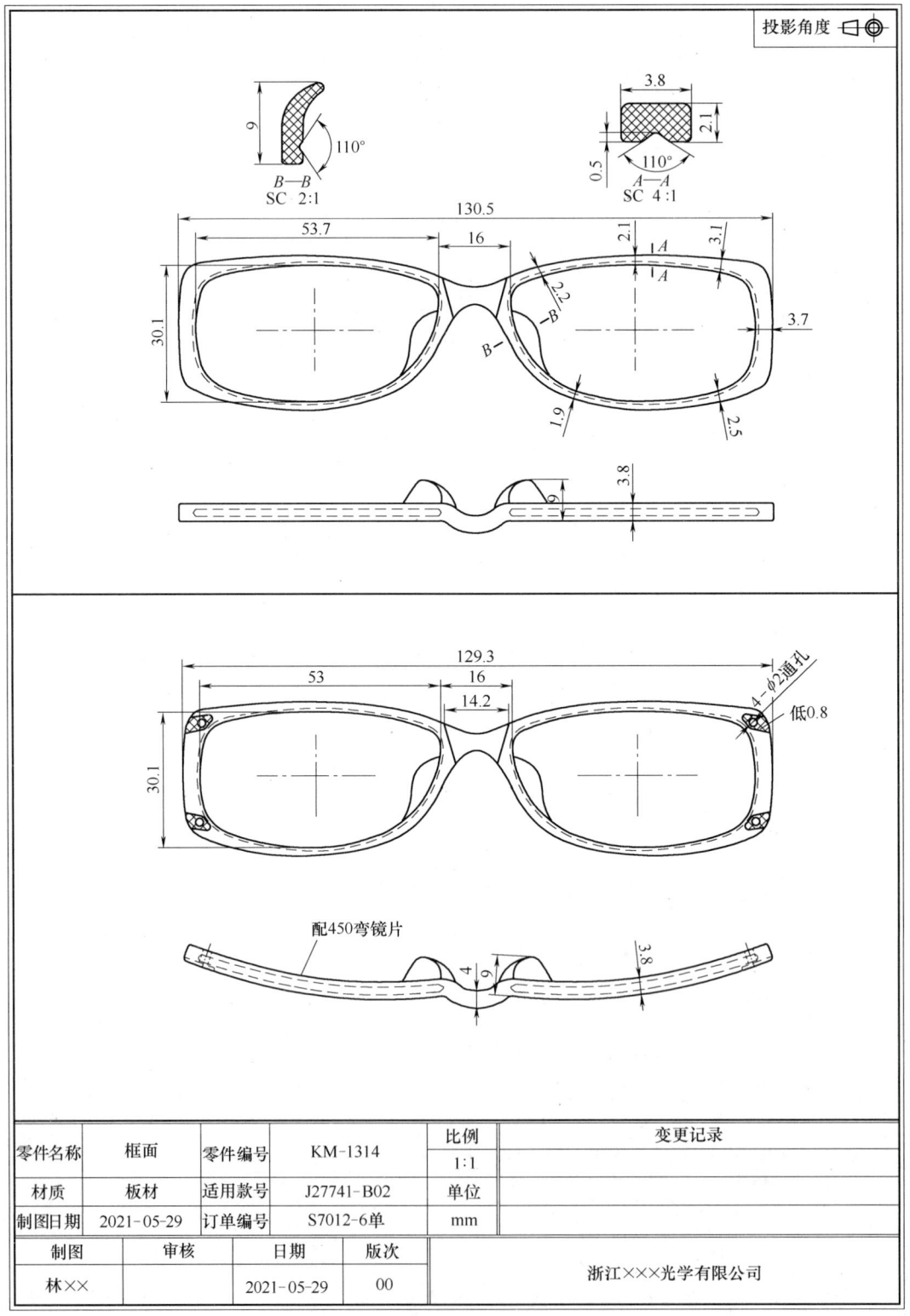

图 7-34　混合眼镜架板材镜框零件图

附页 22

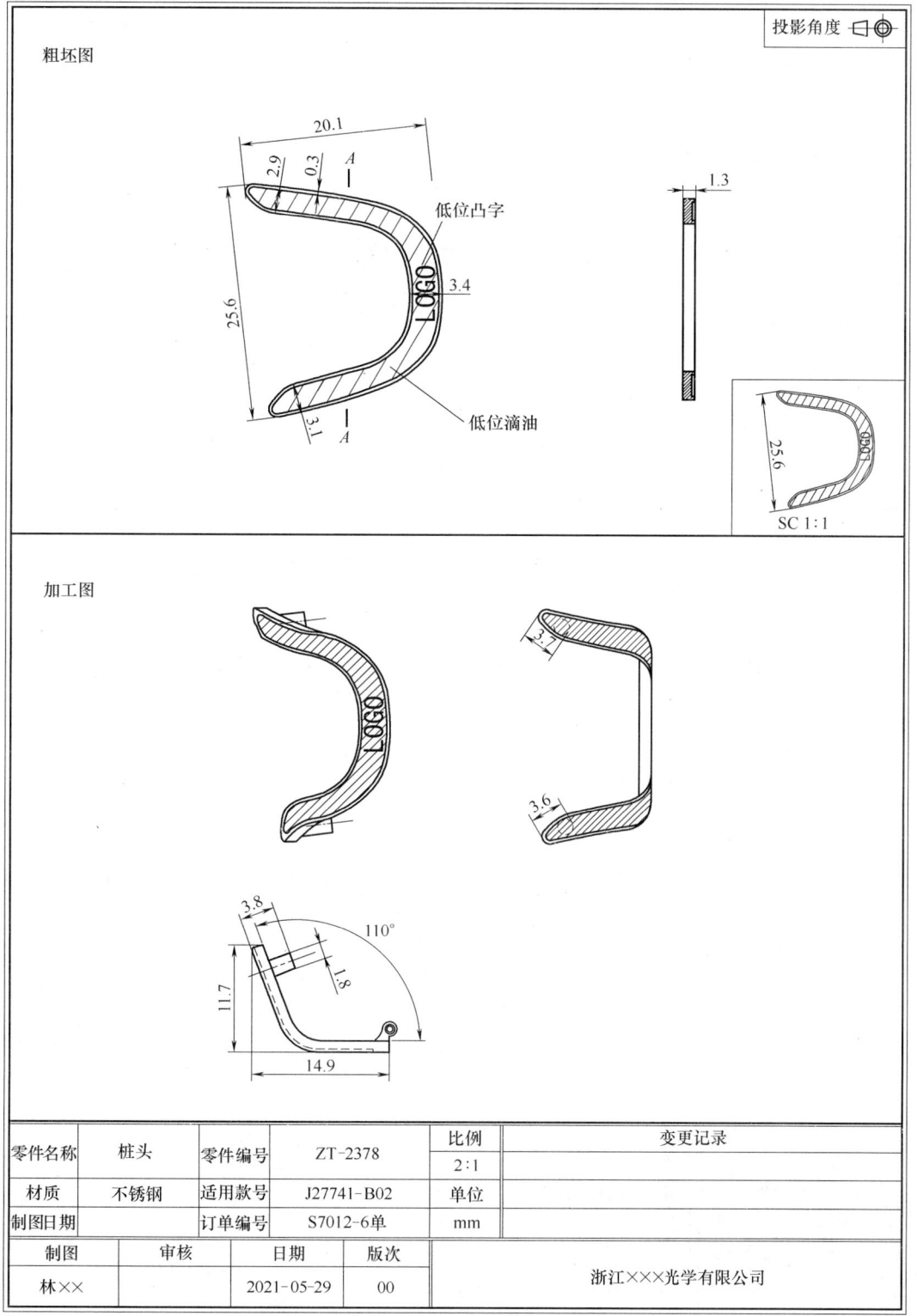

图 7-39 混合眼镜架金属桩头零件图

附页 23

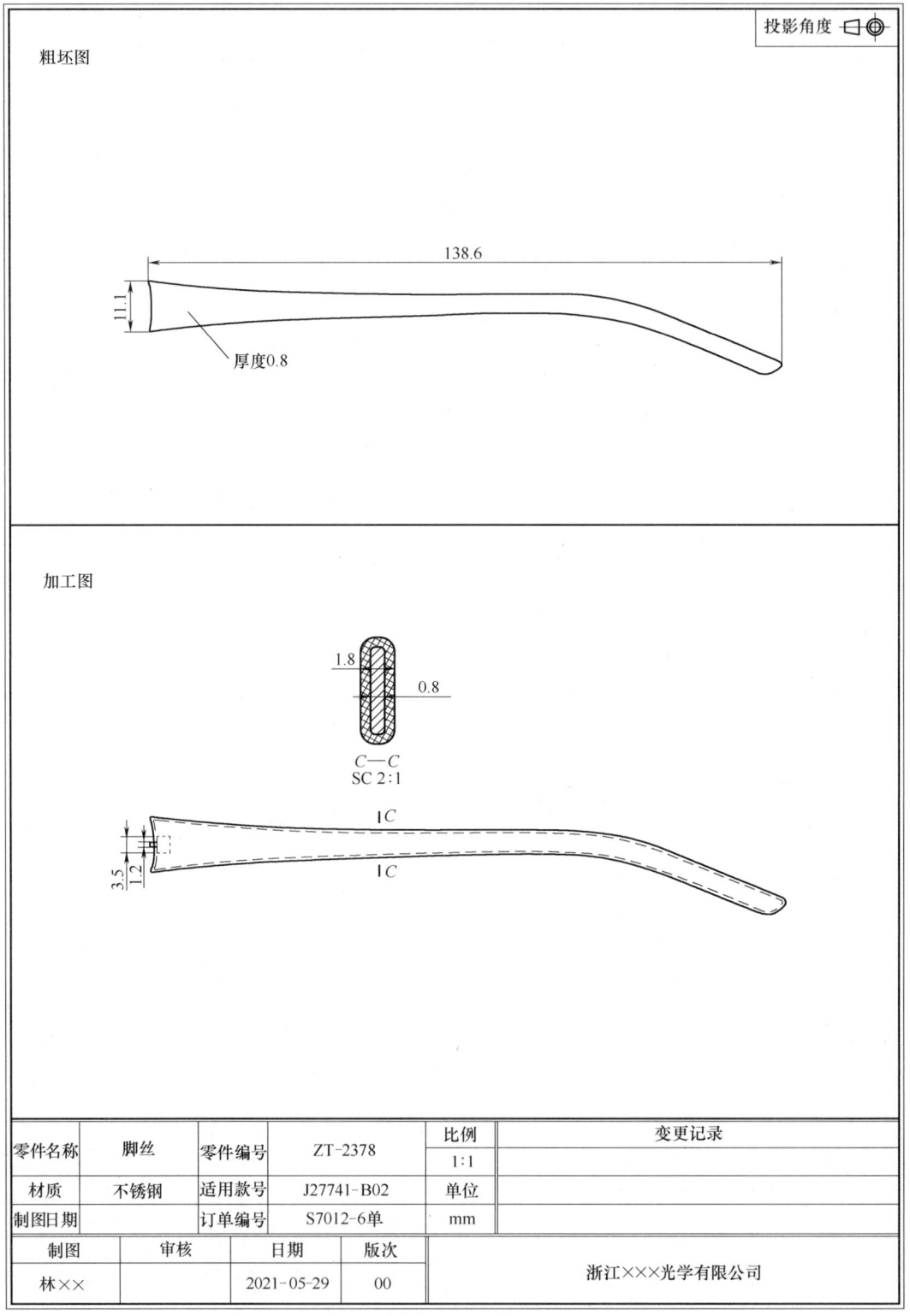

图 7-40 混合眼镜架金属脚丝零件图

附页 24

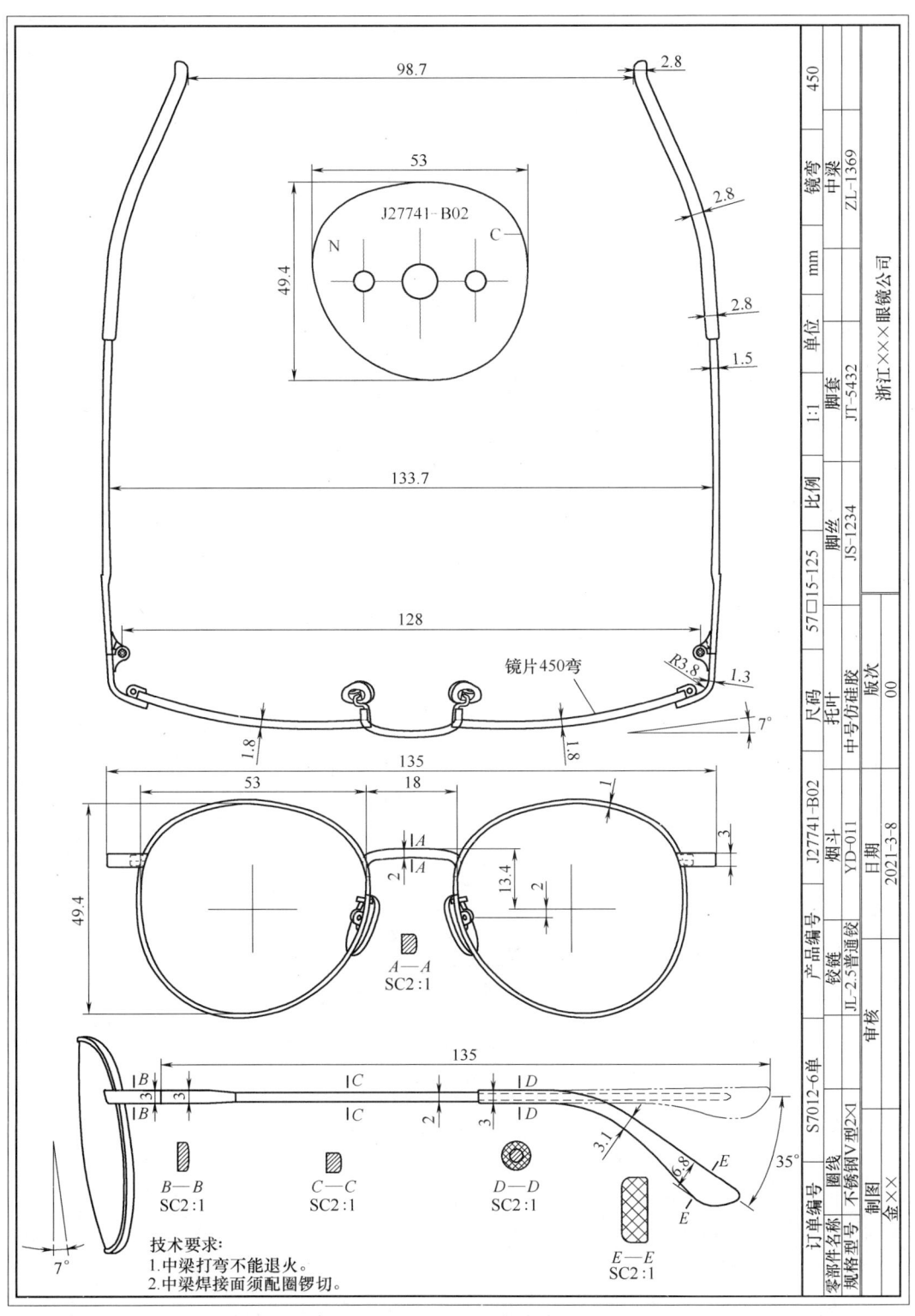

图 9-22　圆脸大框光学眼镜架结构图

附页 25

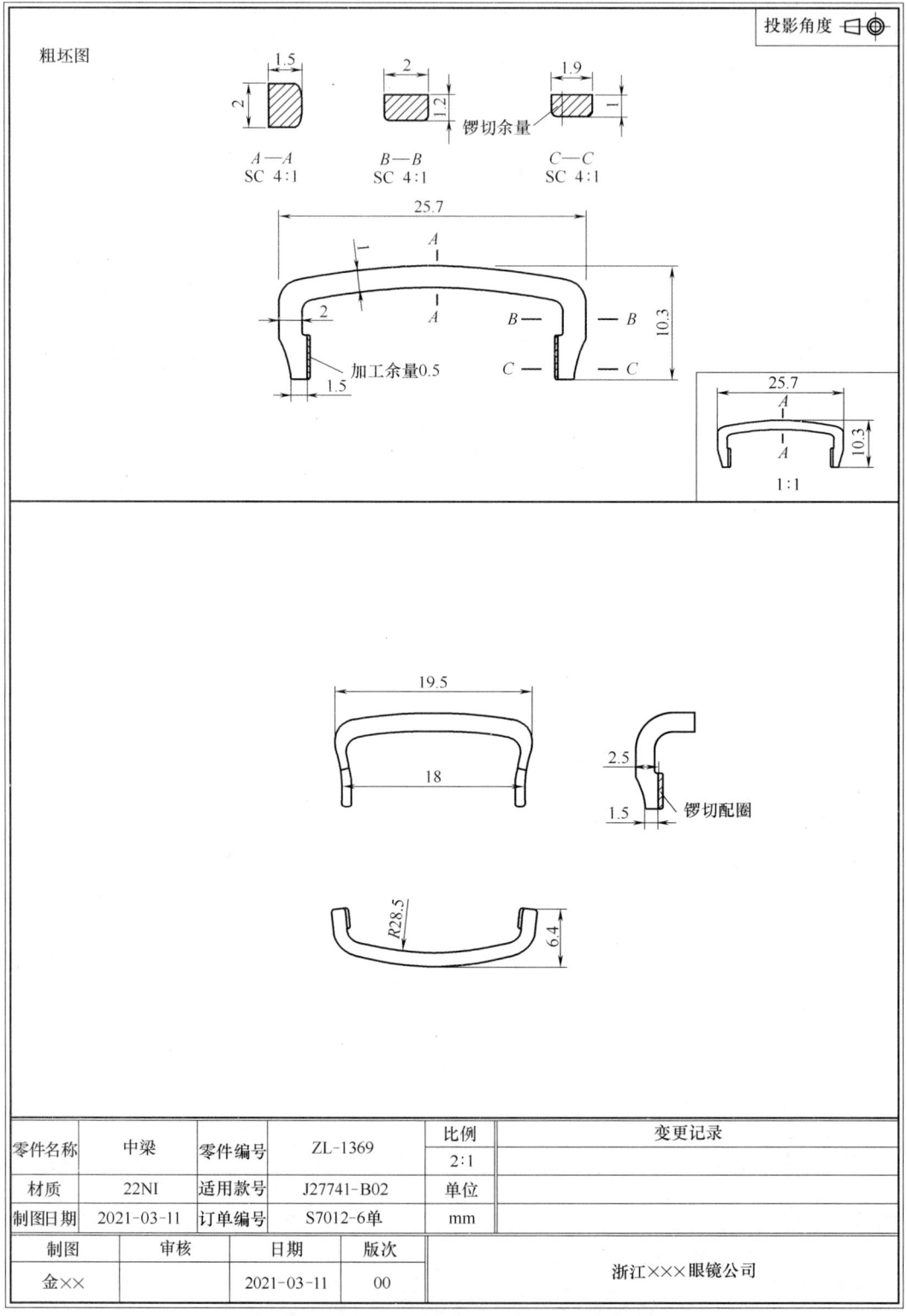

图 9-26 圆脸大框金属光学眼镜架中梁零件图

附页 26

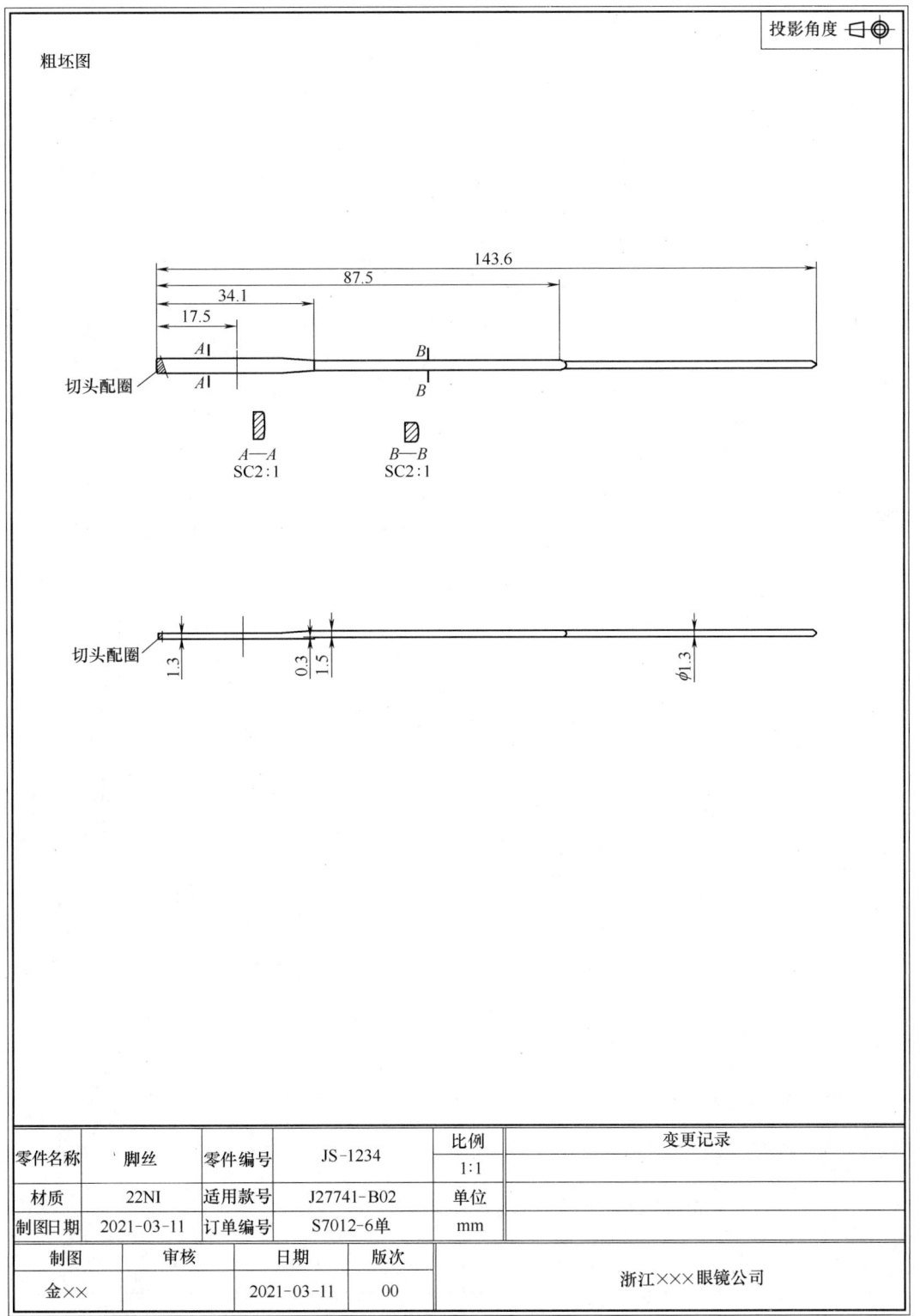

图 9-27　圆脸大框金属光学眼镜架脚丝零件粗坯图

附页 27

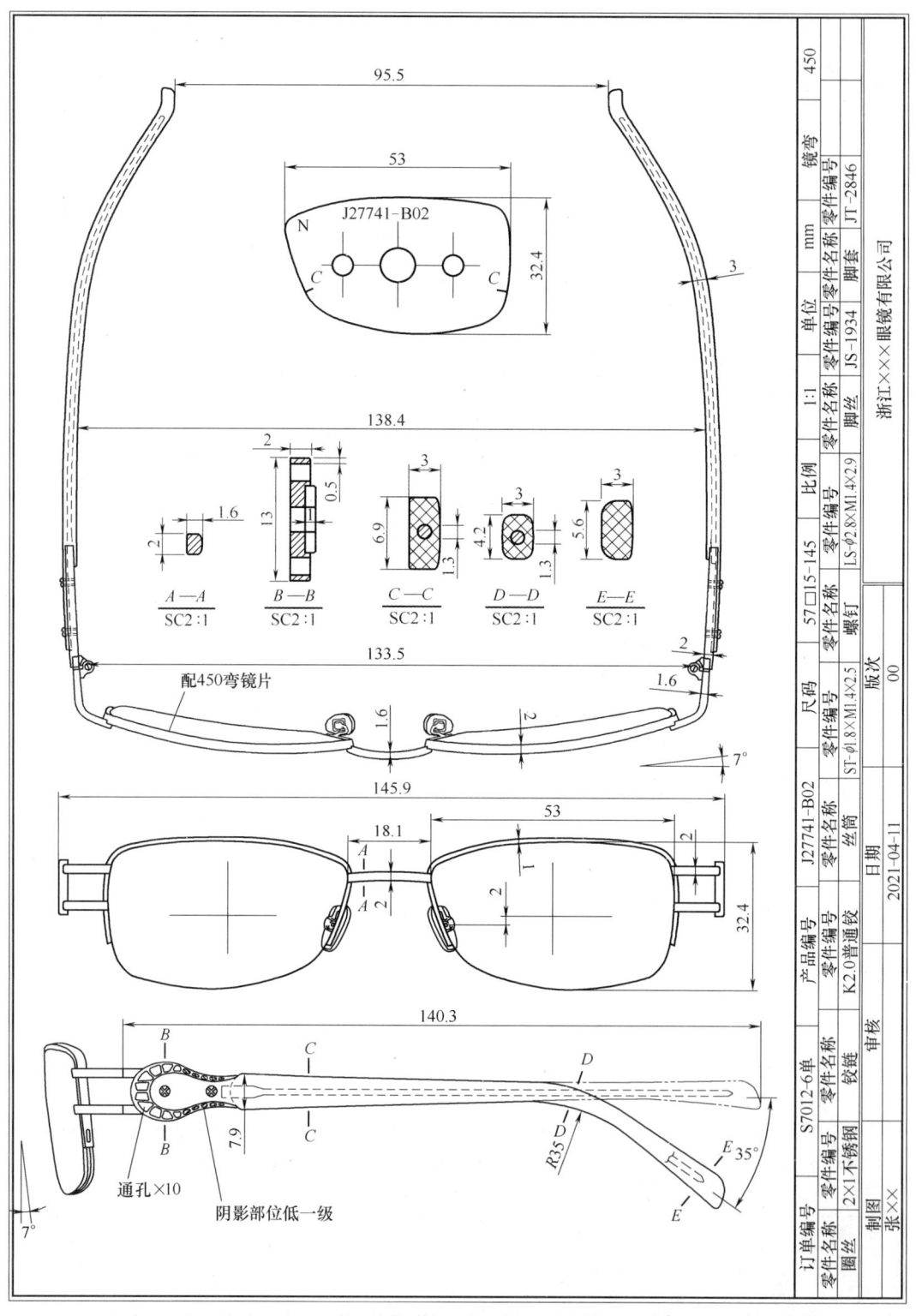

图 10-20 半框长脚套金属叉子角花光学眼镜架结构图

附页 28

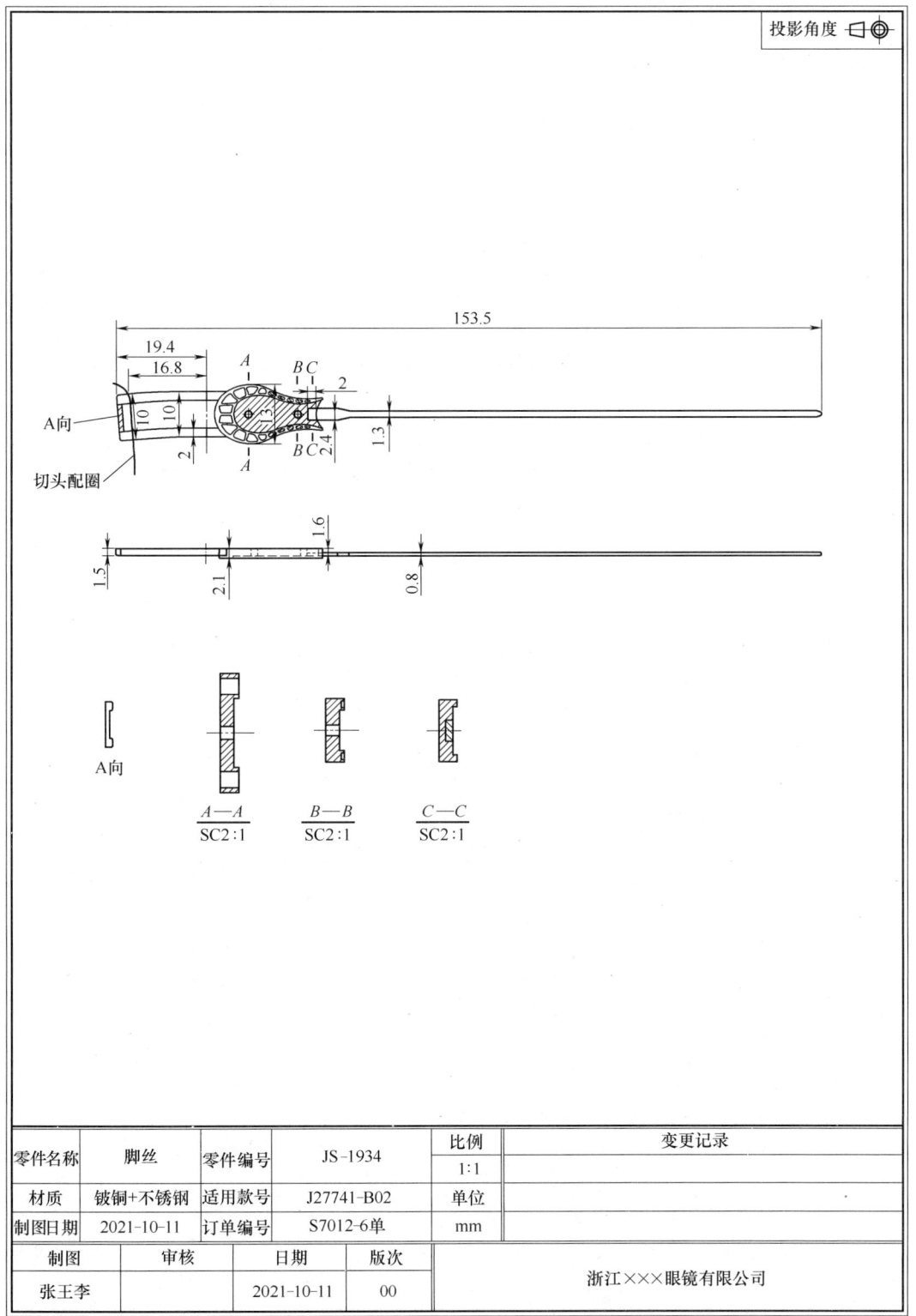

图 10-21　半框长脚套金属叉子角花光学眼镜架金属脚丝零件图

附页 29

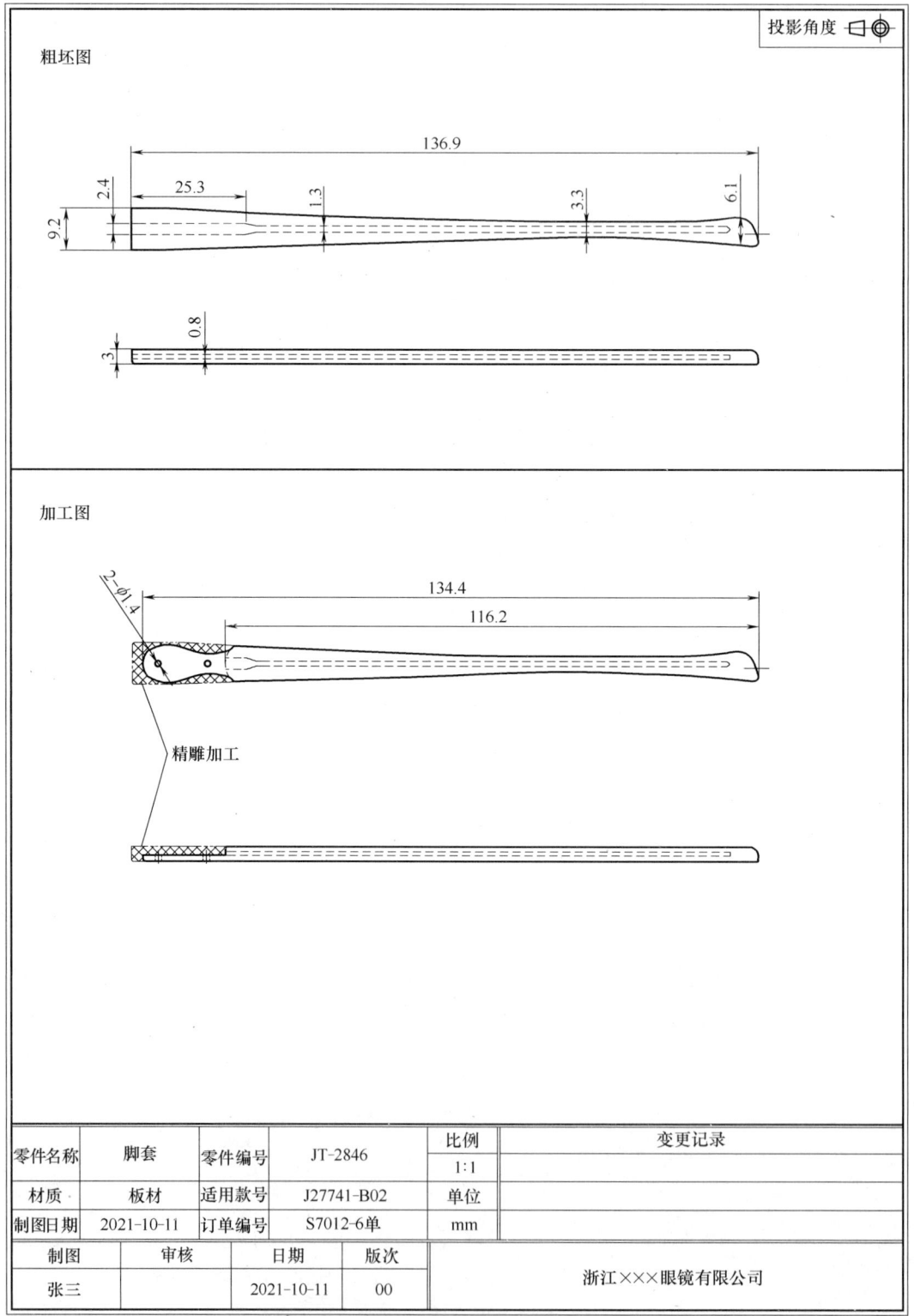

图 10-22　半框长脚套金属叉子角花光学眼镜架脚套零件图

附页 30

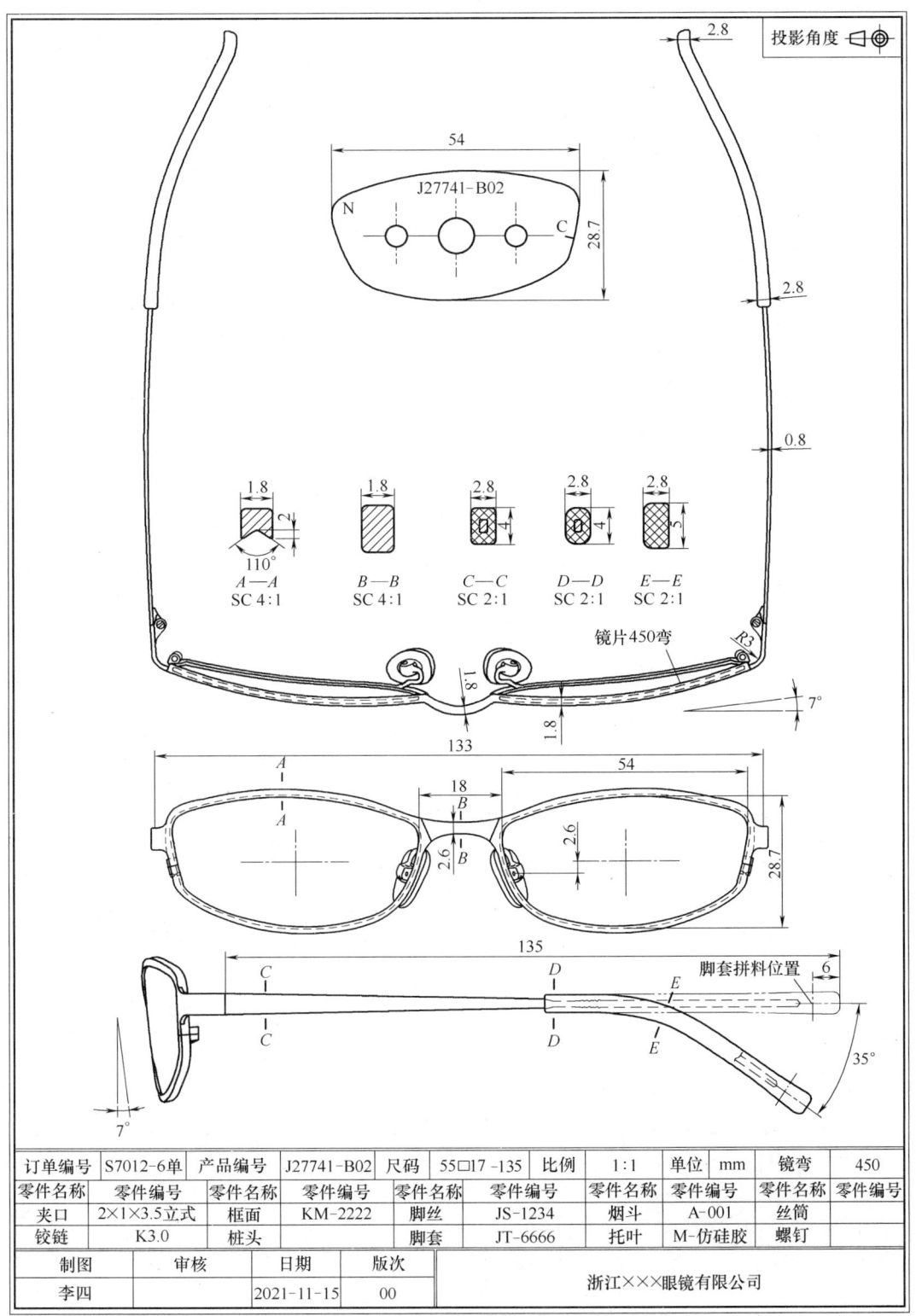

图 11-10　全框钢片框面铣槽光学眼镜架结构图

附页 31

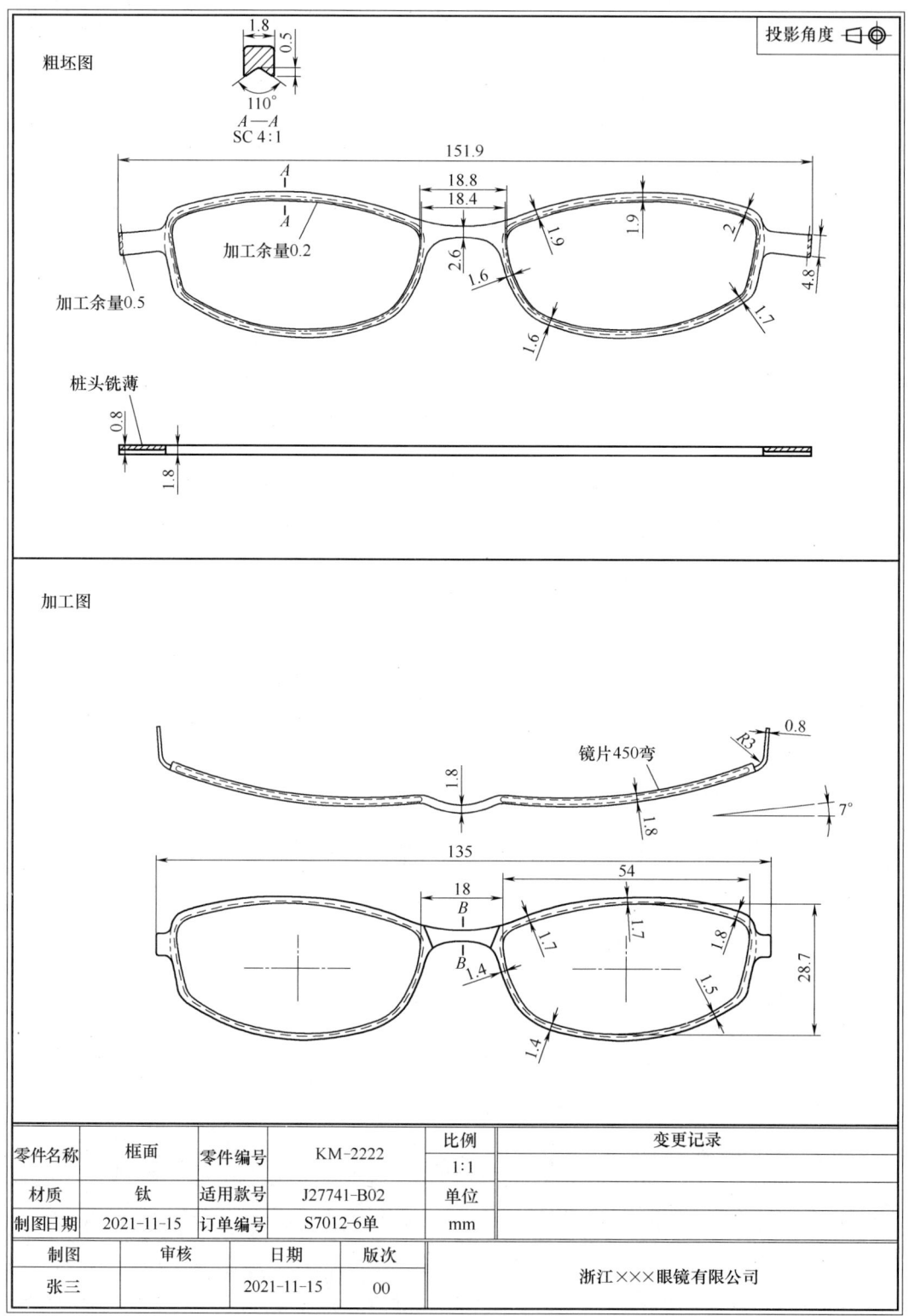

图 11-23　全框钢片框面铣槽光学眼镜架框面零件图

附页 32

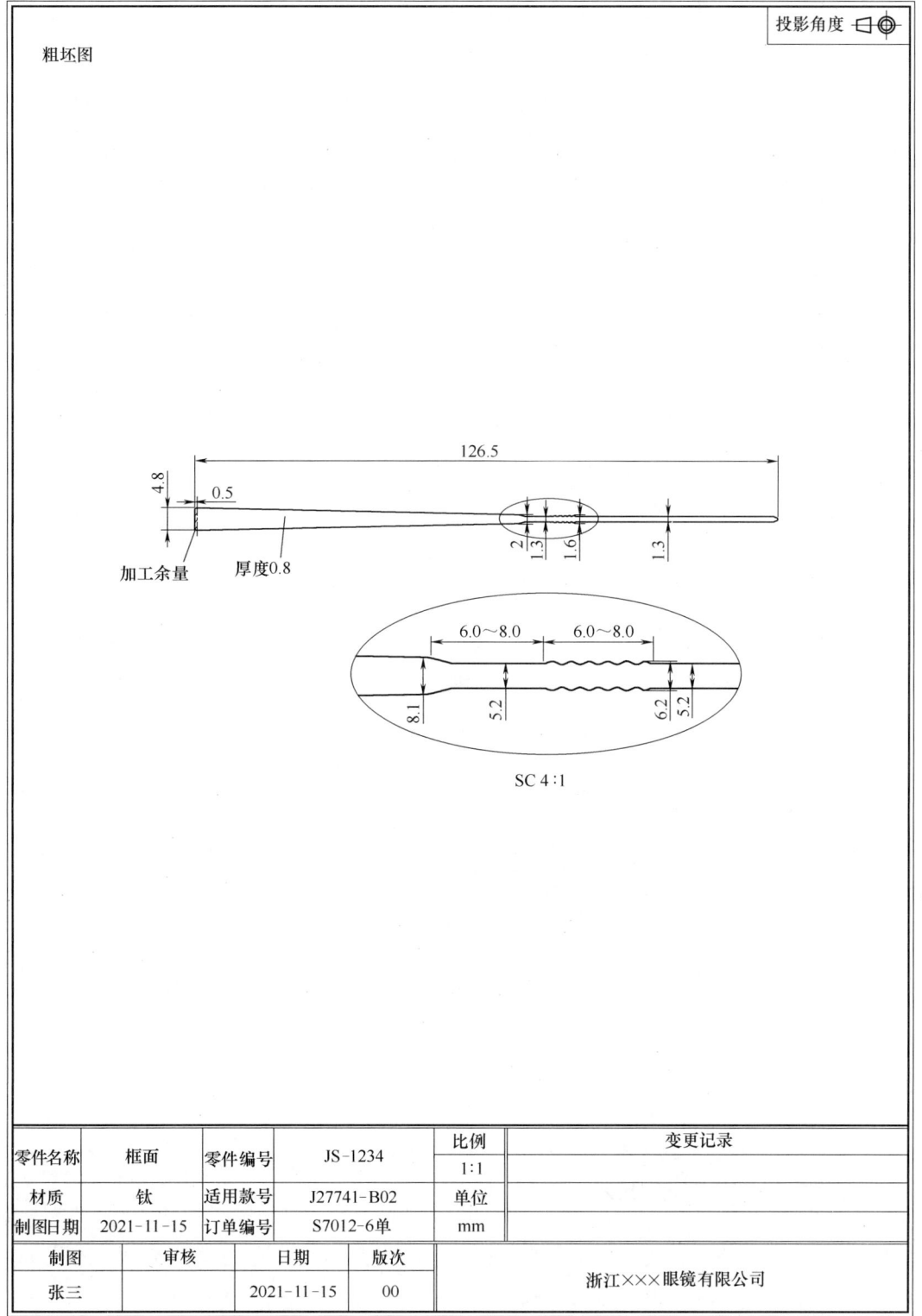

图 11-25　全框钢片框面铣槽光学眼镜架脚丝零件图

附页 33

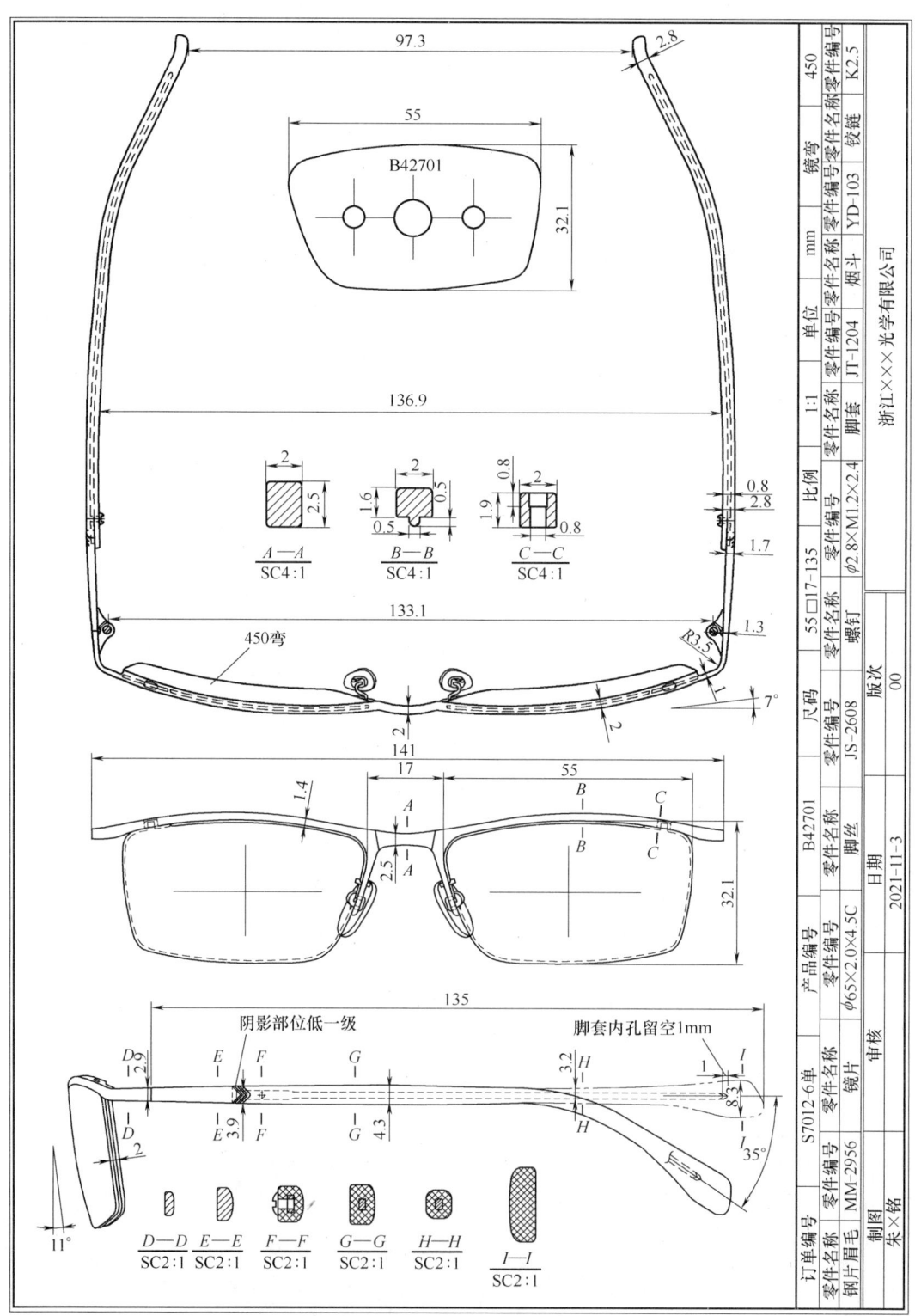

图 12-16 钢片眉毛凸筋卡片半框光学眼镜架结构图

附页 34

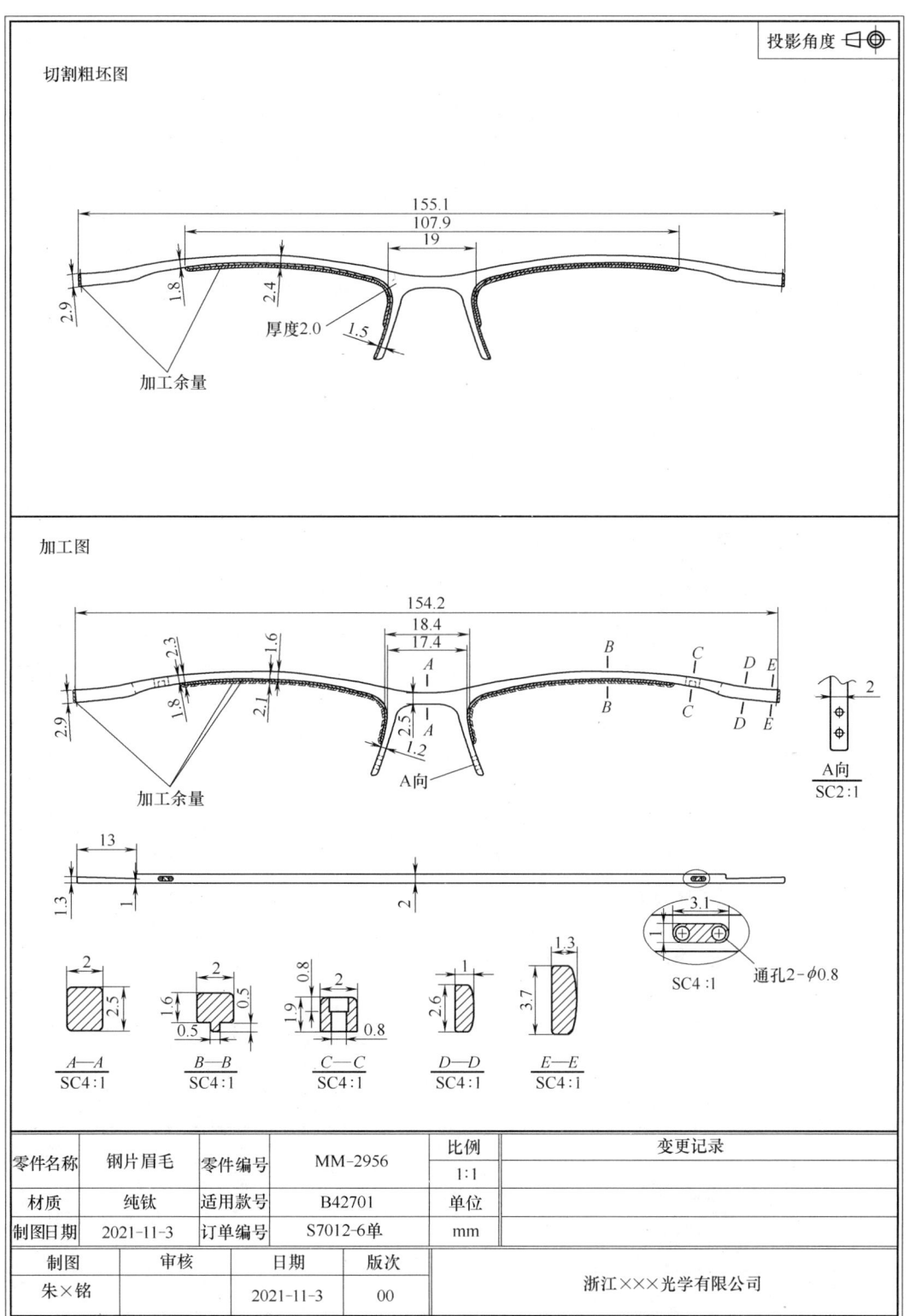

图 12-22 钢片眉毛凸筋卡片半框光学眼镜架眉毛零件图

附页 35

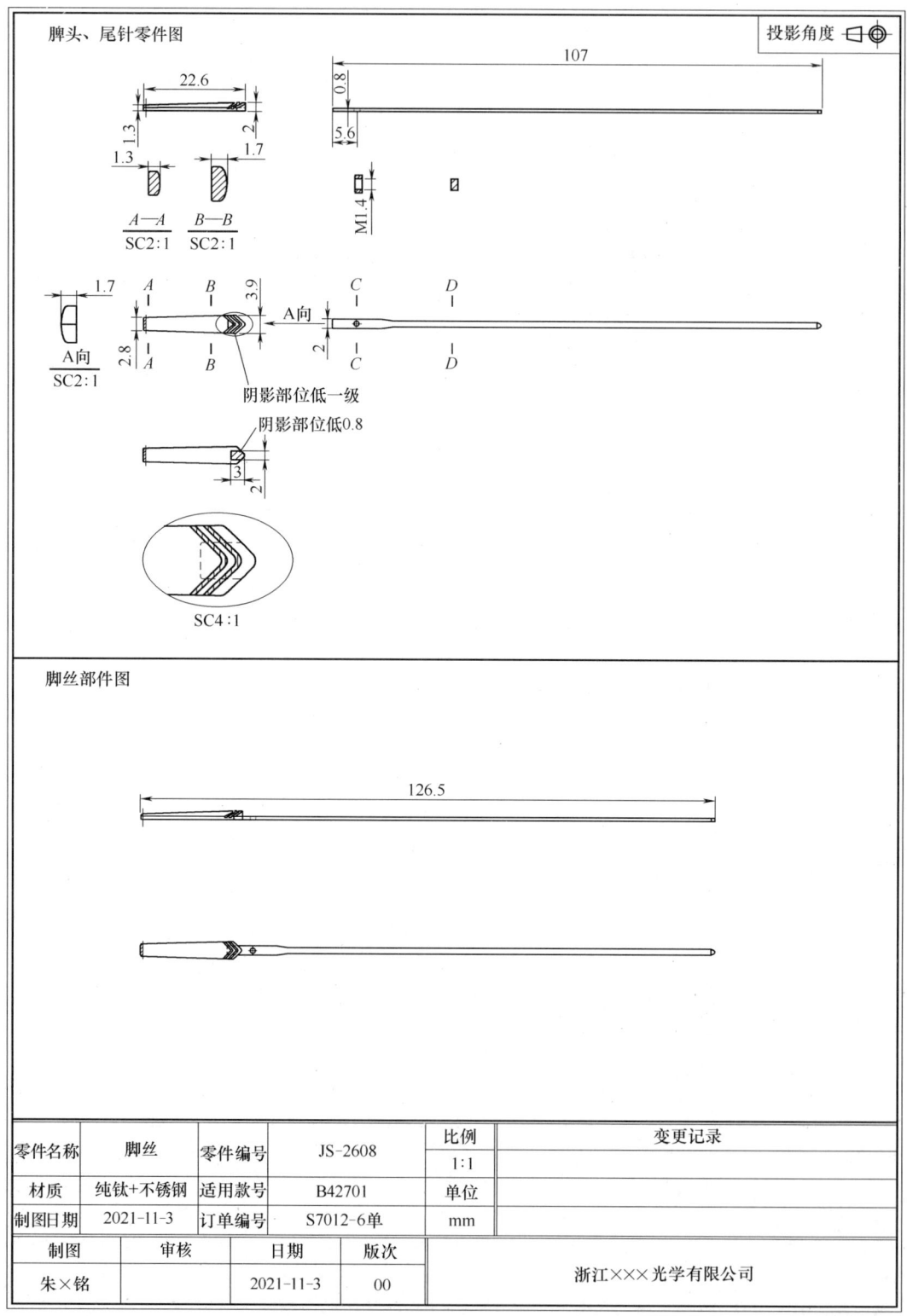

图 12-23 钢片眉毛凸筋卡片半框光学眼镜架脚丝零件图

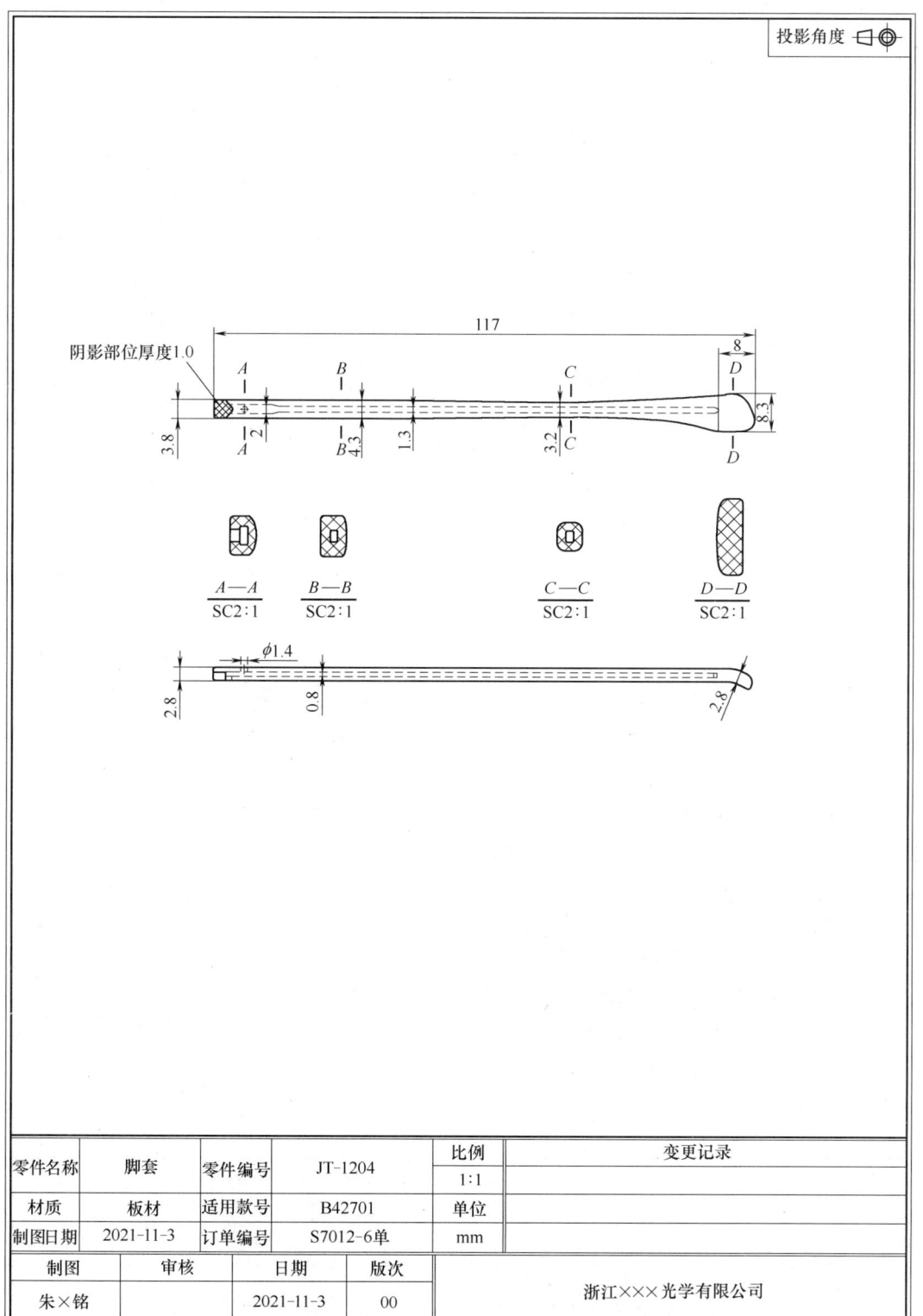

图 12-24　钢片眉毛凸筋卡片半框光学眼镜架脚套零件图

附页 37

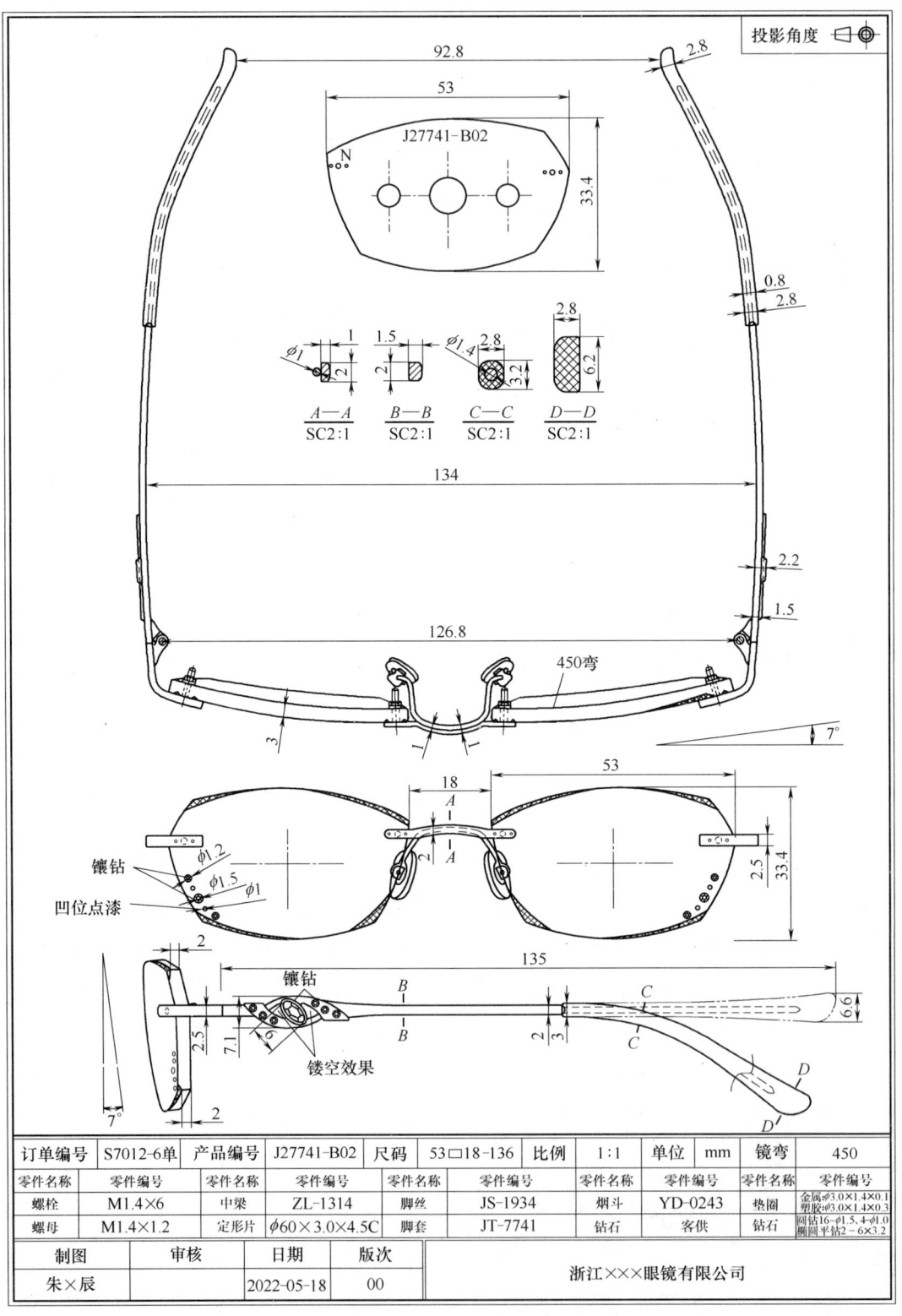

图 13-17 无框镜片切边镶钻女款光学眼镜架结构图

附页 38

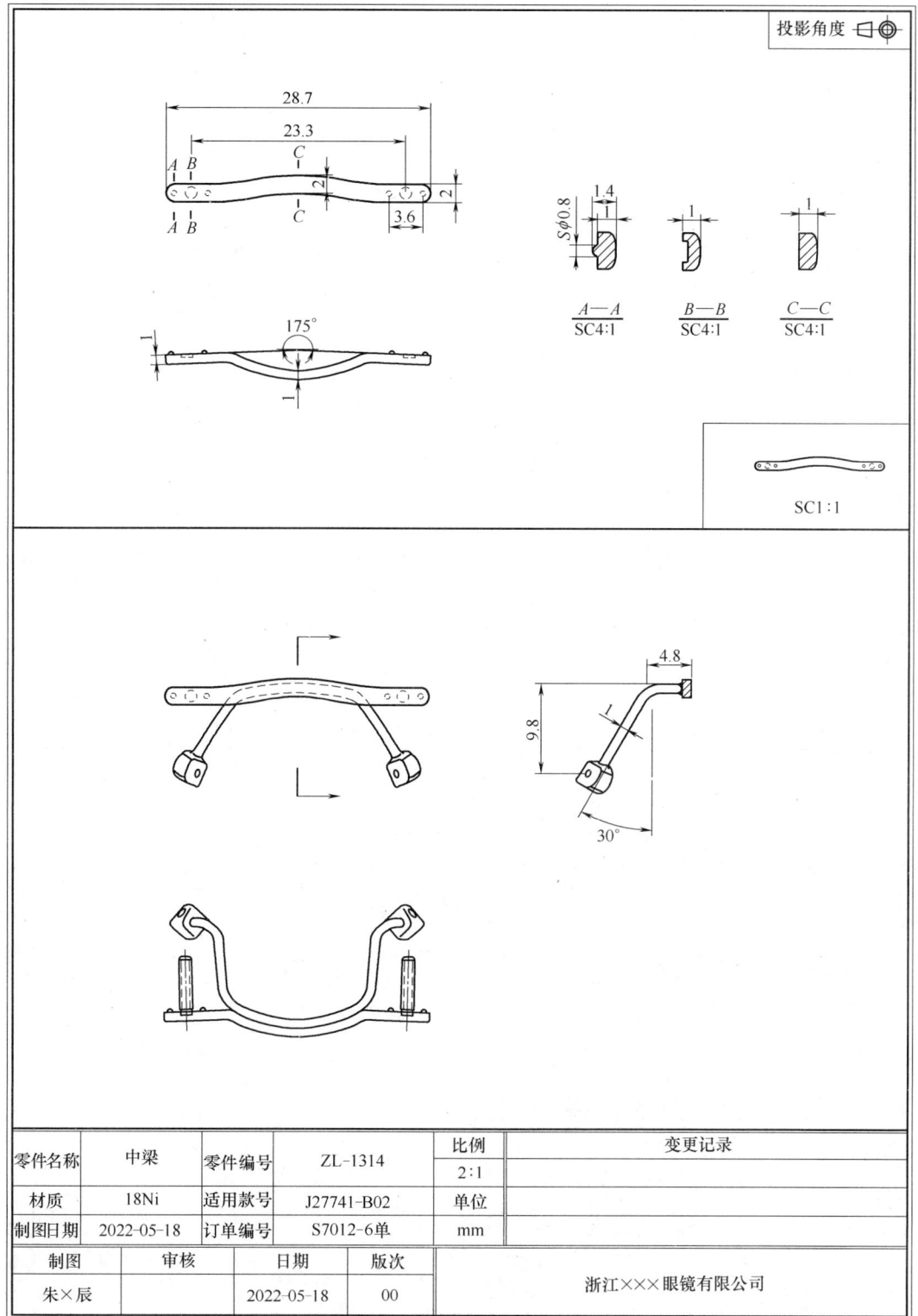

图 13-18　无框镜片切边镶钻女款光学眼镜架中梁零件图

附页 39

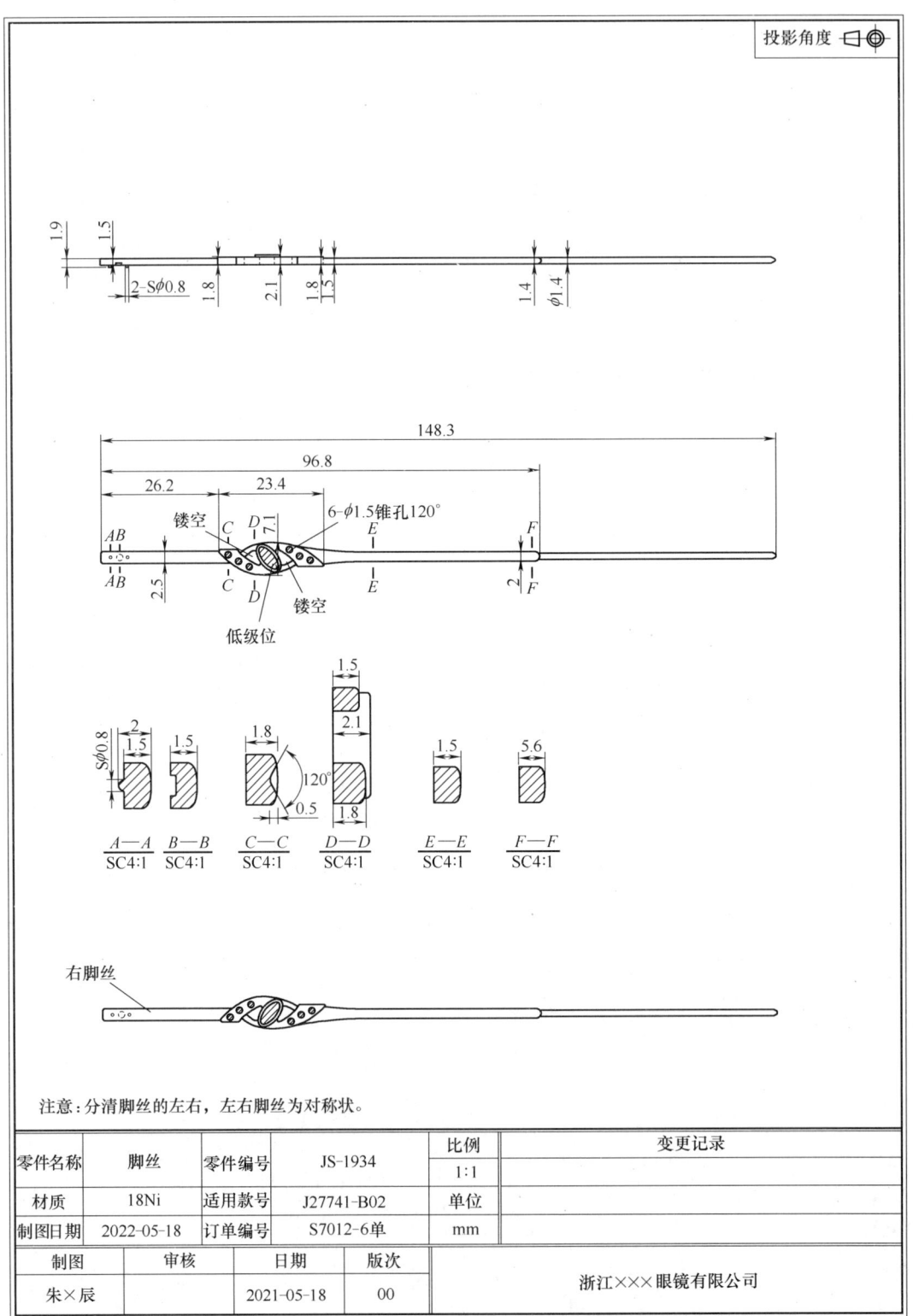

图 13-19 无框镜片切边镶钻女款光学眼镜架脚丝零件图

附页 40

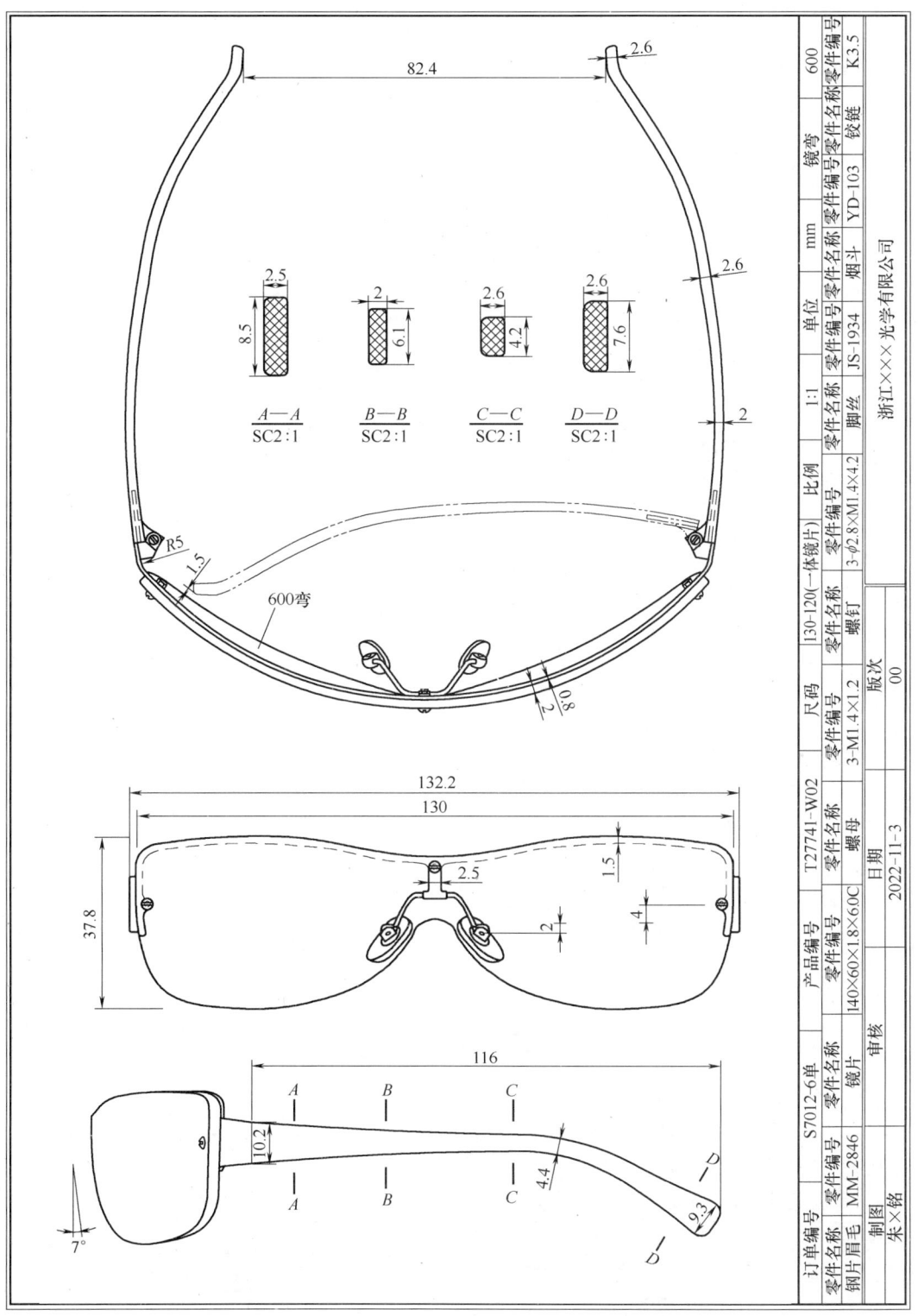

图 14-11　钢片贴片一体式镜片无框太阳眼镜架结构图

附页 41

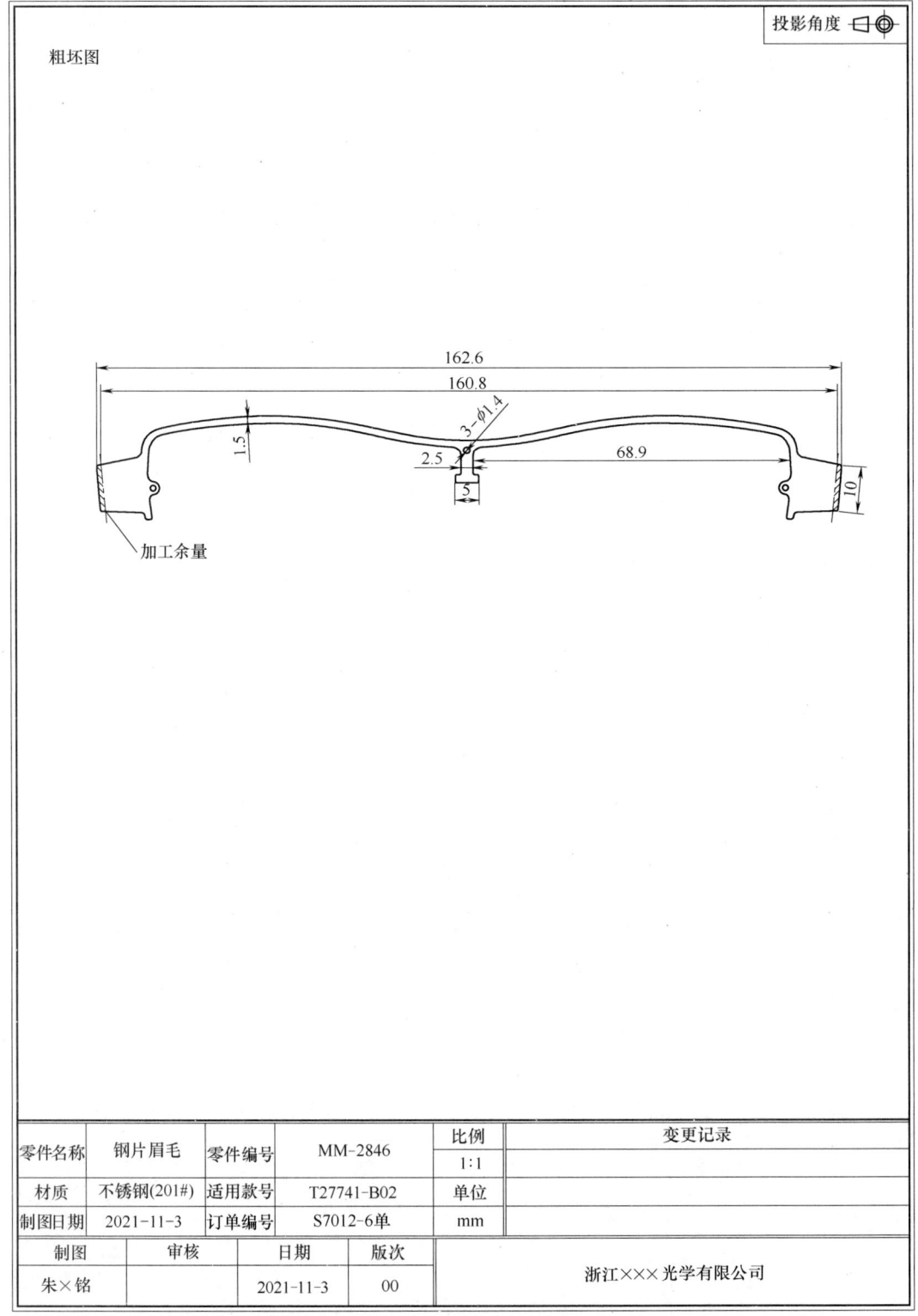

图 14-12　钢片贴片一体式镜片无框太阳眼镜架钢片眉毛粗坯零件图

附页 42

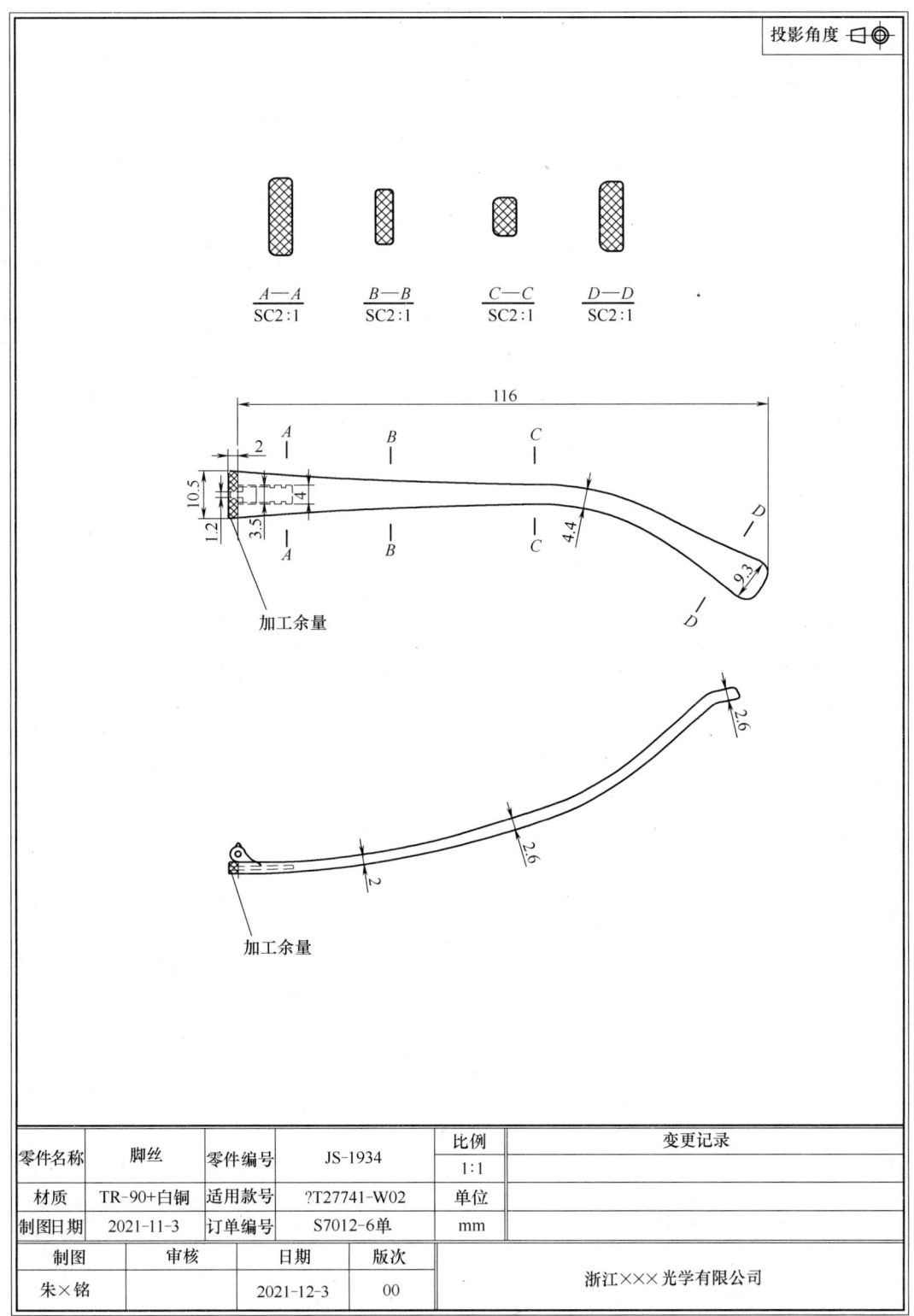

图 14-13　钢片贴片一体式镜片无框太阳眼镜架注塑脚丝零件图

附页 43

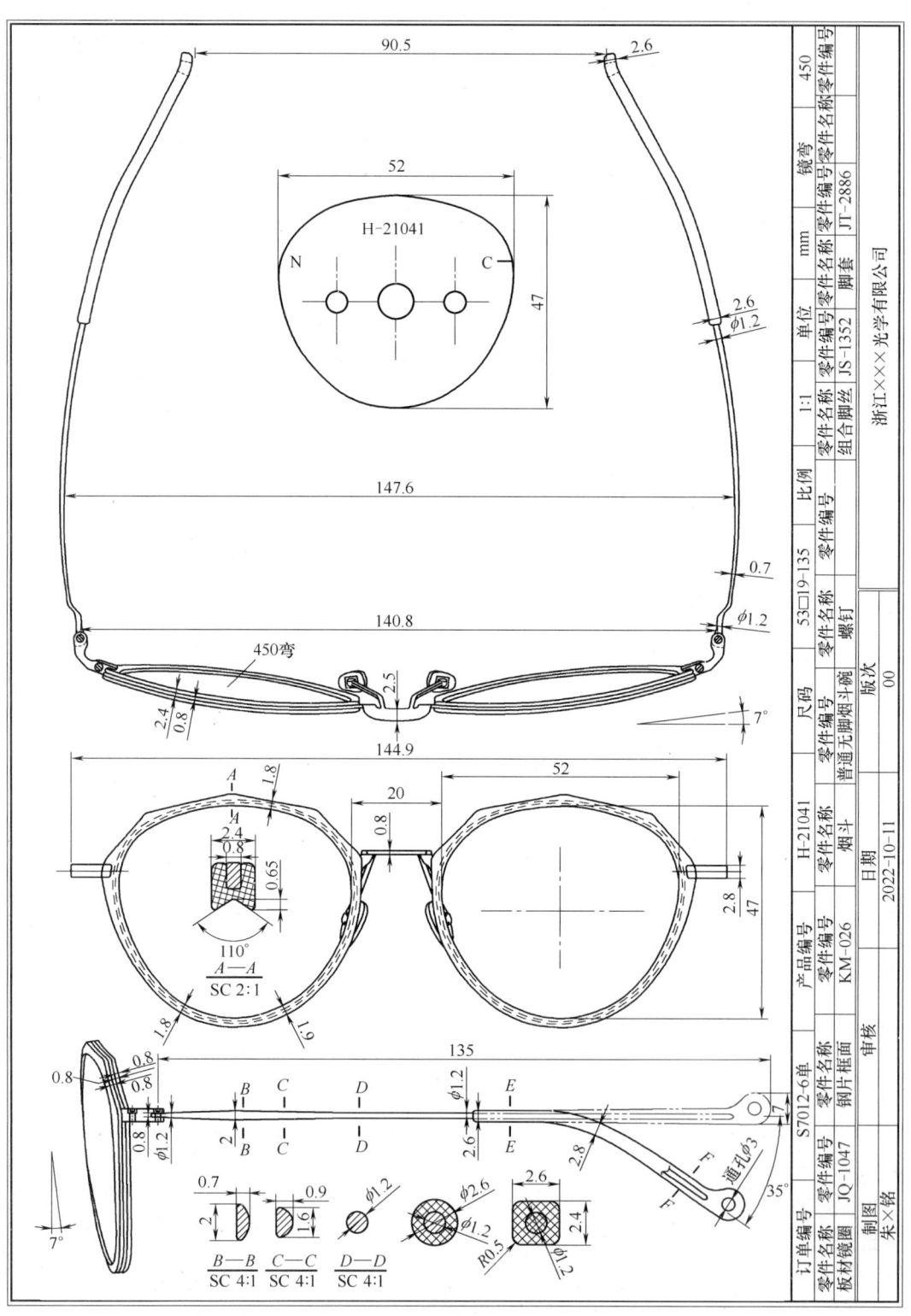

图 15-13 全框钢片卡胶圈光学眼镜架结构图

附页 44

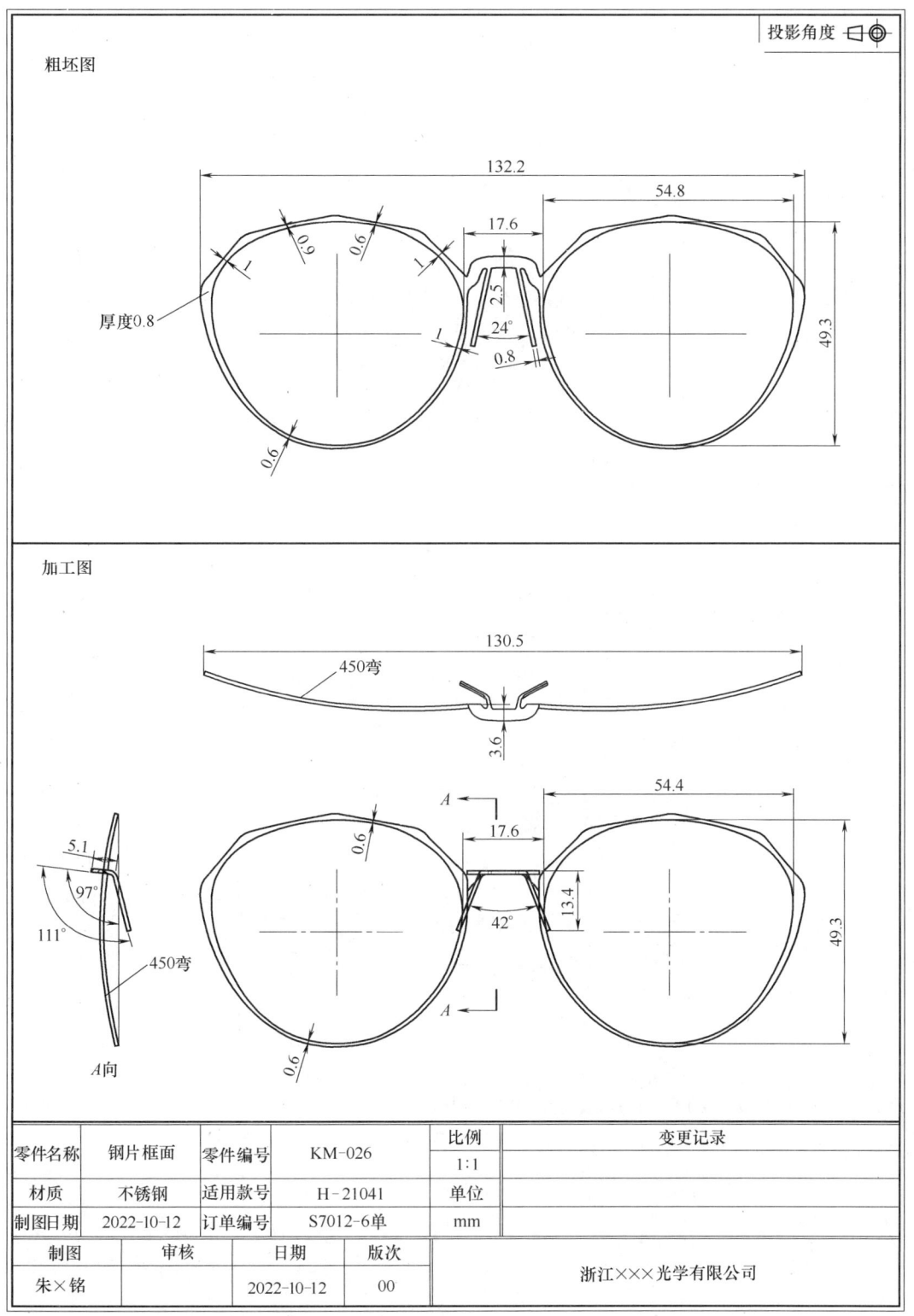

图 15-18　全框钢片卡胶圈光学眼镜架钢片框面零件图

附页 45

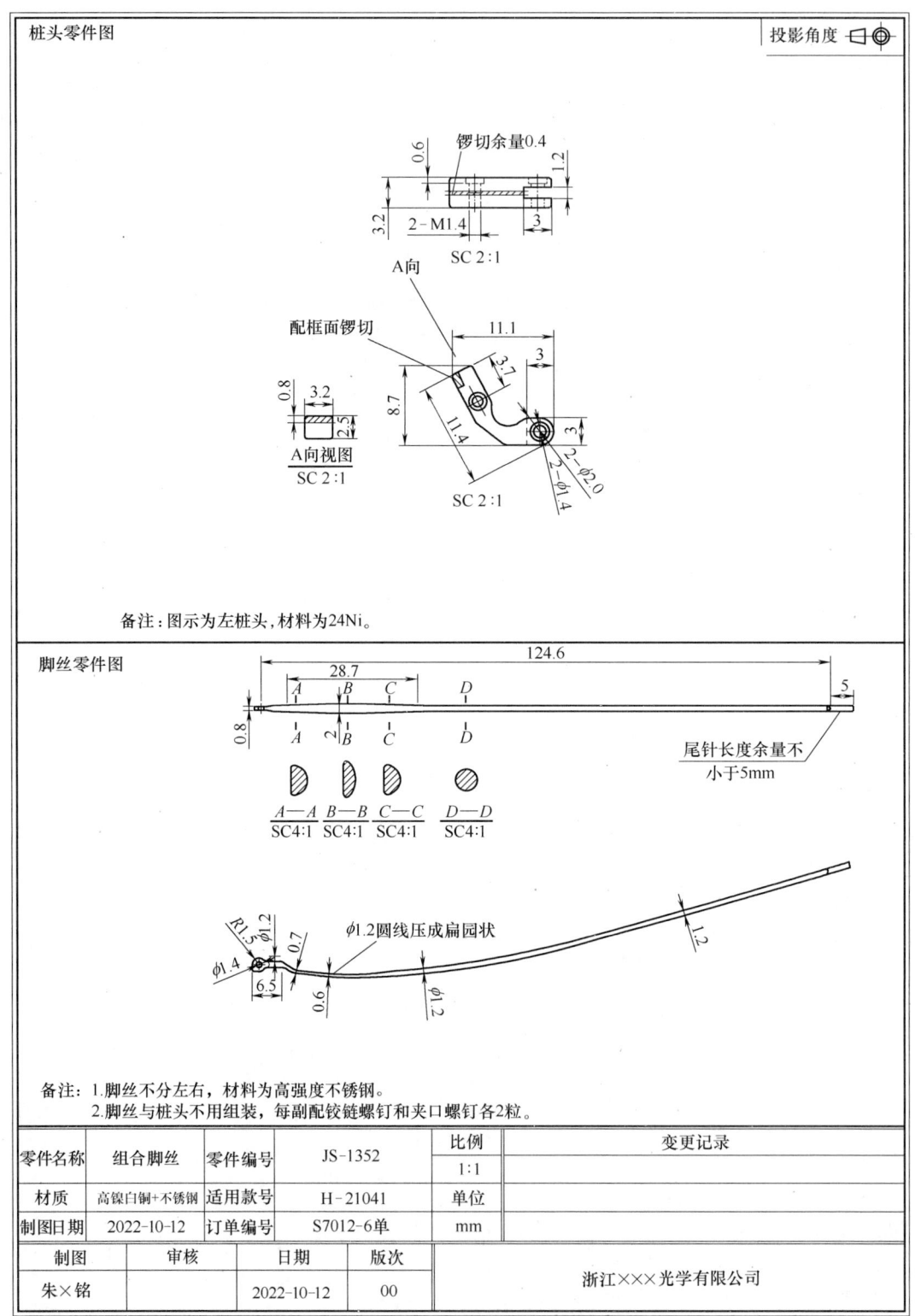

图 15-20　全框钢片卡胶圈光学眼镜架组合脚丝零件图

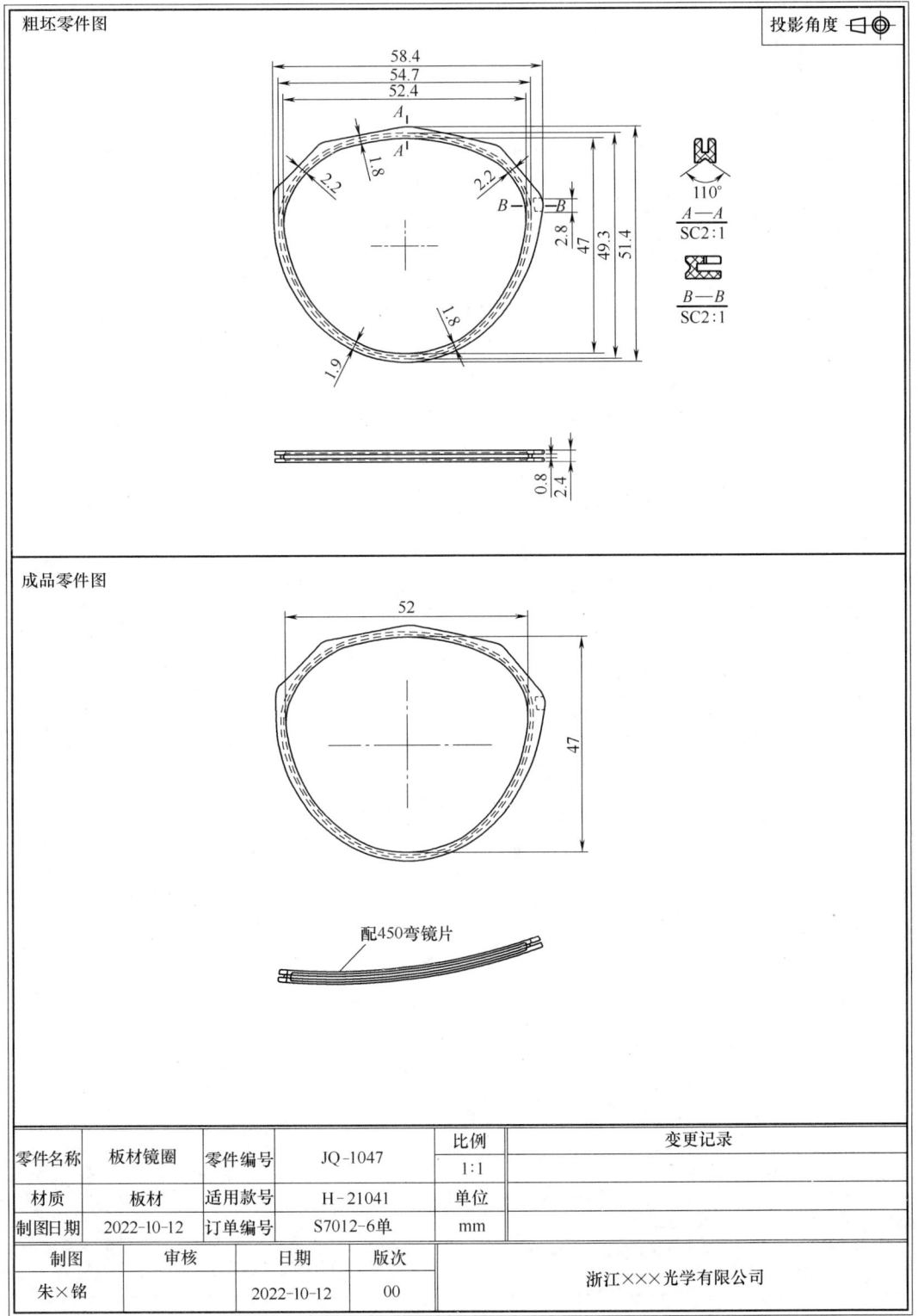

图 15-21　全框钢片卡胶圈光学眼镜架板材镜圈零件图

附页 47

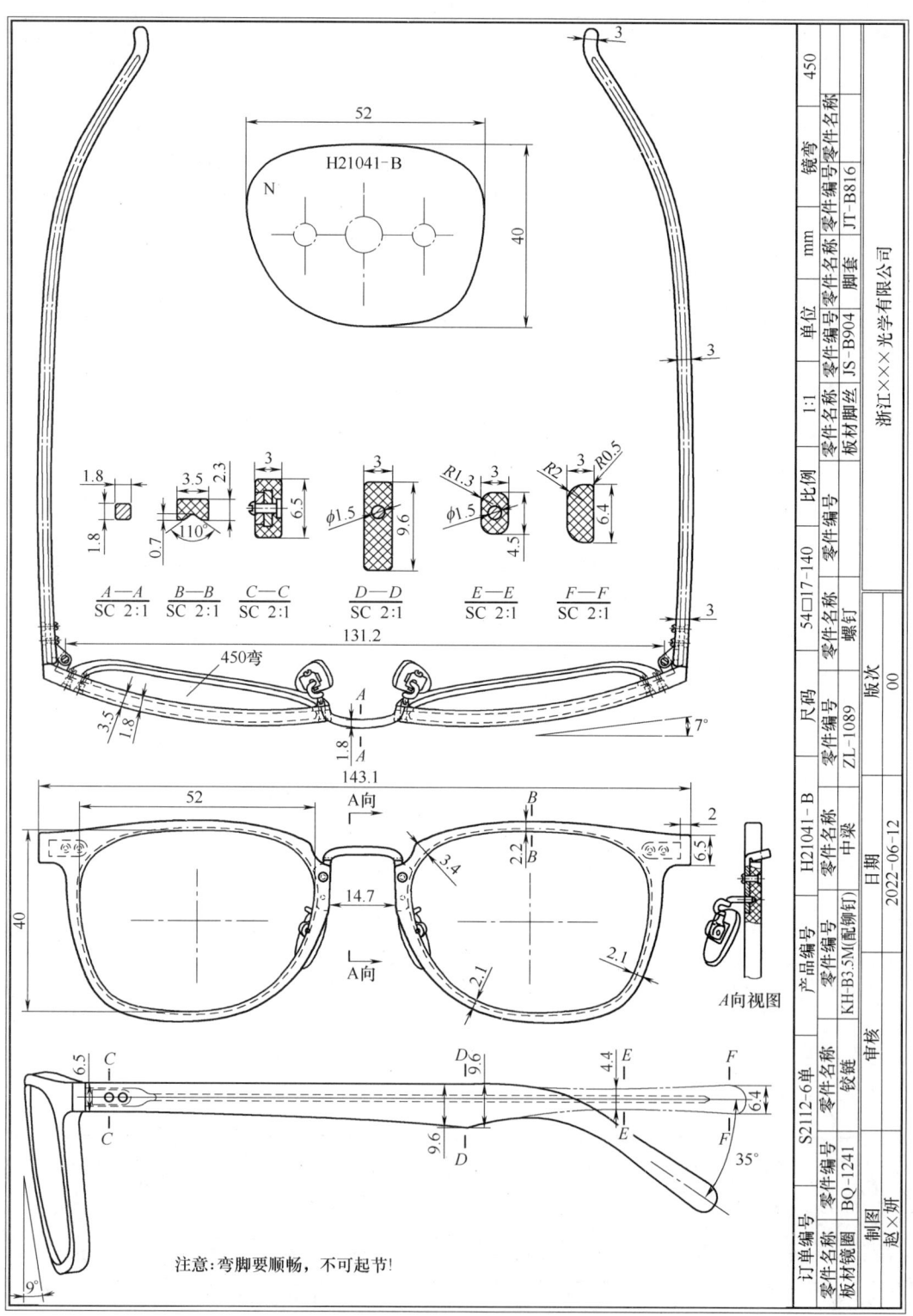

图 16-12　板材镜框+金属中梁混合眼镜架结构图

附页 48

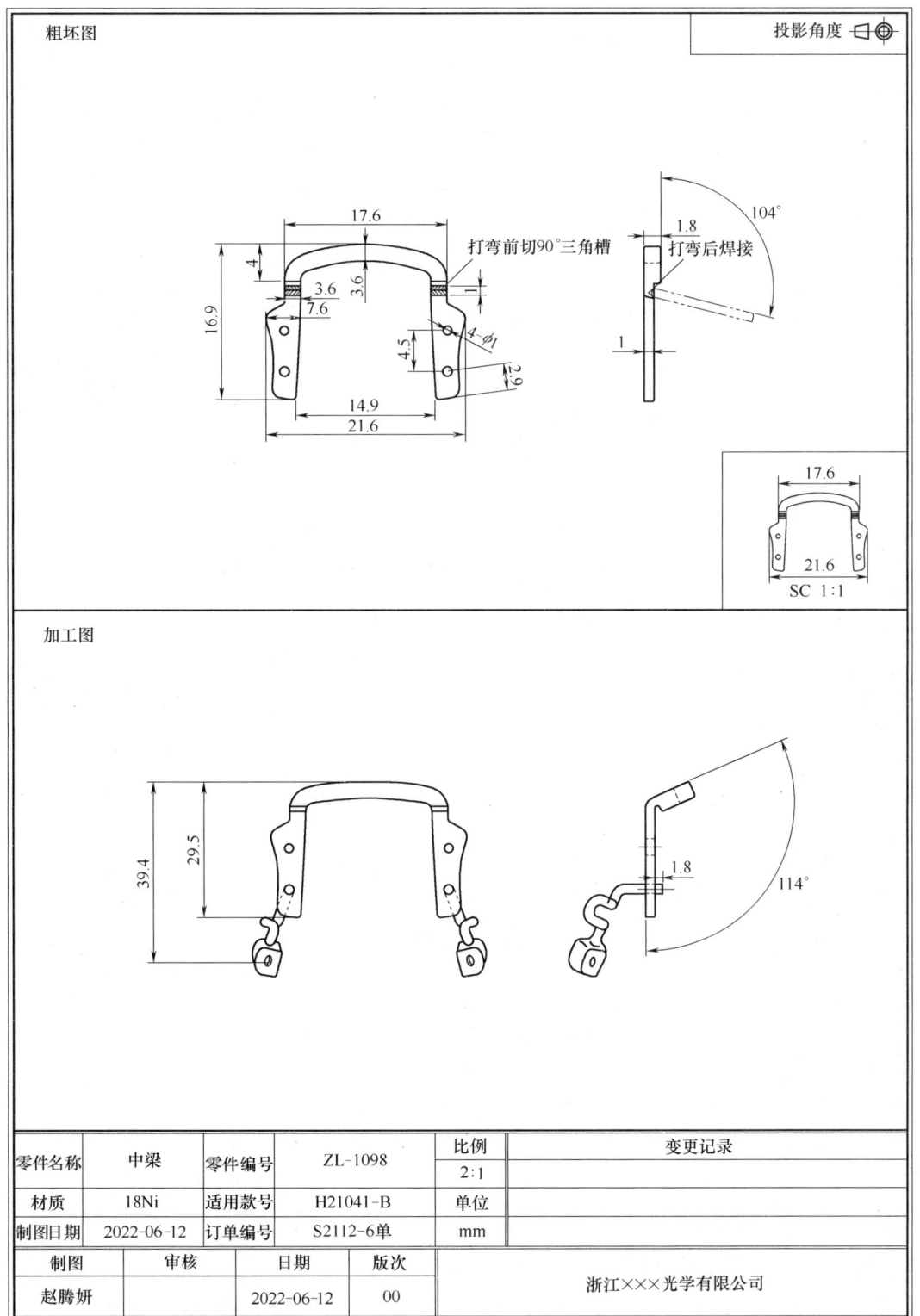

图 16-14 板材镜框+金属中梁混合眼镜架中梁零件图

附页 49

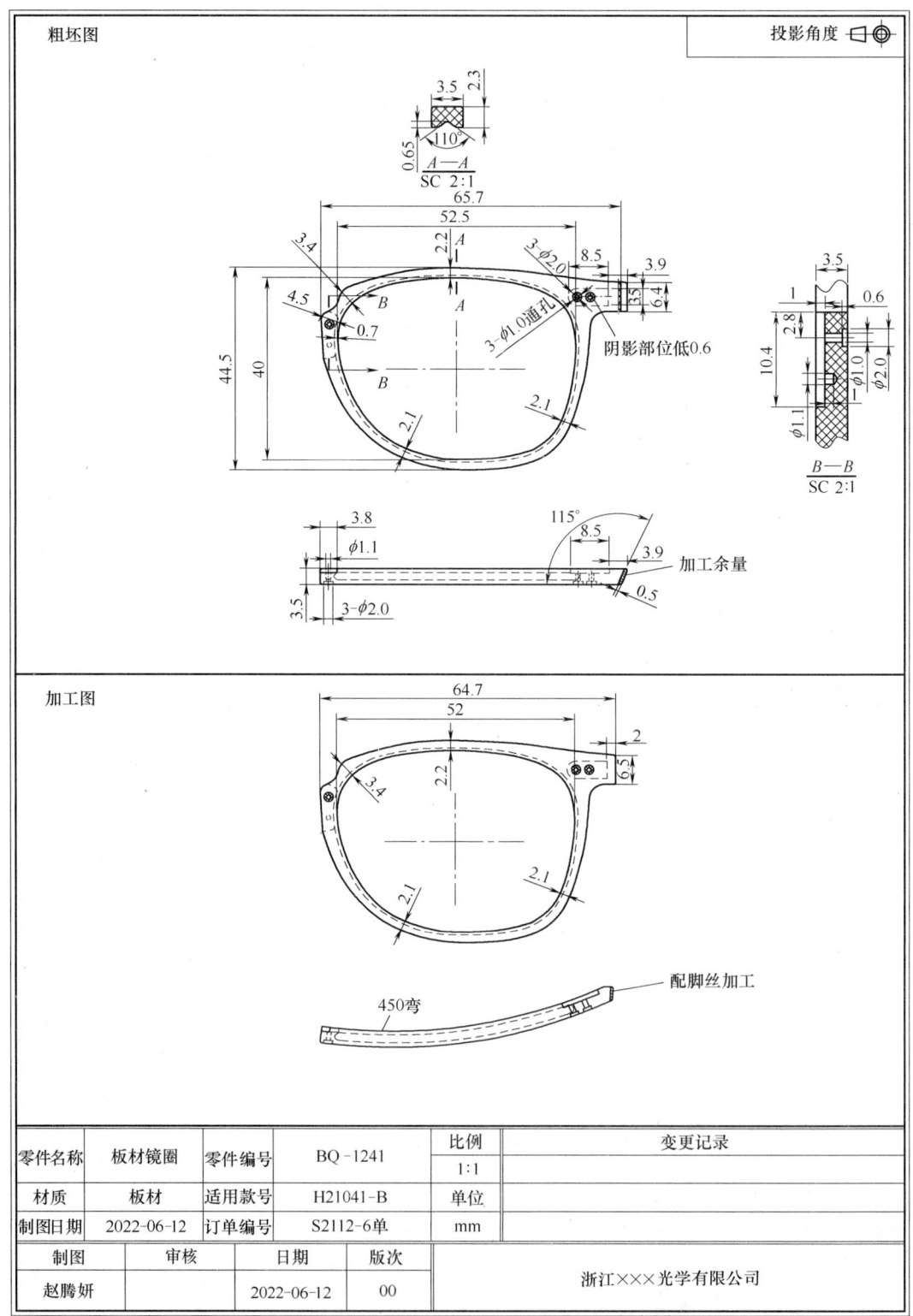

图 16-15　板材镜框+金属中梁混合眼镜架板材镜框零件图

附页 50

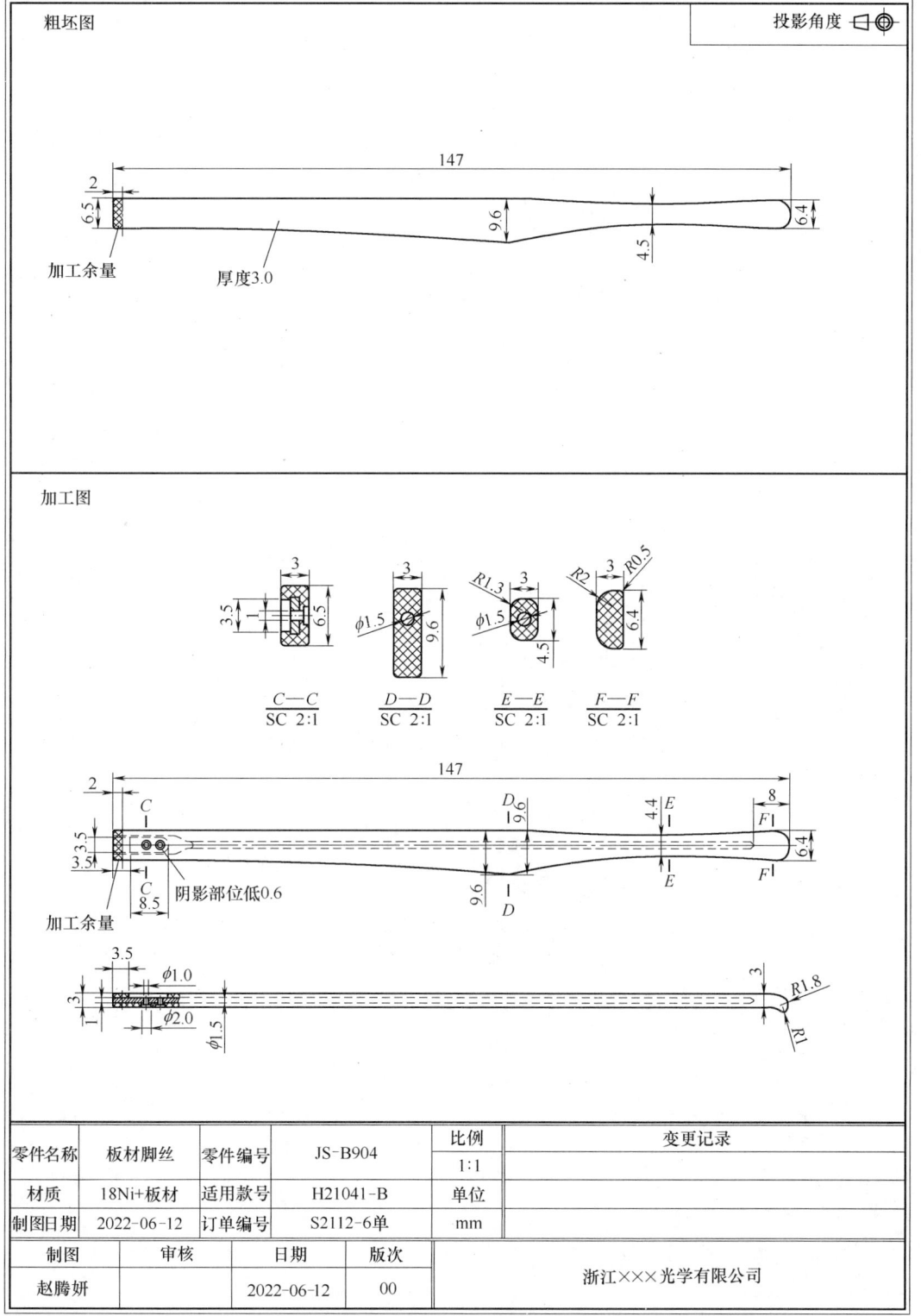

图 16-16 板材镜框+金属中梁混合眼镜架脚丝零件图

附页 51

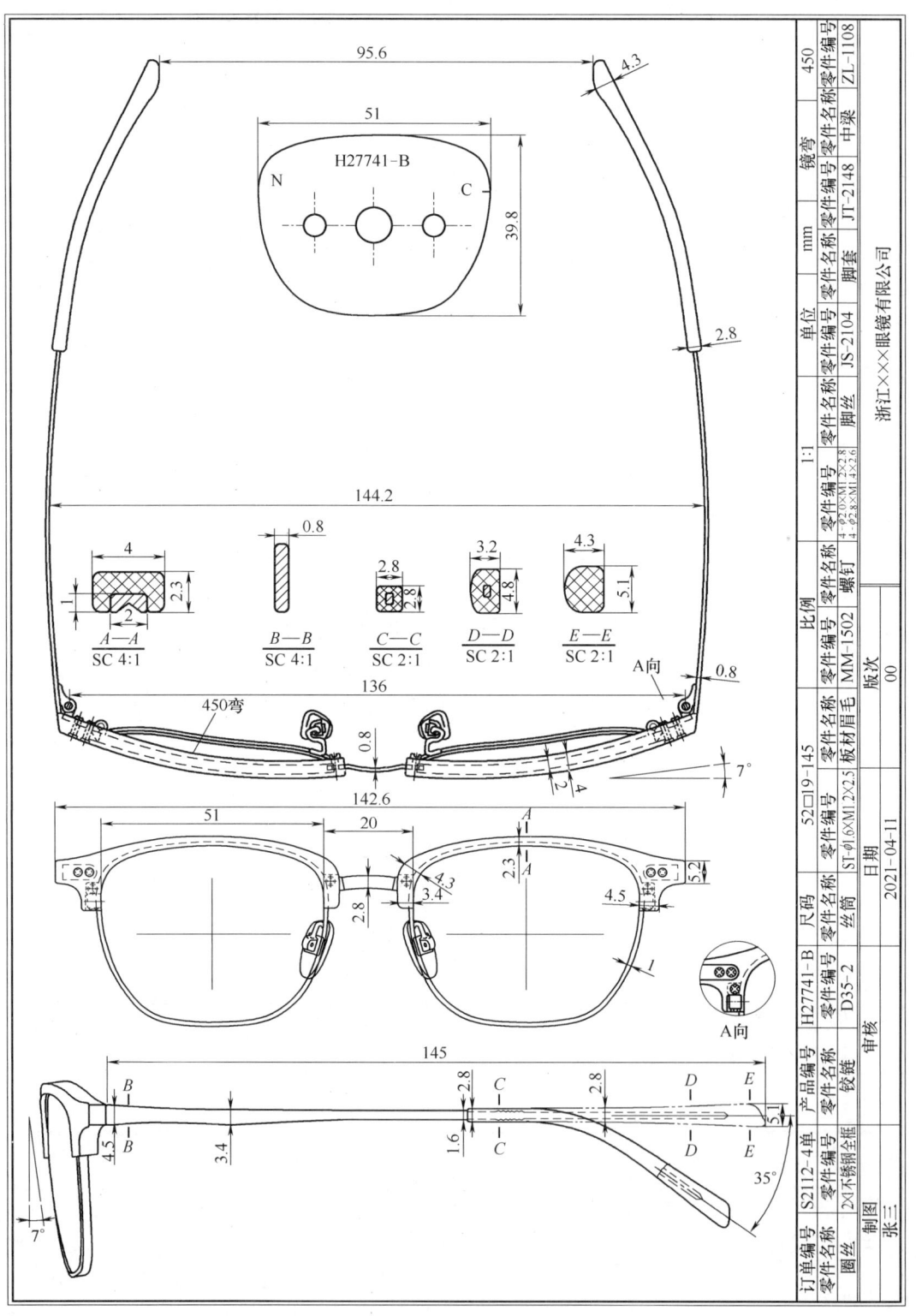

图 17-14 金属镜框+板材眉毛混合眼镜架结构图

附页 52

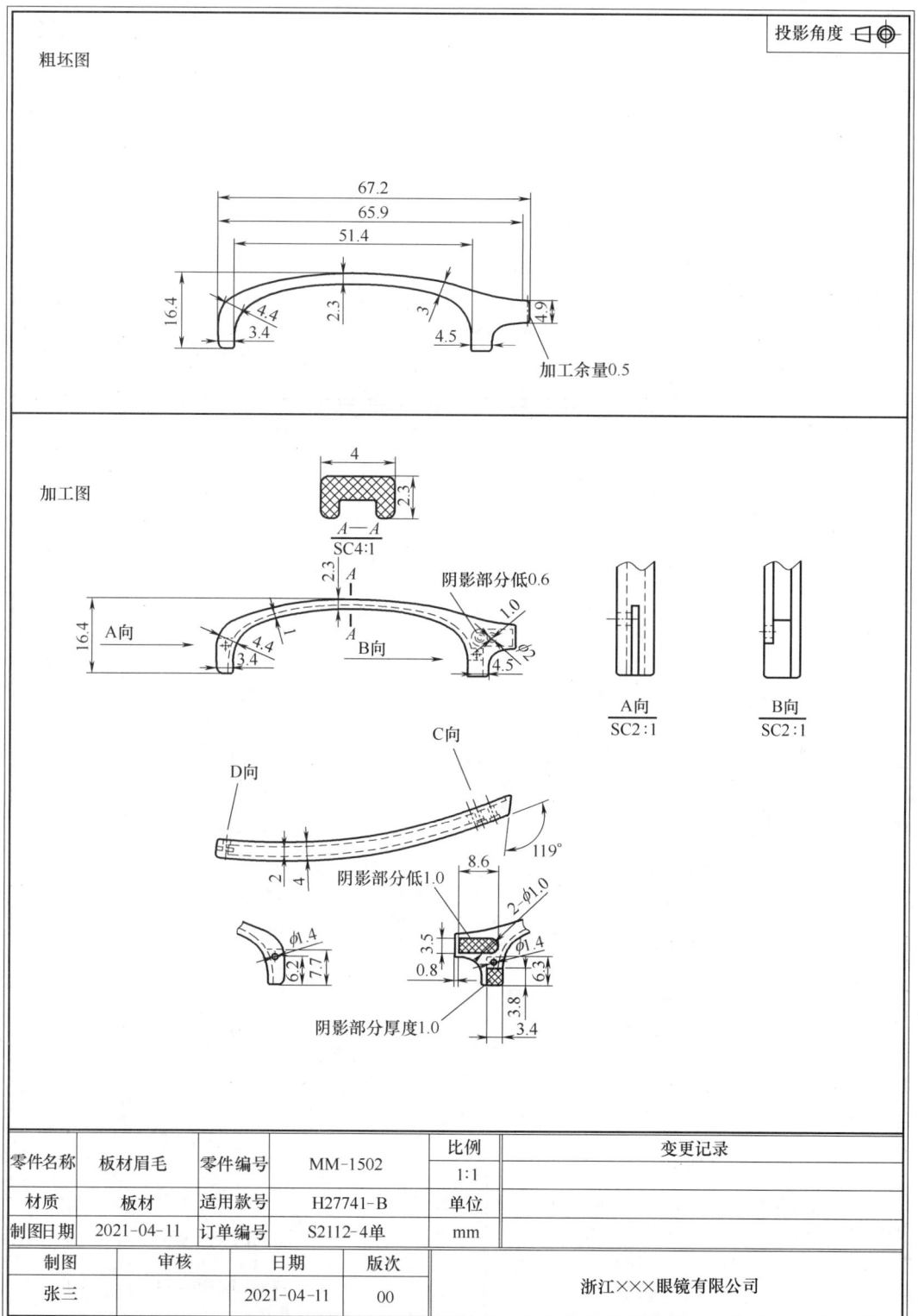

图 17-15 金属镜框+板材眉毛混合眼镜架板材眉毛零件图

附页 53

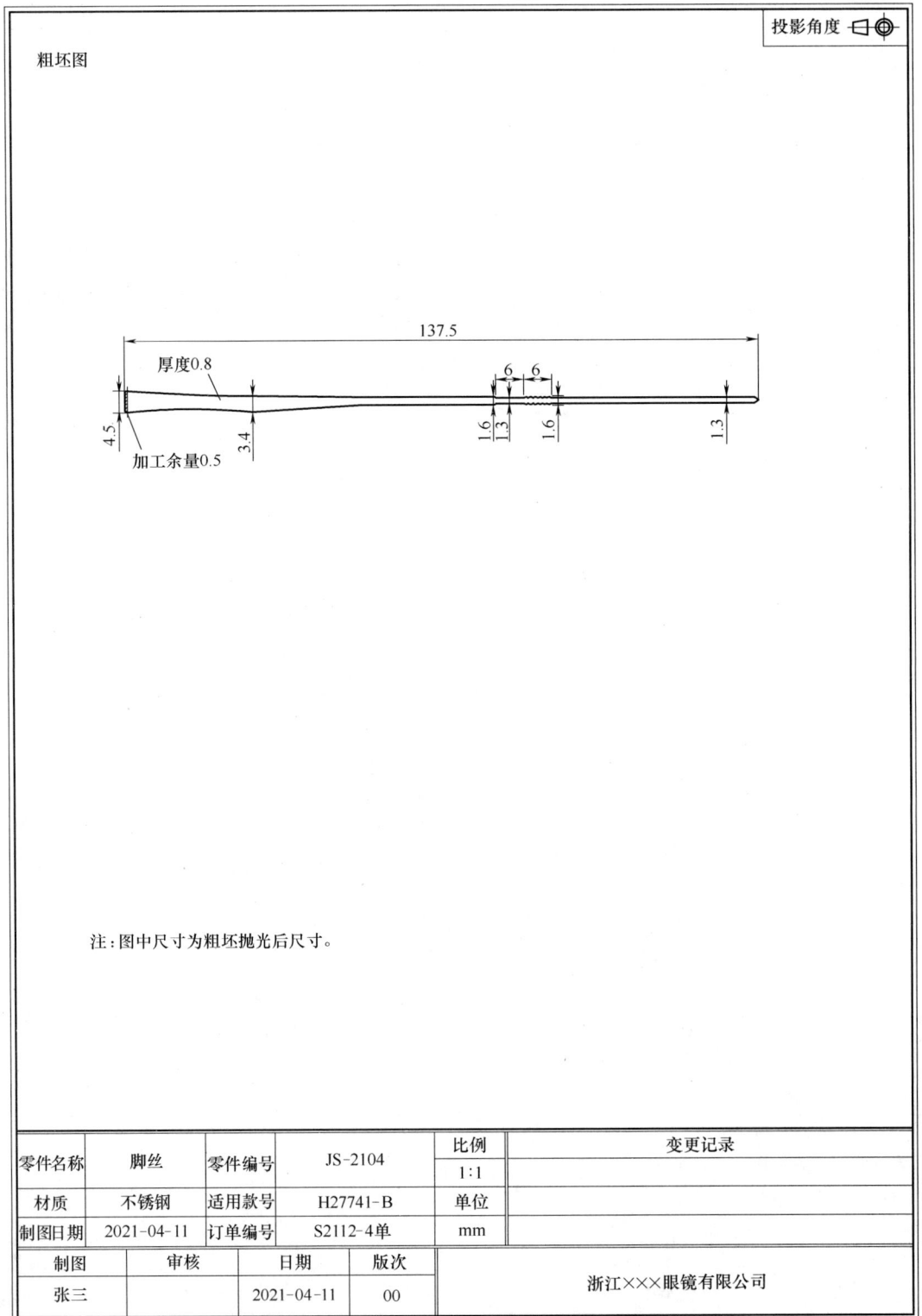

图 17-16　金属镜框+板材眉毛混合眼镜架脚丝零件图

附页 54

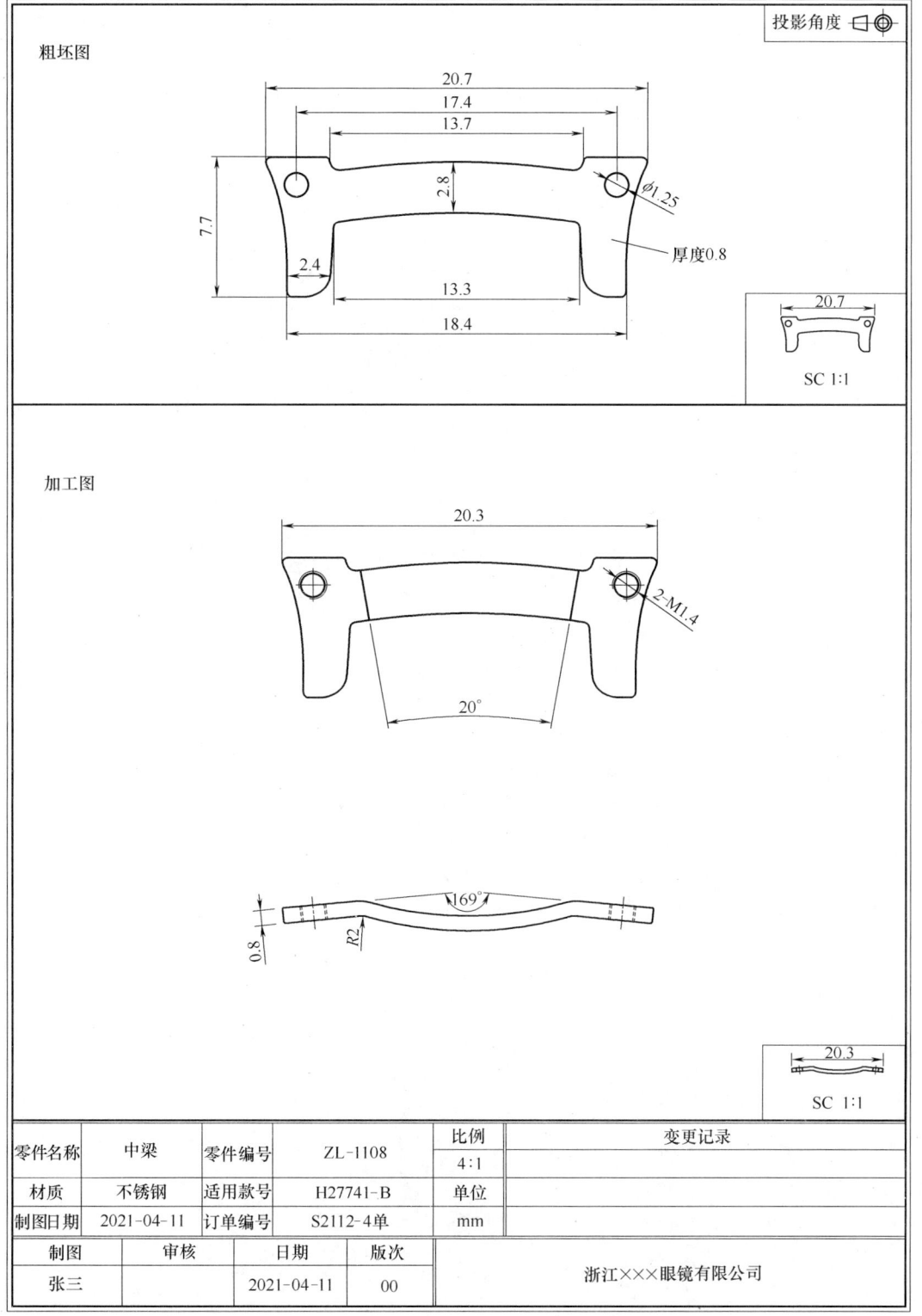

图 17-17　金属镜框+板材眉毛混合眼镜架中梁零件图

附页 55

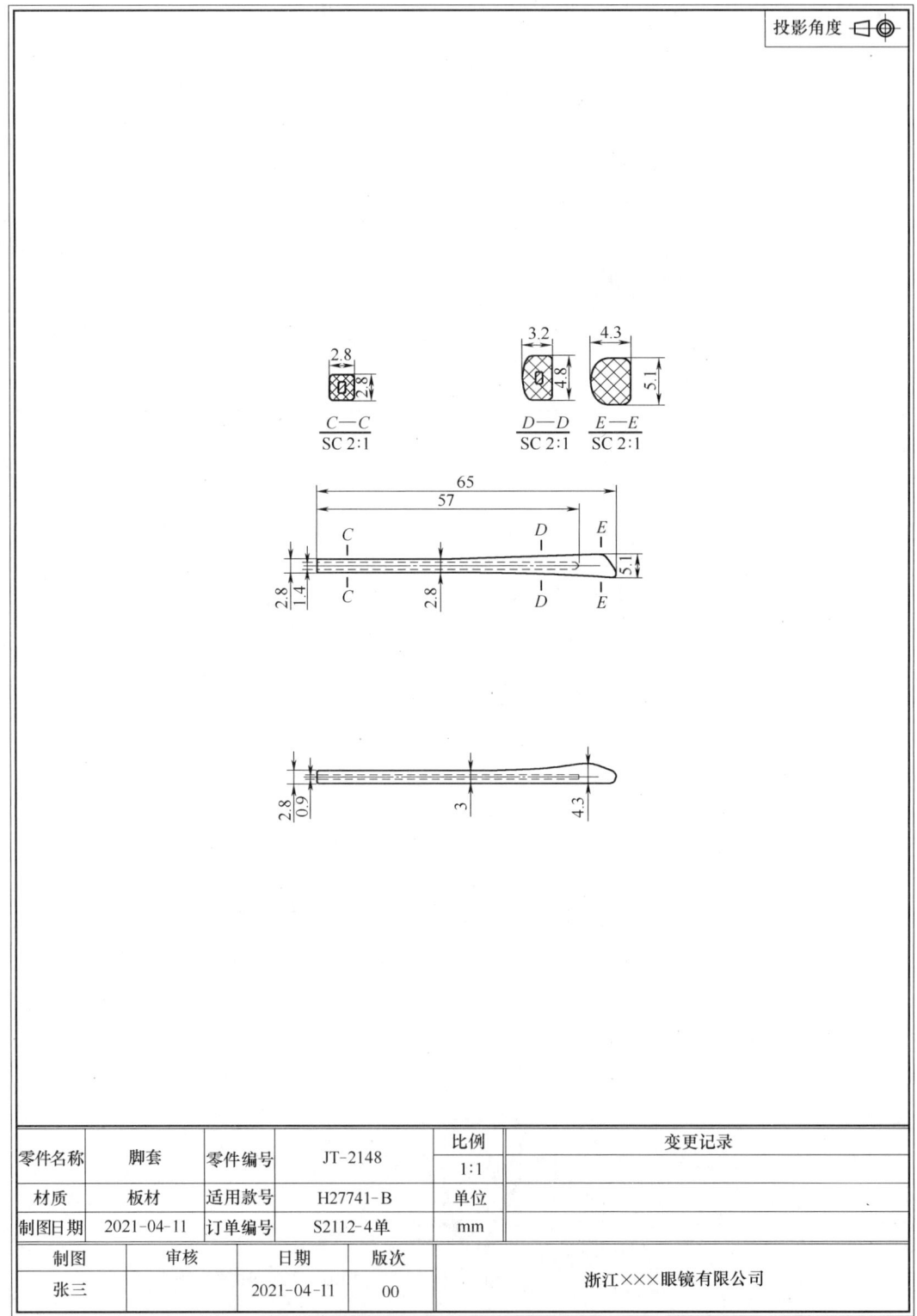

图 17-18　金属镜框+板材眉毛混合眼镜架脚套零件图

附页 56

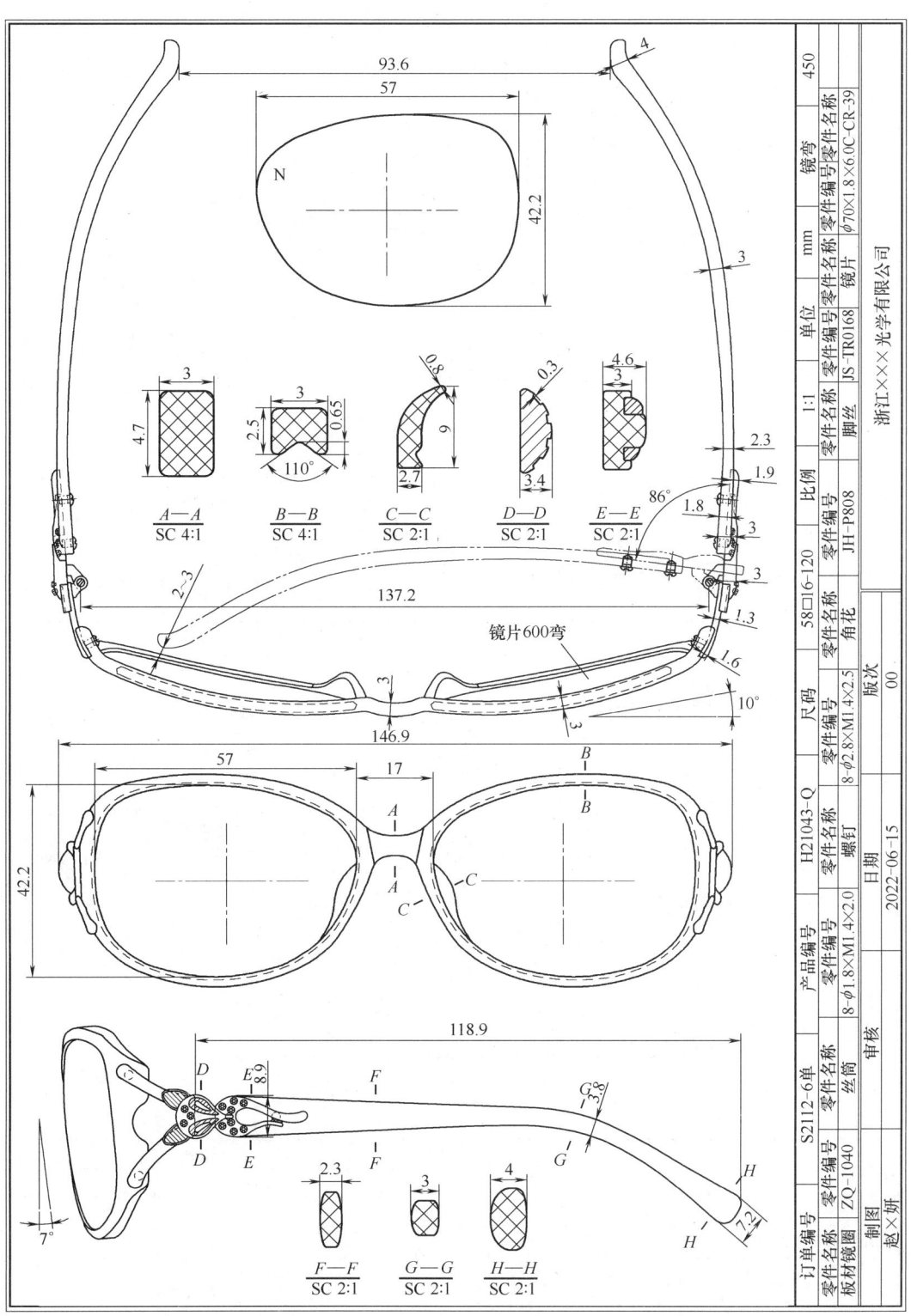

图 18-17　金属叉子角花+注塑镜框混合太阳眼镜架结构图

附页 57

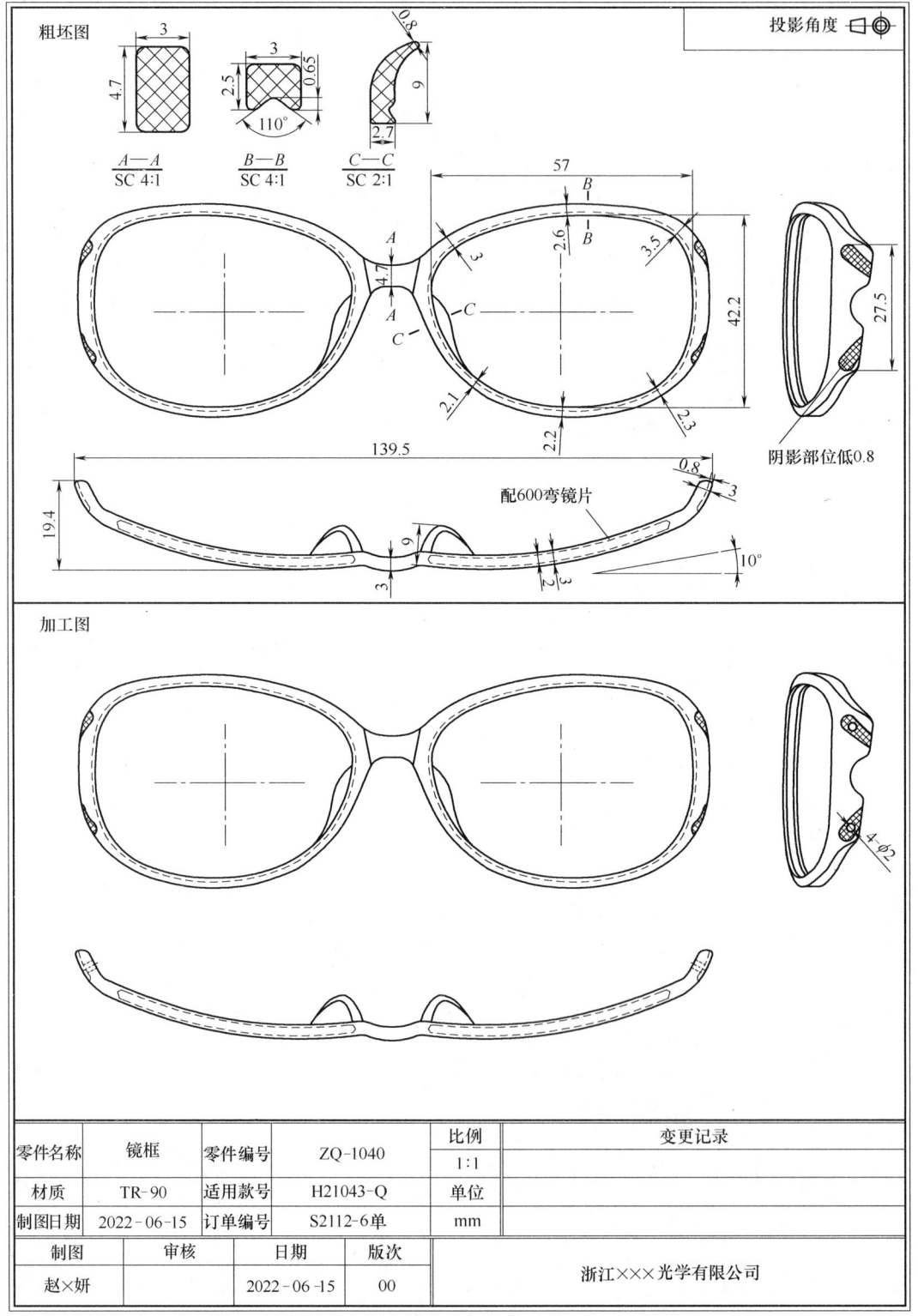

图 18-18　金属叉子角花+注塑镜框混合太阳眼镜架镜框零件图

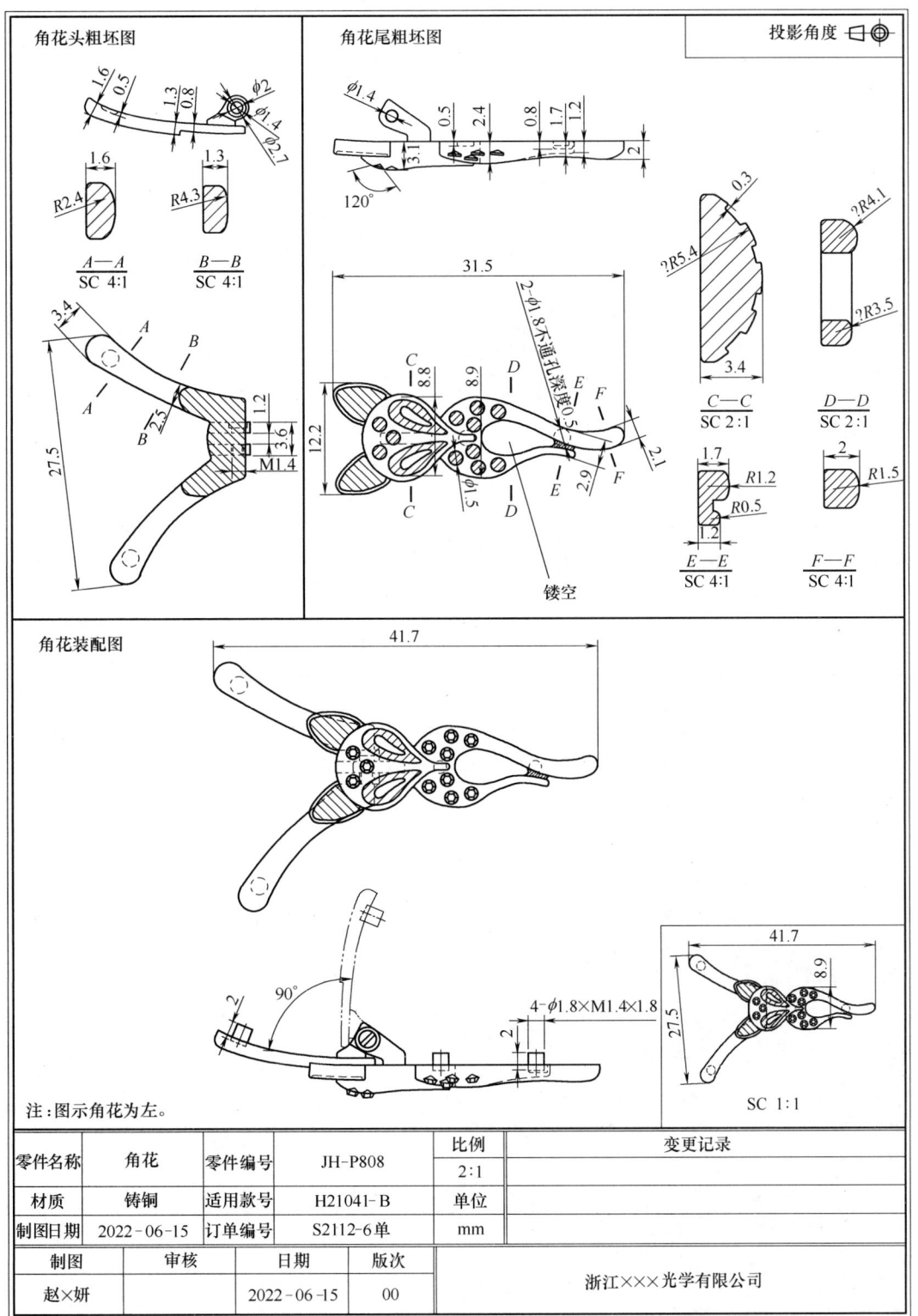

图 18-19 金属叉子角花+注塑镜框混合太阳眼镜架角花零件图

附页 59

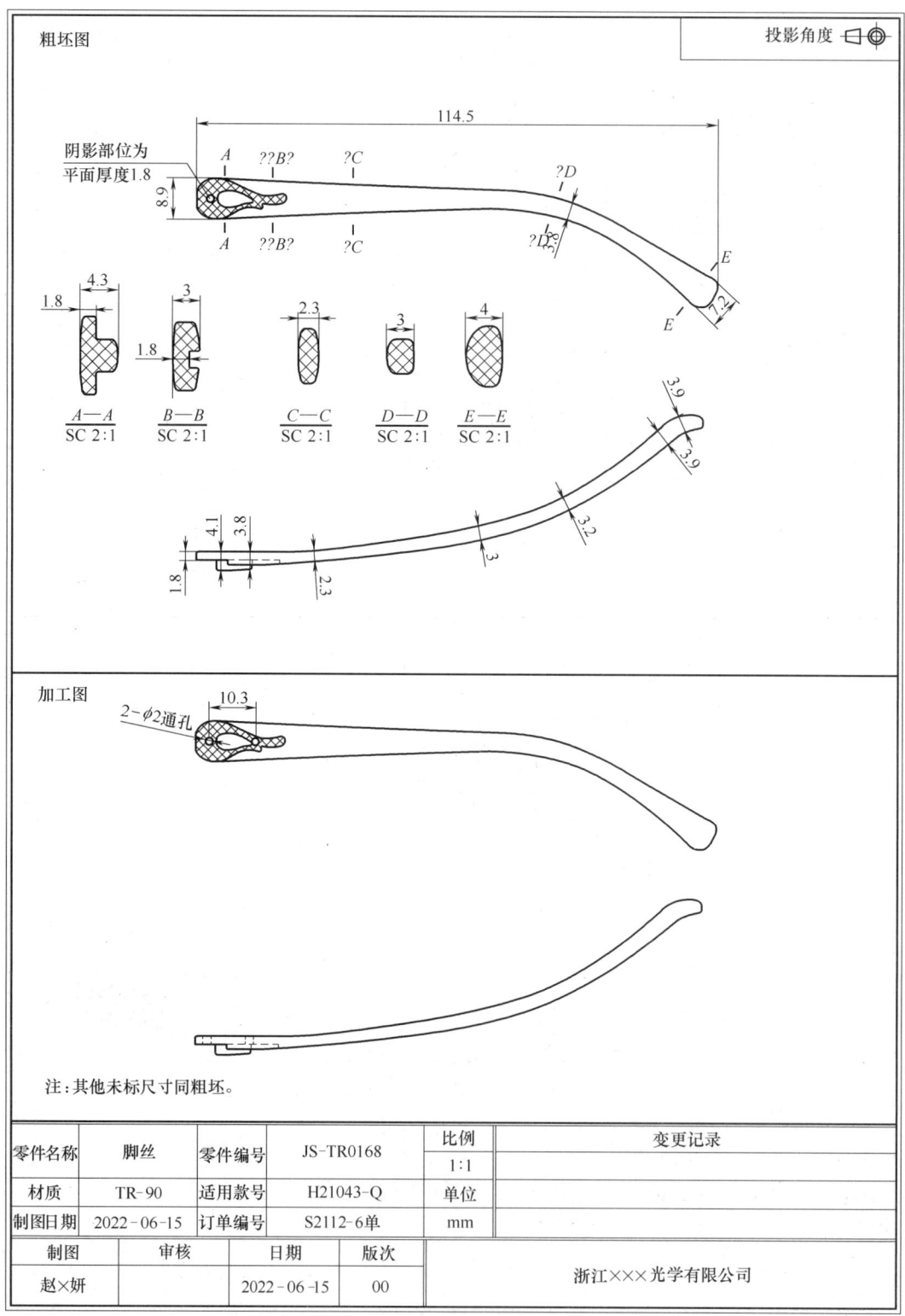

图 18-20　金属叉子角花+注塑镜框混合太阳眼镜架脚丝零件图

附页 60

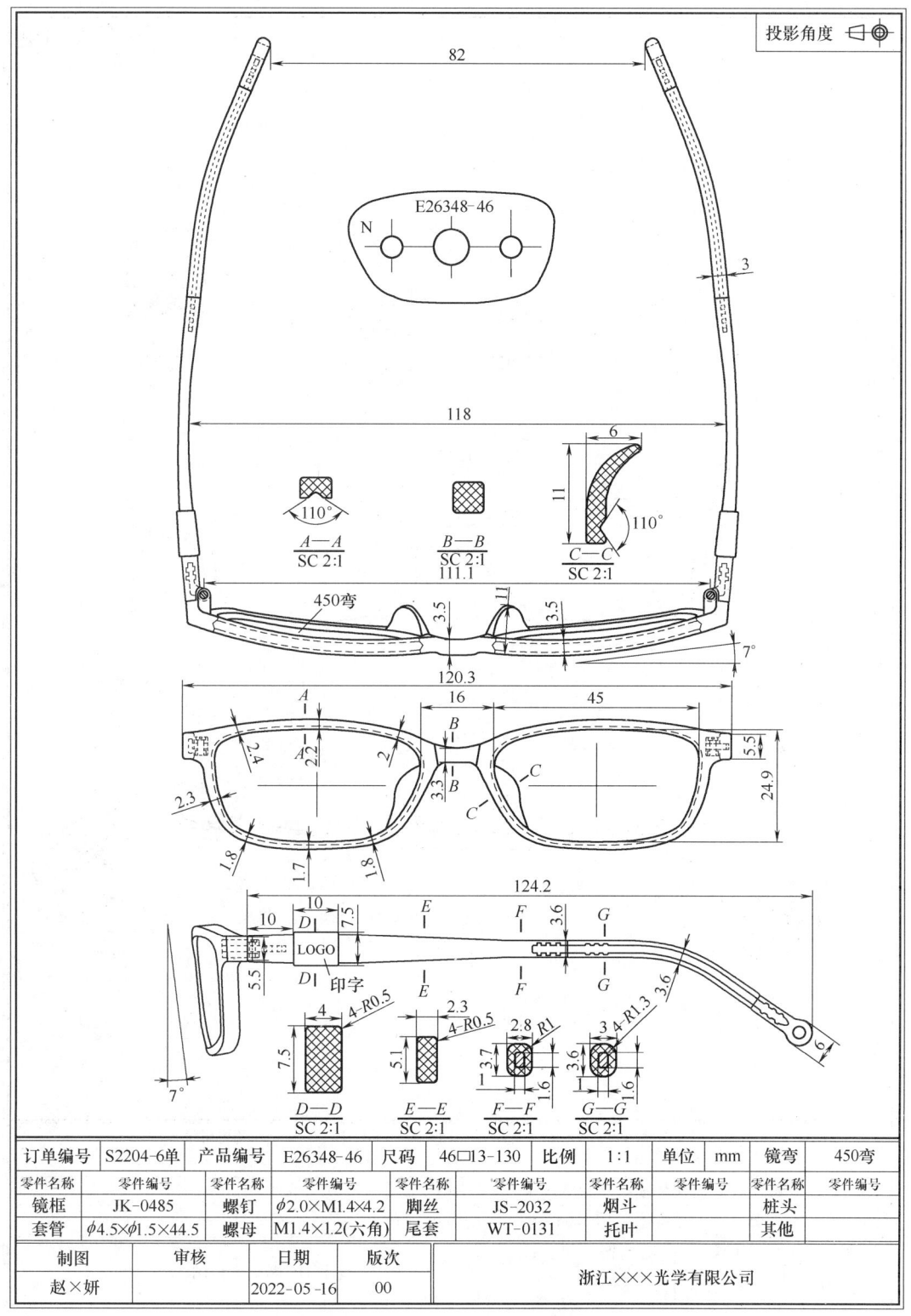

图 19-9 儿童眼镜架结构图

附页 61

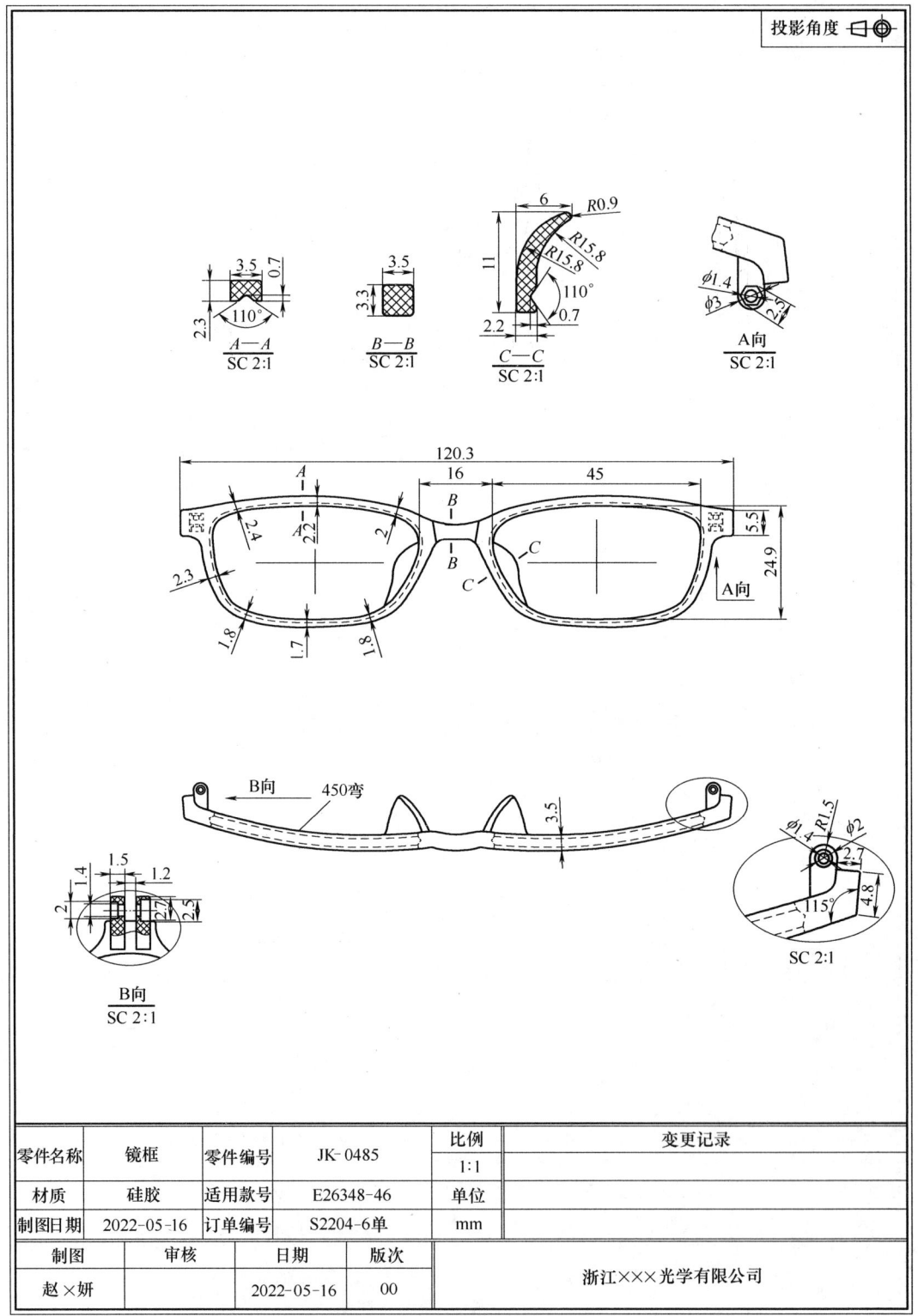

图 19-10　儿童眼镜架镜框零件图

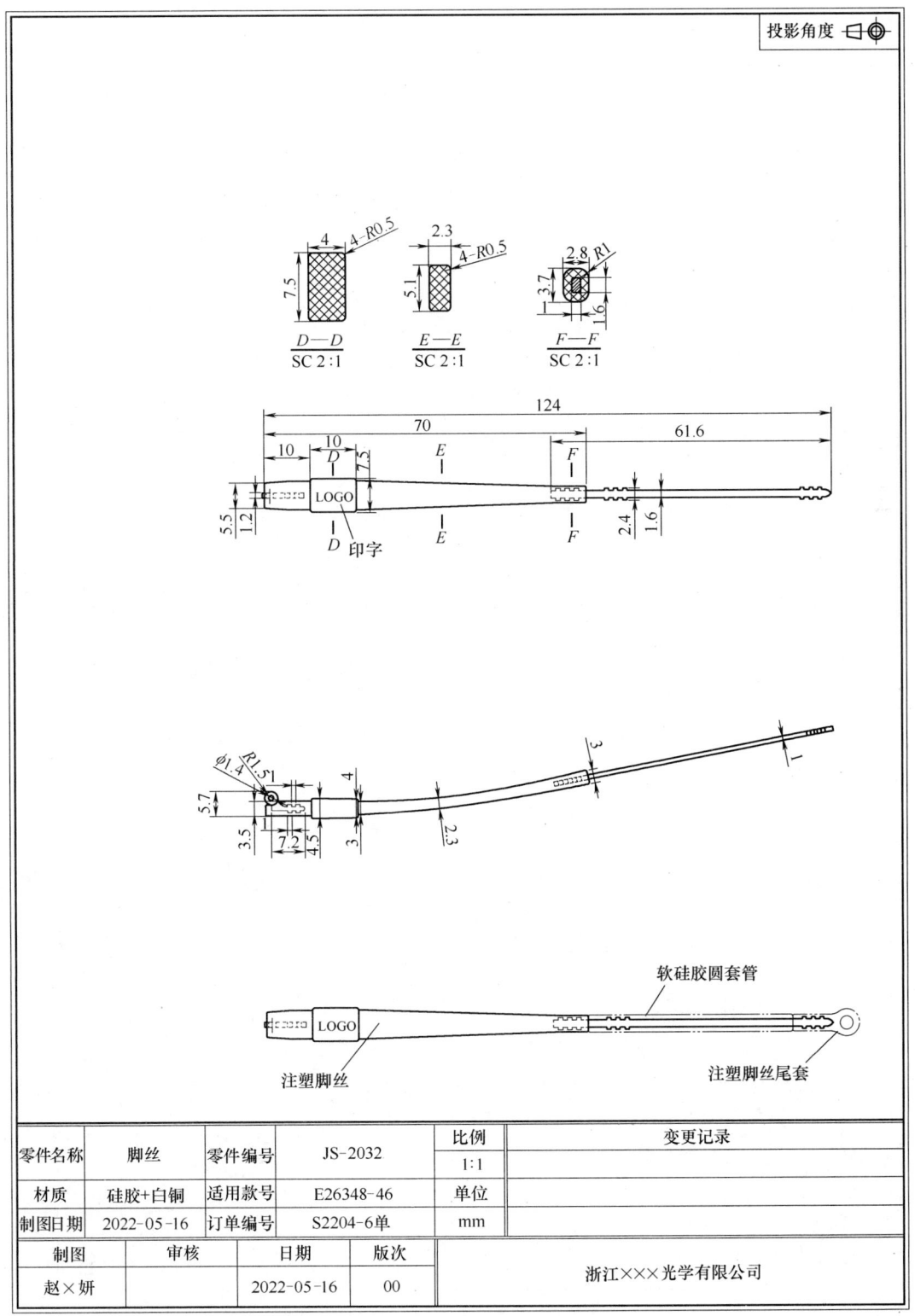

图 19-11 儿童眼镜架脚丝零件图

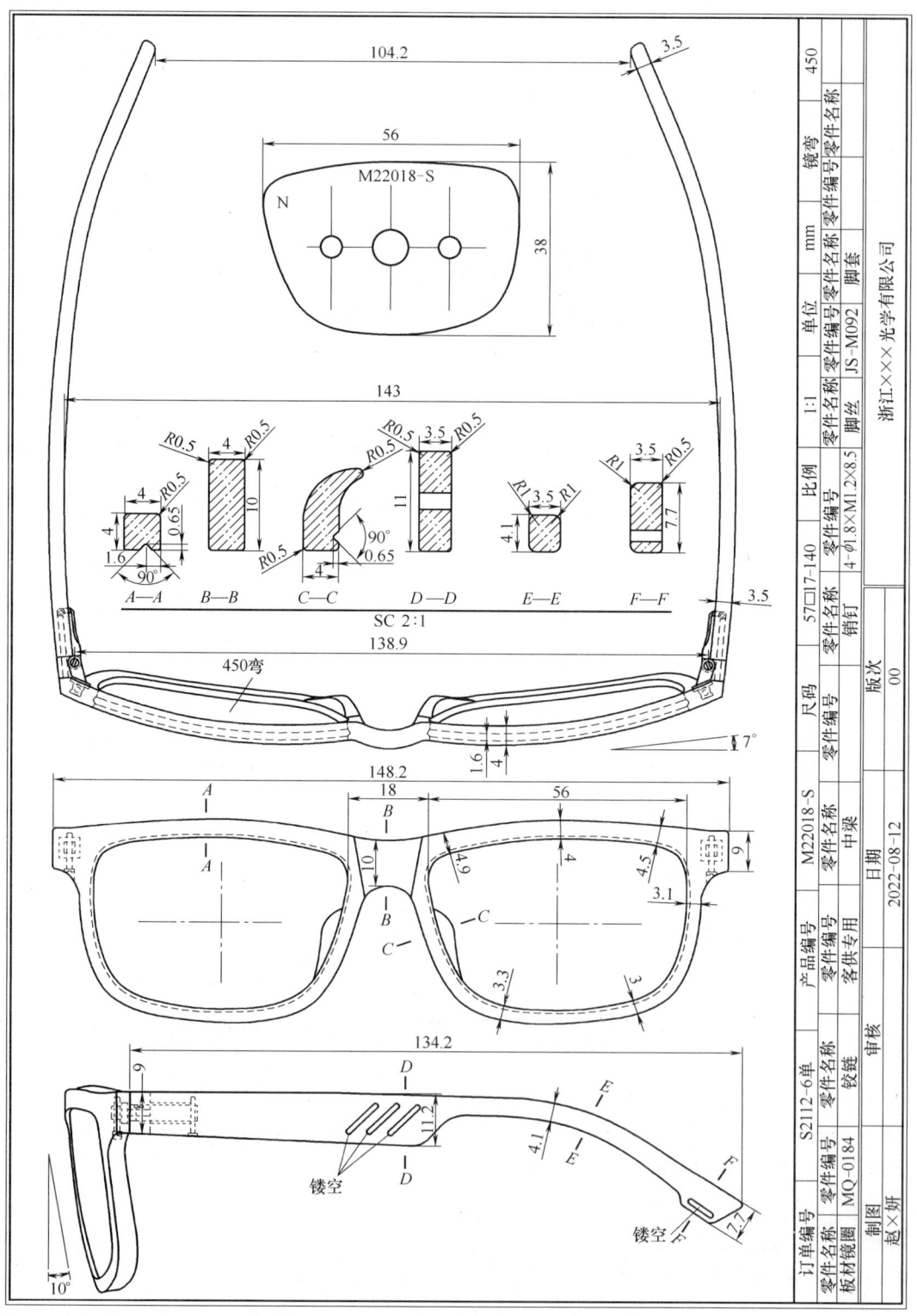

图20-12　竹木全框太阳眼镜架结构图

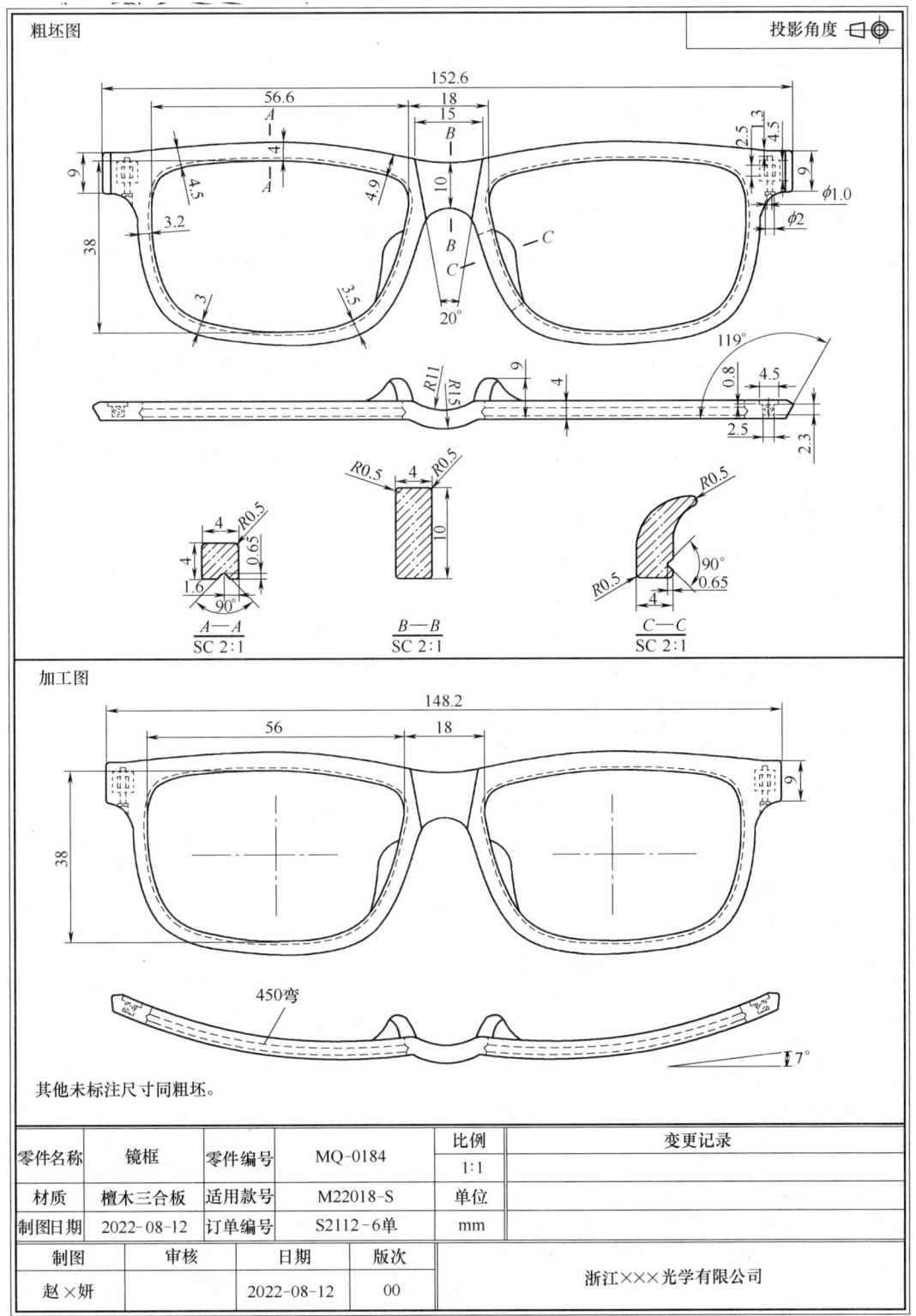

图 20-14　竹木全框太阳眼镜架镜框零件图

附页 65

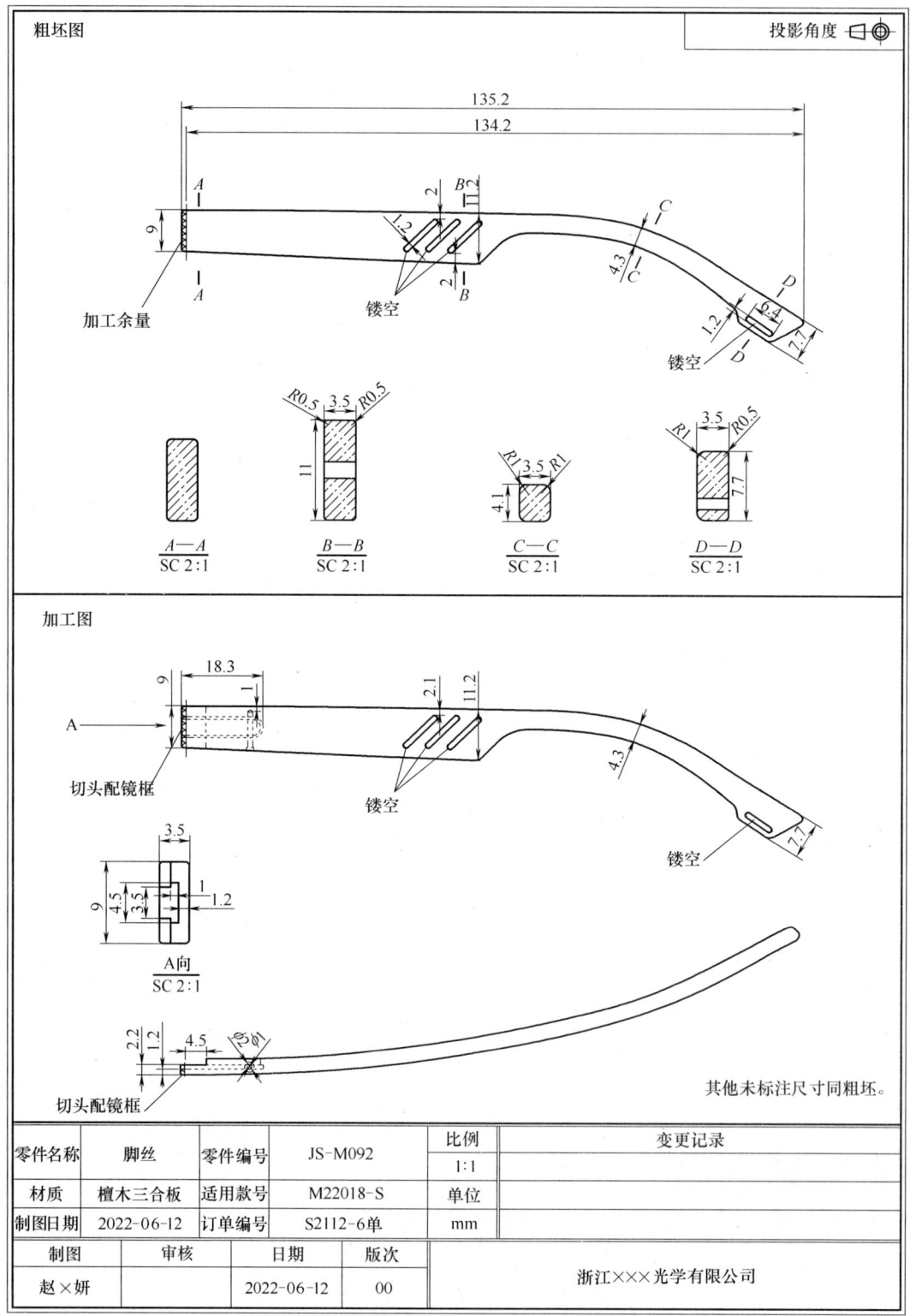

图 20-15 竹木全框太阳眼镜架脚丝零件图